机械设计基础（任务驱动）

主编　谢双义　何　娇

北京理工大学出版社
BEIJING INSTITUTE OF TECHNOLOGY PRESS

图书在版编目（CIP）数据

机械设计基础：任务驱动／谢双义，何娇主编．—北京：北京理工大学出版社，2017.1

ISBN 978－7－5682－1519－0

Ⅰ.①机…　Ⅱ.①谢…②何…　Ⅲ.①机械设计－高等学校－教材　Ⅳ.①TH122

中国版本图书馆CIP数据核字（2016）第296260号

出版发行／北京理工大学出版社有限责任公司
社　　址／北京市海淀区中关村南大街5号
邮　　编／100081
电　　话／（010）68914775（总编室）
（010）82562903（教材售后服务热线）
（010）68948351（其他图书服务热线）
网　　址／http：//www.bitpress.com.cn
经　　销／全国各地新华书店
印　　刷／北京泽宇印刷有限公司
开　　本／787毫米×1092毫米　1/16
印　　张／21.75
插　　页／2
字　　数／517千字
版　　次／2017年1月第1版　2017年1月第1次印刷
定　　价／59.00元

责任编辑／刘永兵
文案编辑／刘　佳
责任校对／周瑞红
责任印制／马振武

前　　言

“机械设计基础”课程是机械类、机电类、近机类专业必修的一门主干技术基础课。它不仅是一门技术基础课，而且也是一门能直接用于生产的设计性课程，对学生学习专业课程起着承上启下的桥梁作用。它不仅具有较强的理论性，同时具有较强的实践性和应用性。它在培养机械类、机电类、近机类高素质技术技能型工程技术人才的全局中，具有增强学生的机械理论基础、提高学生对机械技术工作的适应性、培养其开发创新能力的作用。

针对现有教材，笔者以能力培养为中心对教学内容进行优化重构，知识讲解由易到难、由浅入深、由表及里，同时选取的教材内容来源于工作过程，使所授知识能更好地服务于工作岗位，并借助于典型任务驱动对授课知识进行编排。基于以上原则，编写了本教材。

本教材具有以下几个特点：

1. 教材内容的针对性

本教材的内容体系是在分析了行业、企业人才需求的前提下构建的，并以工作过程真实、典型的工作任务为依据，整合、充实和序化教材内容，按照完成职业岗位实际工作任务所需要的知识、能力和素质的要求，选取教材内容，为学生可持续发展奠定良好的基础。

2. 教材内容的适应性

（1）教材内容采用任务化编排。包括常用机构与设计、常用传动装置与设计、典型零件设计、典型部件的选用与维护、典型机械系统的分析等。不同专业的学生在学习时可选用若干相同或不同的任务项目。

（2）教学以学生为主体，以能力培养为核心。按工作过程的不同，对工作任务和工作环节进行能力分解，细化成若干个能力点，由此将其转化为由专业知识和技能训练所构成的教材内容，实现实践技能与理论知识相结合，使学生通过课程学习尽可能地获取与工作过程有关的经验和策略，使“机械设计基础”课程教学真正成为培养具有良好道德和科学创新精神的高技能人才必需的一个过程。确保学生在提升自身能力的同时掌握足够的理论知识，拓宽学生的视野，为学生今后的可持续发展奠定良好的基础。

3. 教材内容的整合性

本门课程以企业机械产品设计的真实工作任务及其工作过程为依据，在原有“机械原理”“机械零件”及其“机械设计基础课程设计”的教学内容基础上，整合、充实和细化成“机械设计基础”课程的教学内容。对课程设计环节，都科学地设计了学习性工作任务，针对理论性较强的课堂教学，实行教、学、做结合，理论与实践一体化的教学模式。

本书由谢双义、何娇担任主编，蔡立娜、侯小琴、郑国秀、陈兴劼、蒋晶担任副主编，张波、冉龙超参与编写。其中，谢双义进行了任务 1、任务 2 和附录的编写，蔡立娜进行了任务 8 的编写，何娇进行了任务 3 的编写，侯小琴进行了任务 4 和任务 7 的编写，郑国秀进行了任务 9 的编写，陈兴劼进行了任务 5 的编写，蒋晶进行了任务 6 的编写，张波和冉龙超在思考题与习题、答案及插图的编写和绘制中做了大量工作。

由于编者水平有限，并且时间仓促，书中存在缺点和错误在所难免，恳请使用本书的教师和读者批评指正。

编　者

目　　录

任务1 常用机械结构组成、分析与设计

子任务1 机械认知

任务引入

看一看机器的外在表现就知道其内部结构；听一听机器的声音就知道机器是否生了病并且知道病根在哪里；一旦有需要，就能根据所需设计甚至发明新的机械设备。您是否觉得这是天方夜谭、神乎其神呢？否！只要您学好了本课程，真正掌握了本课程所介绍的技能、方法和知识，具备上述本领就并非难事。

任务分析

在日常生活中，我们接触过很多机械，它们虽然功能和种类各不相同，但它们有一些共性值得我们去学习和研究；机械的发展史也是人类生产的文明进步史，了解它有助于激发我们的学习兴趣；本课程作为机械专业的基础课程，在整个专业课程的教学中起着承上启下的作用；在本课程的学习中只有掌握正确的学习方法，才能达到事半功倍的学习效果。

任务目标

1. 了解机械及其相关概念；
2. 通过对机械发展史的了解正确认识学习机械的意义，明确本课程要研究的有关机械的内容及本课程的学习在整个专业课程教学中的意义；
3. 掌握课程的学习方法；
4. 了解机械零件的失效形式及设计准则、机械零件常用材料及其选用原则；
5. 了解机械零件设计的工艺性及“三化”意义；
6. 了解机械设计的基本要求和一般步骤。

1.1.1 机械发展历史

机械是人类进行生产劳动的主要工具，也是社会生产力发展水平的重要标志。

人类从使用简单工具到今天能够设计和制造复杂的现代机械，经历了漫长的过程。随着生产的不断发展，品种繁多的机械进入了社会的各个领域，承担了人力所不能或不便进行的工作，既减轻了人们的体力劳动，改善了劳动条件，又提高了生产效率。

近代机械是在蒸汽机发明后才纷纷出现的。当时，意大利人达·芬奇、英国人牛顿等研究出了用蒸汽作为动力的机械。1690 年，法国人巴本制造了一台蒸汽机；1698 年，英国人塞维利制造了用于矿井抽水的蒸汽泵；1703 年，苏格兰人纽可门在前两人的基础上制造了一台蒸汽机。1712 年，这种蒸汽机开始在英国的矿井中用于运输煤炭。当时的蒸汽机效率很低，在此基础上，英国人瓦特用了 6 年时间，对蒸汽机做了两次重大改进，才使得蒸汽机能够作为商用，并成为火车的动力。1807 年，美国人富尔顿利用蒸汽机原理制造了世界上

第一艘轮船。19 世纪欧洲产业革命中蒸汽机的出现推动了机械工业的产生和迅猛发展。

在我国，机械的创造、发展和使用有着悠久的历史。夏商时代，人们发明了脚踏水车（见图 1－1－1），它是一条提水运输链，并利用所运的水进行润滑。在公元前 5 世纪，墨翟在所著的《墨经》中就论述了杠杆原理及连杆碓舂米机构采用的凸轮机构（见图 1－1－2）；西汉时期，刘歆在《西京杂谈》中论述了由齿轮机构组成的指南车（见图 1－1－3）；

图 1－1－1　古代人力脚踏水车

图 1－1－2　连杆碓舂米机构

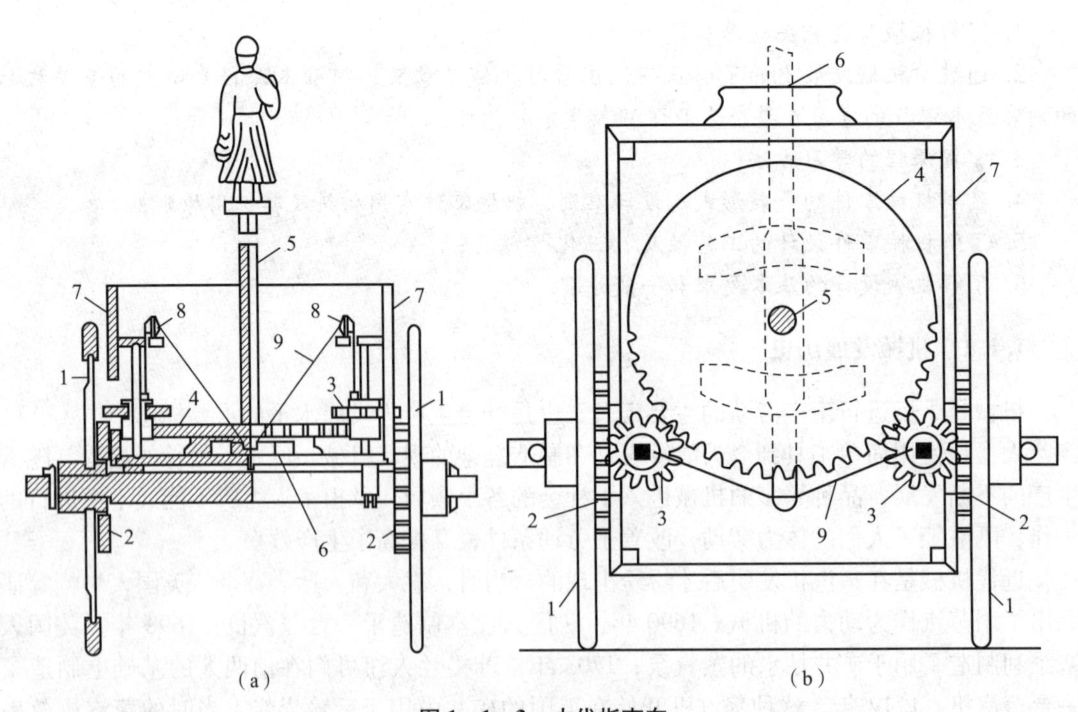

图 1－1－3　古代指南车

(a) 指南车后视图；(b) 指南车俯视图

1—足轮；2—立轮；3—小平轮；4—中心大平轮；5—贯心立轴；6—车辕；7—车厢；8—滑轮；9—拉索

东汉时期，张衡将杠杆机构用于人类第一台地动仪（候风仪）上；杜诗发明了用水作为动力带动水盘运转并驱动风箱炼铁的连杆机械装置（见图1－1－4），成为现代机械的雏形；元朝时，人们利用曲柄、滑块和飞轮制成了纺织机构等。近代，由于外敌入侵，朝廷腐败，闭关锁国，长年战乱，使我国机械工业发展停滞不前。

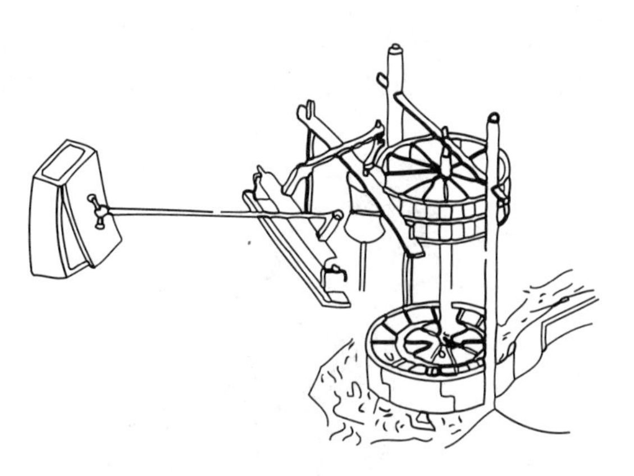

图1－1－4　驱动风箱炼铁的连杆机械装置

新中国成立后，特别是近三十年来，我国的机械科学技术发展速度很快。经过不懈地努力，中国的机械工业已经逐步发展成为具有一定综合实力的制造业，初步确立了在国民经济中的支柱地位，并向机械产品大型化、精密化、自动化和成套化的趋势发展。在某些方面已经达到或超过了世界先进水平。就目前而言，中国机械科学技术的成就是巨大的，发展速度之快、水平之高也是前所未有的。机械工业部门具备了研制和生产重型、大型机械以及精密产品和成套设备的能力。全国基础工业部门的设备绝大多数都是我国自行制造的，从而改变了我国重型机械一片空白的面貌。例如，为电力部门提供了许多大型设备；为石油部门提供了3 200米、4 500米钻机和相应的其他设备；为交通运输部门提供了82个品种的汽车和200多种专用改装车；为全国各行业提供了130多种高精度机床和40多种数控机床；为建设项目和科学研究提供了成套的自动检测和控制设备。我国机械科技的研究水平有了很大的提高。新中国成立后，我国建立了机械科学研究院、电器科学研究院等科研机构，并陆续建立了机床、工具、通用机械、仪表、电气传动、汽车、轴承、内燃机等一系列专业研究设计机构。新中国成立以来，我国在机械工业领域出现了许多科研成果，解决了不少机械工业中的重大科技问题，中国的机械科技水平与发达国家的差距正在逐渐缩小。

1.1.2　本课程的研究对象

1.1.2.1　机器和机构

所谓机械，就是机器与机构的总称，那么什么是机器和机构呢？

机器在人们的感性认识中早已形成，如蒸汽机、内燃机、发电机、电梯、机器人及各种机床等。

图1－1－5所示为单缸内燃机，它由气缸体（机架）1、活塞2、连杆3、曲轴4、气阀推杆5、凸轮轴6、大齿轮7和小齿轮8组成。当燃烧的气体膨胀时，推动活塞往复移动，通过连杆3使曲柄连续旋转，齿轮、凸轮和推杆的作用是启、闭进气阀和排气阀，以吸入燃气和排除废气。这样，各构件协调地动作，就把热能转换为曲柄的机械能。

内燃机可视为由三种机构组合而成。其中，由机架（气缸体1）、活塞（滑块）2、连杆3、曲柄4构成曲柄滑块机构，其作用是将活塞的往复移动转换为曲柄的连续转动，是机器的主体部分；由机架（气缸体1）和齿轮7、8组成齿轮机构，其作用是改变转速的大小和转动方向；由机架（气缸体1）、凸轮轴6和气阀推杆5组成凸轮机构，其作用是将凸轮的连续转动转换为推杆的往复移动。

图1－1－6所示为洗衣机的内部结构。它由控制器、波轮、电动机、带、减速器等部分组成。当控制器有不同的程序输入时，洗衣机就会完成相应的动作指令。

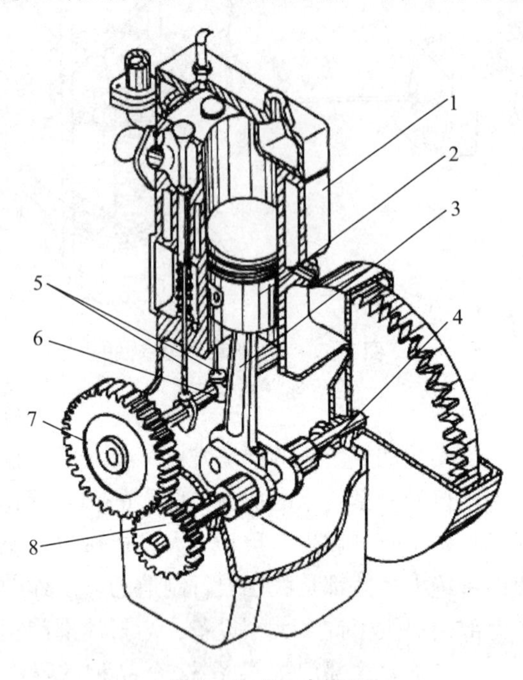

图1－1－5　内燃机

1—气缸体；2—活塞；3—连杆；4—曲轴；
5—气阀推杆；6—凸轮轴；7—大齿轮；8—小齿轮

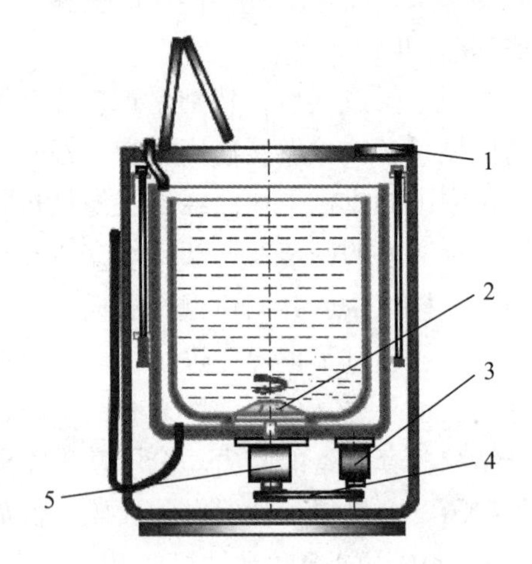

图1－1－6　洗衣机的内部结构

1—控制器（控制）；2—波轮（执行）；
3—电动机（动力）；4—带（传动）；
5—减速器（传动）

从以上两个实例可以看出，机器是执行机械运动的装置，用来变换或传递能量、物料与信息。尽管机器的品种繁多，形式多样，用途各异，但都具有如下特征：

（1）都是人为的各种实物的组合体；

（2）组成机器的各种实物间具有确定的相对运动；

（3）可代替或减轻人的劳动，有效地完成机械功或能量转换。

凡具备上述三个特征的实物组合体均称为机器。

所谓机构，它也是各种实物的组合体，实物间具有确定的相对运动，即符合机器的前两个特征，如图1－1－5所示，机架（气缸体1）和齿轮7、8等组成齿轮机构；机架（气缸体1）与凸轮轴6和气阀推杆5组成凸轮机构。

可见，机构主要用来传递和变换运动，而机器主要用来传递和转换能量。从结构和运动学的角度来分析，机器与机构之间并无区别，因此，习惯上用“机械”一词作为机器和机构的总称。

1.1.2.2　零件与构件

机器是由若干个不同零件组装而成的，零件是组成机器的基本要素，即机器的最小制造单元。各种机器经常用到的零件称为通用零件，如螺钉、螺母、轴、齿轮、弹簧等。在特定的机器中才会用到的零件称为专用零件，如汽轮机中的叶片，起重机的吊钩，内燃机中的曲轴、连杆、活塞等。

构件是机器的运动单元，它可以是单一的零件，也可以是由若干个零件组成的刚性结构。如图1－1－7所示的内燃机连杆，就是由连杆体1、螺栓2、螺母3、开口销4、连杆盖5、轴瓦6和轴套7等多个零件构成的一个构件。

构件按其运动情况，可分为固定构件和运动构件两种。固定构件又称机架，是机构中固接于定参考系的构件。固定构件一般用来支持运动构件，通常就是机器的机体或机座，例如各类机床的床身。运动构件又称可动构件，是机构中相对于机架可以运动的构件。运动构件又分成主动件（原动件）和从动件两种。主动件是机构中作用有驱动力或力矩的构件，有时也将运动规律已知的构件称为主动件。形象地说，主动件就是带动其他可动构件运动的构件，从动件是机构中除了主动件以外的随着主动件的运动而运动的构件。

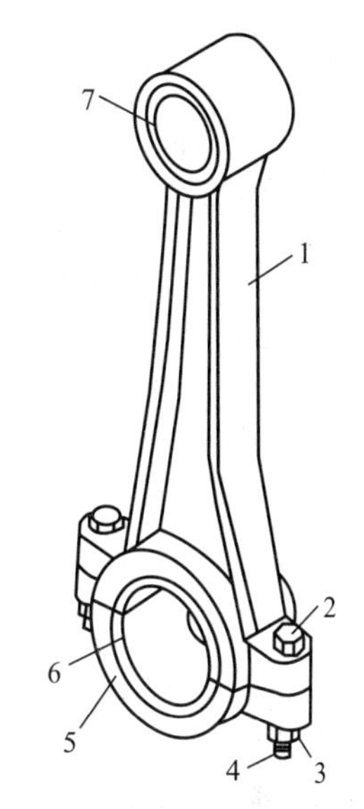

图1－1－7　内燃机连杆

1—连杆体；2—螺栓；3—螺母；4—开口销；5—连杆盖；6—轴瓦；7—轴套

构件与零件的区别在于：构件是运动的单元，零件是加工制造的单元。而由一组协同工作的零件所组成的独立制造或独立装配的组合体称为部件，如联轴器、滚动轴承等。

随着科学技术的发展，机械的概念得到了进一步的扩展。某些情况下，构件不再是刚体，而是加入了柔性构件，甚至气体、液体等也可参与实现预期的机械运动。机器内部包含了大量的控制系统和信息处理、传递系统。利用光电、电磁等物理效应来实现能量传递、运动转换或实现动作的一类机构，应用也十分广泛。例如，采用继电器机构实现电路的闭合与断开；电话机采用磁开关机构，提起受话器时，接通线路进行通话，当受话器放到原位时，断开线路结束通话。

机器不仅能代替人的体力劳动，还可代替人的脑力劳动。除了工业生产中广泛使用的工业机器人以外，还有应用于航空航天、水下作业、清洁、医疗以及家庭服务等领域的“服务型”机器人。

1.1.3　本课程的性质与任务

（1）本课程主要研究机械中的常用机构和通用零件的工作原理、结构特点、失效形式、基本的设计理论和计算方法；

（2）通过本课程的学习，可具备设计简单机械传动装置的能力，掌握设备的选购、正常使用和维护以及故障分析等方面的基本知识；

（3）具有运用相关标准、规范、手册、图册等有关技术资料及编写设计说明书的能力；

（4）为学习机械类相关专业课打好理论基础；

（5）为机械产品的创新设计打下良好的基础；

（6）为现有机械的合理使用和革新改造打好基础。

1.1.4　机械零件的失效形式及设计准则

1.1.4.1　机械零件的失效形式

对机器的设计要求是：在满足预期功能的前提下，尽可能做到性能好、效率高、成本低；在预定的使用期限内，做到安全可靠、操作方便、维修简单以及造型美观等。对于机械零件的主要要求是：要具有足够的强度和刚度，有一定的耐磨性，无强烈振动以及具有耐热性等。

当机械零件在预定的时间内或规定的条件下，丧失其预定功能或预定功能指标降低到许用值以下时，称为失效。零件的主要损伤与失效形式有以下几个方面：

（1）断裂。当零件承受过大载荷时，截面上的应力超过零件材料的强度极限，从而导致零件断裂。

（2）表面失效。如磨损、表面接触疲劳（点蚀）、胶合、压溃、腐蚀等均属于表面失效。

（3）过量变形。当机械零件承受载荷时，总要产生弹性变形，当弹性变形量超过允许量时，零件或机器就不能正常工作；当严重过载时，还会产生塑性变形，不仅会导致零件的形状和尺寸的改变，而且会破坏零件之间的配合关系，甚至导致零件丧失工作能力。

（4）破坏正常工作条件而引起的失效。有些零件只有在一定的工作条件下才能正常工作，如带传动只有在传递的有效圆周力小于临界摩擦力时才能正常工作；高速转动的零件只有在转速与转动件系统的固有频率避开一个适当的间隔时才能正常工作。

1.1.4.2　机械零件的设计准则

对机械零件的功能要求通常被视为衡量机械零件工作能力的准则。为防止机械零件产生各种可能的失效，使之能够安全、可靠地工作，在进行设计工作之前，首先拟定的以零件工作能力为计算依据的基本原则，称为零件的设计准则。

同一种零件可能有多种不同的失效形式，那么对应不同的失效形式就有不同的设计准则。设计零件时，首先应根据零件的失效形式确定其设计准则以及相应的设计计算方法。一般来讲，有以下几种准则：

1. 强度准则（整体强度和表面强度）

要求机械零件的工作应力 σ 不超过许用应力 $[\sigma]$。其典型的计算公式是：

$$\sigma \leqslant [\sigma] = \frac{\sigma_{\lim}}{S}$$

式中，$\sigma_{\lim}$ ——极限拉应力；

S——安全系数。

整体强度的判断准则表示为：$\sigma \leqslant [\sigma]$。

表面接触强度的判断准则分为接触应力和挤压应力。

（1）接触应力表示法：$\sigma_H \leqslant [\sigma_H]$，$[\sigma_H]$ 表示许用接触应力。

（2）挤压应力表示法：$\sigma_P \leqslant [\sigma_P]$，$[\sigma_P]$ 表示许用挤压应力。

2. 刚度准则

刚度准则要求零件受载荷后的弹性变形量不大于允许弹性变形量。刚度准则的表达式为：

$$y \leqslant [y];\theta \leqslant [\theta];\varphi \leqslant [\varphi]$$

式中，y——零件的变形量；

$[y]$ ——零件的许用变形量；

θ ——零件的转角；

$[\theta]$ ——零件的许用转角；

φ ——零件的扭角；

$[\varphi]$ ——零件的许用扭角。

3. 振动稳定性准则

振动稳定性是指机械零件在机器运转时避免发生共振的性质。振动稳定性准则要求机械零件的固有频率应与激励的频率错开，保证不发生共振，即要满足

$$f_p < 0.85f \quad 或 \quad f_p > 1.15f$$

式中，f——零部件的固有频率；

f_p——激励的频率。

4. 耐磨性准则

耐磨性准则要求零件的磨损量在预定期限内不超过允许值。过度磨损会使零件的形状和尺寸发生改变、配合间隙增大、精度降低，并产生冲击振动。

5. 可靠性准则

可靠性是指产品在规定的条件和规定的时间内，完成规定功能的能力。可靠度是指产品在规定的条件和规定的时间内，完成规定功能的概率。

按传统的强度设计方法设计的零件，由于其材料强度、外载荷和加工尺寸等存在离散性，有可能出现达不到预定工作时间而失效的情况，因此，我们希望将出现这种失效情况的概率限制在一定程度之内，这就需要对零件提出可靠性要求。

6. 标准化准则

标准化准则是指对零件的特征参数以至其结构尺寸、检验方法和制图等的规范要求。标准化是缩短产品设计周期、提高产品质量和生产效率、降低生产成本的重要途径。

7. 其他准则

设计机械零件时，在满足上述要求的前提下，还应力图减小质量，以减小材料消耗和惯性载荷并提高经济效益。还需考虑诸如耐高温或低温、耐腐蚀、表面装饰和造型美观等要求。

1.1.5　机械零件常用材料及其选用原则

1.1.5.1　机械零件的常用材料

工程中，机械零件所使用的材料是多种多样的，其中应用最多最广的还是金属材料，尤其是黑色金属材料。具体来说可分为以下几种。

1. 钢

钢主要有碳钢、合金钢、铸钢、锻钢等，其主要性能为强度很高，塑性较好，可承受很大载荷，且可进行热处理以提高和改善其机械性能。

2. 铸铁

铸铁主要有灰铸铁、球墨铸铁及特殊性能铸铁等，其主要性能为具有良好的铸造、切削加工、抗磨、抗压和减振性能，且价格低廉。

3. 有色金属合金

有色金属合金主要有铜合金、铝合金等，其主要性能为具有某些特殊性能，如良好的减摩性、耐腐蚀性、导电导热性等。

4. 非金属材料

非金属材料主要有工程塑料、橡胶、石墨、木材、陶瓷等，根据其材料品种的不同，其具有一些特殊的性能，如良好的耐腐蚀性、绝缘性、耐磨性等。

5. 复合材料

复合材料主要有纤维增强塑料、纤维增强金属及复合材料等，其主要性能为质量小、强

度高、耐高温能力强、加工成型方便、弹性优良、耐化学腐蚀和电绝缘性良好。

1.1.5.2　机械零件常用材料的选用原则

（1）使用要求。使用要求主要包括对机械性能、物理性能、化学性能和吸振性能等方面的要求，选择时应根据使用要求，满足主要要求，兼顾一般要求。

（2）制造工艺要求。应使零件的制造加工方法简便、易于实现，如铸造件应选择热熔状态时具有易于流动等性能的材料。

（3）经济性要求。在满足使用要求的前提下，应尽量选用价格低廉的材料，同时还应考虑到使用和维护简便、费用低等问题。

1.1.6　机械零件设计的一般步骤

机械零件在设计过程中一般采取以下几个步骤：

（1）根据机器的具体运转情况和简化的计算方案，确定零件的载荷。

（2）根据材料的力学性能、物理性质、经济因素及供应情况等选择零件的材料。

（3）根据零件的工作能力准则，确定零件的主要尺寸，并加以标准化或圆整。

（4）根据确定的主要尺寸并结合结构和工艺上的要求，绘制零件的工作图。

（5）零件工作图是制造零件的依据，故应对其进行严格的检查，以提高工艺性，避免差错，造成浪费。

子任务2　平面机构运动简图及自由度计算

任务引入

机构是由构件组成的，其主要作用是传递运动和变换运动形式。若组成机构的所有构件都在同一平面或相互平行的平面内运动，则称该机构为平面机构，否则称为空间机构。

一般情况下，机构各构件之间必须具有确定的相对运动。然而，将构件任意拼凑起来并不一定具有确定的运动。

在图1-2-1和图1-2-2所示的机构中分别由几个构件组成？各构件之间是怎么连接的？它们能否按给定的运动规律运动？

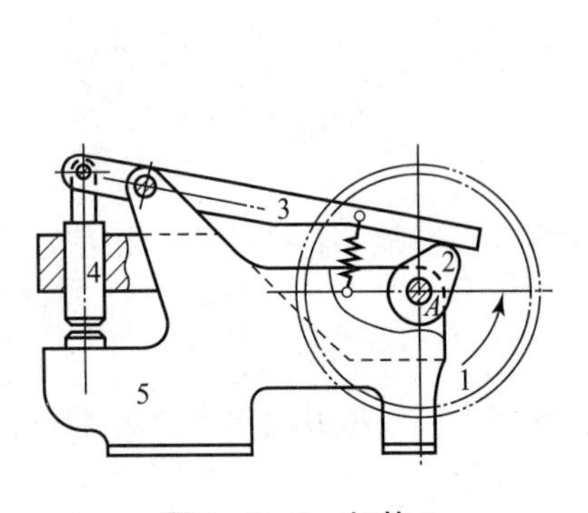

图1-2-1　机构1

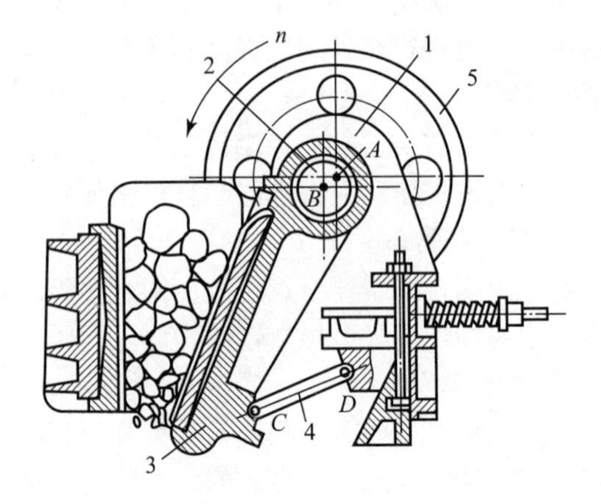

图1-2-2　机构2

任务分析

在对旧机器进行改进和设计新机器时，需要绘制机构运动简图来表达设计者的构思。机构运动简图中包含了构件及构件的相对位置和连接方式。通过绘制机构运动简图可清晰地表达结构原理、运动关系及对机构运动确定性进行分析，而机构能否做确定的运动要看机构自由度与原动件数目之间的关系。

任务目标

1. 熟练掌握运动副、约束和自由度等基本概念；

2. 能看懂平面机构运动简图，掌握一般平面机构运动简图的绘制方法；

3. 掌握机构具有确定运动的条件；

4. 了解计算平面机构自由度的目的，掌握平面机构自由度的计算方法，能够准确判断机构中存在的复合铰链、局部自由度和虚约束。

1.2.1 运动副及其分类

1.2.1.1 运动副定义

运动副是指两构件之间直接接触并能产生一定相对运动的连接。例如，圆规两个脚之间的连接、活塞与气缸的连接、齿轮与齿轮间通过轮齿接触构成的连接等都构成了运动副。按照相对运动的形式，运动副可分为平面运动副和空间运动副。

1.2.1.2 运动副分类

平面运动副是指两构件只能在同一平面内做相对运动的运动副。按两构件之间的接触性质，平面运动副可分为低副和高副。

1. 低副

低副是指两构件之间通过面接触而形成的运动副。根据两构件之间的相对运动形式，低副可分为转动副和移动副。其中，转动副又称为铰链，是指两构件只能在同一平面内做相对转动的运动副，如图 1－2－3 所示；移动副是指两构件只能沿着某一条直线做相对移动的运动副，如图 1－2－4 所示。

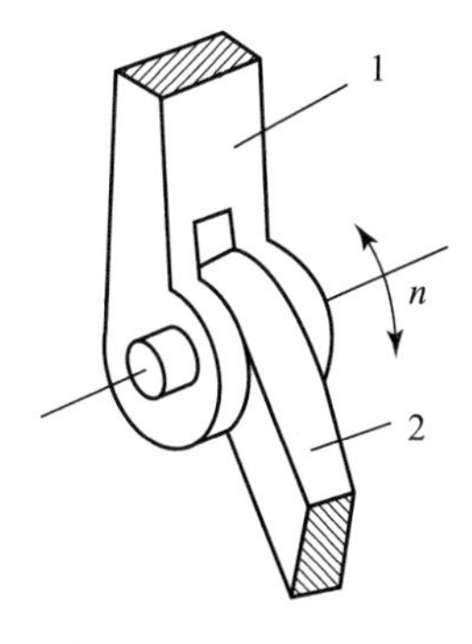

图 1－2－3 转动副

1—构件 1；2—构件 2

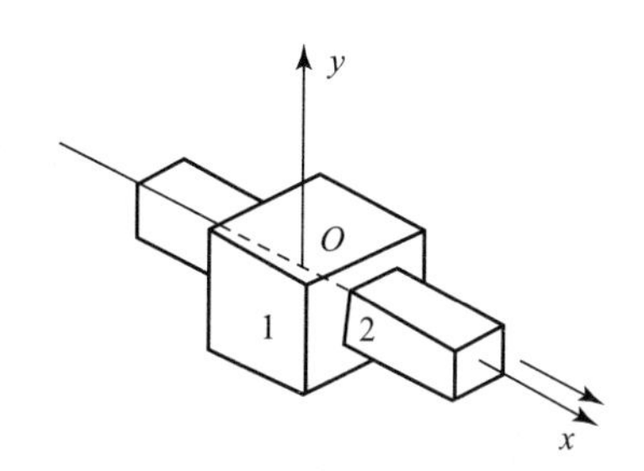

图 1－2－4 移动副

1—构件 1；2—构件 2

2. 高副

高副是指两构件之间通过点或线接触而形成的运动副。如图 1－2－5（a）所示的凸轮与从动件和图 1－2－5（b）所示的齿轮啮合等均为高副。

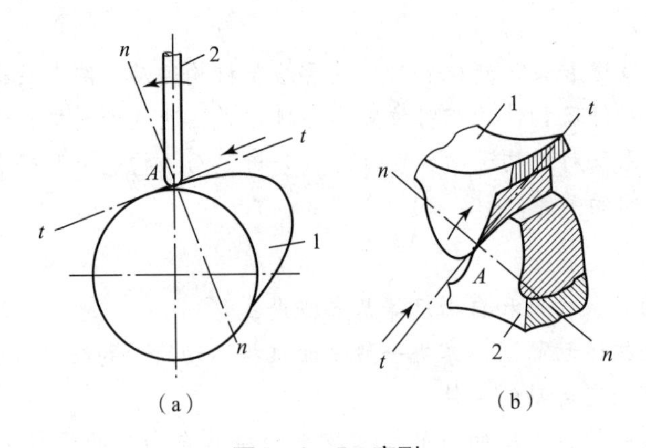

图 1－2－5　高副

（a）凸轮与从动件；（b）齿轮啮合

1—构件 1；2—构件 2

与高副相比，低副的形状简单，制造容易，而且在承受相同的载荷时，低副所受压力较小，因此低副更耐磨损，承受能力更强，寿命较长。

此外，常用的运动副还有如图 1－2－6（a）所示的球面运动副和图 1－2－6（b）所示的螺旋运动副，它们都属于空间运动副。

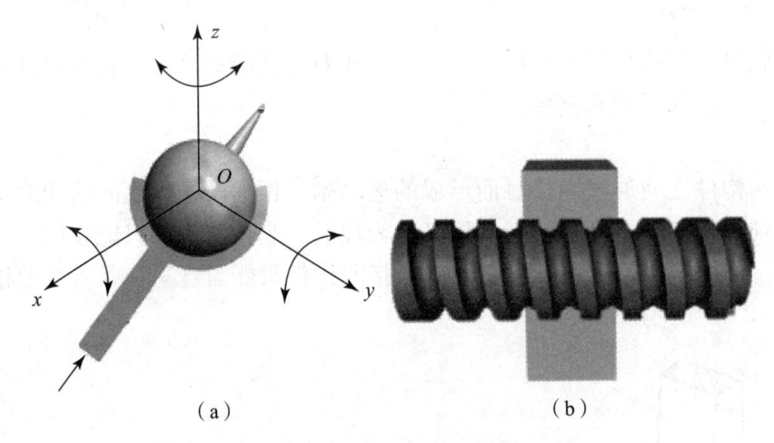

图 1－2－6　空间运动副

（a）球面运动副；（b）螺旋运动副

1.2.2　平面机构运动简图

机械的结构和外形都很复杂，为便于进行分析和设计，在工程上通常不考虑构件的外形、截面尺寸和运动副的实际结构，只用规定的简单线条与符号来表示机构中的构件和运动副，并按一定的比例画出表示各运动副的相对位置及其相对运动关系的图形，这种表示机构各构件之间相对运动关系的简单图形称为机构运动简图。

机构运动简图应与它所表示的实际机构具有完全相同的运动特性。从机构运动简图可以了解机构的组成和类型，即构件和运动副的类型、数目、运动副的相对位置等。利用机构运动简图可以表达出一部复杂机器的运动原理，并可进行机构的运动和动力分析。如果只是表示机构的结构及运动情况，而不按比例来绘制运动副之间的相对位置的简图则称为机构示意图。

1.2.2.1　运动副的表示方法

在平面机构中，两构件组成的转动副、移动副及高副的表示方法如表1－2－1所示，带斜线的构件为机架，对于高副需绘制出接触处的轮廓线形状或按标准符号绘制。

表1－2－1　常用运动副符号的表示方法

	名称	运动副符号	
		两运动构件构成的运动副	两构件之一为固定件的运动副
平面运动副	转动副	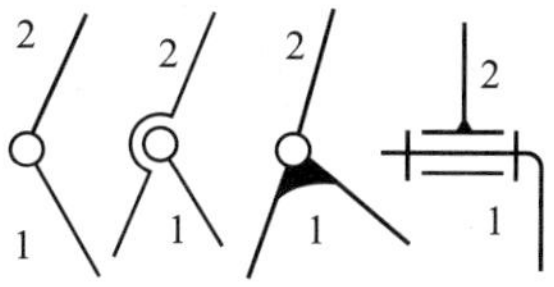	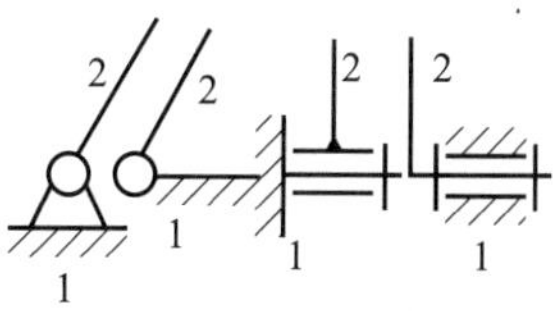
平面运动副	移动副	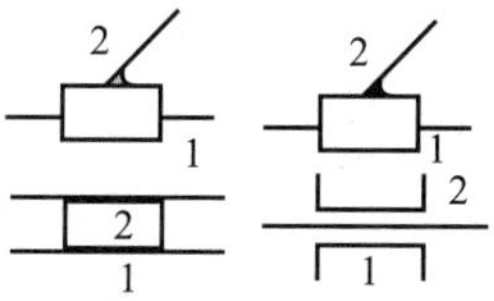	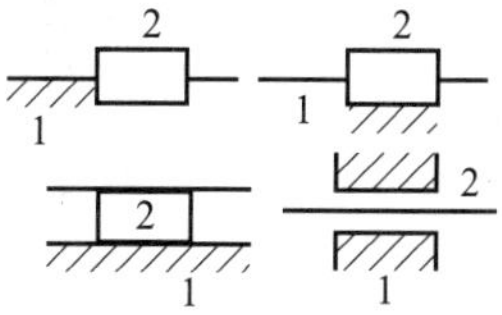
空间运动副	平面高副		
空间运动副	螺旋副	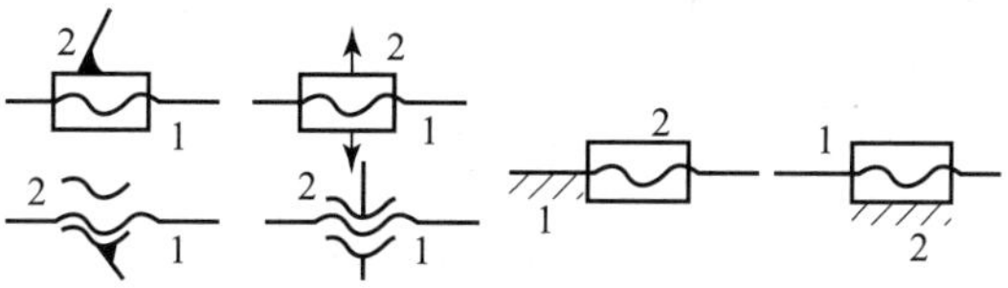	
空间运动副	球面副 球销副	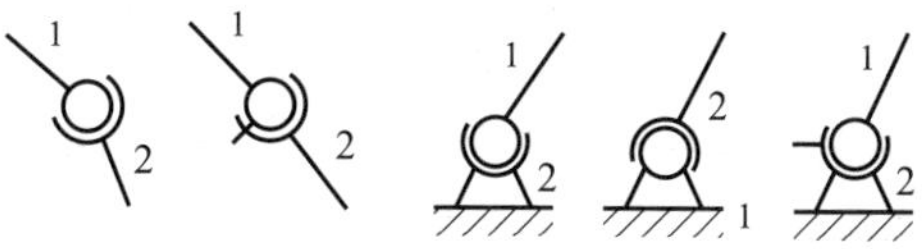	

1.2.2.2　构件的表示方法

一些构件的表示方法如图1－2－7所示。

需要注意的是画构件时应撇开构件的实际外形，而只考虑运动副的性质，如图1－2－8所示。

常用机构运动简图符号详见表1－2－2。

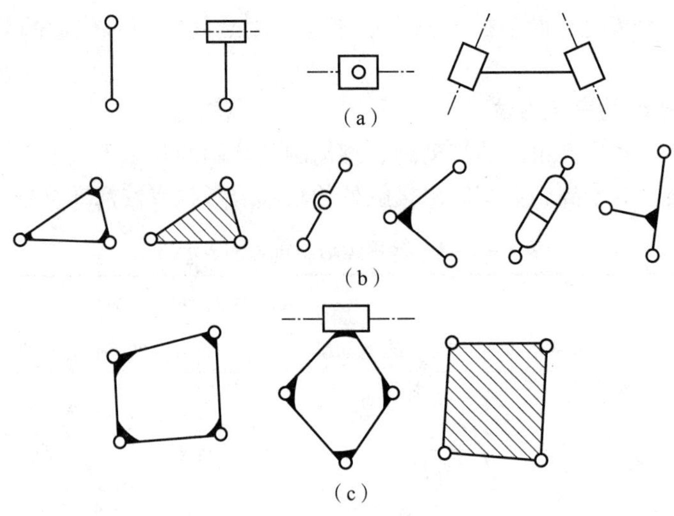

图 1－2－7　构件的表示方法

（a）包含两个运动副的构件；（b）包含三个运动副的构件；（c）包含四个运动副的构件

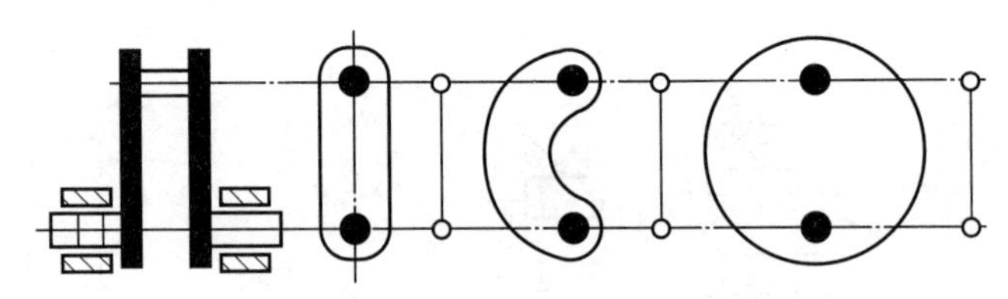

图 1－2－8　构件画法的注意事项

表 1－2－2　常用机构运动简图符号

名称	符号	名称	符号
在机架上的电动机		凸轮传动	
带传动		棘轮机构	
链传动		齿轮齿条传动	

续表

名称	符号	名称	符号
外啮合圆柱齿轮传动		内啮合圆柱齿轮传动	
圆柱蜗杆蜗轮传动		圆锥齿轮传动	

1.2.2.3　平面机构运动简图的绘制

绘制平面机构运动简图时，可按以下步骤进行绘制：

（1）认真研究机构的结构及动作原理，分清固定件，确定主动件。

（2）沿着运动传递路线，分析两构件间相对运动的性质，以确定运动副的类型和数目。

（3）测量出运动副间的相对位置。

（4）选择运动简图的视图平面和比例尺（μ = 实际尺寸（m）/图示长度（mm）），绘制机构运动简图，并从运动件开始，按传动顺序标出各构件的编号和运动副的代号。在原动件上标出箭头以表示其运动方向。

例1－2－1　绘制如图1－2－9（a）所示的发动机配气机构的机构运动简图。

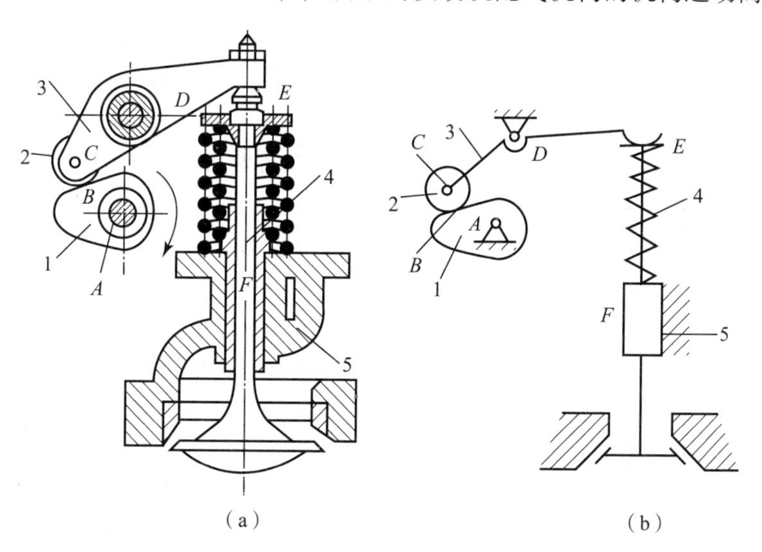

图1－2－9　发动机配气机构主体结构

1—凸轮；2—滚子；3—摇臂；4—气门；5—气门座

解 1）明确机构的组成

从主动件开始（按运动传递的顺序依次进行），即主动件（凸轮1）按顺时针方向转动，从动件（滚子2）绕转动副 C 转动，从动件（摇臂3）绕转动副 D 摆动，构件（气门4）做往复运动。故配气机构由5个构件，3个转动副 A、C、D，一个移动副 F 及两个高副 B 和 E 组成。

2）选择视图平面

一般选择与各构件运动平面相互平行的平面作为绘制机构简图的视图平面。

3）绘制机构简图

选择适当的比例，从主动件开始依次绘图，则可以得到配气机构的机构运动简图，如图1－2－9（b）所示。

1.2.3 平面机构自由度计算及具有确定运动的条件

为了使所设计的机构能够运动并具有运动的确定性，必须研究机构的自由度和机构具有运动确定性的条件。

1.2.3.1 构件的自由度

在平面运动中，每一个独立的构件的运动均可分为三个独立的运动，即沿 x 轴和 y 轴的移动及在 xoy 平面内的转动。构件的这三种独立的运动称为其自由度。所以，一个做平面运动的自由构件有3个自由度，如图1－2－10所示。

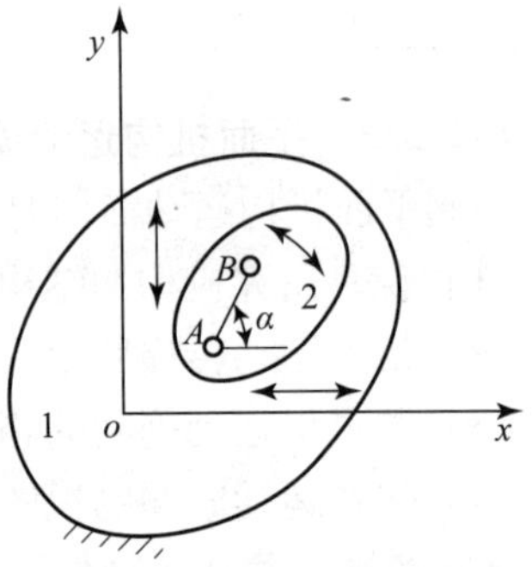

图1－2－10 平面构件自由度

1—构件1；2—构件2

1.2.3.2 运动副的约束

当两构件通过运动副连接，任一构件的运动将受到限制，从而使其自由度减少，这种限制就称为约束。每引入一个约束，构件就减少一个自由度。

如表1－2－1中所示，当两构件组成平面转动副时，两构件间便只具有一个独立的相对转动；当两构件组成平面移动副时，两构件间便只具有一个独立的相对移动。因此，平面低副实际引入了两个约束，而只保留了一个自由度。两构件组成高副时，在接触处公法线方向的移动受到约束，保留了沿公切线方向的移动和绕接触点的转动。因此，平面高副实际引入了一个约束，保留了两个自由度。

1.2.3.3 平面机构自由度的计算

所谓机构自由度是指机构相对于机架所具有的独立运动数目。

如果一个平面机构有 n 个活动构件（机架除外），在未用运动副连接之前，这些活动构件的自由度总数为 $3n$。当用运动副将构件连接起来组成机构后，机构中各构件具有的自由度数则随之减少。P_L 表示机构中低副的数目，P_H 表示高副的数目，则机构中全部运动副所引入的约束总数为 $2P_L+P_H$。因此，整个机构的自由度应为活动构件的总数减去运动副引入的约束总数，又称机构的活动度，以 F 表示，即

$$F=3n-2P_L-P_H \tag{1-2-1}$$

由平面机构自由度的公式可知，机构自由度 F 取决于活动构件的数目以及运动副的类型（低副或高副）和数目。

1.2.3.4 机构具有确定运动的条件

显然，机构要想运动，它的自由度必须大于零，即 $F>0$。由于每个原动件具有一个自

由度（如电动机转子具有一个独立转动，内燃机活塞具有一个独立移动）。因此，当机构自由度等于1时，需要有一个原动件；当机构自由度等于2时，就需要有两个原动件。也就是说，机构具有确定运动的条件是：机构的原动件数目必须等于机构的自由度数目。

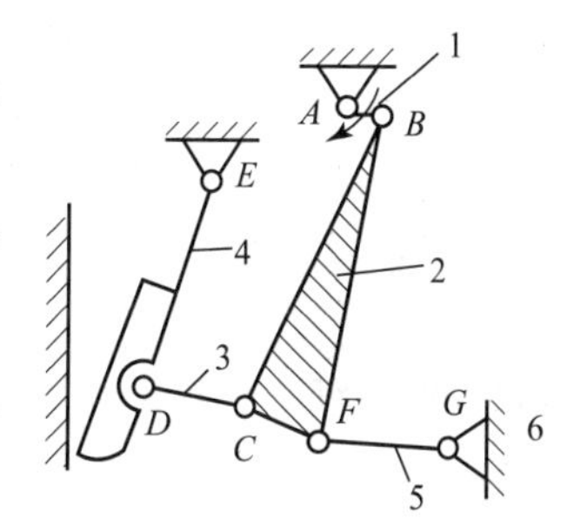

图1-2-11　颚式破碎机机构运动简图

由于机构原动件的运动是由外界给定的，属已知条件，所以只需算出该机构的自由度，就可判断机构的运动是否确定。

例1-2-2　试计算图1-2-11所示的颚式破碎机主体机构的自由度。

解　在颚式破碎机的主体机构中，有5个活动构件，即 $n=5$；组成的运动副是7个转动副，$P_L=7$；没有高副，$P_H=0$。所以由式（1-2-1）可得机构的自由度为：

$$F=3n-2P_L-P_H=3\times5-2\times7-0=1$$

该机构只有一个自由度，此机构原动件（偏心轴1）的数目与机构的自由度相等，故运动是确定的。当偏心轴绕 A 转动时，颚式破碎机就能按照一定的规律运动。

当算得的机构自由度等于零时，说明机构中活动构件的自由度总数与运动副引入的约束总数相等，自由度全部被取消，构件之间不可能存在任何相对运动，它们与固定件形成一刚性桁架。

例如在图1-2-12（a）中，5个构件用6个转动副相连，其机构自由度为零（$F=3n-2P_L-P_H=3\times4-2\times6=0$），显然，它是一个静定的桁架；图1-2-12（b）所示的三脚架其自由度也等于零；而图1-2-12（c）所示的机构，其自由度 $F=3n-2P_L-P_H=3\times3-2\times5=-1$，说明该机构约束过多，称为超静定桁架。

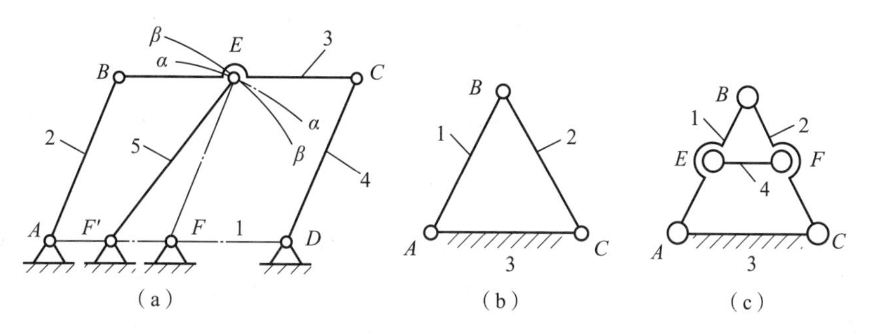

图1-2-12　桁架

1.2.3.5　平面机构自由度计算时的特殊情况

计算平面机构自由度时，必须注意下述几种特殊情况：

1. 复合铰链

两个以上构件同时在一处用转动副相连接则构成复合铰链。如图1-2-13（a）所示，三个构件在 B 处构成复合铰链。由图1-2-13（b）可知，其由构件3与4、2与4共组成两个转动副。同理，当 K 个构件用复合铰链相连接时，其组成的回转副数目应等于（$K-1$）个。在计算机构的自由度时，应特别注意是否存在复合铰链，并正确

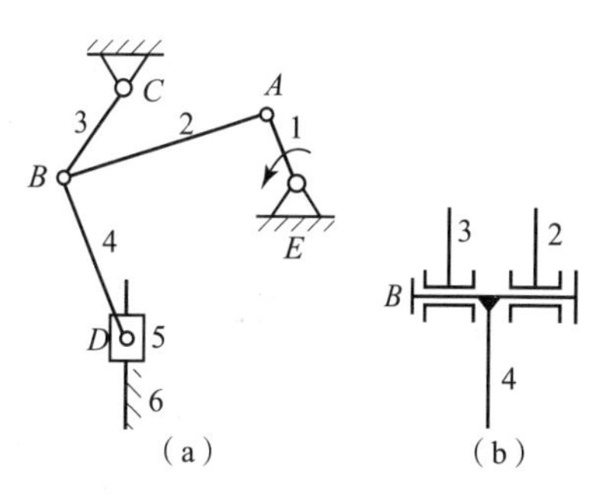

图1-2-13　复合铰链

定其运动副的数目。

例 1-2-3 计算如图 1-2-13（a）所示机构的自由度。

解 机构中有 5 个活动构件，即 $n=5$。

在 A、B、C、D 处组成 6 个转动副和 1 个移动副，其中 B 点为复合铰链，是两个转动副，即 $P_L=7$，高副数 $P_H=0$。按式（1-2-1）计算得机构的自由度为

$$F=3n-2P_L-P_H=3\times5-2\times7-0=1$$

即此机构只有一个自由度，该机构的原动件数与其自由度数相等，满足机构具有确定运动的条件。

2. 局部自由度

机构中常出现一种与整个机构运动无关的自由度，称为局部自由度或多余自由度，在计算机构自由度时应予以剔除。图 1-2-14（a）所示为一滚子从动件凸轮机构。当原动件凸轮 1 转动时，通过滚子 2 驱使从动件 3 以一定运动规律在机架 4 中做往复运动。不难看出，在这个机构中，无论滚子 2 绕其轴是否转动或转动快慢，都丝毫不影响从动件 3 的运动。因此，滚子绕其中心的转动是一个局部自由度。为了在计算机构自由度时去掉这个局部自由度，可设想将滚子与从动件焊成一体（转动副也随之消失），如图 1-2-14（b）所示。此时 $n=2$，$P_L=2$，$P_H=1$。该机构的自由度为

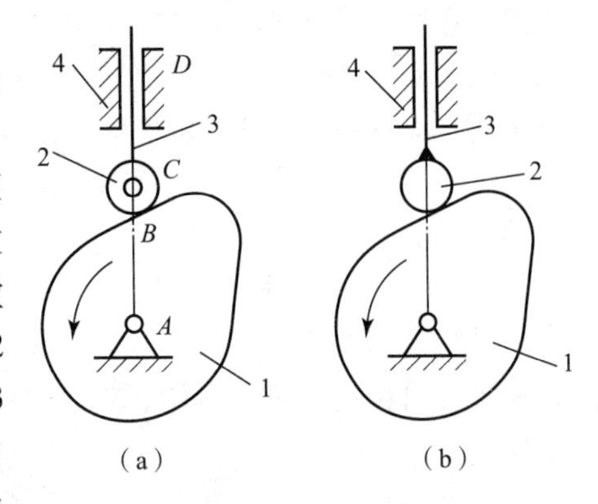

图 1-2-14 凸轮机构

1—凸轮；2—滚子；3—从动件；4—机架

$$F=3n-2P_L-P_H=3\times2-2\times2-1=1$$

局部自由度虽然不影响整个机构的运动，但它们（如滚子、滚动轴承、滚轮等）可使高副接触处的滑动摩擦变成滚动摩擦，减少磨损，所以在实际机械中常常会有局部自由度出现。

3. 虚约束

在运动副引入的约束中，有些约束对机构自由度的影响是重复的，这些重复的约束称为虚约束，应当除去不计。如图 1-2-15（a）所示的机构，其自由度为

$$F=3\times4-2\times6=0$$

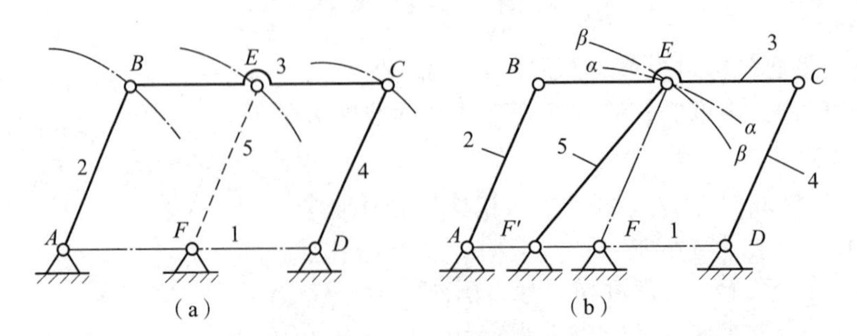

图 1-2-15 平行四边形中的虚约束

按照上述计算可知这类机构不能运动，但实际上机构能够产生运动，因为这里出现了虚约束。当 $AB/\!/EF/\!/CD$ 且相等时，平行四边形 $ABEF$ 或 $ABCD$ 以 AB 为原动件，A 点为圆心做

圆周运动时，构件 EF 和 CD 必然分别以 F、D 点为圆心做等同的圆周运动，同时构件 BC 做平动，其上任一点的轨迹形状相同。由于构件5及转动副 E、F 是否存在对整个机构的运动都不产生影响，所以构件5和转动副 E、F 引入的约束不起限制作用，是虚约束。除去虚约束之后，$n=3$，$P_L=4$，$P_H=0$，则该机构的自由度为1。

如果构件5不平行于构件2和4，如图1-2-15（b）所示，则 EF' 杆是真实约束，此时的自由度为零，即机构不能动。

除上述因运动轨迹重叠而产生的虚约束之外，在下述情况也会出现虚约束：

（1）两个构件组成同一导路或多个导路平行的移动副，而只有一个移动副起作用，其余都是虚约束，如图1-2-16（a）所示。构件1与构件2组成三个移动副 A、B、C，有两个虚约束，因为只需一个约束，压板就能沿其导路运动。

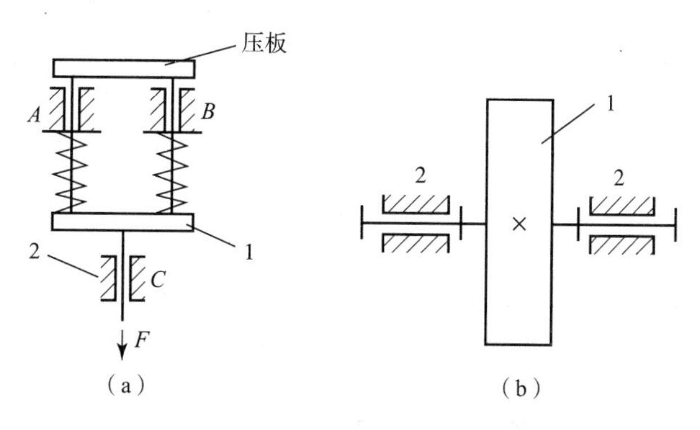

图1-2-16 两构件组成多个运动副

（2）两个构件之间组成多个轴线重合的转动副，而只有一个转动副起作用，其余都为虚约束。如两个轴承支承一根轴只能看作一个转动副，如图1-2-16（b）所示，构件1只需一个转动副的约束就能绕其轴线转动。

（3）机构中对传递运动不起独立作用的对称部分。如图1-2-17所示的行星轮系，中心轮1通过三个完全相同的行星齿轮2、2′和2″驱动内齿轮3，但2、2′或2″中只有一个齿轮起传递运动的独立作用，另两个没有此作用，是虚约束。

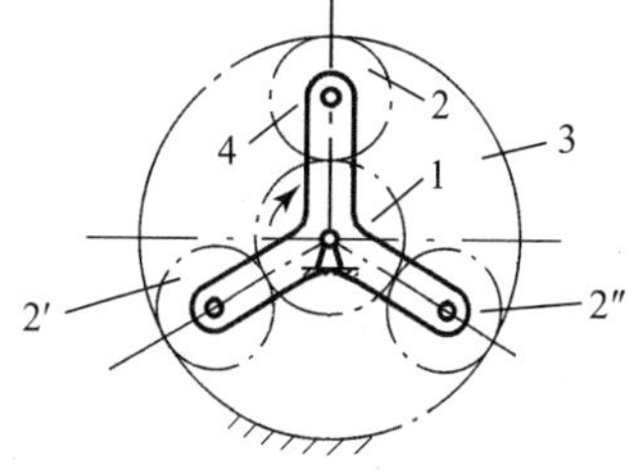

图1-2-17 对称结构引入的虚约束

从以上分析可知，虚约束对机构的运动不起作用，但它可以增强构件的刚性和使构件受力均衡，让机构运转平稳。在计算机构自由度时，必须考虑是否有虚约束，如有，应除去。

子任务3 平面连杆机构及其设计

任务引入

图1-3-1所示为铸造造型的翻箱机构，要求该机构在铸造过程中能完成上箱的翻转过程；图1-3-2所示为一惯性筛机构，要求筛网做变速往复直线运动，筛网上的物料由于惯性来回抖动，从而达到筛分物料的目的。为满足以上两机构的运动要求，这两个连杆机构应该如何进行设计？

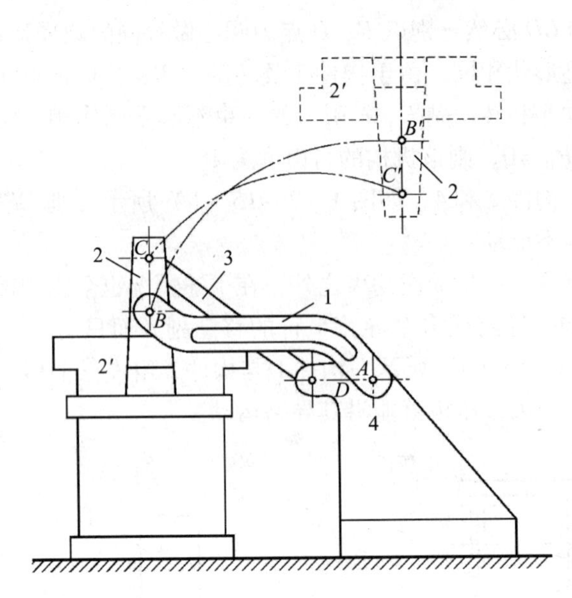

图 1-3-1　铸造造型的翻箱机构

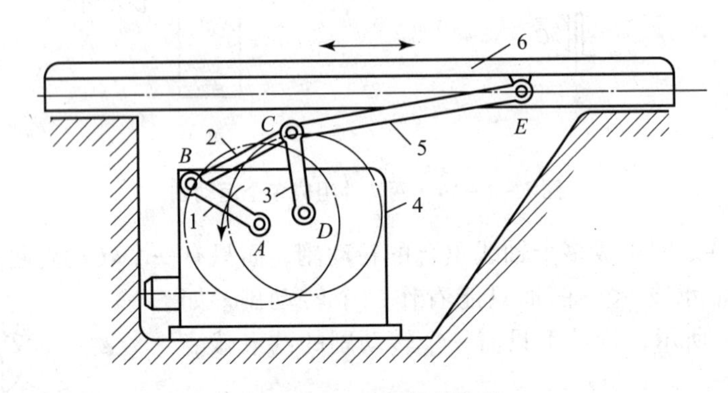

图 1-3-2　惯性筛机构

任务分析

由四个构件通过低副连接而构成的平面连杆机构，称为平面四杆机构。

平面连杆机构的主要优点有：由于组成运动副的两构件之间为面接触，因而承受的压强小、便于润滑、磨损较轻，可以承受较大的载荷；构件形状简单，加工方便，工作可靠；在主动件等速连续运动的条件下，当各构件的相对长度不同时，从动件可实现多种形式的运动，从而满足多种运动规律的要求。

主要缺点有：低副中存在间隙会引起运动误差，设计计算比较复杂，不易实现精确、复杂的运动规律；连杆机构运动时产生的惯性力也不适用于高速的场合，因而在应用上受到了一定的限制。

日常生活中连杆机构的应用随处可见，要想设计出理想的连杆机构，首先必须掌握其结构及工作特性，熟悉其基本形式，并掌握其基本的设计方法。

任务目标

1. 了解平面连杆机构的特点和应用；
2. 熟悉四杆机构的基本类型及其演化形式；

3. 掌握四杆机构的基本特性；

4. 了解四杆机构的设计过程。

1.3.1　铰链四杆机构的基本形式及演化

1.3.1.1　铰链四杆机构的基本形式

当四杆机构各构件之间以转动副连接时，称该机构为铰链四杆机构，如图1－3－3所示。

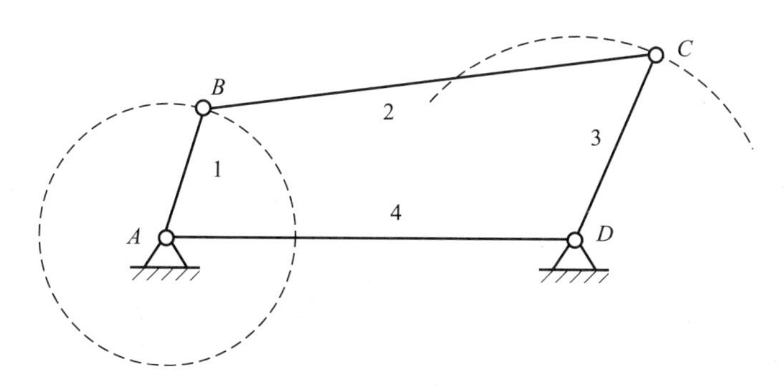

图1－3－3　铰链四杆机构

1—连架杆（曲柄）；2—连杆；3—连杆架（摇杆）；4—机架

在铰链四杆机构中，固定不动的杆4称为机架；与机架相连的杆1与杆3称为连架杆，其中能相对机架做整周回转的连架杆称为曲柄，仅能在某一角度范围内做往复摆动的连架杆称为摇杆；连接两连架杆的杆2称为连杆，连杆2通常做平面复合运动。

根据连架杆运动形式的不同，铰链四杆机构可分为曲柄摇杆机构、双曲柄机构和双摇杆机构三种基本型式。

1. 曲柄摇杆机构

具有一个曲柄、一个摇杆的铰链四杆机构称为曲柄摇杆机构，如图1－3－3所示。在曲柄摇杆机构中，取曲柄1为主动件时，可将曲柄的连续等速转动经连杆2转换为从动件摇杆3的变速往复摆动。取摇杆3为主动件时，可将摇杆的不等速往复摆动经连杆2转换为从动件曲柄1的连续旋转运动。

应用：如图1－3－4所示的雷达天线俯仰机构。

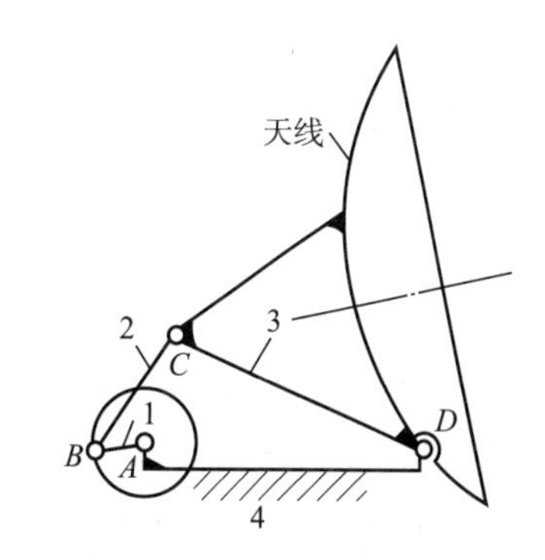

图1－3－4　雷达天线俯仰机构

1—连架杆；2—连杆；3—连架杆；4—机架

2. 双曲柄机构

具有两个曲柄的铰链四杆机构称为双曲柄机构。

双曲柄机构中，除普通双曲柄四杆机构（如图1－3－5所示）以外，常见的还有平行四边形机构和逆平行四边形机构。

（1）平行四边形机构：两曲柄长度相等，且连杆与机架的长度也相等，呈平行四边形，如图1－3－6所示。平行双曲柄机构的运动特点是：当主动曲柄1做等速转动时，从动曲柄3会以相同的角速度沿同一方向转动，连杆2则做平行移动。

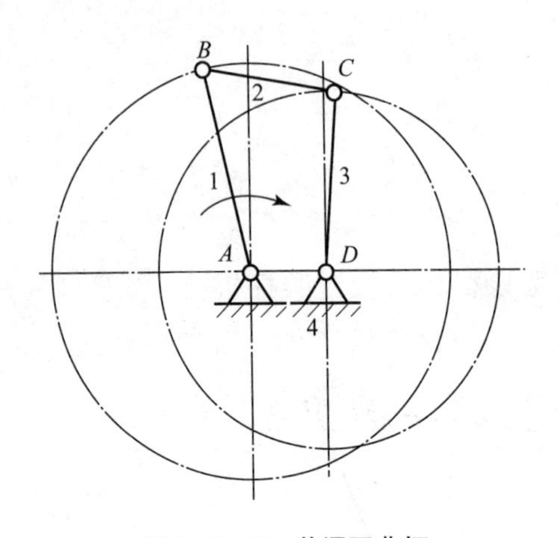

图 1－3－5　普通双曲柄

1—主动曲柄；2—连杆；3—从动曲柄；4—机架

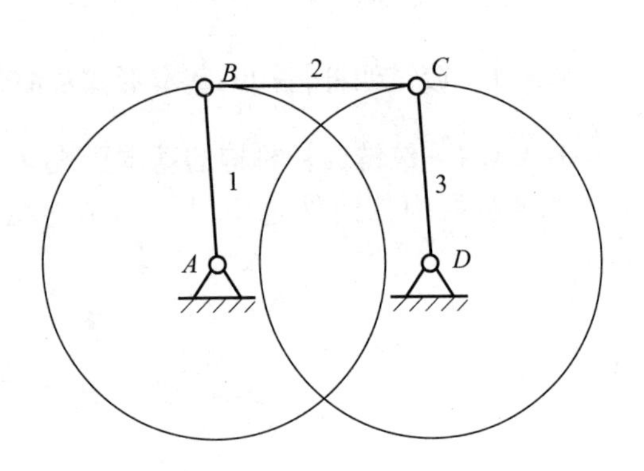

图 1－3－6　平行四边形机构

1—主动曲柄；2—连杆；3—从动曲柄

应用：如图 1－3－7 所示的机车车轮中采用的就是平行四边形机构。

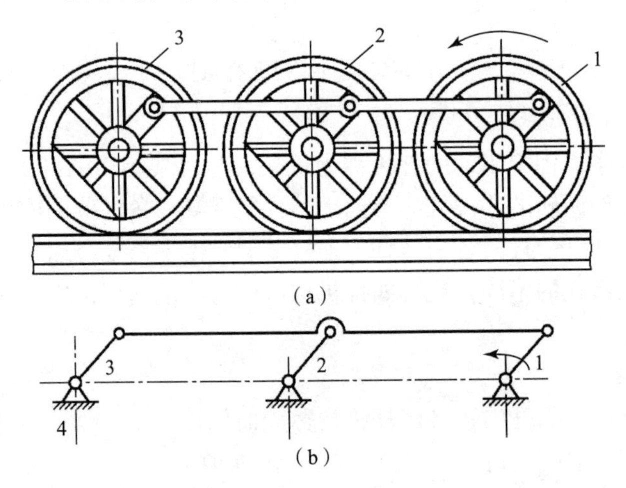

图 1－3－7　机车车轮

1—主动曲柄；2—连杆；3—从动曲柄；4—机架

（2）逆平行四边形机构：两曲柄长度相等，且连杆与机架的长度也相等，但转向相反，如图 1－3－8 所示。

应用：如图 1－3－9 所示的公交车车门的开启机构。

3. 双摇杆机构

铰链四杆机构中，若两连架杆均为摇杆，则称为双摇杆机构，如图 1－3－10 所示。

应用：如图 1－3－11 所示的鹤式起重机就采用了双摇杆机构。

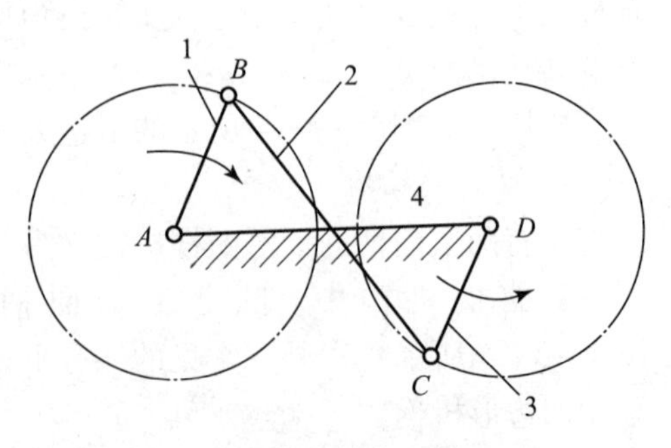

图 1－3－8　逆平行四边形机构

1，3—曲柄；2—连杆；4—机架

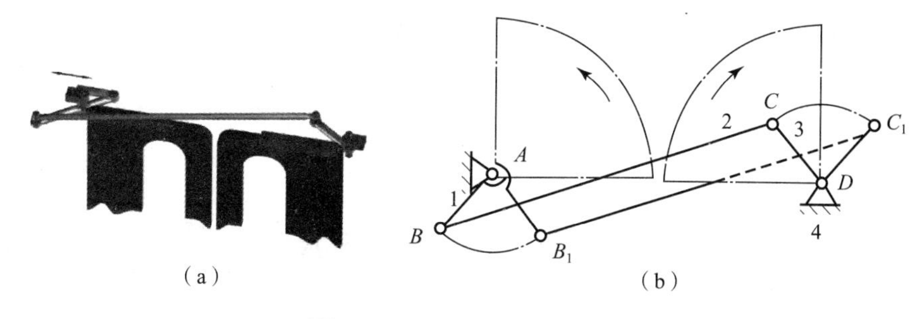

图1-3-9　公交车车门机构

1，3—曲柄；2—连杆；4—机架

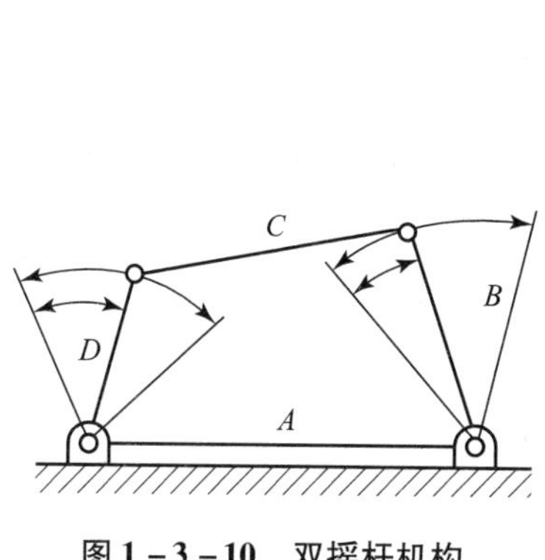

图1-3-10　双摇杆机构

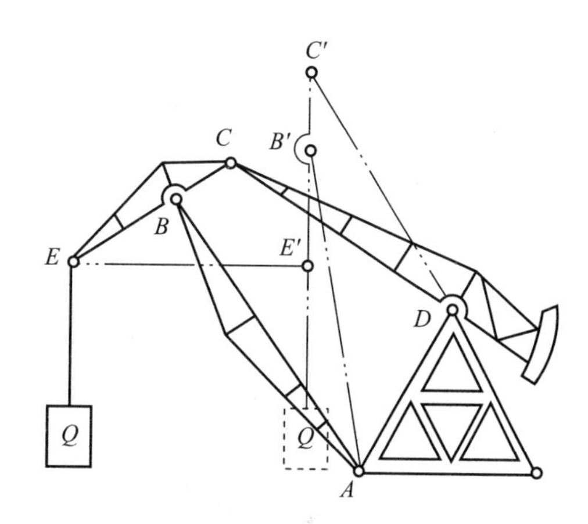

图1-3-11　鹤式起重机

1.3.1.2　铰链四杆机构的演化

1. 转动副转化为移动副

如图1-3-12（a）所示的曲柄摇杆机构中，当曲柄 AB 转动时，摇杆 CD 上 C 点的轨迹是圆弧 mm，且当摇杆长度越长时，曲线 mm 越平直。当摇杆为无限长时，mm 将成为一条直线，这时可把摇杆做成滑块，转动副 D 将演化成移动副，这种机构称为曲柄滑块机构，如图1-3-12（c）所示。

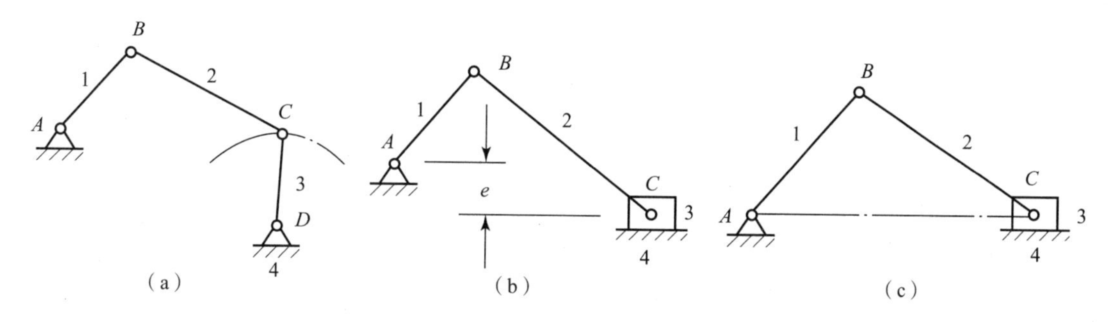

图1-3-12　曲柄滑块机构的演化

曲柄滑块机构根据滑块移动导路到曲柄回转中心之间的距离 e 的有无又分为两种：偏置曲柄滑块机构——e 不等于零，如图1-3-12（b）所示；对心曲柄滑块机构——e 等于零，如图1-3-12（c）所示。

2. 选取不同的构件为机架

首先来了解一个概念——低副运动的可逆性。所谓低副运动的可逆性就是指以低副相连接的两构件之间的相对运动关系，不会因取其中哪一个构件为机架而改变，这一性质称为低副运动的可逆性。

当取不同的构件为机架时，会得到不同的四杆机构，如表 1－3－1 所示。

表 1－3－1　四杆机构的几种型式

铰链四杆机构	含一个移动副的四杆机构	机架
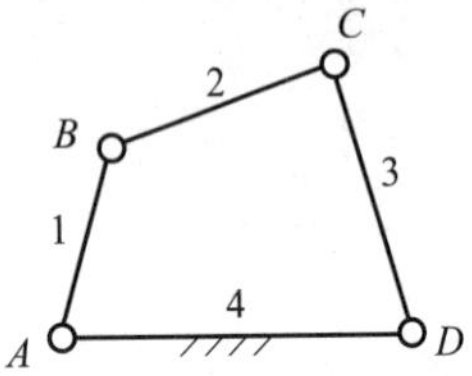 曲柄摇杆机构	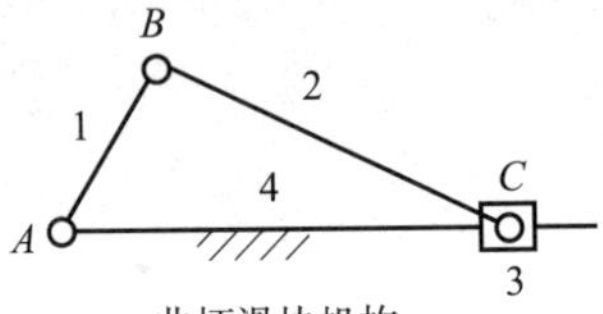 曲柄滑块机构	4
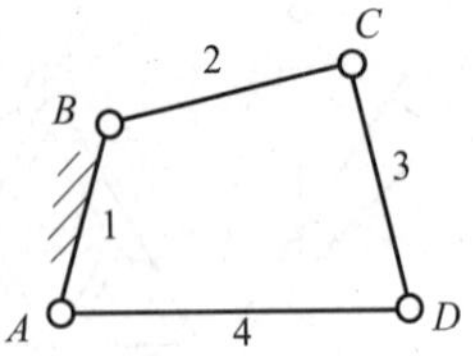 双曲柄机构	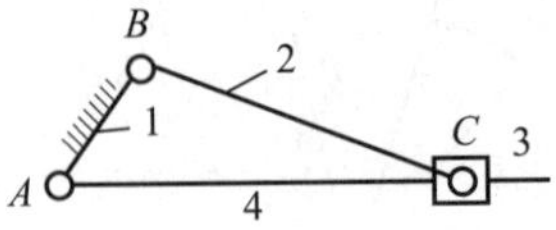 转动导杆机构	1
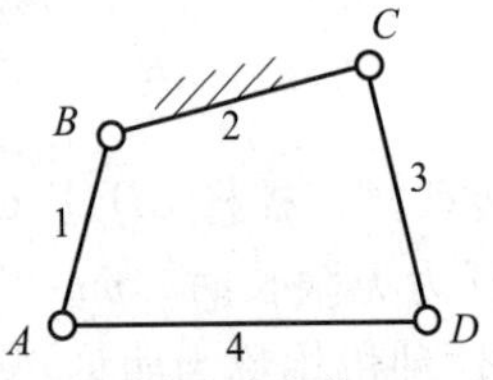 曲柄摇杆机构	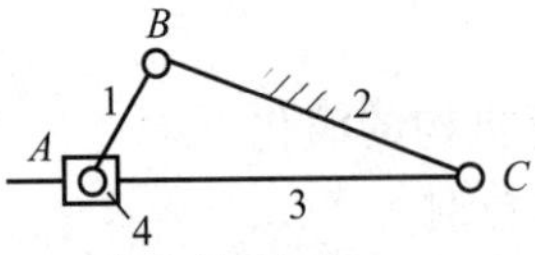 摆动导杆机构 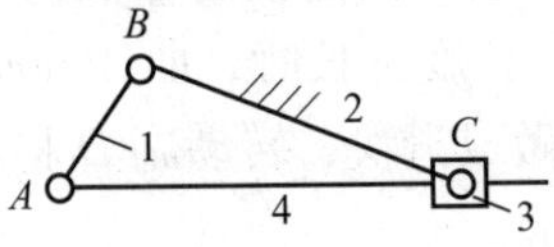 曲柄摇块机构	2
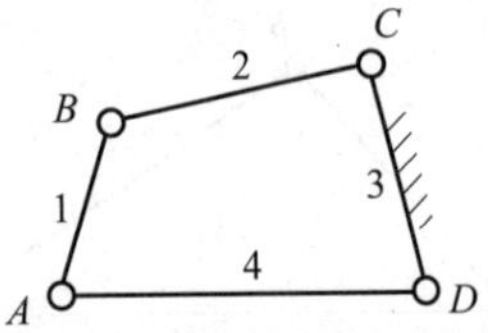 双摇杆机构	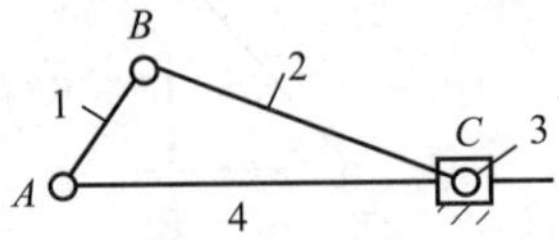 移动导杆机构	3

3. 变换构件的形态

演化前，图 1－3－13 所示为曲柄摇块机构，其中滑块 3 绕 C 点做定轴往复摆动，构件 2 为杆状；演化后，图 1－3－14 所示为摆动导杆机构。在设计机构时，由于实际需要，改杆状构件 2 为块状构件，改块状构件 3 为杆状构件，称构件 3 为摆动导杆。

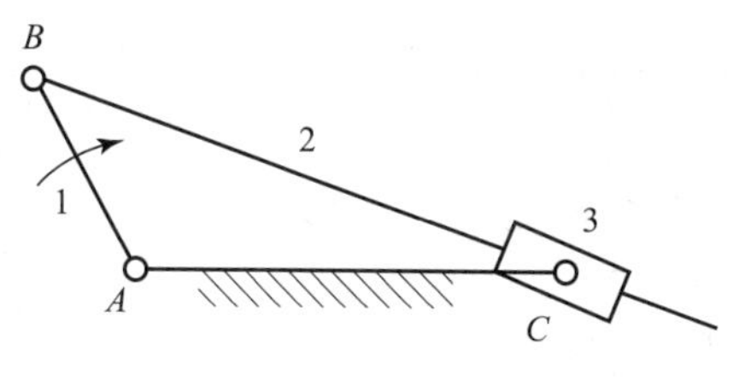

图1－3－13　曲柄摇块机构

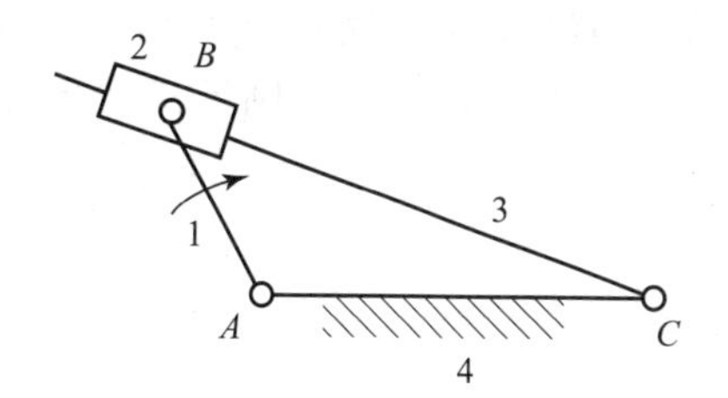

图1－3－14　摆动导杆机构

4. 扩大转动副的尺寸

演化前，图1－3－15所示为曲柄摇杆机构；演化过程如图1－3－16所示。将曲柄1端部的转动副B的半径加大至超过曲柄1的长度，曲柄1变成一个几何中心为B、回转中心为A的偏心圆盘，其偏心距e即为原曲柄长。该机构与原曲柄摇杆机构的运动特性完全相同，其机构运动简图也完全一样。

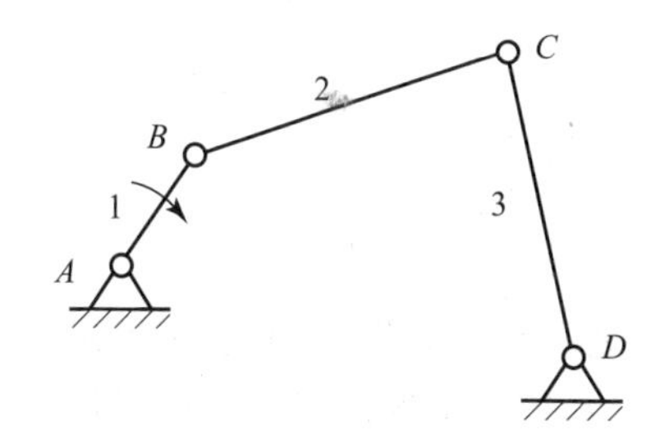

图1－3－15　曲柄摇杆机构

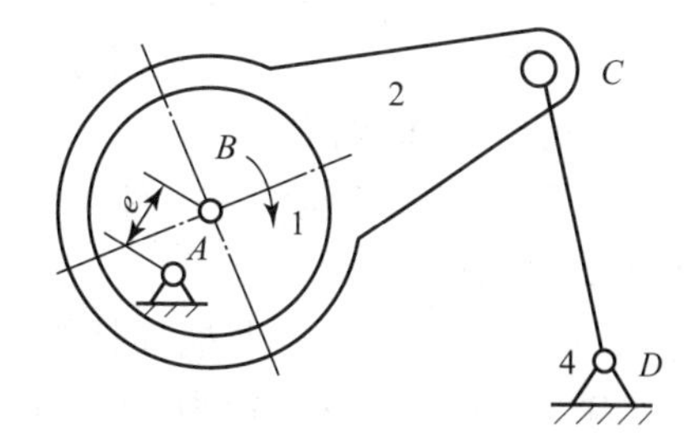

图1－3－16　偏心轮机构

1.3.2　铰链四杆机构的基本特性

1.3.2.1　铰链四杆机构存在曲柄的条件

铰链四杆机构三种基本形式的主要区别在于是否存在曲柄和存在几个曲柄，实质取决于各杆的相对长度以及选取哪一杆作为机架。

平面四杆机构有曲柄的前提是其运动副中必有周转副存在，所谓周转副就是指能做整周相对运动的转动副，故下面先来确定转动副为周转副的条件。

设四构件中最长杆的长度为L_{max}，最短杆的长度为L_{min}，其余两杆长度分别为L'和L''，则周转副存在的条件可表示为$L_{max}+L_{min}\leqslant L'+L''$。反之，机构中无周转副。

曲柄是能绕机架做整周转动的连杆架，由周转副存在的条件不难得出铰链四杆机构曲柄存在的条件为：

（1）最短杆与最长杆长度之和小于等于其余两杆长度之和；

（2）连架杆和机架中必有一杆为最短杆。

1.3.2.2　铰链四杆机构基本类型的判断方法

由以上条件可得出铰链四杆机构基本类型的判断方法如下：

（1）当最短杆与最长杆长度之和小于或等于其余两杆长度之和时（$L_{max}+L_{min}\leqslant L'+L''$）：

①若最短杆的相邻杆为机架，则机构为曲柄摇杆机构；

②若最短杆为机架，则机构为双曲柄机构；

③若最短杆的对边杆为机架，则机构为双摇杆机构。

（2）当最短杆与最长杆长度之和大于其余两杆长度之和（$L_{\max}+L_{\min}>L'+L''$）时，则不论取何杆为机架，机构均为双摇杆机构。

例1-3-1　如图1-3-17所示的四杆机构中，各杆长度为$a=25$ mm，$b=90$ mm，$c=75$ mm，$d=100$ mm，试求：

（1）若杆AB是机构的主动件，AD为机架，则该机构是什么类型的机构？

（2）若杆BC是机构的主动件，AB为机架，则该机构是什么类型的机构？

图1-3-17　四杆机构

（3）若杆BC是机构的主动件，CD为机架，则该机构是什么类型的机构？

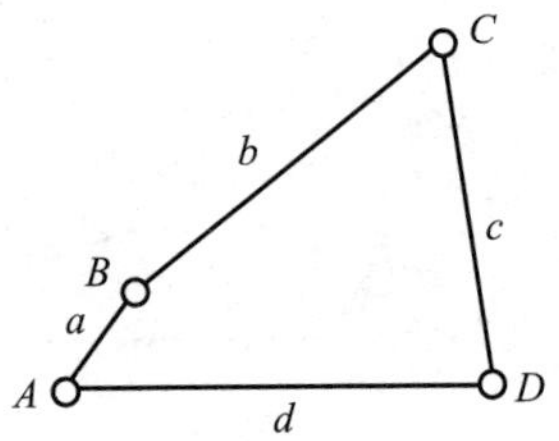

解　（1）若杆AB是机构的主动件，AD为机架，因为

$$l_{AB}+l_{AD}=25+100=125\ (\text{mm})<l_{BC}+l_{CD}=90+75=165\ (\text{mm})$$

满足杆长之和条件，主动件AB为最短构件，AD为机架，将得到曲柄摇杆机构。

（2）同上，机构满足杆长之和条件，AB为最短构件为机架，与其相连的构件BC为主动件，将得到双曲柄机构。

（3）若杆BC是机构的主动件，CD为机架，将得到双摇杆机构。

1.3.2.3　急回特性

在图1-3-18所示的曲柄摇杆机构中，AB为曲柄是原动件并做等角速度转动，BC为连杆，CD为摇杆，C_1D位置为CD杆的初始位置，C_2D为终止位置，摇杆在两极限位置之间所夹角度称为摇杆的摆角，用φ表示。当摇杆CD由C_1D位置摆动到C_2D位置时，所需时间为t_1，平均速度为$v_1=\dfrac{C_1C_2}{t_1}$，曲柄AB以等角速度顺时针从AB_1转到AB_2，转过角度为$\varphi_1=180°+\theta$；当摇杆CD由C_2D摆回到C_1D位置时，所需时间为t_2，平均速度为$v_2=\dfrac{C_1C_2}{t_2}$，曲柄AB以等角速度顺时针从AB_2转到AB_1，转过的角度为$\varphi_2=180°-\theta$。由于曲柄AB以等角速度转动，且$\varphi_1>\varphi_2$，所以$t_1>t_2$，则有$v_2>v_1$。

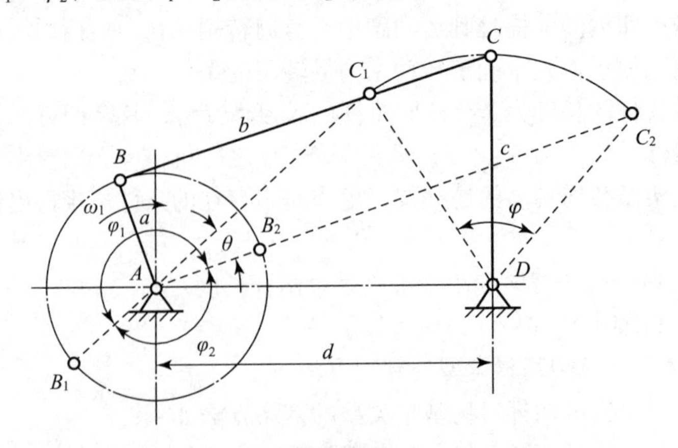

图1-3-18　曲柄摇杆机构的急回特性

如把进程平均速度定为v_1，空行程返回速度则为v_2，显而易见，当主动件曲柄AB以等角速度转动时，从动件摇杆CD往复摆动的平均速度不相等，从动件回程速度比进程速度

快，这一性质称为机构的急回特性。

机构急回特性的相对程度，可用行程速度变化系数 K 来表示

$$K=\frac{v_2}{v_1}=\frac{\dfrac{C_1C_2}{t_2}}{\dfrac{C_1C_2}{t_1}}=\frac{t_1}{t_2}=\frac{\varphi_1}{\varphi_2}=\frac{180^\circ+\theta}{180^\circ-\theta}$$

即

$$K=\frac{180^\circ+\theta}{180^\circ-\theta}$$

式中，θ 称为极位夹角，即摇杆在极限位置时，曲柄两位置之间所夹的锐角。

θ 表示了急回程度的大小，θ 越大，K 值越大，机构急回的程度越高，但从另一方面看，机构运动的平稳性就越差；当 $\theta=0$ 时，机构无急回特性。

综上所述，可得连杆机构从动件具有急回特性的条件是：

（1）主动件为曲柄做等速整周转动；

（2）从动件做往复运动；

（3）极位夹角 $\theta>0$。

对于对心式曲柄滑块机构，因为 $\theta=0$，故其没有急回特性；而对于偏置式曲柄滑块机构和摆动导杆机构，由于不可能出现 $\theta=0$ 的情况，所以其始终具有急回特性。

1.3.2.4　压力角和传动角

平面连杆机构不仅要保证实现预定的运动要求，而且应当运转效率高，并具有良好的传力特性。通常用压力角或传动角表示连杆机构的传力特性，如图 1－3－19 所示。

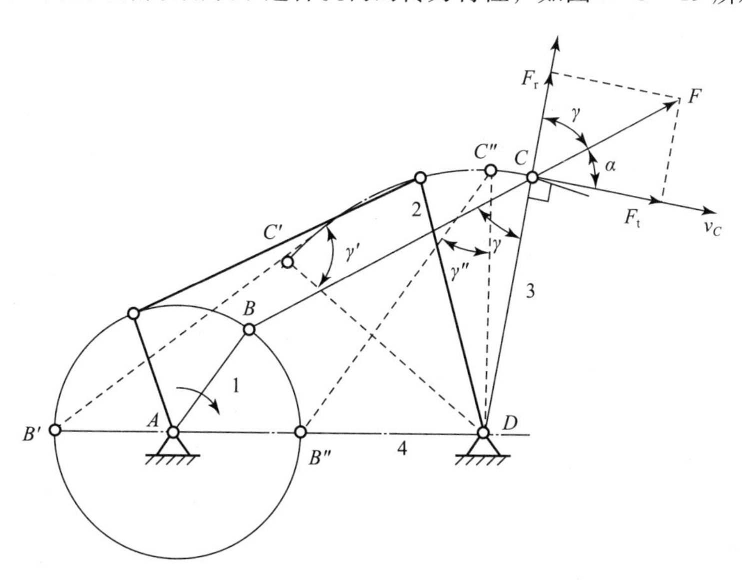

图1－3－19　曲柄摇杆机构的压力角和传动角

从动件 C 点力 $\boldsymbol{F}$ 的方向与 C 点的速度 $\boldsymbol{v}_C$ 方向间所夹的锐角 α，称为压力角，压力角的余角 γ 称为传动角。F 分解为两个分力 F_t 和 F_r：

$$F_t=F\cos\alpha=F\sin\gamma$$

$$F_r=F\sin\alpha=F\cos\alpha$$

显然，压力角越小，从动件运动的有效分力越大，机构传动的效率也越高，所以可用压

力角的大小来判断机构的传力特性。

为了度量方便，常用压力角 α 的余角 γ 判断机构性能。传动角 γ 是连杆与摇杆所夹的锐角。因 $\gamma = 90° - \alpha$，α 越小或 γ 越大，机构传力性能越好；当 γ 过小时，机构就不能传动。机构运转过程中，压力角 α 和传动角 γ 随从动件的位置变化而变化。为了保证机构能正常工作，要限制工作行程的最大压力角 α_{max} 或最小传动角 γ_{min}，一般设计时应使最小传动角 $\gamma_{min} \geqslant 40°$；对于高速和大功率的传动机械，应使 $\gamma_{min} \geqslant 50°$。

铰链四杆机构运转时如图 1－3－19 所示，最小传动角 γ_{min} 的位置是在曲柄与机架共线的两个位置处，可出现传动角 γ'' 的最小值。

对于偏置曲柄滑块机构，曲柄为主动件时，其传动角 γ 为连杆与导路垂线所夹的锐角，因此，当曲柄处于与偏距方向相反一侧垂直导路的位置时出现 γ_{min}，如图 1－3－20 所示。

对于曲柄导杆机构的传动角，如图 1－3－21 所示，当曲柄 AB 为主动件时，因滑块对导路的作用力始终垂直于导杆，故其传动角 γ 恒为 90°，这说明曲柄摆动导杆机构具有良好的传力性能。

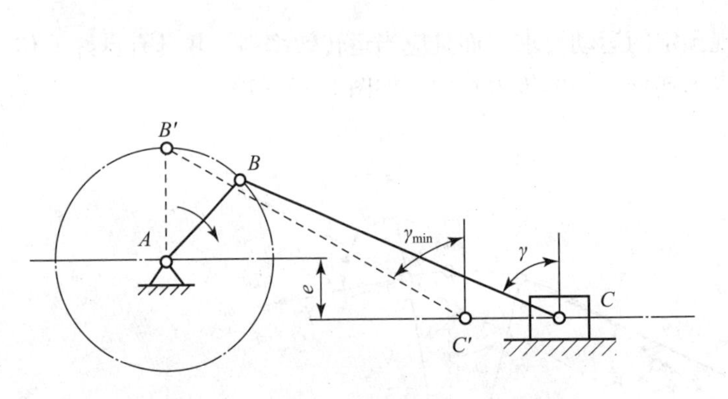

图 1－3－20　曲柄滑块机构的传动角

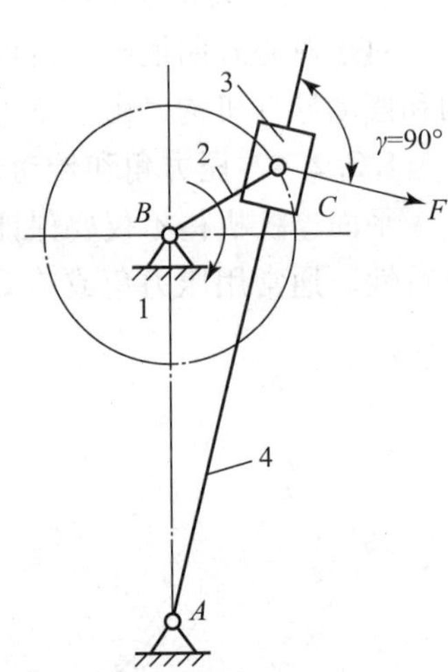

图 1－3－21　曲柄导杆机构的传动角

1.3.2.5　死点位置

在曲柄摇杆机构中，若摇杆 CD 为主动件、曲柄 AB 为从动件，当连杆 BC 与曲柄 AB 处于共线位置时，连杆 BC 与曲柄 AB 之间的传动角 $\gamma = 0°$，压力角 $\alpha = 90°$，这时摇杆 CD 经连杆 BC 传给从动件曲柄 AB 的力通过曲柄转动中心 A，转动力矩为零，从动件不转，机构停顿，机构所处的这种位置称为死点位置，有时把死点位置简称为死点，如图 1－3－22 所示。

机构存在死点位置是不利的，对于连续运转的机器，要想使机构顺利地通过死点位置，可采用如下方法：

（1）利用从动件的惯性顺利地通过死点位置。例如，家用缝纫机的踏板机构中大带轮就相当于飞轮，利用其惯性通过死点，如图 1－3－23 所示。

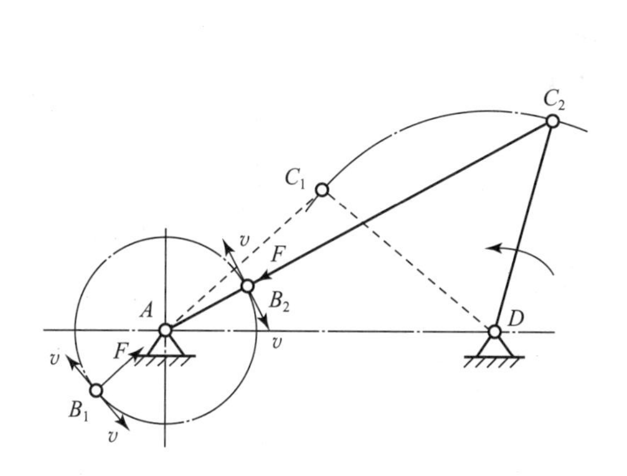

图1-3-22　曲柄摇杆机构的死点位置

图1-3-23　缝纫机的大带轮

（2）采用错位排列的方式顺利地通过死点位置，如V型发动机，如图1-3-24所示。由于错位排列的方式使两机构的死点位置互相错开，因此，当一个机构处于死点位置时，另一机构不存在死点位置，可使曲轴始终获得有效力矩。

死点位置在传动中并不总是起消极作用。在实际工程中，不少场合也是利用死点位置来实现一定的功能。如图1-3-25所示的夹具，当工件5被夹紧后，四杆机构中的铰链中心B、C、D处于同一条直线上，工件经杆1传给杆2、杆3的力通过回转中心D，转动力矩为0，杆3不会转动，因此当力去掉后仍能夹紧工件。

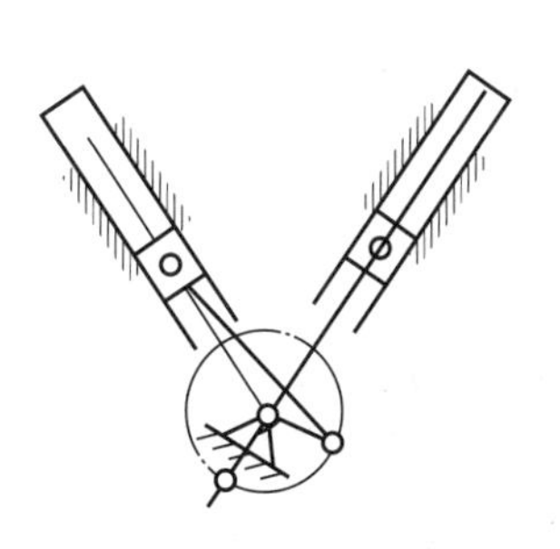

图1-3-24　V型发动机

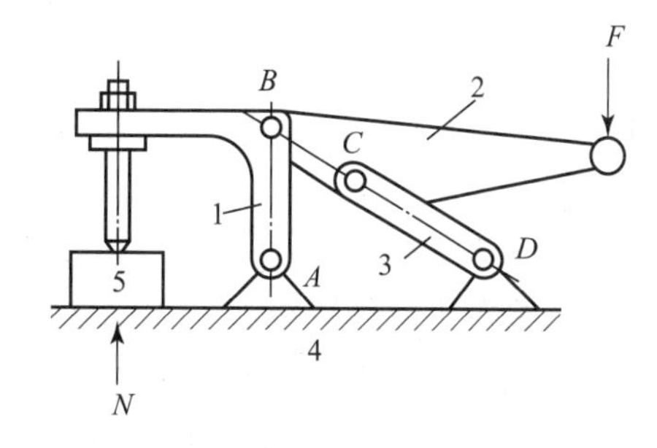

图1-3-25　夹紧机构

1.3.3　铰链四杆机构的运动设计实例

1.3.3.1　给定连杆三个位置设计四杆机构

已知条件：如图1-3-26所示，已知连杆BC的长度l_2及连杆的三个预定位置B_1C_1、B_2C_2、B_3C_3，要求确定四杆机构的其余杆件的位置和尺寸。

设计的关键是确定固定铰链A和D的位置，从而确定其他三杆的长度l_1、l_3、l_4。由于连杆3上B、C两点的轨迹分别为以A、D为圆心的圆弧，所以A、D必分别位于B_1B_2、B_2B_3、C_1C_2、C_2C_3的垂直平分线上。

其设计步骤如下：

（1）选取适当比例尺，按连杆长度及给定位置画出B_1C_1、B_2C_2、B_3C_3。

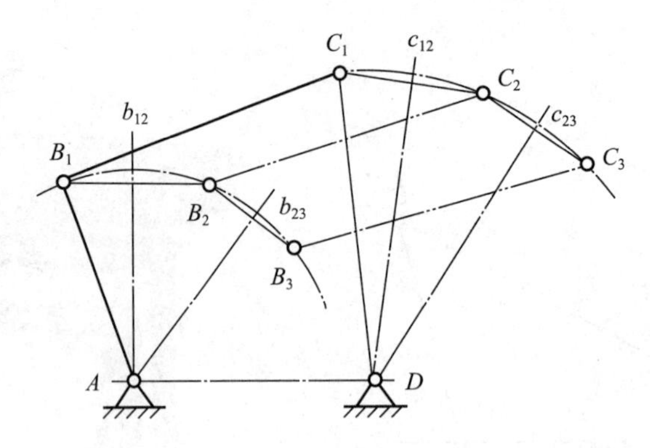

图 1－3－26　给定连杆三个位置设计四杆机构

（2）分别连接 B_1 和 B_2、B_2 和 B_3 及 C_1 和 C_2、C_2 和 C_3，作 B_1B_2 和 B_2B_3 的垂直平分线 b_{12} 和 b_{23} 及 C_1C_2 和 C_2C_3 的垂直平分线 c_{12} 和 c_{23}，分别得交点 A 和 D，该两点即是两个连架杆的固定铰链中心。连接 AB_1 和 C_1D，AB_1C_1D 即为所求的四杆机构。

例 1－3－2　设计一砂箱翻转机构。翻台在位置Ⅰ处造型，在位置Ⅱ处起模，翻台与连杆 BC 固连成一整体，$l_{BC}=0.5$ m，机架 AD 为水平位置，如图 1－3－27 所示。

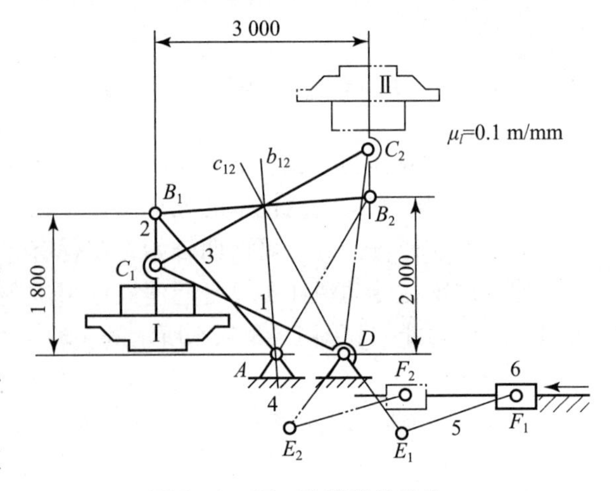

图 1－3－27　砂箱翻转机构

解　由题意可知此机构的两个连杆位位置，其设计步骤如下：

（1）$\mu_l=0.1$ m/mm，则 $BC=l_{BC}/\mu_l=5$ mm，在给定位置作 B_1C_1、B_2C_2；

（2）作 B_1B_2 中垂线 b_{12}，C_1C_2 中垂线 c_{12}；

（3）按给定机架位置作水平线，与 b_{12}、c_{12} 分别交得点 A、D；

（4）连接 AB_1 和 C_1D，即得到各构件的长度为

$$l_{AB}=\mu_l\cdot AB_1=0.1\times25=2.5\ (\text{m})$$

$$l_{CD}=\mu_l\cdot C_1D=0.1\times27=2.7\ (\text{m})$$

$$l_{AD}=\mu_l\cdot AD=0.1\times8=0.8\ (\text{m})$$

本题解是唯一的，给定的机架 AD 位置是辅助条件。

若给定连杆三个已知位置，其设计过程与上述基本相同。但由于有三个确定位置，相应三点可定一圆，故一般情况下有确定解。

1.3.3.2　给定行程速比系数设计四杆机构

1. 设计曲柄摇杆机构

已知条件：摇杆长度 l_3、摆角 φ 和行程速度变化系数 K。

设计的关键是确定铰链中心 A 的位置，从而定出其他三杆尺寸 l_1、l_2 和 l_4。

其设计步骤如下：

（1）由给定的行程速度变化系数 K，求出极位夹角 θ，即

$$\theta = 180° \cdot \frac{K-1}{K+1}$$

（2）取适当比例尺，任意固定铰链中心 D 的位置，根据摇杆长度 l_3 和摆角 φ，作出摇杆的两个极限位置 C_1D 和 C_2D。

（3）作$\angle C_1C_2O=\angle C_2C_1O=90°-\theta$，由三角形内角和等于180°可知，$\angle C_1OC_2=2\theta$。

（4）以 O 为圆心、OC_1 为半径作圆，在圆周（C_1C_2 除外）上任取一点 A 作为曲柄铰链中心。连接AC_1 和 AC_2，便得曲柄与连杆的两个共线位置。圆周角$\angle C_1AC_2=1/2\angle C_1OC_2=\theta$。

（5）因$AC_1=l_2-l_1$，$AC_2=l_2+l_1$，从而得曲柄长度$l_1=1/2(AC_2-AC_1)$。再以 A 为圆心、l_1 为半径作圆，交 C_1A 的延长线于B_1，交 C_2A 于B_2，即得$B_1C_1=B_2C_2=l_2$及$AD=l_4$，如图1－3－28所示。

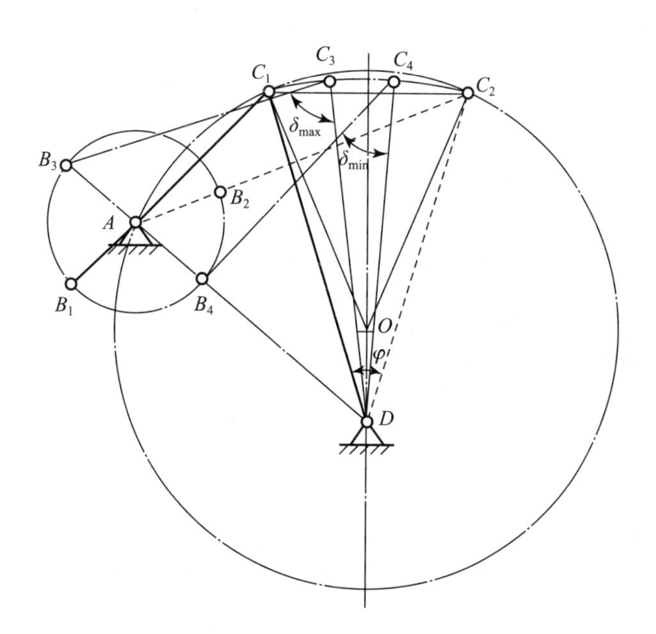

图1－3－28　四杆机构的设计

由于 A 点可以在以 O 为圆心、OC_1 为半径的圆周上适当范围内任意选取，所以可得到无穷多解。A 点位置不同，机构传动角大小也不同。为了获得良好的传动质量，可按照最小传动角或其他辅助条件确定 A 点的位置，如图1－3－28所示。

子任务4　凸轮机构及其设计

任务引入

图1－4－1所示为一内燃机配气机构，其中构件3为机架，当凸轮1匀速转动时，其曲线轮廓通过与气阀2的平底接触，使气阀有规律地开启和闭合进气口或排气口，则该凸轮机构应该如何进行设计？

任务分析

凸轮机构是具有曲线轮廓或凹槽的构件，是通过高副接触带动从动构件实现预期运动规律的一种机构。它广泛地应用于各种机械，特别是在印刷机、纺织机、内燃机以及各种自动和半自动机械中。在机械设计中，当需要从动件必须准确地实现某种预期的运动规律时，常采用凸轮机构。

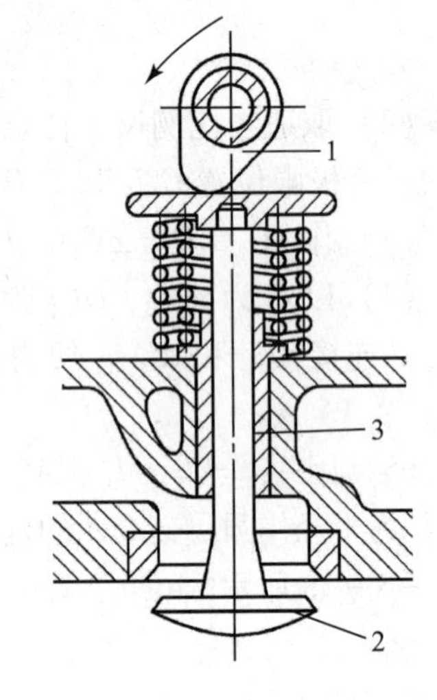

图 1-4-1　内燃机配气机构
1—凸轮；2—气阀；3—机架

内燃机工作时需要进、排气阀门交替间歇地启闭以实现进气和排气有序进行；而进、排气阀门又是由凸轮机构的推杆控制的，凸轮本身在齿轮机构的带动下做连续匀速转动，是否可以将凸轮的连续转动转化为推杆的间歇运动？如果可以，如何将凸轮的连续转动转化为从动件的间歇运动是凸轮机构设计的关键。

任务目标

1. 了解凸轮机构的应用和分类；
2. 熟悉从动件常用的运动规律及选择原则；
3. 掌握图解法设计盘形凸轮轮廓曲线的方法；
4. 掌握凸轮机构基本尺寸的确定原则，并根据这些原则，能正确设计和选择凸轮机构各参数；
5. 掌握凸轮机构压力角、基圆半径的工程意义。

1.4.1　凸轮机构的组成和类型

1.4.1.1　凸轮机构的组成

凸轮机构一般由主动件凸轮、从动件和机架组成。其作用是将凸轮的连续转动或移动转换为从动件的连续或不连续的移动或摆动。与连杆机构相比，凸轮机构便于准确地实现给定的运动规律，但由于凸轮与从动件构成的高副是点接触或线接触，所以易磨损。另外，高精度凸轮机构的设计和制造也比较困难。

图 1-4-2 所示为自动车床靠模机构。拖板带动从动件 2 沿靠模凸轮 1 的轮廓运动，刀刃走出手柄外形轨迹。

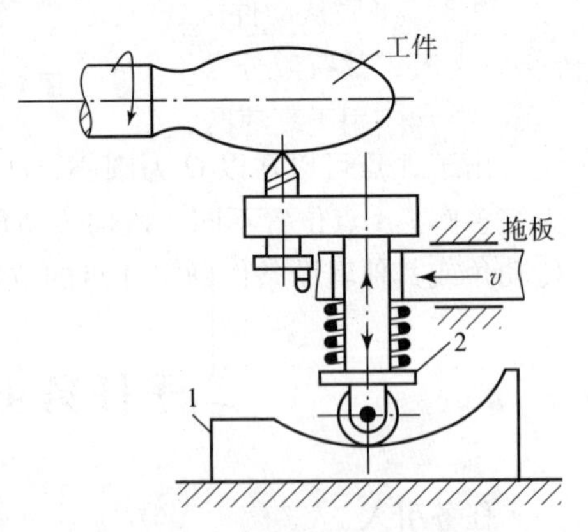

图 1-4-2　自动车床靠模机构
1—靠模凸轮；2—从动件

图 1-4-3 所示为自动机床进刀机构。图中具有曲线凹槽的构件叫作凸轮，当它等速回转时，用其曲线形沟槽驱动从动摆杆 2 绕固定点 O 做往复摆动，通过扇形齿轮和固接在刀架 3 上的齿条控制刀具进刀和退刀，刀架运动规律则取决于凸轮 1 上曲线凹槽的形状。

1.4.1.2　凸轮机构的类型

凸轮机构的形式多种多样，常用的分类方法有以下几种：

1. 按凸轮的形状分类

（1）盘形凸轮。如图1－4－1所示，凸轮呈盘状，并且具有变化的向径。当其绕固定轴转动时，可推动从动件在垂直于凸轮转轴的平面内运动。它是凸轮最基本的形式，具有结构简单、应用广泛的特点。

（2）移动凸轮。当盘形凸轮的转动中心位于无穷远处时，就演化成了如图1－4－2所示的凸轮，这种凸轮称为移动凸轮，凸轮呈板状，它相对于机架做直线往复运动。

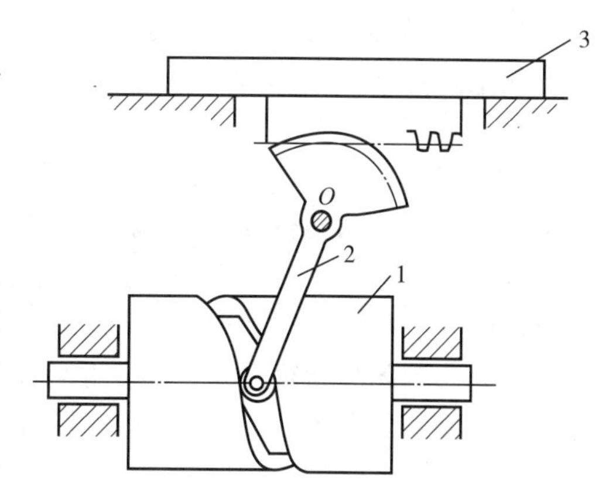

图1－4－3　自动机床进刀机构

1—凸轮；2—从动摆杆；3—刀架

（3）圆柱凸轮。如图1－4－3所示，凸轮的轮廓曲线作在圆柱体上。它可以看作是把上述移动凸轮卷成圆柱体演化而成的。

在盘形凸轮和移动凸轮机构中，凸轮与从动件之间的相对运动均为平面运动，故称为平面凸轮机构。在圆柱凸轮机构中，凸轮与从动件之间的相对运动是空间运动，故称为空间凸轮机构。

2. 按从动件形状分类

（1）尖顶从动件。如图1－4－4（a）所示，从动件的尖顶能够与任意复杂的凸轮轮廓保持接触，从而使从动件实现任意的运动规律。这种从动件结构简单，但尖顶处易磨损，故只适用于速度较低和传力不大的场合。

（2）滚子从动件。如图1－4－4（b）所示，从动件端部装有可以自由转动的滚子，借以减少摩擦和磨损，能传递较大的动力。但其端部结构复杂，质量较大，不易润滑，故不适用于高速凸轮机构中。

（3）平底从动件。如图1－4－4（c）所示，当不计摩擦时，凸轮对从动件的驱动力垂直于平底，其有效分力较大，凸轮与从动件之间为线接触，接触处易形成油膜，润滑状况好，故常应用于高速凸轮机构中。但平底从动件不适用于轮廓曲线有内凹的凸轮。

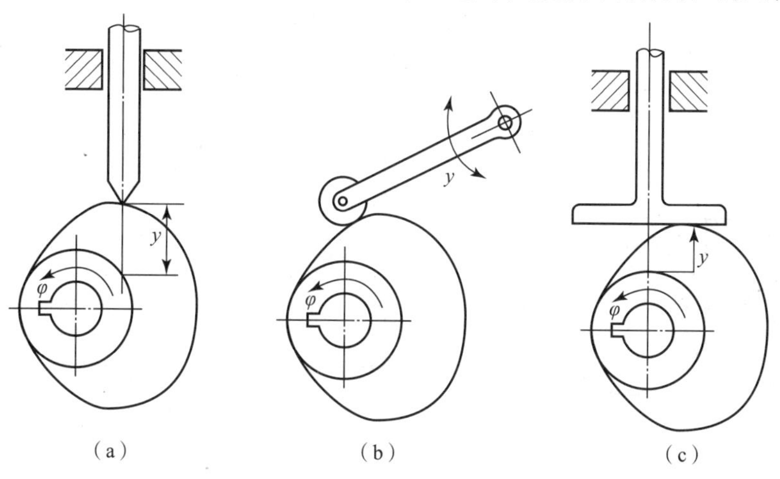

图1－4－4　凸轮从动件的类型

3. 按从动件的运动形式分类

无论凸轮与从动件形状如何，就从动件运动形式而言只有两种：

（1）移动从动件。如图 1－4－1 和图 1－4－2 所示，从动件做往复移动。

（2）摆动从动件。如图 1－4－3 和图 1－4－4（b）所示，从动件做往复摆动。

4. 按凸轮与从动件维持高副接触的方法分类

为保证凸轮机构正常工作，必须保证凸轮轮廓与从动件始终维持高副接触。根据维持高副接触的方法不同，凸轮机构又可以分为以下两类：

（1）力封闭型凸轮机构。力封闭型凸轮机构是指利用重力、弹簧力或其他外力使从动件与凸轮轮廓始终保持接触的凸轮机构。如图 1－4－1 所示，就是利用弹簧力维持高副接触的实例。

（2）形封闭型凸轮机构。所谓形封闭型凸轮机构，是指利用高副元素本身的几何形状使从动件与凸轮轮廓始终保持接触。如图 1－4－5 所示，凸轮曲线做成凹槽，从动件的滚子置于凹槽中。依靠凹槽两侧的轮廓使从动件在凸轮运动过程中始终保持接触。

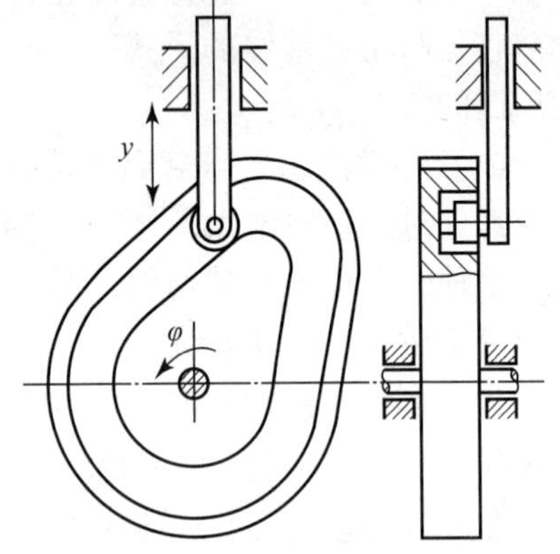

图 1－4－5　形封闭型凸轮机构

1.4.2　从动件常用运动规律

1.4.2.1　凸轮与从动件的运动关系

图 1－4－6 所示为尖顶移动从动件盘形凸轮，以凸轮轮廓最小向径 r_b 为半径所作的圆称为基圆，从动件与基圆接触时处于“最低”位置。图 1－4－6（a）中尖顶与基圆上 A 点的接触处为从动件上升的起始位置。当凸轮以等角速度 ω 逆时针转过 δ_t 角时，从动件尖顶与凸轮轮廓 AB 段接触并按某一运动规律上升 h 至最高位置 B'，这个过程称为推程，δ_t 称为推程运动角。凸轮转过 δ_s 角时，从动件与凸轮轮廓 BC 段接触，并在最高处静止不动，这个过程称为远程休止过程，δ_s 称为远休止角。

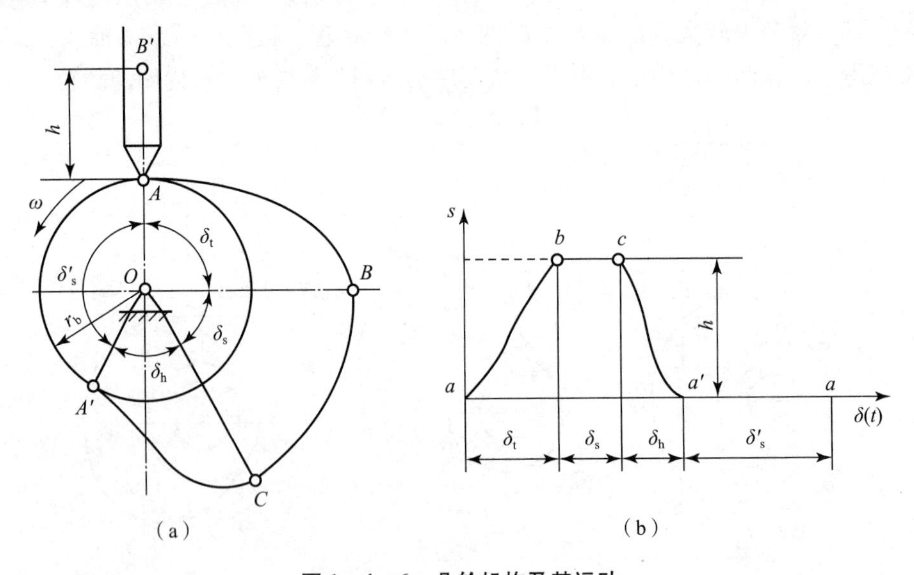

图 1－4－6　凸轮机构及其运动

当凸轮转过 δ_h 角时，从动件尖顶与凸轮轮廓上 CA' 接触，从动件按某一运动规律下降 h，这个过程称为回程，δ_h 称为回程运动角。当凸轮转过 δ'_s 时，从动件尖顶与凸轮轮廓上 $A'A$ 段接触，从动件在最低处静止不动，这个过程称为近程休止过程，δ'_s 称为近程休止角。凸轮连续回转时，从动件重复上述升—停—降—停的运动循环。

由以上分析可知，从动件运动规律是与凸轮轮廓曲线的形状相对应的。通常设计凸轮主要是根据从动件的运动规律，绘制凸轮轮廓曲线。

1.4.2.2　从动件常用的运动规律

从动件运动规律是指从动件位移、速度及加速度与凸轮转角（或时间）的关系。通常把位移、速度、加速度随转角（或时间）的变化曲线称为从动件运动线图，如图1－4－6（b）所示。

常用从动件运动规律主要有以下几种。

1. 等速运动规律

凸轮角速度 ω 为常数时，从动件速度 v 不变，称为等速运动规律。位移方程可表达为

$$s = \frac{h}{\delta_0}\delta \tag{1-4-1}$$

图1－4－7所示为其推程运动的位移线图、速度线图及加速度线图。

2. 等加速、等减速运动规律

所谓等加速、等减速运动规律，即从动件在推程或回程的前半个行程采用等加速运动，后半个行程采用等减速运动，两部分加速度的绝对值相等。对前半个行程，其位移方程为：

$$s = \frac{2h}{\delta_0^2}\delta^2 \tag{1-4-2}$$

图1－4－8所示为其前半个行程的位移线图、速度线图及加速度线图。

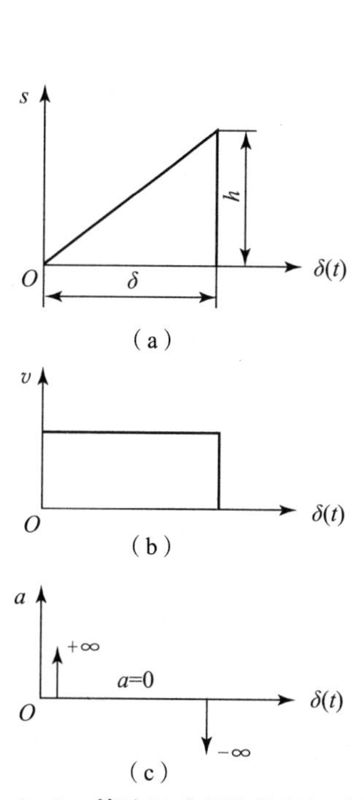

图1－4－7　等速运动规律推程运动线图

（a）位移线图；（b）速度线图；（c）加速度线图

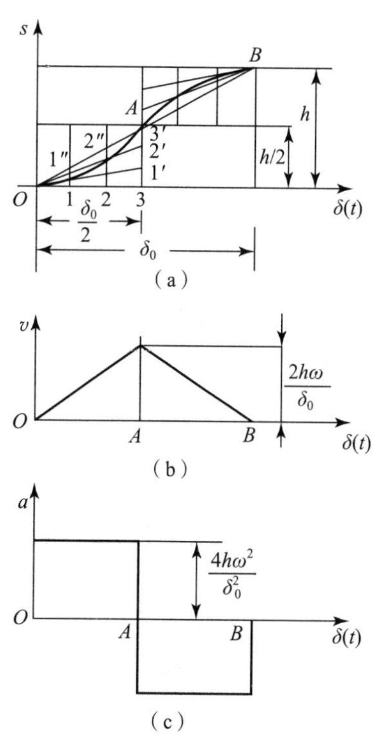

图1－4－8　等加速、等减速运动规律运动线图

（a）位移线图；（b）速度线图；（c）加速度线图

3. 余弦加速度运动规律

余弦加速度运动规律的加速度曲线为1/2个周期的余弦曲线，位移曲线为简谐运动曲线（又称简谐运动规律），位移方程为：

$$s = \frac{h}{2}\left[1 - \cos\left(\frac{\pi}{\delta_0}\delta\right)\right] \tag{1-4-3}$$

图1-4-9所示为其位移线图、速度线图及加速度线图。

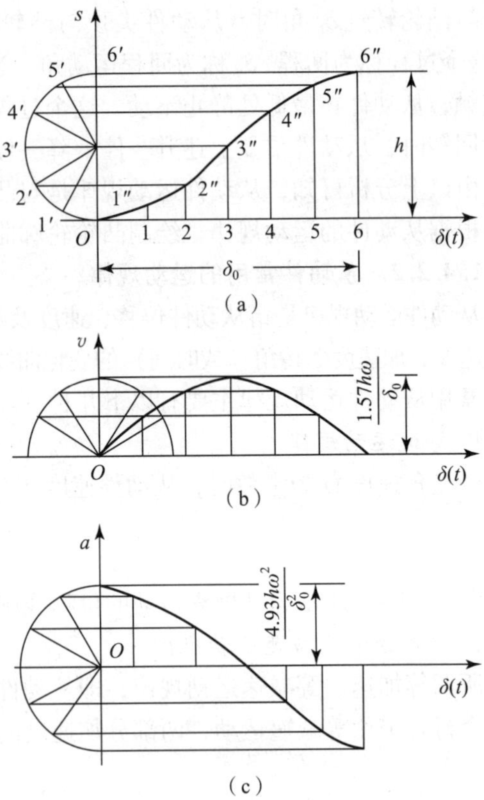

从以上的运动线图中，我们可以看出几种常用运动规律的特点。

图1-4-9　余弦加速度运动规律运动线图

(a) 位移线图；(b) 速度线图；(c) 加速度线图

1）等速运动规律

等速运动规律其速度曲线不连续，从动件在运动起始和终止时速度有突变，此时加速度在理论上由零瞬间变为无穷大，从而使从动件突然产生理论上无穷大的惯性力。虽然实际上由于材料具有弹性，加速度和惯性力不至于达到无穷大，但仍会使机构产生强烈冲击，这种冲击称为刚性冲击。这种运动规律适用于轻载、低速的场合。

2）等加速、等减速运动规律

等加速、等减速运动规律其速度曲线连续，故不会产生刚性冲击，但其加速度曲线在运动的起始、中间和终止位置不连续，加速度有突变，这种加速度有限值突变引起的冲击称为柔性冲击。它比刚性冲击小得多，因此这种运动规律适用于中速凸轮机构。

3）余弦加速度运动规律

余弦加速度运动规律其速度曲线连续，故不会产生刚性冲击，但其加速度曲线在运动的起始位置不连续，加速度有突变，会产生柔性冲击，一般用于中速中载的场合。但当从动件做无停歇升—降—升连续运动时，加速度曲线变成连续曲线，可用于高速场合。

凸轮机构的其他常用运动规律可参阅有关资料。

1.4.3　图解法设计凸轮轮廓

当根据工作要求选定了凸轮机构的类型和从动件的运动规律后，可根据其他必要的给定条件，进行凸轮轮廓曲线的设计。凸轮轮廓曲线的设计方法有图解法和解析法。图解法简便、直观，但精度有限，适用于低速和对从动件运动规律要求不太严格的凸轮机构。对高速或高精度的凸轮，则须采用解析法设计。下面主要介绍图解法。

1.4.3.1　凸轮轮廓曲线设计的基本原理

凸轮机构工作时，凸轮与从动件都是运动的，而绘制在图样上的凸轮是静止的，为此，绘制凸轮轮廓曲线时常采用反转法。如图1-4-10所示，设凸轮绕轴 O 以等角速度 ω 顺时针转动。

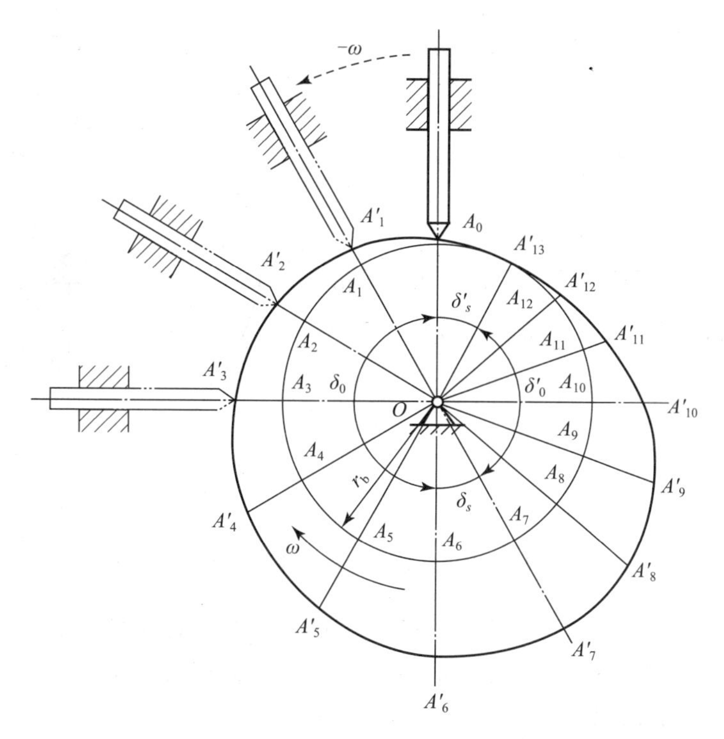

图1－4－10　反转法原理

根据相对运动原理，假定给整个机构加上一个与 ω 相反的公共角速度 $-\omega$，这样凸轮就固定不动了，而从动件连同机架一起以公共角速度 $-\omega$ 绕 O 轴转动。同时从动件在导路中相对机架做与原来完全相同的往复移动。由于从动件尖顶始终与凸轮轮廓曲线接触，故从动件尖顶的运动轨迹便是凸轮的理论轮廓曲线，这就是反转法原理。反转法适用于各种凸轮轮廓曲线的设计。

1. 尖顶对心移动从动件盘形凸轮轮廓曲线的绘制

移动从动件盘形凸轮机构中，从动件导路通过凸轮转动轴心，称为对心移动从动件盘形凸轮机构。

设已知某尖顶从动件盘形凸轮机构的凸轮按顺时针方向转动，从动件中心线通过凸轮回转中心，从动件尖顶距凸轮回转中心的最小距离为 30 mm。当凸轮转动时，在 0°～90°范围内从动件匀速上升 20 mm，在 90°～180°范围内从动件停止不动，在 180°～360°范围内从动件匀速下降至原处。试绘制此凸轮轮廓曲线。

作图步骤如下：

（1）选择适当的比例尺 μ_L，取横坐标轴表示凸轮的转角 δ，纵坐标轴表示从动件的位移 s。

（2）按区间等分位移曲线的横坐标轴。确定从动件的相应位移量。在位移曲线横坐标轴上，将 0°～90°升程区间分成 3 等份，将 180°～360°回程区间分成 6 等份（90°～180°休止区间无须等分），并过这些等分点分别作垂线 1－1′，2－2′，3－3′，…，9－9′，这些垂线与位移曲线相交所得的线段，就代表相应位置从动件的位移量 s，即 $s_1=1-1'$，$s_2=2-2'$，$s_3=3-3'$，…，$s_9=9-9'$，如图1－4－11（a）所示。

（3）作基圆，作各区间的相应等分角线。以 O 为圆心，以 $OA_0=30$ mm 为半径，按已选定的比例尺作圆，此圆称为基圆，如图1－4－11（b）所示。沿凸轮转动的相反方向，按位移曲线横坐标的等分方法将基圆各区间作相应等分，画出各等分角线 OA_0，OA_1，OA_2，…，OA_9。

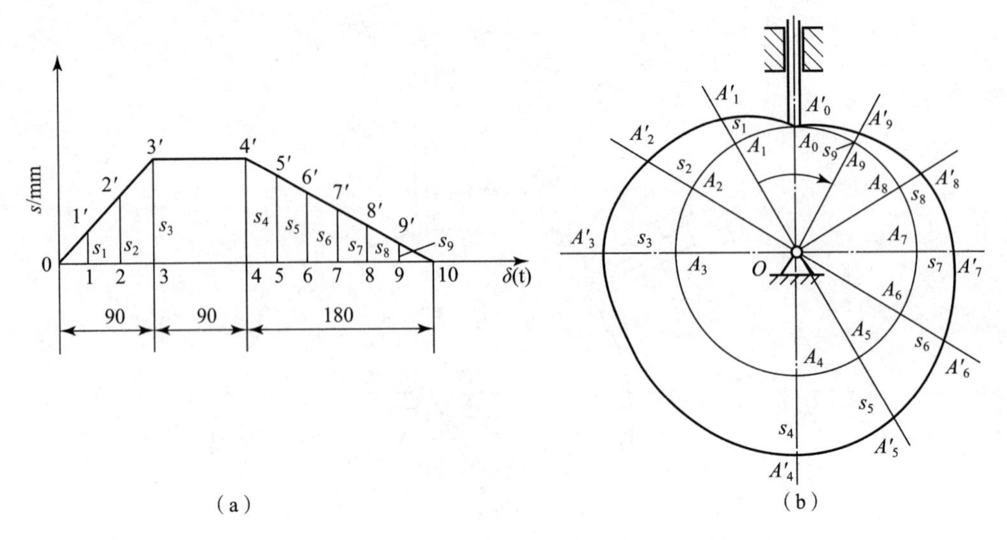

图 1-4-11　尖顶从动件盘形凸轮轮廓线曲线的画法

（4）绘制凸轮轮廓曲线。在基圆各等分角线的延长线上截取相应线段 $A_1A_1' = s_1$，$A_2A_2' = s_2$，$A_3A_3' = s_3$，…，$A_9A_9' = s_9$，得 A_1'，A_2'，A_3'，…，A_9'各点，将这些点连成一光滑曲线，即为所求的凸轮轮廓曲线，如图 1-4-11（b）所示。

2. 滚子对心移动从动件盘形凸轮轮廓曲线的绘制

绘制滚子从动件盘形凸轮轮廓曲线可分为两步：

（1）把从动件滚子中心作为从动件的尖顶，按照尖顶从动件盘形凸轮轮廓曲线的绘制方法，绘制凸轮轮廓曲线 B，该曲线称为理论轮廓曲线，如图 1-4-12 所示。

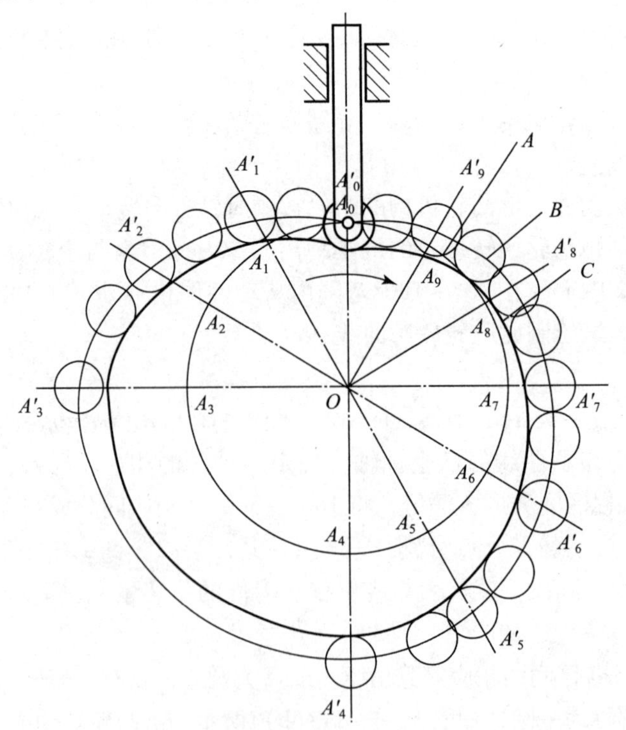

图 1-4-12　滚子从动件盘形凸轮轮廓曲线的画法

（2）以理论轮廓曲线上的各点为圆心，以已知滚子半径为半径作一簇滚子圆，再作这些圆的光滑内切曲线 C（包络线），即得该滚子从动件盘形凸轮的工作轮廓曲线（见图1－4－12）。在作图时，为了更精确地定出工作轮廓曲线，在理论轮廓曲线的急剧转折处应画出较多的滚子小圆。

3. 偏置式尖顶从动件盘形凸轮轮廓曲线的绘制

图1－4－13所示为偏置式尖顶从动件盘形凸轮机构，其从动件导路偏离凸轮回转中心的距离 e 称为偏距。以 O 为圆心、偏距 e 为半径所作的圆称为偏距圆。从动件在翻转过程中，其导路中心线必然始终与偏距圆相切。如图1－4－13所示，过基圆上各分点 B_1、B_2、B_3…作偏距圆的切线，并沿这些切线自基圆向外量取从动件相应位置的位移，即 $B_1B'_1$，$B_2B'_2$，$B_3B'_3$，…。以上是偏置从动件与对心从动件凸轮轮廓作图时的不同之处，其余作图步骤两者完全相同。应注意作偏距圆时的长度比例尺必须与基圆、位移一致。

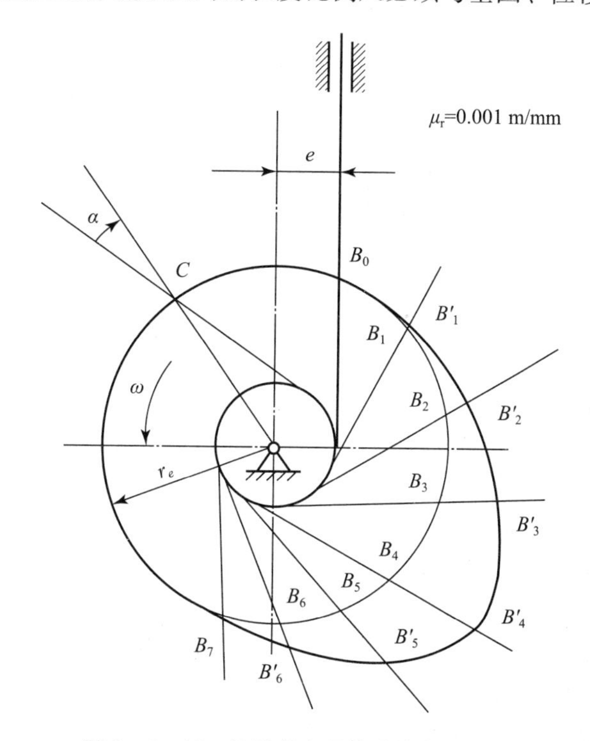

图1－4－13　偏置式尖顶从动件盘形凸轮

若采用滚子从动件，则图1－4－13所示的轮廓曲线为理论轮廓曲线，按前述方法即可作出所要设计的实际轮廓曲线。

4. 摆动从动件盘形凸轮轮廓曲线的绘制

图1－4－14所示为一尖底摆动从动件盘形凸轮机构。设已知条件：从动件运动规律 Ψ—φ 角位移线图（见图1－4－14（b）），凸轮基圆半径 r_b，凸轮与摆动从动件的中心距为 l_{OA}，摆杆长度为 l_{AB}，凸轮以等角速度 ω 逆时针转动，推程时从动件做顺时针摆动。根据翻转法，其轮廓曲线的作图步骤如下：

（1）选取适当比例尺 μ_l。根据给定的 l_{OA} 定出 O，A_0 的位置；以 O 为圆心、r_b 为半径作基圆；再以 A_0 为圆心、l_{AB} 为半径作圆弧交基圆于 B_0 点，该点即是从动件尖顶的起始位置。注意，若要求从动件在推程中逆时针摆动，则 B_0 应在 OA_0 的下方。

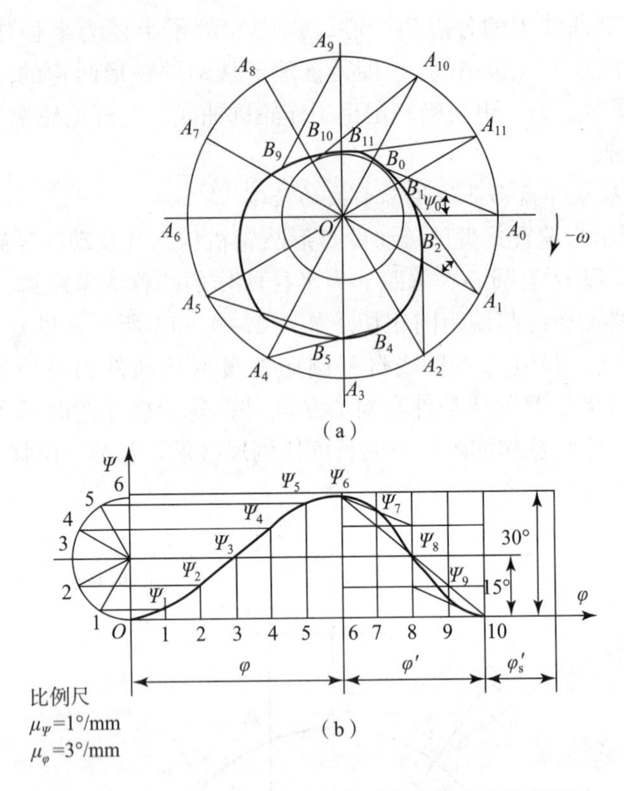

图 1-4-14　尖底摆动从动件盘形凸轮轮廓曲线的画法

（2）以 O 为圆心、OA_0 为半径作圆。自 OA_0 开始，沿“$-\omega$”方向依次取 φ、φ'、φ_s'，并将 φ、φ' 分成与角位移线图对应的若干等份，得 A_1、A_2、A_3…各点，便得到从动件回转中心在反转过程中的一系列位置点。

（3）作$\angle OA_1B_1$、$\angle OA_2B_2$、$\angle OA_3B_3$…，分别等于从动件相应位置的摆角 $\Psi_1+\Psi_0$、$\Psi_2+\Psi_0$、$\Psi_3+\Psi_0$…，得到点 B_1、B_2、B_3…，各角边 A_1B_1、A_2B_2、A_3B_3 的长度都等于 l_{AB}。

（4）将 B_0、B_1、B_2、B_3…连接成光滑的曲线，即得到所求的凸轮轮廓曲线。

若采用滚子或平底从动件，其轮廓曲线的绘制与直动从动件类似，上述轮廓曲线为理论轮廓曲线，其实际轮廓曲线可按前述方法作出。

1.4.3.2　凸轮设计中应注意的几个问题

在设计凸轮机构时，必须保证凸轮工作轮廓满足以下要求：

（1）从动件在所有位置都能准确地实现给定的运动规律；

（2）机构传力性能要好，不能自锁；

（3）凸轮结构尺寸要紧凑。

这些要求与滚子半径、压力角、凸轮基圆半径等因素有关。

1. 滚子半径的选择

当采用滚子从动件时，要注意滚子半径的选择。滚子半径选择不当，会使从动件不能实现给定的运动规律，这种情况称为运动失真。如图 1-4-15（a）所示，当滚子半径 r_T 大于理论轮廓曲率半径 ρ 时，包络线会出现自相交叉的现象。图 1-4-15（a）中的阴影部分在制造时不可能制出，造成从动件不能处于正确位置，致使从动件运动失真。避免产生这种情况的方法是：保证凸轮理论轮廓最小曲率半径 ρ_{min} 大于滚子半径 r_T，如图 1-4-15（b）所

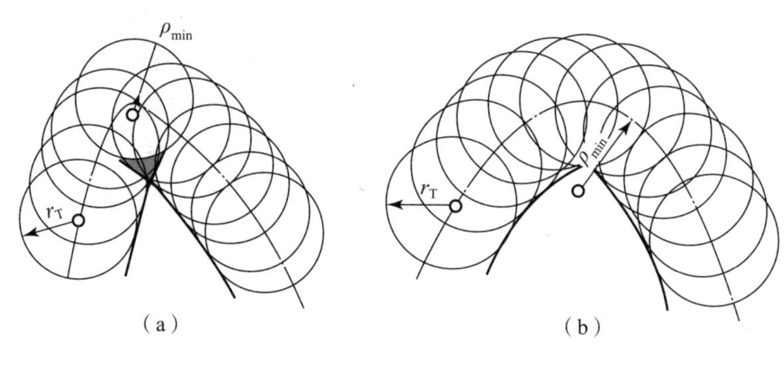

图1-4-15　滚子半径的选择

(a) $\rho_{min} < r_T$；(b) $\rho_{min} > r_T$

示，这时包络线不自交。通常 $r_T < (\rho_{min} - 3)$ mm，对于一般的自动机械，取 $r_T = 10 \sim 25$ mm。

如果出现运动失真情况，可采用减小滚子半径的方法来解决。若由于滚子半径的结构等因素不能减小其半径，可适当增大基圆半径 r_b 以增大理论轮廓线的最小曲率半径。

2. 凸轮机构的压力角

如图1-4-16（a）所示，凸轮机构的压力角是指凸轮对从动件的法向力 F_n（沿法线 n—n 方向）与该力作用点速度 v 方向所夹的锐角 α，凸轮轮廓上各点的压力角是不同的。凸轮机构压力角的测量，可按图1-4-16（b）所示的方法，用量角器直接量取。

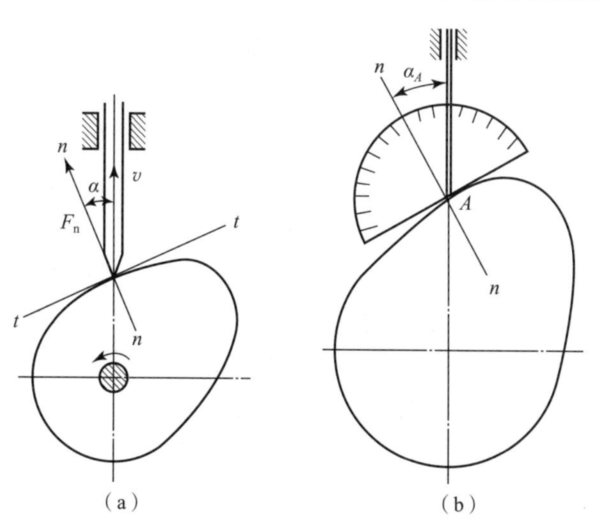

图1-4-16　凸轮机构的压力角

凸轮机构的压力角与四杆机构的压力角概念相同，是机构传力性能参数。在工作行程中，当 α 超过一定数值，摩擦阻力足以阻止从动件运动时，会产生自锁现象。为此，必须限制最大压力角，α_{max} 小于许用压力角 $[\alpha]$。一般推荐许用压力角 $[\alpha]$ 的数值如下：

直动从动件，推程时：$[\alpha] = 30° \sim 40°$。

摆动从动件，推程时：$[\alpha] = 40° \sim 50°$。

在空回行程，从动件没有负载，不会自锁，但为了防止从动件在重力或弹簧力作用下产生过高的加速度，取 $[\alpha] = 70° \sim 80°$。

3. 凸轮的基圆半径

基圆半径 r_b 是凸轮的主要尺寸参数，从避免运动失真、降低压力角的要求来看，r_b 值大比较好；但是从结构紧凑来看，r_b 值小比较好。基圆半径的确定可按运动规律、许用压力角由诺谟图求得。

另外，对于凸轮与轴做成一体的凸轮轴结构，凸轮工作轮廓的最小半径（r_b-r_T）应比轴的半径大 2～5 mm；对于凸轮与轴分开做的结构，（r_b-r_T）应比轮毂半径大 30%～60%。

1.4.4 凸轮常用材料及结构

1.4.4.1 凸轮常用材料

凸轮工作时往往承受的是冲击载荷，同时凸轮表面会有严重的磨损，其磨损值在轮廓上各点均不相同。因此，要求凸轮和滚子的工作表面硬度要高、耐磨性要好，对于经常受到冲击的凸轮机构还要求凸轮芯部有较大的韧性。当载荷不大、低速时可选用 HT250、HT300、QT800—2、QT900—2 等作为凸轮的材料。用球墨铸铁时，轮廓表面需经热处理，以提高其耐磨性。中速、中载的凸轮常用 45、40Cr、20Cr、20CrMn 等材料，并经表面淬火或渗碳淬火，使其硬度达到 55～62HRC。高速、重载凸轮可用 40Cr，表面淬火至 56～60HRC，或用 38CrMoAl，经渗氮处理至 60～67HRC。滚子的材料可用 20Cr，经渗碳淬火，表面硬度达 56～62 HRC，也可用滚动轴承作为滚子。

1.4.4.2 凸轮机构的结构

1. 凸轮结构

基圆小的凸轮常与轴做成一个整体，称为凸轮轴，如图 1－4－17（a）所示。基圆较大的凸轮则做成套装结构，即凸轮开孔，套装在轴上。其与轴的固定方式有销连接式（见图 1－4－17（b））、键连接式（见图 1－4－17（c））和弹性开口锥套螺母连接式（见图 1－4－17（d））。其中，弹性开口锥套螺母连接式是一种可调整凸轮起始位置的结构。

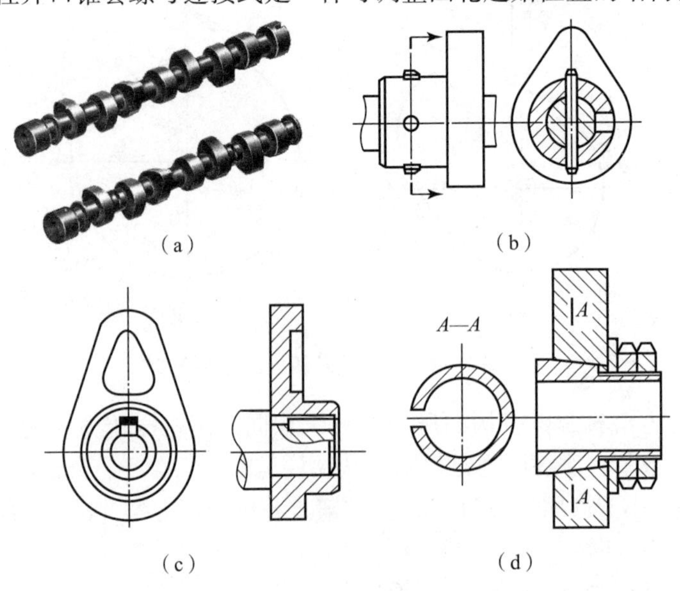

图 1－4－17 凸轮的结构

（a）凸轮轴；（b）销连接；（c）键连接；（d）弹性开口锥套螺母连接

2. 滚子从动件结构

滚子从动件的滚子可以是专门制造的圆柱体，如图1－4－18（a）和图1－4－18（b）所示；也可采用滚动轴承，如图1－4－18（c）所示。滚子与从动件顶端可用螺栓连接，如图1－4－18（a）所示，也可用销轴连接，如图1－4－18（b）和图1－4－18（c）所示，均应保证滚子相对从动件能灵活转动。

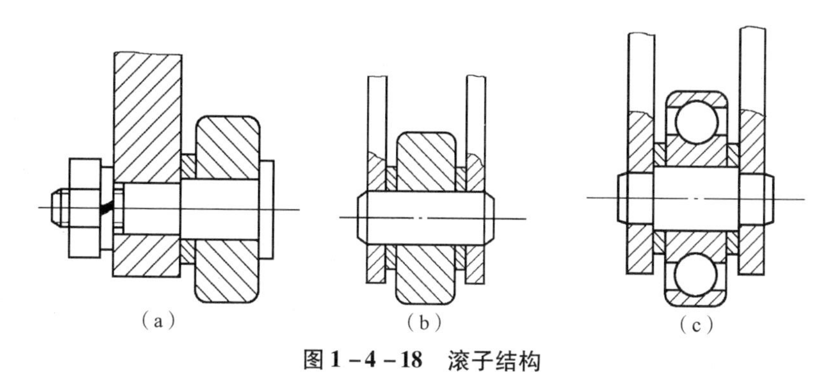

图1－4－18　滚子结构

知识拓展——间歇运动机构

在机械工业中，经常需要某些机构的主动件在做连续运动时，从动件能够产生周期性的动作—停止—动作的间歇运动要求。间歇运动机构又称为步进运动机构，其种类很多，根据主、从动件运动的性质可分为以下几种。

（1）主动件往复摆动，从动件间歇运动——棘轮机构；

（2）主动件连续转动，从动件间歇运动——槽轮机构、不完全齿轮机构。

1.5.1　棘轮机构

1.5.1.1　工作原理

棘轮机构可分为外啮合棘轮机构（见图1－5－1）和内啮合棘轮机构（见图1－5－2），它们的齿分别作用在轮的外缘和内圈。

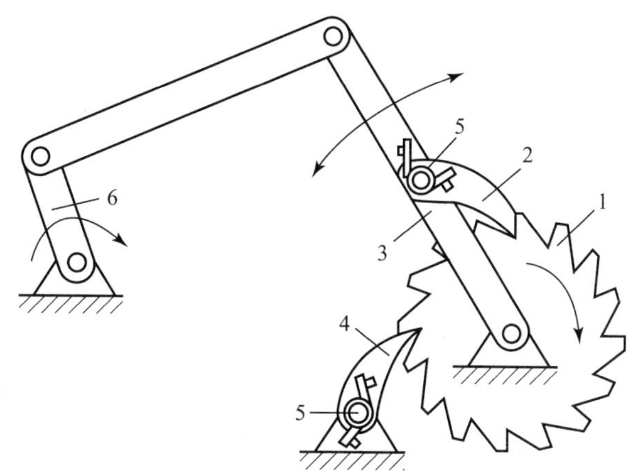

图1－5－1　外啮合棘轮机构

1—棘轮；2—主动棘爪；3—主动摆杆；4—止回棘爪；5—销轴；6—曲柄

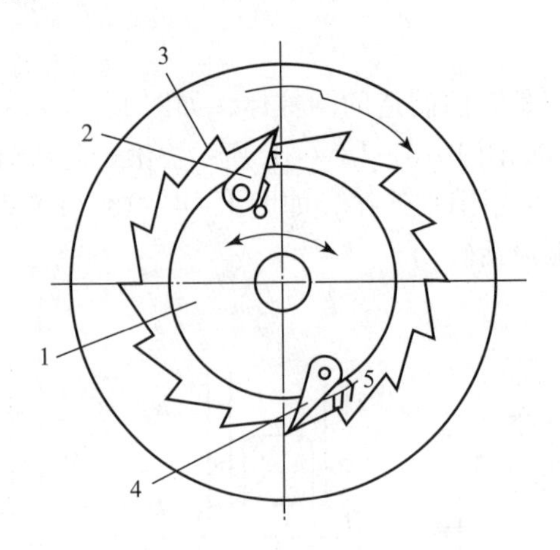

图 1－5－2　内啮合棘轮机构

1—主动轴；2—主动棘爪；3—棘轮；4—止回棘爪；5—支承点

图 1－5－1 所示为常见的外啮合齿式棘轮机构。它主要由棘轮、主动棘爪、止回棘爪和机架组成。当主动摆杆 3 顺时针转动时，摆杆上铰接的主动棘爪 2 插入棘轮的齿内并推动棘轮同向转动一个角度。当主动摆杆逆时针摆动时，止回棘爪 4 阻止棘轮反向转动，此时主动棘爪在棘轮的齿背上滑回原位，棘轮静止不动，从而实现将主动件的往复摆动转换为从动件的间歇运动。

改变某些构件的结构形状，可得到不同运动的棘轮机构。

1.5.1.2　双动式棘轮机构

双动式棘轮机构，如图 1－5－3 所示，主动摆杆 1 绕 O_1 往复摆动一次，能使棘轮 3 沿同一方向做二次间歇运动，这种棘轮机构每次停歇的时间较短，棘轮每次的转角也较小。

1.5.1.3　可变向棘轮机构

可变向棘轮机构，如图 1－5－4（a）所示，棘轮机构的齿形为矩形，当棘爪在实线位置 B 时，棘轮可实现逆时针转动；而当棘爪绕其销轴 A 翻转到双点画线位置时，棘轮可获

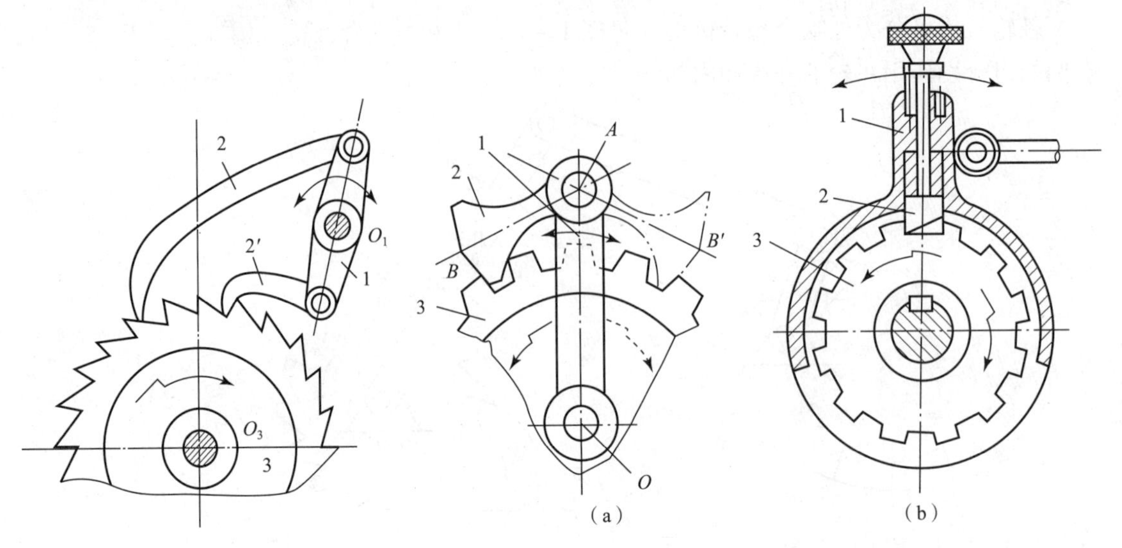

图 1－5－3　双动式棘轮机构

1—摆杆；2，2′—主动棘爪；3—棘轮

图 1－5－4　可变向棘轮机构

1—摆杆；2—棘爪；3—棘轮

得顺时针单向的间歇运动。图1－5－4（b）所示为另一种可变向的棘轮机构，若将棘爪提起并绕其轴线转动180°后放下，即可改变棘轮3的间歇转动方向，双动式棘轮机构的齿形一般采用对称齿形。

棘轮机构适用于低速和转角不大的场合，常用于机床和自动机械的进给机构、转位机构中，如牛头刨床横向进给机构。

1.5.2　槽轮机构

如图1－5－5（a）所示，槽轮机构由带圆销的拨盘1和具有径向槽的槽轮2与机架组成。拨盘1以等角速度ω_1做连续回转，槽轮2做间歇运动。圆销未进入槽轮的径向槽时，槽轮的内凹锁止弧$\widehat{efg}$被拨盘的外凸锁止弧卡住，槽轮静止不动；当圆销进入槽轮的径向槽时，内外锁止弧所处的位置对槽轮无锁止作用（见图1－5－5（a）），槽轮因圆销的拨动而转动；当圆销离开径向槽时（见图1－5－5（b）），凹凸锁止弧又起作用，槽轮又卡住不动，当拨盘继续转动时，槽轮重复上述运动，从而实现间歇运动。

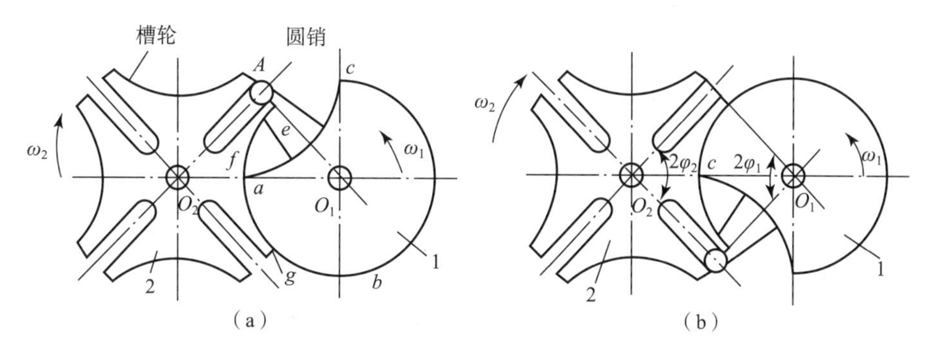

图1－5－5　外啮合槽轮机构进槽和出槽的位置

1—拨盘；2—槽轮

槽轮机构也有内、外啮合之分。外啮合时槽轮与拨盘转向相反（见图1－5－5（a））；内啮合时槽轮与拨盘转向相同（见图1－5－6）。拨盘上的圆销可以是一个，也可以是多个。如图1－5－7所示的双圆销外啮合槽轮机构，此时拨盘转动一周，槽轮完成两次停歇。

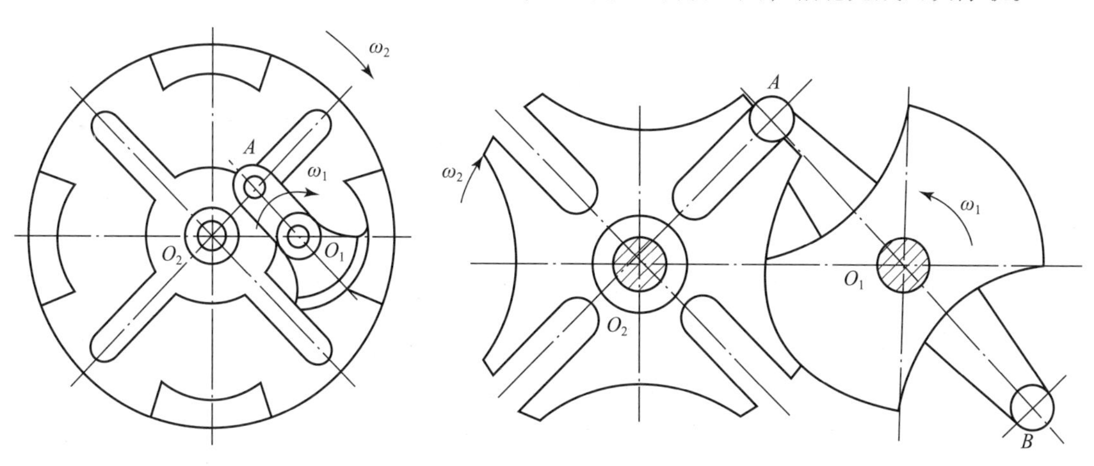

图1－5－6　内啮合槽轮机构　　**图1－5－7　双圆销外啮合槽轮机构**

槽轮机构结构简单、制造方便、转位迅速，但转角不能调节，当槽数 z 确定之后，槽轮的转角即被确定。由于槽轮的槽数不宜过多，所以槽轮机构不适用于转角较小的场合。槽轮机构的定位精度不高，只适用于在转速不太高的自动机械中作转位和分度机构。如图 1－5－8 所示的电影放映机卷片机构和图 1－5－9 所示的转塔车床刀架转位机构中都采用了槽轮机构。

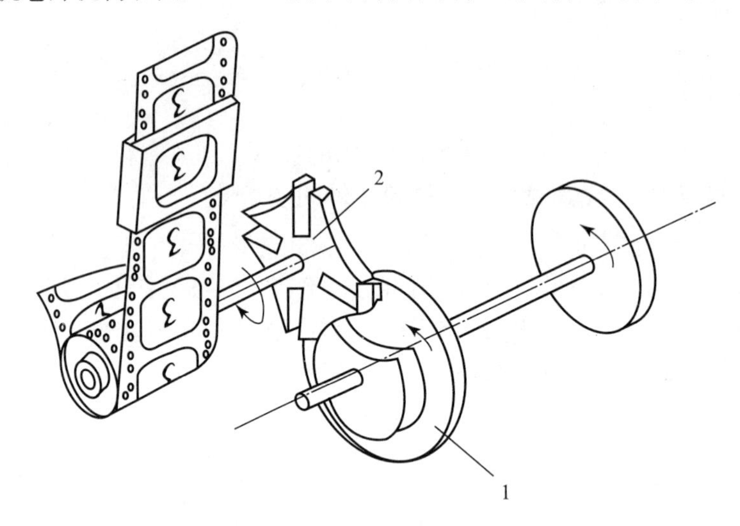

图 1－5－8　电影放映机卷片机构

1—拨盘；2—槽轮

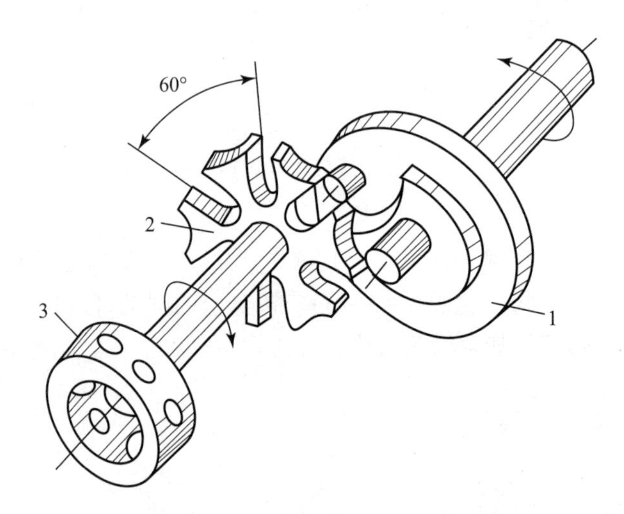

图 1－5－9　转塔车床刀架转位机构

1—拨盘；2—槽轮；3—刀架

1.5.3　不完全齿轮机构

不完全齿轮机构是由普通渐开线齿轮机构演变而成的间歇运动机构。它与普通渐开线齿轮机构的主要区别在于该机构中的主动轮仅有一个或几个齿，如图 1－5－10 所示。当主动轮 1 的有齿部分与从动轮轮齿啮合时，推动从动轮 2 转动；当主动轮 1 的有齿部分与从动轮轮齿脱离啮合时，从动轮停歇不动。因此，当主动轮连续转动时，从动轮获得时动时停的间歇运动。

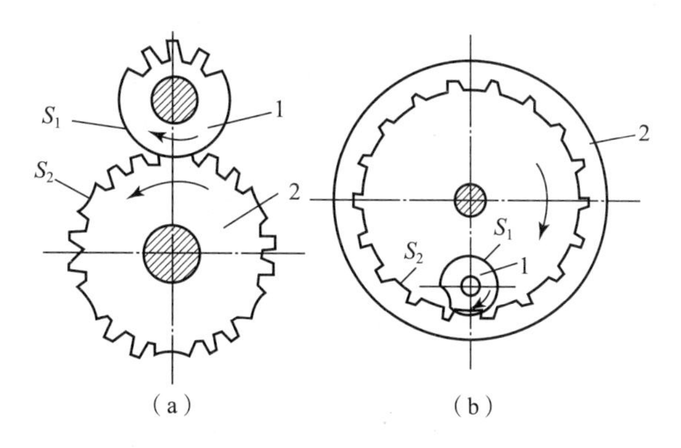

图1－5－10 不完全齿轮机构

（a）外啮合不完全齿轮机构；（b）内啮合不完全齿轮机构

1—主动轮；2—从动轮

图1－5－10（a）所示为外啮合不完全齿轮机构，图1－5－10（b）所示为内啮合不完全齿轮机构。

图1－5－11 所示为不完全齿轮齿条机构，当主动轮连续转动时，从动轮做时动时停的往复移动。

图1－5－11 不完全齿轮齿条机构

与普通渐开线齿轮机构一样，当主动轮匀速转动时，其从动轮在运动期间也保持匀速转动，但在从动轮运动开始和结束时，即进入啮合和脱离啮合的瞬时，速度是变化的，故存在冲击。

不完全齿轮机构从动轮每转一周的停歇时间、运动时间及每次转动的加速度变化范围比较大，设计灵活。但由于其存在冲击，故不完全齿轮机构一般只用于低速、轻载的场合，如用于计数器、电影放映机和某些进给机构中。

思考题与习题

第一部分

1. 为使机构运动简图能够完全反映机构的运动特性，则运动简图与实际机构的（　　）应相同。

A. 构件数、运动副的类型及数目　　B. 构件的运动尺寸

C. 机架和原动件　　D. A、B 和 C

2. 下面对机构虚约束的描述中，不正确的是（　　）。

A. 机构中对运动不起独立限制作用的重复约束称为虚约束，在计算机构自由度时应除去虚约束

B. 虚约束可提高构件的强度、刚度、平稳性和机构工作的可靠性等

C. 虚约束应满足某些特殊的几何条件，否则虚约束会变成实约束而影响机构的正常运动，为此应规定相应的制造精度。虚约束还会使机器的结构复杂、成本增加

D. 设计机器时，在满足使用要求的情况下，含有的虚约束越多越好

3. 当曲柄的极位夹角（　　）时，曲柄摇杆机构才有急回运动。

A. $\theta<0°$　　B. $\theta=0°$　　C. $\theta\neq0°$

4. 当曲柄摇杆机构的摇杆带动曲柄运动时，曲柄在“死点”位置的瞬时运动方向是（　　）。

A. 按原运动方向　　B. 反方向　　C. 方向不定

5. 曲柄滑块机构是由（　　）演化而来的。

A. 曲柄摇杆机构　　B. 双曲柄机构　　C. 双摇杆机构

6. 平面四杆机构中，如果最短杆与最长杆的长度之和小于或等于其余两杆的长度之和，且最短杆为机架，则这个机构叫作（　　）。

A. 曲柄摇杆机构　　B. 双曲柄机构　　C. 双摇杆机构

7. 平面四杆机构中，如果最短杆与最长杆的长度之和大于其余两杆的长度之和，且最短杆为机架，则这个机构叫作（　　）。

A. 曲柄摇杆机构　　B. 双曲柄机构　　C. 双摇杆机构

8. 平面四杆机构中，如果最短杆与最长杆的长度之和小于或等于其他两杆的长度之和，且最短杆是连架杆，则这个机构叫作（　　）。

A. 曲柄摇杆机构　　B. 双曲柄机构　　C. 双摇杆机构

9. 平面四杆机构中，如果最短杆与最长杆的长度之和小于或等于其余两杆长度之和，且最短杆是连杆，则这个机构叫作（　　）。

A. 曲柄摇杆机构　　B. 双曲柄机构　　C. 双摇杆机构

10.（　　）能把转动运动转换成往复直线运动，也可以把往复直线运动转换成转动运动。

A. 曲柄摇杆机构　　B. 双曲柄机构

C. 双摇杆机构　　D. 曲柄滑块机构

11. 与连杆机构相比，凸轮机构最大的缺点是（　　）。

A. 惯性力难以平衡　　B. 点、线接触，易磨损

C. 设计较为复杂　　D. 不能实现间歇运动

12. 与其他机构相比，凸轮机构最大的优点是（　　）。

A. 可实现各种预期的运动规律　　B. 便于润滑

C. 制造方便，易获得较高的精度　　D. 从动件的行程较大

13.（　　）盘形凸轮机构的压力角恒等于常数。

A. 摆动尖顶推杆　　B. 直动滚子推杆

C. 摆动平底推杆　　D. 摆动滚子推杆

14. 对于直动推杆盘形凸轮机构来讲，在其他条件相同的情况下，偏置直动推杆与对心直动推杆相比，两者在推程段最大压力角的关系为（　　）。

A. 偏置比对心大　　B. 对心比偏置大　　C. 一样大　　D. 不一定

15. 下述几种运动规律中，（　　）既不会产生柔性冲击也不会产生刚性冲击，可用于高速场合。

A. 等速运动规律

B. 摆线运动规律（正弦加速度运动规律）

C. 等加速等减速运动规律

D. 简谐运动规律（余弦加速度运动规律）

16. 对心直动尖顶推杆盘形凸轮机构的推程压力角超过许用值时，可采取（　　）措施来解决。

A. 增大基圆半径　　B. 改用滚子推杆

C. 改变凸轮转向　　D. 改为偏置直动尖顶推杆

17. 压力角增大时，对（　　）。

A. 凸轮机构的工作不利　　B. 凸轮机构的工作有利

C. 凸轮机构的工作无影响

18. 使用（　　）的凸轮机构，凸轮的理论轮廓曲线与实际轮廓曲线是不相等的。

A. 尖顶式从动杆　　B. 滚子式从动杆　　C. 平底式从动杆

19. 压力角是指凸轮轮廓曲线上某点的（　　）。

A. 切线与从动杆速度方向之间的夹角

B. 速度方向与从动杆速度方向之间的夹角

C. 法线方向与从动杆速度方向之间的夹角

20. 为保证滚子从动杆凸轮机构的运动规律不“失真”，滚子半径应（　　）。

A. 小于凸轮理论轮廓曲线外凸部分的最小曲率半径

B. 小于凸轮实际轮廓曲线外凸部分的最小曲率半径

C. 大于凸轮理论轮廓曲线外凸部分的最小曲率半径

第二部分

1. 运动副的两构件之间的接触形式有________接触、________接触和________接触三种。

2. 两构件之间做________接触的运动副，叫低副。

3. 两构件之间做________或________接触的运动副，叫高副。

4. 房门的开关运动，是________副在接触处所允许的相对转动。

5. 抽屉的拉出或推进运动，是________副在接触处所允许的相对移动。

6. 火车车轮在铁轨上的滚动，属于________副。

7. 组成机构并且相互间能做________的物体，叫作构件。

8. 在铰链四杆机构中，能绕机架上的铰链做整周________的________叫曲柄。

9. 在铰链四杆机构中，能绕机架上的铰链做________的________叫摇杆。

10. 平面四杆机构有三种基本形式，即____________机构、____________机构和________机构。

11. 组成曲柄摇杆机构的条件是：最短杆与最长杆的长度之和________或________其他两杆的长度之和；最短杆的相邻构件为____________，则最短杆为____________。

12. 在曲柄摇杆机构中，如果将____________杆作为机架，则与机架相连的两杆都可以做________运动，即得到双曲柄机构。

13. 在____________机构中，如果将____________杆对面的杆作为机架，则与此相连的两杆均为摇杆，即双摇杆机构。

14. 在铰链四杆机构中，最短杆与最长杆的长度之和________其余两杆的长度之和时，则不论取哪个杆作为__________，都可以组成双摇杆机构。

15. 曲柄摇杆机构产生“死点”位置的条件是：摇杆为________件，曲柄为________件。

16. 曲柄摇杆机构出现急回运动特性的条件是：摇杆为________件，曲柄为________件。

17. 机构从动件所受力的方向与该力作用点速度方向所夹的锐角，称为________角，用它来衡量机构的________性能。

18. 压力角和传动角互为________角。

19. 当机构的传动角等于0°（压力角等于90°）时，机构所处的位置称为________位置。

20. 凸轮机构从动件按余弦加速度规律运动时，在运动开始和终止的位置，________有突变，会产生________冲击。

21. 为了使凸轮轮廓面与从动件底面始终保持接触，可以利用________、________，或依靠凸轮上的________来实现。

22. 凸轮机构的主要优点为________________________________；主要缺点为________________________________。

23. 凸轮机构的从动件按等加速等减速运动规律运动，在运动过程中，________将发生突变，从而引起________冲击。

24. 当凸轮机构的最大压力角超过许用压力角时，可采取以下措施来减小压力角________________。

25. 平底垂直于导路的直动杆盘形凸轮机构，其压力角等于________。

26. 在凸轮机构推杆的四种常用运动规律中，__________运动规律有刚性冲击；__________运动规律有柔性冲击；__________运动规律无冲击。

27. 凸轮机构推杆运动规律的选择原则为____________________。

28. 设计滚子推杆盘形凸轮机构凸轮轮廓线时，若发现工作轮廓线有变尖现象，则尺寸参数上应采取的措施是____________________。

第三部分

1. 绘制平面机构运动简图有何作用？怎样绘制？

2. 绘制一个在你生活中遇到的平面机构，如自动雨伞、汽车门等的运动简图。

3. 指出题3图所示三个机构的复合铰链、局部自由度和虚约束，计算机构的自由度，并判断它们是否具有确定的运动。

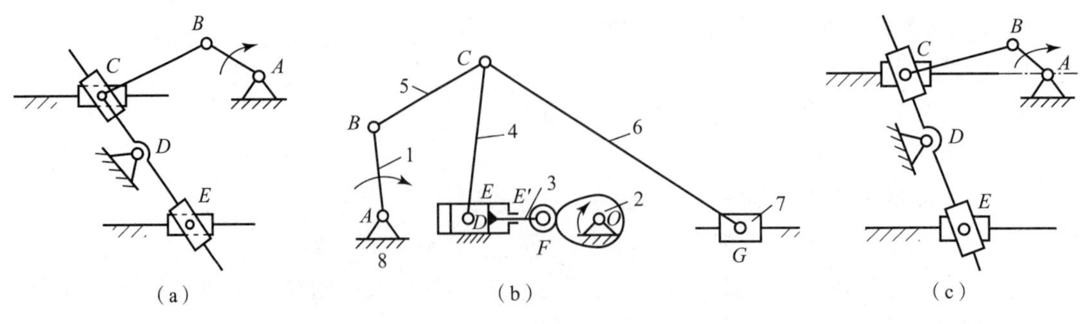

题3图

4. 什么是曲柄？什么是摇杆？铰链四杆机构曲柄的存在条件是什么？

5. 铰链四杆机构有哪几种基本形式?

6. 什么叫铰链四杆机构的传动角和压力角?压力角的大小对连杆机构的工作有何影响?

7. 什么叫行程速比系数?如何判断机构是否有急回运动?

8. 试述克服平面连杆机构“死点”位置的方法。

9. 在什么情况下曲柄滑块机构才会有急回运动?

10. 根据题10图所示各杆所标注的尺寸，以 AD 边为机架，判断并指出各铰链四杆机构的名称。

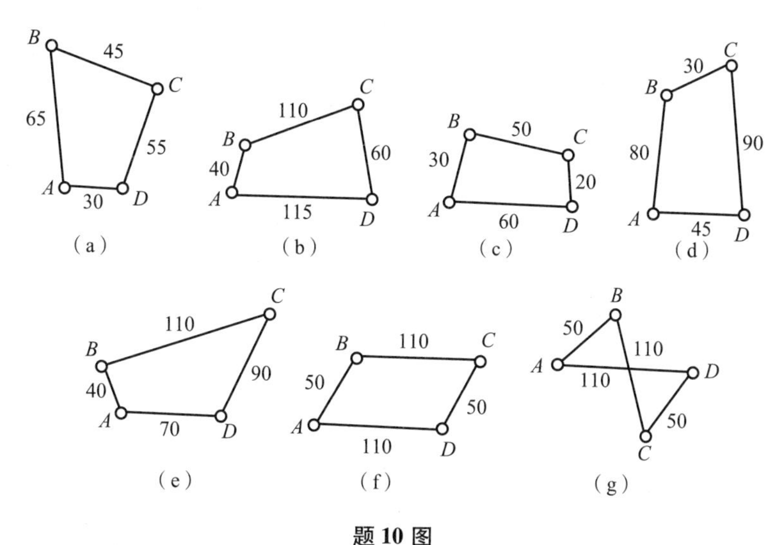

题10图

11. 如题11图所示，已知杆 CD 为最短杆。若要构成曲柄摇杆机构，机架 AD 的长度至少取多少?(图中长度单位为mm)

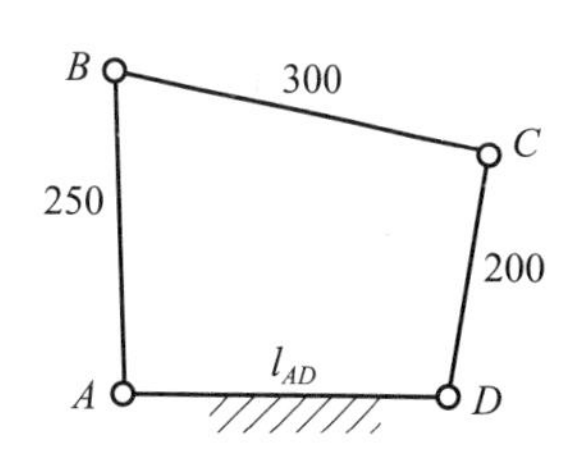

题11图

12. 设计一曲柄摇杆机构，已知机构的摇杆 DC 长度为150 mm，摇杆的两极限位置的夹角为45°，行程速比系数 $K=1.5$，机架长度取90 mm。

13. 何谓凸轮机构的压力角?其在凸轮机构的设计中有何重要意义?一般是怎样处理的?

14. 设计直动推杆盘形凸轮机构时，在推杆运动规律不变的条件下，要减小推程压力角，可采用哪两种措施?

15. 题15图所示均为工作廓线为圆的偏心凸轮机构，试分别指出它们的理论廓线是圆还是非圆，并分析其运动规律是否相同。

16. 滚子式从动杆滚子半径的大小对凸轮工作有什么影响?

17. 某一凸轮机构的滚子损坏后，是否可任取一个滚子来替代?为什么?

18. 凸轮的种类有哪些?都适合什么样的工作场合?

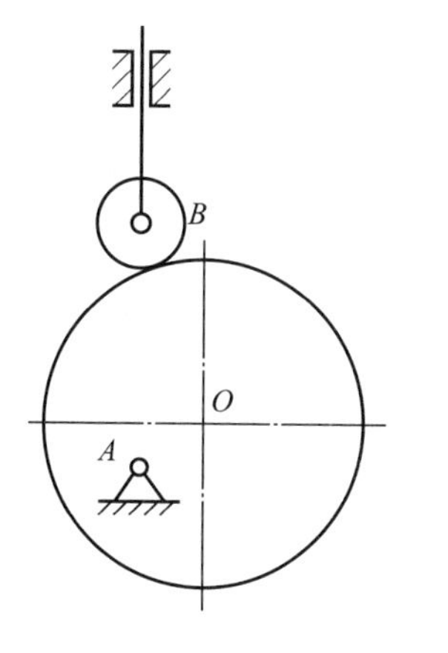

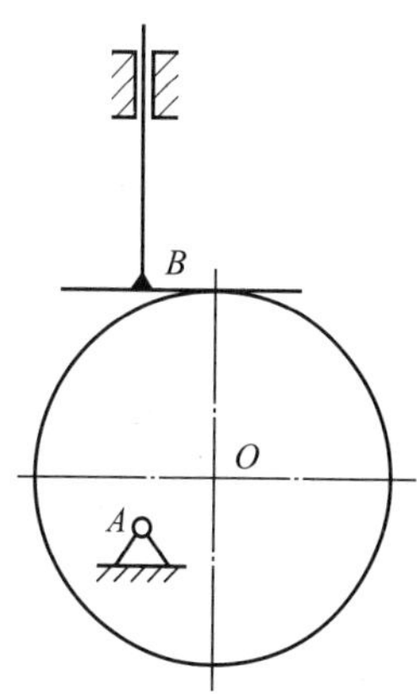

题15图

19. 凸轮机构的从动件有几种？各适合什么工作条件？

20. 欲设计如题20图所示的直动杆盘形凸轮，要求在凸轮转角为0°～90°时，推杆以余弦加速度规律上升 $h=20$ mm，且取 $r_o=25$ mm，$e=10$ mm，$r=5$ mm。试作：

（1）选定凸轮转向 ω_1，并简要说明选定的原因；

（2）用反转法绘出当凸轮转角 $\delta=0°\sim90°$ 时凸轮的工作廓线（画图的分度要求≤15°）。

（3）在图上标注出 $\delta=45°$ 时轮廓的压力角 α。

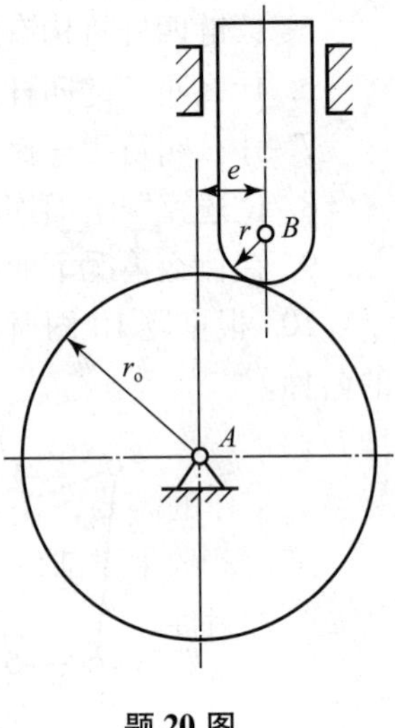

题20图

21. 用作图法设计一个对心直动平底推杆盘形凸轮机构的凸轮轮廓曲线。已知基圆半径 $r_o=50$ mm，推杆平底与导路垂直，凸轮顺时针等速转动，运动规律如题21图所示。

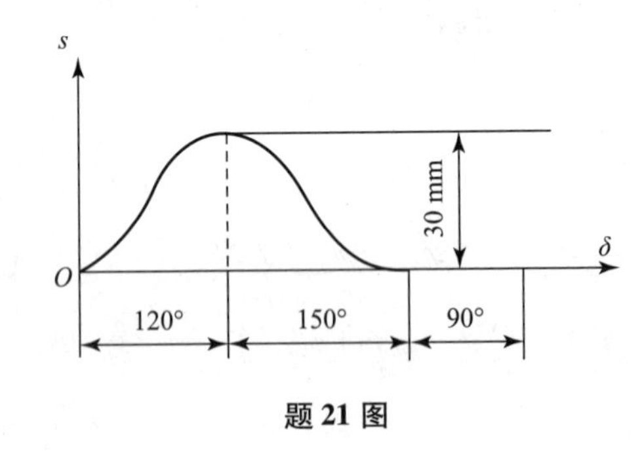

题21图

任务2　减速器的机构组成分析与认知

减速器是由封闭在箱体内的齿轮传动或蜗杆传动所组成的独立部件，用来降低机械的转速及获得更大的转矩。齿轮减速器、蜗杆减速器常安装在机械的原动机与工作机之间，以满足生产工作的需要，在机器设备中被广泛采用。

减速器的主要部件包括轴系零件、箱体及附件，即齿轮（或蜗轮蜗杆）、轴承组合、箱体及各种附件。

子任务1　减速器箱体认知

任务引入

图2－1－1所示为一减速器的箱体结构。减速器的箱体结构在减速器中起到什么作用？其结构尺寸一般如何取值？箱体一般用什么材料制造？

图2－1－1　减速器箱体结构

任务分析

箱体是减速器的一个重要零件，它用于支持和固定减速器中的各种零件，并可保证传动件的啮合精度，使箱内零件得到良好的润滑和密封。箱体的形状较为复杂，其质量约占整台减速器总质量的一半，所以箱体结构对减速器的工作性能、加工工艺、材料消耗、质量及成本等有很大影响。

减速器箱体根据其毛坯制造方法的不同可分为铸造箱体和焊接箱体；按箱体剖分与否可分为剖分式箱体和整体式箱体两种。不同的制造方法所采用的材料一般也会有所区别。

任务目标

1. 了解单级圆柱齿轮减速器、两级圆柱齿轮减速器、圆锥－圆柱齿轮减速器及蜗轮蜗杆减速器箱体的主要结构尺寸及与零件尺寸相互之间的关系；
2. 熟悉减速器箱体的常用材料。

2.1.1　减速器箱体的结构形式

减速器箱体可分成箱座和箱盖两部分，为了增加轴承盖的刚度，设置了若干肋板，如图2－1－2～图2－1－5所示的肋板位于箱体外侧，称为外肋板；肋板也可以分布在箱体内侧，称为内肋板。箱座与箱盖通过轴承旁的螺栓和凸缘处的螺栓进行连接，整个减速器通过箱座底部的地脚螺栓安装在机座上。减速器中的各个轴系用轴承端盖定位和密封，轴承端盖有凸缘式和嵌入式两种，见附录4中的附表4.1。如图2－1－2～图2－1－5所示的减速器中使用了凸缘式端盖，轴承端盖与轴承座之间设置了垫片，通过调整垫片的厚度可以调整轴承游隙。嵌入式端盖通过轴承座孔上的环形沟槽来定位，不需要螺钉连接。

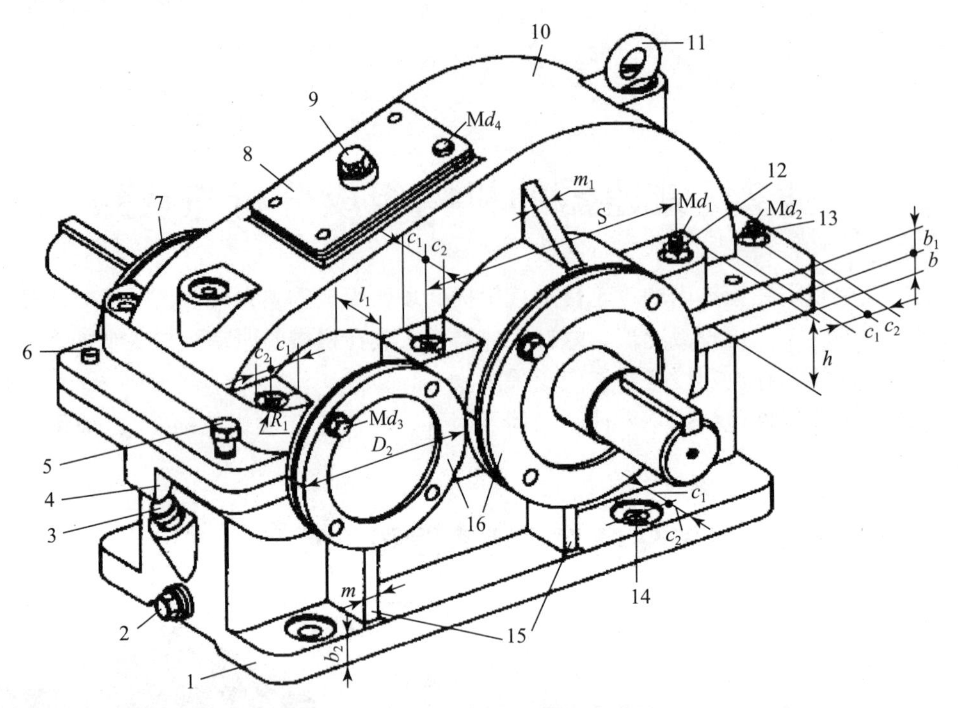

图 2-1-2　单级圆柱齿轮减速器

1—箱座；2—油塞；3—油标尺；4—起重吊钩；5—起盖螺钉；6—定位销；7—调整垫片；8—窥视孔盖；9—通气螺塞；10—箱盖；11—吊环螺钉；12—轴承旁连接螺栓；13—凸缘螺栓；14—地脚螺栓孔（Md_f）；15—外肋板；16—轴承盖

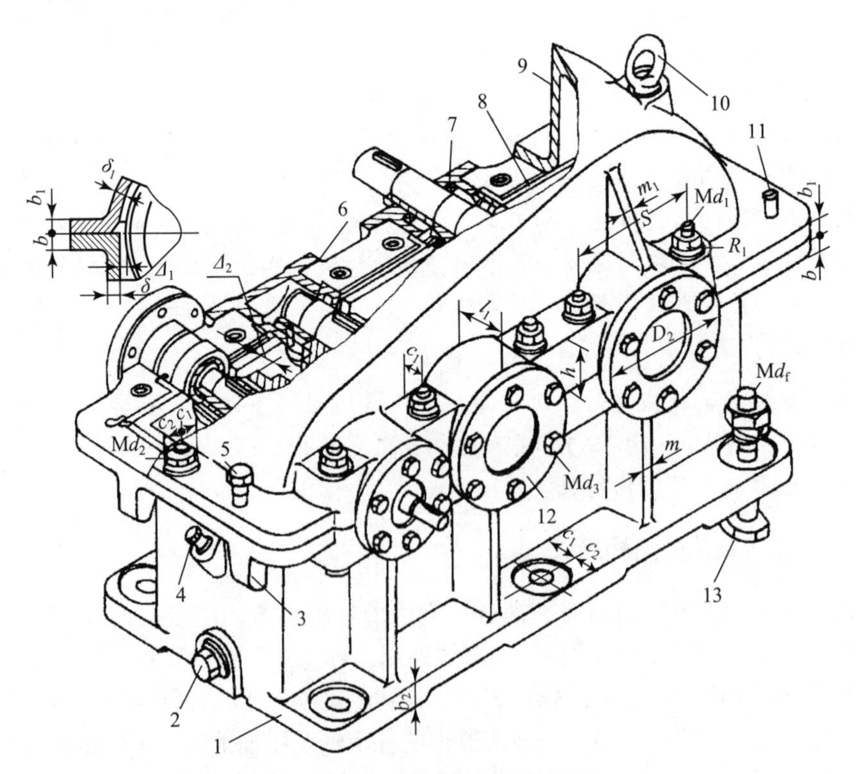

图 2-1-3　两级圆柱齿轮减速器

1—箱座；2—油塞；3—起重吊钩；4—油标尺；5—起盖螺钉；6—调整垫片；7—密封件；8—油沟；9—箱盖；10—吊环螺钉；11—定位销；12—轴承盖；13—地脚螺栓

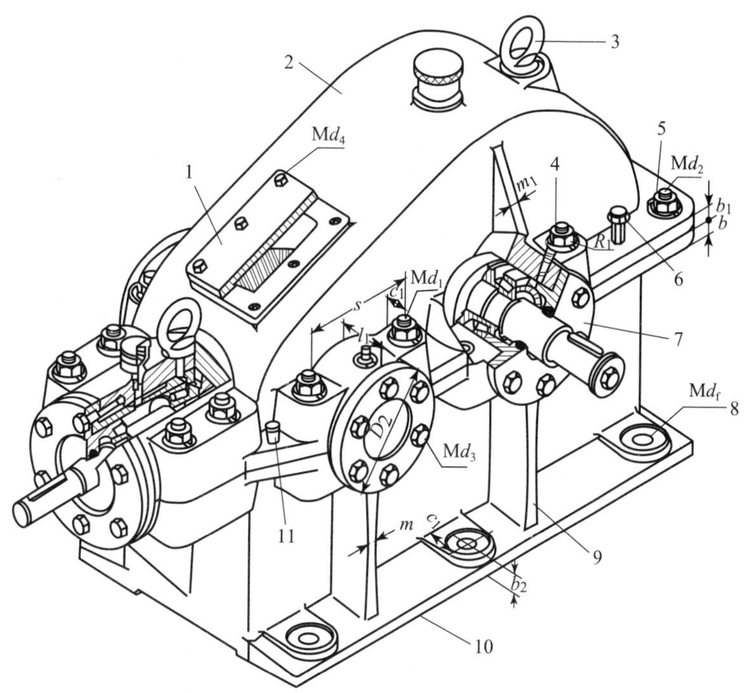

图 2-1-4　圆锥—圆柱齿轮减速器

1—窥视孔盖；2—箱盖；3—吊环螺钉；4—轴承旁连接螺栓；5—凸缘螺栓；6—起盖螺钉；7—轴承盖；8—Md_f 螺栓孔；9—外肋板；10—箱座；11—定位销

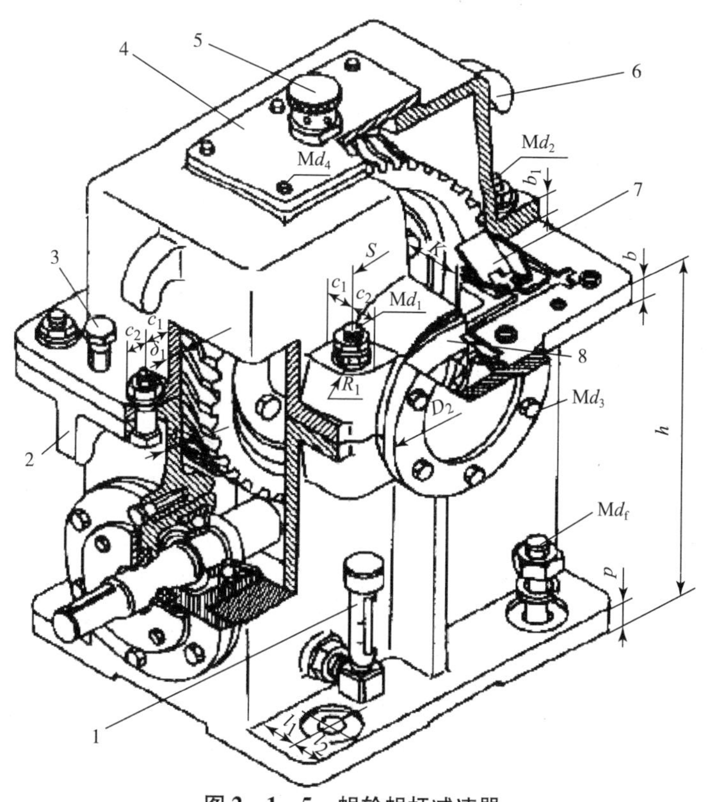

图 2-1-5　蜗轮蜗杆减速器

1—管状油标尺；2—起重吊钩；3—起盖螺钉；4—窥视孔盖；5—通气螺塞；6—吊耳；7—刮油板；8—调整垫片

表2－1－1、表2－1－2及图2－1－2～图2－1－5中给出了齿轮减速器、蜗杆减速器的箱体主要结构尺寸及与零件尺寸相互关系的经验值。这是在保证箱体强度、刚度和箱体连接刚度的条件下，考虑结构紧凑、制造方便等要求，由经验决定的。所以在设计时，要先计算表2－1－1所示的箱体结构尺寸，对得到的数值进行适当圆整，有些数值也可以根据具体情况加以修改。

铸铁减速器箱体的主要结构尺寸见表2－1－1。

表2－1－1　铸铁减速器箱体的主要结构尺寸

名称及符号	尺寸关系/mm			
	圆柱齿轮减速器		圆锥齿轮减速器	蜗杆减速器
箱体（座）壁厚 δ	一级	$0.025a+1\geqslant 8$	$0.0125(d_{1m}+d_{2m})+1\geqslant 8$ 或 $0.01(d_1+d_2)+1\geqslant 8$ d——大端直径； d_m——平均直径	$0.04a+3\geqslant 8$
	二级	$0.025a+3\geqslant 8$		
	三级	$0.025a+5\geqslant 8$		
箱盖壁厚 δ	$0.9\delta\geqslant 8$		$0.01(d_{1m}+d_{2m})+1\geqslant 8$ 或 $0.0085(d_1+d_2)+1\geqslant 8$	上置：$\delta_1\approx\delta$ 下置：$\delta_1\approx 0.85\delta\geqslant 8$
箱盖凸缘厚度 b_1	$1.5\delta_1$			
箱座凸缘厚度 b	1.5δ			
箱座底凸缘厚度 b_2	2.5δ			
地脚螺栓直径 d_f	$0.036a+12$		$0.015(d_1+d_2)+1\geqslant 12$	$0.036a+12$
地脚螺栓数目 n	$a\leqslant 250$ 时，4；$a>250\sim500$ 时，6；$a>500$ 时，8		$\dfrac{\text{机座底凸缘周长的一半}}{200\sim300}\geqslant 4$	4
轴承旁连接螺栓直径 d_1	$0.75d_f$			
箱盖与箱体螺栓直径 d_2	$(0.5\sim0.6)\ d_f$			
连接螺栓 d_2 的间距 l	150～180			
轴承端盖螺钉直径 d_3	$(0.4\sim0.5)\ d_f$			
窥视孔盖螺钉直径 d_4	$(0.3\sim0.4)\ d_f$			
定位销直径 d	$(0.7\sim0.8)\ d_2$			
螺栓 d_1、d_2、d_f 至外机壁距离 c_1	见表2－1－2			
螺栓 d_2、d_f 至凸缘距离 c_2				
沉头座直径 D_0				
轴承旁凸台半径 R_1	c_2			
凸台高度 h	根据低速级轴承外径确定，以保证扳手操作空间 c_1、c_2 为准			
轴承端盖外径（轴承孔外径）D_2	凸缘式端盖：$D_2=D+(5.0\sim5.5)d_3$； 嵌入式端盖：$D_2=1.25D+10$，D——轴承外圈外径（轴承孔内径） （或参照附录4附表4.1确定）			

续表

名称及符号	尺寸关系/mm		
	圆柱齿轮减速器	圆锥齿轮减速器	蜗杆减速器
轴承端盖凸缘厚度 $t(e)$	$(1.0 \sim 1.2)\ d_3$		
轴承旁螺栓连接距离 S	尽量靠近，以 Md_1 和 Md_3 互不干涉为准，一般取 $S = D_2$		
外箱壁至轴承座端面的距离 l_1	$c_1 + c_2 + (5 \sim 10)$		
箱盖、箱座肋厚 m_1 、m	$m_1 \approx 0.85\delta_1$ ；$m \approx 0.85\delta$		
轴承座孔长度 L			
轴承座孔厚度	$(D_2 - D_1)/2$		
注：①多级传动时，a 取低速级中心距。圆锥—圆柱齿轮减速器，按圆柱齿轮传动中心距取值。 ②计算壁厚时，d_1、d_2 分别为大、小锥齿轮大端直径；d_{1m}、d_{2m} 分别为大、小锥齿轮的平均直径。			

表 2-1-2　箱体凸台和凸缘的结构尺寸　　mm

螺栓直径	M6	M8	M10	M12	M14	M16	M18	M20	M22	M24	M27	M30
$c_{1\,min}$	12	14	16	18	20	22	24	26	30	34	38	40
$c_{2\,min}$	10	12	14	16	18	20	22	24	26	28	32	35
D_0	13	18	22	26	30	33	36	40	43	48	53	61
$R_{0\,max}$	5					8				10		
r_{max}	3						5			8		

2.1.2　减速器箱体材料

减速器箱体根据其毛坯制造方法的不同可分为铸造箱体和焊接箱体；根据其箱体剖分与否可分为剖分式箱体和整体式箱体。

1. 铸造箱体和焊接箱体

减速器箱体多用 HT150 或 HT200 灰铸铁铸造而成。对于重型减速器，为了提高其承受振动和冲击的能力，也可采用球墨铸铁（QT400—17、QT420—10 或铸钢 ZG270—500、26310—570）制造。

常见铸造箱体的结构形式有直壁式和曲壁式两种。前者结构简单，但质量较大；后者结构复杂，但质量较小。铸造箱体刚性好，易获得合理和复杂的外形，用灰铸铁制造的箱体易进行切削加工，但工艺复杂、制造周期长、质量大，适合成批生产。

在单件生产中，特别是生产大型减速器时，为了减小质量和缩短生产周期，箱体也可用 Q215 或 Q235 钢板焊接而成。此时，轴承座部分可用圆钢、锻钢或铸钢制造。焊接箱体的壁厚可以比铸造箱体的壁厚减薄 20% ~30%，但焊接箱体易产生热变形，要求有较高的焊接技术且焊后要进行退火处理。

2. 剖分式箱体和整体式箱体

为便于箱体内的零件装拆，箱体多采用剖分式，其剖分面常与轴线平面重合，分为水平式和倾斜式两种，前者加工方便，在减速器中被广泛采用；后者有利于多级齿轮传动的浸油润滑，但剖分处接合面加工困难，因而应用较少。

对于小型圆锥齿轮或蜗杆减速器，为使其结构紧凑、质量较小，常采用整体式箱体。它属于无接合面螺栓连接，易于保证轴承与座孔的配合要求，但装拆及调整往往不如剖分式箱体方便。

减速器的箱体用来支承和固定轴系零件，应保证传动件轴线相互位置的正确性，因而轴孔必须精确加工。箱体必须具有足够的强度和刚度，以免引起沿齿轮齿宽上的载荷分布不均匀。

为了增加箱体的刚度，通常在箱体上设置肋板。为了便于轴系零件的安装和拆卸，箱体通常制成剖分式铸铁箱体。剖分面一般取在轴线所在的水平面内（即水平剖分），以便于加工。箱盖和箱座之间用螺栓连接成一个整体，为了增加轴承支座的刚度，应在轴承座旁制出凸台。

子任务2　减速器附件认知

任务引入

如图2－2－1所示的减速器，其上有很多较小的结构，这些结构分别叫什么？有什么具体作用？

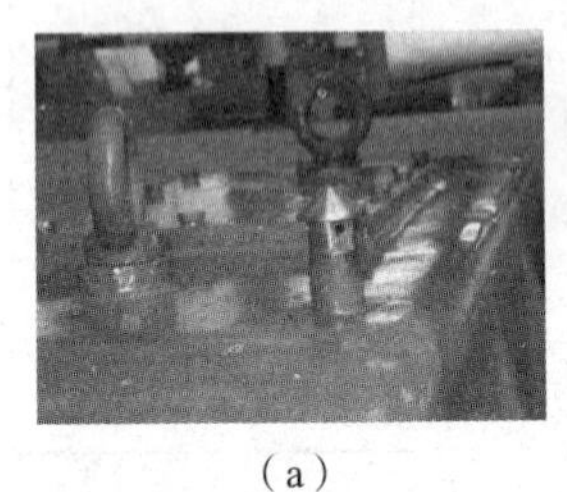

(a)

(b)

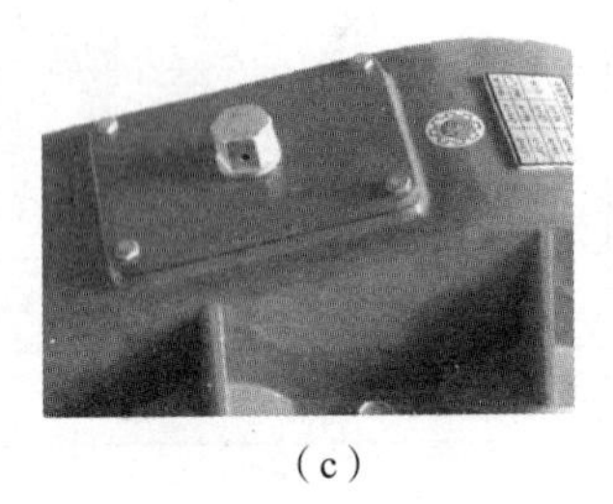

(c)

(d)

图2－2－1　减速器附件结构

任务分析

减速器的附件包括窥视孔及窥视孔盖、油标尺、通气器、放油孔及油塞、吊环螺钉、起箱螺钉以及定位销等，见图2－2－1，减速器附件也起着非常重要的作用。

任务目标

1. 熟悉减速器附件的名称及主要作用；
2. 熟悉附件尺寸设计要求。

2.2.1　减速器的主要附件

减速器附件主要有八大部分，具体如下：

1. 减速器的起吊装置

为了便于搬运和装拆箱盖，在箱盖上设置了吊环螺钉或起重吊耳；为了搬运箱座或整个减速器，在箱座上设置了起重吊钩。起吊装置的结构尺寸见表7－3－5和表7－3－6。

2. 窥视孔盖

为了便于减速器的日常维护以及观察齿轮啮合状态，箱盖上加工了窥视孔，平时用窥视孔盖封闭起来。窥视孔盖尺寸见表7－3－1，窥视孔尺寸可参考孔盖尺寸确定。

3. 通气器

通气器通常安装在窥视孔盖上或者箱盖的最高位置，便于减速器内空气热胀冷缩时的流入或流出，同时防止灰尘进入。通气器的结构尺寸见表7-3-3。

4. 油标尺

为了监视减速器内的润滑油油量，箱座上加工了油标尺凸台和油标尺安装孔，使用油标尺可以不必打开箱盖来检查润滑油油量。油标尺的结构尺寸见表7-3-4。

5. 放油螺塞

减速器经过一段时间的运行必须更换润滑油，为此在箱座下方加工了螺塞凸台和螺纹孔，其位置应该能尽量把箱体里的润滑油放尽，一般将螺塞安装在螺纹孔上，并加装螺塞垫。放油螺塞及螺塞垫的结构尺寸参见表7-3-2。

6. 轴承端盖与套杯

减速器轴系部件的轴向定位与固定通常使用轴承端盖。外伸轴处的轴承端盖的尺寸与所采用的密封方式有关。轴承端盖、套杯的选择设计可参考附表4.1。

7. 起箱螺钉

为了加强密封效果，在装配时通常在箱体剖分面上涂以水玻璃或者密封胶，但往往因胶结紧密，上下箱体分开困难，为此常在箱盖连接凸缘的适当位置设置起盖螺钉。起盖螺钉的直径一般与箱体凸缘连接螺栓的直径相同，其长度应大于箱盖连接凸缘的厚度，起盖螺钉的钉杆端部应有一小段制成无螺纹的圆柱端或锥端，以免反复拧动时将杆端螺纹磨损。

8. 定位销

为了确定箱盖与箱座的相互位置，并在每次拆装后轴承座的上下半孔始终保持加工时的位置精度，应在精加工轴承座孔前，在箱盖与箱座的连接凸缘上装配两个定位销。两个定位销应布置在箱体的对角线上，并且两定位销到箱体对称轴线的距离不等，以防止安装时上下箱的位置与加工时不符而影响其精度，两定位销的距离应尽量远些，以提高其定位精度。此外还要考虑拆装方便，避免与其他零件相互干涉。

子任务3　减速器轴系部件认知

任务引入

图2-3-1所示为减速器轴系部件，包含齿轮、蜗轮蜗杆、轴、轴承等零部件，在这些

（a）　　　（b）

图2-3-1　减速器轴系部件

轴系部件中，齿轮或蜗轮蜗杆在工作过程中主、从动轮的转速变化是否有规律可循？齿轮或蜗轮蜗杆的齿廓形状怎样设计才能既方便制造又能满足使用要求？齿轮或蜗轮蜗杆传动过程中运动是否会连续？由多个齿轮构成的轮系的作用是什么？传动比应该如何计算？与齿轮相配合的轴应该由什么材料制造？它有哪些分类？轴端轴承的结构形式是怎样的？它有哪些类型及代号分别是什么？

任务分析

齿轮传动是应用最广泛的一种传动形式。齿轮是机械产品的重要基础零件，齿轮传动是传递机器动力和运动的一种主要形式。齿轮的设计与制造水平将直接影响到机械产品的性能和质量。由于它在工业发展中的突出地位，致使齿轮被世界各国公认为工业化的一种象征。

轴是机械产品中的重要零件之一，用来支承做回转运动的传动零件（如齿轮、带轮、链轮等）、传递运动和转矩、承受载荷，以及保证装在轴上的零件具有确定的工作位置和一定的回转精度。

轴承用来支承轴及轴上的回转零件，并与机座做相对旋转、摆动等运动，使转动副之间的摩擦尽量降低，保持轴的旋转精度，减少转轴与支承之间的摩擦和磨损，以获得较高的传动效率。

任务目标

1. 了解齿轮机构的类型和应用；
2. 明确齿廓啮合基本定律、渐开线性质、齿轮基本参数及与其啮合特性有关的基本概念；
3. 熟练掌握渐开线标准直齿圆柱齿轮及其齿轮传动的基本参数和几何尺寸计算；
4. 深入了解渐开线直齿圆柱齿轮的啮合特性及渐开线齿轮传动的正确啮合和连续传动条件等；
5. 了解渐开线齿廓的切齿原理和根切现象，以及渐开线标准齿轮的最少齿数；
6. 了解变位齿轮的相关概念；
7. 了解斜齿圆柱齿轮的齿廓曲面及啮合特点，并能计算标准斜齿圆柱齿轮的几何尺寸；
8. 了解标准直齿圆锥齿轮和蜗轮蜗杆的传动特点及其基本尺寸的计算；
9. 了解轮系的功用，明确轮系有哪几种类型；
10. 熟练掌握轮系传动比的计算方法，并能正确判定两轮的相对转向；
11. 熟悉轴的材料、分类及应用；
12. 深入了解轴承的类型及代号、滚动轴承的结构形式及选用原则；
13. 了解滑动轴承的结构形式及材料。

2.3.1 齿轮

2.3.1.1 齿轮传动的特点和常用类型

1. 齿轮、齿轮副与齿轮传动

齿轮是任意一个有齿的机械元件，能利用它的齿与另一个有齿元件连续啮合，从而将运动传递给后者，或者从后者接受运动。

齿轮副是由两个互相啮合的齿轮组成的基本机构，两齿轮轴线相对位置不变，并各绕其自身的轴线转动。齿轮副是线接触的高副。

齿轮传动是利用齿轮副来传递运动和（或）动力的一种机械传动。齿轮副的一对齿轮的齿依次交替地接触，从而实现一定规律的相对运动的过程和形态称为啮合。齿轮传动属于啮合传动。

2. 传动比

齿轮传动的传动比是主动齿轮与从动齿轮角速度（或转速）的比值，也等于两齿轮齿数的反比，即

$$i_{12}=\frac{\omega_1}{\omega_2}=\frac{n_1}{n_2}=\frac{z_2}{z_1} \tag{2-3-1}$$

式中，ω_1——主动齿轮角速度；

n_1——主动齿轮转速；

ω_2——从动齿轮角速度；

n_2——从动齿轮转速；

z_1——主动齿轮齿数；

z_2——从动齿轮齿数。

3. 齿轮传动的基本要求

从传递运动和动力两个方面来考虑，齿轮传动应满足下列两个基本要求：

1）传动要平稳

在齿轮传动过程中，应保证瞬时传动比恒定不变，以保持传动的平稳性，避免或减少传动中的冲击、振动和噪声。

2）承载能力要大

要求齿轮的结构尺寸小、体积小、质量小，而承受载荷的能力强，即强度高、耐磨性好、寿命长。

4. 齿轮机构的应用特点

齿轮传动在工程机械、矿山机械、冶金机械，各种机床及仪器、仪表工业中被广泛地用于传递运动和动力。齿轮传动除传递回转运动外，也可以用来把回转运动转变为直线往复运动（如齿轮齿条传动）。与摩擦轮传动、带传动和链传动等相比较，齿轮传动具有如下优点：

（1）能保证瞬时传动比的恒定，传动平稳性好，传递运动准确可靠。

（2）传递的功率和速度范围大。传递的功率小至低于1 W（如仪表中的齿轮传动），大至5×10^4 kW（如蜗轮发动机的减速器），甚至可高达1×10^5 kW。其传动时圆周速度可达到300 m/s。

（3）传动效率高。一般传动效率$\eta=0.94\sim0.99$。

（4）结构紧凑，工作可靠，寿命长。设计正确、制造精良、润滑维护良好的齿轮传动可使用数年乃至数十年。

齿轮传动也存在以下不足之处：

（1）制造和安装精度要求高，工作时有噪声。

（2）齿轮的齿数为整数，能获得的传动比受到一定的限制，不能实现无级变速。

（3）中心距过大时将导致齿轮传动机构的结构复杂，体积庞大、笨重，因此，不适用于中心距较大的场合。

5. 齿轮传动的常用类型

齿轮的种类很多，齿轮传动可以按不同的方法进行分类。

（1）根据齿轮副两传动轴的相对位置不同，可分为平行轴齿轮传动（见图2－3－2）、相交轴齿轮传动（见图2－3－3）和交错轴齿轮传动（见图2－3－4）三种。平行轴齿轮传动属于平面传动，相交轴齿轮传动和交错轴齿轮传动属于空间传动。

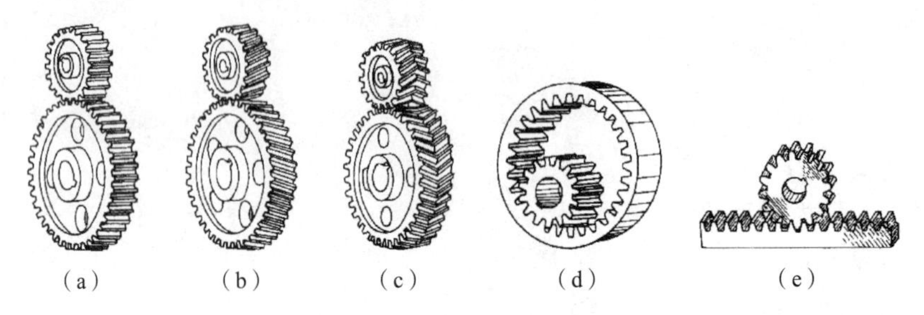

（a）（b）（c）（d）（e）

图2－3－2　平行轴齿轮传动

（a）直齿轮副；（b）斜齿轮副；（c）人字齿轮副；（d）内啮合直齿轮副；（e）齿轮齿条副

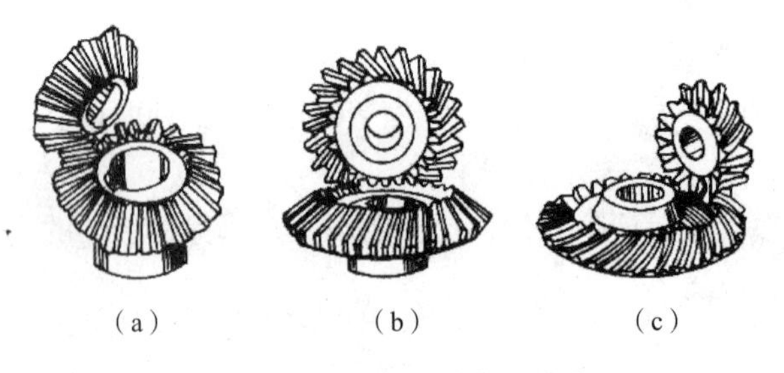

（a）（b）（c）

图2－3－3　相交轴齿轮传动

（a）直齿锥齿轮副；（b）斜齿锥齿轮副；（c）曲齿锥齿轮副

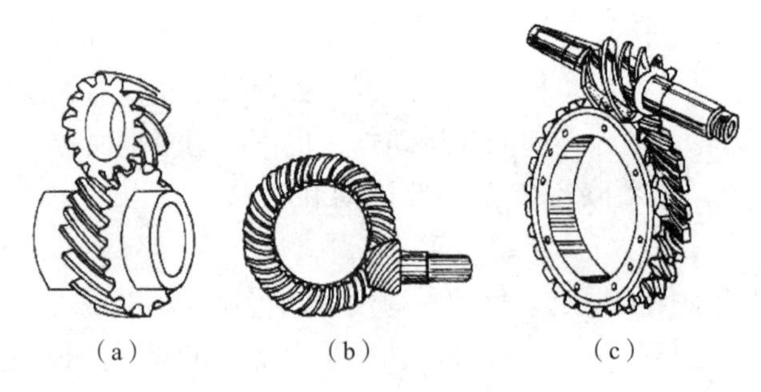

（a）（b）（c）

图2－3－4　交错轴齿轮传动

（a）交错轴斜齿轮副；（b）准双曲面齿轮副；（c）蜗杆副

（2）根据齿轮分度曲面不同，可分为圆柱齿轮传动（见图2－3－2和图2－3－4（a））和锥齿轮传动（见图2－3－3和图2－3－4（b））。

（3）根据齿线形状不同，可分为直齿齿轮传动（见图2－3－2（a）、图2－3－2（d）、图2－3－2（e）和图2－3－3（a））、斜齿齿轮传动（见图2－3－2（b）、图2－3－3（b）和图2－3－4（a））和曲齿齿轮传动（见图2－3－3（c）和图2－3－4（b））。

（4）根据齿轮传动的工作条件不同，可分为闭式齿轮传动和开式齿轮传动。前者齿轮副封闭在刚性箱体内，并能保证良好的润滑；后者齿轮副外露，易受灰尘及有害物质侵袭，且不能保证良好的润滑。

（5）根据轮齿齿廓曲线不同，可分为渐开线齿轮传动、摆线齿轮传动和圆弧齿轮传动等，其中渐开线齿轮传动应用最广。

2.3.1.2 渐开线齿轮的齿廓

1. 渐开线的形成

在平面上，一条动直线（发生线）沿着一个固定的圆（基圆）做纯滚动时，此动直线上任一点的轨迹，称为圆的渐开线。

如图2－3－5所示，直线 AB 与一半径为 r_b 的圆相切，并沿此圆做无滑移的纯滚动，则直线 AB 上任意一点 K 的轨迹 CKD 称为该圆的渐开线。与直线做纯滚动的圆称为基圆，r_b 为基圆半径，直线 AB 称为发生线。

以渐开线作为齿廓曲线的齿轮称为渐开线齿轮。

2. 渐开线的性质

从渐开线的形成可以看出，它具有下列性质：

（1）发生线在基圆上滚过的线段长度 NK 等于基圆上被滚过的一段弧长 $\overset{\frown}{NC}$，即 $NK = \overset{\frown}{NC}$，如图2－3－5所示。

（2）渐开线上任意一点的法线必定与基圆相切。如图2－3－5所示，渐开线上任意一点 K 的法线 KN 与基圆相切于点 N，法线 KN 与发生线 AB 重合。切点 N 是渐开线上 K 点的曲率中心，线段 NK 为 K 点的曲率半径。

（3）渐开线上各点的曲率半径不相等。K 点离基圆越远，其曲率半径 NK 越大，渐开线越趋于平直；K 点离基圆越近，曲率半径越小，渐开线越弯曲；当 K 点与基圆上的点 C 重合时，曲率半径等于零。

（4）渐开线的形状取决于基圆的大小。基圆相同，渐开线形状相同；基圆越小，渐开线越弯曲；基圆越大，渐开线越趋于平直。当基圆半径趋于无穷大时，渐开线成直线，这种直线型的渐开线就是齿条的齿廓曲线，如图2－3－6所示。

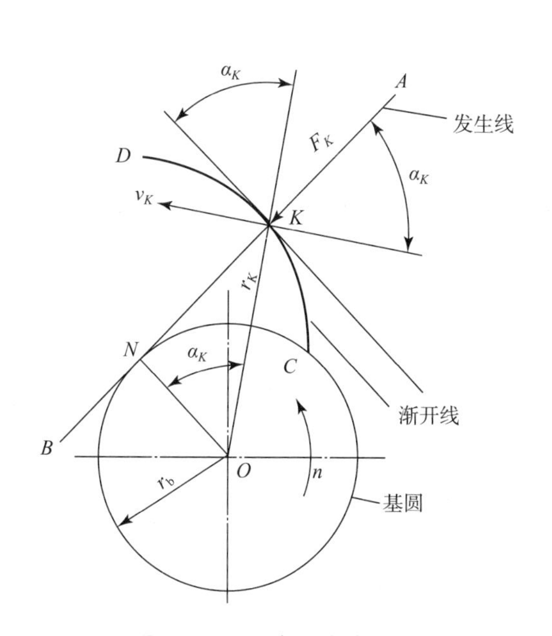

图2－3－5 渐开线的形成

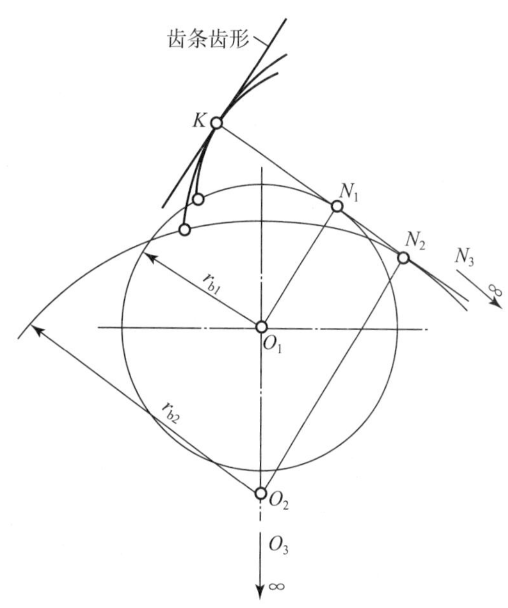

图2－3－6 不同基圆的渐开线

（5）基圆内无渐开线。

（6）渐开线上各点处的压力角不相等。当渐开线齿廓在任意一点 K 与另一齿轮的渐开线齿廓相接触时，所受作用力 $\boldsymbol{F}_K$ 的方向（即渐开线在 K 点的法线方向）与该点绕基圆圆心 O 回转时的速度 $\boldsymbol{v}_K$ 方向所夹的锐角，称为渐开线齿廓上任意一点 K 处的压力角 α_K，也就是过齿廓上任意点 K 处的径向直线与齿廓在该点处的切线所夹的锐角，如图 2-3-5 所示。

由图 2-3-6 可知：在直角三角形 ONK 中，$\angle NOK = \alpha_K$，且有

$$\cos\alpha_K = \frac{ON}{OK} = \frac{r_b}{r_K} \tag{2-3-2}$$

对于同一基圆的渐开线，基圆半径 r_b 是常量（定值），所以由上式可知，压力角 α_K 的大小随 K 点的向径 r_K 变化。K 点离基圆越远，r_K 越大，压力角 α_K 越大；反之，K 点离基圆越近，r_K 越小，压力角 α_K 越小。在渐开线的起点（即 K 点在基圆上），$r_K = r_b$，$\cos\alpha_K = 1$，$\alpha_K = 0°$，即基圆上的压力等于零。

压力角越小，齿轮传动越有力，因此，通常采用基圆附近的一段渐开线作为齿轮的齿廓曲线。

2.3.1.3 渐开线标准直齿圆柱齿轮的基本参数与计算

1. 直齿圆柱齿轮几何要素的名称和代号

图 2-3-7 所示为直齿圆柱齿轮的一部分，其主要几何要素如下：

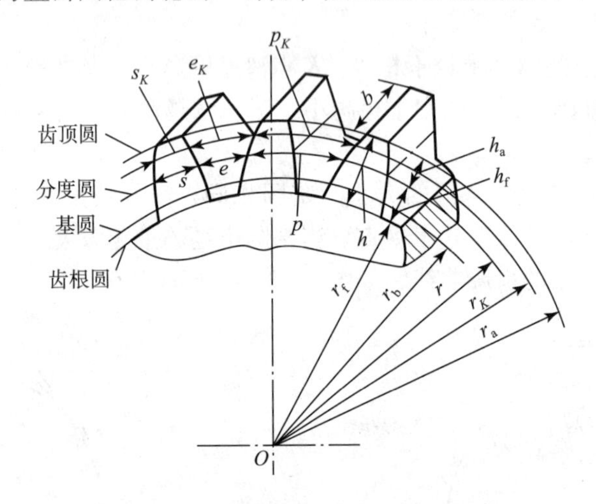

图 2-3-7 直齿圆柱齿轮的几何要素

1）端面

在圆柱齿轮上，垂直于齿轮轴线的表面，称为端面。

2）齿顶圆柱面、齿顶圆

圆柱齿轮的齿顶曲面称为齿顶圆柱面。在圆柱齿轮上，其齿顶圆柱面与端平面的交线称为齿顶圆。齿顶圆直径的代号为 d_a。

3）齿根圆柱面、齿根圆

圆柱齿轮的齿根曲面称为齿根圆柱面。在圆柱齿轮上，其齿根圆柱面与端平面的交线称为齿根圆。齿根圆直径的代号为 d_f。

4）分度圆柱面、分度圆

圆柱齿轮的分度曲面称为分度圆柱面。分度曲面是齿轮上的一个假想曲面，齿轮的轮齿

尺寸均以此曲面为基准而加以确定。圆柱齿轮的分度圆柱面与端平面的交线称为分度圆。分度圆直径的代号为 d。

5）齿宽

齿轮的有齿部位沿分度圆柱面的轴线方向度量的宽度称为齿宽。齿宽的代号为 b。

6）齿厚

在该圆周上所量得的一轮齿两侧齿廓间的弧长，称为齿厚。分度圆上的齿厚用 s 来表示。

7）齿槽、齿槽宽

齿轮相邻两齿之间的空间称为齿槽；在任意圆周 r_K 上所量得齿槽的弧长称为该圆周上的齿槽宽，以 e_K 表示。分度圆上的齿槽宽用 e 表示。

8）齿距

在半径为 r_K 的圆周上相邻两齿同侧齿廓之间的弧长称为该圆周上的齿距 p_K。分度圆上的齿距用 p 来表示；基圆上的齿距用 p_b 表示。

任意半径为 r_K 圆上的齿距与齿槽宽和齿厚的关系为：

$$p_K = s_K + e_K$$

在分度圆上三者之间的关系为：

$$p = s + e \text{，且 } s = e$$

9）全齿高、齿顶高、齿根高

轮齿的齿顶圆和齿根圆之间的径向尺寸称为全齿高，用 h 表示；

轮齿介于齿顶圆和分度圆之间的部分叫齿顶，齿顶的径向高度称为齿顶高，用 h_a 表示；

轮齿介于齿根圆和分度圆之间的部分叫齿根，齿根的径向高度称为齿根高，用 h_f 表示。

全齿高、齿顶高、齿根高之间的关系为：

$$h = h_a + h_f$$

2. 直齿圆柱齿轮的基本参数

直齿圆柱齿轮的基本参数有：齿数 z、模数 m、压力角 α、齿顶高系数 h_a^* 及顶隙系数 c^* 五个。基本参数是齿轮各部分几何尺寸计算的依据。

1）齿数 z

一个齿轮的轮齿总数叫作齿数，用 z 表示。当齿轮的模数一定时，齿数越多，齿轮的几何尺寸越大，轮齿渐开线的曲率半径也越大，齿廓曲线越趋于平直。

2）模数 m

齿距除以圆周率 π 所得到的商称为模数。模数的代号为 m，单位为 mm。模数是齿轮几何尺寸计算中一个最基本的参数。由齿距定义可知：齿距与齿数的乘积等于分度圆周长，即 $pz = \pi d$。由于式中有无理数 π，齿数 z 又是自然数，所以不论由齿距求分度圆直径，还是由分度圆直径求齿距，都不能计算出准确的数值。为了使分度圆直径成为一个有理数，以便于齿轮几何尺寸的计算和制造，由 $d = \frac{p}{\pi}z$ 可知，d 为有理数的条件是 $\frac{p}{\pi}$ 必须为有理数，所以人为地规定 $\frac{p}{\pi}$ 为有理数，称为模数，记作 $m = \frac{p}{\pi}$，可得

$$d = mz \tag{2-3-3}$$

模数 m 的大小反映了齿距 p 的大小，也就是反映了轮齿的大小。模数越大，轮齿越大，齿轮所能承受的载荷就越大；反之，模数越小，轮齿越小，齿轮所能承受的载荷也越小。

图 2-3-8 所示为两个齿数相同（$z=16$）而模数不同的齿轮，可以比较其几何尺寸和轮齿大小。图 2-3-9 所示为分度圆直径相同（$d=72$ mm）而模数不同的四种齿轮轮齿的比较。不难看出，模数小的，轮齿就小，其齿就越多。

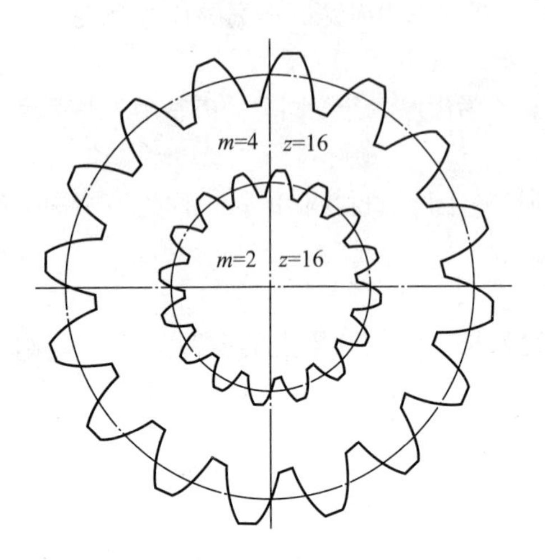

图 2-3-8　相同齿数、不同模数的齿轮的几何尺寸和轮齿大小比较

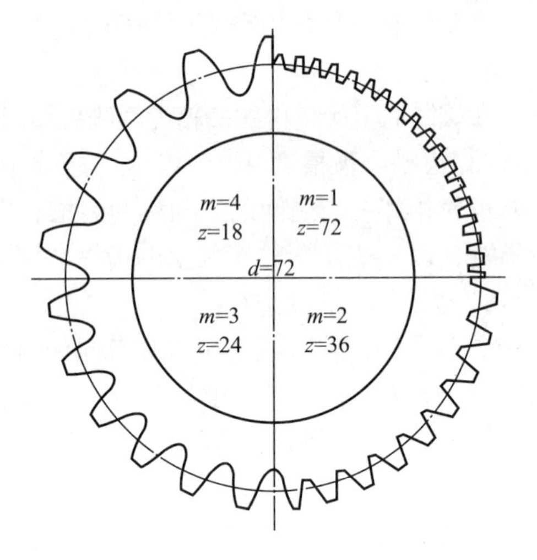

图 2-3-9　分度圆直径相同而模数不同的齿轮轮齿大小的比较

在 GB/T1357—2008《通用机械和重型机械用圆柱齿轮模数》标准中规定了渐开线圆柱齿轮的模数系列（见表 2-3-1）。

表 2-3-1　渐开线圆柱齿轮模数　　mm

第一系列	0.1，0.12，0.15，0.2，0.25，0.3，0.4，0.5，0.6，0.8，1，1.25，1.5，2，2.5，3，4，5，6，8，10，12，16，20，25，32，40，50
第二系列	0.35，0.7，0.9，1.75，2.25，2.75，(3.25)，3.5，(3.75)，4.5，5.5，(6.5)，7，9，(11)，14，18，22，28，(30)，36，45
注：①表中模数对于斜齿轮是指法向模数。 ②选取时，优先采用第一系列，括号内的模数尽可能不用。	

英、美等国家以径节作为计算齿轮几何尺寸的主要参数。径节是齿数与分度圆直径之比，用 P 表示，单位是 in^{-1}，即 $P=\frac{z}{d}$。

模数与径节互为倒数关系，因为 1 in = 25.4 mm，所以 $m=\frac{25.4}{P}$。

3）压力角 α

压力角是齿轮的又一个重要的基本参数。由渐开线的性质可知：渐开线上任意一点处的压力角是不相等的，在同一基圆的渐开线上，离基圆越远的点处，压力角越大；离基圆越近的点处，压力角越小。对于渐开线齿轮，通常所说的压力角是指分度圆上的压力角。

渐开线圆柱齿轮分度圆上压力角 α 的大小，可用下式表示：

$$\cos\alpha=\frac{r_b}{r} \tag{2-3-4}$$

式中，α——分度圆上的压力角；

r_b——基圆半径；

r——分度圆半径，mm。

分度圆上压力角的大小对轮齿的形状有影响，由式（2-3-4）可知，当分度圆半径 r 不变时，压力角减小，则基圆半径 r_b 增大，轮齿的齿顶变宽，齿根变薄，其承载能力降低；压力角增大，则基圆半径 r_b 减小，轮齿的齿顶变尖，齿根变厚，其承载能力增大，但传动较费力。综合考虑齿轮副的传动性能和轮齿的承载能力，我国标准规定渐开线圆柱齿轮分度圆上的压力角 $\alpha=20°$，也就是说采用渐开线上压力角为20°左右的一段作为轮齿的齿廓曲线，而不是任意段的渐开线。

4）齿顶高系数 h_a^*

齿顶高与模数之比称为齿顶高系数，用 h_a^* 表示，即：

$$h_a = h_a^* m \qquad (2-3-5)$$

标准直齿圆柱齿轮的齿顶高系数 $h_a^*=1$。

5）顶隙系数 c^*

当一对齿轮啮合时，为使一个齿轮的齿顶面不致与另一个齿轮的齿槽底面抵触，轮齿的齿根高 h_f 应大于齿顶高 h_a，以保证两齿轮啮合时，一齿轮的齿顶与另一齿轮的槽底间有一定的径向间隙，称为顶隙。顶隙在齿轮的齿根圆柱面与配对齿轮的齿顶圆柱面之间的连心线上量度，用 c 表示。

顶隙与模数之比称为顶隙系数，用 c^* 表示，即：

$$c = c^* m \qquad (2-3-6)$$

所以

$$h_f = h_a + c = (h_a^* + c^*)m \qquad (2-3-7)$$

标准直齿圆柱齿轮的顶隙系数 $c^*=0.25$。

顶隙还可以储存润滑油，有利于齿面的润滑。

3. 标准直齿圆柱齿轮几何尺寸的计算

采用标准模数 m，压力角 $\alpha=20°$，齿顶高系数 $h_a^*=1$，顶隙系数 $c^*=0.25$，端面齿厚 s 等于端面齿槽宽 e 的渐开线直齿圆柱齿轮称为标准直齿圆柱齿轮，简称标准直齿轮。

标准直齿圆柱齿轮几何要素的名称、代号和计算公式如下：

分度圆直径　$d=mz$

齿顶高　$h_a=h_a^* m$

齿根高　$h_f=(h_a^*+c^*)m$

齿全高　$h=h_a+h_f=(2h_a^*+c^*)m$

齿顶圆直径　$d_a=d+2h_a=(z+2h_a^*)m$

齿根圆直径　$d_f=d-2h_f=(z-2h_a^*-c^*)m$

基圆直径　$d_b=d\cos\alpha$

齿距　$p=\pi m$

齿厚与齿槽宽　$s=e=\frac{\pi m}{2}$

基圆齿距　$p_b=p\cos\alpha$

中心距 $$a=\frac{d_1+d_2}{2}=\frac{m(z_1+z_2)}{2}$$

4. 直齿圆柱内齿轮

前面介绍的是齿轮传动中应用最普遍的直齿圆柱外齿轮的几何尺寸计算。由两个外齿轮（齿顶曲面位于齿根曲面之外的齿轮）组成的齿轮副称外齿轮副。当要求齿轮传动两轴平行，回转方向相同，且结构紧凑时，可采用内齿轮副传动。齿顶曲面位于齿根曲面之内的齿轮称为内齿轮，有一个齿轮是内齿轮的齿轮副称为内齿轮副。内齿轮副的另一个齿轮是外齿轮。如图 2－3－10 所示，大齿轮为直齿圆柱内齿轮，与其啮合的小齿轮为直齿圆柱外齿轮。

直齿圆柱内齿轮的主要几何要素如图 2－3－11 所示，其与外齿轮相比较有以下几点不同：

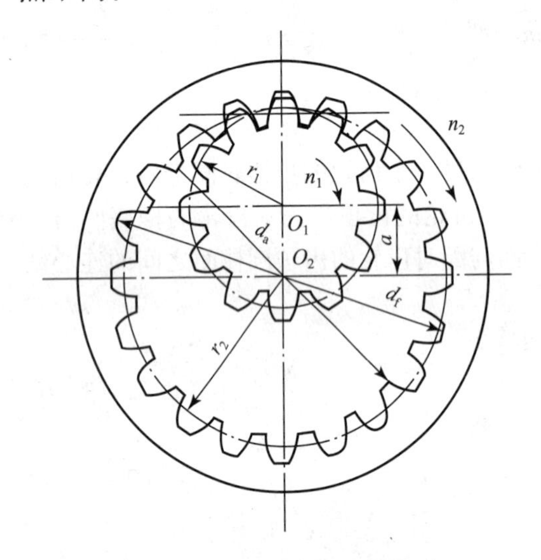

图 2－3－10 内啮合齿轮传动

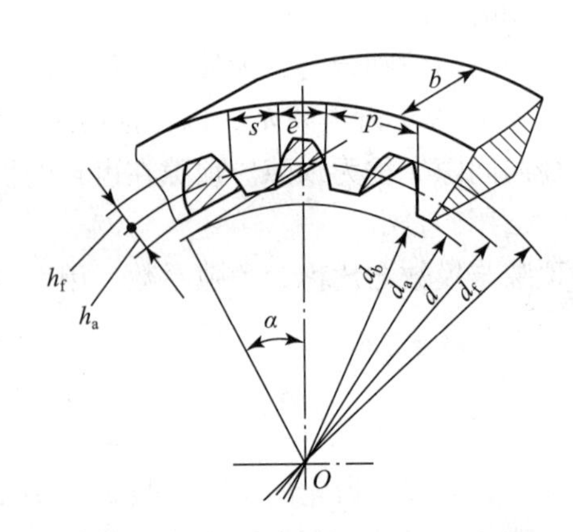

图 2－3－11 内齿轮主要几何要素

（1）内齿轮的齿廓曲线也是渐开线，但内齿轮的齿廓是内凹的（外齿轮的齿廓是外凸的）。内齿轮的齿厚相当于外齿轮的槽宽，内齿轮的槽宽相当于外齿轮的齿厚。

（2）内齿轮的齿顶圆在它的分度圆之内，齿根圆在它的分度圆之外。

（3）为了使内齿轮齿顶两侧齿廓全部为渐开线，齿顶圆必须大于齿轮的基圆。

标准直齿圆柱内齿轮的几何要素计算公式中，齿顶圆直径 d_a、齿根圆直径 d_f 及中心距 a 与外齿轮的计算公式不同，其公式如下：

$$d_a=d-2h_a=(z-2h_a^*)m$$

$$d_f=d+2h_f=(z+2h_a^*+c^*)m$$

$$a=\frac{(d_2-d_1)}{2}=\frac{m(z_2-z_1)}{2}$$

式中，下角标 1、2 分别表示内齿轮副中的外齿轮和内齿轮。

5. 标准齿轮的公法线长度

在设计、制造和检验齿轮时，经常需要知道齿轮的齿厚，因无法直接测量弧齿厚，故常需测量齿轮的公法线长度。所谓公法线长度是指齿轮卡尺跨过 k 个齿所量得的齿廓间的法向距离。如图 2－3－12 所示，卡尺的卡脚与齿廓相切于 A、B 两点（图中卡脚跨 3 个齿），设跨齿数为 k，卡脚与齿廓切点 A、B 的距离 AB 即为所测得的公法线长度，用 W_k 表示。

由图可知：

$$W_k=(k-1)p_b+s_b$$

$$W_{k+1}-W_k=p_b$$

经推导可得标准齿轮的公法线长度计算公式为：

$$W_k=m\cos\alpha[(k-0.5)\pi+z(\tan\alpha-\alpha)]$$

对于标准齿轮，当 $\alpha=20°$ 时，公法线长度公式为：

$$W_k=m[2.9521(k-0.5)+0.014z]$$

为了正确测量 W_k，必须使卡脚平面切于分度圆附近。因此，k 值选取不宜大也不宜小。如图 2－3－12 所示，设卡尺的卡脚与齿廓的切点 A、B 在分度圆上，则公法线长度 W_k 所对应的圆心角为 $\angle AOB=2\alpha$，得：

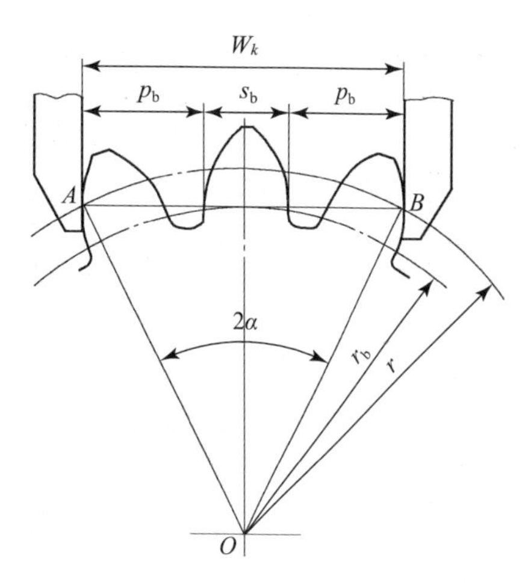

图 2－3－12 齿轮公法线长度的测量

$$k=\frac{\alpha z}{\pi}+0.5$$

对于标准齿轮，$\alpha=20°$，则上式简化为 $k=0.111z+0.5$。实际测量时，k 必须为整数，故必须对 k 圆整。方法为：将结果取一位小数，再按四舍五入取整。W_k 的值可通过查表 2－3－2 获得。

表 2－3－2 标准直齿圆柱齿轮公法线长度（$m=1$，$\alpha=20°$）

被测齿轮总齿数 z	跨测齿数	公法线长度值 W_k/mm	被测齿轮总齿数 z	跨测齿数	公法线长度值 W_k/mm	被测齿轮总齿数 z	跨测齿数	公法线长度值 W_k/mm
10	2	4.568 3	28	4	10.724 6	46	6	16.881 0
11		4.582 3	29		10.738 6	47		16.895 0
12		4.596 3	30		10.752 6	48		16.909 0
13		4.610 3	31		10.766 6	49		16.923 0
14		4.624 3	32		10.780 6	50		16.937 0
15		4.638 3	33		10.794 6	51		16.951 0
16		4.652 3	34		10.808 6	52		16.965 0
17		4.666 3	35		10.822 6	53		16.979 0
18		4.680 3	36		10.836 7	54		16.993 0
19	3	7.646 4	37	5	13.802 8	55	7	19.959 1
20		7.660 4	38		13.816 8	56		19.973 2
21		7.674 4	39		13.830 8	57		19.987 2
22		7.688 4	40		13.844 8	58		20.001 2
23		7.702 5	41		13.858 8	59		20.015 2
24		7.716 5	42		13.872 8	60		20.029 2
25		7.730 5	43		13.886 8	61		20.043 2
26		7.744 5	44		13.900 8	62		20.057 2
27		7.758 5	45		13.914 8	63		20.071 2

续表

被测齿轮总齿数 z	跨测齿数	公法线长度值 W_k/mm	被测齿轮总齿数 z	跨测齿数	公法线长度值 W_k/mm	被测齿轮总齿数 z	跨测齿数	公法线长度值 W_k/mm
64	8	23.037 3	109	13	38.428 2	154	18	53.819 2
65		23.051 3	110		38.442 2	155		53.833 2
66		23.065 3	111		38.456 3	156		53.847 2
67		23.079 3	112		38.470 3	157		53.861 2
68		23.093 3	113		38.484 3	158		53.875 2
69		23.107 4	114		38.498 3	159		53.889 2
70		23.121 4	115		38.512 3	160		53.903 2
71		23.135 4	116		38.526 3	161		53.917 2
72		23.149 4	117		38.540 3	162		53.931 2
73	9	26.115 5	118	14	41.506 4	163	19	56.897 3
74		26.129 5	119		41.520 5	164		56.911 3
75		26.143 5	120		41.534 4	165		56.925 4
76		26.157 5	121		41.548 4	166		56.939 4
77		26.171 5	122		41.562 6	167		56.953 4
78		26.185 5	123		41.576 5	168		56.967 4
79		26.199 5	124		41.590 5	169		56.981 4
80		26.213 5	125		41.604 5	170		56.995 4
81		26.227 5	126		41.618 5	171		57.009 4
82	10	29.193 7	127	15	44.584 6	172	20	59.975 5
83		29.207 7	128		44.598 6	173		59.989 5
84		29.221 7	129		44.612 6	174		60.003 5
85		29.235 7	130		44.626 6	175		60.017 5
86		29.249 7	131		44.640 6	176		60.031 5
87		29.263 7	132		44.654 6	177		60.045 6
88		29.277 7	133		44.668 6	178		60.059 6
89		29.291 7	134		44.682 6	179		60.073 6
90		29.305 7	135		44.696 6	180		60.087 6
91	11	32.271 9	136	16	47.662 8	181	21	63.053 7
92		32.285 9	137		47.676 8	182		63.067 7
93		32.299 9	138		47.690 8	183		63.081 7
94		32.313 9	139		47.704 8	184		63.095 7
95		32.327 9	140		47.718 8	185		63.109 7
96		32.341 9	141		47.732 8	186		63.123 7
97		32.355 9	142		47.746 8	187		63.137 7
98		32.369 9	143		47.760 8	188		63.151 7
99		32.383 9	144		47.774 8	189		63.165 7
100	12	35.350 0	145	17	50.741 0	190	22	66.131 9
101		35.364 1	146		50.755 0	191		66.145 9
102		35.378 1	147		50.769 0	192		66.159 9
103		35.392 1	148		50.783 0	193		66.173 9
104		35.401 6	149		50.797 0	194		66.187 9
105		35.420 1	150		50.811 0	195		66.201 9
106		35.434 1	151		50.825 0	196		66.215 9
107		35.448 1	152		50.839 0	197		66.229 9
108		35.557 2	153		50.853 0	198		66.243 9
						199	23	69.210 1
						200		69.224 1

注：若模数 m 不等于1，则其 W_k 值等于表中的 W_k 值乘以 m。

6. 分度圆弦齿厚、弦齿高的测量及计算

轮齿两侧齿廓与分度圆的两个交点 A、B 间的距离，称为分度圆弦齿厚，以 $\bar{s}$ 表示。齿顶到分度圆弦 AB 间的径向距离，称为分度圆弦齿高，以 $\bar{h}_a$ 表示。

标准直齿圆柱齿轮的分度圆弦齿厚和分度圆弦齿高的计算公式为：

$$\bar{s} = mz\sin\frac{90°}{z}$$

$$\bar{h}_a = m\left[h_a^* + \frac{z}{2}\left(1 - \cos\frac{90°}{z}\right)\right] \tag{2-3-8}$$

测量公法线长度，对于斜齿圆柱齿轮将受到齿宽条件的限制；对于大模数齿轮，测量也有困难；此外，还不能检测锥齿轮和蜗轮的公法线长度。在这种情况下，通常改测齿轮的分度圆弦齿厚。

2.3.1.4 渐开线齿轮的啮合定律

1. 渐开线齿轮的啮合过程

图2-3-13（a）所示为一对渐开线齿轮的啮合过程，由渐开线性质可知，N_1N_2 是两齿廓在啮合点的公法线，也是两基圆的内公切线，所以渐开线齿轮啮合时，各啮合点始终沿着两基圆的内公切线 N_1N_2 移动，N_1N_2 称为啮合线。

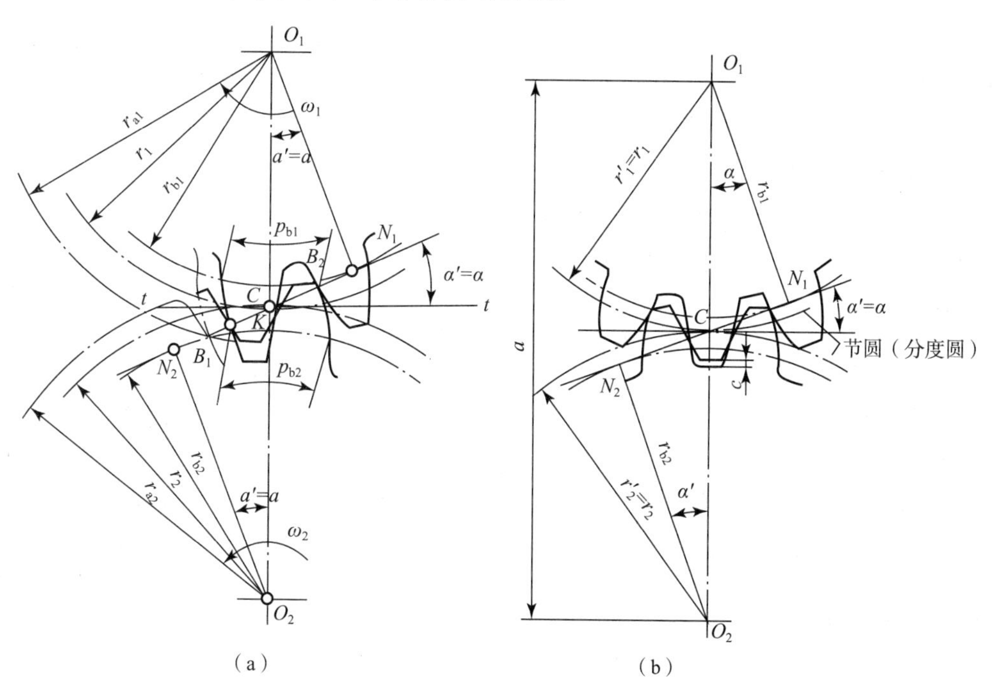

图2-3-13 渐开线齿轮的啮合过程

设齿轮1为主动轮，齿轮2为从动轮。当一对齿轮开始啮合时，先以主动轮的齿根部分推动从动轮的齿顶，因此，起始啮合点是从动轮的齿顶圆与啮合线的交点 B_2。当两轮继续转动时，主动轮轮齿上的啮合点向齿顶移动，而从动轮轮齿上的啮合点向齿根移动。终止啮合点是主动轮的齿顶圆与啮合线的交点 B_1，此时两轮齿将脱离接触。线段 B_2B_1 为齿轮啮合点的实际轨迹，称为实际啮合线段。若将两齿顶圆加大，则 B_1B_2 就更接近点 N_1 和 N_2。但因基圆内无渐开线，故线段 N_1N_2 称为理论最大的啮合线段，简称为理论啮合线段。

2. 渐开线齿轮啮合传动的特点

1）传动比恒定

由渐开线的性质可知，渐开线齿轮啮合时，同一方向的啮合线只有一条，所以它与两轮连心线的交点 C 必为一固定点（见图 2－3－13（a））。可以证明，一对齿轮在啮合传动过程中，如果啮合线与两轮连心线始终交于一固定点，则两轮的传动比为一恒定值，且有

$$i_{12}=\frac{\omega_1}{\omega_2}=\frac{n_1}{n_2}=\frac{O_2C}{O_1C}=\frac{r'_2}{r'_1}=\frac{r_{b2}}{r_{b1}} \tag{2-3-9}$$

由上式可知，由于 C 点为定点，$\frac{r'_2}{r'_1}$ 为定值，故瞬时传动比 i 恒定不变。这就保证了齿轮传动的平稳性。

O_1O_2 中心线与啮合线交一固定点 C，C 点称为节点。分别以 O_1 与 O_2 为圆心，过节点 C 所作的两个相切圆称为节圆，r'_1、r'_2 分别称为主、从动轮的节圆半径。由式（2－3－9）可知，一对齿轮传动时，两齿轮在节点处的速度相等，即 $v_1=\omega_1 r'_1$，$v_2=\omega_2 r'_2$，$v_1=v_2$，因此，一对齿轮的啮合可以看作两个节圆的纯滚动。

2）中心距具有可分性

由上面的分析可知，渐开线齿轮传动比还取决于基圆半径的大小。当一对齿轮制成后，其基圆半径已确定，因而传动比确定。在齿轮安装以后，中心距的微小变化不会改变瞬时传动比，这就给制造、安装和调试提供了便利。

3）传动的作用力方向不变

由前述可知，两齿廓无论在何点啮合，齿廓间作用的压力方向均沿着法线方向，即啮合线方向。由于啮合线为与两轮基圆相切的固定直线，所以齿廓间作用的压力方向不变，这对齿轮传动的平稳性是很有利的。

啮合线 N_1N_2 与两节圆的公切线 $t—t$ 所夹的锐角称为啮合角，用 α' 表示。

3. 渐开线齿轮啮合传动的条件

1）正确啮合的条件

一对渐开线齿轮要实现啮合传动，必须满足正确的啮合条件。以图 2－3－13（a）所示的齿轮传动进行分析。齿轮传动时，每一对轮齿仅啮合一段时间便要分离，而由后一对轮齿接替。为了保证每对轮齿都能正确地进入啮合，要求前一对轮齿尚在 B_2 点接触时，后一对轮齿即能在啮合线上另一点 K 进入正常接触，而 B_2K 恰为齿轮 1 和齿轮 2 的法向齿距，即 $p_{n1}=p_{n2}$。由渐开线性质可知，法向齿距 p_n 与基圆齿距 p_b 相等，因此 $p_{b1}=p_{b2}$。

而

$$p_b=p\cos\alpha=\pi m\cos\alpha$$

得到

$$m_1\cos\alpha_1=m_2\cos\alpha_2$$

式中，m_1，m_2——两轮的模数；

α_1，α_2——两轮的分度圆压力角。

由于 m、α 均已标准化，所以，得到正确啮合条件为

$$\left.\begin{aligned}m_1=m_2=m\\ \alpha_1=\alpha_2=\alpha\end{aligned}\right\} \tag{2-3-10}$$

可见直齿圆柱齿轮的正确啮合的条件是：两轮的模数和压力角必须分别相等。

2）连续传动条件

如图2-3-13（a）所示，由齿轮啮合过程可知，为使齿轮连续地进行传动，就必须使前一对轮齿尚未脱离啮合时，后一对轮齿已经进入啮合，这就要求实际啮合线必须大于或等于基圆齿距，即

$$\overline{B_1B_2} \geqslant p_b$$

此式称为连续传动条件，也可写成

$$\varepsilon = \frac{\overline{B_1B_2}}{p_b} \geqslant 1 \tag{2-3-11}$$

式中，ε 称为重合度。重合度 ε 越大，表明齿轮传动的连续性和平稳性越好。直齿圆柱齿轮的重合度应满足 $\varepsilon \geqslant 1.1 \sim 1.4$。

3）标准安装的条件

一对标准齿轮节圆与分度圆相重合的安装称为标准安装，标准安装时的中心距称为标准中心距，以 a 表示。一对齿轮标准安装时，两个齿轮的传动可以看作是两个分度圆的纯滚动。在满足正确啮合的条件下，存在 $s_1 = e_2$，$s_2 = e_1$，此时，两轮可实现无侧隙啮合。这对避免传动的反向空程冲击是有实际意义的。

标准安装时，对于外啮合传动，如图2-3-13（b）所示，有：

$$a = r'_1 + r'_2 = r_1 + r_2 = \frac{m}{2}(z_1 + z_2) \tag{2-3-12}$$

如图2-3-10所示的一内啮合标准齿轮传动，当按标准中心距安装时，两轮的各分度圆与各自的节圆重合相切，其标准中心距为：

$$a = r_2 - r_1 = \frac{m}{2}(z_2 - z_1) \tag{2-3-13}$$

需要指出的是，分度圆和压力角是单个齿轮所具有的参数，节圆和啮合角是一对齿轮啮合时才出现的几何参数。单个齿轮不存在节圆和啮合角。标准齿轮标准安装时，节圆与分度圆才重合，此时啮合角与压力角相等，即 $\alpha' = \alpha$。

2.3.1.5 渐开线齿轮的切齿原理及根切现象

1. 渐开线齿轮的加工方法

目前渐开线齿轮的加工方法很多，如铸造、模锻、冷轧、热轧、冲压、切削加工等，而最常用的是切削加工方法，即将盘状坯体在机床上切削出轮齿。

渐开线齿轮的加工方法按其切齿原理的不同可分为仿形法和范成法。

1）仿形法加工

用刀刃形状与被切齿轮齿廓形状完全相同的圆盘铣刀或指状铣刀在普通铣床上加工的方法，称为仿形法。其常用的铣刀有盘状铣刀和指状铣刀（用于加工 $m \geqslant 8$ mm 的齿轮），如图2-3-14所示。加工时，铣刀绕自身轴线旋转，同时沿齿轮轴线方向做直线移动。当铣出一个齿槽以后，将轮坯转过 $2\pi/z$，再铣第二个齿槽。其余齿槽依此类推。

这种切齿方法简单，不需要专用机床，但生产效率低，精度差，故仅适用于单件生产及精度要求不高的齿轮加工。

2）范成法（展成法或包络线法）加工

此方法是利用轮齿相互啮合时其齿廓互为包络线的原理进行切齿的。范成法是假想将一对相啮合传动的齿轮（或齿轮与齿条）之一作为刀具，而另一个作为轮坯，并使两者仍按

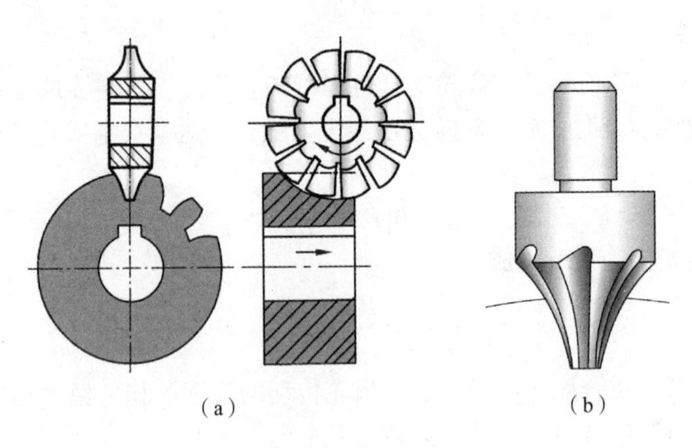
(a) (b)

图 2－3－14　铣刀铣削齿轮

(a) 盘状铣刀；(b) 指状铣刀

原传动比传动，根据共轭齿廓互为包络线的原理，在轮坯上加工出与刀具齿廓共轭的齿轮齿廓。

属于范成法加工的有插齿、滚齿、磨齿、剃齿等，其中磨齿和剃齿属于精加工。常用的刀具有齿轮形刀具（如齿轮插刀）和齿条形刀具（如齿条插刀和齿轮滚刀）。

(1) 齿轮插刀加工（插齿）。

齿轮插刀的形状如图 2－3－15 所示。刀具顶部比正常齿高出 c^*m，以便切出顶隙部分。插齿时，插刀沿轮坯轴线方向做往复切削运动，同时强迫插刀与轮坯像一对齿轮传动那样以一定的角速比转动，直至全部齿槽切削完毕。

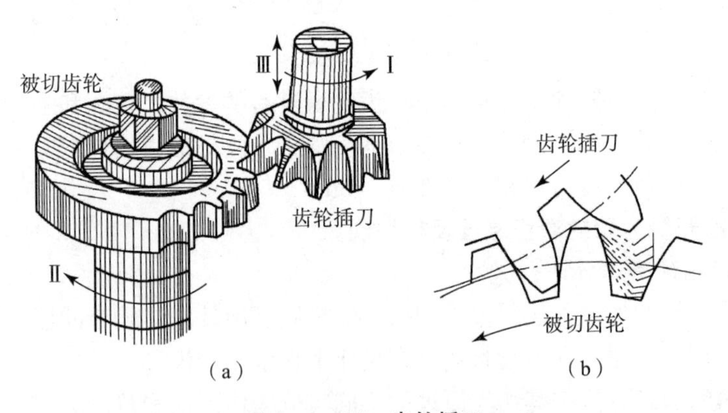

(a) (b)

图 2－3－15　齿轮插刀

因插齿刀的齿廓是渐开线，所以插制的齿轮齿廓也是渐开线。根据正确啮合条件，被切齿轮的模数和压力角与插刀的模数和压力角相等，故用同一把插刀切出的齿轮都能正确啮合。

(2) 齿条插刀加工（插齿）。

设想将齿轮型插刀的齿数增加至无穷多，其基圆也将增至无穷大，这时渐开线将变为直线，齿轮插刀变成具有直线齿廓的齿条插刀，如图 2－3－16 所示。

(3) 齿轮滚刀加工（滚齿）。

滚刀形状似一螺旋，如图 2－3－17 所示，在轮坯端面上的投影为一齿条，滚刀的转动相当于齿条的移动，所以滚刀切齿原理与齿条插刀切齿的原理相同。此种加工方法加工精度较高，加工过程连续，生产率高。

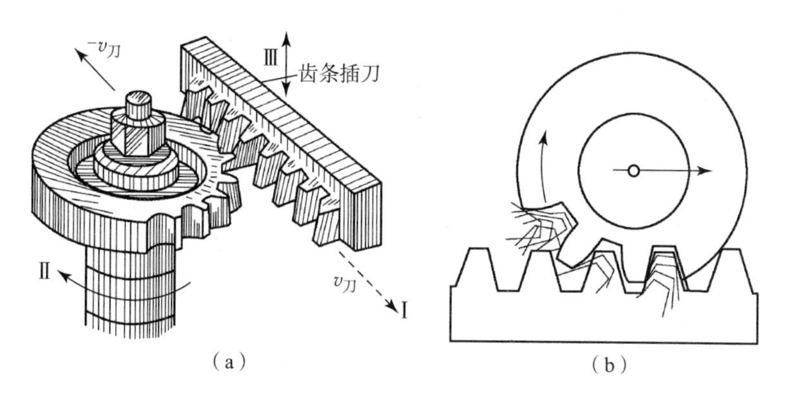

图 2-3-16　齿条插刀

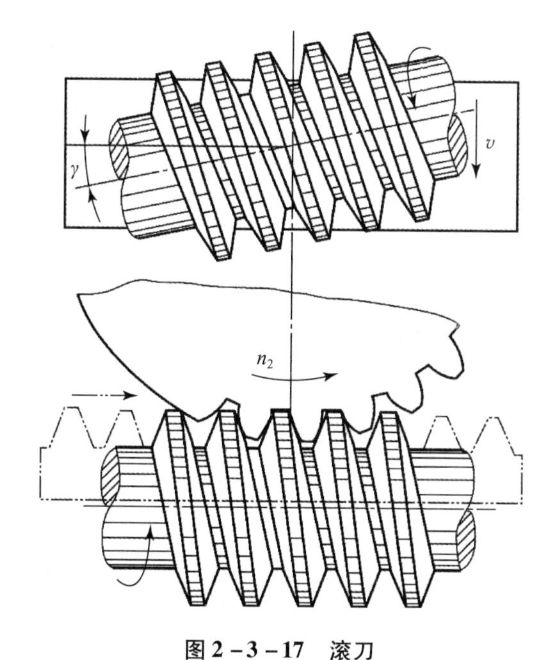

图 2-3-17　滚刀

2. 渐开线齿廓的根切现象和标准齿轮不发生根切的最少齿数

1）根切现象

所谓根切现象就是指用范成法加工标准齿轮时，有时会将齿根部正常的渐开线齿廓切去一部分，如图 2-3-18 所示。

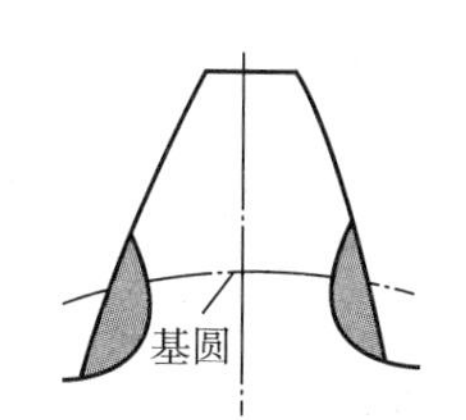

图 2-3-18　根切现象

根切可导致如下后果：

(1) 轮齿根部被削弱，抗弯强度降低；

(2) 啮合过程缩短，重合度降低，传动平稳性下降。

因此，为保证齿轮传动的质量，一般不允许齿轮出现根切现象。

2）根切的原因

图 2-3-19 所示为用齿条刀具加工标准齿轮时的情况，刀具中线与齿轮分度圆相切，N_1C 为啮合线，N_1 点为极限啮合点，B 点为齿条顶线与啮合线的交点，即终止啮合点。

因为基圆以内无渐开线，故当终止啮合点 B 高于极限啮合点 N_1 时，就会产生根切。因此，产生根切现象的最基本原因就是加工的标准齿轮齿数过少。

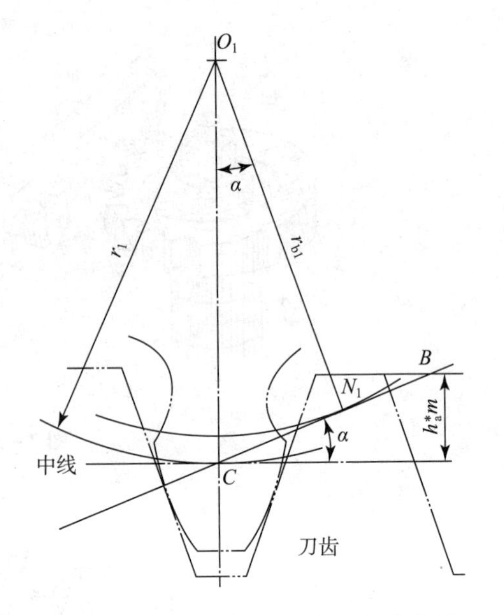

图 2-3-19　用齿条刀具加工标准齿轮

3）标准齿轮不发生根切的最少齿数

标准齿轮是否发生根切，取决于啮合线上 N_1 的位置是否在齿条顶线之内，如图 2-3-19 所示。要避免根切，应使 $\overline{CN_1}\sin\alpha \geqslant h_a^* m$。由 $\triangle CN_1O_1$ 知，$\overline{CN_1} = r\sin\alpha = \dfrac{mz}{2}\sin\alpha$。

比较上面两式，经整理后可得：$z \geqslant \dfrac{2h_a^*}{\sin^2\alpha}$，因此可知最少齿数为：$z_{\min} = \dfrac{2h_a^*}{\sin^2\alpha}$。

正常齿制的齿轮：$h_a^* = 1$，$\alpha = 20°$，则 $z_{\min} = 17$；

短齿制的齿轮：$h_a^* = 0.8$，$\alpha = 20°$，则 $z_{\min} = 14$。

综上所述可知，标准齿轮避免根切的措施是使齿轮齿数大于或等于最少齿数。

2.3.1.6　变位齿轮简介

标准齿轮虽然有许多优点，应用广泛，但也存在不足之处：

（1）受根切限制，不能采用齿数 $z < z_{\min}$ 的齿轮，结构不够紧凑；

（2）标准齿轮不适用于 $a' \neq a$，$a = \dfrac{m(z_1 + z_2)}{2}$ 的场合。

当 $a' < a$ 时，无法安装；当 $a' > a$ 时，虽然可以安装，但将产生较大的齿侧间隙，影响传动的平稳性，降低其重合度。

（3）一对相互啮合的标准齿轮，由于小齿轮齿廓曲线曲率半径较小，而啮合次数较多，故相对强度较低，因而，在其他条件相同的情况下，小齿轮更容易损坏。

应用变位齿轮是为了改进上述标准齿轮的不足，同时提高齿轮啮合传动质量，延长使用寿命，使齿轮机构更加完善。

1. 变位齿轮的概念

如图 2-3-20 所示，当插刀按虚线位置安装时，插刀的齿顶线超过了极限啮合点 N，加工出的齿轮产生根切；将插刀安装位置远离轮坯中心，使其齿顶线不超过极限啮合点 N，加工出的齿轮就不会发生根切。用改变刀具与轮坯相对位置的方式来切制齿轮的方法叫作变位修正法，用变位修正法切制出来的齿轮叫作变位齿轮。

刀具移动的距离 $X = xm$ 称为变位量（mm），其中，x 称为变位系数，如图 2-3-20 所示。此处规定刀具向远离轮坯中心的方向移动时，x 为正，称为正变位；刀具向靠近轮坯中心的方向移动时，x 为负，称为负变位。

变位齿轮与标准齿轮相比，其相同点为：

（1）变位前后的齿轮分度圆不变；

（2）加工刀具不变；

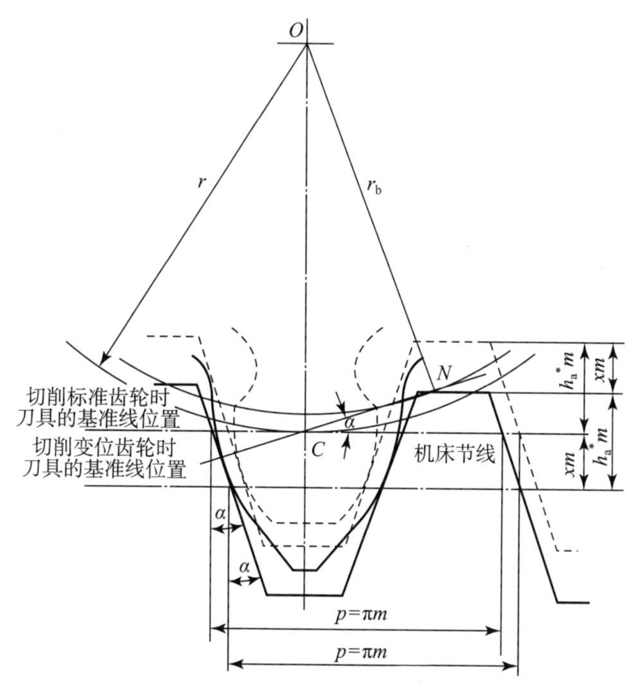

图2-3-20　变位齿轮加工

（3）渐开线形状不变。

因此，变位齿轮与标准齿轮的模数、压力角、齿数、分度圆半径、基圆半径均相同。

变位齿轮与标准齿轮相比，其不同点为：

（1）变位齿轮与标准齿轮齿廓为同一渐开线上的不同弧段。x 越大，渐开线弧段离基圆越远。

（2）正变位齿轮齿厚 s 增大，其齿槽宽 e 减小；负变位齿轮则相反。

（3）加工正变位齿轮时刀具外移，齿根圆半径 r_f 增大，如要保持全齿高 h 不变，则齿顶圆半径 r_a 增大，又因为分度圆半径 r 不变，所以齿根高 h_f 减小、齿顶高 h_a 增大；加工负变位齿轮时则相反。

（4）正变位齿轮齿根圆齿厚 s_f 增大，其抗弯强度增加；齿顶圆齿厚 s_a 减小，其齿顶强度降低。负变位齿轮则相反。

（5）正变位齿轮的渐开线曲率半径 ρ_k 增大，其接触应力变小、接触疲劳强度提高；负变位齿轮则相反。

由以上特点可知：齿轮变位不但可以避免根切，而且也可以改善一些齿轮的传动性能。

变位齿轮与标准齿轮的具体区别见图2-3-21及表2-3-3。

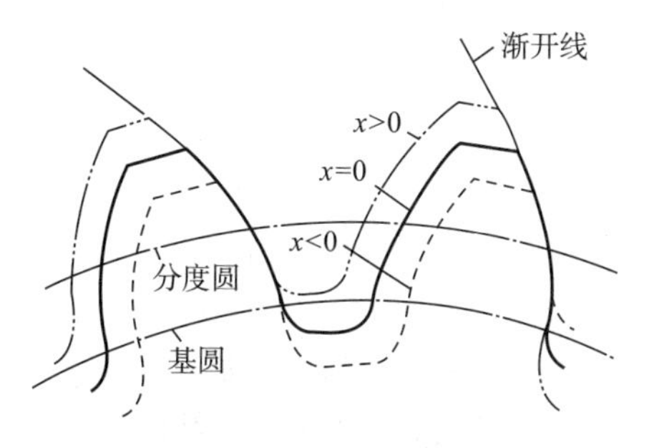

图2-3-21　正变位、负变位、标准齿轮的比较

表 2-3-3　变位齿轮与标准齿轮的比较

项目	标准齿轮	正变位齿轮	负变位齿轮
齿廓曲线	渐开线	同一渐开线外移	同一渐开线内移
m，z，α	m，z，α	不变	不变
d，d_b，p	d，d_b，p	不变	不变
h	h	不变	不变
d_a	d_a	变大	变小
d_f	d_f	变小	变大
h_a	h_a	变大	变小
h_f	h_f	变小	变大
s	s	变大	变小
e	e	变小	变大

2. 最小变位系数

设刀具向远离轮坯中心的移动量为 $X = xm$，如图 2-3-20 所示，如此时刀具的齿顶线正好通过 N 点，则变位系数称为最小变位系数，用 x_{min}表示。

不发生根切的条件为：

$$h_a^* m - xm \leqslant \overline{CN}\sin\alpha \text{，而 } \overline{CN} = r\sin\alpha = \frac{mz}{2}\sin\alpha$$

联立以上两式得：

$$x \geqslant h_a^* - \frac{z}{2}\sin^2\alpha$$

将 $\sin^2\alpha = \dfrac{2h_a^*}{z_{min}}$ 代入可得：

$$x \geqslant \frac{h_a^*(z_{min} - z)}{z_{min}}$$

当 $\alpha = 20°$，$h_a^* = 1$ 时，求得最小变位系数

$$x_{min} = \frac{17 - z}{17}$$

由上式可得出如下结论：

（1）当被加工齿轮的齿数 $z < z_{min}$时，$x_{min} > 0$，说明此时必须采用正变位方可避免根切，其变位系数 $x \geqslant x_{min}$。

（2）当 $z > z_{min}$时，$x_{min} < 0$，说明只要变位系数 $x \geqslant x_{min}$，齿轮采用负变位也不会产生根切。

2.3.1.7　渐开线斜齿圆柱齿轮

1. 斜齿圆柱齿轮的传动特点

直齿圆柱齿轮的齿廓曲面实际上是发生面 S 在基圆柱上做纯滚动时，发生面上与基圆柱轴线平行的直线 KK 展成的渐开线曲面，如图 2-3-22（a）所示。

由于直齿圆柱齿轮的齿向线与轴线平行，所以啮合传动时，沿齿宽是同时进入啮合和同时退出啮合，在齿面上形成的接触线为平行轴线的直线，如图 2-3-22（b）所示，轮齿承受载荷，表现为进入啮合时突然受载、退出啮合时突然卸载。因此，传动时，轮齿上载荷有冲击，从而使平稳性下降、噪声增大，一般不适用于高速、重载的传动。

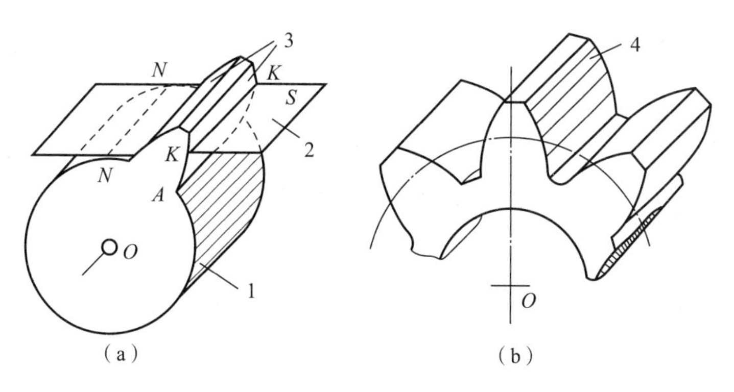

图 2－3－22　直齿轮的齿面形成及接触线

1—基圆柱；2—发生面；3—齿廓曲面；4—齿面接触线

斜齿圆柱齿轮齿廓曲面的形成原理与直齿圆柱齿轮相似，只是发生面上的直线 *KK* 不再与基圆轴线平行，而是与之形成一定的角度 β_b，如图 2－3－23（a）所示，故齿廓曲面是斜直线 *KK* 展成的渐开螺旋面。啮合传动时，齿面接触线的长度随啮合位置变化而变化，即接触线的长度由短变长，然后又由长变短，直至脱离啮合。如图 2－3－23（b）所示，轮齿承受的载荷是由小到大，再由大到小逐渐变化的。此外，当轮齿在 *A* 端啮合时，*B* 端还未啮合，当 *A* 端退出啮合时，*B* 端还在啮合，后面的每对齿又逐渐地进入啮合，所以同时参与啮合的齿数多，即重合度大，承载能力也大。

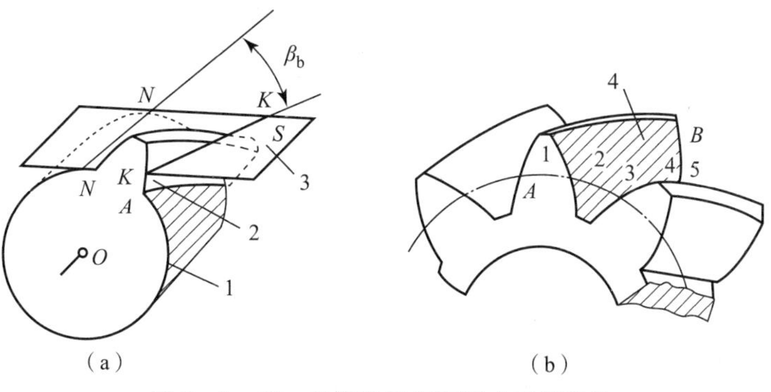

图 2－3－23　斜齿轮的齿面形成及接触线

1—基圆柱；2—渐开螺旋面；3—发生面；4—齿面接触线

因此，斜齿圆柱齿轮传动具有如下特点：

（1）传动平稳，冲击和噪声小，适用于高速传动。

（2）重合度大，承载能力大，适用于重载机械。

（3）存在轴向力 F_a（见图 2－3－24），需要安装能承受轴向力的轴承。采用人字齿轮虽可消除轴向力，但其加工困难、精度较低，多在传递大功率的重载机械中使用。

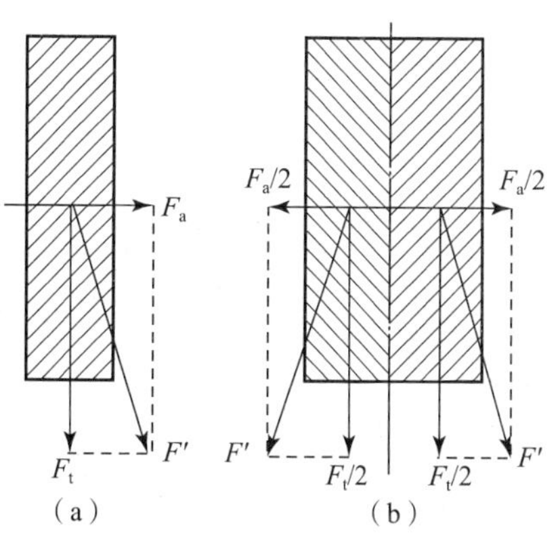

图 2－3－24　斜齿轮的轴向力

(a) 斜齿轮；(b) 人字齿轮

2. 斜齿圆柱齿轮的基本参数

垂直于齿轮轴线的平面称为端面，其参数加下角标“t”表示；垂直于轮齿方向的平面称为法面，其参数加下角标“n”表示。用成型铣刀或滚刀加工斜齿轮时，刀具的进刀方向垂直于斜齿轮的法面，故一般规定以斜齿轮的法面参数为标准参数。

1）螺旋角

将斜齿圆柱齿轮沿分度圆柱面展成平面（见图 2-3-25），图中阴影部分表示分度圆齿厚，空白处表示齿槽宽。轮齿的齿向线与轴线所夹的锐角 β，称为分度圆螺旋角，为了防止轴向力过大，一般取 $\beta=8°\sim20°$。近年来，为了增大重合度，增加传动平稳性和降低噪声，在螺旋角参数选择上，有大螺旋角化的趋势。对于人字齿轮，因其轴向力可以抵消，常取 $\beta=25°\sim45°$。

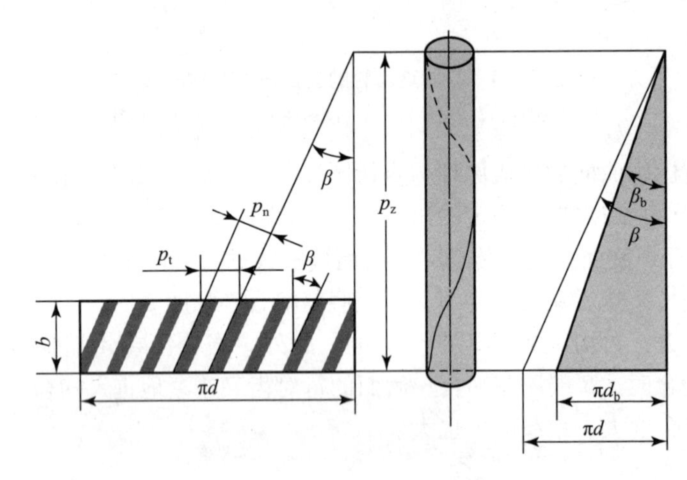

图 2-3-25　斜齿圆柱齿轮的展开图

通常所说的斜齿轮的螺旋角，如不特别注明，即指分度圆柱面上的螺旋角。螺旋角有左、右旋的差别，将齿轮轴线放于铅垂位置，轮齿线左高右低的称为左旋齿轮，而右高左低的称为右旋齿轮，如图 2-3-26 所示。

螺旋角的大小可用下式计算

$$\tan\beta = \frac{\pi d}{p_z} \qquad (2-3-14)$$

2）齿距与模数

在如图 2-3-25 所示的斜齿圆柱齿轮分度圆柱面展开图中，p_t 为端面齿距，而 p_n 为法面齿距，$p_n = p_t\cos\beta$，因为 $p = \pi m_n = \pi m_t\cos\beta$，故斜齿轮法面模数与端面模数的关系为：

$$m_n = m_t\cos\beta \qquad (2-3-15)$$

3）压力角

图 2-3-27 所示为斜齿条的一个齿，其法面内（ACE 平面）的压力角 α_n 称为法面压力角，端面内（ABD 平面）的压力角 α_t 称为端面压力角。由图可知，它们的关系为

$$\tan\alpha_n = \frac{AC}{CE} = \frac{AB\cos\beta}{BD} = \tan\alpha_t\cos\beta \qquad (2-3-16)$$

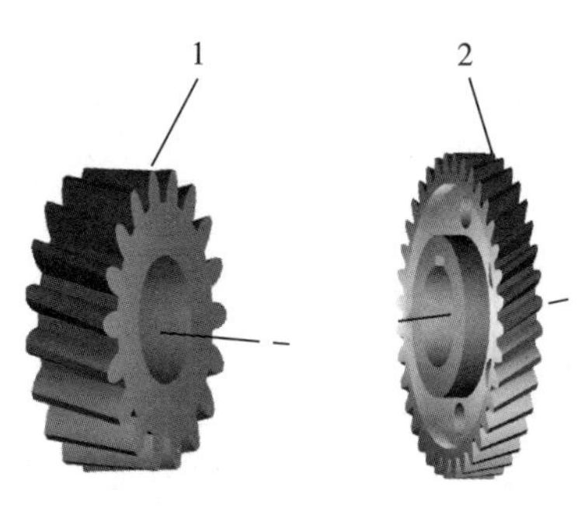

图2-3-26　左旋齿轮与右旋齿轮

1—右旋齿轮；2—左旋齿轮

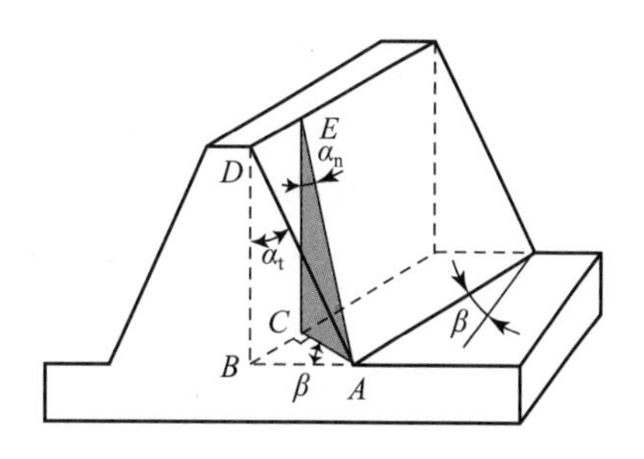

图2-3-27　斜齿轮法面和端面压力角的关系

4）齿顶高系数与顶隙系数

无论从法向或从端面来看，轮齿的齿顶高都是相同的，顶隙也是相同的，即

$$\left.\begin{aligned} h_{an}^{*}m_n &= h_{at}^{*}m_t \\ c_n^{*}m_n &= c_t^{*}m_t \end{aligned}\right\} \tag{2-3-17}$$

法面齿顶高系数和法面顶隙系数为标准值：

$$\left.\begin{aligned} h_{an}^{*} &= 1 \\ c_n^{*} &= 0.25 \end{aligned}\right\} \tag{2-3-18}$$

3. 斜齿轮正确啮合条件、重合度及几何尺寸计算

1）正确啮合条件

斜齿圆柱齿轮在端面内的啮合相当于直齿轮的啮合，如图2-3-28所示。因此，斜齿轮传动的螺旋角大小应相等，外啮合时旋向相反（“-”号），内啮合时旋向相同（“+”号），同时斜齿轮的法向参数为标准值。其正确啮合条件为：

$$\left.\begin{aligned} \alpha_{n1} &= \alpha_{n2} = \alpha \\ m_{n1} &= m_{n2} = m \\ \beta_1 &= \pm\beta_2 \end{aligned}\right\} \tag{2-3-19}$$

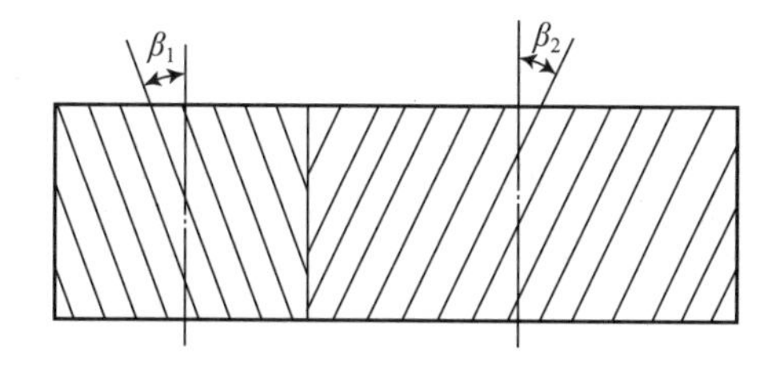

图2-3-28　斜齿轮正确啮合

2）重合度

如图2-3-29所示，由从动轮前端面齿顶与主动轮前端面齿根接触点A开始啮合，至主动轮后端面齿顶与从动轮后端面齿根接触点E退出啮合后端面开始脱离啮合时，后端面仍然处在啮合区，只有当后端面脱离啮合时，该对齿才终止啮合，实际啮合线长度为FH，因此，斜齿轮传动的重合度为

$$\varepsilon = \frac{FG}{P_t} + \frac{GH}{P_t} = \varepsilon_\alpha + b\tan\frac{\beta}{p_t} = \varepsilon_\alpha + \frac{b\tan\beta}{\pi m_t} = \varepsilon_\alpha + \varepsilon_\beta \tag{2-3-20}$$

式中，ε_α——端面重合度，其值等于与斜齿轮端面齿廓相同的直齿轮传动的重合度；

ε_β——轴面重合度，由于轮齿的倾斜而产生的附加重合度。

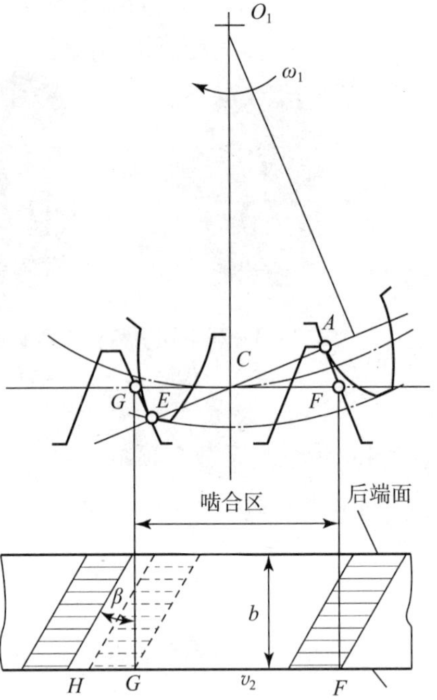

图 2-3-29　斜齿圆柱齿轮的重合度

端面重合度 ε_α 的计算公式：

$$\varepsilon_\alpha = \left[1.88 - 3.2\left(\frac{1}{z_1} \pm \frac{1}{z_2}\right)\right]\cos\beta \tag{2-3-21}$$

轴面重合度 ε_β 的计算公式：

$$\varepsilon_\beta = \frac{b\tan\beta_b}{p_b} = \frac{b\tan\beta\cos\alpha_t}{\frac{p_n\cos\alpha_t}{\cos\beta}} = \frac{b\sin\beta}{p_n} = \frac{b\sin\beta}{\pi m_n} \tag{2-3-22}$$

斜齿轮重合度随齿宽和螺旋角的增大而增大。

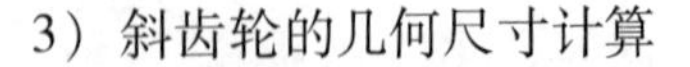

3）斜齿轮的几何尺寸计算

斜齿轮的几何尺寸是按其端面参数来进行计算的。它与直齿轮的几何尺寸计算一样，即可将直齿轮的各几何尺寸计算公式中的标准参数（m，α，h_a^*，c^*）均改写为斜齿轮的端面参数，再代换以法面参数表示的计算公式，即可得斜齿轮几何尺寸的计算公式，如表 2-3-4 所示。

表 2-3-4　斜齿轮几何尺寸计算

名称	符号	计算公式
分度圆直径	d	$d_1 = m_t z_1 = \frac{m_n z_1}{\cos\beta}$，$d_2 = m_t z_2 = \frac{m_n z_2}{\cos\beta}$
齿顶高	h_a	$h_{a1} = h_{a2} = h_a = h_{an}^* m_n = m_n$
齿根高	h_f	$h_{f1} = h_{f2} = h_f = (h_{an}^* + c_n^*) m_n = 1.25m_n$
齿高	h	$h = h_a + h_f = 2.25m_n$
齿顶圆直径	d_a	$d_{a1} = d_1 + 2m_n$，$d_{a2} = d_2 + 2m_n$
齿根圆直径	d_f	$d_{f1} = d_1 - 2.5m_n$，$d_{f2} = d_2 - 2.5m_n$

4. 斜齿轮的当量齿轮和当量齿数

用刀具加工斜齿轮时，盘状铣刀是沿着齿向方向进刀的。这样加工出来的斜齿，其法向模数和法向齿形角与刀具的模数和齿形角相同，所以必须按照与斜齿轮法面齿形相当的直齿轮的齿数来选择铣刀。把与斜齿轮法向齿形相当的虚拟直齿轮称为斜齿轮的当量齿轮，其齿数 z_v 称为斜齿轮的当量齿数。如图 2-3-30 所示，法向截面 n—n 截斜齿轮的分度圆柱为一椭圆，椭圆 C 点处齿槽两侧渐开线齿形与标准刀具外齿廓形状相同。

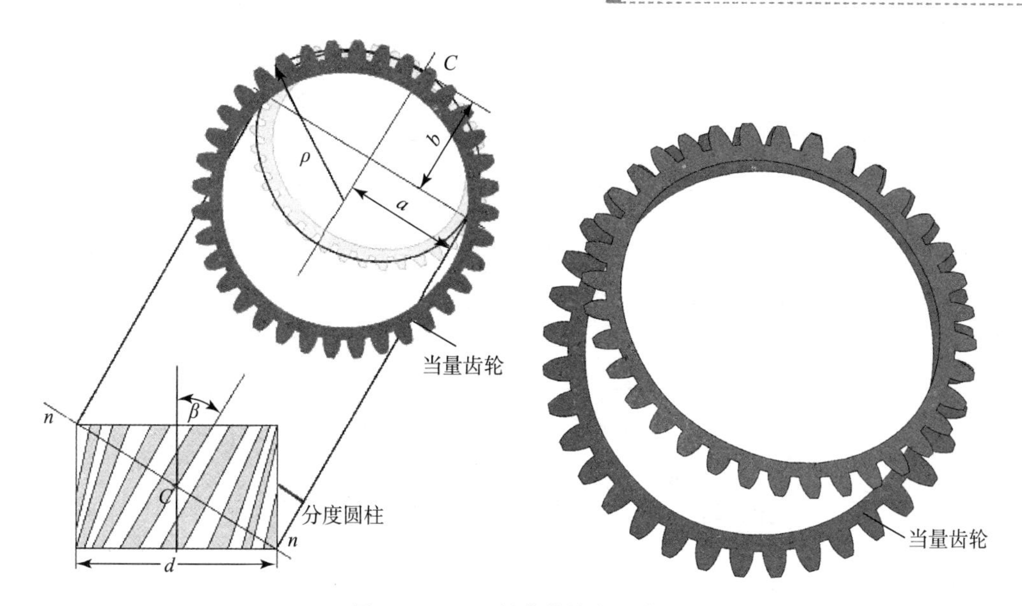

图 2-3-30　斜齿轮的当量齿轮

当量齿轮是一个假想的直齿圆柱齿轮，其端面齿形与斜齿轮法面齿形相当。如图 2-3-30 所示，其分度圆半径等于 C 处曲率半径 ρ，模数和齿形角分别为 m_n、α_n。当量齿轮的齿数为

$$z_v = \frac{2\rho}{m_n} = \frac{2r}{m_n \cos^2\beta} = \frac{m_t z}{m_n \cos^2\beta} = \frac{z}{\cos^3\beta} \tag{2-3-23}$$

当量齿数 z_v 不一定是整数，也不必圆整，只要按照这个数值选取刀号即可。此外，在进行斜齿圆柱齿轮强度计算时，也要用到当量齿数的概念。标准斜齿圆柱齿轮不发生根切的最少齿数为

$$z_{min} = z_v \cos^3\beta \tag{2-3-24}$$

2.3.1.8　直齿圆锥齿轮

分度曲面为圆锥面的齿轮称为锥齿轮。锥齿轮用于相交轴齿轮传动和交错轴齿轮传动。锥齿轮按齿线形状可分为直齿锥齿轮、斜齿锥齿轮和曲齿锥齿轮等。直齿锥齿轮的应用较广；斜齿锥齿轮由于加工困难，应用很少，并逐渐被曲齿锥齿轮所代替；曲齿锥齿轮需要专门的机床加工，但较直齿锥齿轮传动更平稳、承载能力更高，在汽车、拖拉机及煤矿机械中被广泛应用。

齿线是分度圆锥面的直母线的锥齿轮称为直齿锥齿轮。直齿锥齿轮用于相交轴齿轮传动，两轴的交角通常为 90°（即 $\Sigma=90°$），如图 2-3-31 所示。

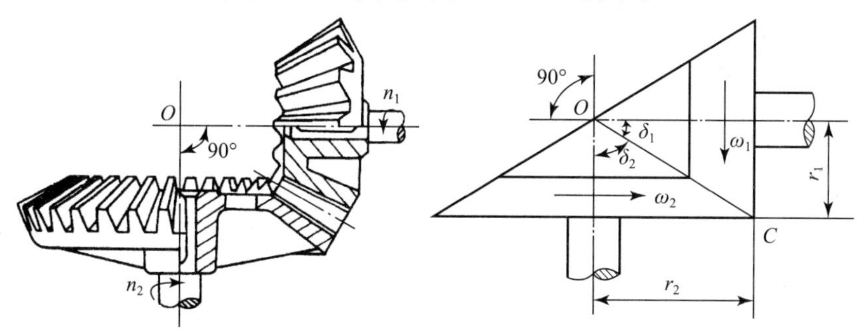

图 2-3-31　锥齿轮传动

直齿锥齿轮的几何特点是：齿顶圆锥面（顶锥）、分度圆锥面（分锥）和齿根圆锥面（根锥）三个圆锥面相交于一点，如图 2-3-32 所示；轮齿分布在圆锥面上，齿槽在大端处宽而深，在小端处窄而浅，轮齿从大端逐渐向锥顶缩小；在其母线垂直于分锥的背锥（通常为锥齿轮轮齿的大端端面）的展开面上，齿廓曲线为渐开线。锥齿轮由大端至小端，其模数不同。在设计与计算中，规定以大端模数为依据并采用标准模数，其取值见表 2-3-5。

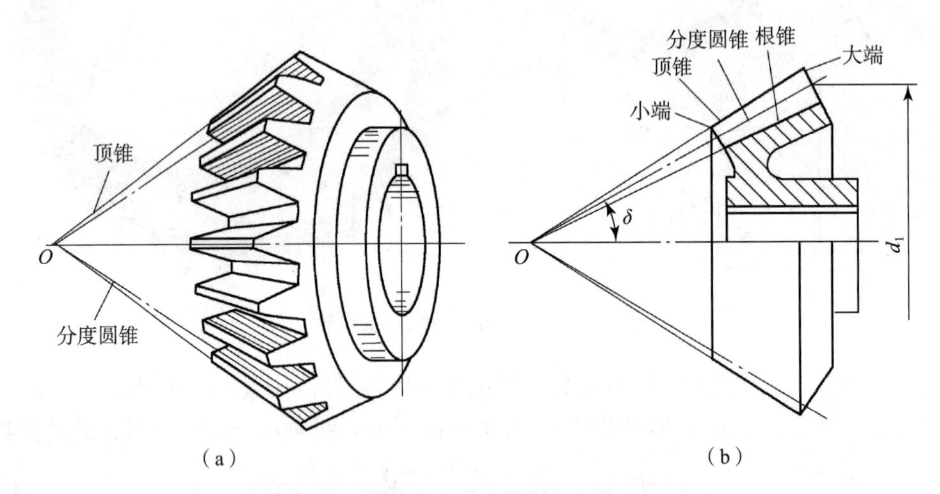

图 2-3-32　锥齿轮的几何特点

表 2-3-5　锥齿轮模数　mm

0.1	0.12	0.15	0.2	0.25	0.3	0.35	0.4	0.5	0.6	0.7
0.8	0.9	1	1.125	1.25	1.375	1.5	1.75	2	2.25	2.5
2.75	3	3.25	3.5	3.75	4	4.5	5	5.5	6	6.5
7	8	9	10	11	12	14	16	18	20	22
25	28	30	32	36	40	45	50	—	—	—

1. 背锥与当量齿轮

锥齿轮的大端齿廓曲线为球面渐开线。为便于设计和加工，需要用平面曲线来近似表达球面曲线。过 A 点作圆弧的切线与轴线交于 O_1，以 O_1A 为母线绕轴线 OO_1 旋转所得的、与球面齿廓相切的圆锥体称为锥齿轮的背锥，如图 2-3-33 所示。

将背锥展成一平面扇形齿轮，并将该扇形齿轮补充为整圆齿轮，所得的直齿圆柱齿轮称为原直齿锥齿轮的当量齿轮，如图 2-3-34 所示，其当量齿数 $z_v = \frac{z}{\cos\delta}$ 称为锥齿轮的当量齿数。当量齿轮的模数为原锥齿轮的大端模数，压力角为大端压力角。因此，一对直齿锥齿轮的啮合，就相当于一对当量直齿轮的啮合，如图 2-3-35 所示。

当量齿轮的意义如下：

（1）用仿形法加工直齿锥齿轮时，按当量齿数选择铣刀的号码。

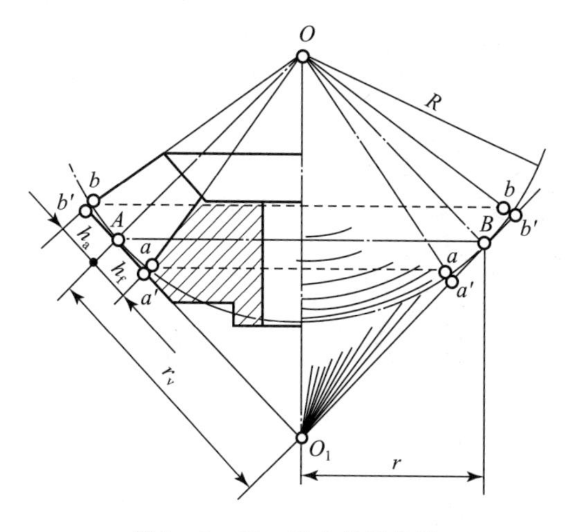

图 2－3－33　锥齿轮的背锥

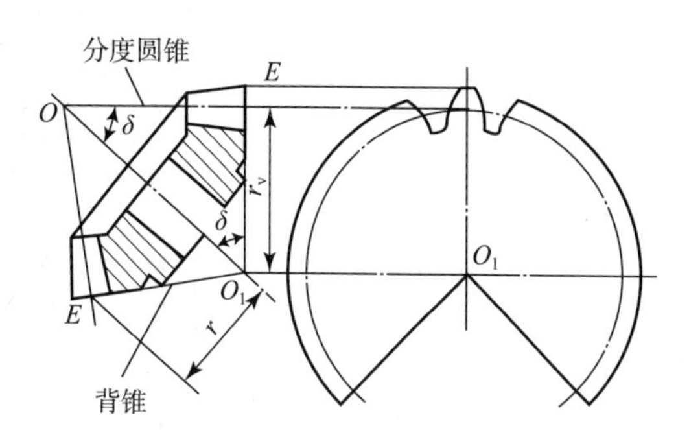

图 2－3－34　锥齿轮的当量齿轮

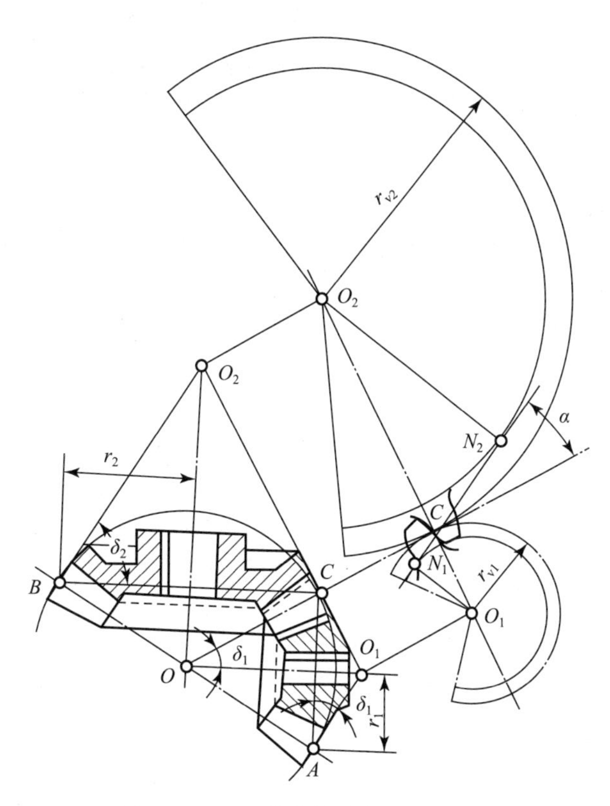

图 2－3－35　锥齿轮啮合的等效形式

(2) 按当量直齿轮确定标准直齿锥齿轮不发生根切的最少齿数，$z_{min} = z_{v\,min}\cos\delta = 17\cos\delta$。

(3) 按当量直齿轮强度计算锥齿轮的强度。

2. 标准直齿锥齿轮几何尺寸的计算

标准直齿锥齿轮几何要素的名称、代号及计算公式见图 2－3－36 及表 2－3－6。

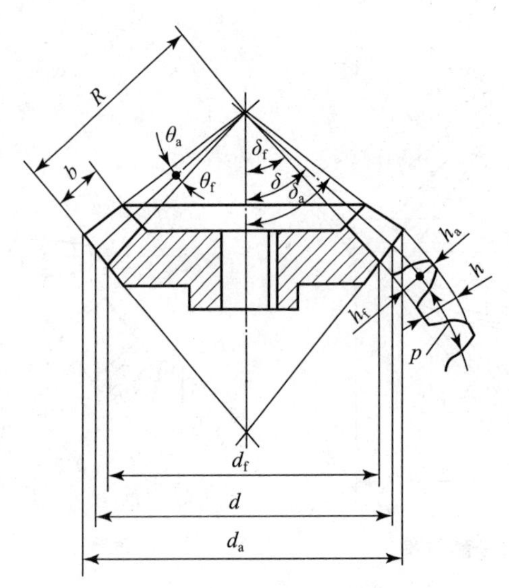

图 2-3-36　直齿锥齿轮的几何要素

表 2-3-6　标准直齿锥齿轮几何要素的名称、代号及计算公式

名称	符号	计算公式
分度圆锥角	δ	$\delta_1 = \operatorname{arccot}\dfrac{z_2}{z_1}$，$\delta_2 = 90° - \delta_1$
分度圆直径	d	$d = mz$
齿顶高	h_a	$h_a = h_a^* m$
齿根高	h_f	$h_f = (h_a^* + c^*)m$
齿顶圆直径	d_a	$d_a = d + 2h_a\cos\delta$
齿根圆直径	d_f	$d_f = d - 2h_f\cos\delta$
齿顶角	θ_a	不等顶隙收缩齿：$\theta_{a1} = \theta_{a2} = \arctan\dfrac{h_a}{R}$； 等顶隙收缩齿：$\theta_{a1} = \theta_{f2}$，$\theta_{a2} = \theta_{f1}$
齿根角	θ_f	$\theta_f = \arctan\dfrac{h_f}{R}$
齿顶圆锥角	δ_a	$\delta_a = \delta + \theta_a$
齿根圆锥角	δ_f	$\delta_f = \delta - \theta_f$
当量齿数	z_v	$z_v = \dfrac{z}{\cos\delta}$

3. 直齿锥齿轮的正确啮合条件

标准直齿锥齿轮副的轴交角 $\Sigma = 90°$。直齿锥齿轮的正确啮合条件如下：

（1）两齿轮的大端端面模数相等，即 $m_1 = m_2$。

（2）两齿轮大端的压力角相等，即 $\alpha_1 = \alpha_2$。

2.3.1.9　齿轮常用材料及热处理

为了保证齿轮工作的可靠性，提高其使用寿命，齿轮的材料及其热处理应根据工作条件和材料的特点来选取。对齿轮材料的基本要求是：应使齿面具有足够的硬度和耐磨性，齿心具有足够的韧性，以防止齿面的各种失效，同时应具有良好的冷、热加工的工艺性，以达到齿轮的各种技术要求。

常用的齿轮材料为各种牌号的优质碳素结构钢、合金结构钢、铸钢、铸铁和非金属材料等。一般多采用锻件或轧制钢材。

1. 锻钢

钢材经锻造镦粗后，改善了材料的内部纤维组织，其强度较直接采用轧制钢材更好。所以，重要的齿轮都采用锻钢。从齿面硬度来看，可把钢制齿轮分为软齿面（齿面硬度 HBS≤350）和硬齿面（齿面硬度 HBS＞350）两类。软齿面轮齿一般须经热处理（调质或正火）以后再进行精加工（切削加工），通常硬度为 180～280HBS。硬齿面轮齿是在精加工后再进行最终热处理，其热处理方法常为渗碳淬火、表面淬火等，通常硬度为 40～60HRC。经最终热处理后，轮齿不可避免地会产生变形，因此，可用磨削或研磨的方法加以消除。

2. 铸铁

铸铁齿轮的抗弯强度和耐冲击性均较差，常用于低速和受力不大的场合。在润滑不足的情况下，灰铸铁本身所含的石墨能起到润滑作用，所以在开式传动中常采用铸铁齿轮，在闭式传动中可用球墨铸铁代替铸钢。

3. 铸钢

当齿轮直径大于 500 mm 时，轮坯不宜锻造，此时可采用铸钢。铸钢轮坯在切削加工以前，一般要进行正火处理，以消除铸件残余应力和硬度的不均匀，以便切削。

4. 非金属材料

尼龙或塑料齿轮能减小高速齿轮传动的噪声，适用于高速小功率及精度要求不高的齿轮传动。

钢制齿轮的热处理方法主要有以下几种：

（1）表面淬火。表面淬火常用于中碳钢和中碳合金钢，如 45、40Cr 钢等。

（2）渗碳淬火。渗碳淬火常用于低碳钢和低碳合金钢，如 20、20Cr 钢等。

（3）渗氮。渗氮是一种表面化学热处理。渗氮后不需要进行其他热处理，齿面硬度可达 700～900 HV，适用于内齿轮和难以磨削的齿轮，常用于含铅、钼、铝等合金元素的渗氮钢。

（4）调质。调质一般用于中碳钢和中碳合金钢，如 45、40Cr、35SiMn 钢等。

（5）正火。正火能消除内应力，细化晶粒，改善材料的力学性能和切削性能。机械强度要求不高的齿轮可采用中碳钢正火处理，大直径的齿轮可采用铸钢正火处理。

齿轮常用材料及力学性能见表 2－3－7。

表 2－3－7　齿轮常用材料及力学性能

材料	热处理方法	强度极限 R_m/MPa	屈服点 R_{eL}/MPa	齿面硬度	许用接触应力 $[\sigma_H]$/MPa	许用弯曲应力 $[\sigma_F]$①/MPa
HT300		300		187～255	290～347	80～105
QT600～3	正火	600		190～270	436～535	262～315
ZG310～570		580	320	163～197	270～301	171～189
ZG340～640		650	350	179～207	288～306	182～196
45		580	290	162～217	468～513	280～301

续表

材料	热处理方法	强度极限 R_m/MPa	屈服点 R_{eL}/MPa	齿面硬度	许用接触应力 $[\sigma_H]$/MPa	许用弯曲应力 $[\sigma_F]$①/MPa
ZG340—640	调质	700	380	241～269HBS	468～490	248～259
45		650	360	217～255HBS	513～545	301～315
35SiMn		750	450	217～269HBS	585～648	388～420
40Cr		700	500	241～286HBS	612～675	399～427
45	调质后表面淬火			40～50HRC	972～1 053	427～504
40Cr				48～55HRC	1 035～1 098	483～518
20Cr	渗碳后淬火	650	400	56～62HRC	1 350	645
20CrMnTi		1 100	850	56～62HRC	1 350	645

①$[\sigma_F]$ 为轮齿单向受载的试验条件下得到的，若轮齿的工作条件为双向受载，则应将表中数值乘以0.7。

2.3.2　蜗轮蜗杆

2.3.2.1　蜗杆传动概述

蜗杆传动是用来传递空间两交错轴之间的运动和动力的，通常取其交错角 $\Sigma=90°$，如图2－3－37所示。在通常情况下，蜗杆是主动件，蜗轮是从动件。

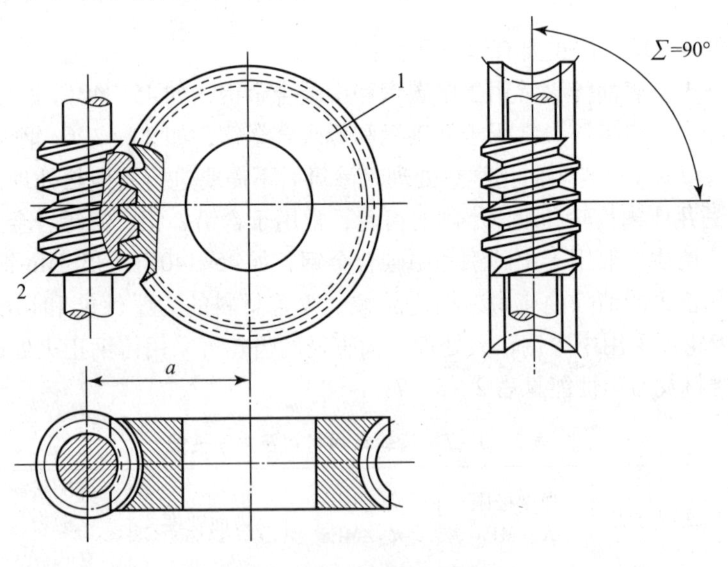

图2－3－37　蜗轮蜗杆传动

1—蜗轮；2—蜗杆

蜗杆传动类似于螺旋传动。按蜗杆轮齿的螺旋方向不同，蜗杆有右旋和左旋之分，蜗杆螺旋线符合螺旋右手定则即为右旋（R），反之则为左旋（L），常用的为右旋蜗杆。蜗杆副中配对的蜗轮，其旋向与蜗杆相同。蜗杆轮齿的总数（蜗杆的齿数）称为蜗杆头数 z_1。只有1个齿的蜗杆称为单头蜗杆，有2个或2个以上齿的蜗杆称为多头蜗杆（通常蜗杆头数 $z_1=1\sim4$）。

蜗杆传动的传动比是主动的蜗杆角速度与从动的蜗轮角速度的比值，传动比也等于蜗杆头数与蜗轮齿数的反比，即：

$$i_{12} = \frac{\omega_1}{\omega_2} = \frac{n_1}{n_2} = \frac{z_2}{z_1} \tag{2-3-25}$$

式中，ω_1 ——主动蜗杆角速度；

n_1——主动蜗杆转速；

ω_2 ——从动蜗轮角速度；

n_2——从动蜗轮转速；

z_1 ——主动蜗杆头数；

z_2 ——从动蜗轮齿数。

在蜗轮齿数 z_2 不变的条件下，蜗杆头数 z_1 少则传动比大，但蜗杆的导程角 γ 小，蜗杆的传动效率低。蜗杆头数越多，传动效率越高，但加工越困难。蜗杆传动用于分度机构时，一般采用单头蜗杆；用于动力传动时，常取 $z_1 = 2 \sim 3$；当传递功率较大时，为提高传动效率，可取 $z_1 = 4$。蜗轮的齿数 z_2 由传动比 i 和蜗杆头数 z_1 决定，即 $z_2 = iz_1$。为了避免根切，蜗轮的最小齿数应大于26，但不宜大于80。否则，会使结构尺寸过大、蜗杆刚度下降。用于一般动力传动的蜗杆副，其 z_1 和 z_2 可按表 2-3-8 选用。

表 2-3-8　蜗杆头数 z_1 与蜗轮齿数 z_2 的推荐值

$i = z_2/z_1$	7~8	9~13	14~24	25~27	28~40	>40
z_1	4	3~4	2~3	2~3	1~2	1
z_2	28~32	27~52	28~72	50~81	28~80	>40

2.3.2.2　蜗杆的分类

按蜗杆形状的不同，可将蜗杆分为：

（1）阿基米德蜗杆（ZA 蜗杆）。齿面为阿基米德螺旋面的圆柱蜗杆，其端面齿廓是阿基米德螺旋线，轴向齿廓是直线，所以又称为轴向直廓蜗杆，如图 2-3-38 所示。这种蜗杆车制简单，但无法用砂轮磨削出精确的齿形，齿的精度和表面质量不高，故传动精度和传动效率较低。蜗杆头数多时，车削困难。这种蜗杆常用于头数较少、载荷较小、低速或不太重要的场合。

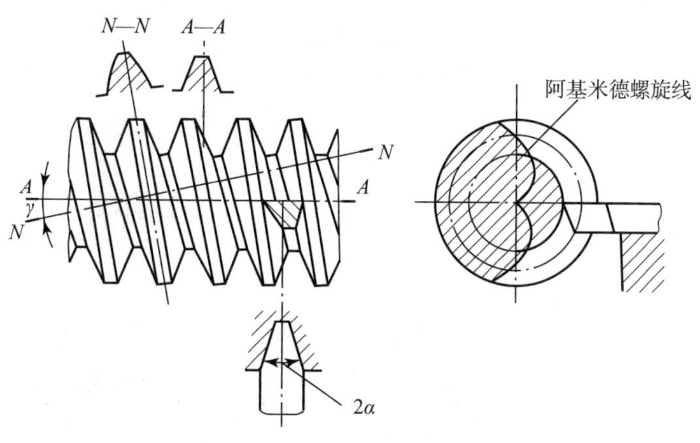

图 2-3-38　阿基米德蜗杆

（2）渐开线蜗杆（ZI 蜗杆）。齿面为渐开螺旋面的圆柱蜗杆，其端面齿廓是渐开线，如图 2－3－39 所示。加工该蜗杆时，将刀刃顶平面与基圆柱相切，再切于基圆柱的剖面内，齿廓一侧为直线，另一侧为外凸曲线，而其端面齿廓是渐开线，齿面为渐开螺旋面。该蜗杆还可像圆柱齿轮那样用滚刀滚切，可简单地用单面砂轮磨齿，故制造精度、表面质量、传动精度及传动效率较高，适用于成批生产和大功率、高速、精密传动，是目前很多国家普遍采用的一种蜗杆传动。

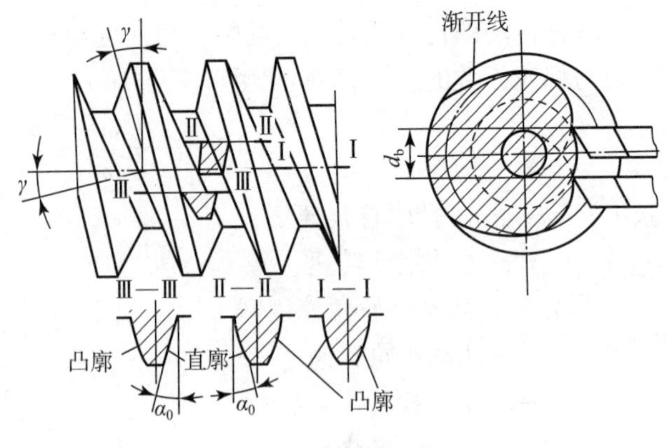

图 2－3－39　渐开线蜗杆

（3）法面直廓蜗杆（ZN 蜗杆）。在垂直于齿线的法平面内，或垂直于齿槽中点螺旋线的法平面内，或垂直于齿厚中点螺旋线的法平面内的齿廓为直线的圆柱蜗杆，均称为法向直廓蜗杆，如图 2－3－40 所示。

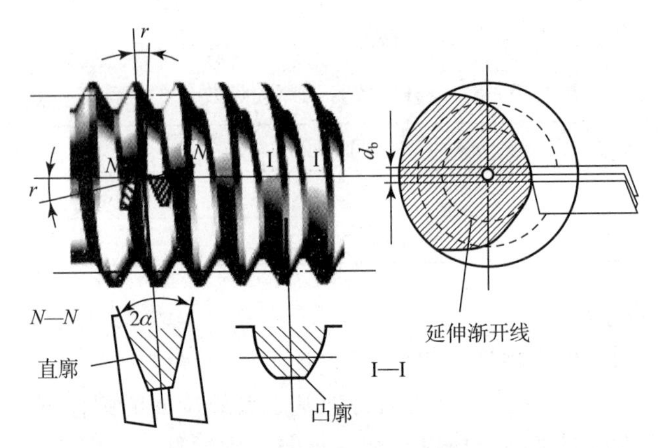

图 2－3－40　法面直廓蜗杆

车制该蜗杆时，将刀刃顶平面置于螺旋面的法面 $N—N$ 内，切制出的蜗杆法面齿廓为直线，端面齿廓为延伸渐开线。该蜗杆还常用端铣刀或小直径盘铣刀切制，加工较简便，利于加工多头蜗杆，可用砂轮磨齿。其加工精度和表面质量容易保证，常用于机床的多头精密蜗杆传动。

（4）锥面包络圆柱蜗杆（ZK 蜗杆）。它是采用直母线双锥面盘铣刀（或砂轮）等放置在蜗杆齿槽内加工制成的，其齿面是圆锥面簇的包络面，如图 2－3－41 所示。

（5）圆弧圆柱蜗杆（ZC 蜗杆）。它是一种非直纹面圆柱蜗杆，在中间平面上蜗杆的齿廓为凹圆弧，与之相配的蜗轮齿廓为凸圆弧，如图 2－3－42 所示。这种蜗杆与蜗轮啮合时，可增大综合曲率半径，因而单位齿面接触应力减小，接触强度得以提高，瞬时啮合时的接触线方向与相对滑动速度方向的夹角（润滑角）大，易于形成和保持共轭齿面间的动压油膜，使摩擦系数减小，齿面磨损小，传动效率可达 95% 以上。在蜗杆强度不削弱的情况下，能增大蜗轮的齿根厚度，使蜗轮轮齿的弯曲强度增大。它的传动比范围大（最大可以达到 100），制造工艺简单，质量小，但是传动中心距难以调整，对中心距误差的敏感性强。

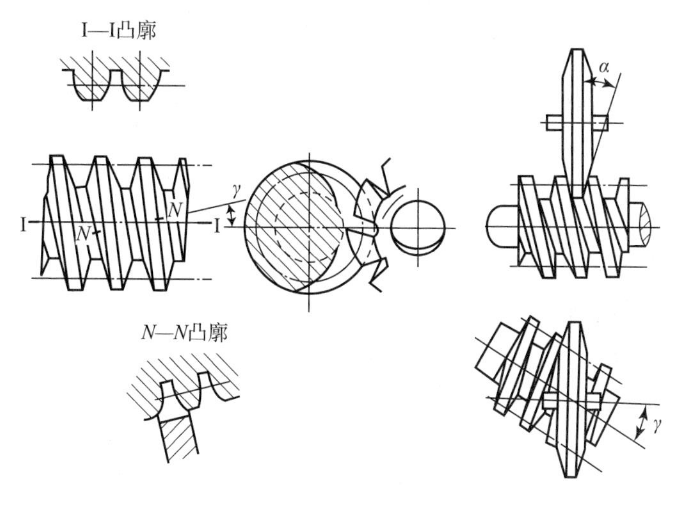

图2-3-41　锥面包络圆柱蜗杆

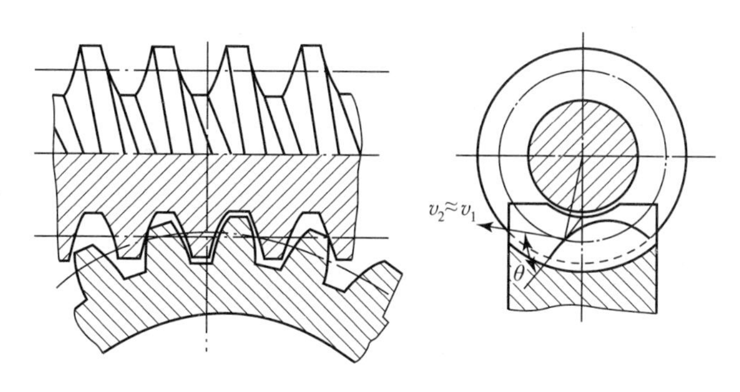

图2-3-42　圆弧圆柱蜗杆

其中，阿基米德蜗杆是应用最为广泛的一种圆柱蜗杆。本书只介绍阿基米德蜗杆及其传动。

2.3.2.3　蜗杆传动的特点

蜗杆传动具有如下特点：

1. 传动比大

蜗杆传动与齿轮传动一样能够保证准确的传动比，而且可以获得很大的传动比。齿轮传动中，为了避免根切，小齿轮的齿数不能太少，大齿轮的齿数又受传动装置尺寸限制不能太多，因此传动比受到限制。蜗杆传动中，蜗杆的头数 $z_1=1\sim4$，在蜗轮齿数 z_2 较少的情况下，单级传动就能得到很大的传动比。

用于动力传动的蜗杆副，通常传动比 $i=10\sim30$；一般传动时 $i=8\sim60$；用于分度机构时可达 $i=600\sim1\ 000$，这样大的传动比，如用齿轮传动则需要采用多级传动才能获得。因此，在传动比较大时，蜗杆传动具有结构紧凑的特点。

2. 传动平稳、噪声小

蜗杆的齿为连续不断的螺旋面，传动时与蜗轮间的啮合是逐渐进入和退出的，蜗轮的齿基本上是沿螺旋面滑动的，而且同时啮合的齿数较多。因此，蜗杆传动比齿轮传动平稳，没有冲击，噪声小。

3. 容易实现自锁

和螺旋传动一样，当蜗杆的导程角小于蜗杆副材料的当量摩擦角时，蜗杆传动具有自锁性。此时，只能由蜗杆带动蜗轮，而不能由蜗轮带动蜗杆。这一特性用于起重机械设备中，能起到安全保险的作用。如图 2－3－43 所示的手动起重装置（俗称手动葫芦），就是利用蜗杆的自锁特性使重物 G 停留在任意位置上，而不会自动下落。单头蜗杆的导程角较小，一般 $\gamma<5°$，大多具有自锁性，而多头蜗杆随头数增多导程角增大，不一定具有自锁能力。

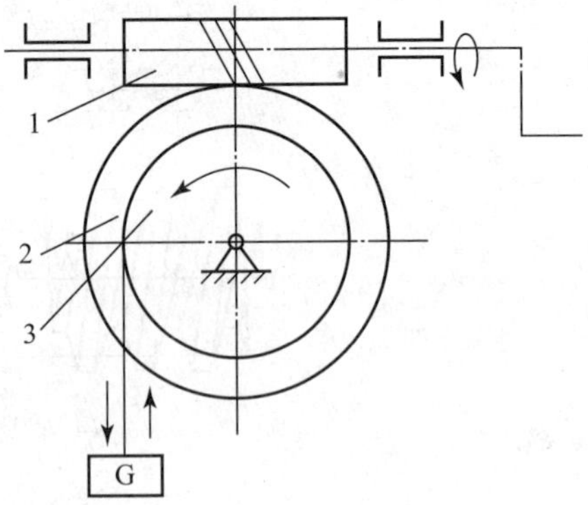

图 2－3－43　蜗杆自锁的应用

1—蜗杆；2—蜗轮；3—卷筒

4. 承载能力大

蜗杆传动中，蜗轮分度圆柱面的素线由直线改为弧线，使蜗杆与蜗轮的啮合是线接触，同时进入啮合的齿数较多，因此，与点接触的交错轴斜齿轮传动相比，其承载能力更大。

5. 传动效率低

蜗杆传动时，啮合区的相对滑动速度很大，磨损损失较大，因此，传动效率较齿轮传动更低。一般蜗杆传动的效率 $\eta=0.7\sim0.8$，具有自锁性的蜗杆传动，其效率 $\eta<0.5$。传动效率低限制了传递功率，一般蜗杆传动的功率不超过 50 kW。为了提高蜗杆传动的效率，减少传动中的摩擦，除应具有良好的润滑和冷却条件外，蜗轮还常采用青铜等减摩材料制造，因而成本较高。

2.3.2.4　圆柱蜗杆传动的主要参数和几何尺寸

如图 2－3－44 所示，在中间平面上，普通圆柱蜗杆传动就相当于齿条与齿轮的啮合传动，故此，在设计蜗杆传动时，均以中间平面上的参数（如模数、压力角）和尺寸（如齿顶圆、分度圆等）为基准，并沿用齿轮传动的计算关系。

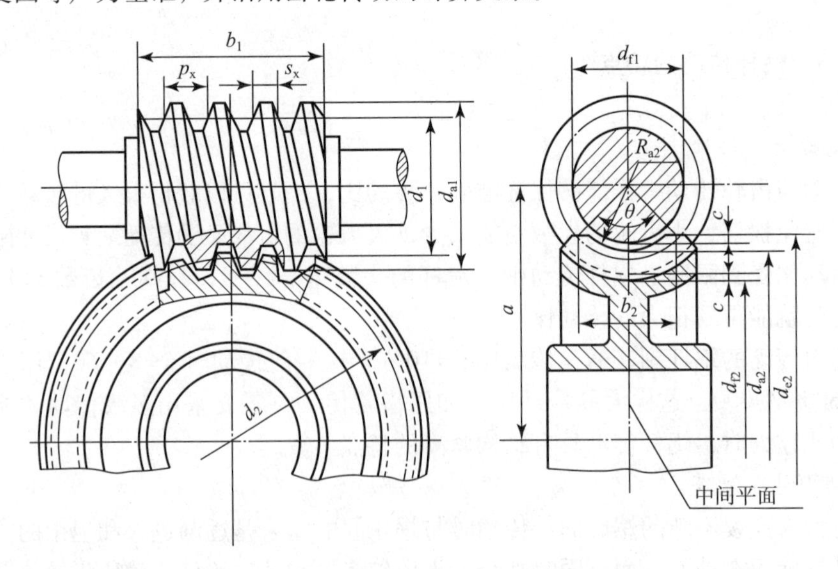

图 2－3－44　普通圆柱蜗杆传动的基本参数

1. 普通圆柱蜗杆传动的主要参数及选择

普通圆柱蜗杆传动的主要参数有模数 m、压力角 α、蜗杆头数 z_1 和蜗轮齿数 z_2 及蜗杆的直径 d_1 等。进行蜗杆传动设计时，首先要正确地选择参数。这些参数之间是相互联系的，不能孤立地去确定，而应该根据蜗杆传动的工作条件和加工条件，考虑参数之间的相互影响，综合分析，合理选定。

1）模数 m 和压力角 α

蜗杆传动的尺寸计算与齿轮传动一样，也是以模数 m 作为计算的主要参数。在中间平面内蜗杆传动相当于齿轮和齿条传动，蜗杆的轴向模数和轴向压力角分别与蜗轮的端面模数和端面压力角相等。为此，将此平面内的模数和压力角规定为标准值，标准模数见表 2－3－9，标准压力角为 $\alpha=20°$。

表 2－3－9　蜗杆模数 m 取值

mm

第一系列	0.1，0.12，0.16，0.2，0.25，0.3，0.4，0.5，0.6，0.8，1，1.25，1.6，2，2.5，3.15，4，5，6.3，8，10，12.5，16，20，25，31.5，40
第二系列	0.7，0.9，1.5，3，3.5，4.5，5.5，6，7，12，14

为了正确啮合，在中间平面内蜗杆蜗轮的模数、压力角应分别相等，即蜗轮的端面模数 m_{t2} 应等于蜗杆的轴向模数 m_{a1}，蜗轮的端面压力角 α_{t2} 应等于蜗杆的轴向压力角 α_{a1}。当轴交错角 $\Sigma=90°$ 时，蜗轮的螺旋角还应等于蜗杆的导程角 γ。

2）蜗杆的分度圆直径 d_1

在蜗杆传动中，为了保证蜗杆与配对蜗轮的正确啮合，常用与蜗杆相同尺寸的蜗轮滚刀来加工与其配对的蜗轮。这样，只要有一种尺寸的蜗杆，就需要一种对应的蜗轮滚刀。对同一模数，可以有很多不同直径的蜗杆，因而对每一模数就要配备很多蜗轮滚刀。显然，这样做很不经济。

为了限制蜗轮滚刀的数目及便于滚刀的标准化，对每一标准模数规定了一定数量的蜗杆分度圆直径 d_1，而把比值 $q=\dfrac{d_1}{m}$ 称为蜗杆直径系数。由于 d_1 与 m 均已取为标准值，故 q 不是整数，如表 2－3－10 所示。

表 2－3－10　圆柱蜗杆分度圆直径 d_1 和直径系数 q

模数 m /mm	分度圆直径 d_1 /mm	直径系数 q	蜗杆头数 z_1	m^2d_1 /mm^3	模数 m /mm	分度圆直径 d_1 /mm	直径系数 q	蜗杆头数 z_1	m^2d_1 /mm^3
1	18	18.000	1（自锁）	18	4	40	10.000	1，2，4，6	640
1.25	20	16.000	1	31.25		(50)	12.500	1，2，4	800
	22.4	17.920	1（自锁）	35		71	17.750	1（自锁）	1 136

续表

模数 m /mm	分度圆直径 d_1 /mm	直径系数 q	蜗杆头数 z_1	m^2d_1 /mm³	模数 m /mm	分度圆直径 d_1 /mm	直径系数 q	蜗杆头数 z_1	m^2d_1 /mm³
1.6	20	12.500 0	1，2，4	51.2	5	（40）	8.000	1，2，4	1 000
	28	17.500	1（自锁）	35		50	10.000	1，2，4，6	1 250
2	（18）	9.000	1，2，4	72		（63）	12.600	1，2，4	1 575
	22.4	11.200	1，2，4	89.6		90	18.000	1（自锁）	2 250
	（28）	14.000	1，2，4	112	6.3	（50）	7.937	1，2，4	1 985
	35.5	17.750	1（自锁）	142		63	10.000	1，2，4，6	2 500
2.5	（22.4）	8.960	1，2，4	140		（80）	12.698	1，2，4	3 175
	28	11.200	1，2，4，6	175		112	17.778	1（自锁）	4 445
	（35.5）	14.200	1，2，4	221.9	8	（63）	7.875	1，2，4	4 032
	45	18.000	1（自锁）	281		80	10.000	1，2，4，6	5 120
3.15	（28）	8.889	1，2，4	277.8		（100）	12.500	1，2，4	6 400
	35.5	11.270	1，2，4，6	352.2		140	17.500	1（自锁）	8 960
	（45）	14.286	1，2，4	446.5	10	（71）	7.100	1，2，4	7 100
	56	17.778	1（自锁）	556		90	9.000	1，2，4，6	9 000
4	（31.5）	7.875	1，2，4	504		（112）	11.200	1	11 200
10	160	16.000	1（自锁）	16 000	20	（140）	7.000	1，2，4	56 000
12.5	（90）	7.200	1，2，4	14 062		160	8.000	1，2，4	64 000
	112	8.960	1，2，4	17 500		（224）	11.200	1，2，4	896 000
	（140）	11.200	1，2，4	21 875		315	15.750	1（自锁）	126 000
	200	16.000	1（自锁）	31 250	25	（180）	7.200	1，2，4	112 500
16	（112）	7.000	1，2，4	28 672		200	8.000	1，2，4	125 000
	140	8.750	1，2，4	35 840		280	11.200	1，2，4	175 000
	（180）	11.250	1，2，4	46 080		400	16.000	1（自锁）	250 000
	250	15.625	1（自锁）	64 000					

注：括号中的数字尽可能不采用。

3）导程角 γ

蜗杆的直径系数 q 和蜗杆头数 z_1 选定之后，蜗杆分度圆柱上的导程角 γ 也就确定了，如图 2－3－45 所示，显然有：

$$\tan\gamma = \frac{p_z}{\pi d_1} = \frac{z_1 p_{a1}}{\pi d_1} = \frac{z_1 \pi m}{\pi d_1} = \frac{z_1 m}{d_1} = \frac{z_1}{q} \tag{2-3-26}$$

式中，p_z——蜗杆的导程；

p_{a1}——蜗杆的轴向齿距。

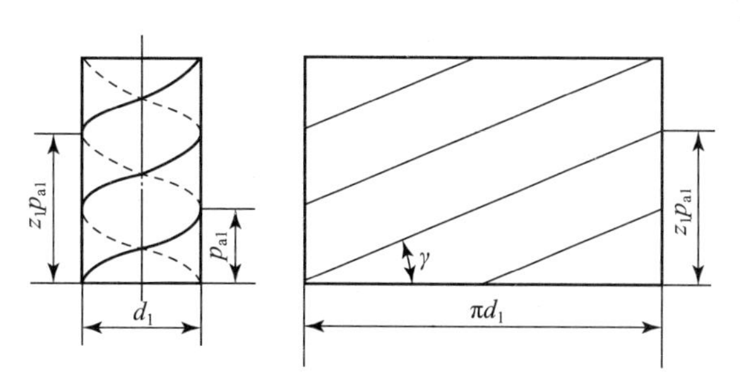

图 2-3-45　蜗杆导程角与导程的关系

由上面的公式可知，当 m 一定时，q 增大，则 d_1 变大，蜗杆的刚度和强度随之相应提高，因此 m 较小时，q 选较大值；又因为 q 取小值时，γ 增大，效率随之提高，故在蜗杆刚度允许的情况下，应尽可能选小的 q 值。

4）蜗杆传动的标准中心距 a

$$a = \frac{1}{2}(d_1 + d_2) = \frac{1}{2}(q + z_2)m$$

2.3.2.5　蜗杆传动的几何尺寸计算

蜗杆传动的几何尺寸计算见表 2-3-11 所示。

表 2-3-11　标准圆柱蜗杆传动的主要几何尺寸计算公式

中心距	a	$a = \frac{m(q+z_2)}{2}$
蜗杆轴向齿距	p_{a1}	$p_{a1} = \pi m$
蜗杆导程	p_z	$p_z = z_1 p_{a1}$
蜗杆分度圆直径	d_1	$d_1 = mq$
蜗杆齿顶高	h_{a1}	$h_{a1} = h_a^* m$（一般 $h_a^* = 1$，短齿 $h_a^* = 0.8$）
蜗杆齿根高	h_{f1}	$h_{f1} = (h_a^* + c^*)m$（一般 $c^* = 0.2$）
蜗杆全齿高	h_1	$h_1 = h_{a1} + h_{f1} = (2h_a^* + c^*)m$
蜗杆齿顶圆直径	d_{a1}	$d_{a1} = d_1 + 2h_{a1} = d_1 + 2h_a^* m$
蜗杆齿根圆直径	d_{f1}	$d_{f1} = d_1 - 2h_{f1} = d_1 - 2(h_a^* + c^*)m$
蜗杆螺纹部分长度	b_1	当 $z_1 = 1$，2 时，$b_1 \geqslant (11 + 0.06z_2)\ m$； 当 $z_1 = 3$，4 时，$b_1 \geqslant (12.5 + 0.09z_2)\ m$
蜗轮分度圆直径	d_2	$d_2 = mz_2$
蜗轮齿顶高	h_{a2}	$h_{a2} = h_a^* m$
蜗轮齿根高	h_{f2}	$h_{f2} = (h_a^* + c^*)m$
蜗轮齿顶圆直径	d_{a2}	$d_{a2} = d_2 + 2h_{a2} = d_2 + 2h_a^* m$
蜗轮齿根圆直径	d_{f2}	$d_{f2} = d_2 - 2h_{f2} = d_2 - 2(h_a^* + c^*)m$

续表

蜗轮齿宽	b_2	当 $z_1 \leqslant 3$ 时，$b_2 \leqslant 0.75d_{a2}$； 当 $z_1 = 4 \sim 6$ 时，$b_2 \leqslant 0.67d_{a2}$
蜗轮齿宽角	θ	$\frac{\sin\theta}{2} = \frac{b_2}{d_1}$
蜗轮外圆直径	d_{e2}	当 $z_1 = 1$ 时，$d_{e2} = d_{a2} + 2m$； 当 $z_1 = 2 \sim 3$ 时，$d_{e2} = d_{a2} + 1.5m$； 当 $z_1 = 4 \sim 6$ 时，$d_{e2} = d_{a2} + m$

2.3.3 轮系

在实际机械中，为了获得很大的传动比或者为了将输入轴的一种转速变换为输出轴的多种转速等原因，常采用一系列互相啮合的齿轮来传递运动和动力。这种由一系列齿轮组成的传动系统称为轮系。根据轮系运动时各轮几何轴线的位置是否固定可将轮系分为定轴轮系与周转轮系两类。若轮系中既包含有定轴轮系，又包含有周转轮系，或者是由几个单一周转轮系组成则称为混合轮系。

2.3.3.1 轮系的分类

1. 定轴轮系

如图 2-3-46 所示的轮系，传动时每个齿轮的几何轴线都是固定的，这种轮系称为定轴轮系。

2. 周转轮系

传动时，轮系中至少有一个齿轮的几何轴线位置不固定，而是绕另一个齿轮的固定轴线回转，这种轮系称为周转轮系。如图 2-3-47 所示，齿轮 1 和构件 H 各绕固定几何轴线 O_1 和 O_H 回转，而齿轮 2 一方面绕自身的几何轴线 O_2 回转（自转），另一方面又绕固定轴线 O_1 回转（公转）。

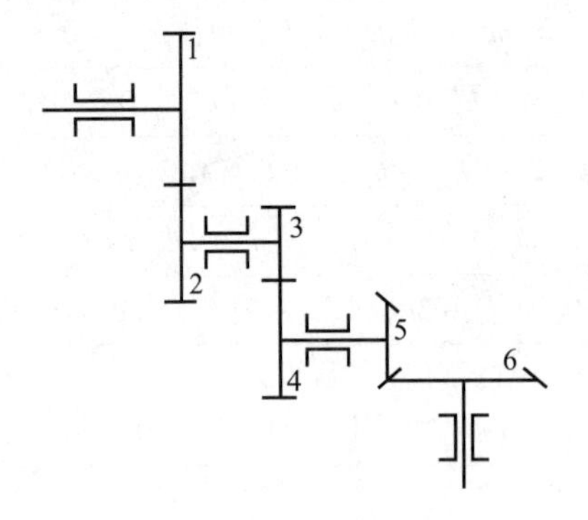

图 2-3-46 定轴轮系

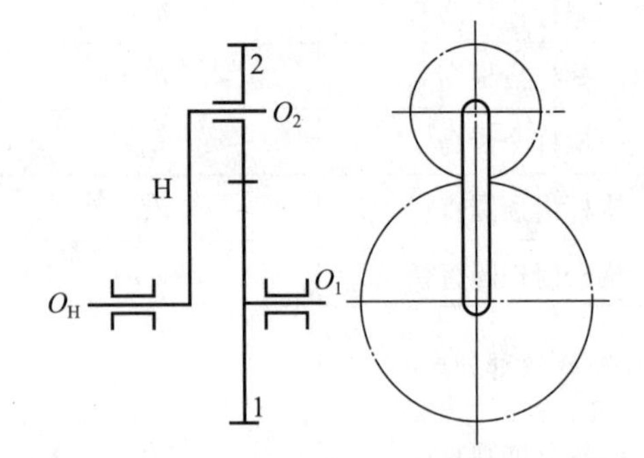

图 2-3-47 周转轮系

1）周转轮系的组成

周转轮系由中心轮、行星架和行星轮三种基本构件组成。在周转轮系中，具有固定几何轴线的齿轮称为中心轮，外齿中心轮称为太阳轮，内齿中心轮称为内齿圈。几何轴线绕中心轮轴线回转的齿轮称为行星轮，行星轮的运动称为行星运动。支承行星轮并和行星轮一起绕固定轴线回转的构件称为行星架（又称系杆）。在如图 2-3-48 所示的周转轮系中，齿轮 1

和3是中心轮（齿轮1为太阳轮，齿轮3为内齿圈），齿轮2是行星轮，构件H为行星架。

在周转轮系中，中心轮与行星架的固定轴线必须共线，否则整个轮系将不能运动。

2）周转轮系的分类

周转轮系又可分为行星轮系和差动轮系两大类。

（1）行星轮系。有一个中心轮的转速为零（即固定不动）的周转轮系称为行星轮系，如图2－3－48所示的周转轮系就是行星轮系。内齿圈3固定不动，太阳轮1绕自身轴线 O_1 回转；行星架H绕自身轴线 OH 回转；行星轮2做行星运动，既绕自身轴线回转（自转），又绕行星架回转轴线 O_H 回转（公转）。

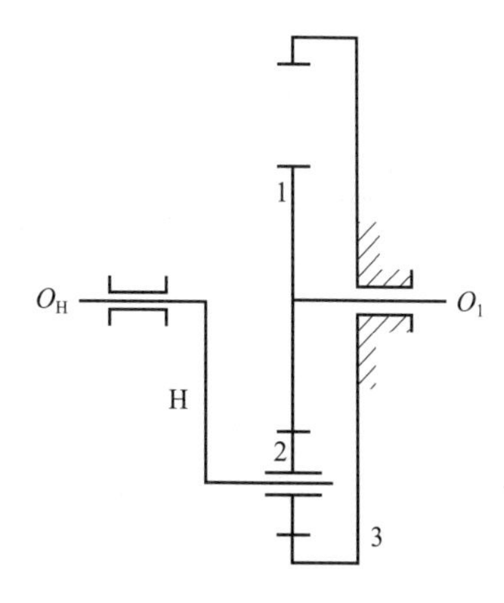

图2－3－48　周转轮系—行星轮系

（2）差动轮系。中心轮的转速都不为零的周转轮系称为差动轮系。在图2－3－49所示的差动轮系中，太阳轮1、内齿圈3、行星架H均绕各自的轴线回转，行星轮2则做行星运动。

3. 混合轮系

图2－3－50所示为一混合轮系。它是由齿轮1、齿轮2、齿轮2′、齿轮3组成的定轴轮系和齿轮4、齿轮4′、齿轮5、齿轮6、系杆H组成的周转轮系共同组成。

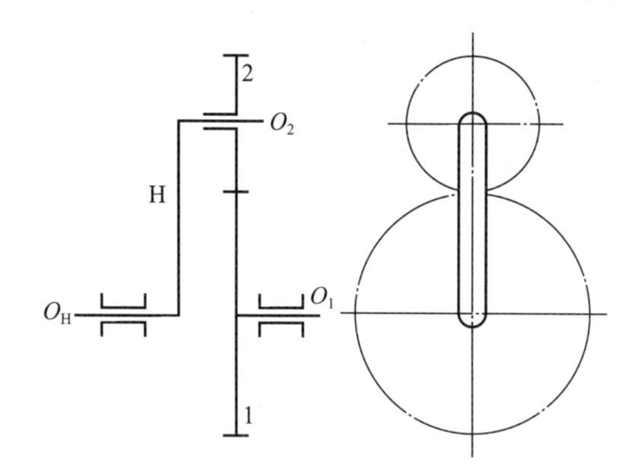

图2－3－49　周转轮系—差动轮系

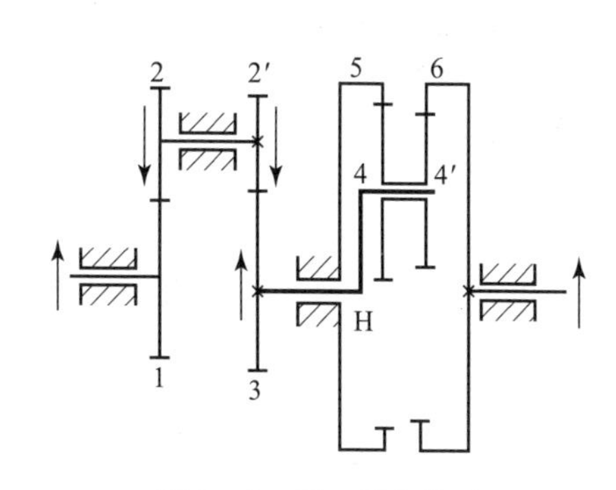

图2－3－50　混合轮系

2.3.3.2　轮系传动比计算

1. 定轴轮系及传动比计算

定轴轮系的传动比是指轮系中首、末两轮的角速度（或转速）之比。定轴轮系的传动比计算包括计算轮系传动比的大小和确定末轮的旋转方向。

1）齿轮副的传动比及回转方向

图2－3－51所示为圆柱齿轮的啮合传动。图2－3－51（a）为外啮合传动，当主动齿轮1按逆时针方向回转时，从动齿轮2按顺时针方向回转，两轮回转方向相反，这种情况规定其传动比取负值。在轮系传动中，为区别各级齿轮副的传动比，采用主、从动齿轮序号作传动比的下角标，如式（2－3－27）所示。

$$i_{12}=\frac{n_1}{n_2}=-\frac{z_2}{z_1}\qquad(2-3-27)$$

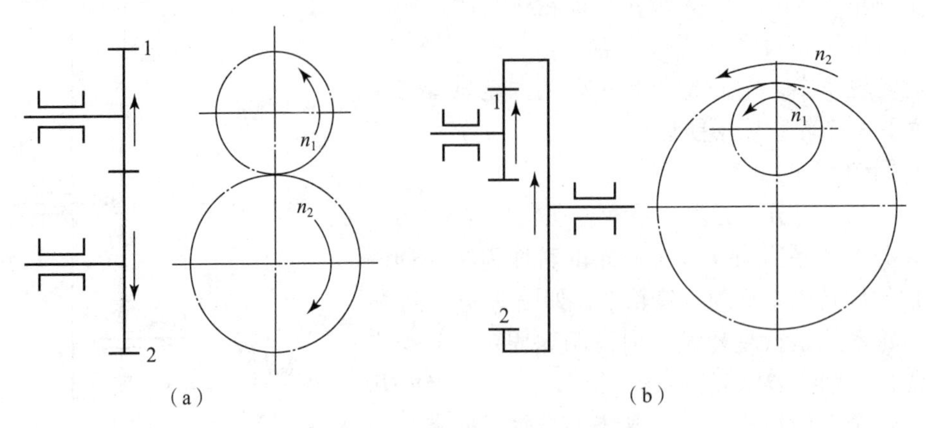

图 2-3-51　圆柱齿轮啮合传动

图 2-3-51（b）所示为内啮合传动，当主动齿轮 1 按逆时针方向回转时，从动齿轮 2 也做逆时针方向回转，两轮回转方向相同，这种情况规定其传动比取正值，记作

$$i_{12}=\frac{n_1}{n_2}=+\frac{z_2}{z_1} \qquad (2-3-28)$$

齿轮的回转方向，在轮系传动系统图中可以用箭头表示，标注同向箭头的齿轮回转方向相同，标注反向箭头的齿轮回转方向相反，规定箭头指向为齿轮可见侧的圆周速度方向，如图 2-3-51 所示。

2）定轴轮系传动比的计算

图 2-3-52 所示为一由圆柱齿轮组成的定轴轮系，齿轮 1，2，3，…，9 的齿数分别用 z_1，z_2，z_3，…，z_9 表示，齿轮的转速分别用 n_1，n_2，n_3，…，n_9 表示。

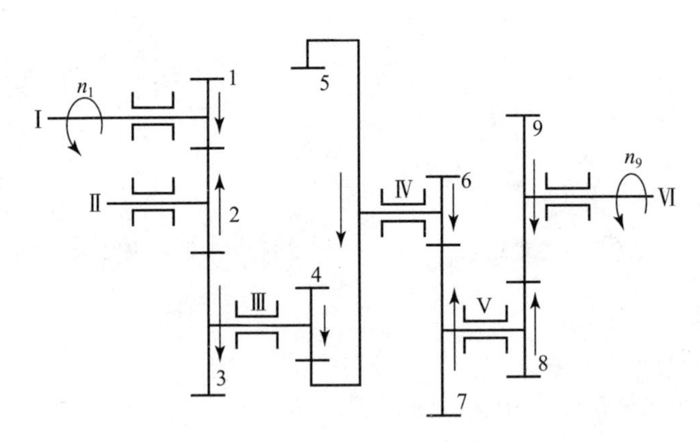

图 2-3-52　定轴轮系的传动比计算

轮系的传动比 i_{19}，等于各级齿轮副传动比的连乘积，即

$$i_{19}=i_{12}i_{23}i_{45}i_{67}i_{89}=\frac{n_1n_2n_4n_6n_8}{n_2n_3n_5n_7n_9}=\left(-\frac{z_2}{z_1}\right)\cdot\left(-\frac{z_3}{z_2}\right)\cdot\left(+\frac{z_5}{z_4}\right)\cdot\left(-\frac{z_7}{z_6}\right)\cdot\left(-\frac{z_9}{z_8}\right)$$

$$=(-1)^4\frac{z_3z_5z_7z_9}{z_1z_4z_6z_8} \qquad (2-3-29)$$

式（2－3－29）说明轮系的传动比等于轮系中所有从动齿轮齿数的连乘积与所有主动齿轮齿数的连乘积之比。因此，定轴轮系的传动比一般公式如下：

$$i_{1k}=(-1)^m\frac{\text{各级齿轮副中从动轮齿数的连乘积}}{\text{各级齿轮副中主动轮齿数的连乘积}}\tag{2-3-30}$$

式中，下标“1”表示首轮，“k”表示末轮，m 为轮系中外啮合圆柱齿轮副的数目。

关于齿轮的转向，应注意以下几点：

（1）在式（2－3－30）中，$(-1)^m$ 在计算中表示轮系首、末两轮（即主、从动轴）回转方向的异同，计算结果为正，则两轮回转方向相同；结果为负，则两轮回转方向相反。但此判断方法只适用于平行轴圆柱齿轮传动的轮系。

（2）当定轴轮系中有锥齿轮副、蜗杆副时，各级传动轴不一定平行，这时，不能使用 $(-1)^m$ 来确定末轮的回转方向，而只能使用标注箭头的方法，如图2－3－53所示。传动比的计算公式可写成

$$i_{1k}=\frac{\text{各级齿轮副中从动轮齿数的连乘积}}{\text{各级齿轮副中主动轮齿数的连乘积}}\tag{2-3-31}$$

（3）如图2－3－54所示定轴轮系中的齿轮2在齿轮副 z_1、z_2 中为从动轮，在齿轮副 z_2、z_3 中为主动轮，在齿轮1和齿轮3的传动中，只是改变了齿轮3的回转方向，而不影响齿轮1和齿轮3的传动比 i_{13}，因而也不影响轮系的传动比 i，在式（2－3－29）的计算结果中 z_2 未出现。这种只改变齿轮副中从动轮回转方向，而不影响齿轮副传动比大小的齿轮称为惰轮。显然，在齿轮副的主、从动轮间每增加一个惰轮，从动轮回转方向就改变一次，如图2－3－54所示。

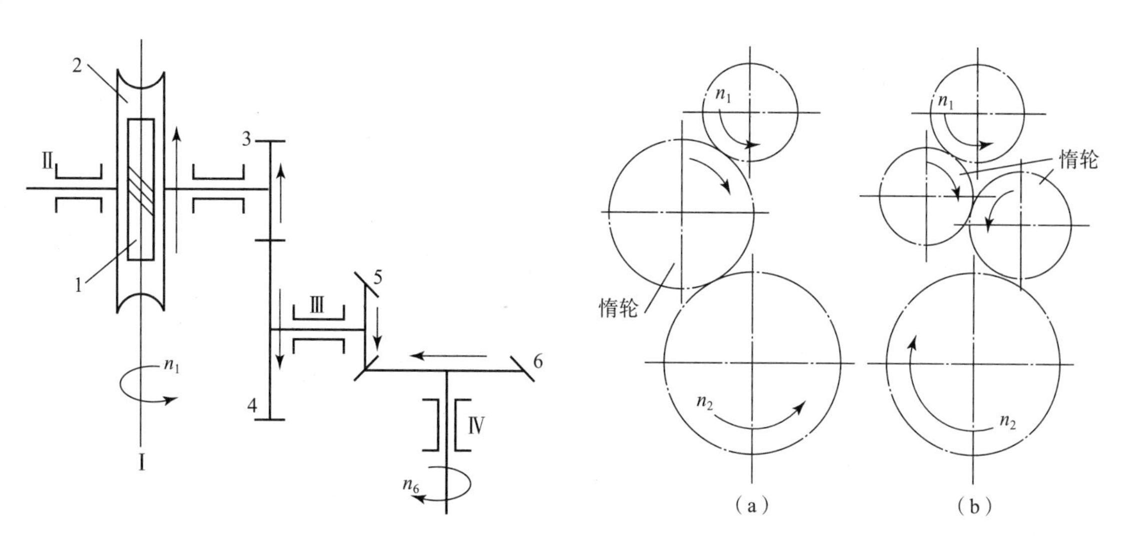

图2－3－53　非平行轴传动的定轴轮系　　　图2－3－54　加惰轮的轮系

例2－3－1　图2－3－55所示为一卷扬机的传动系统示意图，末端为蜗杆传动。已知 $z_1=18$，$z_2=36$，$z_3=20$，$z_4=40$，$z_5=2$，$z_6=50$，鼓轮直径 $d=200$ mm，$n_1=1\ 000$ r/min。试求蜗轮的转速 n_6 和重物G的移动速度 v，并确定提升重物时 n_1 的回转方向。

解

由式（2－3－30）可得

$$i_{16}=\frac{n_1}{n_6}=\frac{z_2z_4z_6}{z_1z_3z_5}=\frac{36\times40\times50}{18\times20\times2}=100$$

已知 $n_1=1\ 000\ \mathrm{r/min}$，因此蜗轮转速 n_6 为

$$n_6=\frac{n_1}{100}=\frac{1\ 000}{100}=10\ (\mathrm{r/min})$$

重物 G 的移动速度

$$v=\pi dn_6=3.14\times200\times10$$
$$=6\ 280\ (\mathrm{mm/min})=6.28\ \mathrm{m/min}$$

由重物 G 提升可确定蜗轮回转方向，根据蜗杆为右旋，可确定蜗杆回转方向，再用画箭头的方法即可确定 n_1 的回转方向，如图 2－3－55 所示。

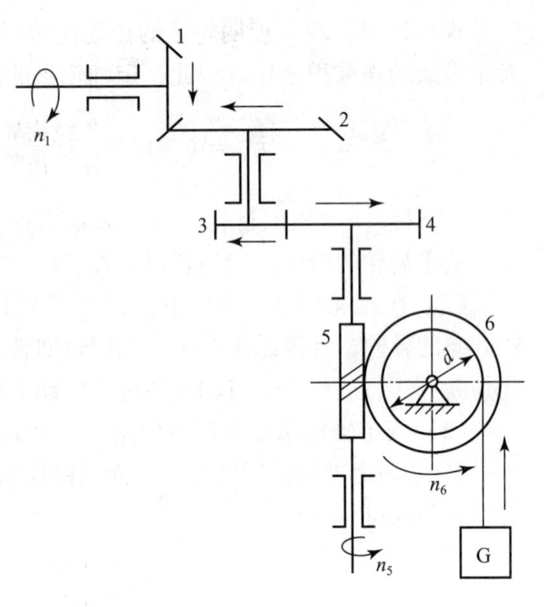

图 2－3－55　卷扬机传动系统示意图

2. *周转轮系及传动比计算*

周转轮系传动时，行星轮做既有自转又有公转的复合运动，因此周转轮系传动比的计算方法不同于定轴轮系，但两者之间又存在着一定的内在联系。可以通过转化轮系的方法将周转轮系转化成一定条件下的定轴轮系，从而采用定轴轮系传动比的计算方法来计算周转轮系的传动比。

在如图 2－3－56 所示的简单周转轮系中，齿轮 1 和齿轮 3 绕固定几何轴线 O_1 回转，行星架 H 绕固定几何轴线 O_H 回转，齿轮 2 套在行星架 H 的轴上（即齿轮与轴可相对转动），且同时与齿轮 1 和齿轮 3 啮合。现设齿轮 1、齿轮 3 与行星架 H 的转向相同，转速分别为 n_1、n_3 和 n_H，且各自绕自身轴线回转。这时齿轮 2 除绕自身轴线以 n_2 转速回转外，还随行星架 H 一起公转。如果给周转轮系加上一个与行星架转速大小相等、方向相反的公共转速 n_H 时，行星架的转速则变为零，即行星架变成固定不动。这时，轮系中所有齿轮的轴线位置都固定不动，但轮系中各构件之间的相对运动关系并没有改变，这样就把周转轮系转化成为定轴轮系。这种加上一个公共转速 $-n_H$ 后得到的定轴轮系称为原周转轮系的转化轮系，轮系中各构件转化前后的转速如表 2－3－12 所示。

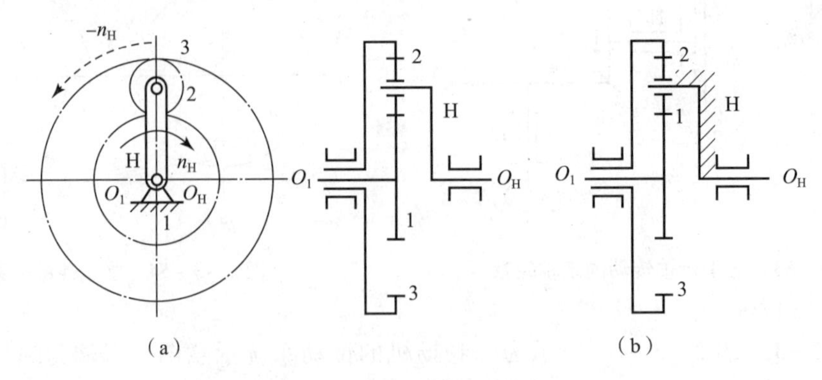

图 2－3－56　简单周转轮系

表2－3－12　轮系中各构件转化前后的转速

构件	构件原来转速	构件在转化轮系中的转速
1	n_1	$n_1^H = n_1 - n_H$
2	n_2	$n_2^H = n_2 - n_H$
3	n_3	$n_3^H = n_3 - n_H$
H	n_H	$n_H^H = n_H - n_H = 0$

因为周转轮系的转化机构是定轴轮系，所以转化机构的传动比可用求解定轴轮系传动比的方法求得

$$i_{13}^H = \frac{n_1^H}{n_3^H} = \frac{n_1 - n_H}{n_3 - n_H} = (-1)^1 \frac{z_2}{z_1} \cdot \frac{z_3}{z_2} = -\frac{z_3}{z_1} \tag{2-3-32}$$

式中，负号表示轮1与轮3在转化机构中的转向相反。

将以上分析推广到行星轮系的一般情形，可得：

$$i_{GK}^H = \frac{n_G^H}{n_K^H} = \frac{n_G - n_H}{n_K - n_H} = (-1)^m \frac{\text{齿轮 G、K 间所有从动轮齿数的连乘积}}{\text{齿轮 G、K 间所有主动轮齿数的连乘积}} \tag{2-3-33}$$

式中，m——齿轮G、K间外啮合齿轮的对数。

计算周转轮系传动比时应注意以下几点：

（1）$i_{GK}^H \neq i_{GK}$。i_{GK}^H为转化轮系中轮G和轮K的转速之比，其大小与正负号应按定轴轮系传动比的计算方法确定；而i_{GK}则是周转轮系中轮G和轮K的绝对转速之比，其大小及正负号必须由计算结果判定；

（2）式（2－3－33）只适用于输入轴、输出轴轴线与系杆H的回转轴线重合或平行时的情况；

（3）将n_G、n_K、n_H中的已知转速代入求解未知转速时，必须代入转速的正负号。在代入公式前应先假定某一方向的转速为正，则另一转速与其同向者为正，与其反向者为负；

（4）对含有空间齿轮副的行星轮系，若所列传动比中两轮G、K的轴线与行星架H的轴线平行，则仍可用转化机构法求解，即把空间行星轮系转化为假想的空间定轴轮系。计算时，转化机构的齿数比前须有正负号。若齿轮G、K与行星架H的轴线不平行，则不能用转化机构法求解。

例2－3－2　如图2－3－57所示，已知：$z_1=48$，$z_2=48$，$z_3=18$，$z_4=24$，$n_1=250$ r/min，$n_4=100$ r/min，转向如图2－3－57所示，试求n_H的大小和方向。

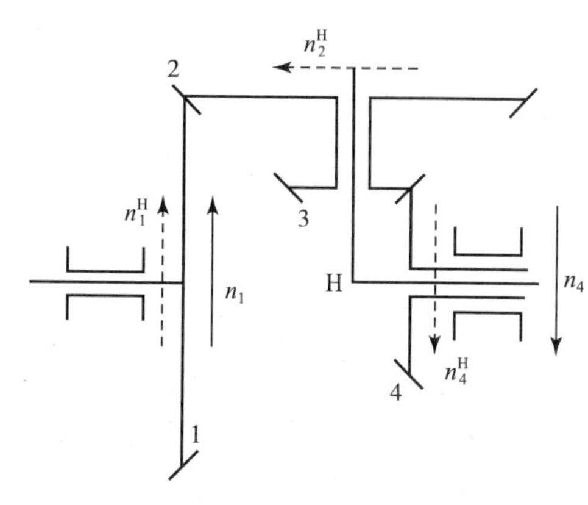

图2－3－57　锥齿轮周转轮系

解　这是由锥齿轮组成的周转轮系，转化机构的传动比为

$$i_{14}^H = \frac{n_1 - n_H}{n_4 - n_H} = -\frac{z_2}{z_1} \cdot \frac{z_4}{z_3} = -\frac{48 \times 24}{48 \times 18} = -\frac{4}{3}$$

式中，“－”号表示在该轮系的转化机构中齿轮1、

4 的转向相反，是通过图中虚线箭头确定的。

将已知 n_1、n_4 的值代入上式。由于 n_1、n_4 的实际转向相反，故一个取正值，另一个取负值。若 n_1 为正，则 n_4 为负，可得：

$$\frac{n_1 - n_H}{n_4 - n_H} = \frac{250 - n_H}{-100 - n_H} = -\frac{4}{3}$$

可求得

$$n_H = \frac{350}{7} = 50\ (\text{r/min})$$

行星架计算结果为正值，表明 H 的转向与齿轮 1 相同、与齿轮 4 相反。

3. 混合轮系及传动比计算

在实际机械中，除了广泛应用定轴轮系和周转轮系外，还经常把定轴轮系和周转轮系组合在一起使用，这种轮系称为混合轮系。混合轮系传动比的计算是建立在定轴轮系和周转轮系传动比的计算基础上的。其步骤是：首先把整个轮系划分为各周转轮系和定轴轮系，然后分别列出它们传动比的计算公式，最后再根据这些基本轮系的组合方式，联立求解所需的传动比。

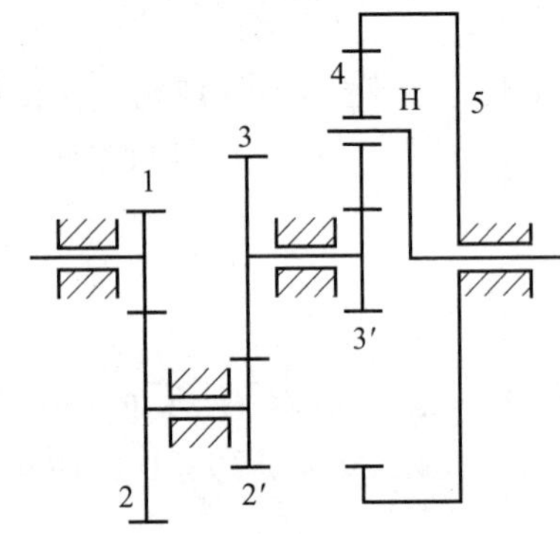

图 2－3－58　混合轮系

例 2－3－3　如图 2－3－58 所示的混合轮系，各齿轮齿数分别为：$z_1 = z_{2'} = z_{3'} = 20$，$z_2 = z_3 = 40$，$z_5 = 80$，试计算传动比 i_{1H}。

解　该轮系包括两个基本轮系：齿轮 1、2、2′和 3 组成定轴轮系；齿轮 3′、4、5 和行星架 H 组成行星轮系。

定轴轮系中

$$\frac{n_1}{n_3} = \frac{z_2 z_3}{z_1 z_{2'}} = \frac{40 \times 40}{20 \times 20} = 4$$

$$n_1 = 4n_3 \tag{2-3-34}$$

行星轮系中

$$\frac{n_3' - n_H}{n_5 - n_H} = -\frac{z_5}{z_{3'}}$$

代入数值得：

$$\frac{n_3' - n_H}{0 - n_H} = -\frac{80}{20}$$

$$n_3' = 5n_H \tag{2-3-35}$$

又两部分存在关系：

$$n_3' = n_3 \tag{2-3-36}$$

将式（2－3－34）、式（2－3－35）、式（2－3－36）联立得：

$$i_{1H} = \frac{n_1}{n_H} = 20$$

2.3.3.3　轮系的应用

轮系具有许多特点且应用十分广泛，机械中常用它来做较远距离的传动或实现变速、变向要求。此外，轮系还主要应用在以下几个方面。

1. 实现大传动比传动

一对齿轮传动，一般传动比不大于 5～7。当传动比大于 8 时，可采用定轴轮系的多级传动来实现。为了获得更大的传动比，可采用周转轮系。一般情况下，周转轮系与定轴轮系相比，在传递相同功率和传动比的情况下，周转轮系减速器的体积是定轴轮系减速器体积的 15% ~60%，质量为其质量的 20% ~55%。

2. 实现相距较远的两轴之间的传动

用几个小齿轮代替一对大齿轮实现啮合传动，既节省空间、材料，又方便制造、安装。

3. 实现分路传动

当输入轴的转速一定时，利用轮系可将输入轴的一种转速同时传到几根输出轴上，从而获得所需的各种转速。

4. 实现变速变向传动

输入轴的转速、转向不变时，利用轮系可使输出轴得到若干种转速或改变输出轴的转向，这种传动称为变速变向传动。如汽车在行驶中经常变速、倒车时要变向等均属于此种情况。

5. 实现运动的合成和分解

利用周转轮系可以实现运动的合成，因此，它被广泛应用于机床、计算机构和补偿调整等装置中。同样，利用周转轮系也可以实现运动的分解，即将差动轮系中已知的一个独立运动分解为两个独立的运动。

2.3.4　轴

2.3.4.1　轴的应用及类型

轴是机械产品中的重要零件之一，用来支承做回转运动的传动零件（如齿轮、带轮、链轮等）、传递运动和转矩、承受载荷，以及保证装在轴上的零件具有确定的工作位置和一定的回转精度。

按照轴的轴线形状不同，轴可分为曲轴（见图 2－3－59）和直轴（见图 2－3－60）两大类。曲轴用于将回转运动转变为直线往复运动或将直线往复运动转变为回转运动，是往复式机械中的专用零件。直轴按其外形不同分为光轴和阶梯轴两种，如图 2－3－60 所示。光轴形状简单，加工方便，但轴上的零件不易定位和装配；阶梯轴各截面的直径不等，便于零件的安装和固定，因此应用更广泛。轴一般制成实心的，只有当机器结构要求在轴内装设其他零件或减轻轴的质量有特别重要的意义时，才将轴制成空心的，如车床的主轴等。

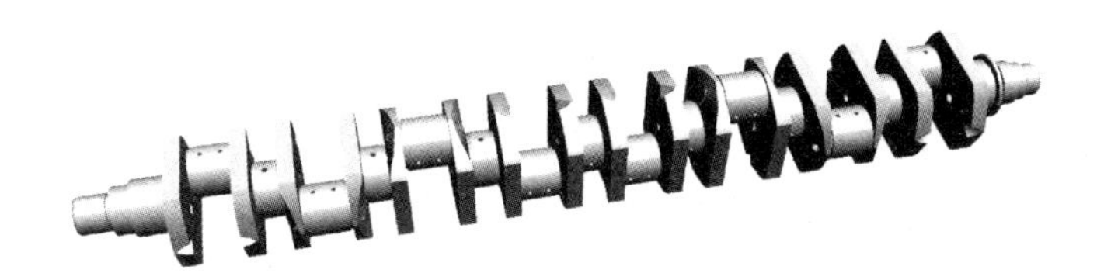

图 2－3－59　曲轴

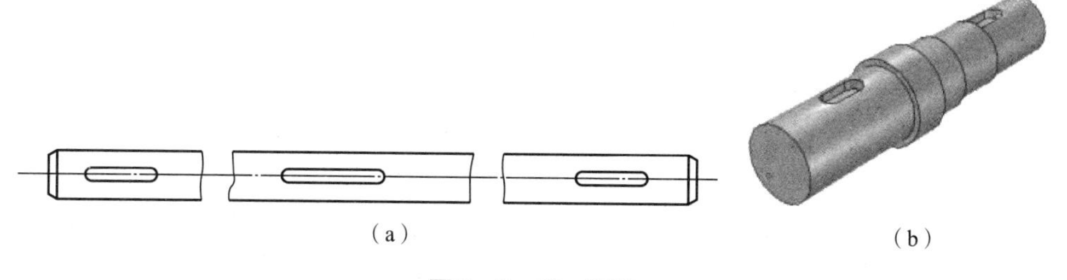

（a）　　（b）

图 2－3－60　直轴

（a）光轴；（b）阶梯轴

根据所受载荷不同，又可将直轴分为心轴、转轴和传动轴三类。

1. 心轴

用来支承回转零件，即只受弯矩作用而不传递动力的轴称为心轴。心轴可以是转动的，如图2－3－61（a）所示的车轴；它也可以是固定不动的，如图2－3－61（b）所示的滑轮支承轴。

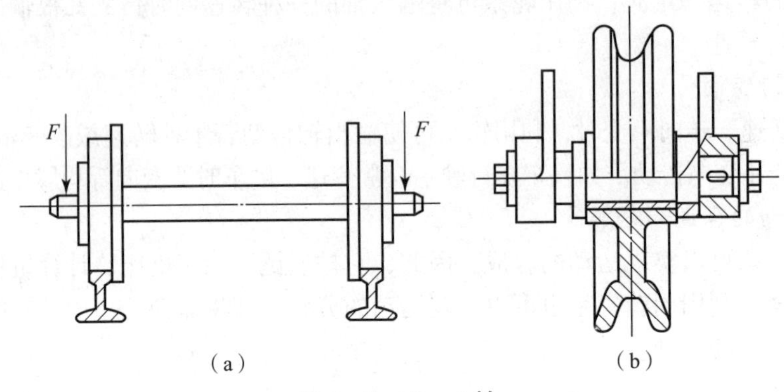

图2－3－61　心轴

（a）车轴；（b）滑轮支承轴

2. 转轴

支承回转零件又传递转矩，即同时承受弯矩和扭矩两种作用的轴称为转轴，机器中大多数的轴都属于这一类，如图2－3－62所示的减速器装置中的转轴。

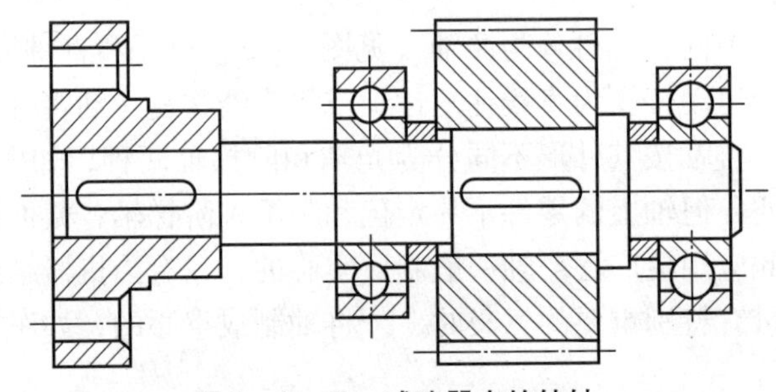

图2－3－62　减速器中的转轴

3. 传动轴

传动轴主要用来传递转矩，即只受扭矩作用而不受弯矩作用或所受弯矩作用很小的轴称为传动轴，如图2－3－63所示的汽车传动轴。

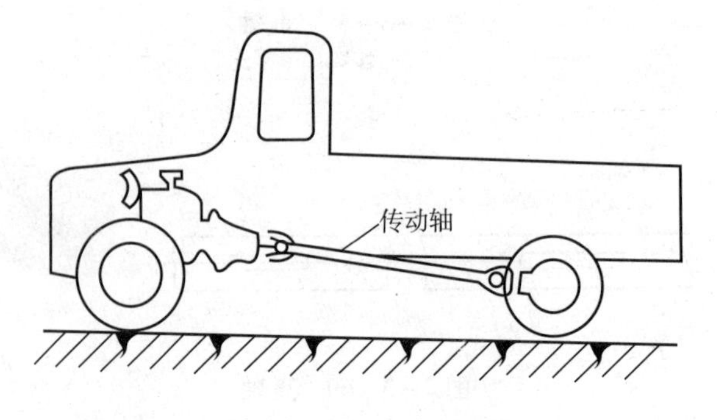

图2－3－63　汽车传动轴

2.3.4.2　轴的材料

转轴工作时承受扭矩和弯矩的复合作用，且多为交变应力，其主要失效形式为疲劳破坏。因此，轴的材料应满足强度、韧性、耐磨性及耐腐蚀性等多方面的要求，并且易于加工和热处理，对应力集中敏感性小且价格合理。一般用途的轴常用优质碳素结构钢制成，如 35、45、50 牌号的钢；轻载或不重要的轴可采用 Q235、Q275 等普通碳素钢制造；重载或重要的轴可选用合金结构钢制造，其力学性能好，但价格较高，选用时应综合考虑各种因素。

轴的常用材料及其力学性能见表 2－3－13。

表 2－3－13　轴的常用材料及其主要力学性能

材料牌号	热处理	毛坯直径/mm	硬度/HBS	抗拉强度极限 R_m (σ_b)/MPa	屈服强度极限 R_{eL} (σ_s)/MPa	弯曲疲劳极限 σ_{-1}/MPa	剪切疲劳极限 τ_{-1}/MPa	对称循环弯曲许用应力 $[\sigma_{-1}]_b$/MPa	备注
Q235A	热轧或锻后空冷	≤100		400～420	225	170	105	40	用于不重要及受载荷不大的轴
		>100～250		375～390	215				
45	正火	≤10	170～217	590	295	225	140	55	应用最广泛
	回火	>100～300	162～217	570	285	245	135		
	调质	≤200	217～255	640	355	275	155	60	
40Cr	调质	≤100 >100～300	241～286	735 685	540 490	355 355	200 185	70	用于载荷较大，而无很大冲击的重要轴
40CrNi	调质	≤100 >100～300	270～300 240～270	900 785	735 570	430 370	260 210	75	用于很重要的轴
38SiMnMo	调质	≤100 >100～300	229～286 217～269	735 685	590 540	365 345	210 195	70	用于重要的轴，性能近似于 40CrNi
38CrMoAlA	调质	≤60 >60～100 >100～160	293～321 277～302 241～277	930 835 785	785 685 590	440 410 375	280 270 220	75	用于要求高耐磨性、高强度且热处理（氮化）变形很小的轴
20Cr	渗碳、淬火、回火	≤60	渗碳 56～62HRC	640	390	305	160	60	用于要求强度及韧性均较高的轴
3Cr13	调质	≤100	≥241	835	635	395	230	75	用于腐蚀条件下的轴
1Cr18Ni9Ti	淬火	≤100	≤192	530	195	190	115	45	用于高、低温及腐蚀条件下的轴
		100～200		490		180	110		

续表

材料牌号	热处理	毛坯直径/mm	硬度/HBS	抗拉强度极限 R_m (σ_b)/MPa	屈服强度极限 R_{eL} (σ_s)/MPa	弯曲疲劳极限 σ_{-1}/MPa	剪切疲劳极限 τ_{-1}/MPa	对称循环弯曲许用应力 $[\sigma_{-1}]_b$/MPa	备注
QT600 – 3			190 ~ 270	600	370	215	185		用于制造复杂外形的轴
QT800 – 2			245 ~ 335	800	480	290	250		

2.3.5 轴承

2.3.5.1 滚动轴承的结构和材料

以滚动摩擦为主的轴承称为滚动轴承，如图 2 – 3 – 64 所示。滚动轴承主要由内圈 1、外圈 2、滚动体 3 和保持架 4 等组成。外圈的内表面和内圈的外表面上制有凹槽，称为滚道。当内、外圈做相对回转时，滚动体在内、外圈的滚道间既做自转又做公转。滚动体是轴承中形成滚动摩擦必不可少的零件。保持架的作用是把滚动体均匀地隔开，以避免相邻的两滚动体直接接触而增加磨损。

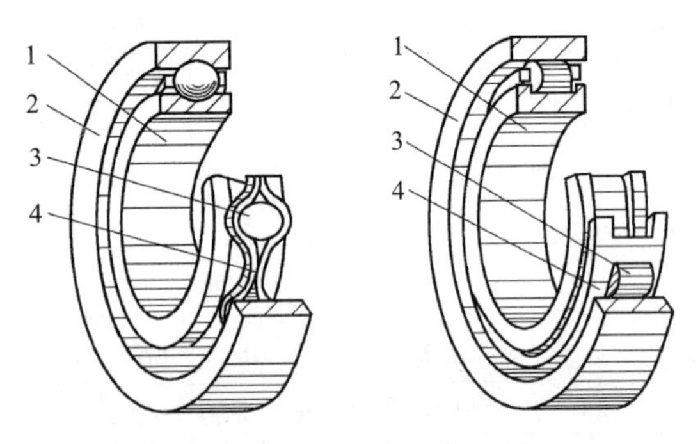

图 2 – 3 – 64　滚动轴承的基本结构

1—内圈；2—外圈；3—滚动体；4—保持架

滚动轴承的内、外圈分别与轴颈和轴承座装配在一起。通常内圈随轴颈一起回转，外圈固定不动，但也有外圈回转、内圈固定的应用形式。

滚动轴承的内、外圈及滚动体一般采用强度高、耐磨性好的轴承铬锰碳钢制造，例如 GCr15（G 表示滚动轴承钢）、GCr9SiMn 等，经热处理后其工作表面硬度可达到 60 ~ 65HRC。而保持架分冲压保持架和实体保持架两种，冲压保持架一般用低碳钢板冲压制成，它与滚动体间有较大间隙，工作时噪声较大；实体保持架一般用铜合金、铝合金或酚醛树脂等制成，与滚动体间的间隙较小，允许轴承有较高转速。

2.3.5.2 滚动轴承的形式

滚动轴承按不同的分类方法可分为不同的形式。

1. 按滚动体形状分类

滚动轴承按滚动体形状不同可分为球轴承和滚子轴承两大类。常用的滚动体形状如图 2 – 3 – 65 所示。

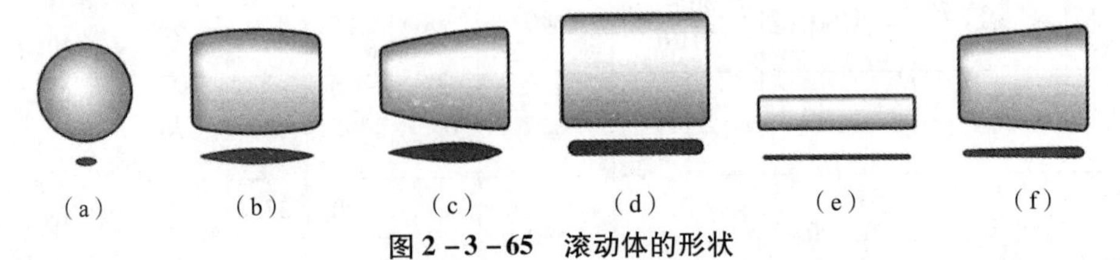

(a)　(b)　(c)　(d)　(e)　(f)

图 2 – 3 – 65　滚动体的形状

(a) 滚珠（钢球）；(b) 球面滚子（对称形）；(c) 球面滚子（非对称形）；
(d) 圆柱滚子；(e) 滚针；(f) 圆锥滚子

（1）球轴承。它的球状滚动体的内、外圈滚道为点接触，故承受载荷能力及耐冲击能力低，但极限转速较高，价格便宜。

（2）滚子轴承。它的滚动体与内、外圈滚道为线接触，故承受载荷能力及耐冲击能力较高，但极限转速低，价格较贵。

2. 按滚动轴承所受载荷分类

按所受承荷的不同，滚动轴承可分为三大类：

（1）向心轴承。仅承受径向（垂直于回转轴线）载荷的滚动轴承称为向心轴承，如深沟球轴承。

（2）推力轴承。仅承受轴向（沿着或平行于回转轴线）载荷的滚动轴承称为推力轴承，如推力球轴承。

（3）向心推力轴承。同时承受径向载荷和轴向载荷的滚动轴承称为向心推力轴承，如角接触球轴承。

2.3.5.3　滚动轴承的类型及类型代号

滚动轴承（包含滚针轴承）共有13种基本类型，其轴承类型代号用数字或字母表示，见表2－3－14。

表2－3－14　滚动轴承类型代号

轴承代号	轴承类型	轴承代号	轴承类型
0	双列角接触球轴承	6	深沟球轴承
1	调心球轴承	7	角接触球轴承
2	调心滚子轴承和推力调心滚子轴承	8	推力圆柱滚子轴承
3	圆锥滚子轴承	N	圆柱滚子轴承；双列或多列用字母NN表示
4	双列深沟球轴承	U	外球面球轴承
5	推力球轴承	QJ	四点接触球轴承

2.3.5.4　滚动轴承的代号

滚动轴承的代号是用字母加数字来表示滚动轴承的结构、尺寸、公差等级、技术性能等特征的产品代号。轴承代号由基本代号、前置代号和后置代号构成，其排列顺序如下：

前置代号	基本代号	后置代号

前置、后置代号是轴承在结构形状、尺寸、公差、技术要求等有改变时，在其基本代号左右添加的补充代号。前置代号用字母表示，后置代号用字母或字母加数字表示。

基本代号表示滚动轴承的基本类型、结构和尺寸，是轴承代号的基础。基本代号由轴承类型代号（见表2－3－14）、尺寸系列代号和内径代号构成，其排列顺序如下：

类型代号	尺寸系列代号	内径代号

尺寸系列代号由轴承的宽（高）度系列代号和直径系列代号组合而成。向心轴承和推力轴承的尺寸系列代号见表2－3－15。

表 2－3－15　向心轴承和推力轴承的尺寸系列代号

直径系列代号	向心轴承								推力轴承			
	宽度系列代号								高度系列代号			
	8	0	1	2	3	4	5	6	7	9	1	2
	尺寸系列代号											
7	—	—	17	—	37	—	—	—	—	—	—	—
8	—	08	18	28	38	48	58	68	—	—	—	—
9	—	09	19	29	39	49	59	69	—	—	—	—
0	—	00	10	20	30	40	50	60	70	90	10	—
1	—	01	11	21	31	41	51	61	71	91	11	—
2	82	02	12	22	32	42	52	62	72	92	12	22
3	83	03	13	23	33	—	—	—	73	93	13	23
4	—	04	—	24	—	—	—	—	74	94	14	24
5	—	—	—	—	—	—	—	—	—	95	—	—

常用的轴承类型、尺寸系列代号及轴承类型代号、尺寸系列代号和轴承基本代号见表 2－3－16。

表 2－3－16　常用的轴承类型代号、尺寸系列代号和基本代号

轴承类型	简图	类型代号	尺寸系列代号	基本代号
双列角接触球轴承		（0） （0）	32 33	3200 3300
调心球轴承		1 （1） 1 （1）	（0）2 22 （0）3 23	1200 2200 1300 2300
调心滚子轴承		2 2 2 2 2 2 2 2	13 22 23 30 31 32 40 41	21300 22200 22300 23000 23100 23200 24000 24100

续表

轴承类型	简图	类型代号	尺寸系列代号	基本代号
推力调心滚子轴承	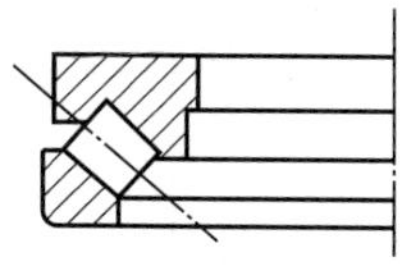	2 2 2	92 93 94	29200 29300 29400
圆锥滚子轴承	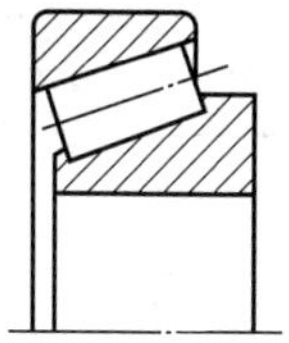	3 3 3 3 3 3 3 3 3 3	02 03 13 20 22 23 29 30 31 32	30200 30300 31300 32000 32200 32300 32900 33000 33100 33200
双列深沟球轴承	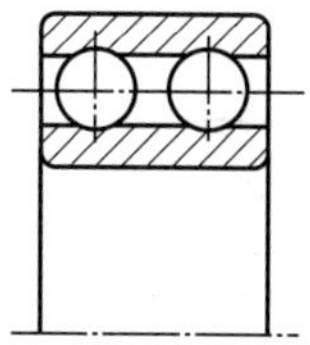	4 4	(2) 2 (2) 3	4200 4300
推力球轴承：推力球轴承	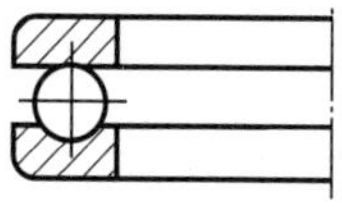	5 5 5 5	11 12 13 14	51100 51200 51300 51400
推力球轴承：双向推力球轴承	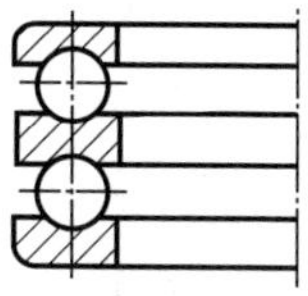	5 5 5	22 23 24	52200 52300 52400
深沟球轴承	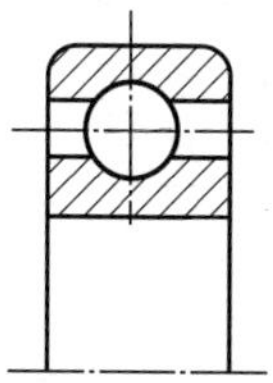	6 6 6 6 16 6 6 6 6	17 37 18 19 (0) 0 (1) 0 (0) 2 (0) 3 (0) 4	61700 63700 61800 61900 16000 6000 6200 6300 6400

续表

轴承类型		简图	类型代号	尺寸系列代号	基本代号
角接触球轴承		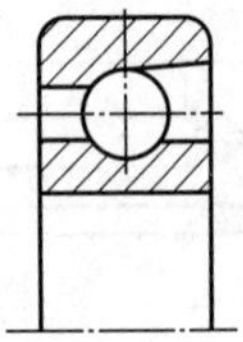	7 7 7 7 7	19 （1）0 （0）2 （0）3 （0）4	71900 7000 7200 7300 7400
推力圆柱滚子轴承		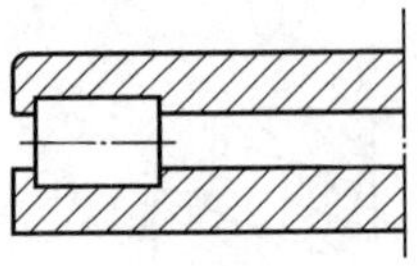	8 8	11 12	81100 81200
圆柱滚子轴承	外圈无挡边 圆柱滚子轴承	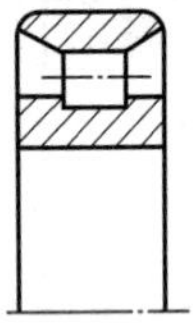	N	10 （0）2 22 （0）3 23 （0）4	N1000 N200 N2200 N300 N2300 N400
	内圈无挡边 圆柱滚子轴承	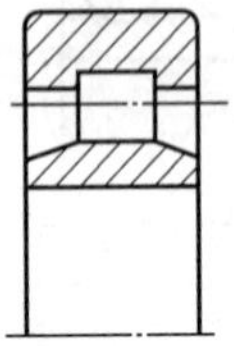	NU	10 （0）2 22 （0）3 23 （0）4	NU1000 NU200 NU2200 NU300 NU2300 NJ400
	内圈单挡边 圆柱滚子轴承	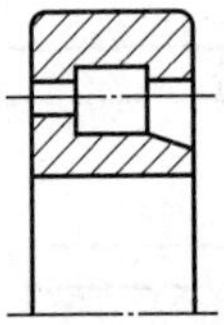	NJ	（0）2 22 （0）3 23 （0）4	NJ200 NJ2200 NJ300 NJ2300 NJ400
	外圈单挡边 并带平挡圈 圆柱滚子轴承	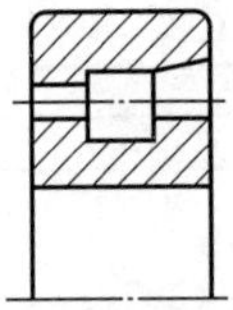	NF	（0）2 （0）3 23	NF200 NF300 NF2300
	外圈无挡边双列 圆柱滚子轴承	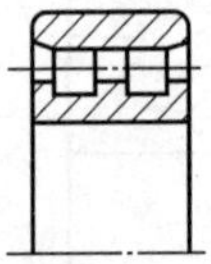	NN	30 49	NN3000 NN4900
	内圈无挡边 双列圆柱滚子轴承	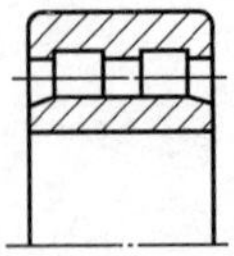	NNU	49	NN74900

表示滚动轴承的内径代号见表2－3－17。

表2－3－17　滚动轴承的内径代号

轴承公称内径/mm		内径代号	示例
0.6～10.0（非整数）		用公称内径毫米数直接表示，在其与尺寸系列代号之间用“/”分开	深沟球轴承 618/2.5 $d=2.5$ mm
1～9（整数）		用公称内径毫米数直接表示，对深沟球轴承及角接触球轴承7、8、9直径系列，内径与尺寸系列代号之间用“/”分开	深沟球轴承 625 618/5 $d=5$ mm
10～17	10 12 15 17	00 01 02 03	深沟球轴承 6200 $d=10$ mm
20～480（22，28，32除外）		公称内径除以5的商数，商数为个位数，需在商数左边加“0”，如08	调心滚子轴承 23208 $d=40$ mm
≥500以及22，28，32		用公称内径毫米数直接表示，但与尺寸系列之间用“/”分开	调心滚子轴承 230/500 $d=500$ mm 深沟球轴承 62/22 $d=22$ mm

滚动轴承代号表示方法举例如下：

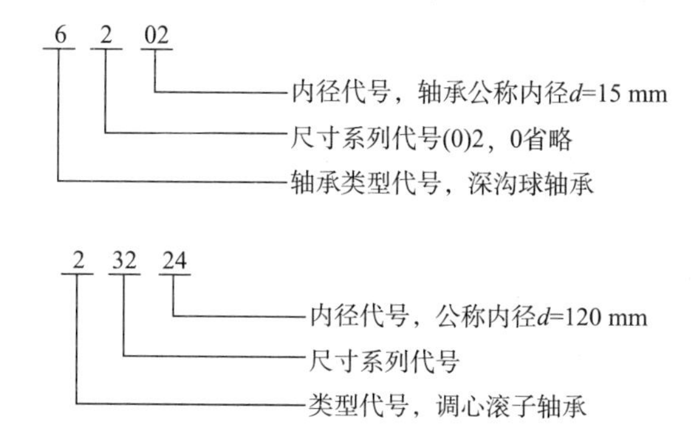

2.3.5.5　滚动轴承的选用

滚动轴承是标准化的零部件，其种类繁多，性能各异，在了解各类轴承应用特点的基础上，选用轴承时还应注意考虑以下一些因素。

1. 所承受载荷的大小、方向和性质

载荷的大小和方向是选择滚动轴承类型的最主要因素。当结构尺寸相同时，滚子轴承的承载能力比球轴承大，承受冲击载荷的能力也较强。

（1）载荷较小且平稳时，可选用球轴承；载荷较大且有冲击时，宜选用滚子轴承。

（2）仅承受径向载荷时，可选用向心轴承；仅承受轴向载荷时，可选用推力轴承。

（3）当径向载荷 F_r 与轴向载荷 F_t 同时作用时：

①轴向载荷远小于径向载荷（$F_t \ll F_r$）时，应选用向心球轴承（深沟球轴承、调心球轴承等）。

②一般情况下，即轴向载荷小于径向载荷（$F_t < F_r$）时，应选用向心推力轴承（角接触球轴承、四点接触球轴承等）。

③轴向载荷较大（$F_t > F_r$）时，可选用接触角较大的角接触球轴承或大锥角的圆锥滚子轴承。

④轴向载荷很大（$F_t \gg F_r$）时，可采取推力轴承与向心轴承组合，分别承受轴向载荷与径向载荷。

2. 转速和回转精度

当轴承的结构尺寸、精度相同时，球轴承比滚子轴承的径向间隙小。理论上球轴承是点接触，其极限转速高。

（1）转速高、回转精度高的轴宜用球轴承；滚子轴承一般用于低速轴上。

（2）轴向载荷较大或纯轴向载荷的高速轴（轴颈圆周速度大于 5 m/s），宜选用角接触球轴承而不选用推力球轴承，因为当转速高时，滚动体的离心惯性力很大，会使推力轴承工作条件恶化。

3. 调心性能

在支点跨距大或难以保证两轴承孔的同轴度时，应选择调心轴承，这类轴承在内、外圈轴线有不大的相对偏斜时，仍能正常工作。具有调心性能的滚动轴承必须在轴的两端成对使用，如果一端采用调心轴承，另一端使用不能调心的轴承，则不能起到调心作用。

4. 经济性

普通结构的轴承比特殊结构的轴承便宜，球轴承比滚子轴承便宜。只要能满足使用的基本要求，应尽可能选用普通结构的球轴承。滚动轴承的公差等级分为 P0、P6、P6x、P5、P4、P2 等 6 级，轴承精度依次由低到高，其价格也依次升高。一般尽可能选用 P0 级（轴承代号中省略不表示），只有对回转精度有较高要求时，才选用相应公差等级的轴承。此外，选用轴承时还应考虑轴承装拆是否方便、市场供应是否充足等因素。

2.3.5.6 滑动轴承的结构形式

仅发生滑动摩擦的轴承称为滑动轴承。根据所受载荷的方向不同，滑动轴承可分为径向滑动轴承、止推（推力）滑动轴承和径向止推（径向推力）滑动轴承三种主要形式，如图 2-3-66 所示。

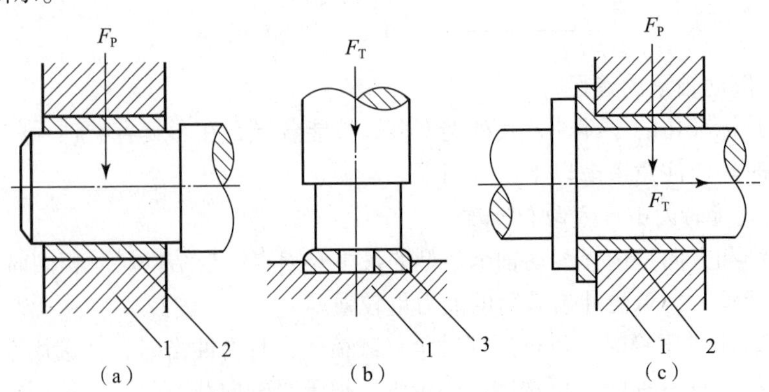

图 2-3-66 滑动轴承的形式

（a）径向滑动轴承；（b）止推滑动轴承；（c）径向止推滑动轴承

1—滑动轴承座；2—轴瓦或轴套；3—止推垫圈

1. 径向滑动轴承

（1）整体式径向滑动轴承。整体式径向滑动轴承的结构如图 2-3-67 所示，其轴承用螺栓固定在机架上。滑动轴承座 1 的孔中压入用具有减摩特性的材料制成的轴套 2，并用紧定螺钉 3 固定。滑动轴承座顶部设有安装润滑装置的螺纹孔。轴套上开有油孔，并在内表面上开有油槽。如图 2-3-68（b）所示，以输送润滑油、减小摩擦；简单的轴套内孔则无油槽，如图 2-3-68（a）所示。滑动轴承磨损后，只需更换轴套。

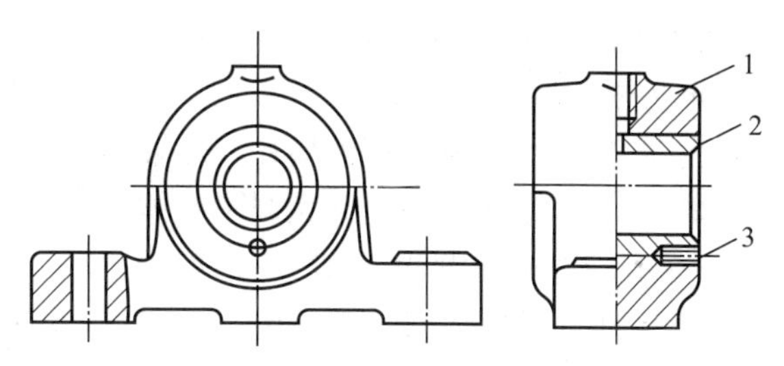

图 2-3-67　整体式径向滑动轴承

1—滑动轴承座；2—轴套；3—紧定螺钉

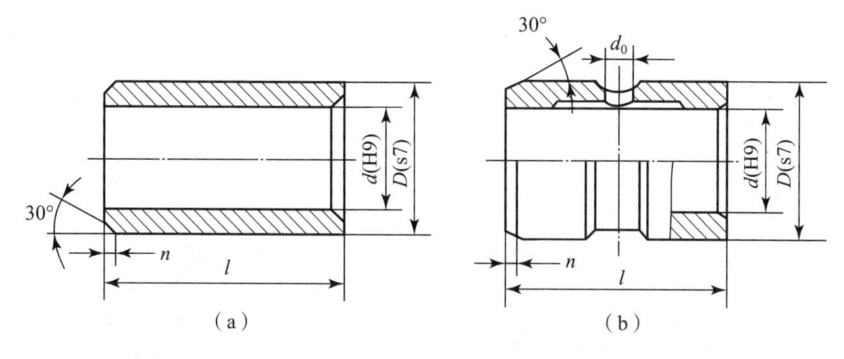

图 2-3-68　轴套

整体式滑动轴承结构简单，制造成本低，但只能通过轴向移动来安装和拆卸轴颈或轴承，因而安装和检修均比较困难。此外，轴承磨损后将无法调整轴颈与轴承间的间隙，必须更换新的轴套。整体式滑动轴承通常应用于轻载、低速或间歇工作的场合，如绞车、手动起重机等。

（2）对开式径向滑动轴承。对开式（又称剖分式）径向滑动轴承的结构如图 2-3-69 所示，它由连接螺栓 1、轴承盖 2、轴承座 3、上轴瓦 4 和下轴瓦 5 等组成。轴承座是轴承的基础部分，用螺栓固定于机架上。轴承盖与轴承座的结合面呈阶梯形式，以保证两者定位可靠，并防止横向错动。轴承盖与轴承座采用螺栓连接，并压紧上、下轴瓦。通过轴承盖上连

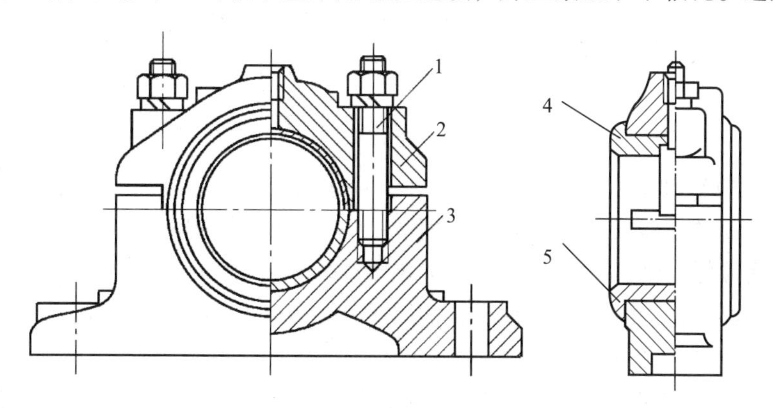

图 2-3-69　对开式径向滑动轴承

1—连接螺栓；2—轴承盖；3—轴承座；4—上轴瓦；5—下轴瓦

接的润滑装置，可将润滑油经油孔输送到轴颈表面。在轴承盖与轴承座之间，一般留有 5 mm 左右的间隙，并在上、下轴瓦的对开面处垫入适量的调整垫片，当轴瓦磨损后可根据其磨损程度，更换一些调整垫片，使轴颈与轴瓦之间仍能保持要求的间隙。对开式滑动轴承的间隙可调，装拆方便，它克服了整体式轴承的两个主要不足，因此应用较广泛。

轴瓦分整体式轴瓦和对开式轴瓦，其结构如图 2－3－70 和 2－3－71 所示。整体式轴瓦也称轴套，用于整体式轴承，需从轴端安装和拆卸，因而其可修复性差。对开式轴瓦用于对开式轴承，可以直接从轴的中部安装和拆卸，因而可修复。为了将润滑油引入并使其分布到轴承的整个工作表面上，轴瓦上加工有油孔，并在内表面上开油槽，常见油槽形式如图 2－3－72 所示。油槽不应开通，以减少润滑油在端部的泄漏。

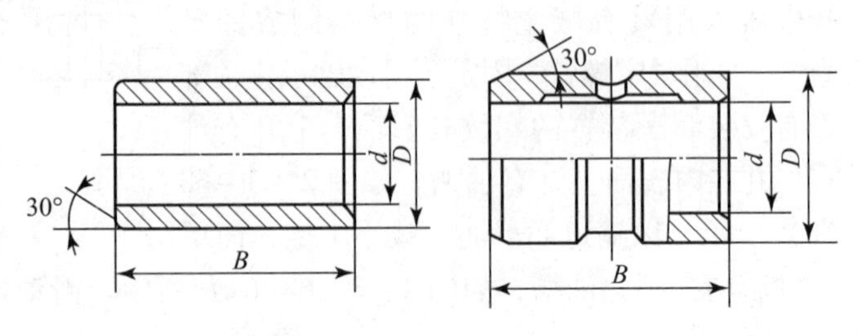

图 2－3－70　整体式轴瓦

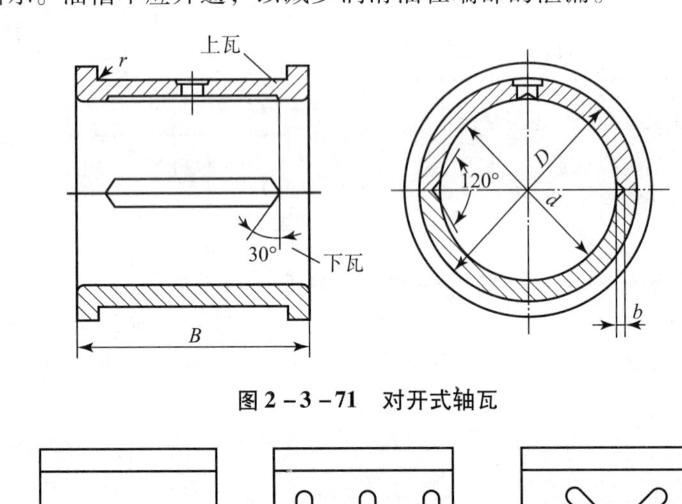

图 2－3－71　对开式轴瓦

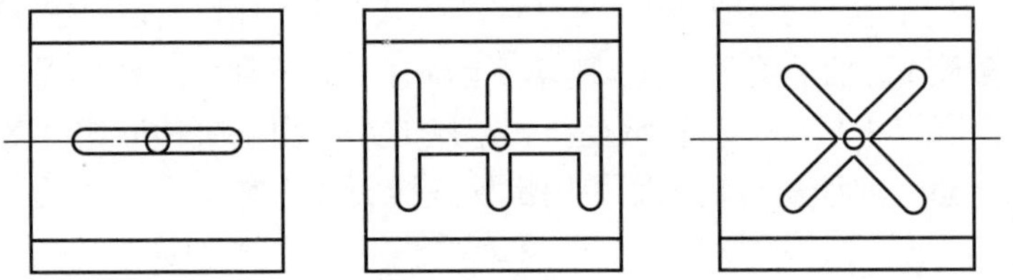

（a）　（b）　（c）

图 2－3－72　常见油槽形式

（3）自位式滑动轴承。自位式滑动轴承（又称关节轴承）是相对于轴颈表面可自行调整轴线偏角的滑动轴承而言的，其结构如图 2－3－73 所示。其特点是：轴瓦与轴承盖、轴承座之间为球面接触，轴瓦在轴承中可随轴颈轴线转动，因而可避免因轴颈偏斜与轴承接触不良而引起的轴瓦端部边缘的严重磨损，如图 2－3－74 所示。自位式滑动轴承主要用于轴的刚度小、制造精度较低的场合。

（4）可调间隙式滑动轴承。滑动轴承的轴瓦在使用中难免磨损，造成间隙增大，影响运动精度。采用间隙可调整的滑动轴承，如图 2－3－75 所示，可以避免上述不足，并延长了轴瓦的使用寿命。可调式轴承采用带锥形表面的轴套，分为内锥外柱和内柱外锥两种形式，它通过轴颈与轴瓦间的轴向移动实现轴承径向间隙的调整。

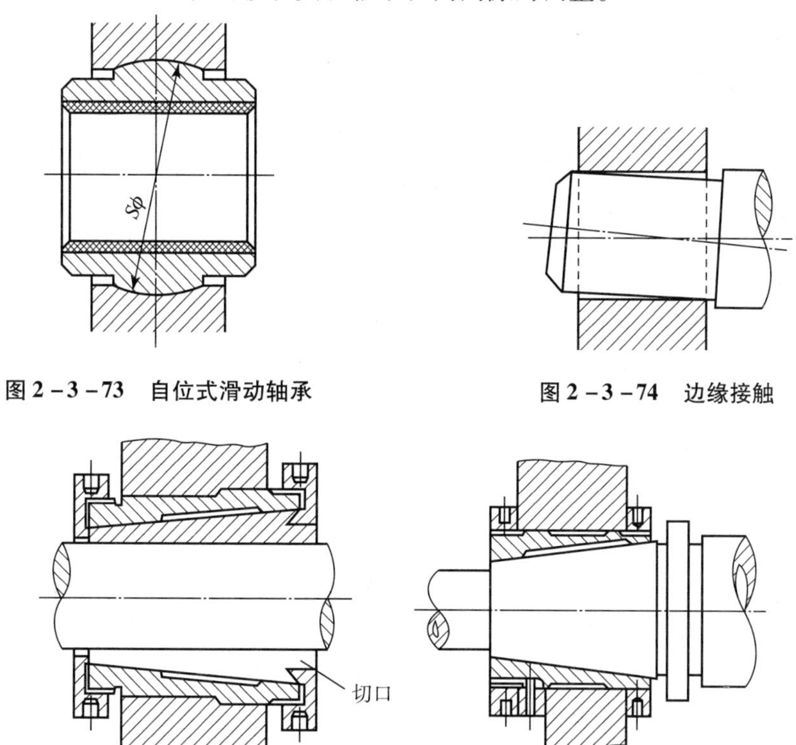

图 2-3-73　自位式滑动轴承

图 2-3-74　边缘接触

图 2-3-75　可调间隙式滑动轴承

2. 止推滑动轴承

止推滑动轴承是承受轴向载荷的滑动轴承。由轴的端面或轴环传递轴向载荷，端面此时称为止推端面，轴环称为止推环，工作时二者均与轴承的止推垫圈相接触。止推端面有实心与空心两种形式，与环形的止推垫圈相接触，如图 2-3-76 所示；止推环有单环与多环两种形式，如图 2-3-77 所示，多环式止推滑动轴承支承面积较大，适用于推力较大的场合。

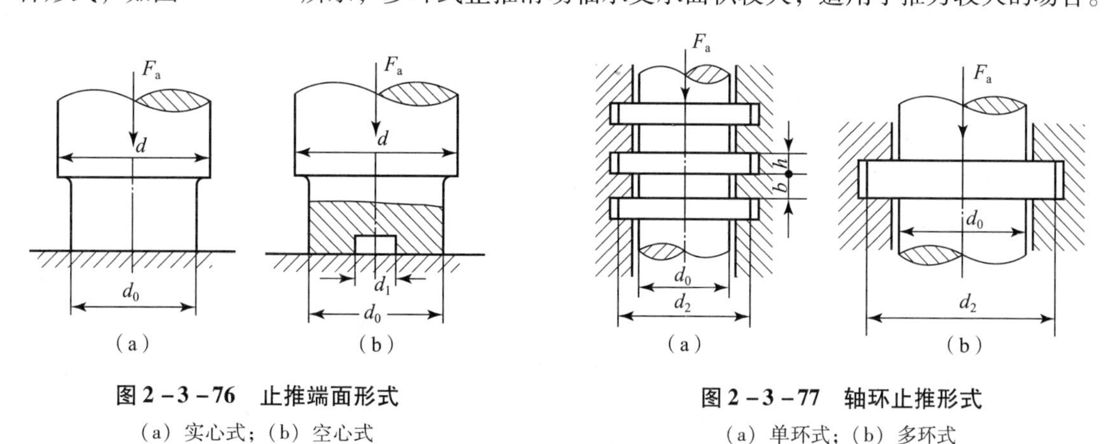

图 2-3-76　止推端面形式

(a) 实心式；(b) 空心式

图 2-3-77　轴环止推形式

(a) 单环式；(b) 多环式

图 2-3-78 所示为一种常见的止推滑动轴承，由轴承座 1、衬套 2、轴套 3 和止推垫圈 4 等组成。止推垫圈底部制成球面，以便于对中，并用销钉 5 与轴承座固定。润滑油从下部用压力注入并经上部流出。

3. 径向止推滑动轴承

所谓径向止推滑动轴承就是指同时承受径向载荷和轴向载荷的滑动轴承，其结构形式如图 2－3－66（c）所示。

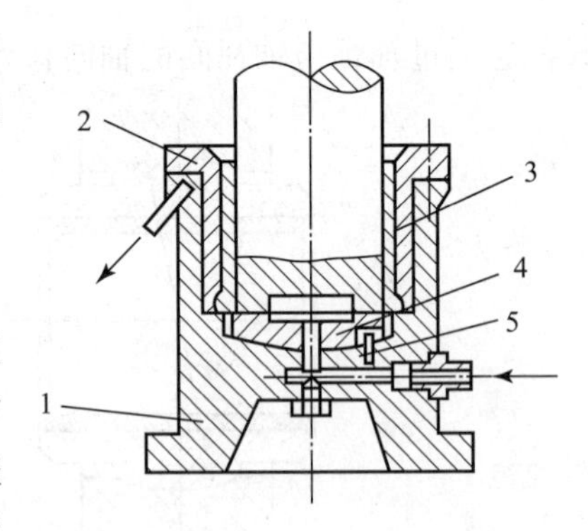

图 2－3－78　止推滑动轴承

1—轴承座；2—衬套；3—轴套；4—止推垫圈；5—销钉

2.3.5.7　轴瓦（轴套）的材料

轴瓦是滑动轴承中直接与轴接触的重要零件。其工作面既是承载面，又是摩擦面，因此轴瓦需采用减摩材料。为节省减摩材料和满足其性能要求，常用钢、铸铁或青铜作轴瓦，并在轴瓦内表面上浇铸一层很薄的减摩材料（如轴承合金），称为轴承衬。

1. 对轴瓦（轴套）材料的要求

（1）良好的减摩性和耐磨性。良好的减摩性是指轴瓦（轴套）材料的摩擦因数小，与钢质轴颈不易产生胶合，相对滑动时不易发热，且功率损失少。耐磨性好是指材料抵抗磨损的性能好，使用寿命长。一般情况下，材料的硬度越高越耐磨，为了不损坏机器中价值较高的轴，要求轴瓦（轴套）表面比轴颈表面硬度低一些，即工作中被磨损的应该是轴瓦（轴套），而不是轴颈。

（2）较好的强度和塑性。材料强度高，能保证其在冲击、变载及较高压力下有足够的承载能力。塑性好则能适应轴颈的少量变形、偏斜，以保证轴瓦（轴套）与轴颈间的压力分布均匀。

（3）对润滑油的吸附能力强。吸附能力强便于建立牢固的润滑油膜，改善工作条件。

（4）良好的导热性。导热性好则有利于保持油膜，保证轴承的承载能力。

2. 常用的轴瓦（轴套）材料

（1）轴承合金。轴承合金又称为巴氏合金或白合金，它是以较软的锡或铅为基体，其中悬浮锑锡及铜锡硬晶粒。它具有良好的嵌入性、摩擦顺应性、磨合性和抗胶合能力。但因其强度很低，不能单独作轴瓦，只能作为轴承衬附在青铜或铸铁轴瓦上，而且其价格较贵，适用于重载、中高速场合。

（2）铜合金。铜合金包括锡青铜、铅青铜、铝青铜和黄铜。铜合金具有较好的强度、减摩性和耐磨性。锡青铜的减摩性和耐磨性最好，但嵌入性和磨合性比轴承合金差，适用于中速及重载场合；铅青铜的抗胶合能力强，适用于高速重载场合；铝青铜强度和硬度高，抗胶合能力差，适用于低速重载场合；黄铜是铜锌合金，减摩性和耐磨性比青铜差，但工艺性好，适用于低速中载场合。

（3）铝合金。铝合金即为铝锡合金，具有强度高、耐腐蚀、导热性好等优点，可用铸造、冲压、轧制等方法制造，适合批量生产。但其磨合性差，要求轴颈有较高的硬度和加工精度。可部分代替价格较贵的轴承合金或青铜材料。

（4）铸铁。铸铁包括灰铸铁、耐磨铸铁和球墨铸铁。铸铁中的石墨具有润滑作用，价格低廉，但磨合性差，适用于低速、轻载和不重要的场合。

（5）多孔质金属材料。它是由铜、铁、石墨等粉末经压制、烧结而成的多孔隙（10%～35%）材料。工作前须在热油中浸泡几个小时，使孔隙中充满润滑油，工作时轴瓦温度升高，油膨胀后进入摩擦表面进行润滑，停车后由于毛细作用，油又被吸回轴瓦内，故又称为含油轴承，可在长时间不加油的情况下工作。但其性脆，仅适用于中、低速，无冲击，润滑不便或要求清洁的场合。

（6）塑料。酚醛塑料、尼龙、聚四氟乙烯等塑料材料具有摩擦因数小、抗压强度高、耐腐蚀性和耐磨性好等优点，但其导热能力差，应注意冷却。

（7）橡胶。它具有良好的弹性和减摩性，故常用于以水作润滑剂且环境较脏污之处。其内壁上带有轴向沟槽，以利于润滑剂流通，而且还可以起到增强冷却效果和冲走污物的作用。

（8）碳—石墨。它是由不同量的碳和石墨构成的人造材料，石墨量越多材料越软，摩擦因数越小。材料中还可以加入金属、聚四氟乙烯和二硫化钼等。它是电动机电刷的常用材料。

子任务 4　减速器连接部件认知

任务引入

如图 2－4－1 所示的减速器连接部件，其传动装置往往是由多个零部件组成的，这些零件是如何形成一台能够协同工作的装置的呢？

图 2－4－1　减速器连接部件

任务分析

在机械的装配、安装、运输等过程中，广泛使用着各种不同形式的连接。所谓连接就是将两个或两个以上的零件连成一个整体的装置。

连接可分为静连接与动连接。静连接又可分为不可拆连接与可拆连接。在本任务中研究的重点为可拆连接。

任务目标

1. 了解螺纹的类型、特点及应用，学会查用相应的国家标准；
2. 掌握螺纹连接的类型、特点及应用；
3. 掌握螺纹连接预紧、防松和自锁等基本知识；
4. 了解键、花键连接的类型、特点及应用等基本知识，学会查用相应的国家标准；
5. 了解半圆键、楔键、切向键连接及花键和销连接的功用和分类。

2.4.1　键

通过键将轴与轴上的零件（齿轮、带轮、凸轮等）结合在一起，实现周向固定，并传递转矩的连接称为键连接。其中，有的键连接也兼有轴向固定或轴向导向的作用。键连接属于可拆连接，具有结构简单、工作可靠、装拆方便及标准化等特点，因而得到广泛应用。

键连接按其结构特点和工作原理不同，分为松键连接（平键、半圆键连接）和紧键连接（楔键连接和切向键连接）两类。

常用的键连接类型有：平键连接、半圆键连接、楔键连接、切向键连接和花键连接等。

2.4.1.1　平键连接

平键的上表面与轮毂键槽顶面留有间隙，依靠键与键槽间的两侧面挤压力 F 传递转矩 T，所以其两侧面为工作面。平键连接制造容易、装拆方便、定心良好，用于传动精度要求较高的场合。

根据用途可将其分为如下三种。

1. 普通平键连接

普通平键连接的主要尺寸是键长 L、键宽 b 和键高 h。端部形状有圆头（A 型）、平头（B 型）和单圆头（C 型）三种形式，如图 2-4-2 所示。

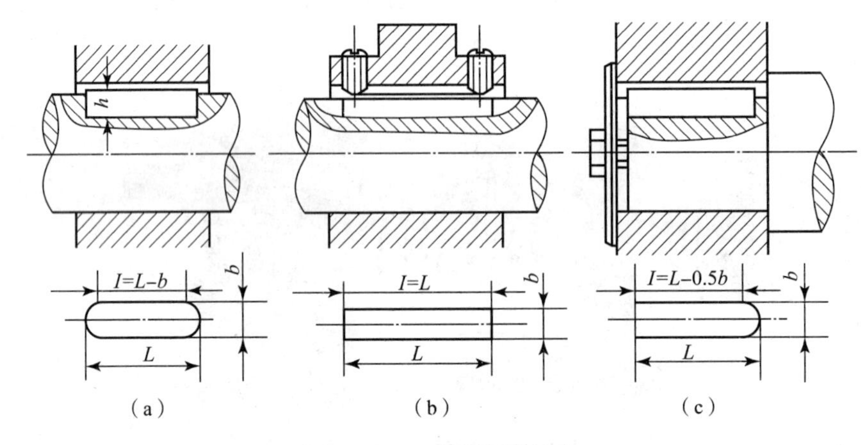

图 2-4-2　普通平键连接

(a) 圆头（A 型）平键；(b) 平头（B 型）平键；(c) 单圆头（C 型）平键

2. 导向平键连接

普通平键用于静连接，若轴上安装的零件需要沿轴向做移动时，可将普通平键加长，采用图 2-4-3 所示的导向平键连接。由于导向平键较长，且与键槽配合较松，因此要用螺钉将其固定于轴槽内。为拆卸方便，在导向平键中部设有起键用螺孔。导向平键有圆头（A 型）和平头（B 型）两种形式。常用于变速器中的滑移齿轮与轴的连接。

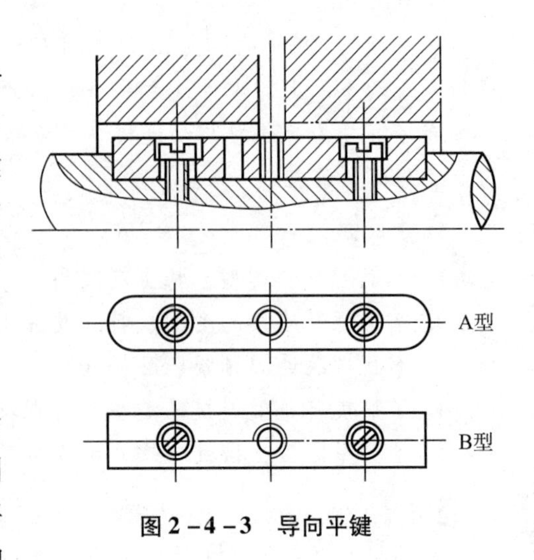

图 2-4-3　导向平键

3. 滑键

当轴上零件滑移距离较大时（如台钻主轴与带轮的连接等），若使用过长的平键，则会增加制造难度。此时可采用滑键，如图 2-4-4 所示，将滑键固定在轮毂上，轮毂会带动滑键在轴槽中做轴向移动，因而需要在轴上加工长的键槽。

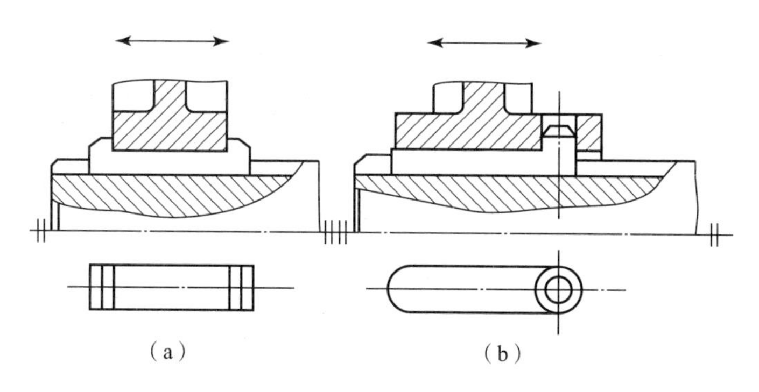

图 2-4-4　滑键

2.4.1.2　半圆键连接

半圆键连接，如图 2-4-5 所示，也是用侧面实现周向固定和传递转矩的。其特点是制造容易，装拆方便，键在轴槽中能绕自身几何中心沿槽底圆弧摆动，以适应轮毂上键槽的斜度。由于键槽较深，削弱了轴的强度，因此它只能传递较小的转矩，一般用于轻载或辅助性连接，特别适用于锥形轴与轮毂的连接。

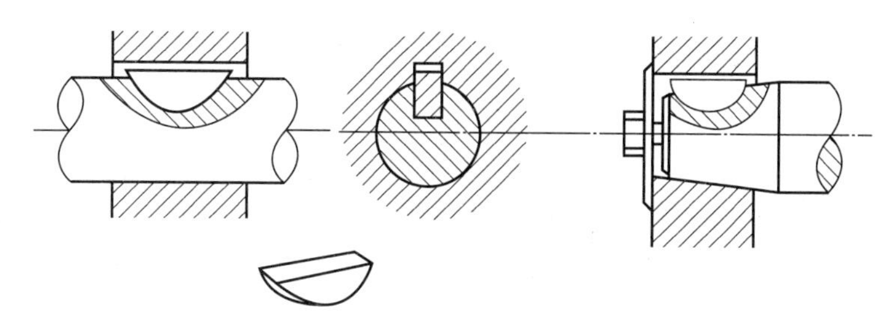

图 2-4-5　半圆键连接

2.4.1.3　楔键连接

楔键分为普通楔键和钩头楔键两种。普通楔键有圆头（A 型）、平头（B 型）和单圆头（C 型）三种形式，如图 2-4-6 所示；钩头楔键只有一种形式，如图 2-4-7 所示。

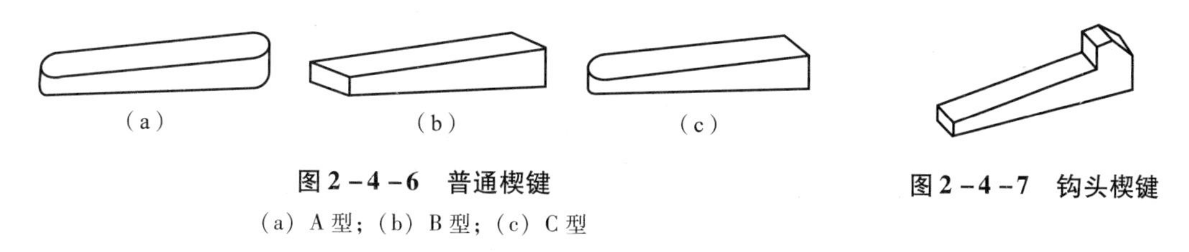

图 2-4-6　普通楔键

(a) A 型；(b) B 型；(c) C 型

图 2-4-7　钩头楔键

楔键的上、下表面为工作面，上表面相对下表面有 1∶100 的斜度，轮毂槽底面相应也有 1∶100 的斜度。装配时，将楔键打入轴与轴上零件之间的键槽内，使之连接成一个整体，从而实现转矩的传递，如图 2-4-8 所示。楔键与键槽的两个侧面不相接触，为非工作面。楔键连接能使轴上零件轴向固定，并可使零件承受单方向的轴向力。由于键侧面为非工作面，因此楔键连接的对中性差，在冲击和变载荷的作用下容易发生松脱。

楔键连接常用于精度要求不高、转速较低、承受单向轴向载荷的场合。钩头楔键便于装拆，常用于不能从另一端将键打出的场合，钩头供拆卸使用，应注意加以保护。

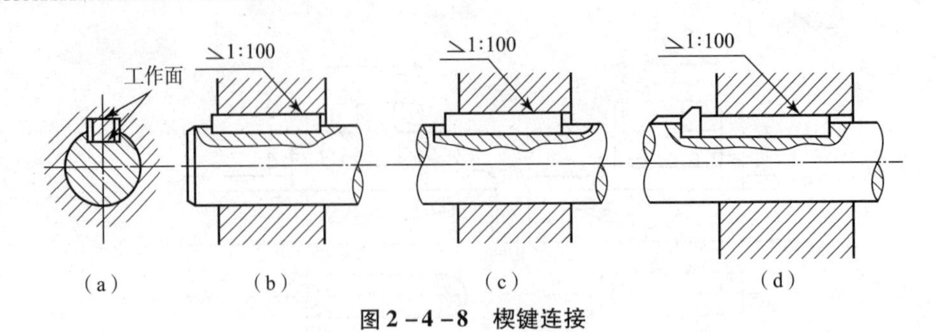

图 2-4-8　楔键连接

2.4.1.4　切向键连接

图 2-4-9 所示为切向键连接。切向键由一对具有 1∶100 斜度的楔键沿斜面拼合而成，其上下两工作面互相平行，轴和轮毂上的键槽底面没有斜度。装配时，一对键分别自轮毂两边打入，使两工作面分别与轴和轮毂上键槽底面压紧，工作时，靠工作面的压紧作用传递转矩。一对切向键只能传递单向转矩，需要传递双向转矩时，可安装两对互成 120°～130°的切向键，如图 2-4-9 所示。

切向键连接，其轴的削弱较严重，且对中性差，常用于轴径较大（$d>100$ mm）、精度要求不高、转速较低和传递转矩较大的场合。

2.4.1.5　花键连接

在轴上加工出多个键齿称为花键轴，在轮毂孔上加工出多个键槽称为花键孔，二者组成的连接称为花键连接，如图 2-4-10 所示。花键齿的侧面为工作面，靠轴与毂的齿侧面的挤压传递转矩。由于工作面互为均匀多齿的齿侧面，且齿槽浅，齿根应力集中小，对轴的削弱小。所以花键连接与平键、半圆键、楔键等单键连接相比，具有定心精度高、导向性好、承载能力强、能传递较大的转矩及连接可靠等优点，一般用于定心精度要求高与载荷大的静连接和动连接，如汽车、飞机和机床等都广泛地应用花键连接，但花键连接的制造较困难，成本较高。

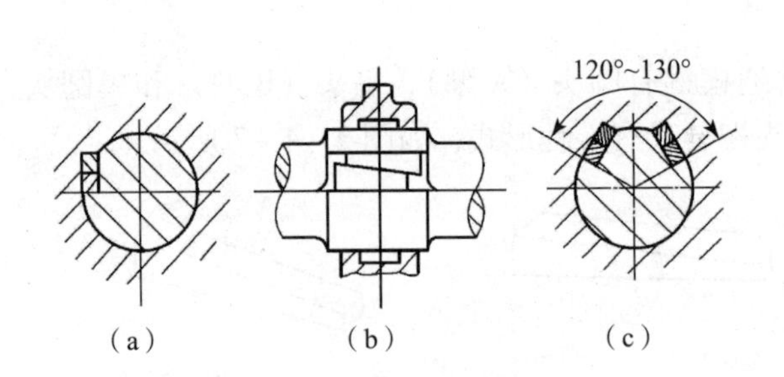

图 2-4-9　切向键连接

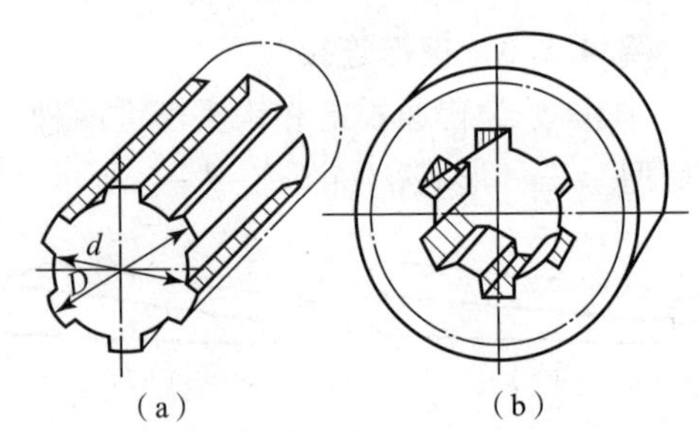

图 2-4-10　花键连接

（a）外花键；（b）内花键

花键都已标准化，常用花键按其齿形分为矩形花键和渐开线花键等。

1. 矩形花键

端平面上外花键的键齿或内花键键槽的两侧齿形为相互平行的直线且对称于轴平面的花键称为矩形花键，如图 2-4-11 所示，矩形花键又分为圆柱直齿矩形花键（简称矩形花键）和圆柱斜齿矩形花键。键的剖面形状为矩形，

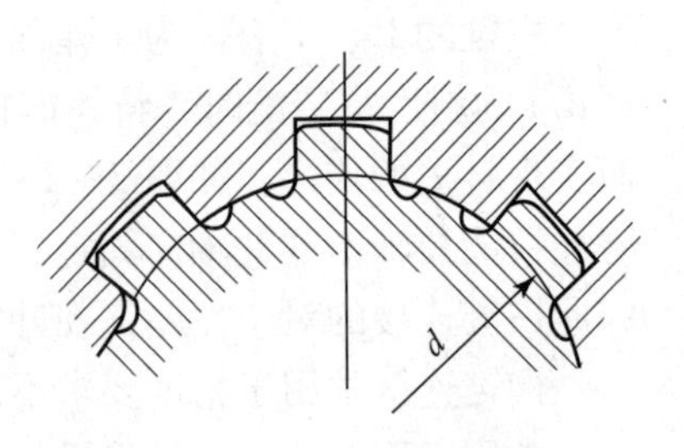

图 2-4-11　矩形花键连接

加工方便，定心精度高，稳定性好，因此应用广泛。矩形花键的定心方式有三种：小径 d 定心、大径 D 定心和齿侧（即键宽 B）定心，如图2－4－12所示。其中，因为内花键的小径可用内圆磨床加工，外花键的小径可由专用花键磨床加工，其定心精度高，因而一般采用小径定心的方式。

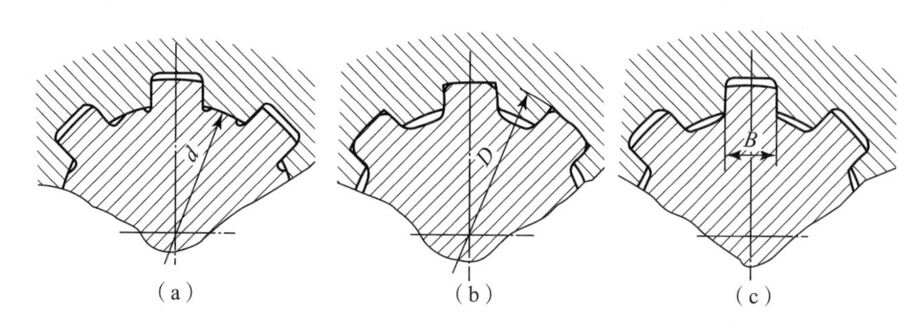

图2－4－12　矩形花键连接的定心方式

（a）小径定心；（b）大径定心；（c）齿侧定心

2. 渐开线花键

键齿在圆柱（或圆锥）面上且齿形为渐开线的花键称为渐开线花键，如图2－4－13所示。渐开线花键又分为圆柱直齿渐开线花键、圆锥直齿渐开线花键和圆柱斜齿渐开线花键。在渐开线花键连接中，外花键齿形为渐开线、内花键齿形为直线的连接又称为三角形花键连接。渐开线花键的键齿采用齿形角为30°的渐开线齿形，与矩形齿花键相比较，它的齿根较厚，强度较高，承载能力大，加工工艺与齿轮相同，通常采取齿侧定心方式，也可采取大径定心方式。渐开线花键连接常用于载荷较大、定心精度要求较高、尺寸较大的连接。三角形花键连接的外花键采用齿形角为45°的渐开线齿形，内花键则采用直线齿形，因此其键齿细小，承载能力也小，常用于轻载和直径较小或薄壁零件与轴的连接。

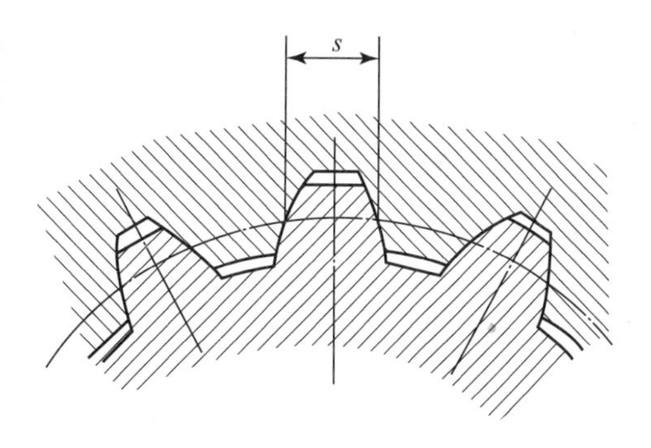

图2－4－13　渐开线花键连接

2.4.2　销

销连接主要是用来固定零件之间的相对位置的，也用于轴与毂的连接或其他零件的连接，并可传递不大的载荷，还可以作为安全装置中的过载剪断元件，如图2－4－14所示。

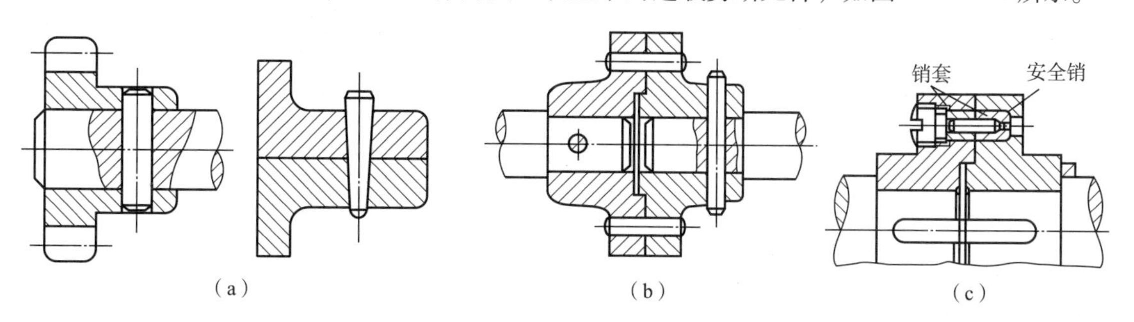

图2－4－14　销连接

（a）定位销；（b）连接销；（c）安全销

2.4.2.1 销连接的作用方式

销连接是靠形状起作用的连接，在任何时候都能拆卸而不会损坏连接元件。销大多以一定的过盈打入被连接件的同心孔中。在这种情况下，被连接的构件就被强制地销住在所要求的位置。

2.4.2.2 销的种类

销也是一种标准件，其形状和尺寸已经标准化。销的种类较多，应用广泛，表 2－4－1 所示为常用销的类型、特点和应用场合。

表 2－4－1 常用销的类型、特点和应用场合

类型		图形	特点	应用
圆柱销	普通圆柱销	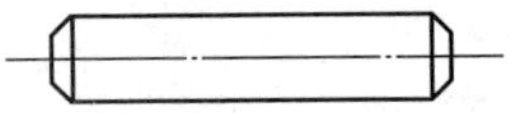	销孔需铰制，多次装拆后会降低定位的精度和连接的紧固	主要用于定位，也可用于连接
	内螺纹圆柱销	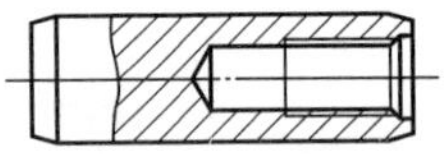		用于盲孔
	弹性圆柱销	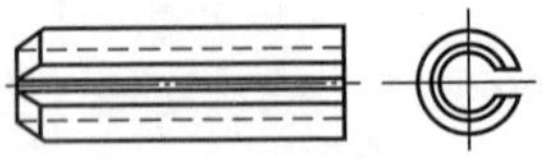	具有弹性，装入销孔后与孔壁压紧，不易松脱。销孔精度要求较低，互换性好，可多次装拆	用于有冲击、振动的场合
圆锥销	普通圆锥销	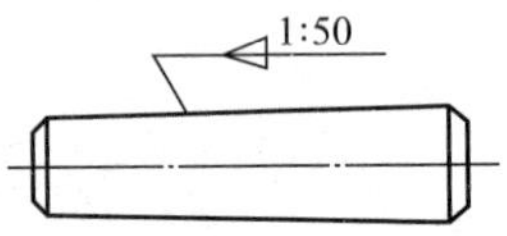 1:50	有 1∶50 的锥度，便于安装。在受横向力时能自锁，销孔需铰制	主要用于定位，也可用于固定零件、传递动力
	内螺纹圆锥销	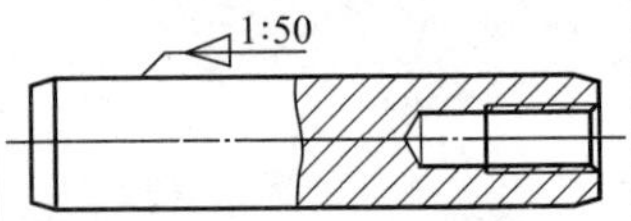 1:50		用于盲孔
异形销	销轴	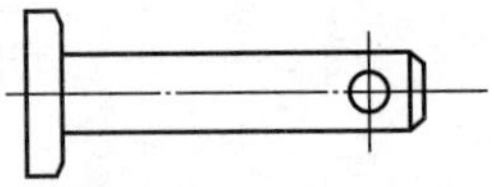	用开口销锁定，拆卸方便	用于铰接处
	开口销	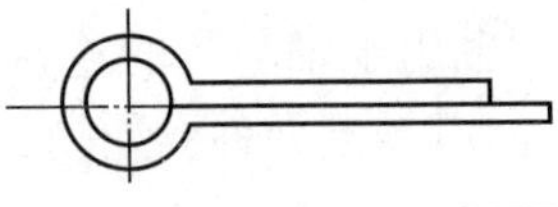	工作可靠，拆卸方便	用于锁定其他紧固件，与槽型螺母合用

2.4.3 螺纹与螺栓

2.4.3.1 螺纹的形成和种类

1. 螺纹的形成

(1) 螺旋线。螺旋线是沿着圆柱表面运动的点的轨迹，该点的轴向位移和相应的角位移成定比，如图 2－4－15 所示。

(2) 螺纹。螺纹是在圆柱或圆锥表面上，沿着螺旋线所形成的具有规定牙型的连续凸起，如图 2－4－16 和图 2－4－17 所示。凸起是指螺纹两侧面间的实体部分，又称为牙。在

圆柱表面上形成的螺纹称为圆柱螺纹（见图2－4－16（a）和图2－4－17（a）），在圆锥表面上形成的螺纹称为圆锥螺纹（见图2－4－16（b）和图2－4－17（b））。

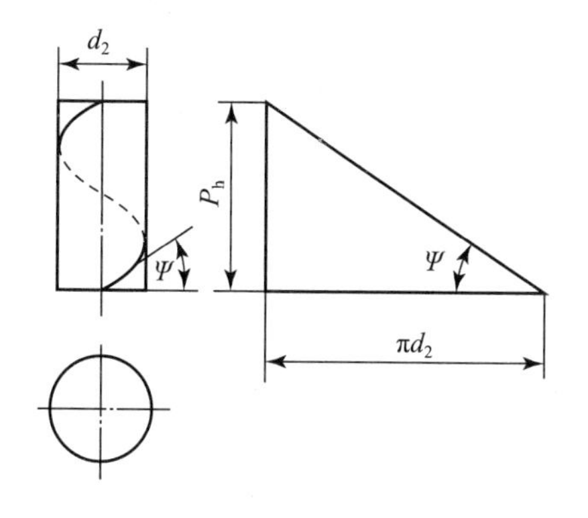

图2－4－15　螺旋线的形成

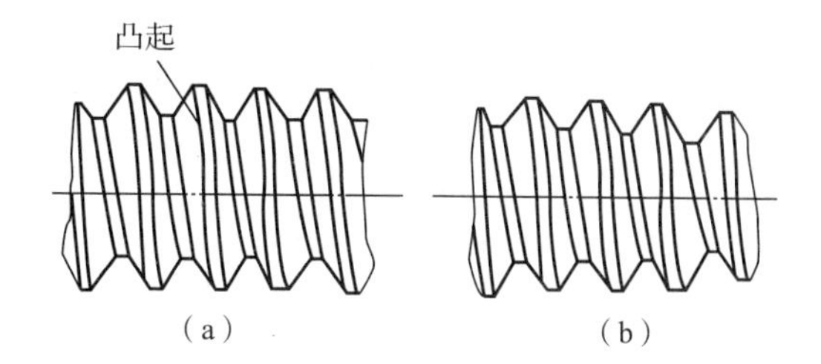

图2－4－16　外螺纹

（a）圆柱外螺纹；（b）圆锥外螺纹

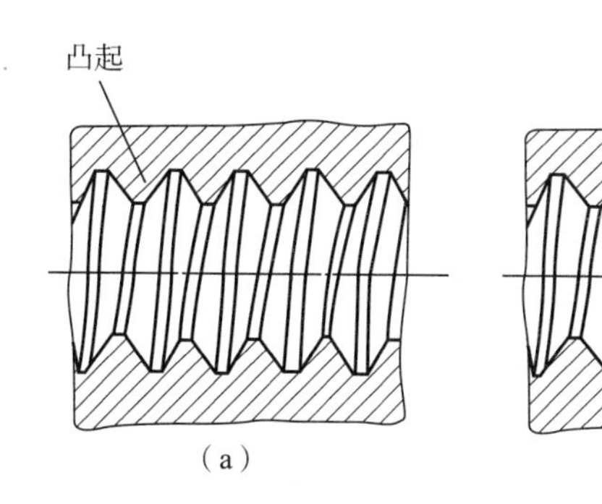

图2－4－17　内螺纹

（a）圆柱内螺纹；（b）圆锥内螺纹

2. 螺纹的种类

螺纹的种类较多，除内螺纹和外螺纹外，按螺纹的旋向不同，顺时针旋转时旋入的螺纹称为右旋螺纹；逆时针旋转时旋入的螺纹称为左旋螺纹。螺纹的旋向可以用右手来判定。如图2－4－18（a）所示，伸展右手，掌心对着自己，四指并拢与螺杆的轴线平行，并指向旋入方向，若螺纹的旋向与拇指的指向一致，则为右旋螺纹，反之则为左旋螺纹。一般常用右旋螺纹。按螺旋线的数目不同，又可分成单线螺纹（沿一条螺旋线形成的螺纹）和多线螺纹（沿两条或两条以上的螺旋线形成的螺纹，该螺旋线在轴向等距分布）。在图2－4－18中，图2－4－18（a）所示为单线右旋螺纹，图2－4－18（b）所示为双线左旋螺纹，图2－4－18（c）所示为三线右旋螺纹。

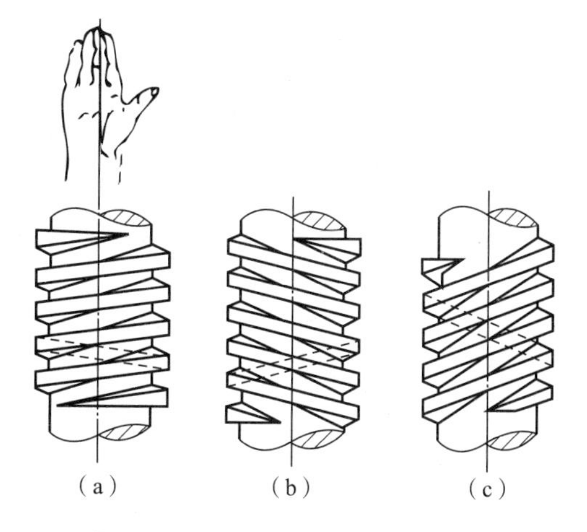

图2－4－18　螺纹的旋向和线数

在通过螺纹轴线的剖面上，螺纹的轮廓形状称为螺纹牙型。按螺纹牙型不同，常用的螺纹分为三角形螺纹、矩形螺纹、梯形螺纹和锯齿形螺纹，如图 2－4－19 所示。

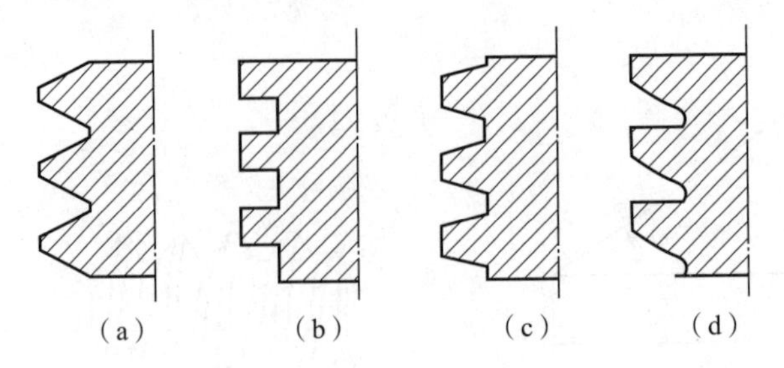

图 2－4－19　螺纹的牙型

(a) 三角形螺纹；(b) 矩形螺纹；(c) 梯形螺纹；(d) 锯齿形螺纹

2.4.3.2　螺纹的应用

螺纹在机械中的应用主要有连接和传动。因此，按其用途不同可分成连接螺纹和传动螺纹两大类。螺纹已标准化，表 2－4－2 所示为常用螺纹的类型、特点和应用。

表 2－4－2　常用螺纹的类型、特点和应用

类型			牙型图	特点及应用
用于连接	三角形螺纹	普通螺纹	内螺纹 60° 外螺纹	牙型角 α＝60°，牙根较厚，牙根强度较高。同一公称直径，按螺距大小分为粗牙和细牙。一般情况下多用粗牙，而细牙用于薄壁零件或承受动载荷的连接，还可用于微调机构的调整
		英制螺纹	内螺纹 55° 外螺纹	牙型角 α＝55°，尺寸单位是 in[①]。螺距以每 in 长度内的牙数表示，也有粗牙和细牙之分。多在修配英、美等国家的机件时使用
		管螺纹	内螺纹 55° 外螺纹 管子	牙型角 α＝55°，公称直径近似为管子内径，以 in 为单位。它是一种螺纹深度较浅的特殊英制细牙螺纹，多用于压力在 1.57 MPa 以下的管子连接
用于传动	矩形螺纹		内螺纹 外螺纹	牙型为正方形，牙厚为螺距的一半，牙根强度较低，尚未标准化。传动效率高，但精确制造困难，可用于传动

① 1 in＝25.4 mm。

续表

类型		牙型图	特点及应用
用于传动	梯形螺纹	内螺纹 30° 外螺纹	牙型角 $\alpha=30°$，效率比矩形螺纹低，但工艺性好，牙根强度高，广泛用于传动
	锯齿形螺纹	内螺纹 外螺纹 30° 3°	工作面的牙侧角为3°，非工作面的牙侧角为30°，综合了矩形螺纹效率高和梯形螺纹牙根强度高的特点，但只能用于单向受力的传动

2.4.3.3 普通螺纹的主要参数

普通螺纹的基本牙型如图2-4-20所示。

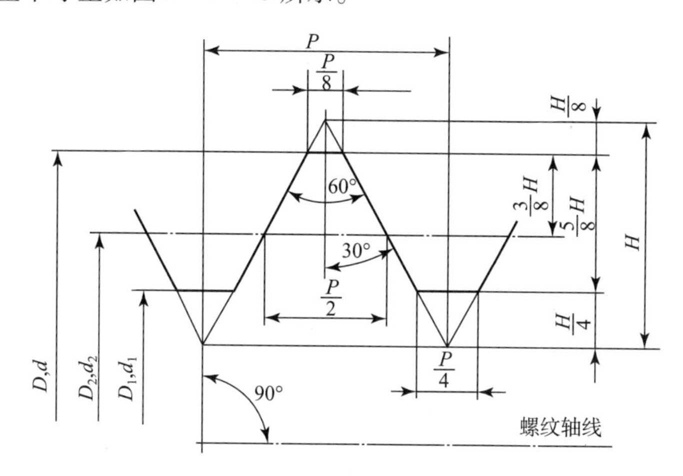

图2-4-20 普通螺纹基本牙型

D—内螺纹大径（公称直径）；d—外螺纹大径；D_2—内螺纹中径；d_2—外螺纹中径；
D_1—内螺纹小径；d_1—外螺纹小径；P—螺距；H—原始三角形高度

普通螺纹的主要参数有大径、小径、中径、螺距、导程、牙型角和螺纹升角7个。

1. 大径（D，d）

普通螺纹的大径是指与外螺纹牙顶或内螺纹牙底相切的假想圆柱的直径，如图2-4-21所示。

内螺纹的大径用代号 D 表示，外螺纹的大径用代号 d 表示。螺纹的公称直径是指代表螺纹尺寸的直径。普通螺纹的公称直径是大径（D，d）。

2. 小径（D_1，d_1）

普通螺纹的小径是指与外螺纹牙底或内螺纹牙顶相切的假想圆柱的直径，如图2-4-21所示。

内螺纹的小径用代号 D_1 表示，外螺纹的小径用代号 d_1 表示。

3. 中径（D_2，d_2）

普通螺纹的中径是指一个假想圆柱的直径，该圆柱的素线通过牙型上沟槽和凸起宽度相等的地方，该假想圆柱称为中径圆柱，如图 2-4-21 所示。

内螺纹的中径用代号 D_2 表示，外螺纹的中径用代号 d_2 表示。

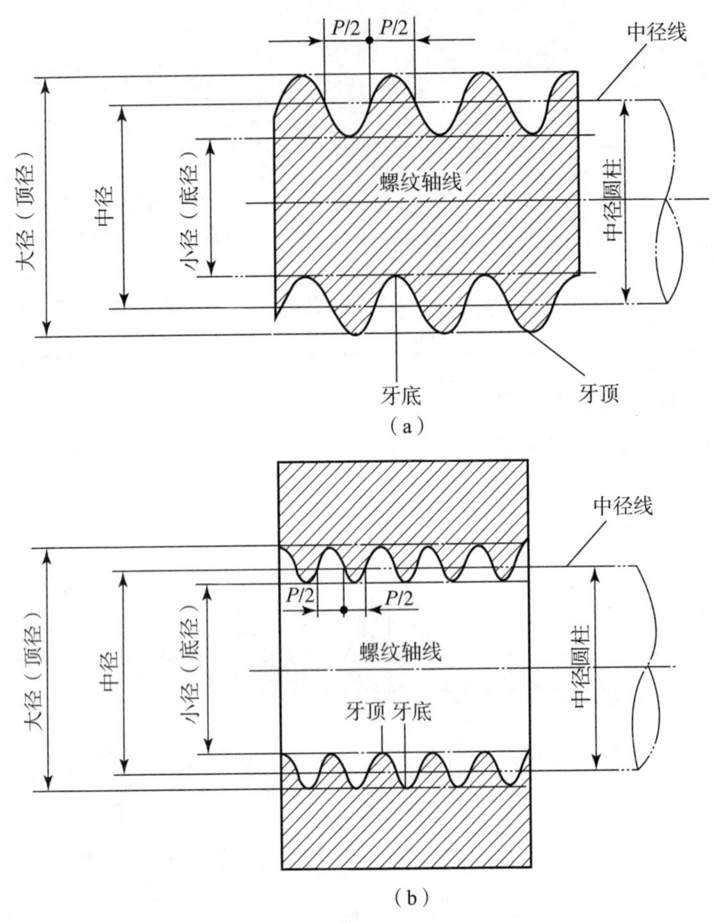

图 2-4-21 普通螺纹的大径、小径和中径

（a）外螺纹；（b）内螺纹

4. 螺距（P）

螺距是指相邻两牙在中径线上对应两点间的轴向距离，如图 2-4-20 所示，用代号 P 表示。

5. 导程（P_h）

导程是指同一条螺旋线上的相邻两牙在中径线上对应两点间的轴向距离，用代号 P_h 表示。单线螺纹的导程就等于螺距；多线螺纹的导程等于螺旋线数与螺距的乘积。

6. 牙型角（α）及牙侧角

牙型角是指在螺纹牙型上，两相邻牙侧间的夹角（见图 2-4-22），用代号 α 表示。普通螺纹的牙型角 $\alpha=60°$。牙型半角是牙型角的一半，用代号 $\frac{\alpha}{2}$ 表示。

牙侧角是指在螺纹牙型上，牙侧与螺纹轴线的垂线间的夹角，如图 2-4-23 所示。螺纹的两牙侧角用代号 α_1、α_2 表示。对于普通螺纹，两牙侧角相等，并等于螺纹半角，即

$$\alpha_1 = \alpha_2 = \frac{\alpha}{2} = 30°$$

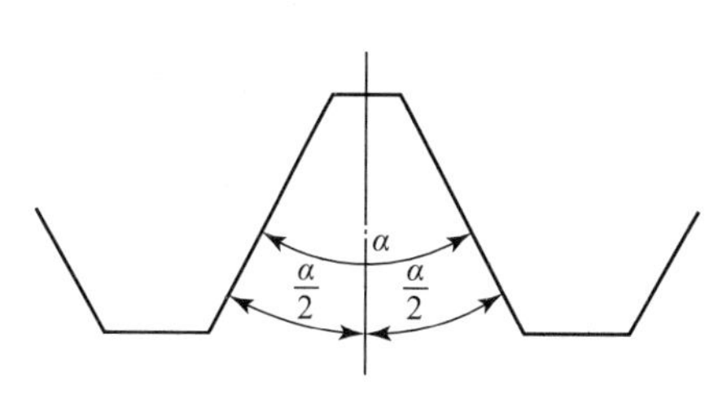

图 2－4－22　普通螺纹的牙型角 α

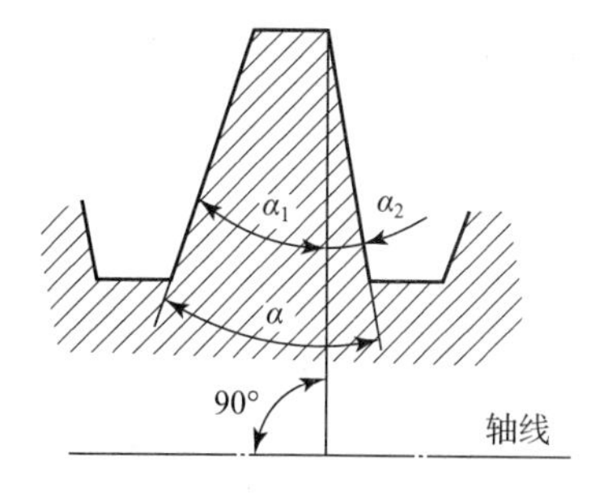

图 2－4－23　牙侧角

7. 螺纹升角（Ψ）

螺纹升角又称导程角，普通螺纹的螺纹升角是指在中径圆柱上，螺旋线的切线与垂直于螺纹轴线的平面的夹角（见图 2－4－15），用代号 Ψ 表示。

2.4.3.4　螺纹连接的基本类型、结构尺寸和应用

螺纹连接是由螺纹零件构成的可拆连接，其结构简单、装拆方便、成本低，广泛应用于各类机械设备中。

螺纹连接采用自锁性好的普通螺纹，一般连接采用粗牙螺纹。由于细牙螺纹经常拆装容易出现滑牙现象，但细牙螺纹螺距小，小径和中径较大，升角小，自锁性好，所以细牙螺纹多用于强度要求较高的薄壁零件或受变载、冲击及振动的连接中。例如，轴上零件固定的圆螺母即为细牙螺纹。

螺纹连接的主要类型有螺栓连接、双头螺栓连接、螺钉连接以及紧定螺钉连接。它们的结构尺寸、特点和应用见表 2－4－3。

表 2－4－3　螺纹连接的基本类型、特点及应用

类型	结构形式	主要尺寸关系	特点及应用
螺栓连接	普通螺栓连接	螺纹余量长度 l_1。 普通螺栓连接： 静载荷 $l_1 \geqslant (0.3 \sim 0.5)d$； 变载荷 $l_1 \geqslant 0.75d$； 冲击、弯曲载荷 $l_1 \geqslant d$。 铰制孔用螺栓连接 l_1 尽可能小，螺纹伸出长度： $l_2 \geqslant (0.2 \sim 0.3)d$； 螺栓轴线到被连接件边缘的距离 $e = d + (3 \sim 6)$ mm	被连接件无须切制螺纹，使用不受被连接件材料的限制。结构简单，装拆方便，成本低，应用广泛。用于通孔、能从被连接件两边进行装配的场合
	铰制孔螺栓连接		螺杆与孔之间紧密配合。用螺杆承受横向载荷或固定被连接件的相互位置。工作时，螺栓一般受剪切力，故也常称为受剪螺栓连接

续表

类型	结构形式	主要尺寸关系	特点及应用
双头螺柱连接	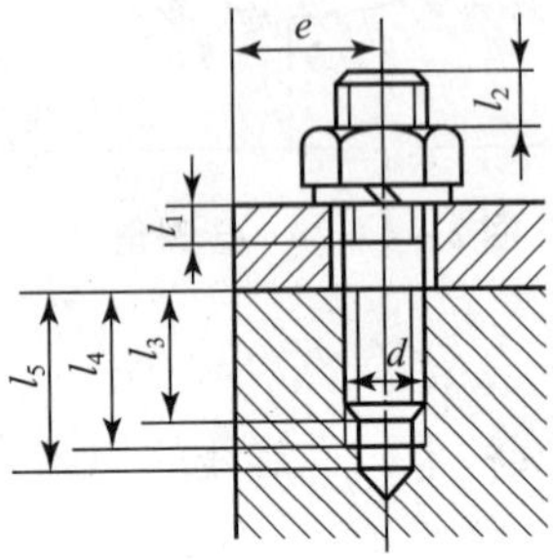	螺纹旋入深度 l_3，螺纹孔零件为： 钢或青铜 $l_3 \approx d$； 铸铁 $l_3 \approx (1.25 \sim 1.50)d$； 铝合金 $l_3 \approx (1.5 \sim 2.5)d$； 螺纹孔深度 $l_4 \approx l_3 + (2.0 \sim 2.5)d$； 钻孔深度 $l_5 \approx l_4 + (0.5 \sim 1.0)d$； 静载荷 $l_1 \geqslant (0.3 \sim 0.5)d$； 变载荷 $l_1 \geqslant 0.75d$； 冲击、弯曲载荷 $l_1 \geqslant d$。 铰制孔用螺栓连接 l_1 尽可能小，螺纹伸出长度： $l_2 \geqslant (0.2 \sim 0.3)d$； 螺栓轴线到被连接件边缘的距离 $e = d + (3 \sim 6)$ mm	双头螺柱的两端都有螺纹，其中一端旋紧在一被连接件的螺孔内；另一端则穿过另一被连接件的孔，与螺母旋合而将两被连接件连接。常用于被连接件之一太厚、结构要求紧凑或经常拆卸的场合
螺钉连接	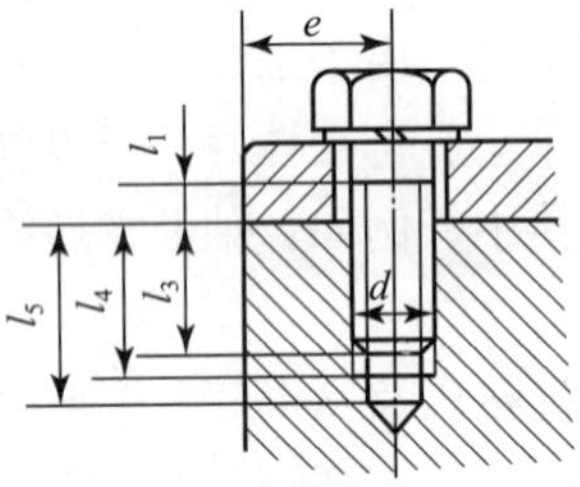	静载荷 $l_1 \geqslant (0.3 \sim 0.5)d$； 变载荷 $l_1 \geqslant 0.75d$； 冲击、弯曲载荷 $l_1 \geqslant d$。 铰制孔用螺栓连接 l_1 尽可能小，螺纹伸出长度： $l_2 \geqslant (0.2 \sim 0.3)d$； 螺栓轴线到被连接件边缘的距离 $e = d + (3 \sim 6)$ mm	不用螺母，而且能有光整的外露表面。应用与双头螺柱相似，但不适用于经常拆卸的连接，以免损坏被连接件的螺孔
紧定螺钉连接	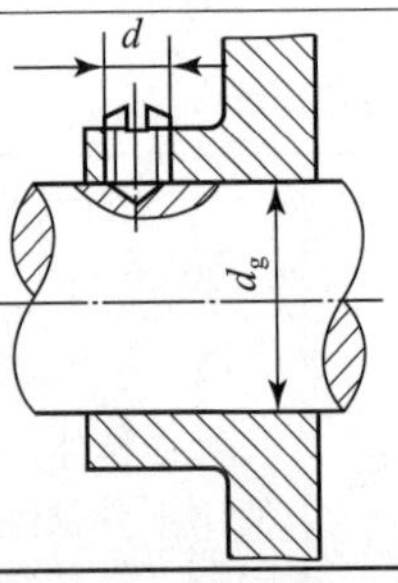	$d \approx (0.2 \sim 0.3)d_g$ 转矩大时取大值	旋入被连接件之一的螺纹孔中，其末端顶住另一被连接件的表面或嵌入相应的坑中，以固定两个零件的相互位置，并可传递不大的力或转矩

2.4.3.5 螺纹连接件的常用类型、结构特点和应用

螺纹连接件的类型很多，其中常用的有螺栓、双头螺柱、螺钉、紧定螺钉、螺母、垫圈以及防松零件等。其结构形式和尺寸均已标准化，它们的公称直径均为螺纹的大径，设计时可根据标准选用。其常用类型、结构特点及应用见表 2－4－4。

表 2－4－4 常用标准螺纹连接件

类型	图例	结构特点及应用
六角头螺栓	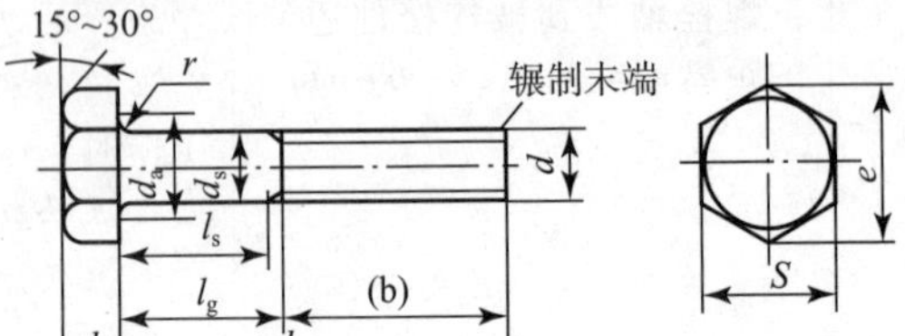	螺栓精度分 A、B、C 三级，通常多用 C 级。杆部可以是全螺纹或一段螺纹

续表

类型	图例	结构特点及应用
双头螺柱	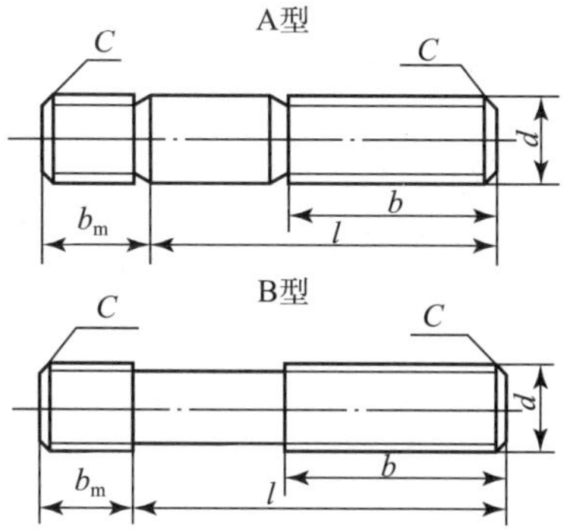 A型 B型	两端均有螺纹，两端螺纹可以相同或不同。有 A 型和 B 型两种结构。一端拧入厚度大不便穿透的被连接件，另一端用螺母
螺钉	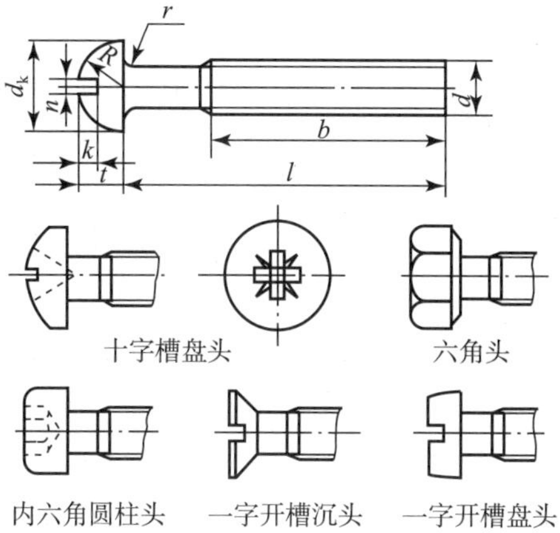 十字槽盘头　六角头 内六角圆柱头　一字开槽沉头　一字开槽盘头	头部形状有圆头、扁圆头、六角头、圆柱头和沉头等。起子槽有一字槽、十字槽、内六角孔等。十字槽强度高，便于用机动工具。内六角可代替普通六角头螺栓，用于要求结构紧凑的场合
紧定螺钉	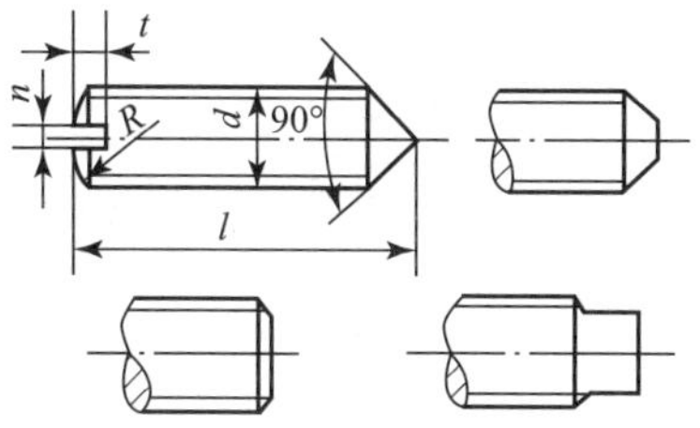	紧定螺钉的末端形状常用的有锥端、平端和圆柱端。锥端适用于零件表面硬度较低或不经常拆卸的场合；平端接触面积大，不伤零件表面，常用于顶紧硬度较大的平面或经常拆卸的场合；圆柱端压入轴上的凹坑中，适用于紧定空心轴上的零件位置
六角螺母	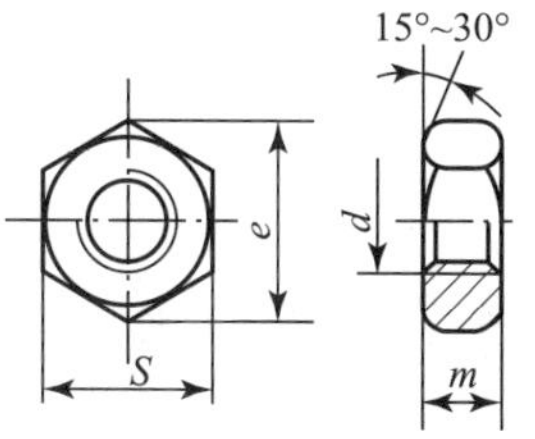	根据螺母厚度不同分为标准螺母和薄螺母两种。薄螺母常用于受剪力的螺栓上或空间尺寸受限制的场合。螺母的制造精度和螺栓相同，分为 A、B、C 三级，分别与相同级别的螺栓配用

续表

类型	图例	结构特点及应用
圆螺母	圆螺母　止动片	圆螺母常与止退垫圈配用，装配时将垫圈内舌插入轴上的槽内，而将垫圈的外舌嵌入圆螺母的槽内，螺母即被锁紧。它常作为滚动轴承的轴向固定使用
垫圈	平垫圈　斜垫圈	垫圈是螺纹连接中不可缺少的附件，放置在螺母和被连接件之间，起保护支承表面等作用。平垫圈按加工精度不同，分为A级和C级两种。用于同一螺纹直径的垫圈，又分为特大、大、普通和小四种规格，特大垫圈主要在铁木结构上使用。斜垫圈只用于倾斜的支承面上

2.4.3.6 螺纹连接的预紧和防松

1. 螺纹连接的预紧

绝大多数螺纹在装配时都必须拧紧，通常称为预紧。预紧的目的是提高连接的紧密性、紧固性和可靠性。在重要的螺栓连接中，预紧力的大小要严格控制。控制预紧力可采用图2－4－24（a）所示的测力矩扳手或图2－4－24（b）所示的定力矩扳手。

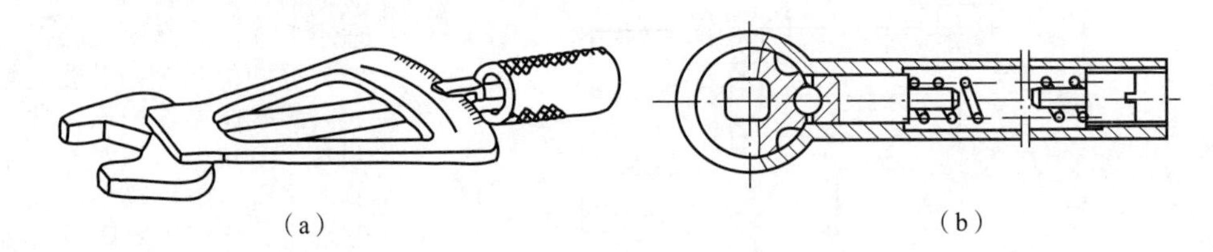

（a）　（b）

图2－4－24　测力矩扳手和定力矩扳手

（a）测力矩扳手；（b）定力矩扳手

对于不能严格控制预紧力的重要螺栓连接，而只能靠安装经验来拧紧螺栓时，一般常用M12～24的螺栓，以免装配时拧断。

2. 螺纹连接的防松

螺纹连接在拧紧后，一般在静载荷作用下不会松动，但在冲击、振动或变载荷作用下，则会使连接松动。其危害很大，必须采取防松措施。

螺纹连接的防松实质上就是防止螺母和螺栓的相对转动，常用的防松方法见表2－4－5。

表 2-4-5　螺纹连接常用的防松方法

防松方法		结构形式	特点和应用
摩擦防松	对顶螺母	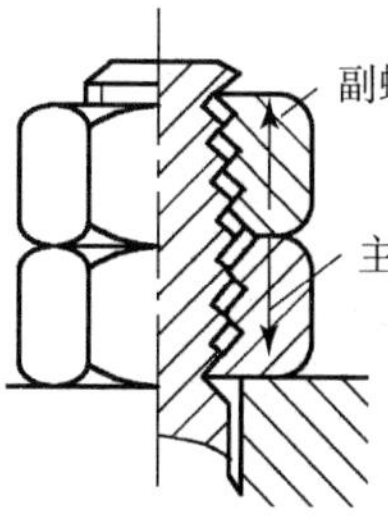 副螺母 主螺母	用两个螺母对顶着拧紧，使旋合螺纹间始终受到附加的压力和摩擦力的作用。结构简单，但连接的高度尺寸和重量加大。适用于平稳、低速和重载的连接
	弹簧垫圈	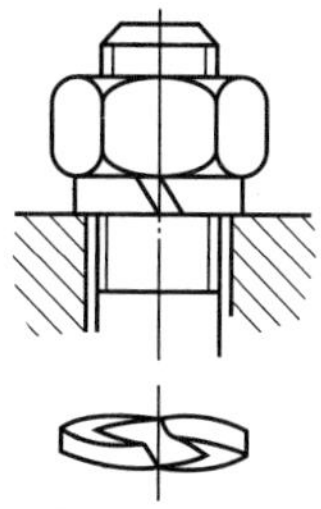	拧紧螺母后弹簧垫圈被压平，垫圈的弹性恢复力使螺纹副轴向压紧，同时垫圈斜口的尖端抵住螺母与被连接件的支承面，也有防松的作用。结构简单，应用方便，广泛用于一般的连接
	尼龙圈锁紧螺母和金属锁紧螺母	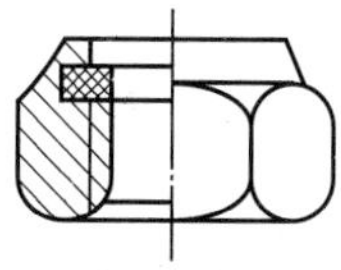 尼龙圈锁紧螺母 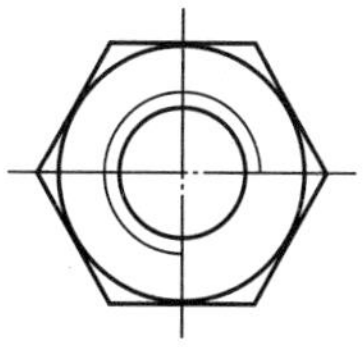 金属锁紧螺母	尼龙圈锁紧螺母是利用螺母末端的尼龙圈箍紧螺栓、横向压紧螺纹来防松。 金属锁紧螺母是利用螺母末端椭圆口的弹性变形箍紧螺栓，横向压紧螺纹来防松，其结构简单、防松可靠，可多次拆装而不降低防松性能，适用于较重要的连接
机械防松	开口销和槽形螺母	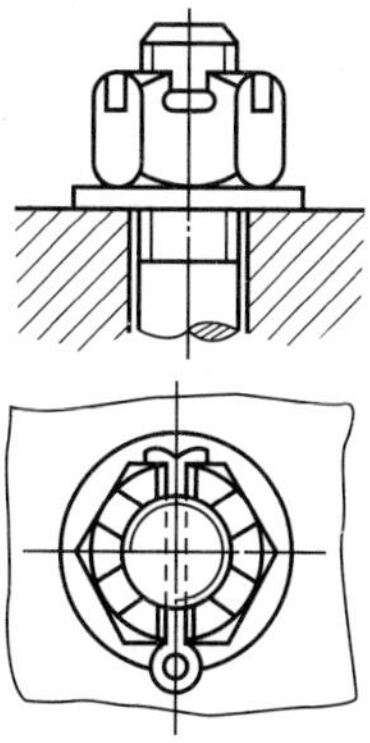	拧紧槽形螺母后，将开口销插入螺栓尾部小孔和螺母的槽内，再将销的尾部分开，使螺母锁在螺栓上。适用于有较大冲击、振动的高速机械中的连接

续表

防松方法		结构形式	特点和应用
机械防松	止动垫圈	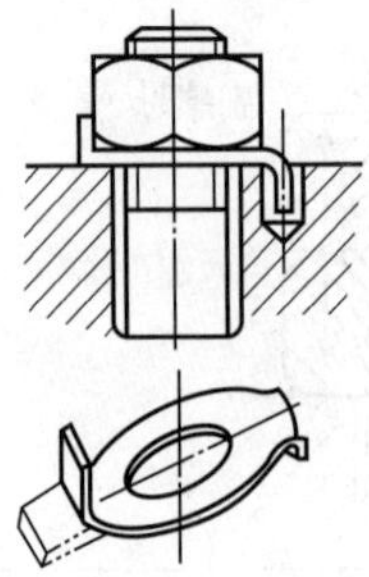	将垫圈套入螺栓，并使其下弯的外舌放入被连接件的小槽中，再拧紧螺母，最后将垫圈的另一边向上弯，使之和螺母的一边贴紧，但螺栓需另有约束，则可防松。其结构简单，使用方便，防松可靠
	串联钢丝	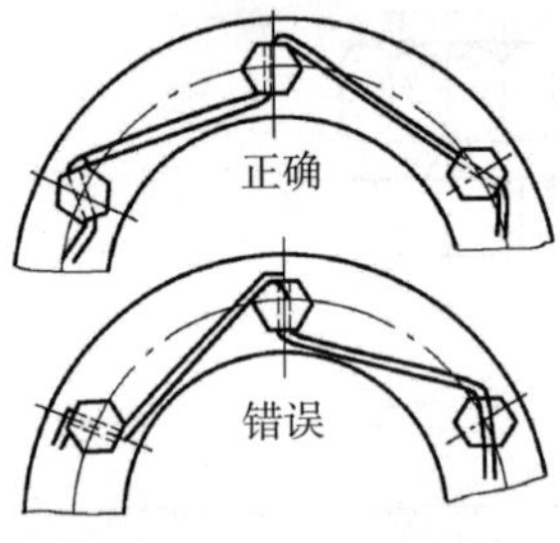 正确 错误	用低碳钢丝穿入各螺钉头部的孔内，将各螺钉串联起来，使其相互约束，使用时必须注意钢丝的穿入方向。适用于螺钉组连接，防松可靠，但装拆不便
破坏螺纹副运动关系（永久防松）	冲点和点焊	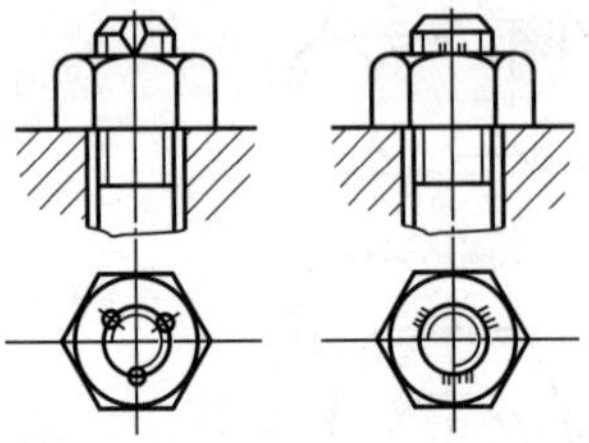 冲点　点焊	螺母拧紧后，在螺栓末端与螺母的旋合缝处冲点或焊接来防松。防松可靠，但拆卸后连接不能重复使用，适用于不需要拆卸的特殊连接
	胶合	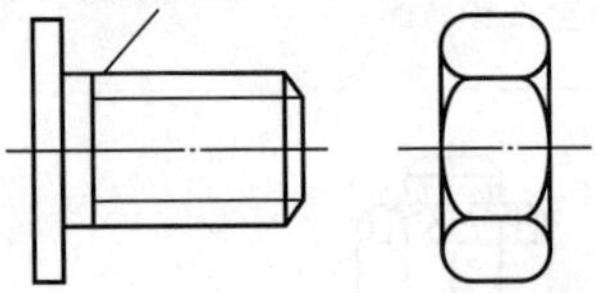 涂胶接剂	在旋合的螺纹间涂以胶接剂，使螺纹副紧密胶合。其防松可靠，且有密封作用

2.4.3.7　螺纹副的自锁

螺纹连接被拧紧后，如不加反向外力矩，不论轴向力多么大，螺母也不会自动松开，则称螺纹具有自锁性能。螺纹需要满足自锁条件时，才能自锁。连接螺纹和起重螺旋（见图2-4-25（a））都要求螺纹具有自锁性。

根据螺旋线形成原理，螺纹副自锁条件采用滑块沿斜面运动情况来分析，如图2-4-25所示。

作用在滑块上的轴向力 $\boldsymbol{F}_Q$，可分解为正压力 $\boldsymbol{F}_{Qx}$ 与下滑力 $\boldsymbol{F}_{Qy}$，其大小为

$$\left.\begin{aligned} F_{Qy} &= F_Q\cos\psi \\ F_{Qx} &= F_Q\sin\psi \end{aligned}\right\} \qquad (2-4-1)$$

$\boldsymbol{F}_{Qy}$ 使滑块压紧斜面，产生摩擦力 $\boldsymbol{F}_f$，滑块有下滑趋势时，$\boldsymbol{F}_f$ 方向为沿斜面向上。

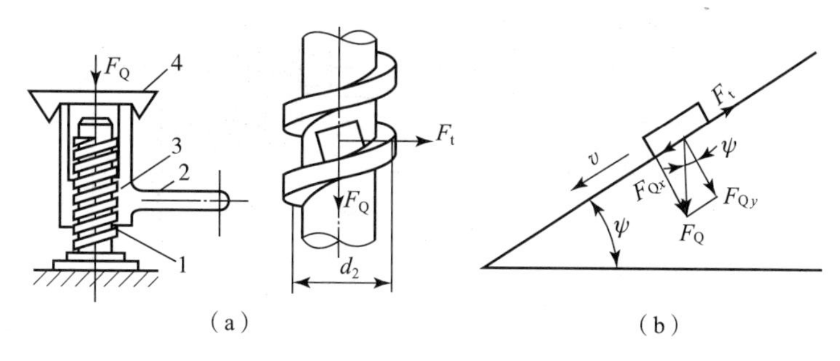

图2-4-25　螺纹副自锁条件分析

1—螺杆；2—手柄；3—螺母；4—托盘

当螺纹具有自锁性时，应使下滑力小于摩擦力，即

$$F_{Qx} \leqslant F_f \tag{2-4-2}$$

所以

$$F_Q \sin\psi \leqslant F_{Qy} f = F_Q \cos\psi \cdot f \tag{2-4-3}$$

化简得

$$\tan\psi \leqslant f = \tan\rho \tag{2-4-4}$$

即

$$\psi \leqslant \rho \tag{2-4-5}$$

此式表明螺旋副的自锁条件为：螺纹升角小于或等于接触表面间的摩擦角。

2.4.4　联轴器

联轴器用来连接两根轴或连接轴和回转件，使它们一起回转，从而传递转矩和运动的机械零件，在机器运转过程中，两轴或轴和回转件不能分开，只有在机器停止转动后用拆卸的方法才能将它们分开。有的联轴器还可以用作安全装置，保护被连接的机械零件不因过载而损坏。

2.4.4.1　联轴器的分类

机械式联轴器分刚性联轴器、挠性联轴器和安全联轴器三大类。

刚性联轴器是不能补偿两轴有相对位移的联轴器，常用的有凸缘联轴器和套筒联轴器等。挠性联轴器是能补偿两轴相对位移的联轴器，又分为无弹性元件挠性联轴器和弹性元件挠性联轴器（包括金属弹性元件挠性联轴器和非金属弹性元件挠性联轴器）两类。安全联轴器是具有过载安全保护功能的联轴器，又分为挠性安全联轴器和刚性安全联轴器两类。

1. 刚性联轴器

刚性联轴器具有结构简单、制造容易、成本低廉的特点，适用于转速不高、载荷平稳的场合。

1）凸缘联轴器

凸缘联轴器是利用螺栓连接两半联轴器的凸缘，以实现两轴的连接，是刚性联轴器中应用最广的一种联轴器，如图2-4-26所示。它由两个分装在轴端的半联轴器和螺栓组成，其特点是结构简单、制造方便、成本低、工作可靠、装卸方便、可传递较大转矩，但对两轴之间的相对位移不能补偿，因此，对两轴的对中性要求很高。当两轴之间有位移或偏斜存在时，就会在机件内引起附加载荷和严重磨损，从而严重影响轴和轴承的正常工作。此外，此种联轴器在传递载荷时不能缓和冲击和吸收振动。

目前，凸缘联轴器已经标准化，广泛地应用于低速、大转矩、载荷平稳、短而刚性好的轴的连接，是应用最广的刚性联轴器。

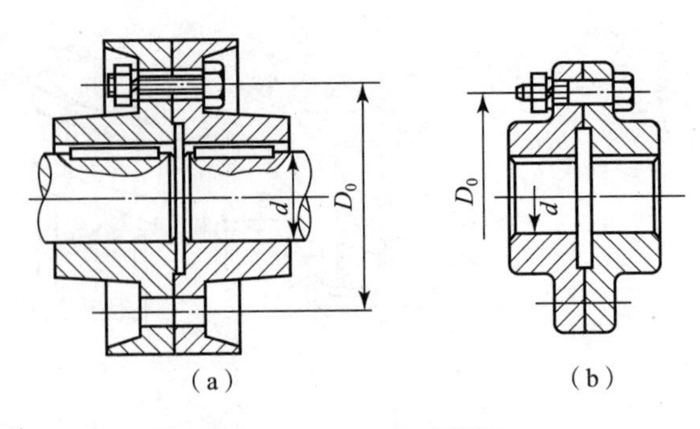

图 2－4－26　凸缘联轴器

2）套筒联轴器

套筒联轴器通过公用套筒以某种方式连接两轴，如图 2－4－27 所示。公用套筒与两轴连接的方式常采用键连接或销连接。套筒联轴器属于刚性联轴器，结构简单，径向尺寸小，装拆时一根轴须做轴向移动，常用于两轴直径较小、两轴对中性精度高、工作平稳的场合。

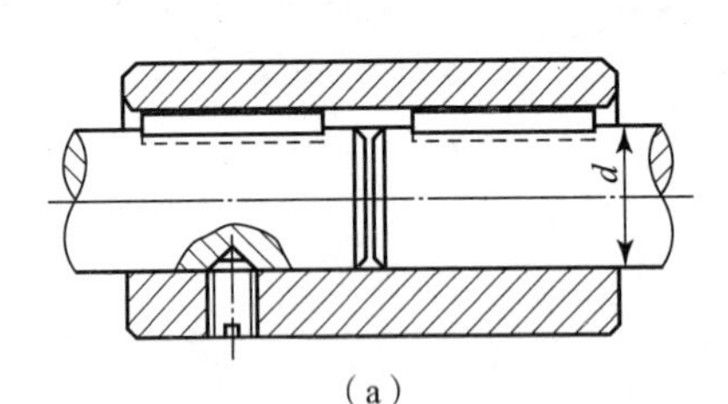

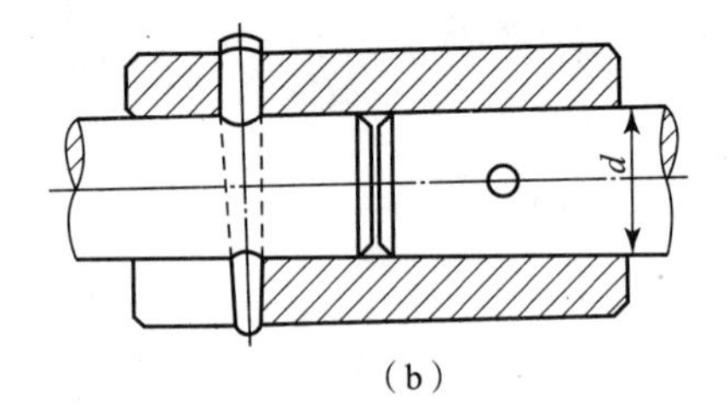

图 2－4－27　套筒联轴器

3）夹壳联轴器

夹壳联轴器由轴向剖分的两半联轴器和连接螺栓组成，如图 2－4－28 所示。其特点是装卸方便、不需要沿轴向移动即可装卸，但由于其转动平衡性较差，常用于低速场合。

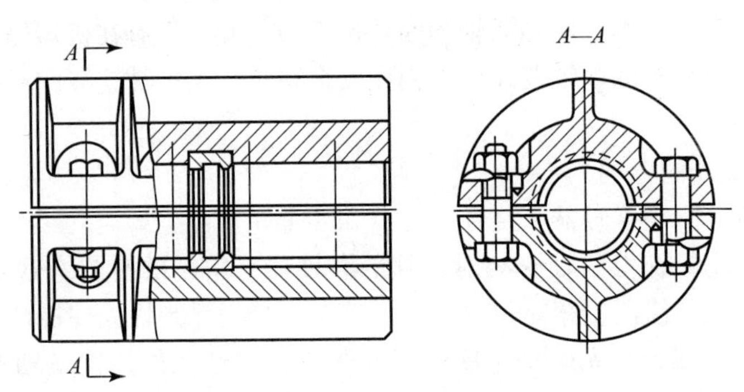

图 2－4－28　夹壳联轴器

2. 挠性联轴器

1）无弹性元件挠性联轴器

对于无弹性元件挠性联轴器来说，因其无弹性元件，故不具有缓冲减振的功能，适用于低速、重载、转速平稳的场合。

（1）十字滑块联轴器。

十字滑块联轴器由两个在端面上开有凹槽的半联轴器和一个两面带有凸块的中间圆盘组成，如图 2－4－29 所示。中间圆盘两侧的凸块相互垂直，可以在凹槽中滑动，以此来补偿两轴的径向位移和角位移。

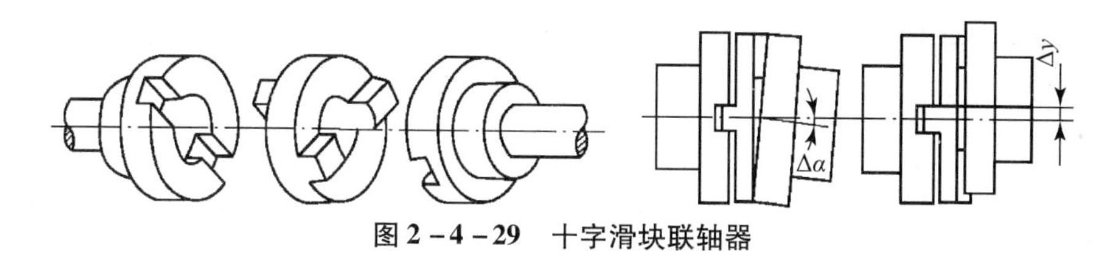

图 2-4-29 十字滑块联轴器

（2）齿轮联轴器。

齿轮联轴器由齿数相同的内齿圈外壳和带有外齿的半联轴器及连接螺栓组成，如图 2-4-30 所示。两个带有外齿的半联轴器分别与两轴相连。在相啮合齿间留有较大的齿侧间隙，并将直齿齿面改进为鼓形齿齿面，以补偿较大的两轴相对位移。其结构复杂，造价较高，适用于低速、重载的场合。

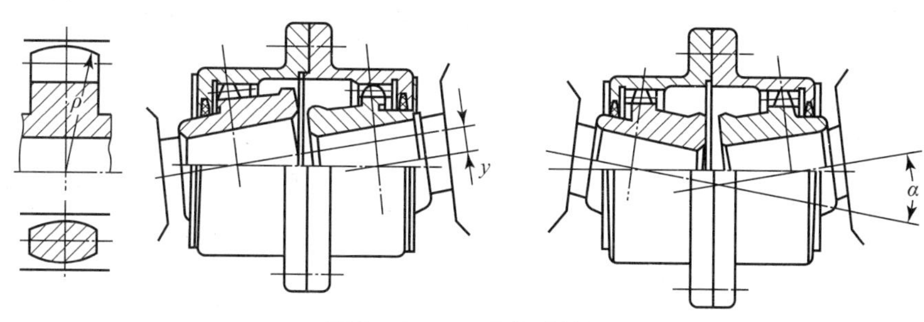

图 2-4-30 齿轮联轴器

（3）万向联轴器。

两轴间具有较大的角位移的联轴器称为万向联轴器。其结构型式很多，目前最常用的是十字轴式联轴器，如图 2-4-31（a）所示。它通过十字轴式中间件实现轴线相交的两轴的连接，由两个具有叉状端部的万向接头 1、3 和一个十字轴 2 组成。两轴与两万向接头用销连接，通过中间件十字轴传递转矩。双万向联轴器是由两个十字轴万向联轴器组成的，如图 2-4-31（b）所示，当输入轴和输出轴与中间轴夹角相等时，输入轴和输出轴的转速相等。这种联轴器广泛应用于汽车和多头钻床等机器的传动系统中。

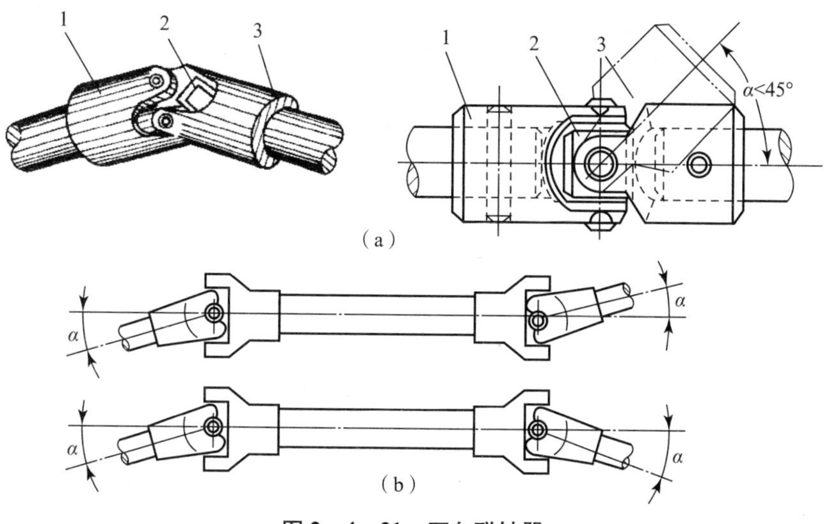

图 2-4-31 万向联轴器

1，3—万向接头；2—十字轴

2）有弹性元件挠性联轴器

对于有弹性元件挠性联轴器来说，在转动不平稳时能起到很好的缓冲减振作用，适用于高速、轻载、常温的场合。

（1）弹性套柱销联轴器。

弹性套柱销联轴器的结构与凸缘联轴器相似，只是用带橡胶套的柱销代替连接螺栓，如图2－4－32所示。它靠弹性套的弹性变形来缓冲减振，并补偿被连两轴的相对偏移。

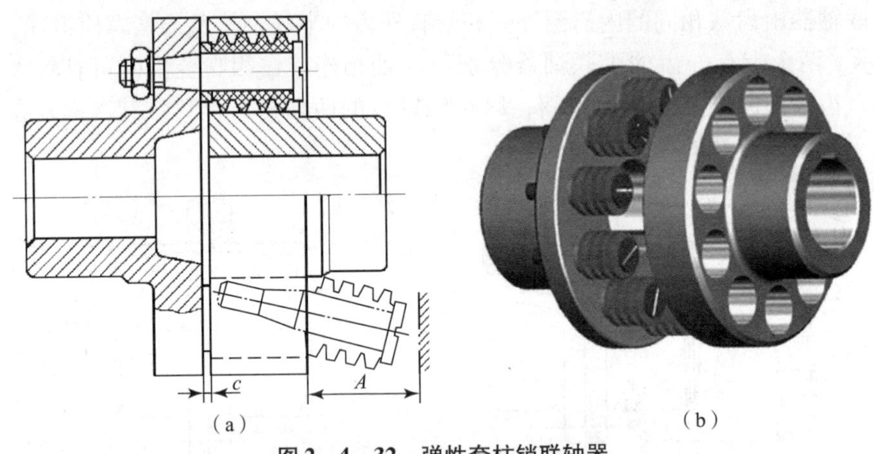

图2－4－32　弹性套柱销联轴器

它的特点是结构简单、制造容易、装卸方便、成本较低，适用于转矩小、转速高、启动频繁、载荷变化不大的场合。使用时，应确保无油质，以防止橡胶套的老化。

（2）轮胎联轴器。

轮胎联轴器是利用轮胎状橡胶弹性元件连接两半联轴器，并通过螺栓固定的一种联轴器，如图2－4－33所示。它具有较高的弹性，减振能力强，补偿能力较大，结构简单，但径向尺寸大，承载能力不高。它适用于启动频繁、正反转多变、冲击较大的场合，也可以在有粉尘、水分的环境下工作。

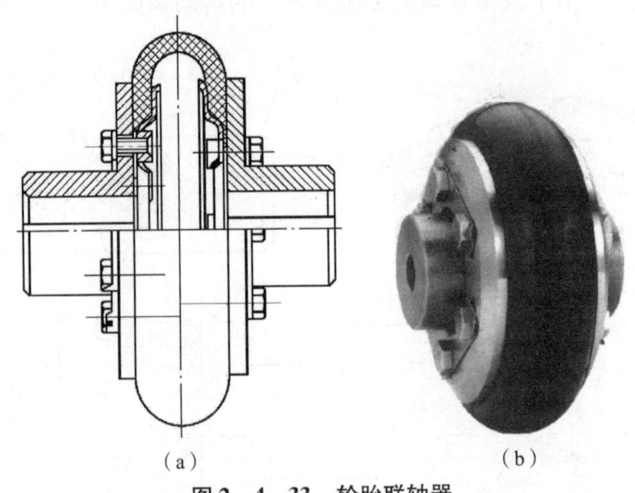

图2－4－33　轮胎联轴器

（3）膜片联轴器。

膜片联轴器是由单片或若干片叠合的薄钢板（膜片）2用螺栓4和螺母5交错地与两个

半联轴器1、3连接而成，如图2－4－34所示。它是利用薄钢片的弹性变形来补偿两轴的相对偏移的，具有结构简单、质量小、耐高温和低温的特点。但其扭转弹性较低，缓冲减振能力差，适用于载荷平稳的高速转动，例如拖拉机、航空、矿山等机械的传动系统。

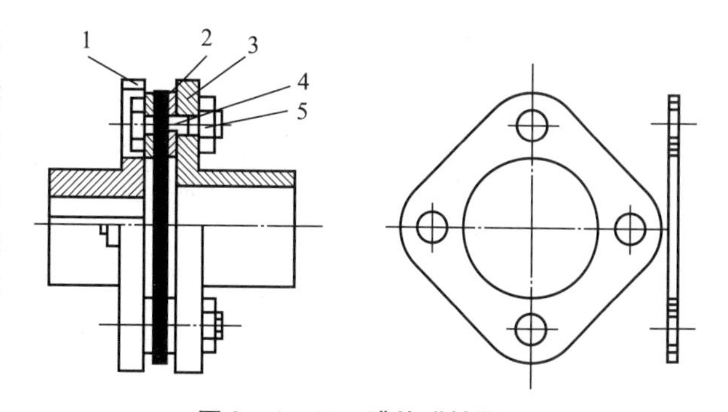

图2－4－34　膜片联轴器

1，3—半联轴器；2—膜片；4—螺栓；5—螺母

3. 安全联轴器

安全联轴器最适于保证高速、高精度的驱动装置免遭过载破坏。在安全联轴器中配以弹性元件或刚性元件可成为挠性或刚性安全联轴器，用它取代普通挠性或刚性联轴器，可以改善机械传动特征，降低电动机启动负荷，减少能耗和设备投资，并对电动机和其他机件具有过载安全保护作用。

2.4.4.2　联轴器的选型

首先要熟悉各类联轴器的特性，明确两轴的连接要求，再参照同类机器的使用经验，合理地选择联轴器的类型。

两轴对中性要求高或轴的刚度大时，可选用套筒联轴器或凸缘联轴器；两轴的对中性较差或轴的刚度小时，应选用对轴的偏移具有补偿能力的挠性联轴器；所传递的转矩较大时，应选用凸缘联轴器或齿式联轴器；轴的转速较高，具有振动时，应选用挠性联轴器；两轴相交一定角度时，则应选用十字轴式万向联轴器等。

知识拓展——离合器和制动器简介

2.5.1　离合器

离合器是主、从动部分在同轴线上传递动力或运动时，在不停机状态下实现接合或分离功能的一种机械装置，常见的类型有牙嵌离合器、摩擦离合器和超越离合器等。

1. 牙嵌离合器

牙嵌离合器由两端面上带牙的半离合器组成，如图2－5－1所示。其中一个半离合器1

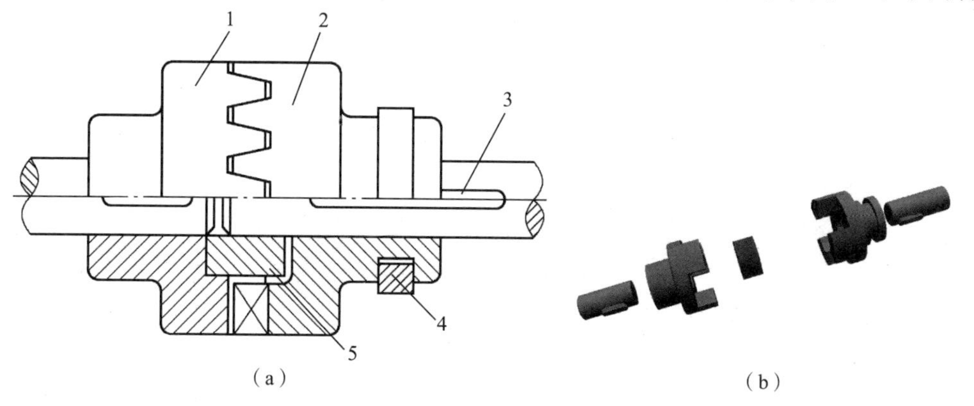

图2－5－1　牙嵌离合器

1，2—半离合器；3—导向平键；4—操纵环；5—对中环

固定在主动轴上；另一个半离合器2用导向平键3（或花键）与从动轴连接，并可由操纵环4使其做轴向移动，以实现离合器的分离与接合。元件5为对中环，用以实现两半离合器在接合时的准确对中。牙嵌离合器的结构简单，外廓尺寸小，两轴接合后不会发生相对移动，但接合时有冲击，只能在低速或停转时接合，否则容易损坏凸牙。

2. 摩擦离合器

摩擦离合器是用圆环盘的端平面组成摩擦副的离合器。如图2－5－2所示，离合器主要由两个圆盘组成。圆盘2固定在主动轴1上，圆盘3用导向平键（或花键）与从动轴6连接，并可以在轴上做轴向移动。利用弹簧5可将两圆盘压紧。工作时，依靠两盘间的摩擦力传递转矩和运动。杠杆4用来控制离合器的接合或分离。

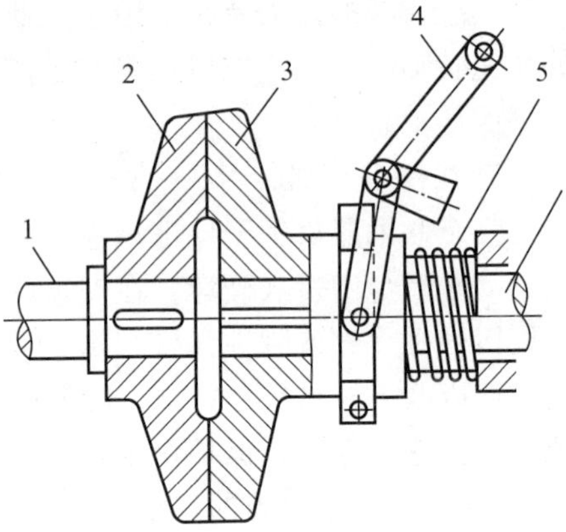

这种离合器需要较大的轴向力，传递的转矩较小，但在任何转速条件下，两轴均可以分离或接合，且接合平稳，冲击和振动小，过载时两摩擦面之间打滑，可起到保护作用。为了提高离合器传递转矩的能力，通常采用多盘离合器。

图2－5－2　单盘式摩擦离合器

1—主动轴；2，3—圆盘；4—杠杆；5—弹簧；6—从动轴

3. 超越离合器

超越离合器是通过主、从动部分的速度变化或旋转方向的变化而具有离合功能的离合器。滚柱式超越离合器由内星轮1、外壳2、滚柱3、弹簧4和顶销5等组成，如图2－5－3所示。外壳和内星轮形成楔形间隙，实现对滚柱的夹紧或放松，以达到离合器接合或分离的目的。当与外壳相连的主动轴以逆时针旋转时，滚柱在外壳摩擦力的作用下被楔紧在外壳和内星轮之间，并带动内星轮一起转动，离合器进入接合状态。当与外壳相连的主动轴以顺时针旋转时，滚柱被推到空隙较宽的部分而不再楔紧，这时离合器处于分离状态。

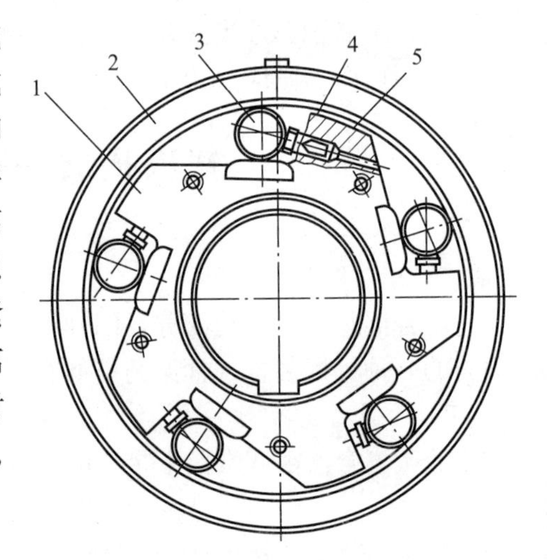

图2－5－3　滚柱式超越离合器

1—内星轮；2—外壳；3—滚柱；4—弹簧；5—顶销

2.5.2　制动器

2.5.2.1　制动器概述

制动器是利用摩擦力来降低运动物体的速度或者迫使其停止运动的装置。多数常用制动器已经标准化、系列化。制动器的种类按照制动零件的结构特征分为块式、带式、盘式制动器，前述的单圆盘摩擦离合器的从动轴固定即为典型的盘式制动器。

按工作状态分为常闭式和常开式制动器。常闭式制动器经常处于紧闸状态，只有当对其施加外力时才能解除制动（例如，起重机用制动器）；常开式制动器经常处于松闸状态，只有当对其施加外力时才能制动（例如，车辆用制动器）。为了减小制动力矩，常将制动器安

装在高速轴上。

2.5.2.2　常用制动器的形式及特点

1. 带式制动器

图2－5－4所示为带式制动器，它主要由制动轮1、制动带2和杠杆3组成。制动轮用平键与轴连接，在其外缘圆周上包一条内衬橡胶（或石棉、皮革、帆布）材料的制动钢带。当杠杆3受外力 F 作用时，收紧制动带，通过制动带与制动轮之间的摩擦力实现对轴的制动。

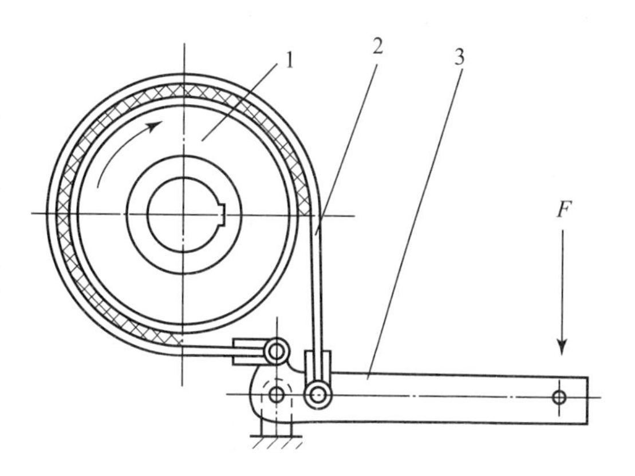

图2－5－4　带式制动器

1—制动轮；2—制动带；3—杠杆

带式制动器结构简单，制动效果好，容易调节，但磨损不均匀，散热不良。

2. 块式制动器

图2－5－5所示为块式制动器，由位于制动鼓1两旁的两个制动臂4和两个制动块2组成。在弹簧3的作用下，制动臂及制动块抱住制动鼓，此时，制动鼓处于制动状态。当松闸器6通入电流时，在电磁力的作用下，通过推杆5松开制动鼓两边的制动块。松闸器也可以用人力、液压和气动操纵。

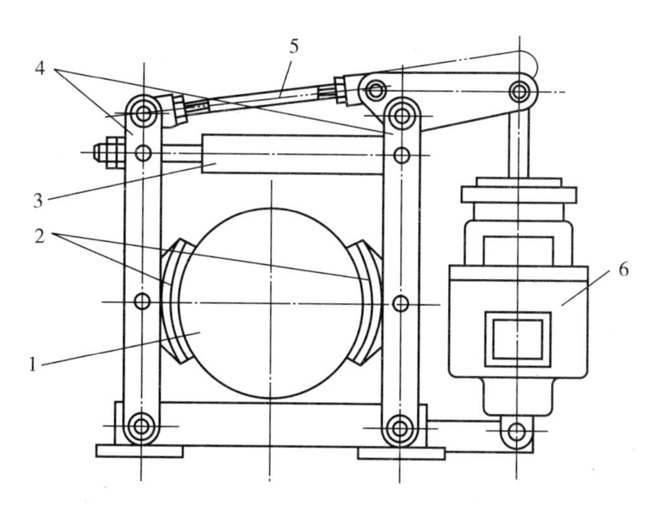

图2－5－5　块式制动器

1—制动鼓；2—制动块；3—弹簧；4—制动臂；5—推杆；6—松闸器

3. 内涨蹄式制动器

图2－5－6所示为内涨蹄式制动器，制动蹄2、7上装有摩擦材料，通过销轴1、8与机架固连，制动轮6与所要制动的轴固连。制动时，压力油进入油缸4，推动两活塞左右移动，在活塞推力作用下两制动蹄绕销轴向外摆动，并压紧在制动轮内侧，实现制动。油路回油后，制动蹄在弹簧5的作用下与制动轮分离。

这种制动器结构紧凑，广泛应用于各种车辆以及结构尺寸受到限制的机械中。

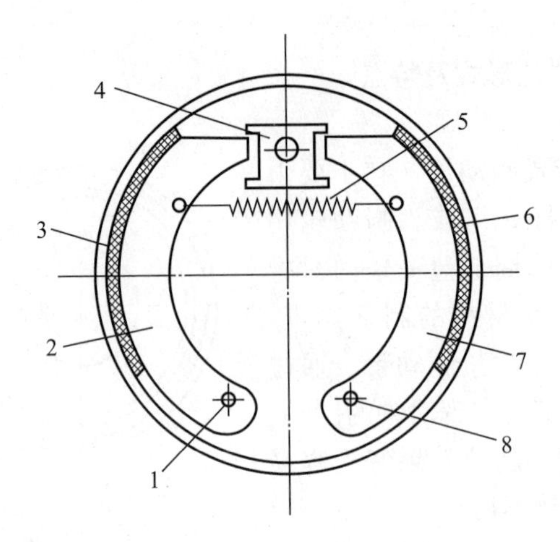

图 2-5-6　内涨式制动器

1，8—销轴；2，7—制动蹄；3—摩擦片；4—油缸；5—弹簧；6—制动轮

思考题与习题

第一部分

1. 渐开线上任意一点法线与基圆的关系为（　　）。

A. 相交　　B. 相垂直　　C. 相切

2. 渐开线上各点的曲率半径（　　）。

A. 不相等　　B. 相等　　C. 无关

3. 对于齿数相同的齿轮，模数越大，齿轮的几何尺寸及齿形都越大，齿轮的承载能力（　　）。

A. 越大　　B. 越小　　C. 不变

4. 标准压力角和标准模数均在（　　）。

A. 分度圆上　　B. 基圆上　　C. 齿根圆上

5. 斜齿轮的压力角有法面压力角和端面压力角两种，规定以（　　）。

A. 法面压力角为标准值　　B. 端面压力角为标准值

C. 都可以

6. 一对标准渐开线齿轮啮合传动，若两轮中心距稍有变化，则（　　）。

A. 两轮的角速度将变大一些　　B. 两轮的角速度将变小一些

C. 两轮的角速度将不变

7. 一对渐开线直齿圆柱齿轮正确啮合的条件是（　　）。

A. 必须使两轮的模数和齿数分别相等

B. 必须使两轮的模数和压力角分别相等

C. 必须使两轮的齿厚和齿槽宽分别相等

8. 一对渐开线齿轮啮合时，啮合点始终沿着（　　）。

A. 分度圆移动　　B. 节圆移动　　C. 基圆公切线移动

9. 渐开线标准齿轮是指 m、α、h_a^*、c^* 均为标准值，且分度圆齿厚与齿槽宽的关系是

（　　）。

A. 小于　　　　B. 大于　　　　C. 等于

10. 渐开线直齿圆柱齿轮传动的重合度是实际啮合线段与（　　）的比值。

A. 齿距　　　　B. 基圆齿距　　　　C. 齿厚

11. 分度圆与节圆重合的条件是（　　）。

A. 两圆相切　　　　B. 两分度圆半径相等

C. 中心距等于两分度圆半径之和

12. 在题12图所示的轮系中，设已知 $z_1 = z_2 = z_{3'} = z_4 = 20$，$z_3 = z_5 = 60$，又齿轮1、3、3′与5同轴线，则传动比 i_{15} 为（　　）。

A. 3　　　　B. 6　　　　C. 9　　　　D. 12

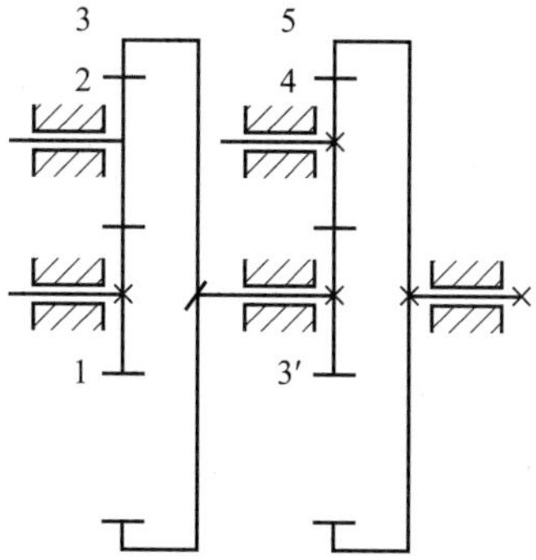

题12图

13. 定轴轮系传动比大小与轮系中惰轮的齿数（　　）。

A. 无关　　　　B. 有关，成正比

C. 有关，成反比　　　　D. 有关，不成比例

14. 关于轮系的说法，正确的是（　　）。

A. 所有机械传动方式中，轮系的传动比最大

B. 轮系靠惰轮变速，靠离合器变向

C. 周转轮系只能实现运动的合成与分解

D. 轮系的传动比是构成该轮系所有机械传动方式传动比的连乘积

15. 在轮系中，两齿轮间若增加（　　）个惰轮时，首、末两轮的转向相同。

A. 奇数　　　　B. 偶数

C. 任意数　　　　D. 以上都可以

16. 工作时只承受弯矩，不传递转矩的轴，称为（　　）。

A. 心轴　　　　B. 转轴　　　　C. 传动轴　　　　D. 曲轴

17. 为了不过于严重削弱轴和轮毂的强度，两个切向键最好布置成（　　）。

A. 在轴的同一母线上　B. 180°　　　　C. 120°～130°　　　　D. 90°

18. 平键B20×80，在GB/T1096—2003标准中，20×80是表示（　　）。

A. 键宽×轴径　　　　B. 键高×轴径

C. 键宽×键长　　　　D. 键宽×键高

19. 能构成紧连接的两种键是（　　）。

A. 楔键和半圆键　　B. 半圆键和切向键

C. 楔键和切向键　　D. 平键和楔键

20. 设计键连接时，键的截面尺寸 $b \times h$ 通常根据（　　）由标准中选择。

A. 传递转矩的大小　　B. 传递功率的大小　　C. 轴的直径　　D. 轴的长度

21. 如需在轴上安装一对半圆键，则应将它们布置在（　　）。

A. 相隔 90°位置　　B. 相隔 120°位置

C. 轴的同一母线上　　D. 相隔 180°位置

22. 花键连接的主要缺点是（　　）。

A. 应力集中　　B. 成本高　　C. 对中性与导向性差　　D. 对轴削弱

23. 常用螺纹连接中，自锁性最好的螺纹是（　　）。

A. 三角螺纹　　B. 梯形螺纹　　C. 锯齿形螺纹　　D. 矩形螺纹

24. 常用螺纹连接中，传动效率最高的螺纹是（　　）。

A. 三角螺纹　　B. 梯形螺纹　　C. 锯齿形螺纹　　D. 矩形螺纹

25. 为连接承受横向工作载荷的两块薄钢板，一般采用（　　）。

A. 螺栓连接　　B. 双头螺柱连接

C. 螺钉连接　　D. 紧定螺钉连接

26. 当两个被连接件之一太厚，不宜制成通孔，且需要经常拆装时，往往采用（　　）。

A. 螺栓连接　　B. 螺钉连接

C. 双头螺柱连接　　D. 紧定螺钉连接

27. 当两个被连接件之一太厚，不宜制成通孔，且连接不需要经常拆装时，往往采用（　　）。

A. 螺栓连接　　B. 螺钉连接

C. 双头螺柱连接　　D. 紧定螺钉连接

28. 在拧紧螺栓连接时，控制拧紧力矩有很多方法，例如（　　）。

A. 增加拧紧力　　B. 增加扳手力臂

C. 使用指针式扭力扳手或定力矩扳手

29. 螺纹连接防松的根本问题在于（　　）。

A. 增加螺纹连接的轴向力　　B. 增加螺纹连接的横向力

C. 防止螺纹副的相对转动　　D. 增加螺纹连接的刚度

30. 螺纹连接预紧的目的之一是（　　）。

A. 增强连接的可靠性和紧密性　　B. 增加被连接件的刚性

C. 减小螺栓的刚性

31. 常见的连接螺纹是（　　）。

A. 左旋单线　　B. 右旋双线　　C. 右旋单线　　D. 左旋双线

32. 用于连接的螺纹牙型为三角形，这是因为三角形螺纹（　　）。

A. 牙根强度高，自锁性能好　　B. 传动效率高

C. 防振性能好　　D. 自锁性能差

33. 用于薄壁零件连接的螺纹，应采用（　　）。

A. 三角形细牙螺纹　　B. 梯形螺纹

C. 锯齿形螺纹　　D. 多线的三角形粗牙螺纹

34. 在螺栓连接中，有时在一个螺栓上采用双螺母，其目的是（　　）。

A. 提高强度　　B. 提高刚度

C. 防松　　D. 减小每圈螺纹牙上的受力

35. 在螺栓连接中，采用弹簧垫圈防松是（　　）。

A. 摩擦防松　　B. 机械防松　　C. 冲边放松　　D. 粘结防松

36. 梯形螺纹与锯齿形螺纹、矩形螺纹相比较，具有的优点是（　　）。

A. 传动效率高　　B. 获得自锁性大

C. 工艺性和对中性好　　D. 应力集中小

37. 单线螺纹的螺距（　　）导程。

A. 等于　　B. 大于　　C. 小于　　D. 与导程无关

38. 联轴器和离合器的主要作用是（　　）。

A. 连接两轴，使其一同旋转并传递转矩　　B. 补偿两轴的综合位移

C. 防止机器发生过载　　D. 缓和冲击和振动

39. 对于工作中载荷平稳、不发生相对位移、转速稳定且对中性好的两轴宜选用（　　）联轴器。

A. 刚性凸缘　　B. 滑块　　C. 弹性套柱销　　D. 齿轮

40. 对于转速高、载荷平稳、中小功率的两轴间的连接宜选用（　　）联轴器。

A. 弹性套柱销　　B. 万向　　C. 滑块　　D. 齿轮

41. 对于轴向径向位移较大、转速较低、无冲击的两轴间宜选用（　　）联轴器。

A. 弹性套柱销　　B. 万向　　C. 滑块　　D. 齿轮

第二部分

1. 以齿轮中心为圆心，过节点所作的圆称为____圆。

2. 分度圆齿距 p 与 π 的比值定为标准值，称为________。

3. 渐开线直齿圆柱齿轮的基本参数有五个，即________、________、________、齿顶高系数和顶隙系数。

4. 对正常齿制的标准直齿圆柱齿轮，有：$\alpha =$____，$h_a^* =$____，$c^* =$____。

5. 一对渐开线直齿圆柱齿轮的正确啮合的条件是____________________。

6. 渐开线的几何形状与基圆的大小有关，它的直径越大，渐开线的曲率________。

7. 增加蜗杆头数可以________效率。

8. 在蜗杆传动中，蜗杆头数越少，则传动效率越________，自锁性越好。

9. 蜗杆传动的作用是传递两________轴之间的回转运动。

10. 在中间平面内，普通蜗杆传动相当于____________的啮合传动。

11. 普通圆柱蜗杆传动中，右旋蜗杆与________旋蜗轮才能正确啮合，蜗杆的模数和压力角在________面上的数值定为标准值。

12. 在周转轮系中，轴线固定的齿轮称为____________；兼有自转和公转的齿轮称为____________，而这种齿轮的动轴线所在的构件称为________。

13. 惰轮对________并无影响，但却能改变从动轮的________。

14. ________键连接，既可传递转矩，又可承受单向轴向载荷，但容易破坏轴与轮毂的

对中性。

15. 半圆键的________为工作面，当需要用两个半圆键时，一般布置在轴的__________。

16. 普通螺栓的公称直径为螺纹________径。它是指与外螺纹牙顶或与内螺纹牙底相重合的假想圆柱面的直径。用符号 d（D）表示。

17. 普通三角形螺纹的牙型角为________，而梯形螺纹的牙型角为________。

18. 螺旋副的自锁条件是________。

19. 三角形螺纹包括________螺纹和________螺纹两种。

20. 常用的螺纹类型有________、________、________和________。

第三部分

1. 轴按受载情况可分为几类？自行车三根轴（前、中、后）属何种轴？每种轴的应力性质是什么？

2. 试述普通平键的类型、特点和应用。

3. 试述平键连接和楔键连接的工作原理及特点。

4. 连接螺纹都具有良好的自锁性，为什么有时还需要防松装置？试列举常用的防松方法有哪些？

5. 已知一对渐开线外啮合直齿圆柱标准齿轮的模数 $m=5$ mm，压力角 $\alpha=20°$，中心距 $a=350$ mm，角速比 $i_{12}=9/5$。试求两齿轮的参数值。

6. 某镗床主轴箱中有一正常齿渐开线标准齿轮，其参数为：$\alpha=20°$，$m=3$ mm，$z=50$，试计算该齿轮的尺寸。

7. 题7图所示为多刀半自动车床主轴箱传动系统。已知：带轮直径 $D_1=D_2=180$ mm，$z_1=45$，$z_2=72$，$z_3=36$，$z_4=81$，$z_5=59$，$z_6=54$，$z_7=25$，$z_8=88$。试求当电动机转速 $n=1\ 443$ r/min 时，主轴Ⅲ的各级转速。

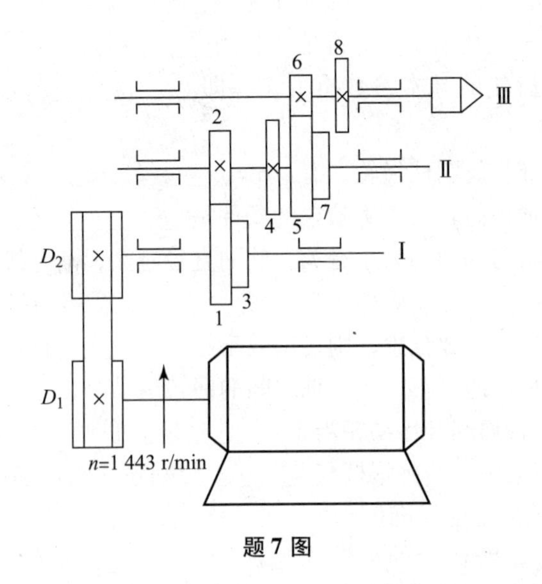

题7图

8. 如题8图所示的定轴轮系中，已知：$n_1=1\ 440$ r/min，各齿轮的齿数分别为：$z_1=z_3=z_6=18$，$z_2=27$，$z_4=z_5=24$，$z_7=81$。

求：

（1）轮系中哪一个齿轮是惰轮？

（2）末轮转速 n_7 为多少？

（3）用箭头在图上标出各齿轮的回转方向。

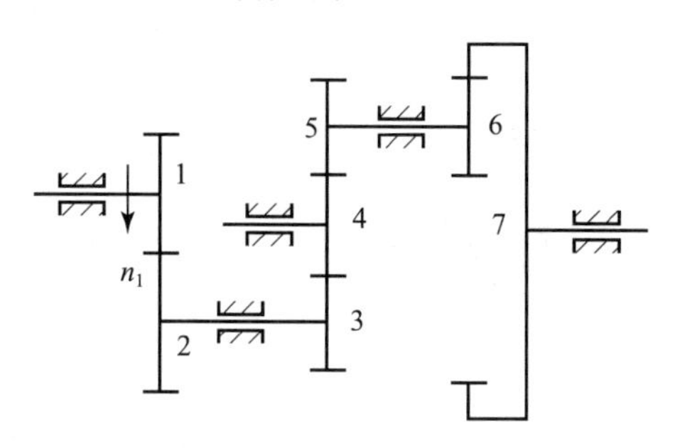

题8图

9. 题9图所示为一卷扬机的传动系统，末端为蜗杆传动。已知：$z_1=18$，$z_2=36$，$z_3=20$，$z_4=40$，$z_5=2$，$z_6=50$。鼓轮直径 $D=200$ mm，$n_1=1\ 000$ r/min。试求蜗轮的转速 n_6 和重物 G 的移动速度 v，并确定提升重物时 n_1 的回转方向。

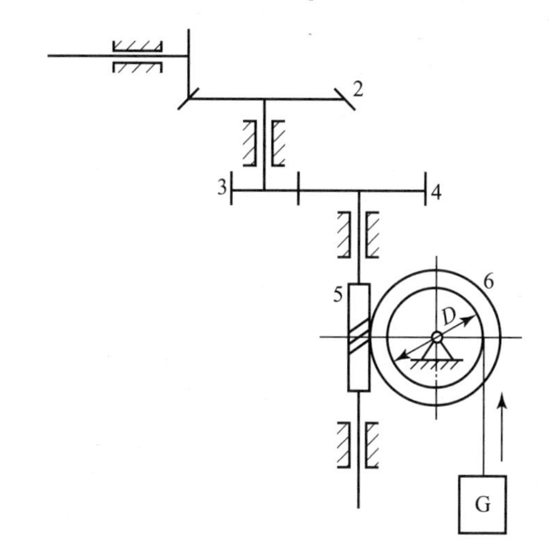

题9图

任务3　机械传动装置常用传动机构分析与认知

子任务1　带　传　动

任务引入

图3－1－1所示为不同的带结构，有平带、V带、圆带、多楔带和同步带等，不同的带结构有什么特点？各自的应用场合是什么？

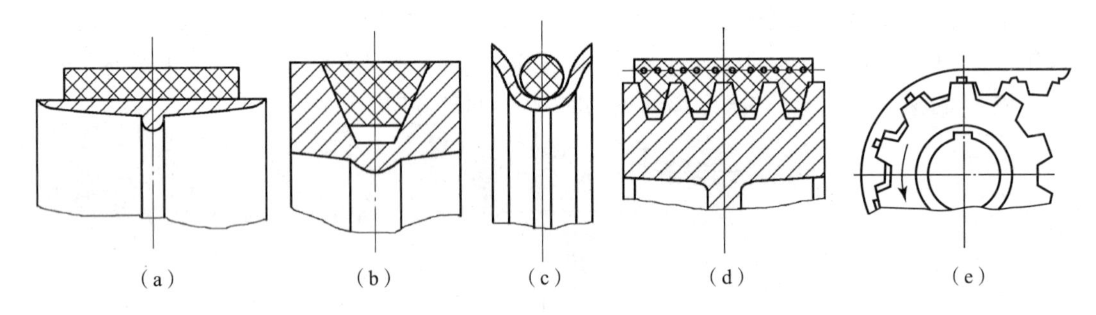

图3－1－1　带结构

(a) 平带；(b) V带；(c) 圆带；(d) 多楔带；(e) 同步带

任务分析

带传动是由带与带轮组成的传递运动和动力的运动，其挠性曳引元件由具有良好变形能力的弹性材料制成，能适应不同的工作场合和要求。按工作原理可分为摩擦型带传动和啮合型带传动。摩擦型带传动靠带与带轮接触面上的摩擦力来传递运动与动力；啮合型带传动靠齿形带与带轮间的啮合来实现传动。

任务目标

1. 了解带传动的类型、特点和应用；
2. 熟悉普通V带与V带轮的结构和标准；
3. 掌握带传动的工作原理和传动比的计算；
4. 掌握带传动的主要参数的意义；
5. 掌握带传动的受力分析和应力分析；
6. 掌握带传动弹性滑动与打滑的区别以及产生的影响。

3.1.1　带传动的主要类型

带传动按工作原理可分为摩擦型带传动和啮合型带传动。

1. 摩擦型带传动

如图3－1－1（a）~图3－1－1（d）所示都属于摩擦式带传动。平带的横截面为扁平矩形，内表面为工作面，而V带的横截面为等腰梯形，两侧面为工作面。根据楔形面的受力分析可知，在相同压紧力和相同摩擦因数的条件下，V带产生的摩擦力要比平带大约3倍，所以V带传动能力强、结构更紧凑、应用更广泛。圆带的横截面为圆形，只用于小功率传动，如缝纫机、仪器等的传动装置中。

2. 啮合型带传动

啮合型带传动是靠带的齿与带轮上的齿相啮合来传递动力的，较典型的是如图3-1-1（e）所示的同步带传动。同步带传动兼有带传动和齿轮传动的特点，传动功率较大（可达几百千瓦），传动效率高（$\eta=0.98\sim0.99$），允许的线速度高（$v\leqslant50$ m/s），传动比大（$i\leqslant12$），传动结构紧凑。传动时无相对滑动，能保证准确的传动比。同步带用聚氨酯或氯丁橡胶为基体，以细钢丝绳或玻璃纤维绳为抗拉体，抗拉强度高，受载后变形小。其主要缺点是制造和安装精度要求高，中心距要求严格。目前，同步带已广泛应用于计算机、数控机床及纺织机械等传动装置中。

3.1.2　带传动的特点和应用

摩擦型带传动具有以下几个主要特点：

（1）传动具有良好的弹性，能缓冲吸振，传动平稳，噪声小。

（2）过载时，带会在带轮上打滑，具有过载保护作用。

（3）结构简单，制造成本低，且便于安装和维护。

（4）带与带轮间存在弹性滑动，不能保证准确的传动比。

（5）带须张紧在带轮上，对轴的压力较大，传动效率低。

（6）不适用于高温、易燃及有腐蚀介质的场合。

摩擦式带传动适用于要求传动平稳、传动比准确性要求不严格及中小功率的远距离传动。一般带传动的传递功率$P\leqslant50$ kW，带速$v=5\sim25$ m/s，传动比$i=3\sim50$。

3.1.3　带传动的工作原理

1. 带传动的工作原理

带传动是利用带作为中间挠性件，依靠带与带轮之间的摩擦力或啮合来传递运动或动力的。如图3-1-2所示，把一根或几根闭合成环形的带张紧在主动轮和从动轮上，使带与两

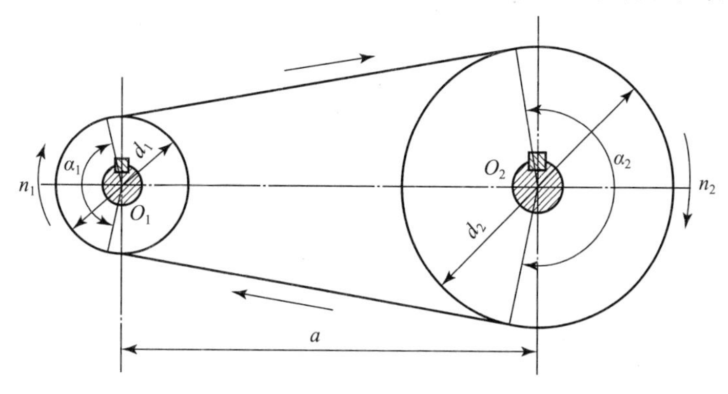

图3-1-2　带传动

带轮之间的接触面产生正压力（或使同步带与两同步带轮上的齿相啮合），当主动轴 O_1 带动主动轮回转时，依靠带与两带轮接触面之间的摩擦力（或齿的啮合）使从动轮带动从动轴 O_2 回转，从而实现两轴间运动或力的传递。

2. 带传动的传动比

带传动的传动比 i 就是两带轮角速度之比，或两带轮的转速之比，用公式表示为

$$i_{12} = \frac{\omega_1}{\omega_2} = \frac{n_1}{n_2}$$

式中，ω_1 ——主动轮的角速度，rad/s；

ω_2 ——从动轮的角速度，rad/s。

3. 平带传动的主要参数

（1）包角 α。包角 α 是指带与带轮接触弧所对的圆心角，如图 3-1-2 所示。包角的大小，反映带与带轮轮缘表面间接触弧的长短。包角越小，接触弧越短，接触面间所产生的摩擦力总和也就越小。为了提高平带传动的承载能力，包角不能太小，一般要求包角≥120°。由于大带轮上的包角总是比小带轮上的包角大，因此只需验算小带轮上的包角是否满足要求即可。

（2）带长 L。平带的带长是指带的内周长度。

（3）传动比 i。在不考虑传动中的弹性滑动时，平带传动的传动比可用从动轮和主动轮直径之比计算。受小带轮的包角和带传动外廓尺寸的限制，平带传动的传动比 $i \leq 5$。

3.1.4 平带传动的形式

平带传动是由平带和带轮组成的摩擦传动，带的工作面与带轮的轮缘表面接触。

1. 开口传动

开口传动是带轮两轴线平行、两轮宽的对称平面重合、转向相同的带传动，如图 3-1-3 所示。这种形式在平带传动中应用最为广泛。

2. 交叉传动

交叉传动是带轮两轴线平行、两轮宽的对称平面重合、转向相反的带传动，如图 3-1-4 所示。这种形式在平带传动中应用也较广泛。

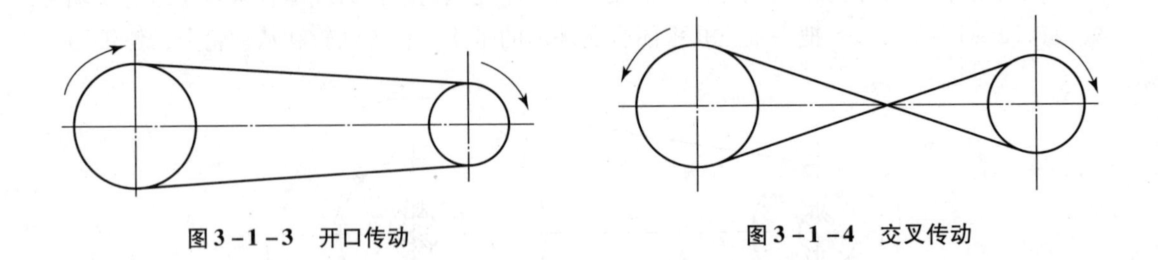

图 3-1-3 开口传动　　图 3-1-4 交叉传动

3. 半交叉传动

半交叉传动是带轮两轴线在空间交错的带传动，交错角度通常为 90°，如图 3-1-5 所示。

4. 角度传动

角度传动是带轮两轴线相交的带传动，如图3－1－6所示。

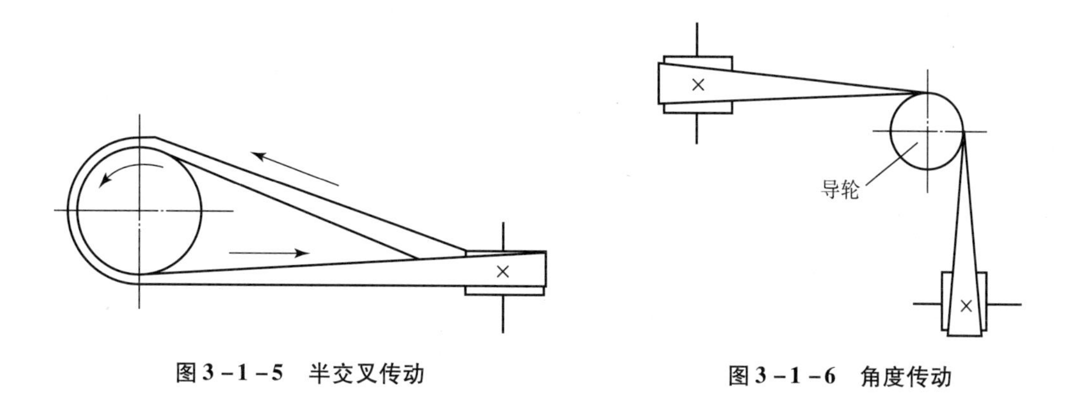

图3－1－5　半交叉传动

图3－1－6　角度传动

3.1.5　普通V带和V带轮

V带传动是由一条或数条V带和V带轮组成的摩擦传动。V带安装在相应的轮槽内，仅与轮槽的两侧面接触而不与槽底接触。

常用的V带主要类型有普通V带、窄V带、宽V带和半宽V带等，它们的楔角（V带两侧面的夹角 α）均为40°。

1. 普通V带的结构和标准

图3－1－7所示为普通V带的结构，它由抗拉体、顶胶、底胶以及包布组成。V带的拉力基本由抗拉体承受，它分为线绳（见图3－1－7（a））和帘布（图3－1－7（b））两种结构。帘布结构制造方便，型号多，应用较广泛；线绳结构柔性好，抗弯强度高，适用于带轮直径较小、速度较高的场合。现在生产中越来越多地采用线绳结构的V带。

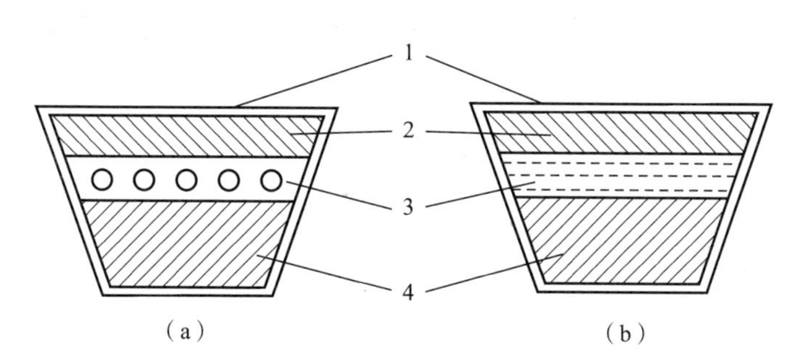

图3－1－7　普通V带的结构

（a）线绳结构；（b）帘布结构

1—包布；2—顶胶；3—抗拉体；4—底胶

普通V带的型号已标准化（GB/T 11544—2012），按截面尺寸从小到大依次为Y、Z、A、B、C、D、E七种型号，其截面尺寸与参数见表3－1－1。其中Y型尺寸最小，只用于传递运动，常用的型号有Z、A、B、C等型号。V带的截面积越大，其传递的功率也越大。

表 3-1-1　普通 V 带和窄 V 带尺寸

带型 普通 V 带	带型 窄 V 带	节宽 b_p/mm	顶宽 b/mm	高度 h/mm	质量 q/(kg·m^{-1})	楔角 θ
Y		5.3	6	4	0.03	40°
Z	SPZ	8.5	10	6 8	0.06 0.07	
A	SPA	11.0	13	8 10	0.11 0.12	
B	SPB	14.0	17	11 14	0.19 0.20	
C	SPC	19.0	22	14 18	0.33 0.37	
D		27.0	32	19	0.66	
E		32.0	38	25	1.02	

当 V 带垂直于其底边弯曲时，在带中保持原长度不变的任意一条周线叫作 V 带的节线。由全部节线构成的面叫作节面。节宽 b_p 就是带的节面宽度。当带垂直其底边弯曲时，该宽度保持不变。V 带横截面中梯形轮廓的最大宽度叫作顶宽 b，梯形轮廓的高度叫作带的高度 h。带的高度与其节宽之比叫作带的相对高度 h/b_p。对于普通 V 带，其相对高度约为 0.7，窄 V 带、半宽 V 带、宽 V 带的相对高度分别约为 0.9、0.5、0.3。

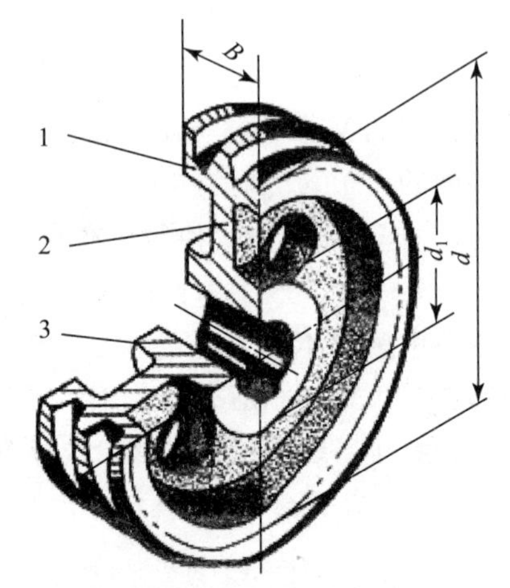

图 3-1-8　V 带轮结构组成
1—轮缘；2—轮辐；3—轮毂

2. V 带轮的结构

V 带轮由轮缘（用于安装 V 带的部分）、轮毂（带轮与轴相连接的部分）、轮辐（轮缘与轮毂相连接的部分）三部分组成（见图 3-1-8），轮缘尺寸见表 3-1-2。

表 3-1-2　普通 V 带轮的轮槽尺寸

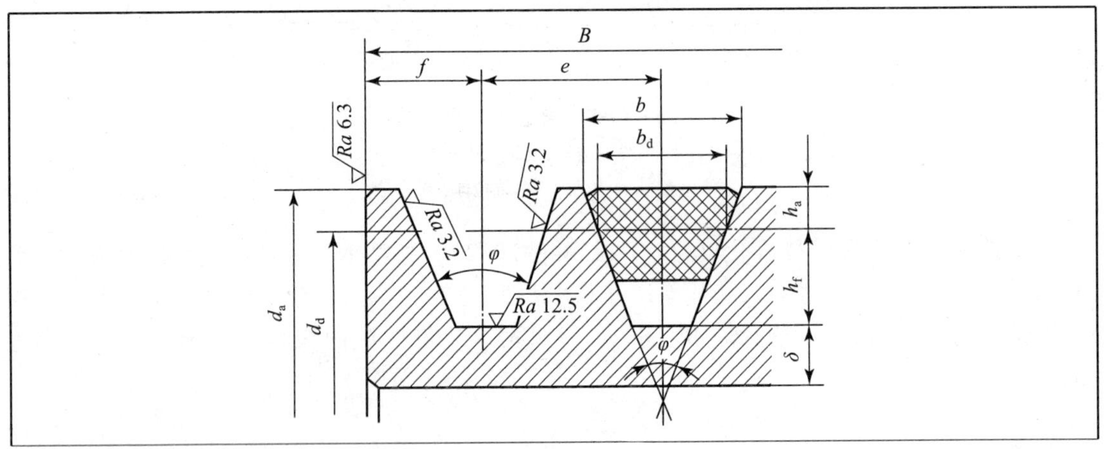

续表

项目		符号	槽型						
			Y	Z	A	B	C	D	E
基准宽度/mm		b_d	5.3	8.5	11.0	14.0	19.0	27.0	32.0
基准线上槽深/mm		h_{amin}	1.6	2.0	2.75	3.5	4.8	8.1	9.6
基准线下槽深/mm		h_{fmin}	4.7	7.0	8.7	10.8	14.3	19.9	23.4
槽间距/mm		e	8 ±0.3	12 ±0.3	15 ±0.3	19 ±0.4	25.5 ±0.5	37 ±0.6	44.5 ±0.7
第一槽对称面至端面的距离/mm		f	7 ±1	8 ±1	10^{+2}_{-1}	12.5^{+2}_{-1}	17^{+2}_{-1}	23^{+3}_{-1}	10^{+4}_{-1}
槽顶宽/mm		b	6.3	10.1	13.2	17.2	23.0	32.7	38.7
最小轮缘厚/mm		δ_{min}	5	5.5	6	7.5	10	12	15
带轮宽/mm		B	$B=(z-1)e+2f$（z——轮槽数）						
外径/mm		d_a	$d_a=d_d+2h_a$						
轮槽角	32°	相应的基准直径 d_d/mm	≤60	—	—	—	—	—	—
	34°		—	≤80	≤118	≤190	≤315	—	—
	36°		—	—	—	—	—	≤475	≤600
	38°		—	>80	>118	>190	>315	>475	>600
	极限偏差		±30′						

根据带轮直径的大小不同，普通 V 带轮分为实心式、辐板式、孔板式、轮辐式四种典型结构，如图 3-1-9 所示。图中带轮的相关结构尺寸的计算和确定可查《简明机械零件设计实用手册》。

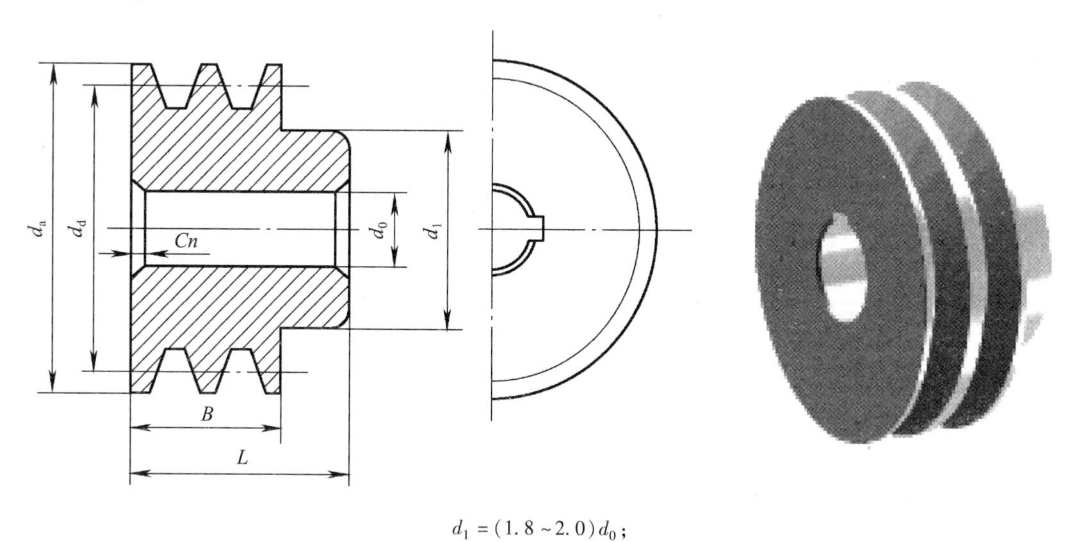

$d_1=(1.8\sim2.0)d_0$；

$L=(1.5\sim2.0)d_0$；

其余尺寸见表 3-1-2

（a）

图 3-1-9　V 带轮的典型结构

（a）实心式

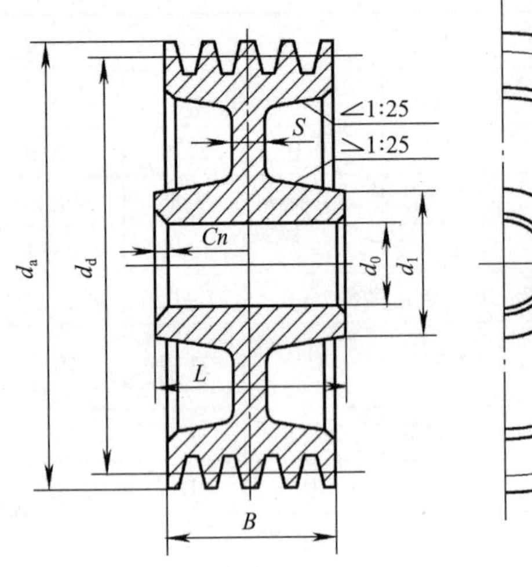

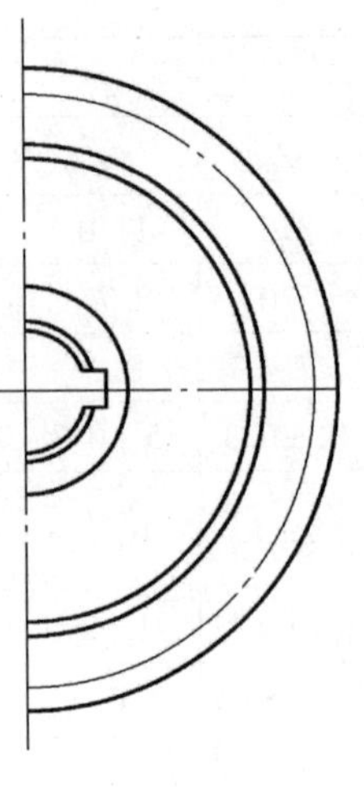

$d_1=(1.8\sim2.0)d_0$；

$L=(1.5\sim2.0)d_0$；

S 与槽型和带轮基准直径有关；

其余尺寸见表 3－1－2

（b）

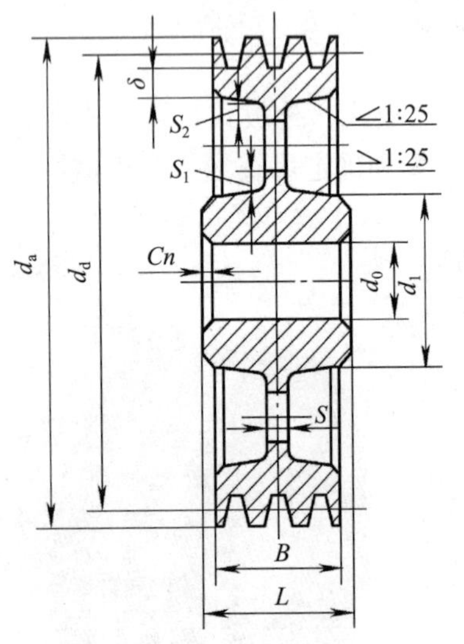

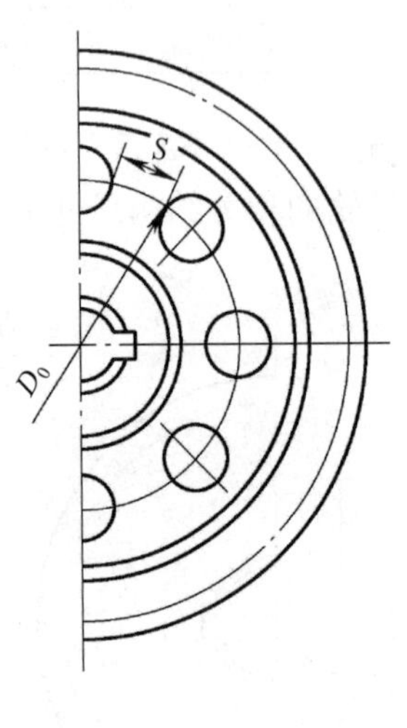

$d_1=(1.8\sim2.0)d_0$；

$L=(1.5\sim2.0)d_0$；

S 与槽型和带轮基准直径有关；

$S_1\geqslant1.5S$；

$S_2\geqslant0.5S$；

其余尺寸见表 3－1－2

（c）

图 3－1－9 V 带轮的典型结构（续）

（b）辐板式；（c）孔板式

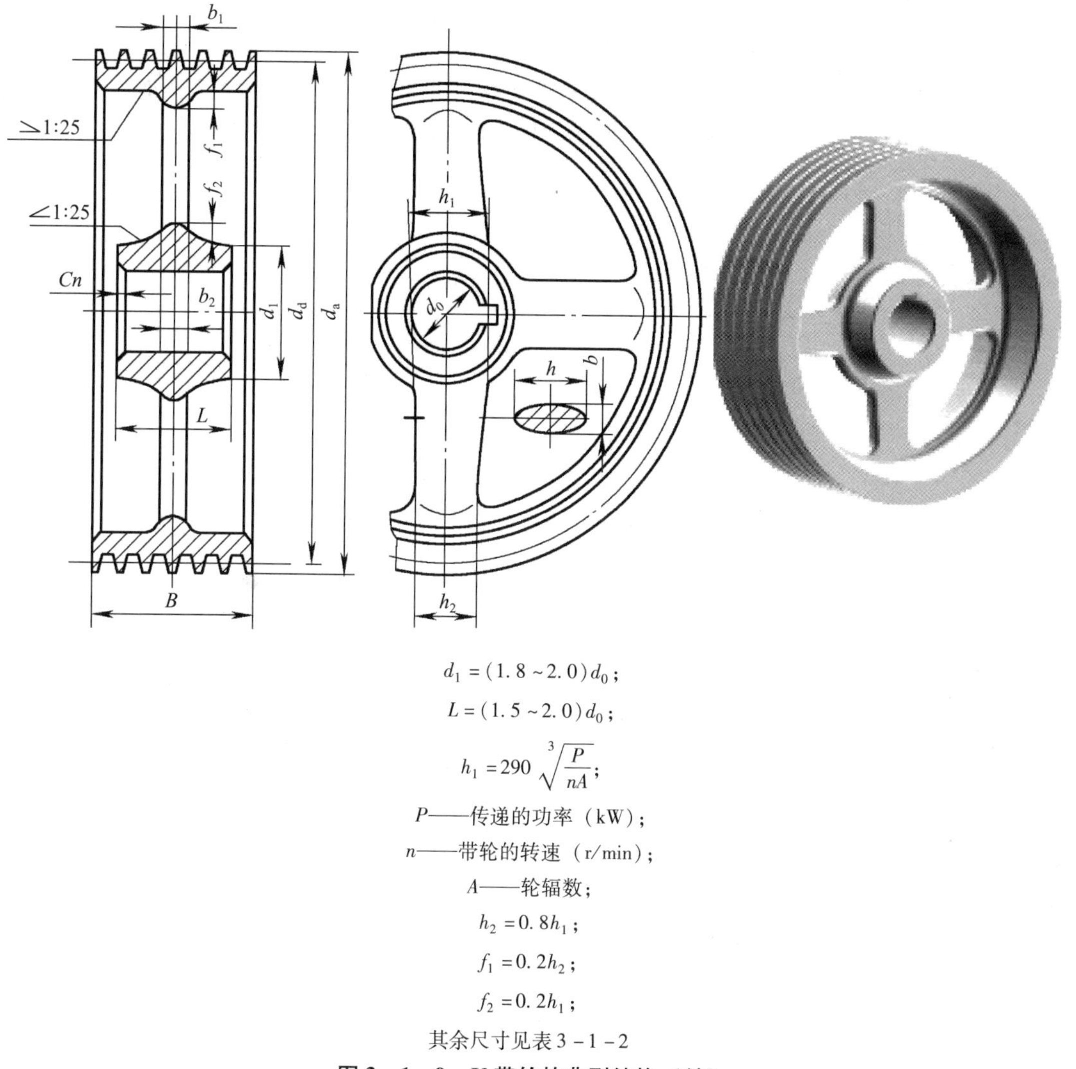

$d_1=(1.8\sim2.0)d_0$；

$L=(1.5\sim2.0)d_0$；

$h_1=290\sqrt[3]{\frac{P}{nA}}$；

P——传递的功率（kW）；

n——带轮的转速（r/min）；

A——轮辐数；

$h_2=0.8h_1$；

$f_1=0.2h_2$；

$f_2=0.2h_1$；

其余尺寸见表3－1－2

图3－1－9 V带轮的典型结构（续）

（d）轮辐式

带轮的结构由带轮的直径大小决定。

（1）当带轮直径较小，$d_d\leq(2.5\sim3.5)d$ 时（d 为轴径），可采用实心式，如图3－1－9（a）所示；

（2）当 $d_d\leq300$ mm时，可采用辐板式，如图3－1－9（b）所示；

（3）若辐板面积较大时（$d_d-d_1\geq100$ mm），为减轻重量，可在板上加工出孔，称为孔板式，如图3－1－9（c）所示；

（4）当 $d_d>300$ mm时，可采用椭圆轮辐式，如图3－1－9（d）所示。

3.1.6 带传动的受力和应力分析

1. 带传动的受力分析

带传动未运转时，由于带张紧在两带轮上，带的上、下两边都受到相同的张紧力 F_0，即初拉力，如图3－1－10（a）所示。带传动工作时，当主动轮1在转矩作用下以转速 n_1

旋转时，其对带的摩擦力与带的运动方向一致，带又以摩擦力驱动从动轮以转速 n_2 转动，从动轮 2 对带的摩擦力与带的运动方向相反，如图 3－1－10（b）所示。带进入主动轮一边被进一步拉紧，拉力增大为 F_1，该边称为紧边；离开主动轮的一边带的拉力降为 F_2，该边称为松边。紧边拉力与松边拉力之差为带传动的有效圆周力 F_0。

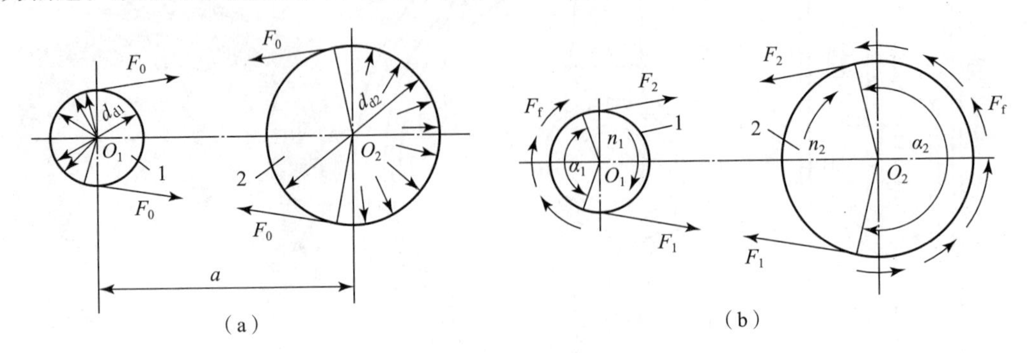

图 3－1－10　带传动的受力分析

1—主动轮；2—从动轮

（a）未工作时；（b）工作时

假设工作前后带的总长度保持不变，且认为带是弹性体，则带的紧边拉力的增加量等于松边拉力的减少量，即

$$F_1 - F_0 = F_0 - F_2$$

$$F_1 + F_2 = 2F_0 \qquad (3-1-1)$$

有效圆周力

$$F = F_1 - F_2 = \Sigma F_f \qquad (3-1-2)$$

有效圆周力实际上等于带与带轮接触部分摩擦力的总和。在初拉力一定的情况下，带与带轮之间的摩擦力是有限的，当所要传递的圆周力超过该极限值时，带将在带轮上打滑。它使带磨损加剧，从动轮转速急剧降低，甚至停止转动，失去正常工作能力。

有效圆周力 F（N）、带速 v（m/s）和传递功率 P（kW）之间的关系为

$$P = \frac{Fv}{1\,000} \qquad (3-1-3)$$

当 V 带即将打滑时，F_1 与 F_2 之间的关系可用柔韧体摩擦的欧拉公式表示（不考虑离心力），即

$$F_1 = F_2 e^{f_v \alpha} \qquad (3-1-4)$$

式中，F_1——紧边拉力，N；

F_2——松边拉力，N；

e——自然对数的底数；

f_v——当量摩擦因数；

α——小带轮的包角，rad。

联立解式（3－1－2）和（3－1－4）可得

$$F_{max} = 2F_0 \frac{e^{f_v\alpha} - 1}{e^{f_v\alpha} + 1} = 2F_0\left(1 - \frac{2}{e^{f_v\alpha} + 1}\right) = F_1\left(1 - \frac{1}{e^{f_v\alpha}}\right) \qquad (3-1-5)$$

由式（3－1－5）可知，最大有效圆周力 F_{max} 与初拉力 F_0、包角 α、当量摩擦因数 f_v 成正比。

如果考虑离心力，则最大有效圆周力 F_{max} 写为：

$$F_{max} = 2(F_0 - qv^2)\frac{e^{f_v\alpha} - 1}{e^{f_v\alpha} + 1} \tag{3-1-6}$$

式中，q——带每米长度的质量，kg/m，见表3-1-1；

v——带速，m/s。

此时，最大有效圆周力 F_{max} 随与初拉力 F_0、包角 α、当量摩擦因数 f_v 的增大而增大，随带速 v 的增大而减小。

2. 带传动的应力分析

带传动工作时，带中应力由下列三部分组成：

1）由拉力作用产生的拉应力

紧边拉应力

$$\sigma_1 = \frac{F_1}{A} \tag{3-1-7}$$

松边拉应力

$$\sigma_2 = \frac{F_2}{A} \tag{3-1-8}$$

式中，A——带的横截面积，mm^2；

σ_1——紧边拉应力，MPa；

σ_2——松边拉应力，MPa。

2）由离心力引起的离心应力

当带绕过带轮时，会产生离心力

$$F_c = qv^2 \tag{3-1-9}$$

虽然离心力只产生在带做圆周运动的部分，但由此产生的离心拉应力却作用于带的全长。

$$\sigma_c = \frac{qv^2}{A} \tag{3-1-10}$$

式中，q——每米带长的质量，kg/m，见表3-1-1。

3）带绕过带轮时产生的弯曲应力

带绕过带轮时，将因弯曲而产生弯曲应力

$$\sigma_b \approx E\frac{h}{D} \tag{3-1-11}$$

式中，E——带的弯曲弹性模量，MPa；

h——带的高度，mm；

D——带轮计算直径，mm，对于V带轮，即基准直径 d_d。

带轮直径 d_d 越小，带的弯曲应力就越大。显然小带轮上的弯曲应力要大于大带轮上的弯曲应力。为了避免弯曲应力过大，对于各种型号的V带都规定了最小带轮直径 d_{dmin}，见表3-1-3。

表3-1-3 不同型号V带允许的最小带轮直径 mm

型号	Y	Z SPZ	A SPZ	B SPZ	C SPZ	D	E
d_{dmin}	20	50 63	75 90	125 140	200 224	355	500

因此，设计时应使带轮直径 $d_d \geqslant d_{dmin}$。

带在工作时的应力分布如图 3－1－11 所示。带工作时受变应力作用，每绕两带轮循环一周，作用在带上某点的应力就变化一个周期。最大应力发生在紧边绕上小轮处，其值为

$$\sigma_{max} \approx \sigma_c + \sigma_1 + \sigma_{b1} \quad (3-1-12)$$

由于带是在变应力状态下工作的，当应力循环次数达到一定值时，带就会发生疲劳破坏。

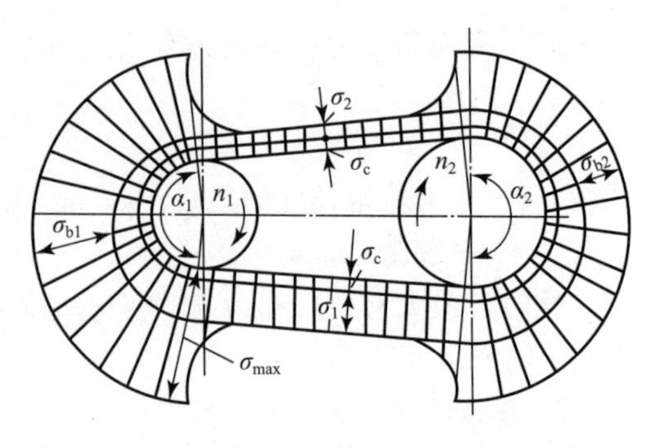

图 3－1－11 带的应力分布

3.1.7 带传动的弹性滑动和打滑

1. 带传动的弹性滑动

带是弹性体，受力后将会产生弹性变形。由于紧边拉力 F_1 大于松边拉力 F_2，因此紧边的伸长量大于松边的伸长量，如图 3－1－12 所示。当传动带的紧边在 a 点进入主动轮 1 时，带的速度和轮 1 的圆周速度 v_1 相等，但在传动带随轮 1 由 a 点旋转至 b 点的过程中，带所受的拉力由 F_1 逐渐下降到 F_2，其弹性伸长量也将逐渐减小，这时带在带轮上必向后产生微小滑动，造成带的速度小于主动轮的圆周速度，至 b 点处带速已由 v_1 降为 v_2 了。

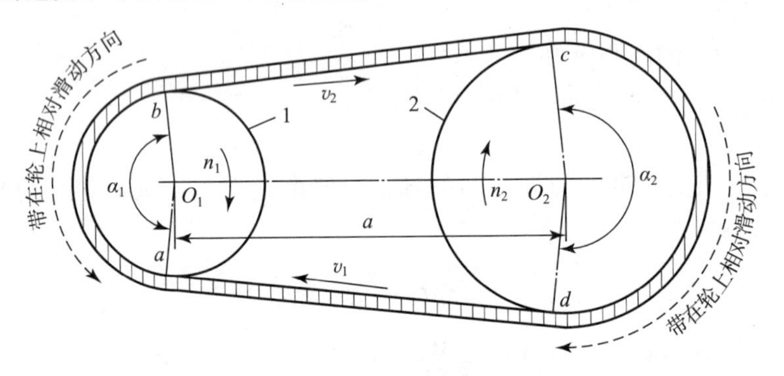

图 3－1－12 带传动的弹性滑动

1—主动轮；2—从动轮

同理，传动带在从动轮 2 上由 c 点旋转至 d 点的过程中，由于拉力逐渐增大，其弹性伸长量也将逐渐增加，这时带在带轮上必向前产生滑动，致使带的速度领先于从动轮的圆周速度，至 d 点处带的速度又增加到 v_1。由于带两边拉力不相等致使两边弹性变形不相同，由此引起的带与带轮间的滑动称为带传动的弹性滑动。它在摩擦带传动中是不可避免的，是带传动不能保证准确传动比的原因。由于弹性滑动引起的从动轮圆周速度的降低率称为带传动的相对滑动率，用 ε 表示，即

$$\varepsilon = \frac{v_1 - v_2}{v_1} \times 100\% \quad (3-1-13)$$

式中，$v_1 = \dfrac{\pi d_{d1} n_1}{60 \times 1\,000}$，$v_2 = \dfrac{\pi d_{d2} n_1}{60 \times 1\,000}$。

考虑弹性滑动时，带的传动比计算公式为：

$$i = \frac{n_1}{n_2} = \frac{d_{d2}}{d_{d1}(1-\varepsilon)} \quad (3-1-14)$$

通常 V 带传动 $\varepsilon=1\%\sim2\%$，可以忽略，即：

$$i=\frac{n_1}{n_2}=\frac{d_{d2}}{d_{d1}} \tag{3-1-15}$$

由 $P=\frac{Fv}{1\ 000}$知，在 P 一定的情况下，v 越高，F 越小，F_1-F_2 越小，弹性滑动越小。因此，多级传动中，带传动应布置在高速级。

2. 打滑

传递的外载荷增大时，要求有效拉力 F 也随之增加，当 F 达到一定数值时，带与带轮接触面间的摩擦力总和 F_f 达到极限值。若外载荷继续增加，带将沿整个接触弧面滑动，这种现象称为打滑。带在小带轮上的包角较小，所以打滑总是发生在小带轮上。

带发生打滑现象会有以下危害：

（1）从动轮转速急剧下降，失去传动能力；

（2）带严重磨损。

需要注意的是：打滑属于带传动失效，可以避免；弹性滑动属于带传动的固有特性，不可避免。

3.1.8　V 带传动的张紧、安装和维护

1. V 带传动的张紧

为使 V 带具有一定的初拉力，新安装的带在套装后需张紧；V 带运行一段时间后，会产生磨损和塑性变形，使带松弛，初拉力减小，传动能力下降。为了保证带传动的传动能力，必须定期检查与重新张紧 V 带，常用的张紧方法有如下两种。

1）调整中心距

如图 3－1－13（a）所示，通过调节螺钉 3，使电动机 1 在滑道 2 上移动，直到所需位置；如图 3－1－13（b）所示，通过螺栓 2 使电动机 1 绕定轴 O 摆动将带张紧，也可依靠电动机和机架的自重使电动机摆动实现自动张紧，如图 3－1－13（c）所示。

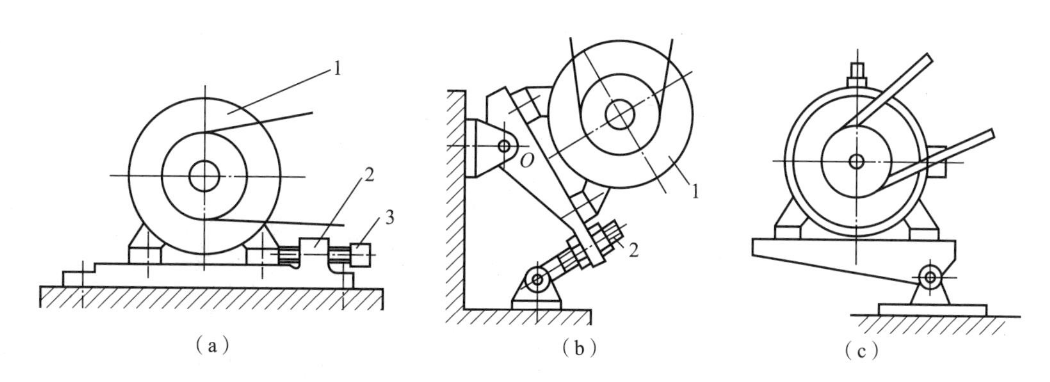

图 3－1－13　调整中心距

(a)

1—电动机；2—滑道；3—调节螺钉

(b)

1—电动机；2—螺栓

2）采用张紧轮

当中心距不能调节时，可采用张紧轮将带张紧，如图 3－1－14 所示。张紧轮一般放在松边内侧，使带只受到单向弯曲，并要靠近大轮，以保证小带轮有较大的包角，其直径宜小于小带轮直径。

2. V 带传动的安装和维护

（1）安装 V 带时，先将中心距缩小后将带套入，然后慢慢调整中心距，直至张紧。

（2）安装 V 带时，两带轮轴线应相互平行，各带轮相对应的轮槽的对称平面应重合，其误差不得超过 20′，如图 3－1－15 所示。

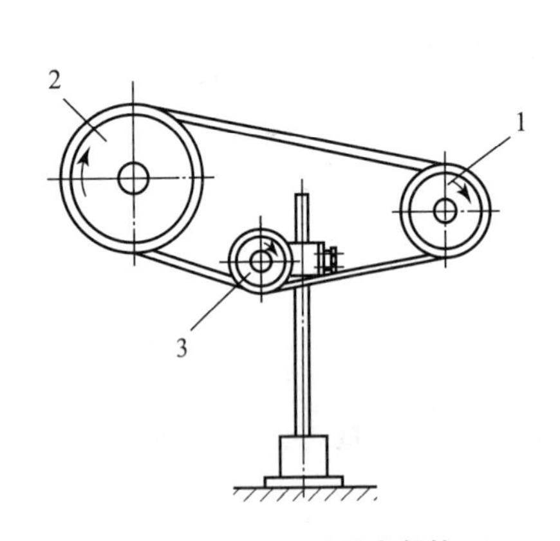

图 3－1－14　采用张紧轮

1—主动轮；2—从动轮；3—张紧轮

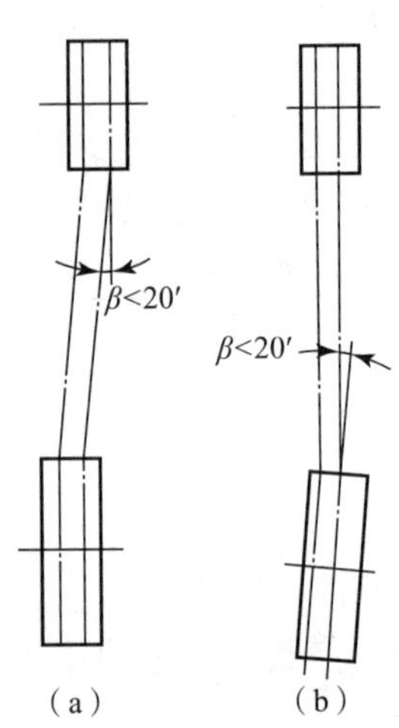

图 3－1－15　V 带轮的安装位置

（3）多根 V 带传动时，为避免各带受力不均，各带的配组公差应在同一级。

（4）新旧带不能同时混合使用，更换时，要求全部同时更换。

（5）定期对 V 带进行检查，以便及时调整中心距或更换 V 带。

（6）为了保证安全，同时也防止油、酸、碱等对 V 带的腐蚀，V 带传动应加防护罩。

子任务 2　链　传　动

任务引入

图 3－2－1 所示为自行车上的链传动结构，为什么自行车的传动机构采用的是链传动而不是带传动？相比带传动，链传动有什么优缺点？

图 3－2－1　自行车链传动

任务分析

链传动是由主动链轮、从动链轮和与之相啮合的链条组成的。链条有多种形式，应用最多、最广的是套筒滚子链，常用于载荷较大，两轴平行的开式传动。链传动兼有齿轮传动的啮合和带传动的挠性结构特点，所以它是具有中间挠性件的啮合传动。该传动在机械中应用较广。

任务目标

1. 掌握链传动的类型、特点和用途；
2. 熟悉滚子链的标准和结构；
3. 熟悉滚子链轮的结构及使用材料；
4. 学会分析滚子链传动时的工作情况；
5. 了解链传动的动载荷特性。

3.2.1　链传动的分类及应用

根据用途的不同，链传动分为传动链、起重链和牵引链。传动链主要用来传递动力；起重链主要用在起重机中提升重物；牵引链主要用在运输机械中移动重物。

根据结构的不同，常用的传动链又可分为滚子链和齿形链，如图3－2－2所示。滚子链结构简单、磨损较轻，故应用较广。齿形链虽传动平稳、噪声小，但结构复杂、重量较大且价格较高，主要用于高速（$v \geqslant 30$ m/s）传动和运动精度要求较高的传动中。

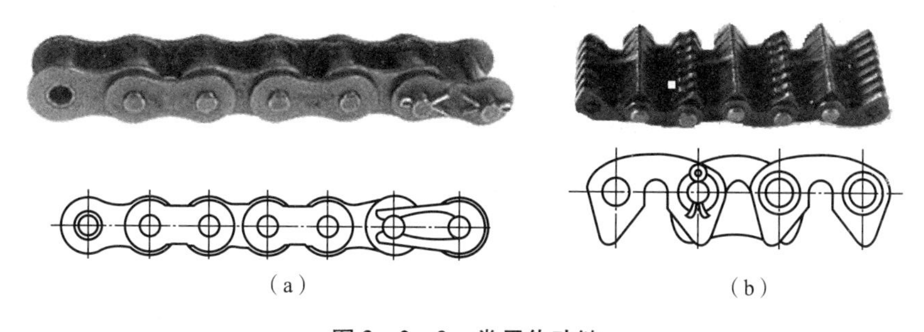

图3－2－2　常用传动链

（a）滚子链；（b）齿形链

一般链传动的应用范围为：传递功率 $P \leqslant 100$ kW，传动比 $i \leqslant 8$，链速 $v \leqslant 20$ m/s，中心距 $a \leqslant 6$ m，效率 $\eta = 0.92 \sim 0.97$。目前链传动的最大传递功率已达到5 000 kW，最大的传动比可达到15，最高链速可达40 m/s，最大中心距可达8 m。

3.2.2　套筒滚子链传动的特点

与属于摩擦传动的带传动相比，套筒滚子链传动无弹性滑动和打滑现象，因而能保持准确的平均传动比，传动效率较高；又因链条不需要像带那样张得很紧，所以作用于轴上的径向压力较小；在同样的使用条件下，链传动的结构较为紧凑。同时链传动能在高温及速度较低的情况下工作。与齿轮传动相比，链传动的制造、安装精度要求低，成本较低；其缺点是瞬时链速和瞬时传动比都是变化的，传动平稳性较差，工作中有冲击和噪声，不适合高速场合，不适用于转动方向频繁改变的情况。

3.2.3　滚子链及链轮的结构参数

3.2.3.1　套筒滚子链的结构

滚子链由内链板、外链板、销轴、套筒和滚子共5个元件组成。各元件均由碳钢或合金钢制成，并经热处理提高其强度和耐磨性。销轴与外链板之间、套筒与内链板之间均为过盈配合连接。链板的“∞”形设计是为了使各截面接近等强度，以减轻链的质量和运动时的惯性，如图 3－2－3 所示。

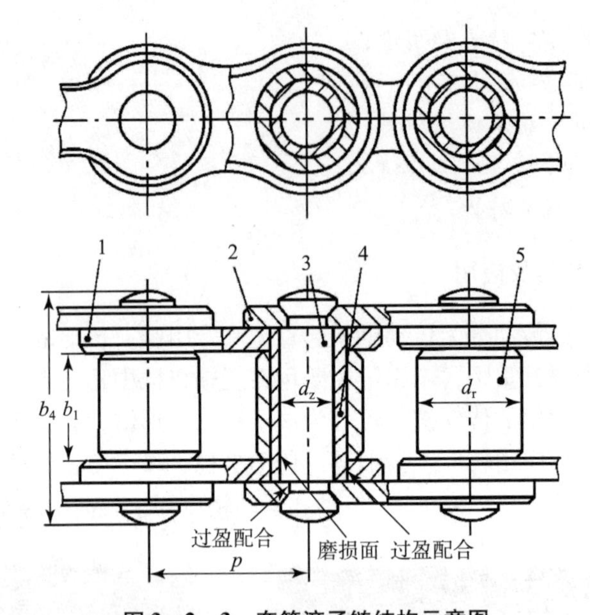

图 3－2－3　套筒滚子链结构示意图

1—内链板；2—外链板；3—销轴；4—套筒；5—滚子

3.2.3.2　滚子链的规格和参数

滚子链是标准件，其规格由链号表示，分 A、B 两个系列，我国以 A 系列为主体（用于设计和出口），B 系列用于维修和出口。表 3－2－1 中列出了几种规格的滚子链。滚子链的主要参数是链的节距，它是指链条上相邻两销轴中心间的距离，用 p 表示。链节距 p 越大，链的尺寸和传递的功率就越大。

表 3－2－1　套筒滚子链的规格尺寸

链号	节距 p /mm	排距 p_t /mm	滚子外径 d_{1max} /mm	内链节内宽 b_{1min} /mm	销轴直径 d_{2max} /mm	链板高度 h_{2max} /mm	极限拉伸载荷（单排）Q_{min} /N	每米质量（单排）q /(kg·m^{-1})
05B	8.00	5.64	5.00	3.00	2.31	11.81	4 400	0.70
06B	9.252	10.24	6.35	5.72	3.28	8.26	8 900	0.40
08B	12.7	13.92	8.51	7.75	4.45	11.81	17 800	0.70
08A	12.70	14.38	7.95	7.85	3.96	12.07	13 800	0.60
10A	15.875	18.11	10.16	9.40	5.08	15.09	21 800	1.00
12A	19.05	22.78	11.91	12.57	5.95	18.08	31 100	1.50
16A	25.40	29.29	15.88	15.75	7.94	24.13	55 600	2.60
20A	31.75	35.76	19.05	18.90	9.54	30.18	86 700	3.80
24A	38.10	45.44	22.23	25.22	11.10	36.20	124 600	5.60

续表

链号	节距 p /mm	排距 p_t /mm	滚子外径 d_{1max} /mm	内链节内宽 b_{1min} /mm	销轴直径 d_{2max} /mm	链板高度 h_{2max} /mm	极限拉伸载荷（单排）Q_{min} /N	每米质量（单排）q /(kg·m^{-1})
28A	44.45	48.87	25.40	25.22	12.70	42.24	169 000	7.50
32A	50.80	58.55	28.53	31.55	14.29	48.26	222 400	10.10
40A	63.50	71.55	39.68	37.85	19.34	60.33	347 000	16.10

滚子链的标记方法为：链号—排数×链节数　标准编号。

例如：12A－2×100　GB/T 1243—2006 即为 A 系列滚子链，节距为 19.05 mm，双排，链节数为 100。

链条除了接头和链节外，各链节都是不可分离的，链的长度用链节数表示。为了使链连成封闭的环状，链的两端应用连接链节连接起来，连接链节通常有三种形式，如图 3－2－4 所示。当组成链的总链节为偶数时，可采用开口销或弹簧夹将接头上的活动销轴固定。当链节总数为奇数时，可采用过渡链节连接。链条受力后，过渡链节的链板除受拉力外，还受附加弯矩，其强度较一般链节低。所以在一般情况下，最好不用奇数链节。

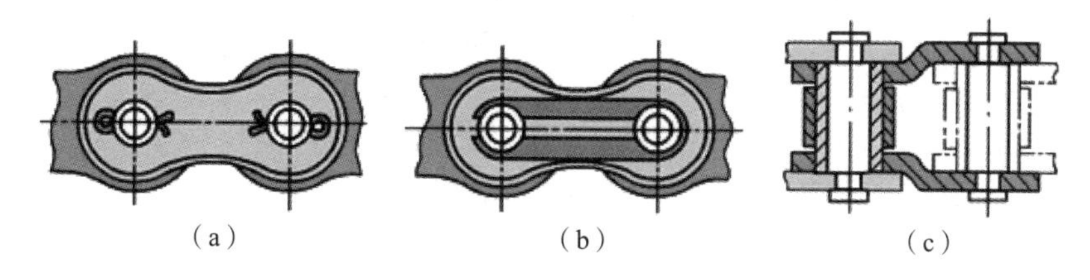

图 3－2－4　连接链节形式

(a) 开口销；(b) 弹簧夹；(c) 过渡链节

3.2.3.3　套筒滚子链轮结构及材料

1. 链齿的齿形

套筒滚子链传动属于非共轭啮合，所以链轮的齿形可以有很大的灵活性。国家标准中尚未规定具体的链轮齿形，只规定链轮的最大齿槽的形状和最小齿槽的形状。实际齿槽形状在最大、最小范围内都可使用，因而链轮齿廓曲线的几何形状可以有很大的灵活性。轮齿的齿形应能使链条的链节自由啮入或啮出，啮合时接触良好；有较大的容纳链节距因磨损而增长的能力；便于加工。

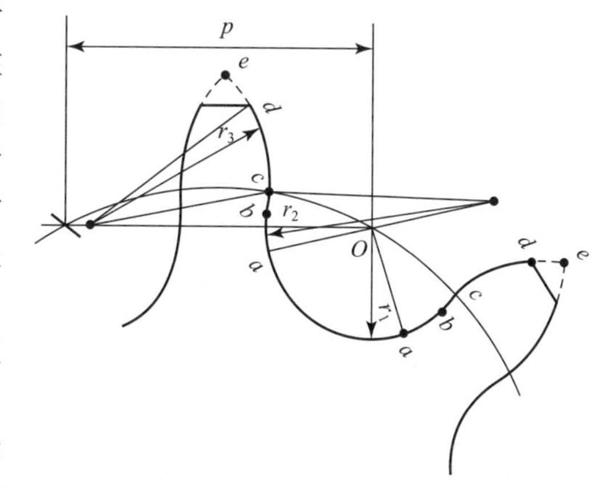

图 3－2－5　滚子链链轮齿形

目前链轮端面齿形较常用的一种齿形是三圆弧一直线齿形（见图 3－2－5），它由 *aa*、*ab*、*cd* 组成，*abcd* 为齿廓工作段。因齿形用标准刀具加工，在链轮工作中不必画出，只需在图中注明“齿形按 3R GB/T 1243—2006 规定制造”即可。

滚子链链轮的轴面齿形见图 3－2－6，其两侧倒圆或倒角，便于链节跨入和退出，其几何尺寸可查相关手册。

2. 链轮的几何参数和尺寸

链轮的几何参数有分度圆直径 d，齿顶圆直径 d_a，齿根圆直径 d_f，如图 3－2－7 所示，其计算公式如下：

分度圆直径
$$d=\frac{p}{\sin\frac{180^\circ}{z}}$$

齿顶圆直径
$$d_a=p\left(0.54+\cot\frac{180^\circ}{z}\right)$$

齿根圆直径
$$d_f=d-d_r$$

式中，z——链轮齿数；

d_r——沟圆弧直径。

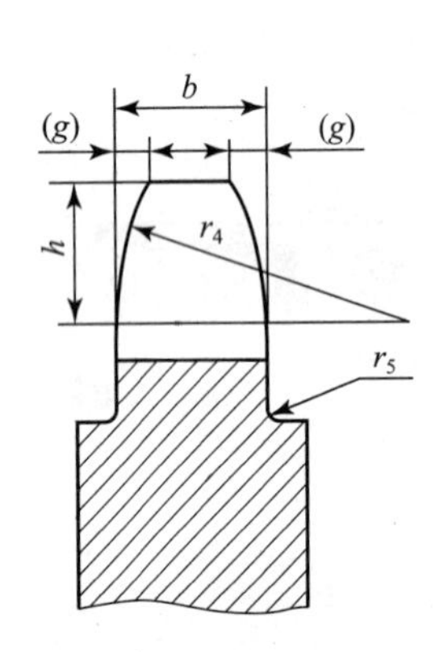

图 3－2－6　滚子链链轮轴向齿廓

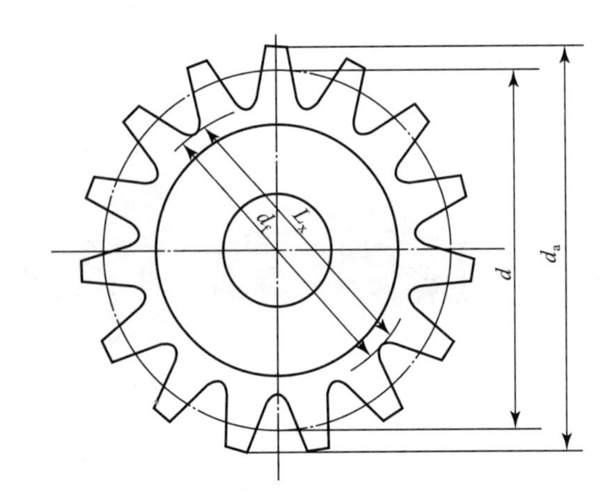

图 3－2－7　链轮主要尺寸参数

3. 链轮材料

链轮材料应满足强度和耐磨性要求。在低速、轻载或平稳传动中，链轮可采用低、中碳钢制造；中速、中载无剧烈冲击时，采用中碳钢淬火处理，其齿面硬度 HRC＞40～45；高速、重载或连续工作的传动，采用低碳合金钢表面渗碳淬火（如用 15Cr、20Cr 等钢渗碳淬硬至 HRC＝50～60）或中碳合金钢表面淬火（如用 40Cr、35CrMnSi、35CrMo 等钢淬硬到 HRC＝40～50）。低速、轻载且齿数较多时（$z>50$），也允许用不低于 HT150 的铸铁链轮。由于小链轮的啮合次数比大链轮多，因此对材料的要求也比大链轮高，当大链轮用铸铁时，小链轮通常都用钢。

4. 链轮的结构

小直径的链轮制作成实心式；中等直径的链轮制作成孔板式；直径较大的链轮，为便于更换磨损后的齿圈，可设计成组合式，具体见图 3－2－8。

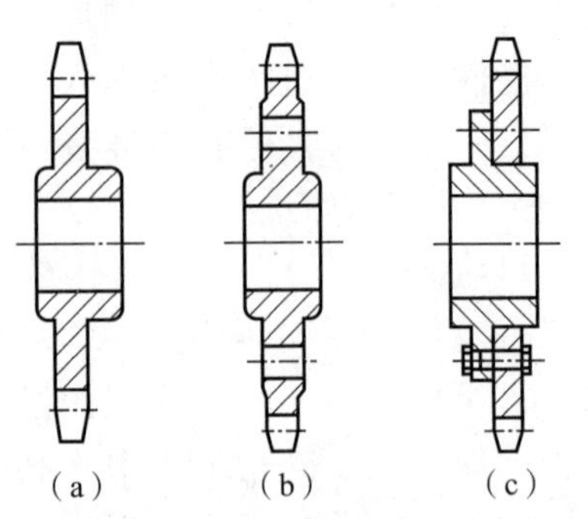

图 3－2－8　链轮的结构形式

(a) 实心式；(b) 孔板式；(c) 组合式

3.2.4　套筒滚子链传动的工作情况分析

具有刚性链板的链条呈多边形绕在链轮上如同具有柔性的传动带绕在正多边形的带轮上，多边形的边长和边数分别对应链条的节距 p 和链轮的齿数 z，如图 3－2－9 所示。

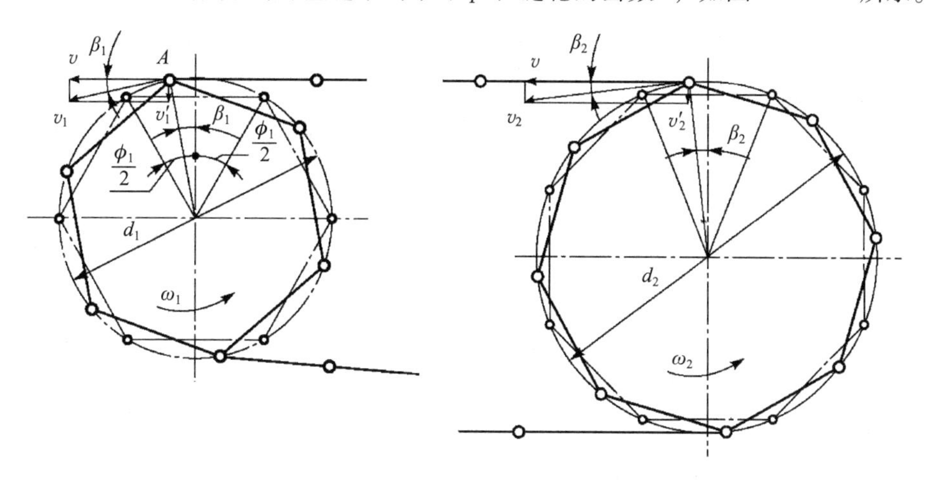

图 3－2－9　链传动的运动分析

1. 平均链速和平均传动比

链的平均速度为：

$$v = \frac{z_1 n_1 p}{60 \times 1\,000} = \frac{z_2 n_2 p}{60 \times 1\,000}$$

链传动的平均传动比为：

$$i = \frac{n_1}{n_2} = \frac{z_2}{z_1}$$

2. 瞬时链速和瞬时传动比

设链条紧边（主动边）在传动时总处于水平位置，分析主动链轮上任一链节 A 从进入啮合到相邻的下一个链节进入啮合的一段时间内链的运动情况：

当主动链轮匀速转动时，链条铰链 A 在任一位置（以 β 角度量）上的瞬时速度为：

$$v_1 = \frac{d_1}{2}\omega_1$$

则链条铰链 A 点的前进分速度为

$$v_x = \frac{d_1}{2}\omega_1 \cos\beta_1 。$$

上下运动分速度为

$$v_y = \frac{d_1}{2}\omega_1 \sin\beta_1$$

每一链节在主动链轮上对应中心角为 $\phi_1 = \frac{360°}{z_1}$，$\beta_1$ 角的变化范围为：

$$\frac{-\phi_1}{2} \leqslant \beta_1 \leqslant \frac{\phi_1}{2}$$

从动链轮的角速度为：
$$\omega_2 = \frac{v_x}{\frac{d_2}{2}\cos\beta_2} = \frac{\frac{d_1}{2}\omega_1\cos\beta_1}{\frac{d_2}{2}\cos\beta_2}$$

因此，链传动的瞬时传动比为：
$$i = \frac{\omega_1}{\omega_2} = \frac{d_2\cos\beta_2}{d_1\cos\beta_1}$$

3. 链传动的运动不均匀性

当$\beta = \pm\frac{\phi_1}{2}$时，链速最小，$v_x = v_{x\min} = \frac{d_1}{2}\omega_1\cos\frac{180°}{z_1}$；当$\beta = 0$时，链速最大，$v_x = v_{x\max} = \frac{d_1}{2}\omega_1$。所以，主动链轮做等速回转时，链条前进的瞬时速度$v$将周期性地由小变大，又由大变小，每转过一个节距就变化一次。链传动的整个运动过程中，这种瞬时速度周期变化的现象称为链传动的运动不均匀性或者称为链传动的多边形效应。

只有在$z_1 = z_2$，且传动的中心距恰为节距p的整数倍时，传动比才可能在啮合过程中保持不变，恒为1。

3.2.5 链传动的动载荷

链传动在工作过程中，其运动的不均匀性引起动载荷，产生振动、冲击与噪声，直接影响链传动的性能和使用寿命。

动载荷产生的主要原因有以下几方面：

（1）链速和从动链轮角速度周期性变化产生加速度（见下式），从而引起附加的动载荷。

$$a_{\max} = \pm r_1\omega_1^2\sin\beta_1 = \pm r_1\omega_1^2\sin\frac{\phi_1}{2} = \pm r_1\omega_1^2\sin\frac{180°}{z_1} = \pm\frac{\omega_1^2 p}{2}$$

从上式中可知，链轮的转速越高、节距越大、齿数越少，动载荷就越大。

（2）链条做上下运动的垂直分速度也作周期性的变化，使链产生振动，从而产生附加动载荷。

（3）链节进入链轮齿槽的瞬间，链节和轮齿以一定的相对速度相啮合，链与链轮受到冲击，产生附加动载荷，如图3-2-10所示。

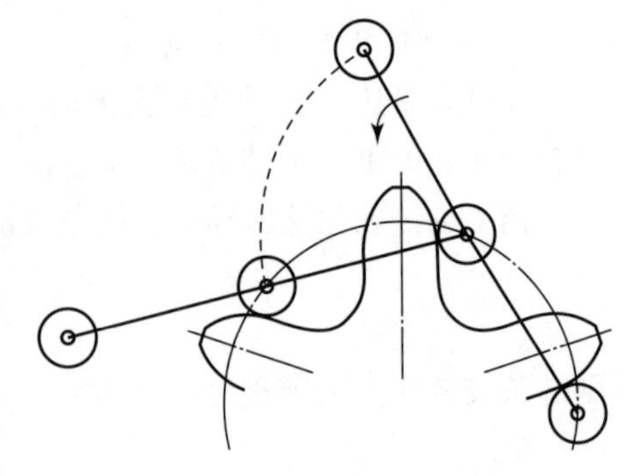

图3-2-10　链节和轮齿的啮合

（4）若链张紧不好，链条松弛，在启动、制动反转、载荷变化等情况下，将产生惯性冲击，使链传动产生很大的动载荷。

综合以上原因，在链传动设计时，采用较多的链轮齿数和较小的链节距；在工作时，链条不要过松，并尽量限制链传动的最大转速，这样可降低链传动的动载荷。

因此，多级传动中，链传动应布置在低速级。

3.2.6　链传动的布置、张紧

1. 链传动的布置

链传动的合理布置应遵循以下原则：

（1）两链轮的回转平面应在同一平面内。

（2）两链轮中心连线最好在水平面内或与水平面成45°以下的倾角，应避免垂直布置。

（3）链轮机构必须布置在垂直平面内。

表3－2－2所示为不同条件下链传动的布置方式。

表3－2－2　链传动布置

传动参数	正确布置	不正确布置	说明
$i=2\sim3$ $a=(30\sim50)p$ （i与a较佳场合）	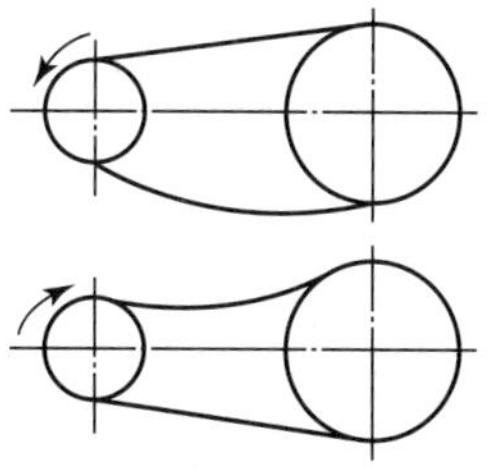		两轮轴线在同一水平面，紧边在上在下都可以，但在上较好些
$i>2$ $a<30p$ （i大、a小场合）	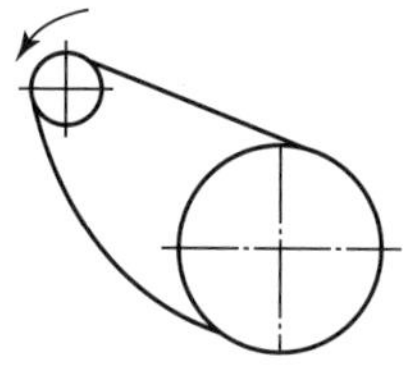	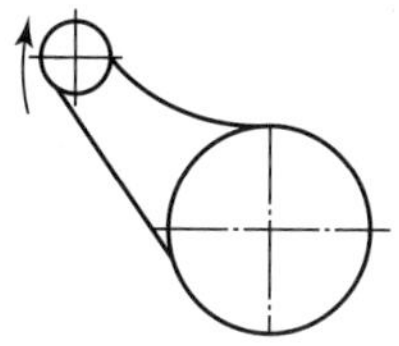	两轮轴线不在同一水平面，松边应在下面，否则松边下垂量增大后，链条易与链轮卡死
$i<1.5$ $a>60p$ （i小、a大场合）	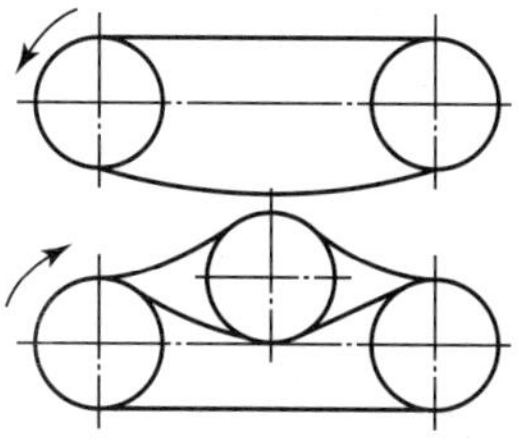	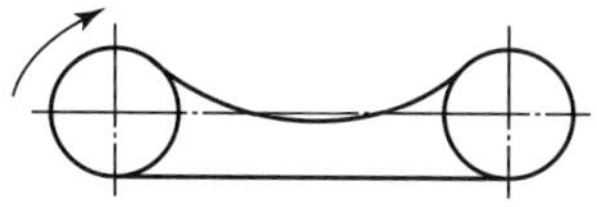	两轮轴线在同一水平面，松边应在下面，否则下垂量增大后，松边会与紧边相碰，需经常调整中心距
i、a为任意值 （垂直传动场合）	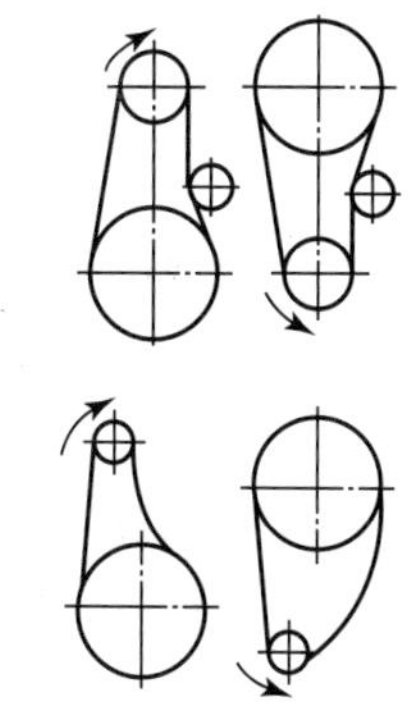	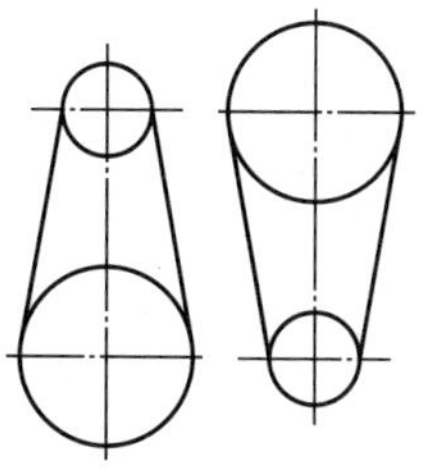	两轮轴线在同一铅垂面内，下垂量增大，会减小下链轮的有效啮合齿数，降低传动能力。为此应采用： （1）中心距可调； （2）设张紧装置； （3）上、下两轮偏置，使两轮的轴线不在同一铅垂面内

2. 链传动的张紧

链传动张紧的目的主要是避免在链条的垂度过大时产生啮合不良和链条的振动现象；同时也为了增加链条与链轮的啮合包角。

当链传动的中心距可调整时，可通过调整中心距张紧；当中心距不可调时，可通过设置张紧轮张紧，如图 3－2－11 所示。

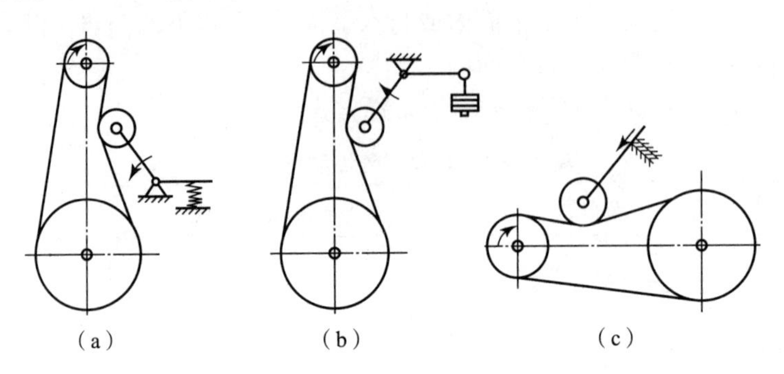

图 3－2－11　链轮的张紧

（a）靠弹簧力张紧；（b）靠砝码张紧；（c）定期调整张紧

思考题与习题

第一部分

1. 带传动是依靠（　　）来传递运动和功率的。
   A. 带与带轮接触面之间的正压力　　B. 带与带轮接触面之间的摩擦力
   C. 带的紧边拉力　　D. 带的松边拉力
2. 带张紧的目的是（　　）。
   A. 减轻带的弹性滑动　　B. 提高带的寿命
   C. 改变带的运动方向　　D. 使带具有一定的初拉力
3. 与链传动相比较，带传动的优点是（　　）。
   A. 工作平稳，基本无噪声　　B. 承载能力大
   C. 传动效率高　　D. 使用寿命长
4. 与平带传动相比较，V 带传动的优点是（　　）。
   A. 传动效率高　　B. 带的寿命长
   C. 带的价格便宜　　D. 承载能力大
5. 选取 V 带型号，主要取决于（　　）。
   A. 带传递的功率和小带轮转速　　B. 带的线速度
   C. 带的紧边拉力　　D. 带有松边拉力
6. V 带传动中，小带轮直径的选取主要取决于（　　）。
   A. 传动比　　B. 带的线速度
   C. 带的型号　　D. 带传递的功率
7. 中心距一定的带传动，小带轮上包角的大小主要由（　　）决定。
   A. 小带轮直径　　B. 大带轮直径

C. 两带轮直径之和　　D. 两带轮直径之差

8. 两带轮直径一定时，减小中心距将引起（　　）。

A. 带的弹性滑动加剧　　B. 带传动效率降低

C. 带工作噪声增大　　D. 小带轮上的包角减小

9. 带传动的中心距过大时，会导致（　　）。

A. 带的寿命缩短　　B. 带的弹性滑动加剧

C. 带的工作噪声增大　　D. 带在工作时出现颤动

10. 设计 V 带传动时，为防止（　　），应限制小带轮的最小直径。

A. 带内的弯曲应力过大　　B. 小带轮上的包角过小

C. 带的离心力过大　　D. 带的长度过长

11. 一定型号的 V 带内弯曲应力的大小，与（　　）成反比关系。

A. 带的线速度　　B. 带轮的直径　　C. 带轮上的包角　　D. 传动比

12. 带传动在工作时，假定小带轮为主动轮，则带内应力的最大值发生在带（　　）。

A. 进入大带轮处　　B. 紧边进入小带轮处

C. 离开大带轮处　　D. 离开小带轮处

13. 带传动产生弹性滑动的原因是（　　）。

A. 带与带轮间的摩擦系数较小　　B. 带绕过带轮产生了离心力

C. 带的紧边和松边存在拉力差　　D. 带传递的中心距大

14. 与带传动相比，链传动的优点是（　　）。

A. 工作平稳，无噪声　　B. 寿命长

C. 制造费用低　　D. 能保持准确的瞬时传动比

15. 与齿轮传动相比，链传动的优点是（　　）。

A. 传动效率高　　B. 工作平稳，无噪声

C. 承载能力大　　D. 能传递的中心距大

16. 套筒滚子链中，滚子的作用是（　　）。

A. 缓冲吸振　　B. 减轻套筒与轮齿间的摩擦和磨损

C. 提高链的承载能力　　D. 保证链条与轮齿间的良好啮合

17. 在一定转速下，要减轻链传动的运动不均匀和动载荷，应（　　）。

A. 增大链节距和链轮齿数　　B. 减小链节距和链轮齿数

C. 增大链节距，减小链轮齿数　　D. 减小链节距，增大链轮齿数

18. 为了限制链传动的动载荷，在链节距和小链轮齿数一定时，应限制（　　）。

A. 小链轮的转速　　B. 传递的功率

C. 传动比　　D. 传递的圆周力

19. 大链轮的齿数不能取得过大的原因是（　　）。

A. 齿数越大，链条的磨损就越大

B. 齿数越大，链传动的动载荷与冲击就越大

C. 齿数越大，链传动的噪声就越大

D. 齿数越大，链条磨损后，越容易发生“脱链现象”

20. 链传动中心距过小的缺点是（　　）。

A. 链条工作时易颤动，运动不平稳

B. 链条运动不均匀性和冲击作用增强

C. 小链轮上的包角小，链条磨损快

D. 容易发生“脱链现象”

21. 两轮轴线不在同一水平面的链传动，链条的紧边应布置在上面，松边应布置在下面，这样可以使（　　）。

A. 链条平稳工作，降低运行噪声　　B. 松边下垂量增大后不致与链轮卡死

C. 链条的磨损减小　　D. 链传动达到自动张紧的目的

22. 链条由于静强度不够而被拉断的现象，多发生在（　　）情况下。

A. 低速重载　　B. 高速重载　　C. 高速轻载　　D. 低速轻载

23. 链条在小链轮上包角过小的缺点是（　　）。

A. 链条易从链轮上滑落

B. 链条易被拉断，承载能力低

C. 同时啮合的齿数少，链条和轮齿的磨损快

D. 传动的不均匀性增大

24. 链条的节数宜采用（　　）。

A. 奇数　　B. 偶数　　C. 5 的倍数　　D. 10 的倍数

25. 链传动张紧的目的是（　　）。

A. 使链条产生初拉力，以使链传动能传递运动和功率

B. 使链条与轮齿之间产生摩擦力，以使链传动能传递运动和功率

C. 避免链条垂度过大时产生啮合不良

D. 避免打滑

第二部分

1. 什么是带传动的打滑？它与弹性滑动有何区别？打滑对传动有什么影响？打滑先发生在大带轮上还是小带轮上？

2. 带在传动中产生哪几种应力？最大应力出现在什么位置？

3. 带的最大有效拉力 F_{max} 与哪些因素有关？

4. 在机械传动系统中，为什么经常将 V 带传动布置在高速级，而将链传动布置在低速级？

5. 为什么在一般条件下，链传动的瞬时传动比不是恒定值？什么条件下传动比恒定？

6. 在链速一定的情况下，链节距的大小对链传动的动载荷有何影响？

任务4　机械传动装置的总体设计

传动装置的总体设计，主要包括确定传动方案、选择电动机型号、合理分配各级传动比以及计算传动装置的运动和动力参数等。总体设计将为下一步各级传动件计算和装配图设计提供依据。

子任务1　传动方案分析

任务引入

图4-1-1所示为某带式输送机的四种传动方案。这四种传动方案分别具有什么优缺点？应该采用哪种传动方案较合理？

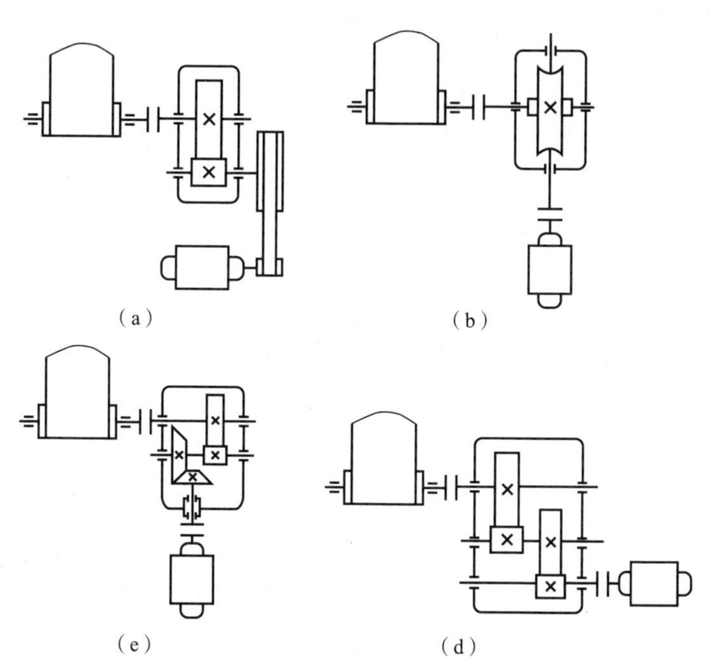

图4-1-1　带式输送机传动方案比较

任务分析

机器一般由原动机、传动装置和工作机三部分组成。传动装置在原动机与工作机之间起传递运动和动力的作用，通过变换原动机的运动形式、改变其速度大小和转矩大小来满足工作机的需要，是机器的重要组成部分。传动装置一般包括传动件和支承件两部分。它的重量和成本在机器中所占比重较大，其性能和质量对机器的工作效率影响很大。因此，必须合理拟定传动方案。

在课程设计实训中，应根据设计任务书拟定传动方案，并对传动方案进行分析，分析各种传动方案的优缺点，并对方案是否合理提出自己的见解。合理的传动方案应满足工作要求，具有结构紧凑、便于加工、效率高、成本低、使用维护方便等特点。一种方案要同时满足这些要求往往是很困难的，因此要保证满足主要要求。

任务目标

1. 学会分析不同传动方案的优缺点；
2. 熟练掌握不同传动机构的特点；
3. 熟悉不同形式的减速器的特点及应用场合。

图4－1－1（a）所示方案中的宽度和长度尺寸较大，带传动不适用于繁重的工作要求和恶劣的工作环境，但若用于链式或板式输送机，可起到过载保护作用。图4－1－1（b）所示方案虽然结构紧凑，但若在大功率和长期运转条件下使用，由于蜗杆传动效率低，功率损耗大，很不经济。图4－1－1（c）所示方案的宽度尺寸小，适于在恶劣环境下长期连续工作，但采用圆锥齿轮加工比圆柱齿轮困难。图4－1－1（d）所示方案与图4－1－1（b）所示方案相比较，其宽度尺寸较大，输入轴线与工作机位置是水平的，适宜在恶劣环境下长期工作，且两方案的主要性能相近，但图4－1－1（d）所示方案的宽度尺寸明显小于图4－1－1（c）所示方案。评价传动方案的优劣应从多方面进行，在进行课程设计实训时，主要从传动机构的轮廓尺寸和主要机械性能这两方面进行比较。

分析和选择传动机构的类型是拟定传动方案的重要一环，通常应考虑机器的动力、运动和其他要求，再结合各种传动机构的特点和适用范围，分析比较，合理选择。为便于选型，我们将常用传动机构的主要性能及适用范围列于表4－1－1，常用减速器的形式、特点及其应用列于表4－1－3。

表4－1－1　常用传动机构的主要性能及适用范围

<table>
<tr><th colspan="2">传动机构
选用指标</th><th>平带传动</th><th>V带传动</th><th>链传动</th><th colspan="2">齿轮传动</th><th>蜗杆传动</th></tr>
<tr><td colspan="2">功率（常用值）/kW</td><td>小（≤20）</td><td>中（≤100）</td><td>中（≤100）</td><td colspan="2">大（≤50 000）</td><td>小（≤50）</td></tr>
<tr><td rowspan="2">单级传动比</td><td>常用值</td><td>2～4</td><td>2～4</td><td>2～5</td><td>圆柱
3～5</td><td>圆锥
2～3</td><td>10～40</td></tr>
<tr><td>最大值</td><td>5</td><td>7</td><td>6</td><td>8</td><td>5</td><td>80</td></tr>
<tr><td colspan="2">传动效率</td><td colspan="6">见表4－1－2</td></tr>
<tr><td colspan="2">许用的线速度/($m \cdot s^{-1}$)</td><td>≤25</td><td>≤25～30</td><td>≤40</td><td colspan="2">6级精度直齿不大于18，非直齿不大于36；5级精度可达100</td><td></td></tr>
<tr><td colspan="2">轮廓尺寸</td><td>大</td><td>大</td><td>大</td><td colspan="2">小</td><td>小</td></tr>
<tr><td colspan="2">传动精度</td><td>低</td><td>低</td><td>中等</td><td colspan="2">高</td><td>高</td></tr>
</table>

续表

选用指标 \ 传动机构	平带传动	V 带传动	链传动	齿轮传动	蜗杆传动
工作平稳性	好	好	较差	一般	好
自锁性能	无	无	无	无	可有
过载保护作用	有	有	无	无	无
使用寿命	短	短	中等	长	中等
缓冲吸振能力	好	好	中等	长	差
要求制造及安装精度	低	低	中等	高	高
要求润滑条件	不需	不需	中等	高	高
环境适应性	不能接触酸、碱、油、爆炸性气体		好	一般	一般

表 4－1－2　机械传动系统中各传动副的效率概略值

种类			效率 η
圆柱齿轮传动	很好跑合的 6 级和 7 级精度的齿轮传动（油润滑）		0.98～0.99
	8 级精度的齿轮传动（油润滑）		0.97
	9 级精度的齿轮传动（油润滑）		0.96
	加工齿的开式齿轮传动（脂润滑）		0.94～0.96
	铸造齿的开式齿轮传动		0.90～0.93
圆锥齿轮传动	很好跑合的 6 级和 7 级精度的齿轮传动（油润滑）		0.97～0.98
	8 级精度的齿轮传动（油润滑）		0.94～0.97
	加工齿的开式齿轮传动（脂润滑）		0.92～0.95
	铸造齿的开式齿轮传动		0.88～0.92
蜗杆传动	自锁蜗杆	油润滑	0.40～0.45
	单头蜗杆		0.70～0.75
	双头蜗杆		0.75～0.82
	三头和四头蜗杆		0.80～0.92
	圆弧面蜗杆传动		0.85～0.95

种类		效率 η
摩擦传动	平摩擦传动	0.85～0.92
	槽摩擦传动	0.88～0.90
	卷绳轮	0.95
联轴器	浮动联轴器（十字联轴器等）	0.97～0.99
	齿式联轴器	0.99
	弹性联轴器	0.99～0.995
	万向联轴器（$a\leqslant3°$）	0.97～0.98
	万向联轴器（$a\leqslant3°$）	0.95～0.97
滑动轴承	润滑不良	0.94（一对）
	润滑正常	0.97（一对）
	润滑特好（压力润滑）	0.98（一对）
	液体摩擦	0.99（一对）
滚动轴承	球轴承（稀油润滑）	0.99（一对）
	滚子轴承（稀油润滑）	0.98（一对）

续表

种类		效率 η
带传动	平带无压紧轮的开式传动	0.98
	平带有压紧轮的开式传动	0.97
	平带交叉传动	0.90
链传动	V 带传动	0.96
	焊接链	0.93
	片式关节链	0.95
	滚子链	0.96
	齿形链	0.97
复滑轮组	滑动轴承（$i=2\sim6$）	0.92 ~ 0.98
	滚动轴承（$i=2\sim6$）	0.95 ~ 0.99

种类		效率 η
滑池内油的飞溅和密封摩擦		0.95 ~ 0.99
卷筒		0.96
减（变）速器	单级圆柱齿轮减速器	0.97 ~ 0.98
	双级圆柱齿轮减速器	0.95 ~ 0.96
	行星圆柱齿轮减速器	0.95 ~ 0.98
	单级圆锥齿轮减速器	0.95 ~ 0.96
	圆锥—圆柱齿轮减速器	0.94 ~ 0.95
	无级变速器	0.92 ~ 0.95
	摆线针轮减速器	0.90 ~ 0.97
丝杠传动	滑动丝杠	0.30 ~ 0.60
	滚动丝杠	0.85 ~ 0.95

表 4-1-3　常用减速器的形式、特点及其应用

名称		运动简图	推荐传动比范围	特点及应用
单级减速器	圆柱齿轮		直齿：$i\leqslant5$； 斜齿、人字齿：$i\leqslant7$	齿轮可制成直齿、斜齿或人字齿。传递功率可达数万千瓦，效率较高，工艺简单，精度易于保证，一般工厂均能制造，应用广泛。箱体常用铸铁制造，单件或小批量生产时可采用焊接结构。支承多采用滚动轴承，只有重型或特高速时才采用滑动轴承
	圆锥齿轮		直齿：$i\leqslant3$； 斜齿：$i\leqslant6$	用于输入轴与输出轴相交的传动。由于锥齿轮制造较复杂，仅在传动布置需要时才采用。其齿形有直齿、斜齿和人字齿之分

续表

<table>
<tr><th colspan="2">名称</th><th>运动简图</th><th>推荐传动比范围</th><th>特点及应用</th></tr>
<tr><td rowspan="2">单级减速器</td><td>下置式蜗杆</td><td>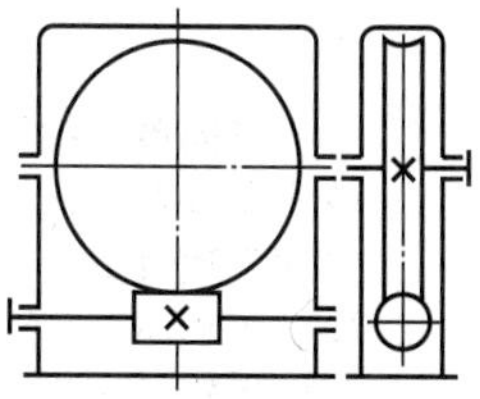</td><td rowspan="2">$i = 10 \sim 70$</td><td rowspan="2">传动比大，结构简单，尺寸紧凑，但效率较低，适用于载荷较小、间歇工作的场合。
蜗杆布置在蜗轮的下边，啮合处的冷却和润滑都较好，同时蜗杆轴承的润滑也较方便。但当蜗杆圆周速度太大时，油的搅动损失较大，一般用于蜗杆圆周速度 $v < 4 \sim 5$ m/s 的情况。
蜗杆布置在蜗轮的上边，装拆方便，蜗杆的许用圆周速度高一些，但蜗杆轴承的润滑不太方便，需采取特殊的结构措施</td></tr>
<tr><td>上置式蜗杆</td><td>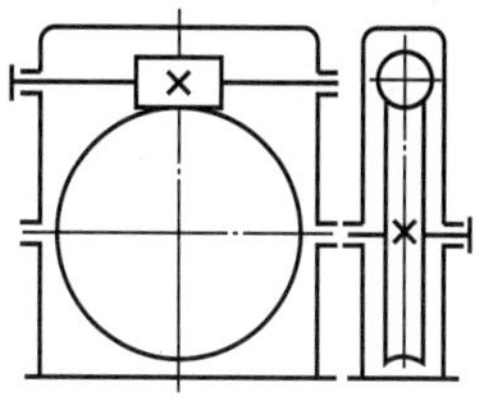</td></tr>
<tr><td rowspan="3">双级减速器</td><td>展开式圆柱齿轮</td><td>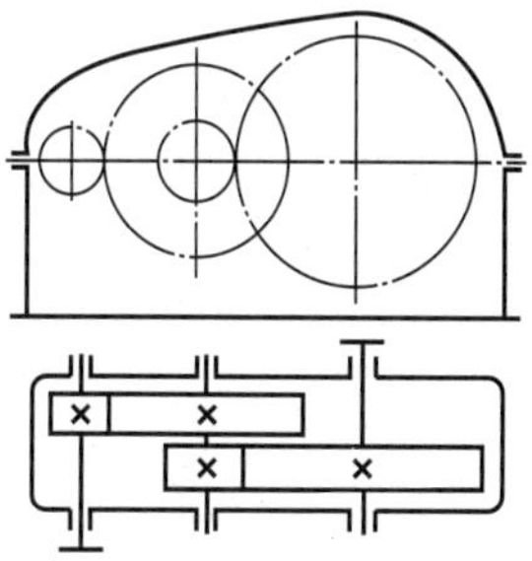</td><td>$i = i_1 i_2 = 8 \sim 40$</td><td>两级展开式圆柱齿轮减速器的结构简单，但齿轮相对轴承的位置不对称，因此轴应具有较大的刚度。高速级齿轮应布置在远离转矩输入端，这样，轴在转矩作用下产生的扭转变形能减弱轴在弯矩作用下产生的弯曲变形所引起的载荷沿齿宽分布不均匀的情况。建议用于载荷比较平稳的场合。高速级做成斜齿，低速级可做成直齿或斜齿</td></tr>
<tr><td>分流式圆柱齿轮</td><td>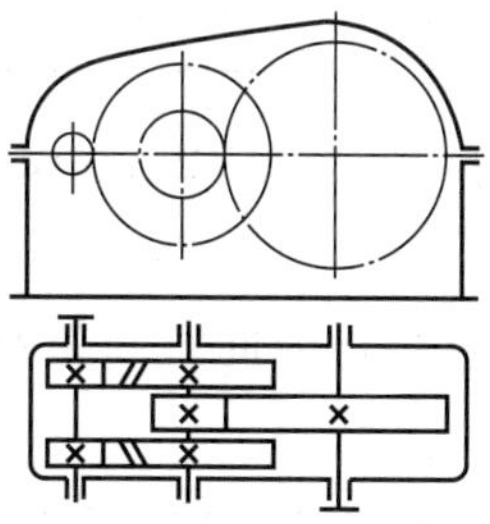</td><td rowspan="2">$i = i_1 i_2 = 8 \sim 40$</td><td>高速级用斜齿轮、低速级用人字齿轮或直齿轮。由于低速级齿轮与轴承对称分布，沿齿宽受载均匀，轴承受力也均匀，但结构较复杂，常用于较大功率、变载荷场合</td></tr>
<tr><td>同轴式圆柱齿轮</td><td>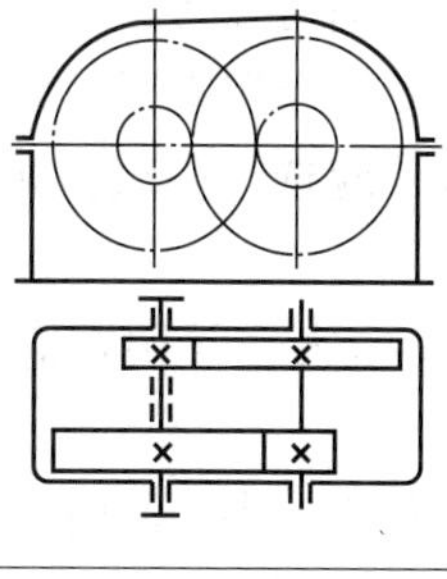</td><td>减速器横向尺寸短，两对齿轮浸入油中深度大致相等。但减速器的轴向尺寸及重量较大；高速级齿轮的承载能力难以充分利用；中间轴较长，刚性差，载荷沿齿宽分布不均匀；仅能有一个输入和输出轴端，限制了传动布置的灵活性</td></tr>
</table>

续表

名称	运动简图		推荐传动比范围	特点及应用
双级减速器	圆锥、圆柱齿轮		$i = i_1 i_2 = 8 \sim 15$	特点同单级锥齿轮减速器。锥齿轮应布置在高速级，以使锥齿轮的尺寸不致过大，否则加工困难。锥齿轮可做成直齿、斜齿或曲线齿，圆柱齿轮可做成直齿或斜齿
	圆柱齿轮、蜗杆		$i = i_1 i_2 = 60 \sim 90$	齿轮传动在高速级时结构比较紧凑，蜗杆传动在高速级时则传动效率较高
	蜗杆、圆柱齿轮			

在拟定传动方案时，应注意由几种传动形式组成多级传动时的传动顺序布置，常考虑以下几点：

（1）带传动平稳性好、能缓冲减振，但承载能力较小，因此宜布置在传动系统的高速级。

（2）链传动运转平稳性差，有冲击，不适于高速传动，宜布置在低速级。

（3）蜗杆传动可以实现较大的传动比，尺寸紧凑、传动平稳，但效率较低，适用于中、小功率且间歇运转的场合。当它与齿轮传动组合应用时，最好布置在高速级，使其传递的扭矩较小以减小蜗轮尺寸。对于传递动力且连续工作的场合，应选择多级齿轮传动来实现大传动比。

（4）斜齿轮传动的平稳性较直齿轮传动更好，承载能力大，常用在高速级或要求传动平稳的场合。

（5）圆锥齿轮加工较困难，只有在需要改变轴的布置方向时才采用。锥齿轮宜放在高速级。

（6）开式齿轮传动的润滑条件差，磨损严重，应布置在低速级。

（7）其他机构如螺旋传动、连杆机构、凸轮机构等改变运动形式的机构应放在传动系统的最后一级，且常为工作机的执行机构。

子任务2　电动机选择

任务引入

图4－2－1所示为拟定的一种输送机传动方案，动力源为一台电动机，而市面上销售的电动机型号有很多种（见图4－2－2），有交流、直流等类型，在传动方案的设计中应采用哪种型号的电动机？

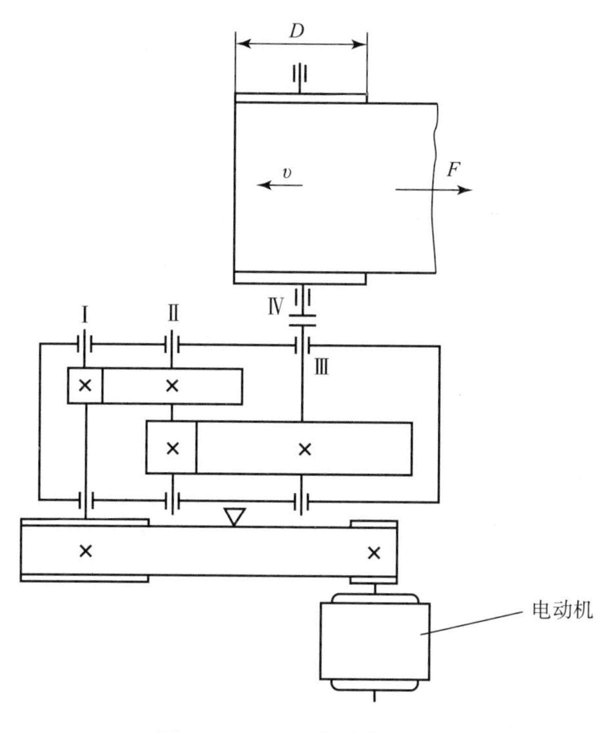

图4－2－1　拟定的传动方案

图4－2－2　不同种类的电动机

任务分析

电动机为标准化、系列化的产品，设计中应根据工作机的工作情况和运动、动力参数，并根据选择的传动方案，合理选择电动机的类型、结构形式、容量和转速，确定具体的电动机型号。

电动机类型的选择应主要根据电源种类，载荷性质及大小，工作情况及空间位置尺寸，启动性能和启动、制动、反转的频繁程度，转速高低和调速性能等要求来确定。

任务目标

1. 了解电动机的类型和结构形式；
2. 掌握电动机的选型方法与步骤。

4.2.1　选择电动机的类型和结构形式

电动机有交、直流之分，一般工厂都采用三相交流电，因而选用交流电动机。交流电动机分为异步电动机和同步电动机两种，异步电动机又分为笼型异步电动机和绕线型异步电动机两种，其中以普通笼型异步电动机应用最多。目前应用较广的是一般用途的 Y 系列全封闭自扇冷式笼型三相异步电动机，该电动机结构简单、启动性能好、工作可靠、价格低廉、维护方便，适用于不易燃、不易爆、无腐蚀性气体及无特殊要求的场合，如金属切削机床、输送机、风机、农业机械、食品机械等。在经常启动、制动和反转的场合（如起重机等），则要求电动机转动惯量小和过载能力大，应选用起重及冶金用 YG 型（鼠笼型）或 YZR 型（绕线型）三相异步电动机。为适应不同的输出轴要求和安装需要，电动机机体又分为多种安装结构形式。根据不同的防护要求，电动机结构还分为开启式、防护式、封团式和防爆式等几种。电动机的额定电压一般为 380 V。

4.2.2　选择电动机的容量

电动机的容量（功率）选得合适与否，对电动机的工作和经济性都有影响。容量小于工作要求，则不能保证工作机的正常工作或使电动机长期过载而过早损坏；容量过大则电动机价格高，载荷能力不能充分发挥，由于经常不满载运行，效率和功率因数都较低，同时增加了电能消耗，造成很大浪费。

电动机的容量主要根据电动机运行时的发热条件来决定。电动机的发热与其运行状态有关。运行状态有三类，即长期连续运行、短时运行和重复短时运行。

课程设计中，传动装置的工作条件一般是在不变（或变化很小）的载荷下长期连续运行，要求所选电动机的额定功率 P_{ed} 不小于所需的电动机的工作功率 P_d，电动机在工作时就不会过热，通常无须校验发热和启动力矩。所需电动机功率为

$$P_d = \frac{P_W}{\eta_\Sigma} \tag{4-2-1}$$

式中，P_W——工作机所需有效功率，kW；

η_Σ——电动机至工作机之间的传动装置的总效率。

不同专业机械的 P_W 有不同的计算方法，例如：带式输送机

$$P_W = \frac{Fv}{1\,000\eta_W} \tag{4-2-2}$$

螺旋输送机

$$P_W = \frac{Tn_W}{9\,550\eta_W} \tag{4-2-3}$$

式中，F——工作机的圆周力，例如带式输送机上输送带（链）的有效拉力，N；

v——工作机的线速度，例如带式输送机上输送带（链）的速度，m/s；

T——工作机的阻力矩，例如螺旋输送机上螺旋轴的有效转矩，N · mm；

n_W——工作机的转速，例如螺旋输送机上螺旋轴的转速，r/min；

η_W——工作机的效率。

电动机至工作机之间的传动装置的总效率 η_Σ 按下式计算：

$$\eta_\Sigma = \eta_1\eta_2\eta_3\cdots\eta_n \tag{4-2-4}$$

式中，η_1，η_2，η_3，…，η_n 分别为传动装置中每一对传动副（例如齿轮、蜗杆、带或链等传动）、运动副（例如联轴器、滚动轴承）的效率。

计算总效率时，应注意以下各点：

（1）各运动副或传动副效率的概略值，可参见表4－1－2。表中数值是效率的范围，情况不明确时可取中间值。如果工作条件差、加工精度低、维护不良，应取低值，反之则取高值。

（2）动力每经过一个传动副或运动副，就发生一次损失，故在计算效率时，不要遗漏。

（3）轴承的效率均是对一对轴承而言。

（4）蜗杆传动的效率与蜗杆头数、材料、润滑及啮合参数等诸多因素有关。初步设计时，可根据初选的头数，由表4－1－2估计一个效率值，待设计出蜗杆、蜗轮的参数和尺寸后，再计算效率和验算传动功率。

4.2.3　确定电动机的转速

同类型、同额定功率的电动机有多种转速可供选用，例如，三相异步电动机常用的同步转速有3 000 r/min、1 500 r/min、1 000 r/min及750 r/min四种。同步转速越低，其极数也就越多，而外廓尺寸及重量就越大，故价格越高，但这可以使传动装置总传动比及尺寸减小。同步转速高时则情况相反。因此应全面分析比较其利弊之后再选定电动机转速。

按照工作机转速要求和传动机构的合理传动比范围，可以推算电动机转速的可选范围，即：

$$n'_{d} = i'_{a} n_{W} = (i'_{1} i'_{2} \cdots i'_{n}) n_{W} \tag{4-2-5}$$

式中，n'_{d}——电动机转速的可选范围，r/min；

i'_{a}——传动装置总传动比的合理范围；

$i'_{1} i'_{2} \cdots i'_{n}$——各级传动机构的合理传动比范围，见表4－1－1；

n_{W}——工作机的转速，r/min。

例如，带式输送机的卷筒转速

$$n_{W} = \frac{60 \times 1\,000 v}{\pi D}$$

式中，v——输送带的速度，m/min；

D——输送带的卷筒直径，mm。

对Y系列电动机，通常多选用同步转速为1 500 r/min或1 000 r/min的电动机，如无特殊需要，不选用低于750 r/min的电动机。

根据选定的电动机类型、结构、容量和转速，由电动机产品目录中查出其型号，并记录其额定功率、满载转速、外形尺寸、中心高、轴伸尺寸、键连接尺寸和地脚尺寸等参数备用。

设计传动装置时一般按工作机实际需要的电动机输出功率 P_{d} 计算，转速则取满载转速。

例4－2－1　如图4－2－3所示的带式输送机，运输带的有效拉力 $F=6\,000$ N，输送带速度 $v=0.5$ m/s，卷筒直径 $D=300$ mm，载荷平稳，常温下连续运转，工作环境多尘，电源为三相交流，电压为380 V，试选择电动机。

解　1）选择电动机类型、结构形式

按工作要求及工作条件选用三相异步电动机，封闭式结构，电压380 V，Y系列。

2）选择电动机功率

需要电动机输出的实际功率 P_{d} 为：

$$P_{d} = \frac{P_{W}}{\eta_{\Sigma}}$$

而带式输送机的所需的有效功率 P_{W} 为：

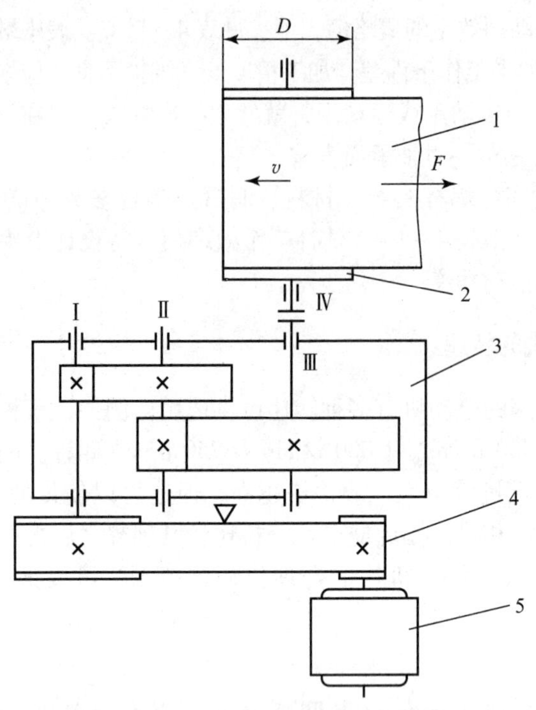

图 4－2－3　带式输送机的传动装置

1—输送胶带；2—传动滚筒；3—两级圆柱齿轮减速器；
4—V 带传动；5—电动机

$$P_{\mathrm{W}} = \frac{Fv}{1\,000\eta_{\mathrm{W}}}$$

因此
$$P_{\mathrm{d}} = \frac{P_{\mathrm{W}}}{\eta_{\Sigma}} = \frac{Fv}{1\,000\eta_{\mathrm{W}}\eta_{\Sigma}}$$

由电动机至工作机之间的传动装置的总效率为：

$$\eta_{\Sigma} = \eta_{\mathrm{V带}} \cdot \eta_{齿轮}^{2} \cdot \eta_{轴承}^{3} \cdot \eta_{联}$$

按表 4－1－2 取，V 带传动效率：$\eta_{\mathrm{V带}} = 0.96$；齿轮啮合效率：$\eta_{齿轮} = 0.97$（按齿轮精度为 8 级）；滚动轴承效率 $\eta_{轴承} = 0.99$；联轴器效率 $\eta_{联} = 0.99$。则传动装置的总效率为：

$$\eta_{\Sigma} = \eta_{\mathrm{V带}} \cdot \eta_{齿轮}^{2} \cdot \eta_{轴承}^{3} \cdot \eta_{联} = 0.96 \times 0.972 \times 0.993 \times 0.99 = 0.868$$

工作机（带式输送机）的效率为：

$$\eta_{\mathrm{W}} = \eta_{卷筒}\eta_{轴承} = 0.96 \times 0.99 = 0.950\text{（卷筒效率 }\eta_{卷筒} = 0.96\text{）}$$

需要电动机输出的工作功率 P_{d} 为：

$$P_{\mathrm{d}} = \frac{P_{\mathrm{W}}}{\eta_{\Sigma}} = \frac{Fv}{1\,000\eta_{\mathrm{W}}\eta_{\Sigma}} = \frac{6\,000 \times 0.5}{1\,000 \times 0.868 \times 0.95} = 3.638$$

查附表 1.1，可选电动机的额定功率 $P_{\mathrm{ed}} = 4$ kW。

3）确定电动机转速

输送机卷筒轴的转速：

$$n_{\mathrm{W}} = \frac{60v}{\pi D} = \frac{60 \times 0.5}{\pi \times 300/1\,000} = 31.831\ (\mathrm{r/min})$$

按推荐传动机构传动比的合理范围，取 V 带传动比 $i'_{\mathrm{V带}} = 2 \sim 4$，两级圆柱齿轮减速器

传动比 $i'_{两级减速器}=8\sim40$，则总传动比可选范围为：

$$i'_a=i'_{V带}\cdot i'_{两级减速器}=16\sim160$$

电动机转速的可选范围为：

$$n'_d=i'_a n_W=(16\sim60)\times31.831=(509.296\sim5\ 092.96)\ r/min$$

符合这一范围的同步转速应有 3 000 r/min、1 500 r/min、1 000 r/min 及 750 r/min 四种。

现选择最常用的 1 500 r/min 和 1 000 r/min 两种同步转速的电动机。由附表 1.1 查得：可选 Y112M—4 型和 Y132M1—6 型，电动机数据及计算出的总传动比列于表 4-2-1。

表 4-2-1　电动机数据及总传动比

方案号	电动机型号	额定功率 /kW	同步转速 /(r·min^{-1})	满载转速 /(r·min^{-1})	电动机质量 /kg	总传动比
1	Y112M—4	4.0	1 500	1 440	51	45.28
2	Y132M1—6	4.0	1 000	960	73	30.19

比较两方案可见，方案 1 选用的电动机虽然重量和价格较低，但总传动比大。为使传动装置结构紧凑，决定选用方案 2。电动机型号为 Y132M1—6，额定功率为 4kW，同步转速为 1 000 r/min，满载转速为 960 r/min。由附表 1.2 查得电动机中心高 $H=132$ mm，外伸轴段 $D\times E=38\ \text{mm}\times80\ \text{mm}$。

子任务 3　传动装置传动比计算与分配

任务引入

当传动装置的各级传动比分配不合理时，就会造成如图 4-3-1 所示的大带轮过大与地基相碰、图 4-3-2 所示的高速级大齿轮与低速轴相干涉、图 4-3-3 所示的卷筒与齿轮轴干涉等情况。这些情况是什么原因导致的？应如何避免？

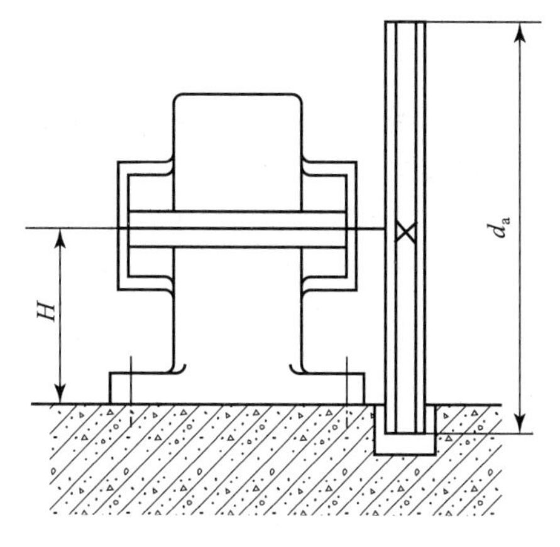

图 4-3-1　大带轮过大与地基相碰

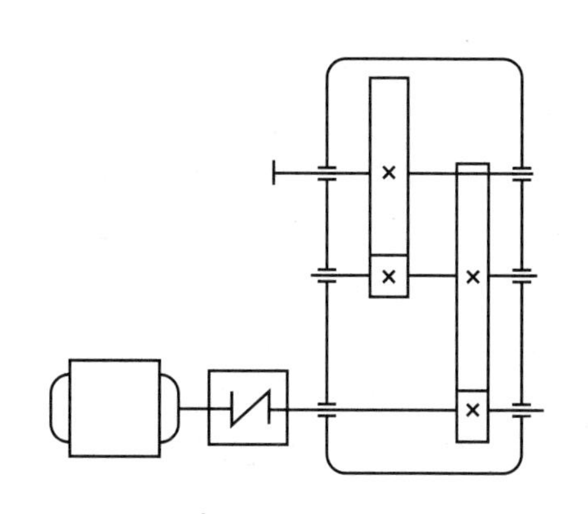

图 4-3-2　高速级大齿轮与低速轴相干涉

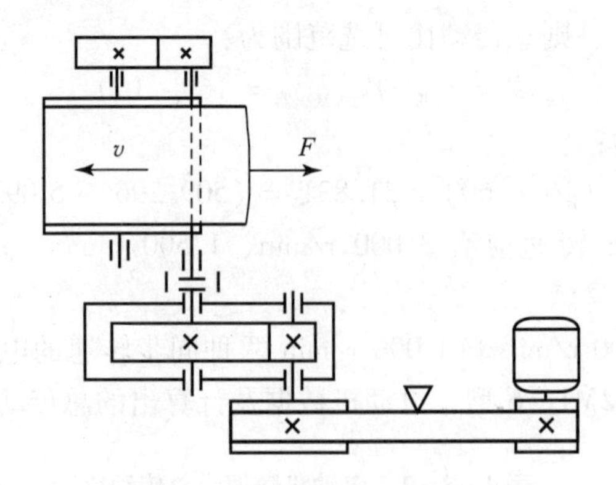

图4-3-3　卷筒与齿轮轴干涉

任务分析

当设计多级传动的传动装置时，分配传动比是一个重要的步骤；往往由于传动比分配不当，造成尺寸不紧凑、结构不协调、成本高、维护不便等诸多问题。因此，各级传动比的分配应合理。

任务目标

理解并掌握合理分配传动比的意义和方法。

传动装置的总传动比可根据电动机的满载转速 n_m 和工作机轴的转速 n_W，由 $i_\Sigma = \frac{n_m}{n_W}$ 算出，然后将总传动比合理地分配给各级传动。总传动比等于各级传动比的连乘积，即

$$i = i_1 \cdot i_2 \cdot \cdots \cdot i_n$$

要做到较合理地分配传动比应注意以下几点：

（1）各级传动机构的传动比应尽量在推荐范围内选择（参见表4-1-1）。

（2）传动装置中各级传动间应尺寸协调、结构匀称。例如，在由带传动和单级齿轮减速器组成的双级传动中，带传动的传动比不宜过大，一般应使 $i_{V带} \leqslant i_{齿轮}$，这样可使传动装置的结构较为紧凑。当带的传动比过大时，大带轮的外圆半径大于减速器的中心高 H，会造成安装困难（例如有时需将地基挖坑），如图4-3-1所示。

（3）各传动件彼此不发生干涉碰撞。例如，在双级圆柱齿轮减速器中，若高速级传动比过大，可能会使高速级的大齿轮顶圆与低速级大齿轮的轴相碰，如图4-3-2所示。传动比分配不当，也会使滚筒与开式齿轮传动的小齿轮轴发生干涉，如图4-3-3所示。

（4）应使各级大齿轮浸油深度合理（低速级大齿轮浸油稍深，高速级大齿轮能浸到油），为此应使两大齿轮的直径接近。通常在展开式二级圆柱齿轮减速器中，低速级中心距大于高速级中心距，因此为使两大齿轮的直径接近，应使高速级传动比大于低速级传动比。

下面给出一些分配传动比的参考数据：

（1）对展开式二级圆柱齿轮减速器，可取 $i_1 = (1.3 \sim 1.4)i_2$，$i_{减速器} = i_1 i_2$，即

$$i_1 = \sqrt{(1.3 \sim 1.4)i_{减速器}}$$

式中，i_1——高速级的传动比；

i_2——低速级的传动比；

$i_{减速器}$——对两级齿轮减速器的传动比。

（2）对同轴式二级圆柱齿轮减速器，可取 $i_1 = i_2 = \sqrt{i_{减速器}}$。

（3）对圆锥—圆柱齿轮减速器，可取圆锥齿轮传动的传动比 $i_1 \approx 0.25 i_{减速器}$，并尽量使 $i_1 \leqslant 3$，以保证大圆锥齿轮尺寸不致过大，便于加工。

（4）对于蜗杆—齿轮减速器，可取齿轮传动的传动比 $i_2 = (0.03 \sim 0.06) i_{减速器}$。

（5）对于齿轮—蜗杆减速器，可取齿轮传动的传动比 $i_1 < 2.0 \sim 2.5$，以使结构紧凑。

应该强调指出，这样分配各级传动比只是初步选定的数值，实际传动比要由准确计算传动件参数来确定，例如，初定齿轮传动的传动比 $i = 3.1$，$z_1 = 23$，则 $z_2 = iz_1 = 3.1 \times 23 = 71.3$，取 $z_2 = 71$，故最终传动比为 $i = z_2/z_1 = 71/23 = 3.09$。对于一般用途的传动装置，如带式输送机，其传动装置的总传动比一般允许在 ±（3% ~5%）范围内变化，即 $\frac{\Delta i_\Sigma}{i_\Sigma} \leqslant (3\% \sim 5\%)$。

例 4－3－1　数据同例 4－2－1，选定电动机的满载转速 $n_m = 960$ r/min，传动装置的总传动比：$i_\Sigma = \frac{n_m}{n_W} = \frac{960}{31.831} = 30.159$，试分配各级传动比。

解　据表 4－1－1，初取 $i_{V带} = 2.5$，则减速器的传动比为

$$i_{减速器} = \frac{i_\Sigma}{i_{V带}} = \frac{30.159}{2.5} = 12.064$$

取展开式双级齿轮减速器高速级的传动比为

$$i_1 = \sqrt{1.35 i_{减速器}} = \sqrt{1.35 \times 12.064} = 4.036$$

则低速级的传动比为

$$i_2 = \frac{i_{减速器}}{i_1} = \frac{12.064}{4.036} = 2.989$$

子任务4　传动装置的运动和动力参数计算

任务引入

当传动方案、电动机选型以及各级传动比都确定好以后，如何进行后续的 V 带选型、齿轮结构设计和轴的结构设计等，设计这些结构参数的最原始依据是什么？

任务分析

在选定了电动机型号，分配了传动比之后，应将传动装置中各轴的功率、转速和转矩计算出来，为传动零件和轴的设计计算提供依据。

任务目标

熟练掌握各轴的功率、转速和转矩计算的方法和步骤。

在计算各轴的功率、转速和转矩时应注意以下几点：

（1）各轴的转速可根据电动机的满载转速及传动比进行计算。

（2）各轴的功率和转矩均按输出处计算。有两种计算方法，其一是按工作机需要电动

机实际输出的功率计算；其二是按电动机的额定功率计算。前一种方法的优点是设计出的传动装置结构尺寸较为紧凑；而后一种方法，由于一般所选定的电动机额定功率 P_{ed} 略大于工作机需要电动机实际输出的功率 P_d，故根据 P_{ed} 计算出的各轴功率和转矩较实际需要的大一些，设计出的传动零件的结构尺寸也较实际需要的大一些，因此在生产中，传动装置的承载能力具有一定的潜力。

（3）由于轴承功率损耗的存在，同一根轴的输入功率（或转矩）与输出功率（或转矩）数值是不同的，通常仅计算轴的输出功率和转矩。

计算时，将传动装置中各轴从高速到低速依次定为Ⅰ轴、Ⅱ轴……（电动机外伸轴为0轴），相邻两轴间的传动比为 $i_{ⅠⅡ},i_{ⅡⅢ},\cdots$，相邻两轴间的传动效率为 $\eta_{ⅠⅡ},\eta_{ⅡⅢ},\cdots$，各轴的输入功率为 $P_Ⅰ,P_Ⅱ,\cdots$，各轴的转速为 $n_Ⅰ,n_Ⅱ,\cdots$，各轴的输入转矩为 $T_Ⅰ,T_Ⅱ,\cdots$，则各轴功率、转速和转矩的计算公式为：

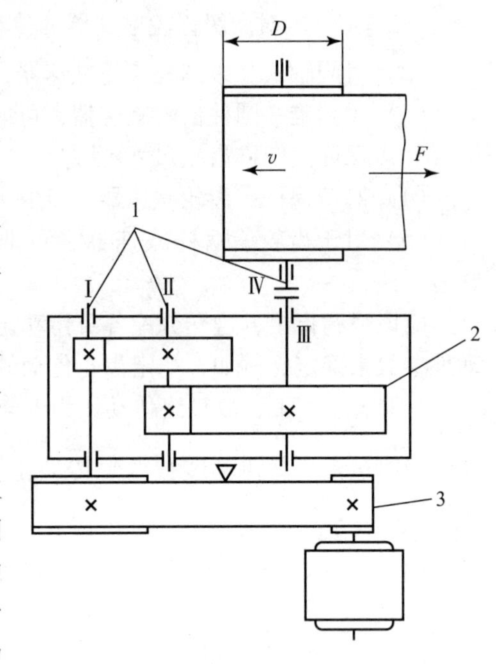

图4－4－1　带式输送机的传动装置

1—轴结构；2—齿轮结构；3—带结构

$$P\begin{cases}P_0\\P_Ⅰ=P_0\cdot\eta_{0Ⅰ}\\P_Ⅱ=P_Ⅰ\cdot\eta_{ⅠⅡ}\\P_Ⅲ=P_Ⅱ\cdot\eta_{ⅡⅢ}\\\vdots\quad\vdots\quad\vdots\end{cases}\qquad n\begin{cases}n_0\\n_Ⅰ=\dfrac{n_0}{i_{0Ⅰ}}\\n_Ⅱ=\dfrac{n_Ⅰ}{i_{ⅠⅡ}}\\n_Ⅲ=\dfrac{n_Ⅱ}{i_{ⅡⅢ}}\\\vdots\quad\vdots\end{cases}\qquad T\begin{cases}T_0=9.55\times10^6\dfrac{P_0}{n_0}\\T_Ⅰ=9.55\times10^6\dfrac{P_Ⅰ}{n_Ⅰ}=T_0\cdot i_{0Ⅰ}\cdot\eta_{0Ⅰ}\\T_Ⅱ=9.55\times10^6\dfrac{P_Ⅱ}{n_Ⅱ}=T_Ⅰ\cdot i_{ⅠⅡ}\cdot\eta_{ⅠⅡ}\\T_Ⅲ=9.55\times10^6\dfrac{P_Ⅲ}{n_Ⅲ}=T_Ⅱ\cdot i_{ⅡⅢ}\cdot\eta_{ⅡⅢ}\\\vdots\quad\vdots\quad\vdots\quad\vdots\quad\vdots\end{cases}$$

式中，P_0——电动机轴的输出功率，kW；

n_0——电动机轴的满载转速，r/min；

T_0——电动机轴的输出转矩，N·m；

$i_{0Ⅰ}$——电动机轴至Ⅰ轴的传动比，如其间用联轴器连接，则 $i_{0Ⅰ}=1$；

$\eta_{0Ⅰ}$——电动机轴至Ⅰ轴的传动效率。

按第一种方法计算时，P_0 为工作机所需的电动机功率，即 $P_0=P_d$；若按第二种方法计算，即 P_0 为电动机的额定功率 P_{ed}。本书中采用第一种方法进行相应参数的计算。

例4－4－1　数据同例4－2－1及例4－3－1，传动装置简图见图4－4－1，试从电动机开始计算各轴运动及动力参数。

解　0轴（电动机轴）

$$P_0=P_d=3.64\ \text{kW}$$

$$n_0=n_m=960\ \text{r/min}$$

$$T_0 = 9.55\times10^6\frac{P_0}{n_0} = 9.55\times10^6\times\frac{3.64}{960} = 36\ 210\ (\text{N}\cdot\text{mm})$$

Ⅰ轴（减速器高速轴）

$$P_{\text{I}} = P_0\cdot\eta_{0\text{I}} = P_d\cdot\eta_{\text{V带}}\cdot\eta_{\text{轴承}} = 3.64\times0.96\times0.99 = 3.46\ (\text{kW})$$

$$n_{\text{I}} = \frac{n_0}{i_{0\text{I}}} = \frac{n_m}{i_{\text{V带}}} = \frac{960}{2.5} = 384\ (\text{r/min})$$

$$T_{\text{I}} = 9.55\times10^6\frac{P_{\text{I}}}{n_{\text{I}}} = T_0\cdot i_{0\text{I}}\cdot\eta_{0\text{I}} = T_0\cdot i_{\text{V带}}\cdot\eta_{\text{V带}}\cdot\eta_{\text{轴承}}$$

$$=36\ 210\times2.5\times0.96\times0.99 = 86\ 035\ (\text{N}\cdot\text{mm})$$

Ⅱ轴（减速器中间轴）

$$P_{\text{II}} = P_{\text{I}}\cdot\eta_{\text{I II}} = P_{\text{I}}\cdot\eta_{\text{齿轮}}\cdot\eta_{\text{轴承}} = 3.46\times0.97\times0.99 = 3.32\ (\text{kW})$$

$$n_{\text{II}} = \frac{n_{\text{I}}}{i_{\text{I II}}} = \frac{n_{\text{I}}}{i_1} = \frac{384}{4.036} = 95.144\ (\text{r/min})$$

$$T_{\text{II}} = 9.55\times10^6\frac{P_{\text{II}}}{n_{\text{II}}} = T_{\text{I}}\cdot i_{\text{I II}}\cdot\eta_{\text{I II}} = T_{\text{I}}\cdot i_1\cdot\eta_{\text{齿轮}}\cdot\eta_{\text{轴承}}$$

$$=86\ 035\times4.036\times0.97\times0.99 = 333\ 452\ (\text{N}\cdot\text{mm})$$

Ⅲ轴（减速器低速轴）

$$P_{\text{III}} = P_{\text{II}}\cdot\eta_{\text{II III}} = P_{\text{II}}\cdot\eta_{\text{齿轮}}\cdot\eta_{\text{轴承}} = 3.32\times0.97\times0.99 = 3.19\ (\text{kW})$$

$$n_{\text{III}} = \frac{n_{\text{II}}}{i_{\text{II III}}} = \frac{n_{\text{II}}}{i_2} = \frac{95.144}{2.989} = 31.831\ \text{r/min}$$

$$T_{\text{III}} = 9.55\times10^6\frac{P_{\text{III}}}{n_{\text{III}}} = T_{\text{II}}\cdot i_{\text{II III}}\cdot\eta_{\text{II III}} = T_{\text{II}}\cdot i_2\cdot\eta_{\text{齿轮}}\cdot\eta_{\text{轴承}}$$

$$=333\ 452\times2.989\times0.97\times0.99 = 957\ 120\ (\text{N}\cdot\text{mm})$$

Ⅳ轴（传动滚筒轴）

$$P_{\text{IV}} = P_{\text{III}}\cdot\eta_{\text{III IV}} = P_{\text{III}}\cdot\eta_{\text{联轴器}} = 3.19\times0.99 = 3.16\ (\text{kW})$$

$$n_{\text{IV}} = \frac{n_{\text{III}}}{i_{\text{III IV}}} = n_{\text{III}} = 31.831\ (\text{r/min})$$

$$T_{\text{IV}} = 9.55\times10^6\frac{P_{\text{IV}}}{n_{\text{IV}}} = T_{\text{III}}\cdot i_{\text{III IV}}\cdot\eta_{\text{III IV}} = 957\ 120\times1\times0.99 = 947\ 548\ (\text{N}\cdot\text{mm})$$

将上述计算结果汇总列于表4－4－1，以便查用。

表4－4－1　各轴运动及动力参数

轴序号	率 P/kW	转速 n /(r·min^{-1})	转矩 T /(N·m)	传动型式	传动比	效率 η
0	3.64	960	36.21	带传动	2.5	0.950 4
Ⅰ	3.46	384	86.035	齿轮传动	4.036	0.960 3
Ⅱ	3.32	95.144	333.452	齿轮传动	2.989	0.960 3
Ⅲ	3.19	31.831	957.120	联轴器	1.0	0.99
Ⅳ	3.16	31.831	947.548			

思考题与习题

1. 传动装置的总体设计应包含哪些内容?
2. 传动方案的设计应考虑的因素有哪些?
3. 应该怎样合理地选择电动机?
4. 在分配各级传动比时需要注意什么?
5. 在计算各轴的功率、转速和转矩时需要注意哪些方面?

任务5　减速器传动及连接件的设计计算

减速器传动装置中包括各种类型的零部件。其中，决定其工作性能、结构布置和尺寸大小的主要是传动零件，支承零件和连接零件都要根据传动零件的要求来设计，因此一般应先进行减速器外传动零件（如带传动、链传动等）的计算，确定其尺寸、参数、材料和结构。为使随后设计减速器时的原始条件比较准确，可通过传动装置运动及动力参数计算得出的数据及设计任务书给定的工作条件，确定传动零件设计的原始数据。

子任务1　减速器外传动零件的设计计算——带传动设计

任务引入

如图5-1-1~图5-1-3所示的传动中，为什么要选择带传动？应该怎样选择以及选择何种形式的带传动来满足不同工作场合的要求？

图5-1-1　拖拉机中的带传动

图5-1-2　发动机中的带传动

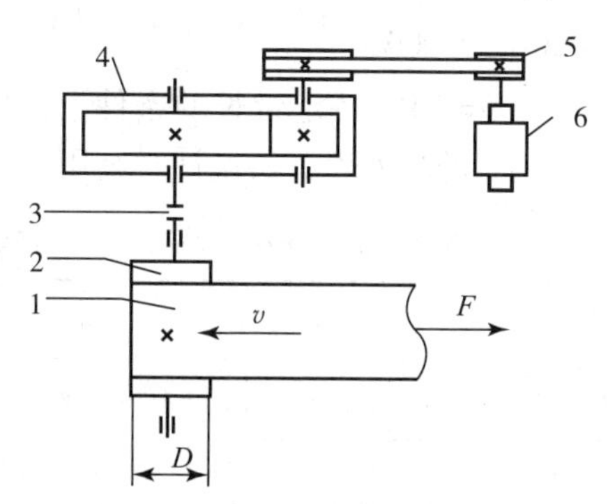

图5-1-3　减速器的传动装置

1—运输带；2—滚筒；3—联轴器；4—减速器；5—带传动；6—电动机

任务分析

在已知传递功率与主动轮转速时，可以选用合适的带传动，满足给定的调整主轴转速的工作要求。在进行带传动设计时主要考虑的是带传动类型的选择和带传动各参数的确定。

任务目标

1. 熟悉 V 带传动的失效形式和设计准则；
2. 合理选择带传动参数；
3. 掌握普通 V 带传动的设计步骤和方法。

5.1.1 普通 V 带传动的设计

1. 失效形式和设计准则

如前所述，带传动靠摩擦力工作。当传动带传递的圆周力超过带和带轮接触面上所能产生的最大摩擦力时，传动带将在带轮上发生打滑现象而使传动失效。

另外，传动带在运行过程中由于受循环变应力的作用会产生疲劳破坏。

因此，带传动的设计准则是：既要在工作中充分发挥其工作能力而又不发生打滑，同时还要求传动带有足够的疲劳强度，以保证一定的使用寿命。

2. 单根 V 带所能传递的功率

单根 V 带所能传递的功率是指在一定初拉力的作用下，带传动不发生打滑且有足够疲劳寿命时所能传递的最大功率。

从设计要求出发，应使 $\sigma_{max}=\sigma_1+\sigma_{b1}+\sigma_c\leqslant[\sigma]$。可得：

$$\sigma_1\leqslant[\sigma]-\sigma_{b1}-\sigma_c \tag{5-1-1}$$

为保证带传动在正常工作时不出现打滑，必须限制带所需传递的有效圆周力，使其不超过带传动的最大有效拉力。

$$\begin{aligned}F_{max}&=F_1-F_2=F_1\left(1-\frac{1}{e^{f_v\alpha_1}}\right)=\sigma_1A\left(1-\frac{1}{e^{f_v\alpha_1}}\right)\\&=([\sigma]-\sigma_c-\sigma_{b1})A\left(1-\frac{1}{e^{f_v\alpha_1}}\right)\end{aligned} \tag{5-1-2}$$

不发生打滑时所能传递的基本额定功率 P_1（kW）为：

$$P_1=\frac{F_{max}v}{1\ 000}=\frac{Av}{1\ 000}([\sigma]-\sigma_c-\sigma_{b1})\left(1-\frac{1}{e^{f_v\alpha_1}}\right) \tag{5-1-3}$$

在载荷平稳、包角 $\alpha=180°$（$i=1$）、特定带长的条件下，经实验取值后，将求得的各型号单根普通 V 带的额定功率 P_1 值进行列表，供设计时查用，见表 5-1-1。

表 5-1-1 包角 $\alpha=180°$、特定带长、载荷平稳的情况下，单根普通 V 带的额定功率 P_1 kW

型号	小带轮直径 d_{d1}/mm	小带轮转速 n_1/(r·min⁻¹)													
		200	400	730	800	980	1 200	1 460	1 600	2 000	2 400	2 800	3 200	3 600	4 000
Z	56	—	0.06	0.11	0.12	0.14	0.17	0.19	0.20	0.25	0.30	0.33	0.35	0.37	0.39
	63	—	0.08	0.13	0.15	0.18	0.22	0.25	0.27	0.32	0.37	0.41	0.45	0.47	0.49
	71	—	0.09	0.17	0.20	0.23	0.27	0.31	0.33	0.39	0.46	0.50	0.54	0.58	0.61
	80	—	0.14	0.20	0.22	0.26	0.30	0.36	0.39	0.44	0.50	0.56	0.61	0.64	0.67
	90	—	0.14	0.22	0.24	0.28	0.33	0.37	0.40	0.48	0.54	0.60	0.64	0.68	0.72

续表

型号	小带轮直径 d_{d1}/mm	小带轮转速 n_1/(r·min^{-1})													
		200	400	730	800	980	1 200	1 460	1 600	2 000	2 400	2 800	3 200	3 600	4 000
A	75	0.16	0.27	0.42	0.45	0.52	0.60	0.68	0.73	0.84	0.92	1.00	1.04	1.08	1.09
	90	0.22	0.39	0.63	0.68	0.79	0.93	1.07	1.15	1.34	1.50	1.64	1.75	1.83	1.87
	100	0.26	0.47	0.77	0.83	0.97	1.14	1.32	1.42	1.66	1.87	2.05	2.19	2.28	2.34
	112	0.31	0.56	0.93	1.00	1.18	1.39	1.62	1.74	2.04	2.30	2.51	2.68	2.78	2.83
	125	0.37	0.67	1.11	1.19	1.40	1.66	1.93	2.07	2.44	2.74	2.98	3.16	3.26	3.28
	140	0.43	0.78	1.31	1.41	1.66	1.96	2.29	2.45	2.97	3.22	3.48	3.65	3.72	3.67
	160	0.51	0.94	1.56	1.69	2.00	2.36	2.74	2.94	3.42	3.80	4.06	4.19	4.17	3.98
B	125	0.48	0.84	1.34	1.44	1.67	1.93	2.20	2.33	2.64	2.85	2.96	2.94	2.80	2.51
	140	0.59	1.05	1.69	1.82	2.13	2.47	2.83	3.00	3.42	3.70	3.85	3.83	3.63	3.24
	160	0.74	1.32	2.16	2.32	2.72	3.17	3.64	3.86	4.40	4.75	4.89	4.80	4.46	3.82
	180	0.88	1.59	2.61	2.81	3.30	3.85	4.41	4.68	5.30	5.67	5.76	5.52	4.92	3.92
	200	1.02	1.85	3.06	3.30	3.86	4.50	5.15	5.46	6.13	6.47	6.43	5.95	4.98	3.47
	224	1.19	2.17	3.59	3.86	4.50	5.26	5.99	6.33	7.02	7.25	6.95	6.05	4.47	2.14

型号	小带轮直径 d_{d1}/mm	小带轮转速 n_1/(r·min^{-1})													
		100	200	300	400	500	600	730	980	1 200	1 460	1 600	1 800	2 000	2 400
C	200	—	1.39	1.92	2.99	2.87	3.30	3.80	4.66	5.29	5.86	6.07	6.28	6.34	6.02
	224	—	1.70	2.37	2.41	3.58	4.12	4.78	5.89	6.71	7.47	7.75	8.00	8.05	7.57
	250	—	2.03	2.85	3.62	4.33	5.00	5.82	7.18	8.21	9.06	9.38	9.63	9.62	8.75
	280	—	2.42	3.40	4.32	5.19	6.00	6.99	8.65	9.81	10.74	11.06	11.22	11.04	9.50
	315	—	2.86	4.04	5.14	6.17	7.14	8.34	10.23	11.53	12.48	12.72	12.67	12.14	9.43
	400	—	3.91	5.54	7.06	8.52	9.82	11.52	13.67	15.04	15.51	15.24	14.08	11.95	4.34
D	355	3.01	5.31	7.35	9.24	10.90	12.39	14.04	16.30	17.25	16.70	15.63	12.97	—	—
	400	3.66	6.52	9.13	11.45	13.56	15.42	17.58	20.25	21.20	20.03	18.31	14.28	—	—
	450	4.37	7.90	11.02	13.85	16.40	18.67	21.12	24.16	24.84	22.42	19.59	13.34	—	—
	500	5.08	9.21	12.88	16.20	19.17	21.78	24.52	27.60	27.61	23.28	18.88	9.59	—	—
	560	5.91	10.76	15.07	18.95	22.38	25.32	28.28	31.00	29.67	22.08	15.13	—	—	—
E	500	6.21	10.86	14.96	18.55	21.65	24.21	26.62	28.52	25.53	16.25	—	—	—	—
	560	7.32	13.09	18.10	22.49	26.25	29.30	32.02	33.00	28.49	14.52	—	—	—	—
	630	8.75	15.65	21.69	26.95	31.36	34.83	37.64	37.14	29.17	—	—	—	—	—
	710	10.31	18.52	25.69	31.83	36.85	40.58	43.07	39.56	25.91	—	—	—	—	—
	800	12.05	21.70	30.05	37.05	42.53	46.26	47.79	39.08	16.46	—	—	—	—	—

当实际工作条件与特定条件不相符时，单根 V 带所能传递的功率也不相同，此时应对 P_1 值加以修正。修正后即得实际工作条件下，单根普通 V 带所能传递的功率，称为许用功率，用 $[P_1]$ 表示。

$$[P_1] = (P_1 + \Delta P_1) K_\alpha K_L \tag{5-1-4}$$

式中，ΔP_1——考虑 $i \neq 1$ 时额定功率的增量，见表 5-1-2；

K_α——小带轮包角修正系数，见表 5-1-3；

K_L——带长修正系数，见表 5-1-4。

表 5-1-2　考虑 $i \neq 1$ 时单根普通 V 带额定功率值的增量 ΔP_1　　kW

带型	小带轮转速 n_1/($r \cdot min^{-1}$)	传动比 i									
		1.00～1.01	1.02～1.04	1.05～1.08	1.09～1.12	1.13～1.18	1.19～1.24	1.25～1.34	1.35～1.51	1.52～1.99	≥2.0
Z	400	0.00	0.00	0.00	0.00	0.00	0.00	0.00	0.00	0.01	0.01
	730	0.00	0.00	0.00	0.00	0.00	0.00	0.01	0.01	0.01	0.02
	800	0.00	0.00	0.00	0.00	0.01	0.01	0.01	0.01	0.02	0.02
	980	0.00	0.00	0.00	0.00	0.01	0.01	0.01	0.02	0.02	0.02
	1 200	0.00	0.00	0.01	0.01	0.01	0.01	0.02	0.02	0.02	0.03
	1 460	0.00	0.00	0.01	0.01	0.01	0.02	0.02	0.02	0.02	0.03
	2 800	0.00	0.01	0.02	0.02	0.03	0.03	0.03	0.04	0.04	0.04
A	400	0.00	0.01	0.01	0.02	0.02	0.03	0.03	0.04	0.04	0.05
	730	0.00	0.01	0.02	0.03	0.04	0.05	0.06	0.07	0.08	0.09
	800	0.00	0.01	0.02	0.03	0.04	0.05	0.06	0.08	0.09	0.10
	980	0.00	0.01	0.03	0.04	0.05	0.06	0.07	0.08	0.10	0.11
	1 200	0.00	0.02	0.03	0.05	0.07	0.08	0.10	0.11	0.13	0.15
	1 460	0.00	0.02	0.04	0.06	0.08	0.09	0.11	0.13	0.15	0.17
	2 800	0.00	0.04	0.08	0.11	0.15	0.19	0.23	0.26	0.30	0.34
B	400	0.00	0.01	0.03	0.04	0.06	0.07	0.08	0.10	0.11	0.13
	730	0.00	0.02	0.05	0.07	0.10	0.12	0.15	0.17	0.20	0.22
	800	0.00	0.03	0.06	0.08	0.11	0.14	0.17	0.20	0.23	0.25
	980	0.00	0.03	0.07	0.10	0.13	0.17	0.20	0.23	0.26	0.30
	1 200	0.00	0.04	0.08	0.13	0.17	0.21	0.25	0.30	0.34	0.38
	1 460	0.00	0.05	0.10	0.15	0.20	0.25	0.31	0.36	0.40	0.46
	2 800	0.00	0.10	0.20	0.29	0.39	0.49	0.59	0.69	0.79	0.89
C	400	0.00	0.04	0.08	0.12	0.16	0.20	0.23	0.27	0.31	0.35
	730	0.00	0.07	0.14	0.21	0.27	0.34	0.41	0.48	0.55	0.62
	800	0.00	0.08	0.16	0.23	0.31	0.39	0.47	0.55	0.63	0.71
	980	0.00	0.09	0.19	0.27	0.37	0.47	0.56	0.65	0.74	0.83
	1 200	0.00	0.12	0.24	0.35	0.47	0.59	0.70	0.82	0.94	1.06
	1 460	0.00	0.14	0.28	0.42	0.58	0.71	0.85	0.99	1.14	1.27
	2 800	0.00	0.27	0.55	0.82	1.10	1.37	1.64	1.92	2.19	2.47
D	400	0.00	0.14	0.28	0.42	0.56	0.70	0.83	0.97	1.11	1.25
	730	0.00	0.24	0.49	0.73	0.97	1.22	1.46	1.70	1.95	2.19
	980	0.00	0.33	0.66	0.99	1.32	1.60	1.92	2.31	2.64	2.97
	1 200	0.00	0.42	0.84	1.25	1.67	2.09	2.50	2.92	3.34	3.75
	1 460	0.00	0.51	1.01	1.51	2.02	2.52	3.02	3.52	4.03	4.53
	1 800	0.00	0.63	1.24	1.88	2.51	3.13	3.74	4.98	5.01	5.62
E	400	0.00	0.28	0.55	0.83	1.00	1.38	1.65	1.93	2.20	2.48
	730	0.00	0.48	0.97	1.45	1.93	2.41	2.89	3.38	3.86	4.34
	980	0.00	0.65	1.29	1.95	2.62	3.27	3.92	4.58	5.23	5.89
	1 200	0.00	0.80	1.61	2.40	3.21	4.01	4.81	5.61	6.41	7.21
	1 460	0.00	0.98	1.95	2.92	3.90	4.88	5.85	6.83	7.80	8.78
	1 800	0.00	—	—	—	—	—	—	—	—	—

表 5－1－3　小带轮包角修正系数 K_{α}

小带轮包角 α_1	180°	175°	170°	165°	160°	155°	150°	145°	140°	135°	130°	125°	120°	110°	100°	90°
K_{α}	1	0.99	0.98	0.96	0.95	0.93	0.92	0.91	0.89	0.88	0.86	0.84	0.82	0.78	0.74	0.69

表 5－1－4　V 带基准长度及带长修正系数

基准长度 L_d/mm	K_L				基准长度 L_d/mm	K_L					
	Y	Z	A	B		Z	A	B	C	D	E
200	0.81				1 600	1.16	0.99	0.93	0.84		
224	0.82				1 800	1.18	1.01	0.95	0.85		
250	0.84				2 000		1.03	0.98	0.88		
280	0.87				2 240		1.06	1.00	0.91		
315	0.89				2 500		1.09	1.03	0.93		
355	0.92				2 800		1.11	1.05	0.95	0.83	
400	0.96	0.87			3 150		1.13	1.07	0.97	0.86	
450	1.00	0.89			3 550		1.17	1.10	0.98	0.89	
500	1.02	0.91			4 000		1.19	1.13	1.02	0.91	
560		0.94			4 500			1.15	1.04	0.93	0.90
630		0.96	0.81		5 000			1.18	1.07	0.96	0.92
710		0.99	0.82		5 600				1.09	0.98	0.95
800		1.00	0.85		6 300				1.12	1.00	0.97
900		1.03	0.87	0.81	7 100				1.15	1.03	1.00
1 000		1.06	0.89	0.84	8 000				1.18	1.06	1.02
1 120		1.08	0.91	0.86	9 000				1.21	1.08	1.05
1 250		1.11	0.93	0.89	100 000				1.23	1.11	1.07
1 400		1.14	0.96	0.90							

3. 带传动的设计计算和参数选择

设计 V 带传动时一般已知的条件是：

（1）传动的用途、工作情况和原动机类型；

（2）传递的功率 P；

（3）大、小带轮的转速 n_2 和 n_1；

（4）对传动的尺寸要求等。

设计计算的主要内容是确定：

（1）V 带的型号、长度和根数；

（2）中心距；

（3）带轮基准直径及结构尺寸；

（4）作用在轴上的压力等。

设计计算步骤如下：

1）确定计算功率 P_c

设 P 为带传动所需传递的名义功率，K_A 为工作情况系数（见表 5－1－5），则

$$P_c = K_A P \tag{5-1-5}$$

表 5-1-5　工作情况系数 K_A

载荷性质	适用范围	K_A					
		空、轻载启动			重载启动		
		每天工作时间/h					
		<10	10～16	>16	<10	10～16	>16
载荷平稳	液体搅拌机、通风机和鼓风机（P）、离心机水泵和压缩机、轻型输送机	1.0	1.1	1.2	1.1	1.2	1.3
载荷变动小	带式输送机（不均匀载荷）、通风机（$P>7.5$ kW）、发电机、金属切削机床、印刷机、冲床、压力机、旋转筛、木工机械	1.1	1.2	1.3	1.2	1.3	1.4
载荷变动较大	制砖机、斗式提升机、往复式水泵和压缩机、起重机、摩擦机、冲剪机床、橡胶机械、振动筛、纺织机械、重型输送机、木材加工机械	1.2	1.3	1.4	1.4	1.5	1.6
载荷变动很大	破碎机、摩擦机、卷扬机、橡胶压延机、出机	1.3	1.4	1.5	1.5	1.6	1.8

注：①空、轻载启动—电动机（交流启动、直流并励），四缸以上的内燃机，装有离心式离合器、液力联轴器的动力机。
②重载启动—电动机（联机交流启动、直流复励或串励），四缸以下的内燃机。
③在反复启动、正反转频繁、工作条件恶劣等场合，K_A 值应取为表值的 1.2 倍。

2）选择带的型号

带的型号应根据传动的计算功率 P_c 和小带轮（主动轮）的转速 n_1 从图 5-1-4 中选取。当取值在两种型号的交线附近时，可以对两种型号同时进行计算，最后选择计算结果较好的一种。

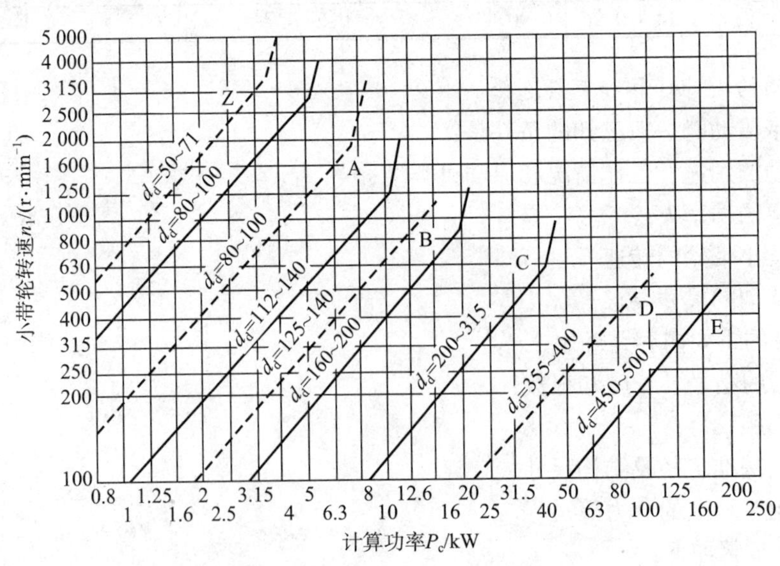

图 5-1-4　普通 V 带选型图

3）确定带轮基准直径 d_{d1} 和 d_{d2}

为了减小带的弯曲应力应采用较大的带轮直径，但这会使传动的轮廓尺寸增大。一般取

$d_{d1} \geqslant d_{dmin}$（见表3－1－3），即比规定的最小基准直径略大一些。大带轮基准直径可按下式进行计算。

$$d_{d2} = \frac{n_1}{n_2} d_{d1} \tag{5-1-6}$$

大、小带轮直径一般均应按带轮基准直径系列进行圆整（见表5－1－6），圆整后应保证传动误差在±5%的允许范围内。仅当传动比要求较精确时，才考虑用滑动率 ε 来计算大轮直径，即

$$d_{d2} = \frac{n_1}{n_2} d_{d1}(1-\varepsilon) \tag{5-1-7}$$

此时，d_2 可不按表5－1－6进行圆整。

表5－1－6 V带轮的基准直径系列

mm

基准直径 d_d	带型						
	Y	Z	A	B	C	D	E
	外径 d_a						
20	23. 2						
22. 4	25. 6						
25	28. 2						
28	31. 2						
31. 3	34. 7						
35. 5	38. 7						
40	43. 2						
45	48. 2						
50	53. 2	54					
56	59. 2	60					
63	66. 2	67					
71	74. 2	75					
75		79	80. 5				
80	83. 2	84	85. 5				
85			90. 5				
90	93. 2	94	95. 5				
95			100. 5				
100	103. 2	104	105. 5				
106			111. 5				
112	115. 2	116	117. 5				
118			123. 5				
125	128. 2	129	130. 5	132			
132		136	137. 5	139			
140		144	145. 5	147			
150		154	155. 5	157			
160		164	165. 5	167			
170				177			
180		184	185. 5	187			
200		204	205. 5	207	209. 6		
212					221. 6		
224		228	229. 5	231	233. 6		
236					245. 6		
250		254	255. 5	257	259. 6		

基准直径 d_d	带型						
	Y	Z	A	B	C	D	E
	外径 d_a						
265					274. 6		
280		284	285. 5	287	289. 6		
300					309. 6		
315		319	320. 5	322	324. 6		
335					344. 6		
355		359	360. 5	362	364. 6	371. 2	
375						391. 2	
400		404	405. 5	407	409. 6	416. 2	
425						441. 2	
450			455. 5	457	459. 6	466. 2	
475						491. 2	
500		504	505. 5	507	509. 6	516. 2	519. 2
530							549. 2
560			565. 5	567	569. 6	576. 2	579. 2
600				607	609. 6	616. 2	619. 2
630		634	635. 5	637	639. 6	646. 2	649. 2
670							689. 2
710			715. 5	717	719. 6	726. 2	729. 2
750				757	769. 6	766. 2	
800			805. 5	807	809. 6	816. 2	819. 2
900				907	909. 6	916. 2	919. 2
1 000				1 007	1 009. 6	1 016. 2	1 019. 2
1 060						1 076. 2	
1 120				1 127	1 129. 6	1 136. 2	1 139. 2
1 250					1 259. 6	1 266. 2	1 269. 2
1 400					1 409. 6	1 416. 2	1 419. 2
1 500						1 516. 2	1 519. 2
1 600					1 609. 6	1 616. 2	1 619. 2
1 800						1 816. 2	1 819. 2
1 900							1 919. 2
2 000					2 009. 6	2 016. 2	2 019. 2
2 240							2 259. 2
2 500							2 519. 2

4）验算带速 v

$$v=\frac{\pi d_{d1}n_1}{60\times 1\,000} \tag{5-1-8}$$

式中，v——带速，m/s；

d_{d1}——小带轮基准直径，mm；

n_1——小带轮转速，r/min。

由公式 $P=Fv/1\,000$ 可知，当传递的功率一定时，带速越高，则所需的有效圆周力 F 越小，因而 V 带的根数可减少。但带速过高时，带的离心力会显著增大，带与带轮间的接触压力会减小，从而降低了传动的工作能力。同时，带速过高会使带在单位时间内绕过带轮的次数增加，应力变化频繁，从而降低了带的疲劳寿命。由表 5－1－1 可见，当带速达到某值后，不利因素将使基本额定功率降低。所以带速一般在 $v=5\sim25$ m/s 内为宜，在 $v=20\sim25$ m/s 范围内最有利。如带速过高（Y、Z、A、B、C 型 $v>25$ m/s；D、E 型 $v>30$ m/s），应重选较小的带轮基准直径。

5）确定中心距 a 及带的基准长度 L_d

（1）根据结构要求初定中心距 a_0。中心距小则结构紧凑，但会使小带轮上包角减小，降低带传动的工作能力，同时由于中心距小，V 带的长度短，在一定速度下，其单位时间内的应力循环次数增多而导致使用寿命降低，所以中心距不宜取值太小。但中心距也不宜取值太大，取值太大除了会产生相反的利弊以外，当带速较高时还易引起颤动。

对于 V 带传动一般可取

$$0.7(d_{d1}+d_{d2})\leqslant a_0\leqslant 2(d_{d1}+d_{d2}) \tag{5-1-9}$$

（2）初算 V 带基准长度 L_{d0}。

$$L_{d0}\approx 2a_0+\frac{\pi}{2}(d_{d1}+d_{d2})+\frac{(d_{d2}-d_{d1})^2}{4a_0} \tag{5-1-10}$$

根据式上式计算得到的 L_{d0} 值，应通过查表 5－1－4 选定相近的基准长度 L_d，然后再确定实际中心距 a。

（3）确定实际中心距 a。

由于 V 带传动的中心距一般是可以调整的，所以可用下式近似计算 a 值。

$$a\approx a_0+\frac{L_d-L_{d0}}{2} \tag{5-1-11}$$

考虑到为安装 V 带而必须的调整余量，因此，最小中心距为：

$$a_{min}=a-0.015L_d \tag{5-1-12}$$

如 V 带的初拉力靠加大中心距获得，则实际中心距应能调大。又考虑到使用中的多次调整，最大中心距应为：

$$a_{max}=a+0.03L_d \tag{5-1-13}$$

6）验算小带轮上的包角 α_1

小带轮上的包角 α_1 可按下式计算：

$$\alpha_1=180^\circ-\frac{d_{d2}-d_{d1}}{a}\times 57.3^\circ \tag{5-1-14}$$

为使带传动有一定的工作能力，一般要求 $\alpha_1\geqslant120^\circ$（特殊情况允许 $\alpha_1=90^\circ$）。如 α_1 小于此值，可适当加大中心距 a；若中心距不可调，则可加张紧轮。

从上式可以看出，α_1 也与传动比 i 有关，d_2 与 d_1 相差越大，即 i 越大，则 α_1 越小。通常为了在中心距不过大的条件下保证包角不致过小，所用传动比不宜过大。普通V带传动一般推荐 $i \leqslant 7$，必要时可到10。

7）确定V带根数 z

根据计算，功率 P_c 由下式确定：

$$z = \frac{P_c}{[P_1]} \tag{5-1-15}$$

式中，$[P_1]$ ——单根V带所传递的功率，按式（5－1－4）计算，圆整后一般取 $z=3\sim5$。若计算结果超出此范围，应重选V带型号或加大带轮直径后重新设计。各种型号V带推荐的最多使用根数见表5－1－7。

表5－1－7　V带最多使用根数 z_{max}

V带型号	Y	Z	A	B	C	D	E
z_{max}	1	2	5	6	8	8	9

8）确定初拉力 F_0

适当的初拉力是保证带传动正常工作的重要因素之一。初拉力小，则摩擦力小，易出现打滑；反之，初拉力过大，会使V带的拉应力增加而降低寿命，并使轴和轴承的压力增大。对于非自动张紧的带传动，由于带的松弛作用，过高的初拉力也不易保持。为了保证所需的传递功率，又不出现打滑，并考虑离心力的不利影响时，单根V带适当的初拉力为：

$$F_0 = 500 \times \left(\frac{2.5}{K_\alpha} - 1\right)\frac{P_c}{zv} + qv^2 \tag{5-1-16}$$

由于新带容易松弛，所以对非自动张紧的带传动，安装新带时的初拉力应为上述初拉力计算值的1.5倍。

初拉力是否恰当，可用下述方法进行近似测试。为了测定所需初拉力 F_0，通常在带的切边中点加一规定的载荷 G，使切边长每100 mm产生1.6 mm挠度，即 $f=\frac{1.6t}{100}$ mm来保证，如图5－1－5所示。

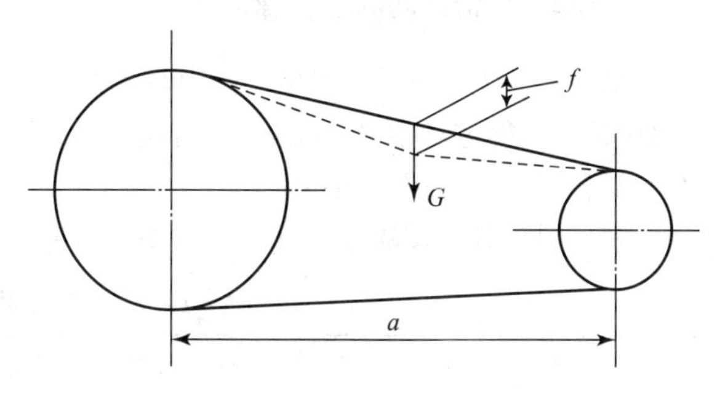

图5－1－5　带传动初拉力的控制

载荷 G 的值可由下式计算出：

新安装的V带：

$$G = \frac{1.5F_0 + \Delta F_0}{16} \tag{5-1-17}$$

运转后的V带：

$$G = \frac{1.3F_0 + \Delta F_0}{16} \tag{5-1-18}$$

最小极限值：

$$G = \frac{F_0 + \Delta F_0}{16} \tag{5-1-19}$$

式中，ΔF_0 为初拉力修正值，其值可查表 5－1－8。

表 5－1－8　初拉力修正值

带型	Y	Z	A	B	C	D	E
ΔF_0/N	6	10	15	20	29.4	58.8	108

9）确定作用在轴上的压力 F_Q

传动带的紧边拉力和松边拉力对轴产生的压力等于紧边和松边拉力的向量和。但一般多用初拉力 F_0 由图 5－1－6 近似地用式（5－1－20）求得

$$F_Q = 2zF_0\cos\frac{\beta}{2} = 2zF_0\cos\left(\frac{\pi}{2} - \frac{\alpha_1}{2}\right) = 2zF_0\sin\frac{\alpha_1}{2} \tag{5-1-20}$$

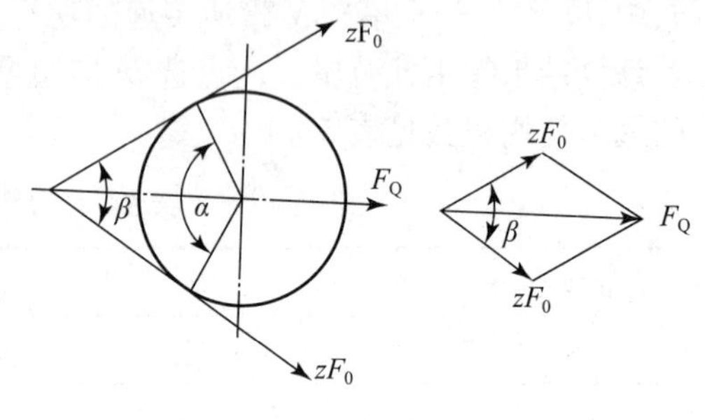

图 5－1－6　V 带作用在轴上的压力

4. V 带轮的设计

对带轮的主要要求是重量轻、加工工艺性好、质量分布均匀、与普通 V 带接触的槽面应光洁，以减轻带的磨损。对于铸造和焊接带轮，其内应力要小。V 带轮的设计主要是选择材料和结构形式，如图 3－1－9 和表 3－1－2 所示。带轮的常用材料是铸铁，如 HT150、HT200。转速较高时，可用铸钢或钢板焊接；小功率时可用铸造铝合金或工程塑料。带轮的其他结构尺寸可参考有关资料。

5.1.2　V 带传动的设计计算实例

例 5－1－1　设计一个由电动机驱动的旋转式水泵的普通 V 带传动。电动机型号为 Y160M－4，额定功率 $P = 11$ kW，转速 $n_1 = 1\,460$ r/min，水泵轴转速 $n_2 = 400$ r/min，轴间距约为 1 500 mm，每天工作 16h。

解　设计计算步骤如表 5－1－9 所示。

表 5－1－9　V 带传动的设计计算步骤

设计项目	计算内容和依据	计算结果
1. 设计功率 P_c	由表 5－1－5 查得工况系数 $K_A = 1.2$； $P_c = 1.2 \times 11$ kW $= 13.2$ kW	$P_c = 13.2$ kW
2. 选择带型	根据 $P_c = 13.2$ kW 和 $n_1 = 1\,460$ r/min，由图 5－1－4 选 B 型普通 V 带	选 B 型普通 V 带
3. 带轮基准直径 d_{d1} 及 d_{d2}	参考表 5－1－6，取 $d_{d1} = 140$ mm； $d_{d2} = id_{d1} = \frac{n_1}{n_2}d_{d1} = \frac{1\,460}{400} \times 140 = 511$ mm； 由表 5－1－6 取 $d_{d2} = 500$ mm	$d_{d1} = 140$ mm $d_{d2} = 500$ mm

续表

设计项目	计算内容和依据	计算结果
4. 验算传动比误差 ε	传动比 $i=\frac{d_{d2}}{d_{d1}}=\frac{500}{140}=3.57$； 原传动比 $i'=\frac{n_1}{n_2}=\frac{1\ 460}{400}=3.65$； 则传动比误差： $\varepsilon=\frac{i'-i}{}\times 100\%=\frac{3.65-3.57}{3.65}\times 100\%=+2.2\%$ 在允许误差 ±5% 范围内	ε 在允许范围内
5. 验算带速 v	$v=\frac{\pi d_{d1}n_1}{60\times 1\ 000}=\frac{\pi\times 140\times 1\ 460}{60\times 1\ 000}=10.7(\text{m/s})$ 在 5 ~25 m/s 范围内，带速合适	带速 v 在允许范围内
6. 确定中心距 a 及带的基准长度 L_d	（1）初定中心距 a_0 ： 由题要求取 $a_0=1\ 500$ mm （2）初算带长 L_{d0}： $L_{d0}\approx 2a_0+\frac{\pi}{2}(d_{d1}+d_{d2})+\frac{(d_{d2}-d_{d1})^2}{4a_0}$ $=2\times 1\ 500+\frac{\pi}{2}(140+500)+\frac{(500-140)^2}{4\times 1\ 500}$ $=4\ 026.9$（mm） （3）确定带基准长度 L_d： 由表 5－1－4 取 $L_d=4\ 000$ mm （4）确定实际中心距 a ： $a\approx a_0+\frac{L_d-L_{d0}}{2}$ $=1\ 500+\frac{4\ 000-4\ 026.9}{2}$ $=1\ 486.6$（mm） 安装时所需最小中心距： $a_{min}=a-0.015L_d$ $=1\ 486.6-0.015\times 4\ 000$ $=1\ 426.6$（mm） 张紧或补偿伸长所需最大中心距： $a_{max}=a+0.03L_d$ $=1\ 486.6+0.03\times 4\ 000$ $=1\ 606.6$（mm）	$L_d=4\ 000$ mm $a=1\ 486.6$ mm $a_{min}=1\ 426.6$ mm $a_{max}=1\ 606.6$ mm
7. 验算小带轮包角 α_1	$\alpha_1=180°-\frac{d_{d2}-d_{d1}}{a}\times 57.3°$ $=180°-\frac{500-140}{1\ 486.6}\times 57.3°$ $=166.12°>120°$	$\alpha_1>120°$ 包角合适
8. 单根 V 带额定功率 P_1	根据 $d_{d1}=140$ mm 和 $n_1=1\ 460$ r/min，由表 5－1－1 查得 B 型带 $P_1=2.83$ kW	$P_0=2.83$ kW

续表

设计项目	计算内容和依据	计算结果
9. 额定功率增量 ΔP_1	由表 5-1-2 查得 $\Delta P_1=0.46\ \mathrm{kW}$	$\Delta P_0=0.46\ \mathrm{kW}$
10. 确定 V 带的根数 z	$z=\dfrac{P_c}{(P_1+\Delta P_1)K_\alpha K_L}$ 由表 5-1-3 查得 $K_\alpha=0.964$（线性插值法） 由表 5-1-4 查得 $K_L=1.13$ $z=\dfrac{13.2}{(2.83+0.46)\times 0.964\times 1.13}$ $=3.68$（根） 取 $z=4$ 根	$z=4$ 根
11. 确定带的初拉力 F_0	$F_0=500\left(\dfrac{2.5}{K_\alpha}-1\right)\dfrac{P_c}{vz}+qv^2$ 由表 3-1-1 查得 B 型带 $q=0.17\ \mathrm{kg/m}$ $F_0=500\times\left(\dfrac{2.5}{0.964}-1\right)\times\dfrac{13.2}{10.7\times 4}+0.17\times 10.7^2$ $=267.5$（N）	$F_0=267.5\ \mathrm{N}$
12. 计算带对轴的压力 F_Q	$F_Q=2zF_0\sin\dfrac{\alpha_1}{2}$ $=2\times 4\times 267.5\times\sin\dfrac{166.12^\circ}{2}$ $=2\ 124.3$（N）	$F_Q=2124.3\ \mathrm{N}$
13. 结构设计	带轮结构尺寸及零件工作图（略）	

子任务2　减速器外传动零件的设计计算——链传动设计

任务引入

链传动在工作过程中可能会出现链的疲劳破坏、链条铰链磨损、胶合、断裂等失效现象，如图 5-2-1 所示。这些现象是由什么原因造成的？在设计链传动时应该如何加以避免？

图 5-2-1　链条断裂

任务分析

设计链传动时，一般已知传动的用途、工作情况、载荷性质、所传递功率 P、主动链轮

转速 n_1 、从动链轮转速 n_2（或传动比 i）。要求确定链轮齿数 z_1 、z_2 ，中心距 a ，链条型号，节距 p ，节数 L_p 和排数，以及链轮材料和结构等。链条是标准件，选定型号及节数后即可外购。

任务目标

1. 熟悉链传动的主要失效形式；
2. 熟悉链传动的主要参数的确定原则及设计步骤。

5.2.1　链传动的失效形式

链传动的失效通常是由于链条的失效引起的。链的主要失效形式有以下几种：

1. 链的疲劳破坏

在闭式链传动中，链条受循环应力作用，经过一定的循环次数，链板发生疲劳断裂，滚子、套筒发生冲击疲劳破裂。在正常的润滑条件下，疲劳破坏是决定链传动能力的主要因素。

2. 链条铰链磨损

链条铰链磨损主要发生在销轴与套筒之间。磨损使链条总长度伸长，链的松边垂度增大，导致啮合情况恶化，动载荷增大，引起振动、噪声，发生跳齿、脱链等现象。这是开式链传动常见的失效形式之一。

3. 胶合

润滑不良或转速过高时，销轴与套筒的摩擦表面易发生胶合。

4. 断裂

链条过载拉断一般发生在低速重载的链传动中。如突然出现过大载荷，使链条所受拉力超过链条的极限拉伸载荷，将导致链条断裂。

5.2.2　链传动的主要参数选择及设计步骤

5.2.2.1　链传动（$v \geqslant 0.6$ m/s）的设计步骤

1. 选择链轮齿数

减少小链轮齿数，虽然可减小外廓尺寸，但这样做会增大运动不均匀性和动载荷。为使链传动平稳，小链轮齿数不宜过少，一般 $z_1 \geqslant 17$，对于高速或承受冲击载荷的链传动 $z_1 \geqslant 25$，并且齿面应淬硬；为防止链条磨损后发生脱链，大链轮齿数又不宜太多，一般 $z_2 < 114$。小链轮齿数参照表 5－2－1 选取，大链轮齿数由 $z_2 = i \cdot z_1$ 求得（取整数）。由于链节数常取偶数，为使磨损均匀，链轮齿数一般取奇数。

表 5－2－1　小链轮齿数选择

链速/($\mathrm{m \cdot s^{-1}}$)	0.6	0.6～3.0	3～8	>8
小链轮齿数 z_1	>9	≥17	≥21	≥25

2. 选定链条型号并确定链的节距

在一定条件下，链节距越大，承载能力越强，但链速不均匀性、冲击和噪声也越大。故设计时在确保承载能力的前提下，应尽量选用小节距链条，高速重载时可用小节距多排链。

根据链传动的计算功率 P_c 和小链轮转速 n_1，由 A 系列滚子链额定功率曲线图（见图5－2－2）可查得链的型号和排数，按链的型号从表查得链的节距 p 。链传动的计算功率可由下式确定：

$$P_c = \frac{K_A P}{K_Z K_L K_P} \leqslant P_0 \quad (5-2-1)$$

式中，K_A——工作情况系数（见表5－2－2）；

K_Z——小链轮齿数系数（见表5－2－3）；

K_L——链长系数（见表5－2－3）；

K_P——多排链系数（见表5－2－4）；

P_0——链传动的额定功率（见图5－2－2），kW。

表5－2－2　工作情况系数 K_A

工作机特性		原动机特性		
		内燃机—液力传动	电动机或汽轮机	内燃机—机械传动
平稳载荷	液体搅拌机、中小型离心式鼓风机、离心式压缩机、谷物机械、发电机、均匀负载输送机、均匀载荷不反转的一般机械	1.0	1.0	1.2
中等冲击	半液体搅拌机、三缸以上往复压缩机、大型或不均匀负载输送机、中型起重机和升降机、金属切削机床、食品机械、木工机械、印染纺织机械、大型风机、中等载荷不反转的一般机械	1.2	1.3	1.4
严重冲击	船用螺旋桨、制砖机、单双缸往复压缩机、挖掘机、破碎机、重型起重机械、石油钻井机械、锻压机械、冲床及严重冲击、有反转的机械	1.4	1.5	1.7

表5－2－3　小链轮齿数系数 K_Z 和链长系数 K_L

P_0 与 n_1 的交点在额定功率曲线图中的位置	位于功率曲线顶点的左侧（链板疲劳失效）	位于功率曲线顶点的右侧（套筒、滚子冲击疲劳失效）
小链轮齿数系数 K_Z	$\left(\frac{z_1}{19}\right)^{1.08}$	$\left(\frac{z_1}{19}\right)^{1.5}$
链长系数 K_L	$\left(\frac{L_p}{100}\right)^{0.26}$	$\left(\frac{L_p}{100}\right)^{0.5}$

表5－2－4　多排链排数系数 K_P

排数	1	2	3	4
K_P	1	1.7	2.5	3.3

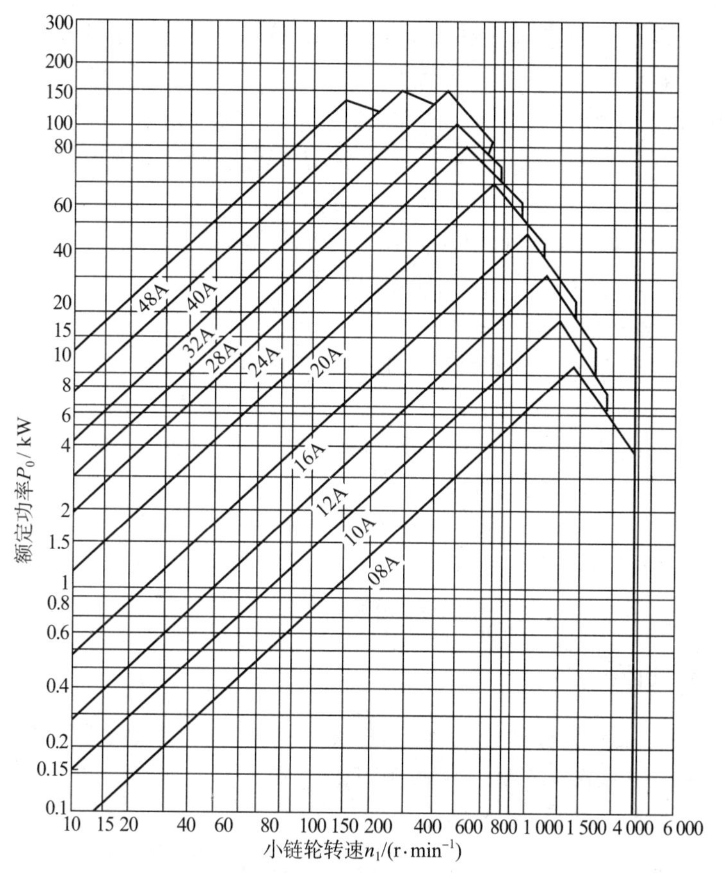

图5-2-2　滚子链的额定功率曲线

3. 校核链速

为使链传动趋于平稳，必须控制链速，一般取 $v = \dfrac{z_1 n_1 p}{60 \times 1\ 000} \leqslant 10 \sim 12$ m/s。若 v 超出了允许范围，应调整设计参数重新计算。

4. 初定中心距 a_0

中心距越小，传动装置越紧凑。但中心距过小会造成链的总长度太短，单位时间内每一链节参与啮合的次数过多，从而降低传动寿命；中心距过大会使链条松边下垂过大，易产生振颤、抖动或碰撞。一般初定中心距 $a_0 = (30 \sim 50)p$，最大中心距 $a_{max} \leqslant 80p$，且保证小链轮包角 $\alpha_1 > 120°$。

5. 确定链条节数

链条节数按下式计算：

$$L_p = 2\frac{a_0}{p} + \frac{z_1 + z_2}{2} + \left(\frac{z_2 - z_1}{2\pi}\right)^2 \frac{p}{a_0} \tag{5-2-2}$$

将 L_p 圆整为整数，且最好为偶数，以避免使用过渡链节。

6. 计算实际中心距

$$a = \frac{p}{4}\left[\left(L_p - \frac{z_1 + z_2}{2}\right) + \sqrt{\left(L_p - \frac{z_1 + z_2}{2}\right)^2 - 8\left(\frac{z_2 - z_1}{2\pi}\right)^2}\right] \tag{5-2-3}$$

实际使用时，应保证链条松边有一定的下垂度，故实际中心距应比按上式计算所得的中心距小2~5 mm。链传动往往做成中心距可调的，以便链节伸长后可定期调整其松紧程度。

7. 计算有效拉力及作用在轴上的压力

有效拉力的计算公式为

$$F_t = \frac{1\,000P}{v} \tag{5-2-4}$$

链传动的压轴力可按下式进行计算

$$F_Q = (1.15 \sim 1.30)F_t \tag{5-2-5}$$

8. 设计链轮、绘制链轮工作图（略）

5.2.2.2 低速链传动（$v<0.6$ m/s）的设计计算

低速链传动的动载荷小、冲击小，小链轮齿数允许小于17（但不得少于9），且可选用较大节距的链条。低速链传动只需校核链条的静强度安全系数，其公式为

$$S = \frac{nQ}{K_A F_t} \geqslant 4 \sim 8 \tag{5-2-6}$$

式中，Q——单排链的极限拉伸载荷，N；

n——链排数，其余符号意义和单位同前。

5.2.3 链传动设计实例

例5-2-1 设计某螺旋输送机的链传动。已知电动机功率10kW，转速 $n=960$ r/min，传动比 $i=3$，单班工作，水平布置，中心距可以调节。

解 设计计算步骤如表5-2-5所示。

表5-2-5 链传动设计计算步骤

设计项目	计算内容和依据	计算结果
1. 选择链轮齿数	假设链速 $v=3\sim8$ m/s，根据表5-2-1，选取小链轮的齿数为 $z_1=23$，则大链轮的齿数 $z_2=iz_1=3\times23=69$	$z_1=23$ $z_2=69$
2. 初定中心距	链的中心距一般初取 $a_0=(30\sim50)p$，故取 $a_0=40p$	$a_0=40p$
3. 确定链节数 L_p	$L_P=\frac{z_1+z_2}{2}+2\frac{a_0}{p}+\left(\frac{z_2-z_1}{2\pi}\right)^2\frac{p}{a_0}$ $=\frac{23+69}{2}+\frac{2\times40p}{p}+\left(\frac{69-23}{2\pi}\right)^2\frac{p}{40p}$ $=127.3$（节） L_p 圆整取 $L_p=128$ 节	$L_p=128$ 节
4. 确定链节距	由表5-2-2得 $K_A=1.0$，估计链的失效形式为链板疲劳，由表5-2-3得 $K_Z=\left(\frac{z_1}{19}\right)^{1.08}=1.23$，链长系数 $K_L=\left(\frac{L_p}{100}\right)^{0.26}=1.07$。因传递功率不是很大，采用单排链，由表5-2-4得 $K_P=1.0$。则链条所需传递的额定功率为 $P_0\geqslant\frac{K_AP}{K_ZK_LK_P}=\frac{1.0\times10}{1.23\times1.07\times1.0}=7.6(\text{kW})$ 根据 $P_0=7.6$ kW 及小链轮的转速 $n_1=960$ r/min，查图5-2-2，选用10 A的滚子链，其链节距 $p=15.875$ mm。链传动的工作点落在额定功率曲线顶点的左侧，与原假定相符合	$p=15.875$ mm

续表

设计项目	计算内容和依据	计算结果
5. 验算链速 v	$v=\frac{z_1pn_1}{60\times1\ 000}=\frac{23\times15.875\times960}{60\times1\ 000}=5.8\ (\text{m/s})$ 与原假设相符	链速 v 与原假设相符
6. 计算中心距	根据式（5-2-3）得： $a=\frac{p}{4}\times\left[\left(L_p-\frac{z_1+z_2}{2}\right)+\sqrt{\left(L_p-\frac{z_1+z_2}{2}\right)^2-8\left(\frac{z_2-z_1}{2\pi}\right)^2}\right]$ $=\frac{15.875}{4}\times\left[\left(128-\frac{23+69}{2}\right)+\sqrt{\left(128-\frac{23+69}{2}\right)^2-8\left(\frac{69-23}{2\pi}\right)^2}\right]$ $=640.3\ (\text{mm})$ 取 $a=641$ mm 中心距减小量 $\Delta a=(0.002\sim0.004)a$ $=(0.002\sim0.004)\times641$ $=1.3\sim2.6\ (\text{mm})$ 实际中心距：$a'=a-\Delta a$ $=641-(1.3\sim2.6)$ $=638.4\sim639.7\ (\text{mm})$ 取 $a'=639$ mm	$a'=639$ mm
7. 链传动的有效拉力和作用在轴上的压力	链传动的有效拉力　$F_t=\frac{1\ 000P}{v}=\frac{1\ 000\times10}{5.8}=1\ 724\ (\text{N})$ 根据式（5-2-5），作用在轴上的压力 $F_Q=(1.15\sim1.30)F_t$ 取 $F_Q=1.2\times F_t=1.2\times1\ 724=2\ 069\ (\text{N})$	$F_Q=2\ 069$ N
8. 链轮结构设计	链轮结构设计并绘制工作图（略）	

子任务3　减速器内传动零件的设计计算——齿轮及蜗轮蜗杆传动设计

任务引入

齿轮传动虽然有很多优点，但也存在许多问题，如：传动时出现的误差；工作中出现的振动和噪声；易发生各种形式的失效等。造成这些问题的原因一方面与设计有关，同时还与制造、安装、使用和维护等因素有关。

在图5-3-1所示的减速传动装置中，应该如何设计所需的齿轮传动？齿轮传动的设计包括哪些内容？

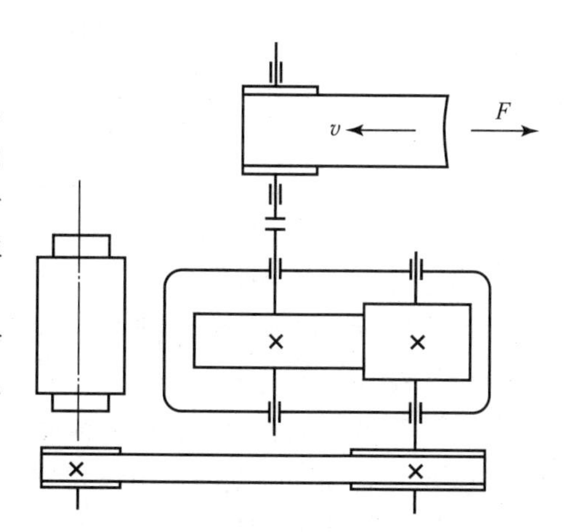

图5-3-1　减速器的传动装置

任务分析

在大多数情况下，齿轮传动不仅用来传递运动，而且还要传递动力，因此，设计齿轮传动时不仅要保持运动的准确性和平稳性，还要保证齿轮传动有足够的承载能力，以防止轮齿在预期的工作期间内失效。齿轮传动的设计主要包括齿轮传动类型的选择和齿轮传动各参数的确定两方面的内容。

任务目标

1. 掌握轮齿失效的形式及设计准则；
2. 掌握直齿圆柱齿轮、斜齿圆柱齿轮、锥齿轮和蜗轮蜗杆作用力的分析；
3. 了解齿轮精度的含义；
4. 掌握齿轮传动相关参数的含义；
5. 掌握直齿圆柱齿轮传动和斜齿圆柱齿轮传动的设计过程；
6. 熟悉锥齿轮和蜗轮蜗杆传动的设计过程。

5.3.1 齿轮传动的失效形式

齿轮在传动过程中，发生轮齿折断、齿面损坏等现象，从而失去其正常的工作能力，这种现象称为齿轮轮齿的失效。

由于齿轮传动的工作条件和应用范围各不相同，影响其失效的原因也有很多。就其工作条件来说，有闭式、开式之分；就其使用情况来说，有低速、高速及轻载和重载之分。此外，齿轮的材料性能、热处理工艺的不同，以及齿轮结构的尺寸大小和加工精度等级的差别，均会使齿轮传动出现多种不同的失效形式。

常见的齿轮失效形式有齿面疲劳点蚀、齿面磨损、齿面胶合、轮齿折断和塑性变形等。

1. 齿面疲劳点蚀

轮齿在传递动力时，两工作齿面理论上是线接触，实际上因齿面的弹性变形会形成很小的面接触。由于接触面积很小，所以齿轮会产生很大的接触应力。传动过程中，齿面间的接触应力从零增加到最大值，又由最大值降到零，当接触应力的循环次数超过某一限度时，工作齿面便会产生微小的疲劳裂纹。如果裂缝内渗入了润滑油，在另一轮齿的挤压下，封闭在裂缝内的油压会急剧升高，加速裂纹的扩展，最终导致表面层上小块金属的剥落，形成小坑，这种现象称为疲劳点蚀（简称点蚀）。实践表明，点蚀多发生在靠近节线的齿根表面处，如图 5－3－2 所示。

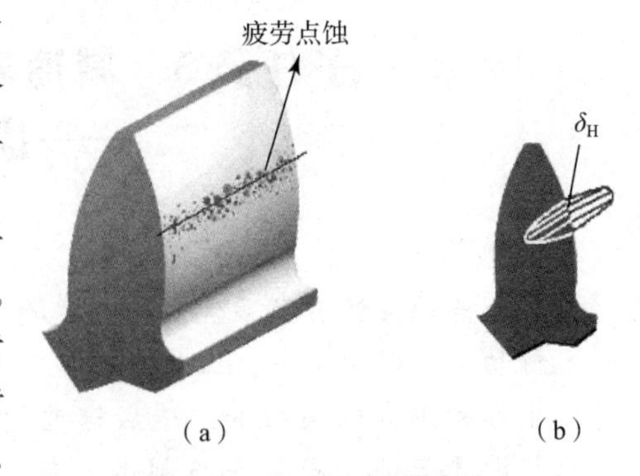

图 5－3－2　齿面疲劳点蚀

疲劳点蚀使轮齿工作表面损坏，造成传动不平稳和产生噪声，轮齿啮合情况会逐渐恶化进而报废。齿面疲劳点蚀是在润滑良好的闭式齿轮传动中轮齿失效的主要形式之一。在开式齿轮传动中，由于齿面磨损较快，点蚀还来不及出现或扩展，即被磨掉，所以一般看不到点蚀现象。

提高齿面抗点蚀能力的措施主要有以下几方面：

（1）提高齿面的强度；

（2）降低齿面表面的表面粗糙度值；

（3）在合理的限度内，用较高黏度的润滑油，以避免较稀薄的油被挤入齿面疲劳裂纹之中，加剧裂纹的扩展；

（4）增大齿轮的直径，从而减少接触应力。

2. 齿面磨损

轮齿在啮合的过程中存在相对滑动，从而使齿面间产生磨损。如果有金属微粒、砂砾、灰尘等进入轮齿间，将会引起磨粒磨损。如图5-3-3所示，磨损将破坏渐开线齿形，并使侧隙增大而引起冲击和振动，严重时甚至因齿厚减薄过多而折断。磨损是开式传动的主要失效形式。

提高齿面抗磨损能力的措施主要有以下几方面：

（1）提高齿面的硬度；

（2）降低齿面表面粗糙度值；

（3）采用闭式传动，并加以合理的润滑；

（4）尽量为齿轮传动保持清洁的工作环境。

3. 齿面胶合

在高速重载的齿轮传动中，齿面间的高压、高温使油膜破裂，局部金属互相粘接继而又相对滑动，导致金属从表面被撕落下来，而在齿面上沿滑动方向出现条状伤痕，称为胶合，如图5-3-4所示。低速重载的传动因不易形成油膜，也会出现胶合现象。

图5-3-3　齿面磨损

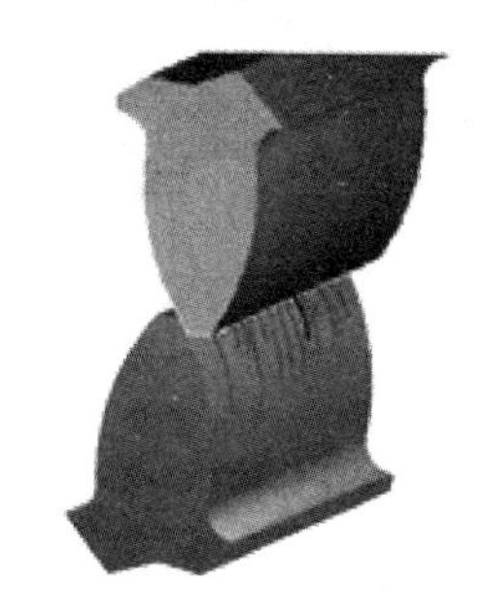

图5-3-4　齿面胶合

提高齿面抗胶合能力的措施主要有：

（1）提高齿面硬度；

（2）降低齿面表面粗糙度值；

（3）限制油温；

（4）增加油的黏度，选用加有抗胶合添加剂的合成润滑油。

4. 轮齿折断

轮齿像一个悬臂梁，受载后齿根部产生的弯曲应力最大，而且这种弯曲应力是交变应力。同时齿根过渡部分存在应力集中，当应力值超过材料的弯曲疲劳极限时，齿根处产生疲劳裂纹，裂纹逐渐扩展致使轮齿折断，这种折断称为疲劳折断，如图5-3-5所示。当齿轮突然过载，或经严重磨损后齿厚过薄，也会发生轮齿折断，称为过载折断。

提高轮齿抗折断能力的措施主要有：

（1）增大齿根圆角的半径，消除该处的加工刀痕以降低齿根的应力集中；

（2）增大轴及支承物的刚度，以减轻齿面局部过载的程度；

（3）对齿轮进行喷丸、碾压等处理，以提高其齿面硬度、保持芯部的韧性等。

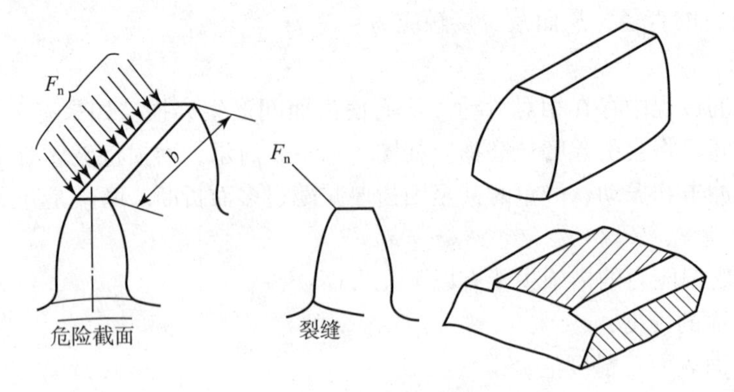

图 5-3-5　轮齿折断

5. 塑性变形

当齿轮材料较软而所受载荷较大时，轮齿表面材料将沿着摩擦力方向发生塑性变形，导致主动轮齿面节线处出现凹沟，从动轮齿面节线处出现凸棱（见图 5-3-6），齿形被破坏，影响齿轮的正常啮合。

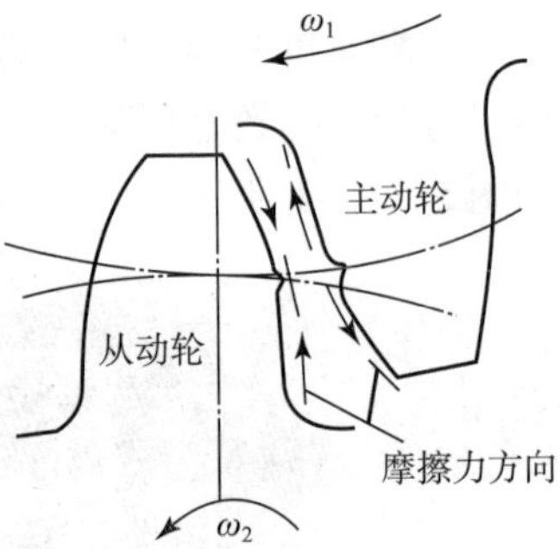

为防止齿面的塑性变形，可采用提高齿面硬度、选用黏度较高的润滑油等方法。

图 5-3-6　塑性变形

5.3.2　齿轮传动的设计准则

轮齿的失效形式虽然很多，但它们不大可能同时发生，却又相互联系、相互影响。例如，轮齿表面产生点蚀后，实际接触面积减少将导致磨损的加剧，而过大的磨损又会导致轮齿的折断。可是在一定条件下，必有一种为主要失效形式。

在进行齿轮传动的设计计算时，应分析具体的工作条件，判断可能发生的主要失效形式，以确定相应的设计准则。

(1) 对于软齿面（硬度≤350 HBS）的闭式齿轮传动，由于齿面抗点蚀能力差，在润滑条件良好时，齿面点蚀将是其主要的失效形式。在设计计算时，通常按齿面接触疲劳强度设计，再做齿根弯曲疲劳强度校核。

(2) 对于硬齿面（硬度 >350 HBS）的闭式齿轮传动，齿面抗点蚀能力强，但易发生齿根折断，齿根疲劳折断将是其主要的失效形式。在设计计算时，通常按齿根弯曲疲劳强度设计，再做齿面接触疲劳强度校核。

当一对齿轮均为铸铁材料制成时，一般只需进行轮齿弯曲疲劳强度的设计计算。

对于汽车、拖拉机的齿轮传动，过载或冲击引起的轮齿折断是其主要的失效形式，应先做轮齿过载折断设计计算，再做齿面接触疲劳强度校核。

对于开式传动，其主要失效形式将是齿面磨损。但由于磨损的机理比较复杂，到目前为止尚无成熟的设计计算方法，故通常只能按齿根弯曲疲劳强度设计，再考虑磨损，最后将所求得的模数增大 10% ~20%。

5.3.3　齿轮传动的受力分析及计算载荷

1. 齿轮传动的受力分析

齿轮传动是靠轮齿间的作用力传递功率的。为便于分析计算，现以节点作为计算简化点且忽略摩擦力的影响。如图 5-3-7 所示，齿廓间的总作用力 $\boldsymbol{F}_n$ 沿啮合线方向，$\boldsymbol{F}_n$ 称为法向力。在分度圆上 $\boldsymbol{F}_n$ 可分解成两个相互垂直的分力：指向轮心的径向力 $\boldsymbol{F}_r$ 和与分度圆相切的圆周力 $\boldsymbol{F}_t$。

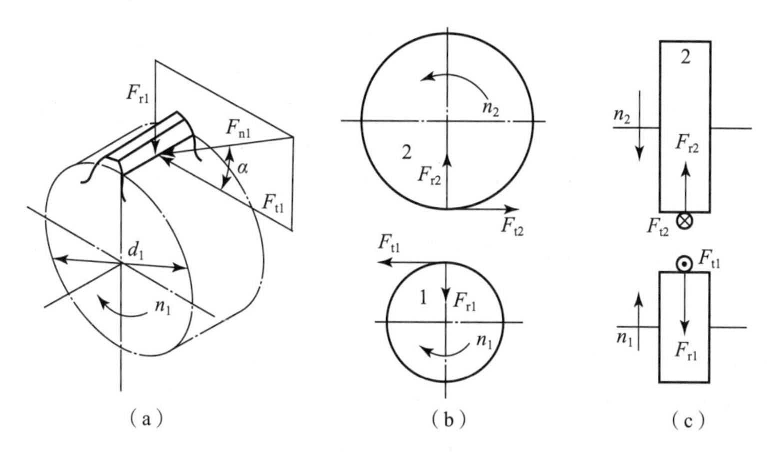

图 5-3-7　轮齿的受力分析

传动设计时，主动轮 1 传递的功率 P_1（kW）及转速 n_1（r/min）通常是已知的，为此，主动轮上的转矩 T_1（N·mm）可由下式求得

$$T_1 = 9\ 549 \times 10^3 \frac{P}{n_1} \tag{5-3-1}$$

F_t、F_r 和 F_n 分别为

$$F_t = \frac{2T_1}{d_1} \tag{5-3-2}$$

$$F_r = F_t \tan\alpha \tag{5-3-3}$$

$$F_n = \frac{F_t}{d_1 \cos\alpha} = \frac{2T_1}{d_1 \cos\alpha} \tag{5-3-4}$$

式中，d_1——小齿轮的分度圆直径；

　　α——分度圆压力角，为 20°。

作用在主动齿轮和从动齿轮上的各对分力大小相等且方向相反。

各力的方向：$\boldsymbol{F}_{t1}$是主动轮上的工作阻力，故其方向与主动轮的转向相反；$\boldsymbol{F}_{t2}$是从动轮上的驱动力，其方向与从动轮的转向相同；$\boldsymbol{F}_{r1}$与 $\boldsymbol{F}_{r2}$指向各自的回转中心。

2. 计算载荷

按式（5-3-2）~式（5-3-4）计算的 F_t、F_r、F_n 均是作用在轮齿上的名义载荷。在实际传动中，它受到很多因素的影响，如原动机和工作机的工作特性的影响；轴与联轴器系统在运动中所产生的附加动载荷的影响；齿轮受载后，由于轴的弯曲变形，使作用在齿面上的载荷沿接触线分布不均等因素的影响。所以进行齿轮的强度计算时，应按计算载荷进行计算。计算载荷按式（5-3-5）确定：

$$F_{nc}=KF_n \tag{5-3-5}$$

式中，K——载荷系数，其值可查表5-3-1。

表5-3-1　载荷系数 K

原动机	工作机械的载荷特性		
	平稳和较平稳	中等冲击	大的冲击
电动机、汽轮机	1.0~1.2	1.2~1.6	1.6~1.8
多缸内燃机	1.2~1.6	1.6~1.8	1.9~2.1
单缸内燃机	1.6~1.8	1.8~2.0	2.2~2.4
注：斜齿、圆周速度低、精度高、齿宽系数小时取小值；直齿、圆周速度高、精度低、齿宽系数大时取大值。齿轮在两轴承间，并对称布置时取小值；齿轮在两轴承间不对称布置及悬臂布置时取大值。			

5.3.4　齿面接触疲劳强度计算

齿面接触疲劳强度计算的目的是防止齿面点蚀失效。点蚀常发生在节线（一对齿廓啮合过程中节点在齿轮上的轨迹）附近。防止齿面点蚀的强度条件为节点处的计算接触应力应该小于齿轮材料的许用接触应力，即：$\sigma_H \leqslant [\sigma_H]$。

如图5-3-8所示，齿面接触疲劳强度计算是以两齿廓曲面曲率半径为ρ_1、ρ_2的两圆柱体接触，在载荷作用下，为保证不产生点蚀，由弹性力学，得到接触区的强度校核公式为：

$$\sigma_H=\sqrt{\frac{F_n}{\pi b}\frac{\frac{1}{\rho_1}\pm\frac{1}{\rho_2}}{\left(\frac{1-\mu_1^2}{E_1}+\frac{1-\mu_2^2}{E_2}\right)}}=\sqrt{\frac{1}{\pi\left(\frac{1-\mu_1^2}{E_1}+\frac{1-\mu_2^2}{E_2}\right)}\frac{F_n}{b}\frac{1}{\rho}}=Z_E\sqrt{\frac{F_n}{b}\frac{1}{\rho}} \tag{5-3-6}$$

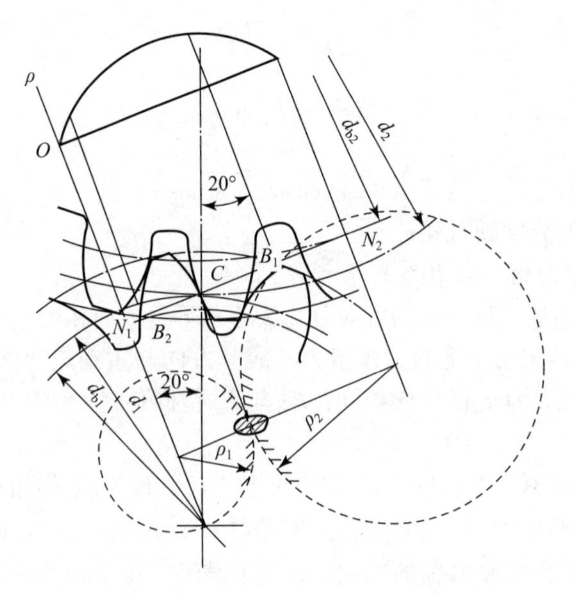

图5-3-8　齿面的接触应力

$$Z_E = \sqrt{\frac{1}{\pi\left(\frac{1-\mu_1^2}{E_1}+\frac{1-\mu_2^2}{E_2}\right)}} \tag{5-3-7}$$

式中，b——两圆柱体的宽度；

ρ_1，ρ_2——两圆柱体接触处的曲率半径；

“±”——外接触或内接触；

μ_1，μ_2——两圆柱体材料的泊松比；

ρ——综合曲率半径，$1/\rho = 1/\rho_1 + 1/\rho_2$；

Z_E——配对齿轮的材料弹性系数，其值见表5-3-2。

表5-3-2　弹性系数 $Z_E/(\mathrm{MP_a})^{1/2}$

小齿轮材料	大齿轮材料 E/MPa						
	钢 206×10^3	铸钢 202×10^3	球铁 173×10^3	灰铸铁 $118\times10^3\sim126\times10^3$	铸锡青铜 103×10^3	锡青铜 113×10^3	尼龙 7 850
钢	189.8	188.9	181.4	162.0～165.4	155.0	159.8	56.4
铸铁	—	188.0	180.5	161.4	—	—	—
球铁	—	—	173.9	156.6	—	—	—
灰铸铁	—	—	—	143.7～146.7	—	—	—

通过节点处的接触应力的计算来计算齿面的接触疲劳强度，可以将两个齿轮节点处的两个曲率半径形成的圆柱面代入公式，来计算两个圆柱（齿轮齿面）的接触应力。

节点处的曲率半径为

$$\rho_1 = N_1C = \frac{1}{2}d_1\sin\alpha \tag{5-3-8}$$

$$\rho_2 = N_2C = \frac{1}{2}d_2\sin\alpha \tag{5-3-9}$$

因此可得：

$$\frac{1}{\rho_1} \pm \frac{1}{\rho_2} = \frac{\rho_2 \pm \rho_1}{\rho_1\rho_2} = \frac{2(d_2 \pm d_1)}{d_1d_2\sin\alpha} = \frac{2}{d_1\sin\alpha}\cdot\frac{u \pm 1}{u} \tag{5-3-10}$$

代入式（5-3-6）可得齿面接触应力计算公式为

$$\sigma_H = Z_EZ_H\sqrt{\frac{F_t}{bd_1}\frac{u \pm 1}{u}} \tag{5-3-11}$$

式中，Z_H——节点啮合系数，反映节点处齿廓形状对接触应力的影响，对于标准齿轮，为

$$Z_H = \sqrt{\frac{4}{\sin40^\circ}} = 2.5 \tag{5-3-12}$$

设 $b = \varphi_d d_1$（φ_d 为齿宽因数，其值可查表5-3-3），而 $F_t = 2T_1/d_1$，代入式（5-3-11），并引入载荷系数 K，同时以传动比 i 代替 u，则得齿面接触强度的校核公式

$$\sigma_H = Z_EZ_H\sqrt{\frac{2T_1}{bd_1^2}\frac{i \pm 1}{i}} = Z_EZ_H\sqrt{\frac{2KT_1}{\varphi_d d_1^3}\frac{i \pm 1}{i}} \leqslant [\sigma_H] \tag{5-3-13}$$

表 5-3-3　圆柱齿轮齿宽系数 φ_d

齿轮相对轴承的位置	轮齿表面硬度≤350HBS	两轮齿面硬度>350HBS
对称布置	0.8～1.4	0.4～0.9
不对称布置	0.6～1.2	0.3～0.6
悬臂布置	0.3～0.4	0.2～0.5

按齿面接触强度设计齿轮时，需要确定小齿轮的分度圆直径，将上式变换可得齿面接触强度的设计公式

$$d_1 \geqslant \sqrt[3]{\frac{2KT_1}{\varphi_d}\left(\frac{Z_E Z_H}{[\sigma_H]}\right)^2 \frac{i \pm 1}{i}} \tag{5-3-14}$$

式中，$[\sigma_H]$——材料的接触疲劳许用应力，实际应用时，一对齿轮的 $[\sigma_{H1}]$ 和 $[\sigma_{H2}]$ 可能会不一样，应将较小的一个作为 $[\sigma_H]$ 代入公式。$[\sigma_H]$ 的计算方法：

$$[\sigma_H] = \frac{\sigma_{Hlim}}{S_{Hlim}} Z_N \tag{5-3-15}$$

σ_{Hlim} 为接触疲劳极限应力，其值可查图 5-3-9。S_{Hlim} 为接触疲劳强度的最小安全系数，通常取 $S_{Hlim}=1$，其值可查表 5-3-4。Z_N 为接触疲劳强度寿命系数，其值可查图 5-3-10。

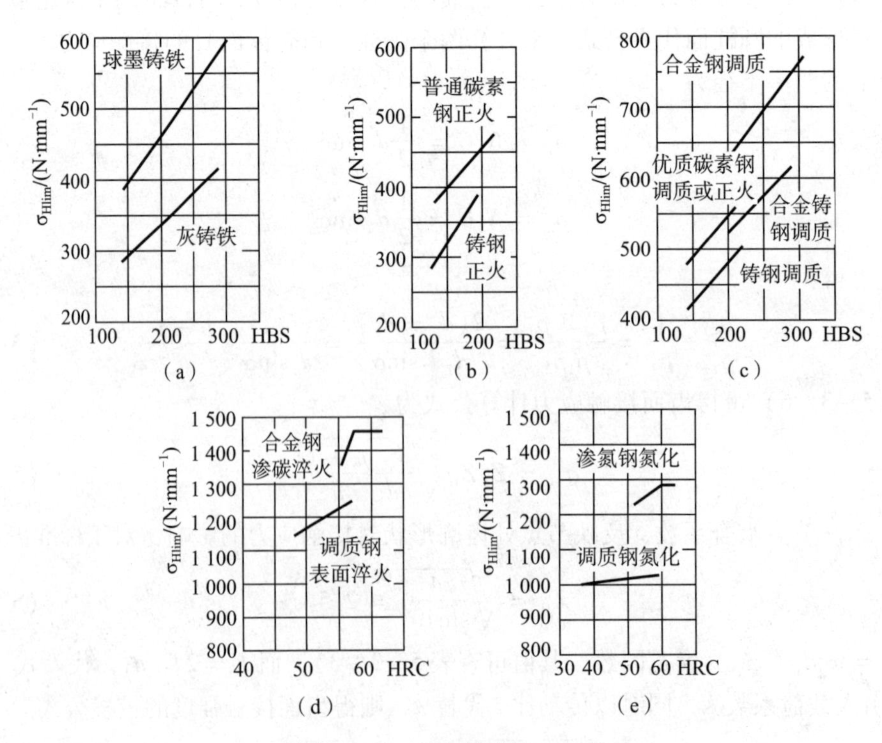

图 5-3-9　齿轮材料的 σ_{Hlim} 值

表5-3-4 齿轮接触、弯曲疲劳强度的最小安全系数

使用要求	S_{Hlim}	S_{Flim}
高可靠度（失效率不大于1/10 000）	1.50～1.60	2.00
较高可靠度（失效率不大于1/1 000）	1.25～1.30	1.60
一般可靠度（失效率不大于1/100）	1.00～1.10	1.25
低可靠度（失效率不大于1/10）	0.85	1.00

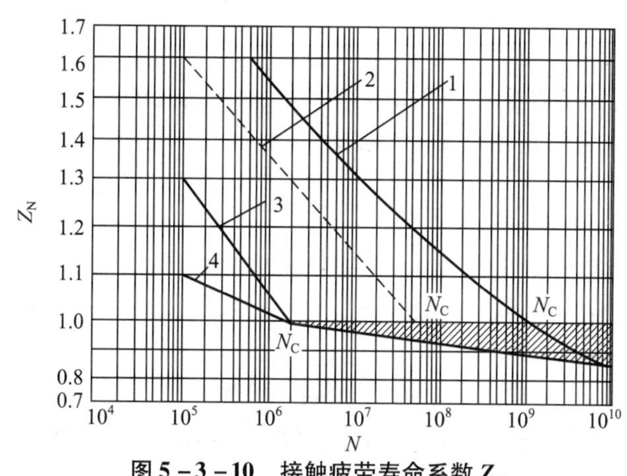

图5-3-10 接触疲劳寿命系数 Z_N

1—允许一定点蚀时的结构钢、调质钢、球墨铸铁（珠光体、贝氏体）、珠光体可锻铸铁、渗碳淬火的渗碳钢；2—结构钢、调质钢、渗碳淬火钢、火焰或感应淬火的钢、球墨铸铁、球墨铸铁（珠光体、贝氏体）、珠光体可锻铸铁；3—灰铸铁、球墨铸铁（铁素体）、渗氮的渗氮钢、调质钢、渗碳钢；4—氮碳共渗的调质钢、渗碳钢

图5-3-10中 N 为应力循环系数，$N=60njL_h$，其中 n 为齿轮转速，单位r/min，j 为齿轮转一周时同侧齿面的啮合次数，L_h 为齿轮工作寿命，单位为h。

5.3.5 齿根弯曲疲劳强度计算

齿根弯曲疲劳计算的目的，是为了防止轮齿根部的疲劳折断。轮齿的折断与齿根弯曲应力有关。在工程上，假设全部载荷由一对齿承担，且载荷作用于齿顶，并视轮齿为一个宽度为 b 的悬臂梁，如图5-3-11所示。轮齿危险截面由30°切线法确定，即作与轮齿对称中线成30°且与齿根过渡曲线相切的直线，通过两切点作平行于齿轮轴线的截面，即为轮齿根部的危险截面。

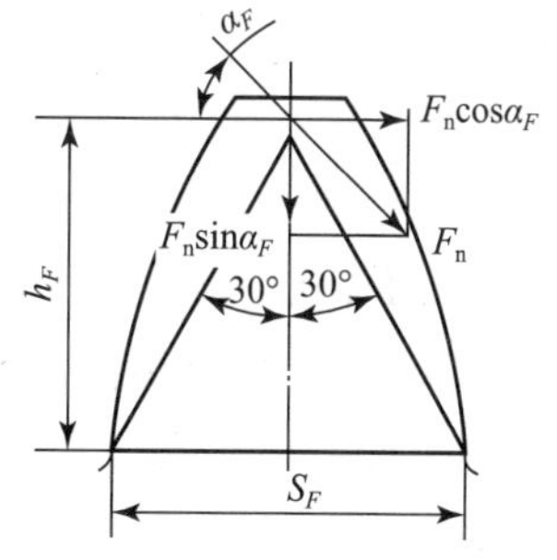

图5-3-11 轮齿弯曲应力分析

危险截面上的应力：轮齿间法向力 F_n 在危险截面上的应力有切向分力 $F_n\cos\alpha_F$ 引起的弯曲应力和径向分力 $F_n\sin\alpha_F$ 引起的压应力。由于压应力仅为弯曲应力的1/100，通常可忽略不计。

则弯矩为：

$$M = (F_n\cos\alpha_F)h_F$$

抗弯系数为：

$$W = \frac{1}{6}bs_F^2$$

因此，危险截面上的理论弯曲应力为：

$$\sigma_{F0}=\frac{M}{W}=\frac{(F_{\mathrm{n}}\cos\alpha_F)h_F}{\frac{1}{6}bs_F^2}=\frac{\left(\frac{F_{\mathrm{t}}}{\cos\alpha}\cos\alpha_F\right)h_F}{\frac{1}{6}bs_F^2}=\frac{F_{\mathrm{t}}}{bm}\frac{6\left(\frac{h_F}{m}\right)\cos\alpha_F}{\left(\frac{s_F}{m}\right)^2\cos\alpha} \tag{5-3-16}$$

令

$$Y_{\mathrm{Fa}}=\frac{6\left(\frac{h_F}{m}\right)\cos\alpha_F}{\left(\frac{s_F}{m}\right)^2\cos\alpha}$$

Y_{Fa} 表示齿形系数（见表 5-3-5），再考虑齿根圆角处的应力集中以及齿根危险截面上压应力的影响，引入应力修正系数 Y_{Sa}（见表 5-3-6）

$$\sigma_{F0}=\frac{F_{\mathrm{t}}}{bm}Y_{\mathrm{Fa}}Y_{\mathrm{Sa}} \tag{5-3-17}$$

因 h_F 和 s_F 均与模数成正比，故 Y_{Fa} 只于轮齿形状有关，而与模数无关。考虑工作情况对载荷的影响，引入载荷系数 K，轮齿弯曲应力为

$$\sigma_F=\frac{KF_{\mathrm{t}}}{bm}Y_{\mathrm{Fa}}Y_{\mathrm{Sa}} \tag{5-3-18}$$

为便于工程设计计算，将 $b=\varphi_{\mathrm{d}}d_1$、$F_{\mathrm{t}}=2T_1/d_1$ 和 $d_1=mz_1$ 代入式（5-3-18），则得弯曲强度的校核公式

$$\sigma_F=\frac{2KT_1}{bmd_1}Y_{\mathrm{Fa}}Y_{\mathrm{Sa}}\leqslant[\sigma_F] \tag{5-3-19}$$

或

$$\sigma_F=\frac{2KT_1}{\varphi_{\mathrm{d}}z_1^2m^3}Y_{\mathrm{Fa}}Y_{\mathrm{Sa}}\leqslant[\sigma_F] \tag{5-3-20}$$

设计计算时，将式（5-3-19）和式（5-3-20）改写为轮齿弯曲疲劳强度的设计公式，以求出模数

$$m\geqslant\frac{2KT_1}{bd_1}\left(\frac{Y_{\mathrm{Fa}}Y_{\mathrm{Sa}}}{[\sigma_F]}\right) \tag{5-3-21}$$

或

$$m\geqslant\sqrt[3]{\frac{2KT_1}{z_1^2\varphi_{\mathrm{d}}}\left(\frac{Y_{\mathrm{Fa}}Y_{\mathrm{Sa}}}{[\sigma_F]}\right)} \tag{5-3-22}$$

上面各式中，z_1——小齿轮齿数；

$[\sigma_{\mathrm{F}}]$——弯曲疲劳许用应力，MPa，一般齿轮传动的弯曲疲劳许用应力 $[\sigma_{\mathrm{F}}]$ 按下式计算：

$$[\sigma_F]=\frac{\sigma_{F\lim}}{S_{F\lim}}Y_N \tag{5-3-23}$$

式中，$\sigma_{F\lim}$——轮齿单向受力时的弯曲疲劳极限，其值可查图 5-3-12；

$S_{F\lim}$——弯曲疲劳强度的最小安全系数，通常取 1，其值可查表 5-3-4；

Y_N——弯曲疲劳寿命系数，其值可查图 5-3-13，图 5-3-13 中 N 为应力循环系数，$N=60njL_{\mathrm{h}}$，其中 n 为齿轮转速，单位为 r/min；j 为齿轮转一周时同侧齿面的啮合次数；L_{h} 为齿轮工作寿命，单位为 h。

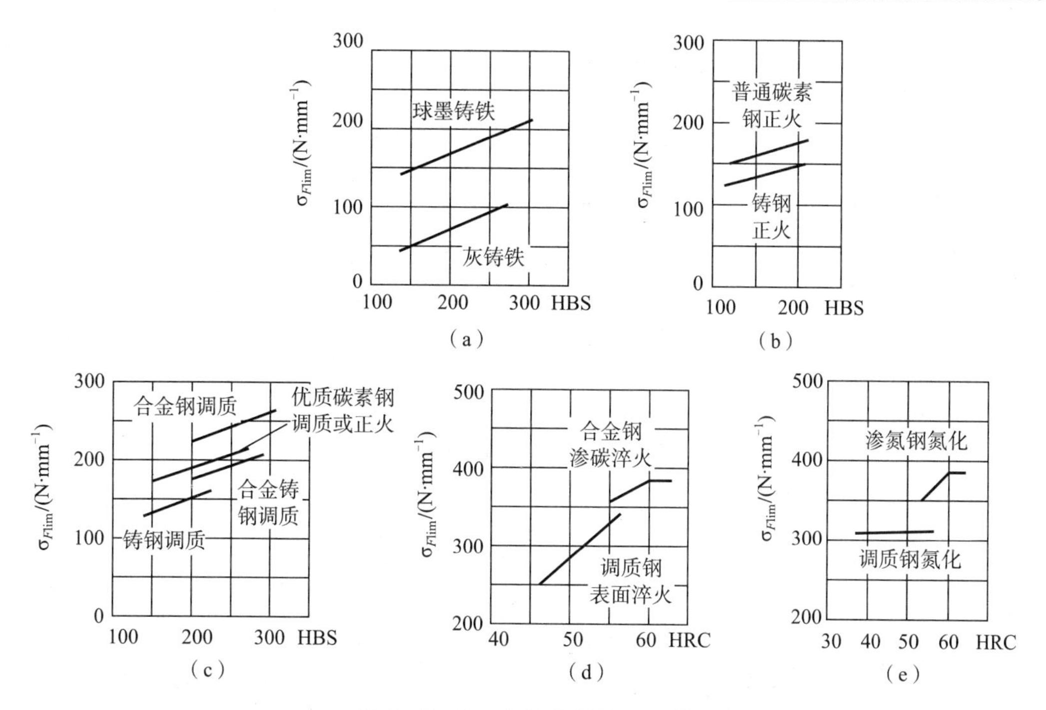

图5-3-12　齿轮材料的 σ_{Flim} 值

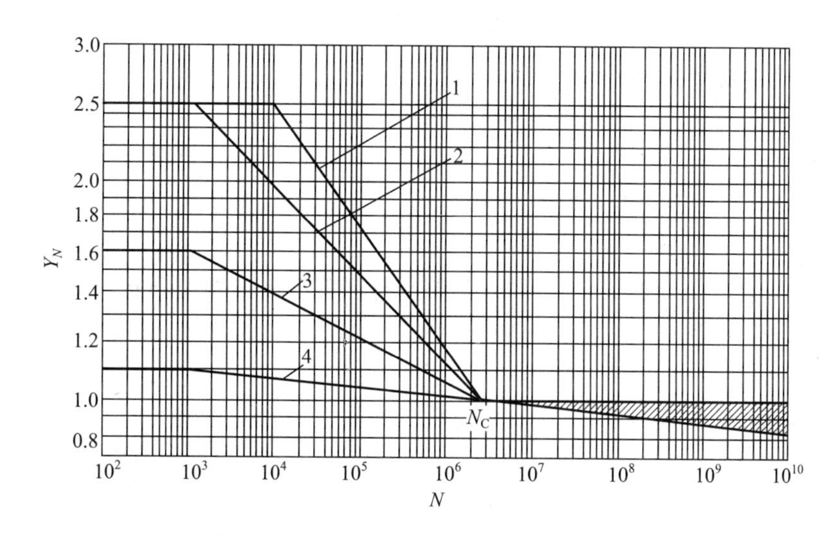

图5-3-13　齿轮弯曲疲劳寿命系数 Y_N

1—调质钢、球墨铸铁（珠光体、贝氏体）、珠光体可锻铸铁；2—渗碳淬火的渗碳钢、全齿廓火焰或感应淬火的钢、球墨铸铁；3—渗氮的渗氮钢、球墨铸铁（铁素体）、灰铸铁；结构钢；4—氮碳共渗的调质钢、渗碳钢

用公式 $[\sigma_F]=\dfrac{\sigma_{Flim}}{S_{Flim}}Y_N$ 校核齿轮弯曲强度时，由于大小齿轮的齿数不同，齿形系数 Y_{Fa}（见表5-3-5）和齿根应力集中系数 Y_{Sa}（见表5-3-6）也不同，大小齿轮的材料硬度一般不相等，其弯曲许用应力 $[\sigma_F]_1$ 和 $[\sigma_F]_2$ 也不相等，因此大小齿轮的弯曲应力应分别计算，并与各自的弯曲许用应力作比较。$\sigma_{F1}\leqslant[\sigma_F]_1,\sigma_{F2}\leqslant[\sigma_F]_2$，用公式 $m\geqslant\sqrt[3]{\dfrac{2KT_1}{z_1^2\varphi_d}\left(\dfrac{Y_{Fa}Y_{Sa}}{[\sigma_F]}\right)}$ 设

计计算时，应将 $\frac{Y_{Fa1}Y_{Sa1}}{[\sigma_F]_1}$ 和 $\frac{Y_{Fa2}Y_{Sa2}}{[\sigma_F]_2}$ 中较大者代入。

表 5-3-5　标准外齿轮的齿形系数 Y_{Fa}

z (z_v)	17	18	19	20	21	22	23	24	25	26	27	28	29
Y_{Fa}	2.97	2.91	2.85	2.80	2.76	2.72	2.69	2.65	2.62	2.60	2.57	2.55	2.53
z (z_v)	30	35	40	45	50	60	70	80	90	100	150	200	∞
Y_{Fa}	2.52	2.45	2.40	2.35	2.32	2.28	2.24	2.22	2.20	2.18	2.14	2.12	2.06
注：斜齿轮按当量齿数 z_v 查表。													

表 5-3-6　齿根应力集中系数 Y_{Sa}

z (z_v)	17	18	19	20	21	22	23	24	25	26	27	28	29
Y_{Sa}	1.52	1.53	1.54	1.55	1.56	1.57	1.575	1.58	1.59	1.595	1.60	1.61	1.62
z (z_v)	30	35	40	45	50	60	70	80	90	100	150	200	∞
Y_{Sa}	1.625	1.65	1.67	1.68	1.70	1.73	1.75	1.77	1.78	1.79	1.83	1.865	1.97

5.3.6　圆柱齿轮传动参数的选择及设计步骤

1. 圆柱齿轮传动参数的选择

1）齿数 z 的选择

当中心距确定时，齿数增多，重合度增大，能提高传动的平稳性，并降低摩擦损耗，提高传动效率。因此，对于软齿面的闭式传动，在满足弯曲疲劳强度的前提下，宜采用较多齿数，一般取 $z_1=20\sim40$。

对于硬齿面的闭式传动及开式传动，齿根抗弯曲疲劳破坏能力较低，宜取较少齿数，以增大模数，提高轮齿弯曲疲劳强度，但要避免发生根切，一般取 $z_1=17\sim20$。

2）模数 m 的选择

模数影响轮齿的抗弯强度，一般在满足轮齿弯曲疲劳强度的前提下，宜取较小模数，以增大齿数，减少切齿量。对于传递动力的齿轮，可按 $m=(0.007\sim0.020)a$ 初选，但要保证 $m\geqslant2$ mm。

3）齿宽系数 φ_d 的选择

增大齿宽系数，可减小齿轮传动装置的径向尺寸，降低齿轮的圆周速度。但齿宽系数过大则需提高结构刚度，否则将会出现载荷分布严重不均的情况。

4）传动比的选择

对于一般齿轮传动，常取单级传动比 $i\leqslant7$；当 $i>7$ 时，宜采用多级传动。

2. 圆柱齿轮传动设计计算的步骤

（1）根据提供的工况条件，确定传动形式，选定合适的齿轮材料和热处理方法，查表确定相应的许用应力；

（2）根据设计准则，设计计算 m 和 d_1；

（3）选择齿轮的主要参数；

(4) 主要几何尺寸计算;

(5) 根据设计准则,校核接触强度或者弯曲强度;

(6) 校核齿轮的圆周速度,选择齿轮传动的精度等级和润滑方式等;

(7) 绘制齿轮零件工作图。

5.3.7 齿轮传动的精度简介

1. 选择齿轮精度的基本要求

选择齿轮传动的精度应考虑以下四个方面的要求。

1) 传递运动准确性的要求

齿轮在传动过程中,当主动轮转过一定角度时,从动轮应按照传动比精确地转过相应的角度。但由于制造误差,致使从动轮实际转过的角度存在一定误差。所以,要求齿轮每转一周时,转角误差的最大值不得超过规定的范围。

2) 工作平稳性的要求

齿轮在传动过程中,由于齿形及齿距的制造误差,致使瞬时传动比不能保持常数,即齿轮在每转一周的过程中多次重复出现速度波动,特别是在高速传动中将会引起振动、冲击和噪声。为此,要求这种速度波动不得超过规定的范围。

3) 载荷分布均匀性的要求

在齿轮传动中,为了避免沿齿长线方向载荷分布不均匀而出现载荷集中的情况,希望齿面接触区面积大而均匀并符合规定的要求。

4) 齿侧间隙的要求

在齿轮传动中,为了防止由于齿轮的制造误差和热变形而使轮齿卡住,且齿廓间能存留润滑油,要求有一定的齿侧间隙。对于在高速、高温、重载条件下工作的闭式或开式齿轮传动,应选取较大的齿侧间隙;对于在一般条件下工作的闭式齿轮传动,可选取中等齿侧间隙;对于经常反转而转速又不高的齿轮传动,应选取较小的齿侧间隙。

2. "渐开线圆柱齿轮精度"简介

我国颁布的"渐开线圆柱齿轮精度"国家标准中对齿轮和齿轮传动规定了13个精度等级。精度由高到低的顺序依次用数字0、1、2、3、…、12表示。加工误差大、精度低将影响齿轮的传动质量和承载能力;若精度要求过高,将给加工带来困难,提高制造成本。因此,应根据齿轮的实际工作需要,对齿轮加工精度提出适当的要求。在齿轮传动中,两个齿轮的精度等级一般应相同,也允许用不同的精度等级组合。

齿轮的精度等级应根据传动的用途、使用条件、传递功率、圆周速度及经济技术指标等因素来决定。常用的精度等级是5、6、7、8级,对精度要求不高的低速齿轮可使用9~12级。表5-3-7中列举了几种常见的齿轮传动精度等级的选用。

表5-3-7 常见齿轮传动精度等级的选用

机器类型	精度等级	机器类型	精度等级
测量齿轮	3~5	一般用途减速器	6~8
透平机用减速器	3~6	载重汽车	6~9
金属切削机床	3~8	拖拉机及轧钢机的小齿轮	6~10

续表

机器类型	精度等级	机器类型	精度等级
航空发动机	4 ~ 7	起重机械	7 ~ 10
轻便汽车	5 ~ 8	矿山用卷扬机	8 ~ 10
内燃机车和电气机车	5 ~ 8	农业机械	8 ~ 11

5.3.8 直齿圆柱齿轮传动设计实例

例 5 - 3 - 1 设计某带式运输机减速器双级直齿轮传动中的高速级齿轮传动。电动机驱动，带式运输机工作平稳，转向不变，传递功率 $P_1 = 5$ kW，$n_1 = 960$ r/min，齿数比 $u = 4.8$，工作寿命为 10 年（每年工作 300 天），双班制。

解 设计计算步骤如表 5 - 3 - 8 所示。

表 5 - 3 - 8 直齿轮传动的设计计算步骤

计算项目	设计计算与说明	计算结果
1. 选择精度等级、齿轮材料、热处理方法、齿面硬度及齿数		
1）选择精度等级	运输机为一般工作机器，速度不高，根据表 5 - 3 - 7 所示，故齿轮选用 8 级精度	8 级精度
2）选取齿轮材料、热处理方法及齿面硬度	因传递功率不大，转速不高，选用软齿面齿轮传动；齿轮选用便于制造且价格便宜的材料（见表 2 - 3 - 7）； 小齿轮：45 钢（调质），硬度为 240HBS； 大齿轮：45 钢（正火），硬度为 200HBS	小齿轮： 45 钢（调质）240HBS； 大齿轮： 45 钢（正火）200HBS
3）选齿数 z_1、z_2	$z_1 = 24, u = i = 4.8, z_2 = iz_1 = 4.8 \times 24 = 115.2$，取 $z_2 = 115$，在误差范围内； 因选用闭式软齿面传动，故按齿面接触疲劳强度设计，然后校核其齿根弯曲疲劳强度	$i = 4.8$； $z_1 = 24$； $z_2 = 115$
2. 按齿面接触疲劳强度设计	按式（5 - 3 - 14），设计公式为 $d_1 \geqslant \sqrt[3]{\frac{2KT_1}{\varphi_d} \frac{i+1}{i} \left(\frac{Z_H Z_E}{[\sigma_H]}\right)^2}$	
1）选择载荷系数 K	根据表 5 - 3 - 1，选择载荷系数 $K = 1.1$	$K = 1.1$
2）小齿轮传递转矩 T_1	小齿轮名义转矩： $T_1 = 9.55 \times 10^6 \frac{P_1}{n_1}$ $= 9.55 \times 10^6 \frac{5}{960} = 49\ 739.6$（N · mm）	$T_1 = 49\ 739.6$ N · mm
3）选取齿宽系数 φ_d	如表 5 - 3 - 3 所示，选齿宽系数 $\varphi_d = 0.8$	$\varphi_d = 0.8$

续表

计算项目	设计计算与说明	计算结果
4）弹性系数 Z_E	如表5-3-2所示，查取弹性系数 $Z_E=189.8\sqrt{\text{MPa}}$	$Z_E=189.8\sqrt{\text{MPa}}$
5）节点区域系数 Z_H	节点啮合系数 $Z_H=2.5$（$\alpha=20°$）	$Z_H=2.5$
6）接触疲劳强度极限 σ_{Hlim1}、σ_{Hlim2}	由图5-3-9查得 $\sigma_{Hlim1}=590$ MPa，$\sigma_{Hlim2}=550$ MPa	$\sigma_{Hlim1}=590$ MPa $\sigma_{Hlim2}=550$ MPa
7）接触应力循环次数 N_2、N_2	由式 $N_1=60n_1jL_h$ $=60\times960\times1\times(2\times8\times300\times10)$ $=2.76\times10^9$ $N_2=N_1/i=2.76\times10^9/4.8=5.76\times10^8$	$N_1=2.76\times10^9$； $N_2=5.76\times10^8$
8）接触疲劳强度寿命系数 Z_{N1}、Z_{N2}	由图5-3-10查取接触疲劳强度寿命系数 $Z_{N1}=1$，$Z_{N2}=1.03$（允许一定点蚀）	$Z_{N1}=1$； $Z_{N2}=1.03$
9）接触疲劳强度安全系数 S_{Hlim}	取失效概率为1%，接触疲劳强度最小安全系数 $S_{Hlim}=1$（见表5-3-4）	$S_H=1$
10）计算许用接触应力 $[\sigma_H]_1$、$[\sigma_H]_2$	由式（5-3-15） $[\sigma_H]_1=\dfrac{\sigma_{Hlim1}Z_{N1}}{S_{Hlim}}=\dfrac{590\times1}{1}=590\ (\text{MPa})$ $[\sigma_H]_2=\dfrac{\sigma_{Hlim2}Z_{N2}}{S_{Hlim}}=\dfrac{550\times1.03}{1}=567\ (\text{MPa})$ 取 $[\sigma_H]=[\sigma_H]_2=567$（MPa）	$[\sigma_H]=567$ MPa
11）试算小齿轮分度圆直径 d_1	$d_1\geqslant\sqrt[3]{\dfrac{2K_tT_1}{\varphi_d}\dfrac{i+1}{i}\left(\dfrac{Z_HZ_E}{[\sigma_H]}\right)^2}$ $=\sqrt[3]{\dfrac{2\times1.3\times49\ 739.6}{0.8}\times\dfrac{4.8+1}{4.8}\left(\dfrac{2.5\times189.8}{567}\right)^2}$ $=51.526$（mm）	$d_1=51.526$ mm
12）计算圆周速度 v_t	$v_t=\dfrac{\pi d_1n_1}{60\times1\ 000}=\dfrac{3.14\times51.526\times960}{60\times1\ 000}=2.589\ (\text{m/s})$	$v_t=2.589$ m/s
3. 确定齿轮传动主要参数和几何尺寸		
1）确定模数 m	$m=\dfrac{d_1}{z_1}=\dfrac{51.526}{24}=2.147\ (\text{mm})$ 根据表2-3-1，将模数圆整为标准值 $m=2.5$ mm	$m=2.5$ mm
2）计算分度圆直径 d_1、d_2	$d_1=mz_1=2.5\times24=60$（mm） $d_2=mz_2=2.5\times115=287.5$（mm）	$d_1=60$ mm $d_2=287.5$ mm
3）计算传动中心距 a	$a=\dfrac{d_2+d_2}{2}=\dfrac{60+287.5}{2}=173.75\ (\text{mm})$	$a=173.75$ mm

续表

计算项目	设计计算与说明	计算结果
4）计算齿宽 b_1、b_2	$b=\varphi_d d_1=0.8\times60=48$ (mm) 取 $b_1=55$ mm，$b_2=50$ mm	$b_1=55$ mm； $b_2=50$ mm
4. 校核齿根弯曲疲劳强度	按式（5-3-19），校核公式为 $\sigma_F=\dfrac{2KT_1}{bd_1m}Y_{Fa}Y_{Sa}\leqslant[\sigma_F]$	
1）齿形系数 Y_{Fa1}、Y_{Fa2}	由表 5-3-5 $Y_{Fa1}=2.65$；$Y_{Fa2}=2.168$（内插）	$Y_{Fa1}=2.65$； $Y_{Fa2}=2.168$
2）应力修正系数 Y_{Sa1}、Y_{Sa2}	由表 5-3-6 $Y_{Sa1}=1.58$；$Y_{Sa2}=1.802$（内插）	$Y_{Sa1}=1.58$； $Y_{Sa2}=1.802$
3）弯曲疲劳强度极限 σ_{Flim1}、σ_{Flim2}	由图 5-3-12 查得 $\sigma_{Flim1}=230$ MPa；$\sigma_{Flim2}=210$ MPa	$\sigma_{Flim1}=230$ MPa； $\sigma_{Flim2}=210$ MPa
4）弯曲疲劳强度寿命系数 Y_{N1}、Y_{N2}	由图 5-3-13 查得 $Y_{N1}=1$；$Y_{N2}=1$	$Y_{N1}=1$； $Y_{N2}=1$
5）弯曲疲劳强度安全系数 S_{Flim}	取弯曲疲劳强度最小安全系数（表 5-3-4） $S_{Flim}=1.4$	$S_{Flim}=1.4$
6）计算许用弯曲应力 $[\sigma_F]_1$、$[\sigma_F]_2$	由式（5-3-23） $[\sigma_F]_1=\dfrac{\sigma_{Flim1}Y_{N1}}{S_{Flim}}=\dfrac{230\times1}{1.4}=164$ (MPa) $[\sigma_F]_2=\dfrac{\sigma_{Flim2}Y_{N2}}{S_{Flim}}=\dfrac{210\times1}{1.4}=150$ (MPa)	$[\sigma_F]_1=164$ MPa； $[\sigma_F]_2=150$ MPa
7）校核齿根弯曲疲劳强度	$\sigma_{F1}=\dfrac{2KT_1}{bd_1m}Y_{Fa1}Y_{Sa1}$ $=\dfrac{2\times1.1\times49\ 739.6}{50\times60\times2.5}\times2.65\times1.58$ $=61$ (MPa) $<[\sigma_F]_1=164$ MPa $\sigma_{F2}=\dfrac{2KT_1}{bd_1m}Y_{Fa2}Y_{Sa2}$ $=\dfrac{2\times1.1\times49\ 739.6}{50\times60\times2.5}\times2.168\times1.802$ $=57$ (MPa) $<[\sigma_F]_2=150$ MPa	满足齿根弯曲疲劳强度要求
5. 结构设计	齿轮结构设计，并绘制齿轮的工作图（略）	

5.3.9 斜齿圆柱齿轮传动设计

5.3.9.1 斜齿圆柱齿轮的受力分析

如图 5-3-14 所示为平行轴斜齿圆柱齿轮的受力情况，与直齿圆柱齿轮不同，$\boldsymbol{F}_n$ 为空间作用力，它可分解成三个相互垂直的正交分力：圆周力 $\boldsymbol{F}_t$、径向力 $\boldsymbol{F}_r$ 和轴向力 $\boldsymbol{F}_a$。

圆周力：
$$F_t=\frac{2T_1}{d_1} \tag{5-3-24}$$

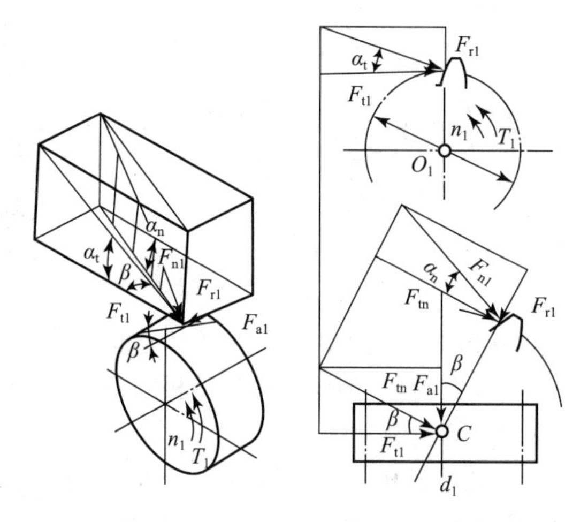

图5-3-14 平行轴斜齿圆柱齿轮的受力分析

径向力：

$$F_r = F'\tan\alpha_n = \frac{F_t\tan\alpha_n}{\cos\beta} \tag{5-3-25}$$

轴向力：

$$F_a = F_t\tan\beta \tag{5-3-26}$$

法向力：

$$F_n = \frac{F'_n}{\cos\alpha_n} = \frac{F_t}{(\cos\alpha_n\cos\beta)} \tag{5-3-27}$$

圆周力 $\boldsymbol{F}_t$ 的方向：在主动轮上与转动方向相反，在从动轮上与转向相同。

径向力 $\boldsymbol{F}_r$ 的方向：均指向各自的轮心。

轴向力 $\boldsymbol{F}_a$ 的方向：取决于齿轮的回转方向和轮齿的螺旋方向，可按“主动轮左、右手螺旋定则”来判断。左螺旋用左手，右螺旋用右手，握住齿轮轴线，四指曲指方向为回转方向，则大拇指的指向为轴向力 $\boldsymbol{F}_{a1}$ 的指向，从动轮的轴向力 $\boldsymbol{F}_{a2}$ 与其相反，如图5-3-15所示。

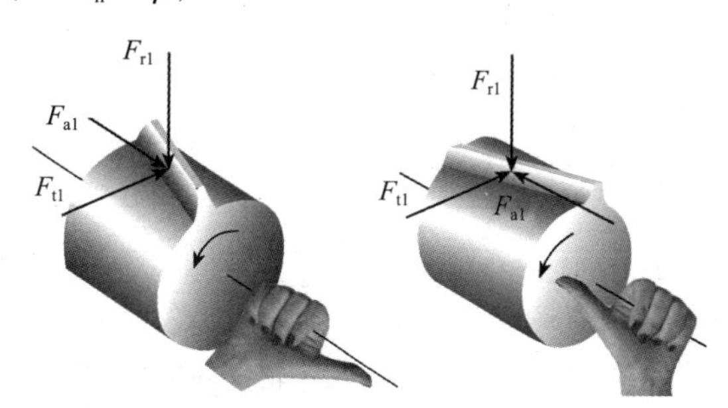

图5-3-15 斜齿轮轴向力判断

5.3.9.2 斜齿圆柱齿轮的强度计算

和直齿圆柱齿轮的计算相似，斜齿圆柱齿轮的强度计算包括齿面的接触疲劳强度计算和齿根的弯曲疲劳强度计算，但它的受力情况是按轮齿的法向进行的。根据斜齿轮的传动特点，可按下列公式进行简化计算。

1. 齿面的接触疲劳强度计算

校核公式：

$$\sigma_H = 3.17Z_E\sqrt{\frac{KT_1(i\pm1)}{bd_1^2 i}} \leqslant [\sigma_H] \tag{5-3-28}$$

设计公式：

$$d_1 \geqslant \sqrt[3]{\frac{KT_1(i\pm1)}{\varphi_d i}\left(\frac{3.17Z_E}{[\sigma_H]}\right)^2} \tag{5-3-29}$$

2. 齿根的弯曲疲劳强度计算

校核公式：

$$\sigma_F = \frac{1.6KT_1}{bm_n d_1}Y_{Fa}Y_{Sa} = \frac{1.6KT_1\cos\beta}{bm_n^2 z_1}Y_{Fa}Y_{Sa} \leqslant [\sigma_F] \quad (5-3-30)$$

设计公式：

$$m_n \geqslant 1.17\sqrt[3]{\frac{KT_1\cos^2\beta}{\varphi_d z_1^2[\sigma_F]}Y_{Fa}Y_{Sa}} \quad (5-3-31)$$

其他参数的含义、单位及选取方法与直齿圆柱齿轮传动相同。

斜齿圆柱齿轮传动设计的步骤与直齿圆柱齿轮传动相同。

5.3.9.3 斜齿轮传动设计计算实例

例 5-3-2 设计一用于带式输送机的两级斜齿轮减速器的高速级齿轮传动。已知减速器输入功率 P_1 =30 kW，小齿轮转速 n_1 =960 r/min，齿数比 u =4.2，带式输送机单向运转，原动机为电动机，减速器使用期限为 15 年（每年工作 300 天，两班制工作）。

解 设计计算步骤如表 5-3-9 所示。

表 5-3-9 斜齿轮传动的设计计算步骤

计算项目	设计计算与说明	计算结果
1. 选择齿轮精度等级、材料、热处理方法、齿面硬度及齿数		
1）选择精度等级	根据表 5-3-7，选用 7 级精度	7 级精度
2）选取齿轮材料、热处理方法及齿面硬度	因传递功率较大，选用硬齿面齿轮传动； 参考表 2-3-7； 小齿轮：40Cr 钢（表面淬火），硬度为 55HRC； 大齿轮：40Cr 钢（表面淬火），硬度为 48HRC	小齿轮： 40Cr，55HRC； 大齿轮： 40Cr，48HRC
3）选齿数 z_1、z_2	为增加传动的平稳性，选 z_1 =25， $z_2 = uz_1 = 4.2 \times 25 = 105$； 因选用闭式硬齿面传动，故按齿根弯曲疲劳强度设计，然后校核其齿面接触疲劳强度	z_1 =25； z_2 =105； $i = u = 4.2$
2. 按齿根弯曲疲劳强度设计	按式（5-3-31），设计公式为 $m_n \geqslant 1.17\sqrt[3]{\frac{KT_1\cos^2\beta}{\varphi_d z_1^2[\sigma_F]}Y_{Fa}Y_{Sa}}$	
1）选择载荷系数 K	根据表 5-3-1，选择载荷系数 K =1.1	K =1.1
2）初选螺旋角 β	初选螺旋角 β =12°	β =12°
3）小齿轮传递转矩 T_1	小齿轮传递转矩 $T_1 = 9.55\times10^6\frac{P_1}{n_1}$ $=9.55\times10^6\frac{30}{960}=298\ 438$（N·mm）	T_1 =298 438 N·mm

续表

计算项目	设计计算与说明	计算结果
4）选取齿宽系数 φ_d	如表5-3-3所示，选齿宽系数 $\varphi_d=0.8$	$\varphi_d=0.8$
5）端面重合度 ε_α	由式（2-3-21）得： $\varepsilon_\alpha=\left[1.88-3.2\left(\frac{1}{z_1}+\frac{1}{z_2}\right)\right]\cos\beta$ $=\left[1.88-3.2\left(\frac{1}{25}+\frac{1}{105}\right)\right]\cos12^\circ=1.684$	$\varepsilon_\alpha=1.684$
6）轴面重合度 ε_β	由式（2-3-22）得： $\varepsilon_\beta=\frac{b\sin\beta}{\pi m_n}=\frac{\varphi_d d_1\sin\beta}{\pi m_n}=\frac{\varphi_d m_n z_1\sin\beta}{\pi m_n\cos\beta}$ $=0.318\varphi_d z_1\tan\beta$ $=0.318\times0.8\times25\times\tan12^\circ=1.352$	$\varepsilon_\beta=1.352$
7）当量齿数 z_{v1}、z_{v2}	$z_{v1}=\frac{z_1}{\cos^3\beta}=25/\cos^3 12^\circ=26.7$ $z_{v2}=\frac{z_2}{\cos^3\beta}=105/\cos^3 12^\circ=112.2$	$z_{v1}=26.7$； $z_{v2}=112.2$
8）齿形系数 Y_{Fa1}、Y_{Fa2}	如表5-3-5所示 $Y_{Fa1}=2.58$，$Y_{Fa2}=2.17$	$Y_{Fa1}=2.58$； $Y_{Fa2}=2.17$
9）应力修正系数 Y_{Sa1}、Y_{Sa2}	由表5-3-6 $Y_{Sa1}=1.598$，$Y_{Sa2}=1.8$	$Y_{Sa1}=1.598$； $Y_{Sa2}=1.8$
10）弯曲疲劳强度极限 σ_{Flim1}、σ_{Flim2}	由图5-3-12查得 $\sigma_{Flim1}=350$ MPa，$\sigma_{Flim2}=250$ MPa	$\sigma_{Flim1}=350$ MPa； $\sigma_{Flim2}=250$ MPa
11）接触应力循环次数 N_2、N_2	由式 $N_1=60n_1jL_h=60\times960\times1\times(2\times8\times300\times15)$ $=4.15\times10^9$ $N_2=\frac{N_1}{i}=4.15\times10^9/4.2=9.88\times10^8$	$N_1=4.15\times10^9$； $N_2=9.88\times10^8$
12）弯曲疲劳强度寿命系数 Y_{N1}、Y_{N2}	由图5-3-13查得 $Y_{N1}=1$，$Y_{N2}=1$	$Y_{N1}=1$； $Y_{N2}=1$
13）弯曲疲劳强度安全系数 S_{Flim}	查表5-3-4，取弯曲疲劳强度最小安全系数 $S_{Flim}=1.4$	$S_{Flim}=1.4$
14）计算许用弯曲应力	由式（5-3-23） $[\sigma_F]_1=\frac{\sigma_{Flim1}Y_{N1}}{S_{Flim}}=\frac{350\times1}{1.4}=250$（MPa） $[\sigma_F]_2=\frac{\sigma_{Flim2}Y_{N2}}{S_{Flim}}=\frac{250\times1}{1.4}=178.6$（MPa）	$[\sigma_F]_1=250$ MPa； $[\sigma_F]_2=178.6$ MPa

续表

计算项目	设计计算与说明	计算结果
15）计算 $\frac{Y_{Fa1}Y_{Sa1}}{[\sigma_F]_1}$ 与 $\frac{Y_{Fa2}Y_{Sa2}}{[\sigma_F]_2}$	$\frac{Y_{Fa1}Y_{Sa1}}{[\sigma_F]_1}=\frac{2.58\times1.598}{250}=0.016\ 491$ $\frac{Y_{Fa2}Y_{Sa2}}{[\sigma_F]_2}=\frac{2.17\times1.8}{178.6}=0.021\ 870$	大齿轮数值大
16）计算模数 m_n	$m_n\geqslant1.17\sqrt[3]{\frac{KT_1\cos^2\beta}{\varphi_d z_1^2[\sigma_F]}Y_{Fa}Y_{Sa}}$ $=1.17\times\sqrt[3]{\frac{1.1\times298\ 438\times\cos^2 12^\circ}{0.8\times25^2}}\times0.021\ 870$ $=2.8$（mm） 根据表2－3－1，圆整为标准值，取 $m_n=4$ mm	$m_n=4$ mm
17）计算圆周速度 v	$v=\frac{\pi d_1 n_1}{60\times1\ 000}=\frac{\pi m_n z_1 n_1}{60\times1\ 000\cos\beta}$ $=\frac{3.14\times4\times25\times960}{60\times1\ 000\times\cos12^\circ}=5.13$（m/s）	$v=5.13$ m/s
3. 确定齿轮传动主要参数和几何尺寸		
1）中心距 a	$a=\frac{m_n(z_2+z_2)}{2\cos\beta}=\frac{4\times(25+105)}{2\cos12^\circ}=265.1$（mm） 圆整为 $a=265$ mm	$a=265$ mm
2）确定螺旋角 β	$\beta=\arccos\frac{m_n(z_1+z_2)}{2a}$ $=\arccos\frac{4\times(25+105)}{2\times265}=11.15^\circ$ 在8°～20°范围内，故合适	$\beta=11.15^\circ$
3）分度圆直径 d_1、d_2	$d_1=\frac{m_n z_1}{\cos\beta}$ $=4\times25/\cos11.15^\circ=101.92$（mm） $d_2=\frac{m_n z_2}{\cos\beta}$ $=4\times105/\cos11.15^\circ=428.08$（mm）	$d_1=101.92$ mm； $d_2=428.08$ mm
4）计算齿宽 b_1、b_2	$b=\varphi_d d_1=0.8\times101.92=81.54$（mm） 取 $b_1=82$ mm，$b_2=75$ mm	$b_1=82$ mm； $b_2=75$ mm
4. 校核齿面接触疲劳强度	按式（5－3－28），校核公式为 $\sigma_H=3.17Z_E\sqrt{\frac{KT_1(i\pm1)}{bd_1^2 i}}\leqslant[\sigma_H]$	
1）弹性系数 Z_E	由表5－3－2，查取弹性系数 $Z_E=189.8\sqrt{\text{MPa}}$	$Z_E=189.8\sqrt{\text{MPa}}$
2）接触疲劳强度极限 σ_{Hlim1}、σ_{Hlim2}	由图5－3－9查得 $\sigma_{Hlim1}=1\ 250$ MPa，$\sigma_{Hlim2}=1\ 150$ MPa	$\sigma_{Hlim1}=1\ 250$ MPa； $\sigma_{Hlim2}=1\ 150$ MPa

续表

计算项目	设计计算与说明	计算结果
3）接触疲劳强度寿命系数 Z_{N1}、Z_{N2}	由图5－3－10查取接触疲劳强度寿命系数 $Z_{N1}=1$，$Z_{N2}=1$	$Z_{N1}=1$； $Z_{N2}=1$
4）接触疲劳强度安全系数	取失效概率为1%，接触疲劳强度最小安全系数，查表5－3－4 $S_{\mathrm{Hlim}}=1$	$S_{\mathrm{Hlim}}=1$
5）计算许用接触应力	由式（5－3－15） $[\sigma_{\mathrm{H}}]_1=\dfrac{\sigma_{\mathrm{Hlim1}}Z_{N1}}{S_{\mathrm{Hlim}}}=\dfrac{1\ 250\times 1}{1}=1\ 250\ (\mathrm{MPa})$ $[\sigma_{\mathrm{H}}]_2=\dfrac{\sigma_{\mathrm{Hlim2}}Z_{N2}}{S_{\mathrm{Hlim}}}=\dfrac{1\ 150\times 1}{1}=1\ 150\ (\mathrm{MPa})$ 取小值 $[\sigma_{\mathrm{H}}]=[\sigma_{\mathrm{H}}]_2=1\ 150$ MPa	$[\sigma_{\mathrm{H}}]=[\sigma_{\mathrm{H}}]_2$ $=1\ 150$ MPa
6）校核齿面接触疲劳强度	$\sigma_{\mathrm{H}}=3.17Z_E\sqrt{\dfrac{KT_1(i\pm 1)}{bd_1^2 i}}$ $=3.17\times 189.8\sqrt{\dfrac{1.1\times 298\ 438}{82\times 101.92^2}\dfrac{4.2+1}{4.2}}$ $=415.61\ (\mathrm{MPa})\leqslant[\sigma_{\mathrm{H}}]$	$\sigma_{\mathrm{H}}\leqslant[\sigma_{\mathrm{H}}]$ 满足齿面接触疲劳强度
5. 结构设计	结构设计，绘制工作图（略）	

5.3.10　圆锥齿轮传动设计

5.3.10.1　直齿锥齿轮的受力分析

忽略齿面摩擦力，并假设法向力 $\boldsymbol{F}_{\mathrm{n}}$ 集中作用在齿宽中点上，在分度圆上可将其分解为相互垂直的三个分力：圆周力 $\boldsymbol{F}_{\mathrm{t}}$、径向力 $\boldsymbol{F}_{\mathrm{r}}$ 和轴向力 $\boldsymbol{F}_{\mathrm{a}}$，如图5－3－16所示。

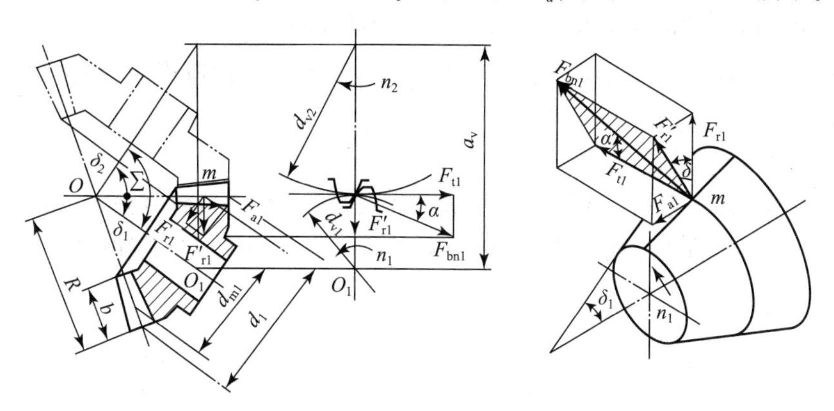

图5－3－16　锥齿轮受力分析简图

主动齿轮受力计算公式：

$$F_{\mathrm{t1}}=\frac{2\ 000T_1}{d_{\mathrm{m1}}}$$

$$F_{r1} = F_{t1}\tan\alpha\cos\delta_1$$
$$F_{a1} = F_{t1}\tan\alpha\sin\delta_1$$
$$F_{bn} = \frac{F_{t1}}{\cos\alpha} \tag{5-3-32}$$

从动齿轮受力计算公式：

$$F_{t2} = \frac{2\ 000T_2}{d_{m2}}$$
$$F_{r2} = F_{t2}\tan\alpha\cos\delta_2$$
$$F_{a2} = F_{t2}\tan\alpha\sin\delta_2$$
$$F_{bn} = \frac{F_{t2}}{\cos\alpha} \tag{5-3-33}$$

各分力之间的关系：

$$F_{t2} = -F_{t1}$$
$$F_{r2} = -F_{a1}$$
$$F_{a2} = -F_{r1} \tag{5-3-34}$$

各个分力方向可按如下方法确定，如图 5－3－17 所示：

对于主动齿轮，切向力方向与节点运动方向相反；对于从动齿轮，切向力方向与节点运动方向相同。

径向力方向均与节点垂直指向各自的轴线。

轴向力方向均平行于各自轴线且由节点背离锥顶指向大端。

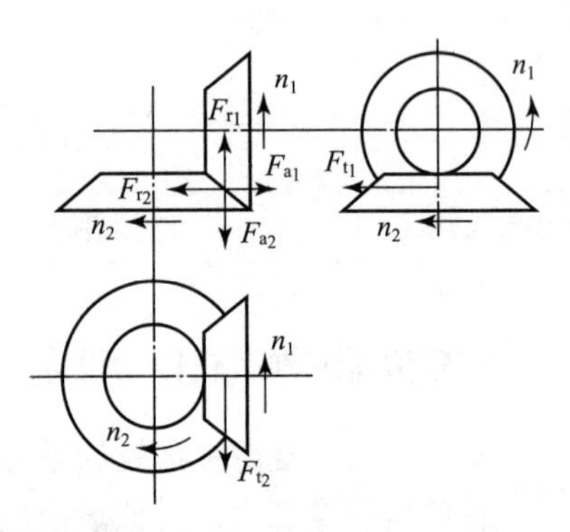

图 5－3－17　锥齿轮受力方向

5.3.10.2　直齿锥齿轮传动的强度计算

直齿锥齿轮的强度计算比较复杂。为了简化计算，通常按其齿宽中点的当量齿轮进行强度计算。这样，就可以直接引用直齿圆柱齿轮的相应公式。因直齿锥齿轮的制造精度较低，在强度计算中一般不考虑重合度的影响，即取齿间载荷分配系数 K_a、重合度系数 Z_e、Y_e 的值为 1。

1. 齿面接触疲劳强度

将锥齿轮传动的当量齿轮参数和计算载荷代入圆柱齿轮强度计算公式，并考虑锥齿轮的特点进行修正，可得直齿锥齿轮传动的齿面接触疲劳强度的校核公式和设计公式。

校核公式：

$$\sigma_H = Z_E Z_H \sqrt{\frac{4KT_1}{\varphi_R(1-0.5\varphi_R)^2 d_1^3 u}} \leqslant [\sigma_H]\ (\text{MPa}) \tag{5-3-35}$$

设计公式：

$$d_1 \geqslant \sqrt[3]{\frac{4KT_1}{\varphi_R(1-0.5\varphi_R)^2 u}\left(\frac{Z_E Z_H}{[\sigma_H]}\right)^2}\ (\text{mm}) \tag{5-3-36}$$

式中，K——载荷系数，可从表 5－3－1 中选取；

　　Z_E——材料弹性系数，可从表 5－3－2 中查取；

Z_H——节点啮合系数，可从图 5－3－18 中查取；

$[\sigma_H]$——许用接触应力，其确定方法与直齿圆柱齿轮相同；

φ_R——锥齿轮齿宽因数，通常取 $\varphi_R \approx 0.3$。

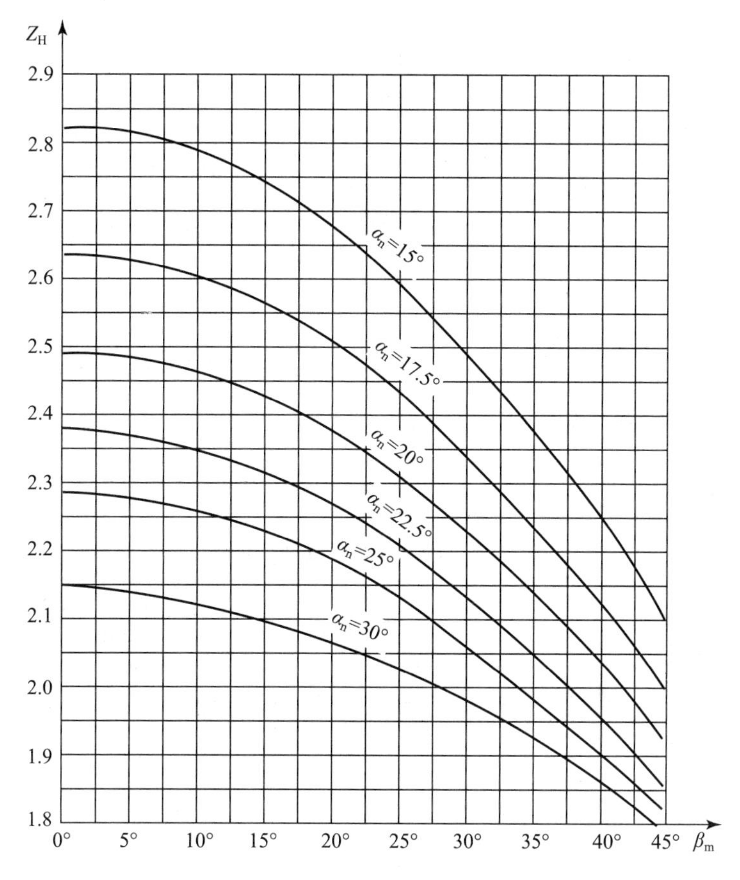

图 5－3－18　锥齿轮节点啮合系数

2. 齿根弯曲疲劳强度

校核公式：

$$\sigma_F = \frac{4KT_1 Y_{Fa} Y_{Sa}}{\varphi_R (1 - 0.5\varphi_R)^2 z_1^2 m^3 \sqrt{u^2 + 1}} \leqslant [\sigma_F] \text{ (MPa)} \qquad (5-3-37)$$

设计公式：

$$m \geqslant \sqrt[3]{\frac{4KT_1 Y_{Fa} Y_{Sa}}{\varphi_R (1 - 0.5\varphi_R)^2 z_1^2 [\sigma_F] \sqrt{u^2 + 1}}} \text{ (mm)} \qquad (5-3-38)$$

5.3.11　蜗轮蜗杆传动设计

5.3.11.1　蜗杆传动的失效形式及设计准则

蜗杆传动的主要失效形式是胶合和磨损。闭式蜗杆传动以胶合为主要失效形式，开式蜗杆传动以齿面磨损为主要失效形式。由于目前对胶合和磨损的计算尚无成熟的方法，故仍按齿面接触疲劳强度和齿根弯曲疲劳强度进行条件性计算，只在许用应力数值中适当考虑胶合和磨损的影响。因闭式蜗杆传动散热较困难，故需进行热平衡计算。而当蜗杆轴细长且支承跨距大时，还应进行蜗杆轴的刚度计算。

5.3.11.2　蜗轮材料许用应力

常用的蜗轮材料及许用应力见表 5－3－10。

表 5－3－10　常用蜗轮材料和接触许用应力表［σ_H］

蜗轮材料		铸造方法	适用滑动速度 v_s/(m·s^{-1})	抗拉强度 R_m/MPa	许用接触应力 蜗杆齿面硬度		适用工况
类型	牌号				≤45HRC	>45HRC	
铸锡青铜	ZCuSn10P1	砂模金属模	≤12 ≤25	220 310	180 200	200 220	稳定轻、中、重载
	ZCuSn5PbZn5	砂模金属模	≤10 ≤12	200 250	110 135	125 150	稳定重载、或不大的冲击载荷

5.3.11.3　蜗杆常用材料及传动的受力分析

1. 蜗杆常用材料

蜗杆常用材料见表 5－3－11。

表 5－3－11　蜗杆常用材料及应用

材料类型与牌号		热处理	齿面硬度	齿面粗糙度 Ra/μm	适用场合
渗碳钢	20Cr，20CrMnTi 12CrNi3A，20CrNi 等	渗碳淬火	58～63HRC	1.6～0.8	重要、高速、大功率传动
表面淬火钢	42iMn，40CrNi，40Cr 37SiMn2MoV，35CrMo，45	表面淬火	45～55HRC	1.6～0.8	较重要、高速、大功率传动
氮化钢	38CrMoA1A	渗氮	>850HV	3.2～1.6	重要、高速、大功率传动
调质钢	45	调质	<270HBS	6.3	不重要、高速、大功率传动

2. 蜗杆传动的受力分析

蜗杆传动的受力分析与斜齿轮传动相似。如图 5－3－19 所示，为简化计算，通常不计算齿面间的摩擦力，作用在蜗轮齿面上的法向力 $\boldsymbol{F}_n$ 可分解为三个相互垂直的正交分力：圆周力 $\boldsymbol{F}_t$、径向力 $\boldsymbol{F}_r$ 和轴向力 $\boldsymbol{F}_a$。由图可知

$$\left.\begin{aligned} F_{t1} &= F_{a2} = \frac{2T_1}{d_1} \\ F_{a1} &= F_{t2} = \frac{2T_2}{d_2} \\ F_{r1} &= F_{r2} = F_{t2}\tan\alpha \end{aligned}\right\} \qquad (5-3-39)$$

式中，T_1——蜗杆上的转矩，N·mm，$T_1 = 9.55\times10^6\dfrac{P_1}{n_1}$；

P_1——蜗杆的输入功率，kW；

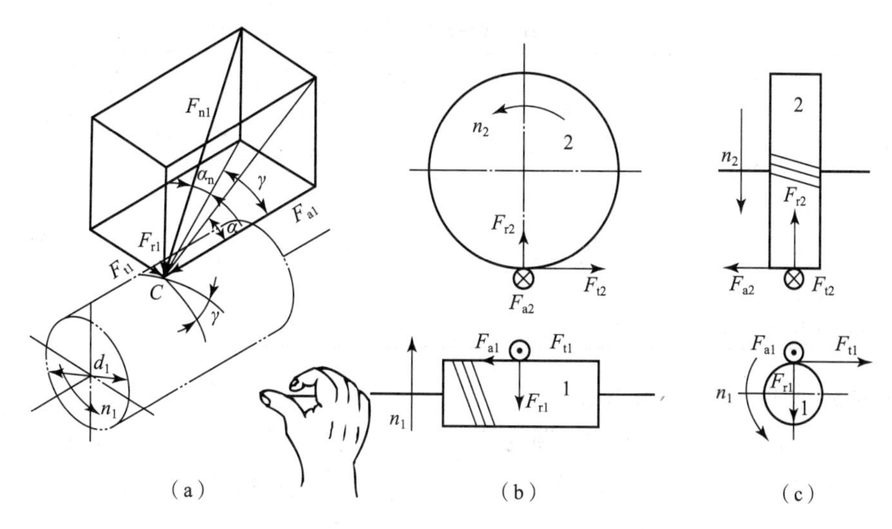

图 5－3－19　蜗杆传动受力分析

n_1——蜗杆的转速，r/min；

T_2——蜗轮转矩，N · mm，$T_2 = T_1 \cdot i \cdot \eta$；

η——蜗杆传动效率；

i——传动比。

各力的方向：各力方向的判断规律与斜齿圆柱齿轮相同。蜗杆轴向力 $\boldsymbol{F}_{a1}$ 的方向应根据蜗杆螺旋线的旋向和蜗杆的回转方向，应用“左、右手法则”来确定。左旋用左手，右旋用右手，四个手指为蜗杆的回转方向，大拇指指向即为蜗杆轴向力的方向。已知蜗杆轴向力 $\boldsymbol{F}_{a1}$ 方向后，由作用力与反作用力定律就可确定蜗轮上的圆周力 $\boldsymbol{F}_{t2}$ 的方向，进而可确定蜗轮的转向 $\boldsymbol{n}_2$。

5.3.11.4　蜗杆传动的强度计算

蜗杆材料的强度通常比蜗轮材料的强度高，且蜗杆齿为连续的螺旋齿，故蜗杆副的失效一般出现在蜗轮上。通常只对蜗轮进行承载能力计算。

蜗杆通常为细长轴，过大的弯曲变形将导致啮合区接触不良，因此，当蜗杆轴的支承跨距较大时，应校核其刚度是否足够。

1. 蜗轮齿面的接触疲劳强度计算

校核公式：

$$\sigma_H = 500\sqrt{\frac{KT_2}{Gd_1 d_2^2}} \leqslant [\sigma_H] \tag{5-3-40}$$

设计公式：

$$m^2 d_1 \geqslant \frac{KT_2}{G}\left(\frac{500}{z_2[\sigma_H]}\right)^2 \tag{5-3-41}$$

式中，K——载荷系数，考虑工作情况、载荷集中和动载荷的影响，其值见表 5－3－12；

G——承载能力提高系数，对于普通圆柱蜗杆传动，$G=1$；对于圆弧圆柱蜗杆传动，$G=1.1\sim3.9$；当中心距 a 和蜗轮齿数 Z_2 较小时，G 取较大值；

$[\sigma_H]$——蜗轮材料的许用接触应力，其值可查表 5－3－10。

表 5-3-12　蜗轮蜗杆传动载荷系数 K 的取值

原动机	工作机		
	均匀	中等冲击	严重冲击
电动机、汽轮机	0.80～1.95	0.90～2.34	1.00～2.75
多缸内燃机	0.90～2.34	1.00～2.75	1.25～3.12
单缸内燃机	1.00～2.75	1.25～3.12	1.50～3.51

注：①小值用于每日间断工作，大值用于长期连续工作。
②载荷变化大、速度大、蜗杆刚度大时取大值，反之取小值。

2. 蜗轮轮齿弯曲疲劳强度计算

对于闭式蜗杆传动，轮齿弯曲折断的情况较少出现，通常仅在蜗轮齿数较多（$Z_2>80\sim100$）时才进行轮齿弯曲疲劳强度计算。对于开式传动，则按蜗轮轮齿的弯曲疲劳强度进行设计。蜗轮轮齿弯曲强度的计算方法，在此不予讨论。

5.3.11.5 蜗杆传动的效率及热平衡计算

1. 蜗杆传动的效率

闭式蜗杆传动的总效率 η 包括：轮齿啮合的效率 η_1；轴承的效率 η_2；浸入油中零件的搅油损耗的效率 η_3。

$$\eta=\eta_1\eta_2\eta_3 \tag{5-3-42}$$

当蜗杆主动时，η_1 可近似地按螺旋副的效率计算，即

$$\eta_1=\frac{\tan\gamma}{\tan(\gamma+\varphi_v)} \tag{5-3-43}$$

一般取 $\eta_2\eta_3=0.95\sim0.97$，故其总效率为

$$\eta=(0.95\sim0.97)\frac{\tan\gamma}{\tan(\gamma+\varphi_v)} \tag{5-3-44}$$

式中，φ_v——当量摩擦角，查表 5-3-13；

γ——蜗杆螺旋升角。

表 5-3-13　蜗杆传动的当量摩擦系数和当量摩擦角

蜗轮材料	锡青铜				无锡青铜	
蜗轮齿面硬度	>45HRC		≤350HBS		>45HRC	
滑动速度 v_s/($m\cdot s^{-1}$)	f_v	ρ_v	f_v	ρ_v	f_v	ρ_v
1.00	0.045	2°35′	0.055	3°09′	0.073	4°00′
2.00	0.035	2°00′	0.045	2°35′	0.055	3°09′
3.00	0.028	1°36′	0.035	2°00′	0.045	2°35′
4.00	0.024	1°22′	0.031	1°47′	0.040	2°17′
5.00	0.022	1°16′	0.029	1°40′	0.035	2°00′
8.00	0.018	1°02′	0.026	1°29′	0.03	1°43′

2. 蜗杆传动的热平衡计算

蜗杆传动效率低，发热量大，在闭式传动中，如果散热条件不好，会引起润滑不良而产

生齿面胶合。因此，要对闭式蜗杆传动进行热平衡计算。进行热平衡计算的目的就是要把油温控制在规定的范围内。

单位时间内由摩擦损耗而产生的发热量为：

$$Q_1 = 1\,000P_1(1-\eta) \tag{5-3-45}$$

单位时间内的散热量为：

$$Q_2 = K_s A(t_1 - t_0) \tag{5-3-46}$$

式中，P_1——蜗杆传动输入功率，kW；

K_s——箱体表面传热系数，一般取 $K_s = 10 \sim 18$ W/(m^2·℃)；

t_0——环境温度，一般可取20℃；

t_1——达到热平衡时的油温；

η——为总效率；

A——散热面积，m^2。

热平衡的条件为：

$$Q_1 = Q_2 \tag{5-3-47}$$

由热平衡的条件，可得热平衡时的油温为：

$$t_1 = \frac{1\,000P_1(1-\eta)}{K_s A} + t_0 \leqslant [t] \tag{5-3-48}$$

一般应限制 $t_1 \leqslant 75$ ℃ ~ 80 ℃，最高不超过 95 ℃。若 t_1 超过允许值，可采取以下措施，以增加传动的散热能力：

（1）在箱体外壁增加散热片，以增大散热面积；

（2）在蜗杆轴端设置风扇，进行人工通风，以增大表面传热系数，如图5-3-20所示；

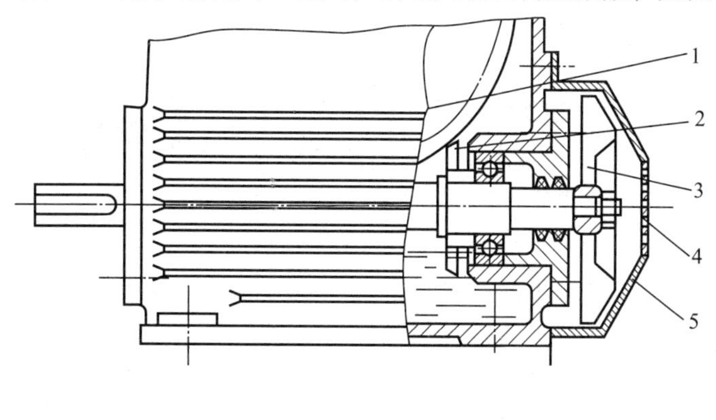

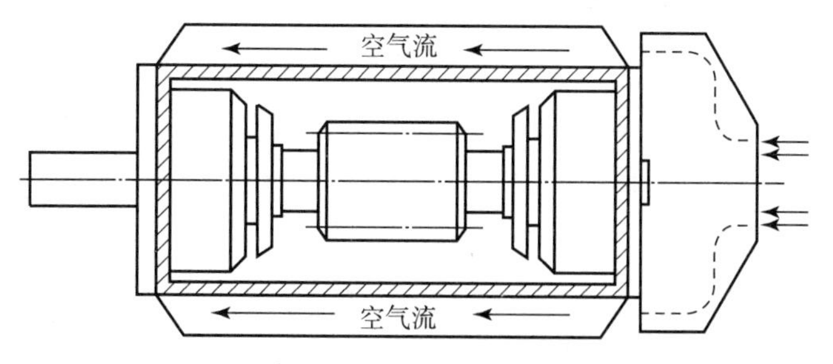

图5-3-20　散热器和风扇

1—散热片；2—溅油轮；3—风扇；4—过滤网；5—集气罩

（3）在箱体油池中装设蛇形冷却管，如图 5－3－21 所示；

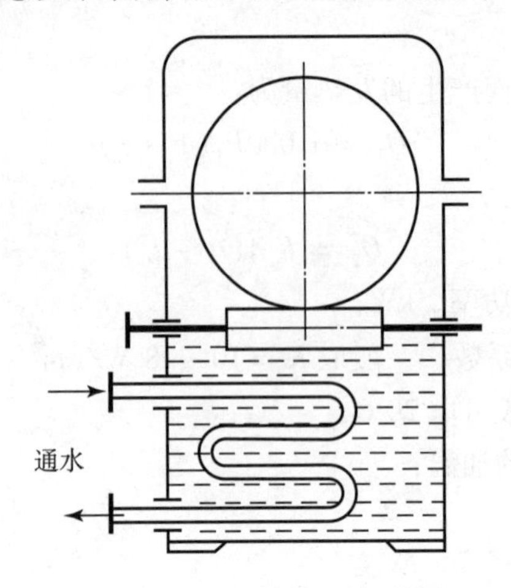

图 5－3－21　加装蛇形冷却管

（4）采用压力喷油循环润滑。

子任务 4　螺栓连接的强度计算

任务引入

螺栓连接在使用过程中可能会出现螺纹部分的塑性变形或螺栓断裂、螺杆或孔壁被压溃等失效形式（见图 5－4－1），这是什么原因造成的？如何避免？

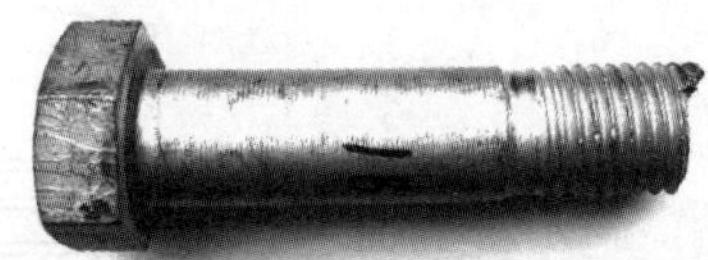

图 5－4－1　螺栓断裂失效

任务分析

螺栓连接中的单个螺栓受力分为受轴向拉力和受横向剪力两种，前者的失效形式多为螺纹部分的塑性变形或断裂，如果连接经常装拆也可能导致滑扣。后者在工作时，螺栓接合面处受剪力，并与被连接孔相互挤压，其失效形式为螺杆被剪断、螺杆或孔壁被压溃等。根据上述失效形式，对受轴向拉力的螺栓主要以拉伸强度条件作为计算依据；对受横向剪力的螺栓则是以螺栓的剪切强度条件、螺栓杆或孔壁的挤压强度条件作为计算依据。至于螺纹其他各部分的尺寸通常不需要进行强度计算，可按螺纹的公称直径（螺纹大径）直接从标准中查取。

任务目标

1. 熟悉螺纹连接常用的材料；
2. 掌握松螺栓、紧螺栓和铰制孔螺栓强度的计算方法；
3. 掌握提高螺纹连接强度的措施。

5.4.1　螺纹连接的常用材料

1. 螺纹连接的常用材料

在螺纹连接中，因螺纹连接件一般均承受变载荷的作用，故其常采用碳钢和合金钢等塑性材料，具体见表 5－4－1。

表 5－4－1　螺纹连接常用材料

常用材料	适用场合
Q215、Q235、10	一般不重要的螺栓
35、45	承受中等载荷和精密机械中的螺栓
15Cr、40Cr 调质等	重载、高速下工作的螺栓
Cr17Ni2 等	要求耐腐蚀的螺栓
15MnVB、30CrMnSi 等	要求耐高温的螺栓
铜、铝合金等	要求导电防磁的螺栓

国家标准规定螺纹连接件按力学性能进行分级。常见的螺栓、螺柱、螺钉可分为十级，螺母分为七级。标准规定，螺母材料的强度不低于与之相配的螺栓材料的强度。选用时，螺母的性能等级不小于螺栓性能等级小数点前的数，具体见表 5－4－2 和表 5－4－3。

表 5－4－2　螺栓的强度等级

性能等级	3.6	4.6	4.8	5.6	5.8	6.8	8.8	9.8	10.9	12.9
抗拉强度 $\sigma_b(R_m)$ /MPa	300	400	400	500	500	600	800	900	1 000	1 200
屈服极限 $\sigma_s(R_{eL})$ /MPa	180	240	320	300	400	480	640	720	900	1 080
配螺母级别	4 或 5			5	5	6	8	9	10	12

表 5－4－3　螺母的强度等级

性能等级	4	5	6	8	9	10	12
抗拉强度 $\sigma_b(R_m)$ /MPa	400	500	600	800	900	1 000	1 200

5.4.2　受轴向拉伸的螺栓连接

1. 松螺栓连接

螺栓的强度条件为

$$\sigma = \frac{4F_P}{\pi d_1^2} \leqslant [\sigma] \qquad (5-4-1)$$

式中，d_1 ——螺纹小径，mm；

F_P——螺纹承受的轴向工作载荷，N；

$[\sigma]$ ——松螺栓连接的许用应力，MPa。

如图 5－4－2 所示的起重吊钩尾部的螺纹连接即属于松螺栓连接。螺栓装配时，螺母不需要拧紧，在承受工作载荷之前螺栓并不受力。螺栓的轴向工作载荷由外载荷确定，即 $F_P = F$。

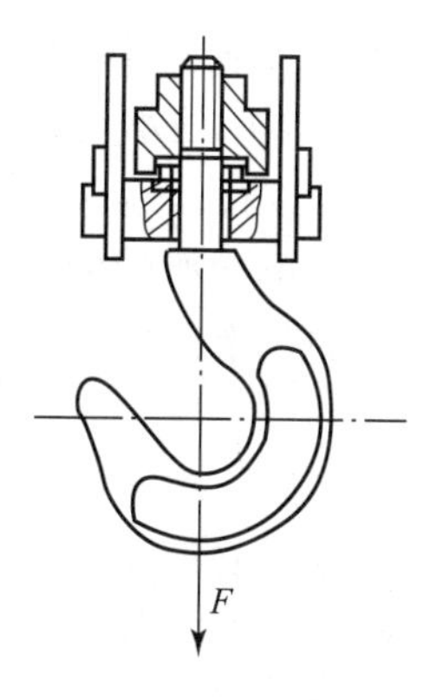

图 5－4－2　起重吊钩

2. 紧螺栓连接

紧螺栓连接装配时需要拧紧螺母，加上外载荷之前，螺栓已承受预紧力。拧紧时，螺栓既受到拉伸，又因旋合螺纹副中摩擦阻力矩的作用而受扭转力，故在危险截面上既有拉应力，又有扭转切应力。考虑到预紧力及拧紧过程中的受载，根据第四强度理论，对于标准普通螺纹的螺栓，其螺纹部分的强度条件可简化为

$$\sigma_e = \frac{1.3 \times 4F_P}{\pi d_1^2} \leqslant [\sigma] \tag{5-4-2}$$

式中，σ_e——螺栓的当量拉应力，MPa；其他符号含义同式（5－4－1）。

则设计公式为：

$$d_1 \geqslant \sqrt{\frac{1.3 \times 4F_P}{\pi[\sigma]}} \tag{5-4-3}$$

（1）只受预紧力的紧螺栓连接。受横向外载荷和接合面内受转矩作用的普通螺栓连接，均为只受预紧力 F_0 作用下的紧螺栓连接。图 5－4－3 所示为受横向外载荷的普通螺栓连接，外载荷 F 与螺栓轴线垂直，螺栓杆与孔之间有间隙。又如图 5－4－4 所示为接合面内受转矩 T 作用的普通螺栓连接，工作转矩 T 也是靠接合面的摩擦力来传递的。这些连接中，外载荷靠被连接件接合面间的摩擦力来传递，因此，在施加外载荷前、后螺栓所受的轴向拉力不变，均等于预紧力 F_0，即 $F_P = F_0$。

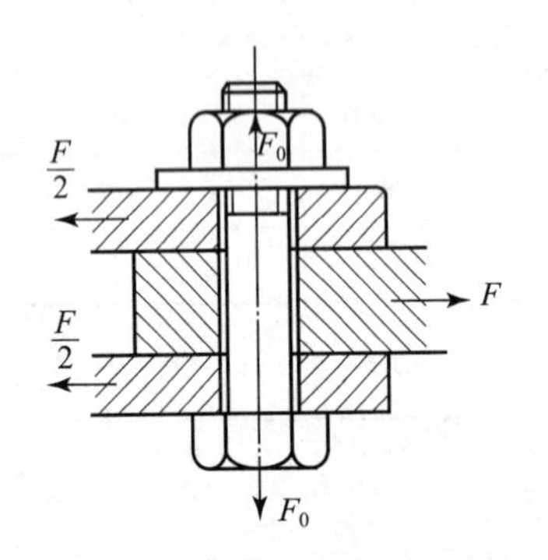

图 5－4－3　只受预紧力的螺栓连接

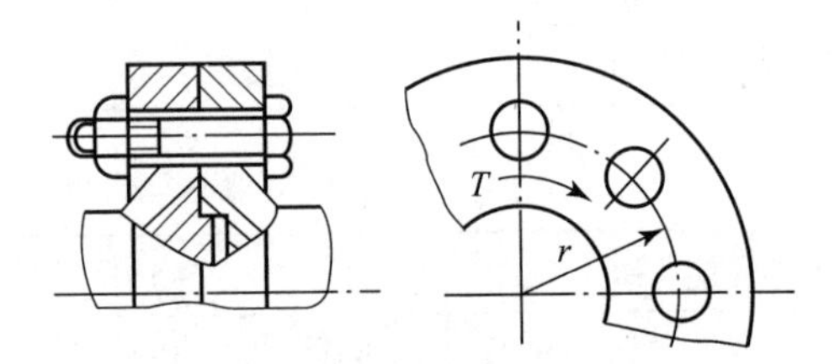

图 5－4－4　受转矩 T 作用的螺栓连接

预紧力 F_0 的大小可通过接合面之间的最大摩擦力应大于外载荷 F 这一条件确定，计算时为了确保连接的可靠性，常将横向外载荷放大 10%～30%。

（2）受轴向外载荷的紧螺栓连接。螺栓除承受预紧力外，同时还承受外载荷。如图 5－4－5 所示的气缸盖螺栓连接就是这种连接的典型实例。根据变形协调条件，螺栓所受的总工作载荷 F_P 为外载荷 F 与被连接件的剩余预紧力 F_0' 之和，即

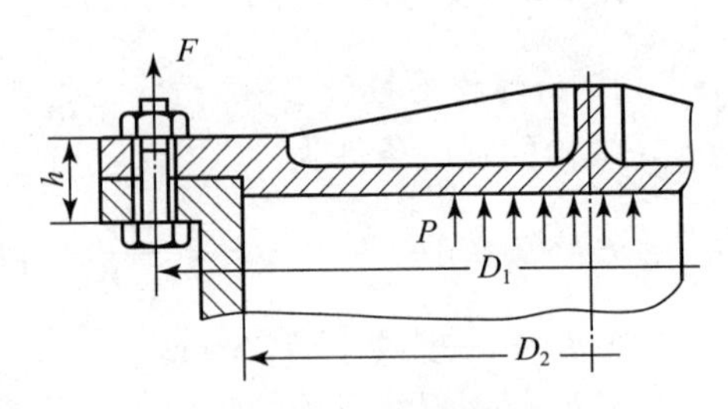

图 5－4－5　气缸盖螺栓连接

$$F_P = F + F_0' \tag{5-4-4}$$

为了防止轴向外载荷 F 骤然消失时，连接出现冲击以及保证连接的紧密性和可靠性，剩余预紧力必须大于零。表 5－4－4 中给出了剩余预紧力的用值。当选定剩余预紧力 F_0' 后，即可按式（5－4－4）求出螺栓所受的总工作载荷 F_P。

表 5-4-4　剩余预紧力 F_0' 用值

连接类型		剩余预紧力
一般紧固连接	工作拉力 F 无变化	$F_0' = (0.2 \sim 0.6)F$
	工作拉力 F 有变化	$F_0' = (0.6 \sim 1.0)F$
有密封要求的紧密连接		$F_0' = (1.5 \sim 1.8)F$

5.4.3　受横向载荷的配合（铰制孔）螺栓连接

如图 5-4-6 所示的铰制孔螺栓连接，工作时螺杆在连接接合面处受剪切，螺杆与孔壁之间受挤压。这种螺栓连接在装配时也需要适当拧紧，但预紧力很小，一般计算时都略去不计。其强度按剪切强度条件和挤压强度条件进行计算。

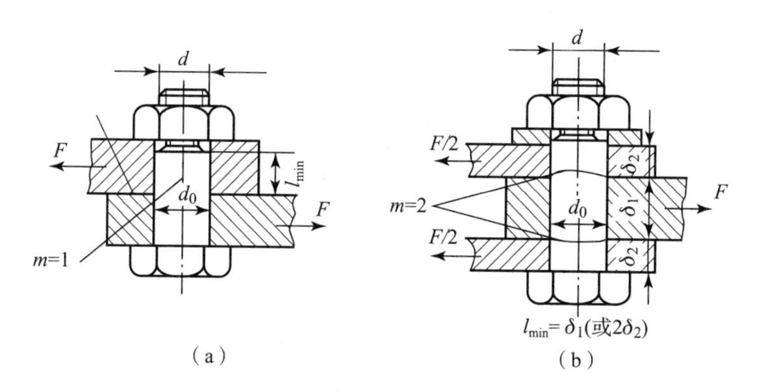

图 5-4-6　铰制孔螺栓连接

如横向载荷为 F，螺栓个数为 z，则每个螺栓承受的剪力为：

$$F_h = \frac{F}{z} \tag{5-4-5}$$

螺栓杆的剪切强度条件为：

$$\tau = \frac{F_h}{m\frac{\pi}{4}d_0^2} \leqslant [\tau] \tag{5-4-6}$$

式中，$[\tau]$——许用剪切应力，MPa；

m——螺栓受剪面数；

d_0——螺栓光杆直径（见图 5-4-6），mm；

设计公式为：

$$d_0 \geqslant \sqrt{\frac{4F_h}{\pi m[\tau]}} \tag{5-4-7}$$

由于螺栓杆与孔壁无间隙，故其接触表面承受挤压。由式（5-4-7）求得 d_0 值，并查手册得到标准值后，还应校核挤压强度，其强度条件为：

$$\sigma_p = \frac{F_h}{d_0 L_{min}} \leqslant [\sigma_p] \tag{5-4-8}$$

式中，$[\sigma_p]$——螺栓或孔壁材料的许用挤压应力，两者中取较小值，见表 5-4-7；

L_{min}——螺栓杆与孔壁接触表面的最小长度，当螺栓受剪面数为 1 时，应取 $L_{min} \geq 1.25d_0$；当受剪面数为 2 时，参照图 5－4－6（b）取值。

5.4.4 螺纹连接的许用应力

螺纹连接的许用应力与连接是否拧紧，是否控制预紧力，受力性质（静载荷、动载荷）和材料等有关，紧螺栓连接的许用应力为

$$[\sigma] = \frac{\sigma_s}{s} \tag{5-4-9}$$

式中，σ_s——屈服点，MPa，连接件常用的材料力学性能见表 5－4－5；

S——安全因数，见表 5－4－6。

表 5－4－5 螺纹连接件常用材料的力学性能

钢号	抗拉强度 $\sigma_b(R_m)$/MPa	屈服点 $\sigma_s(R_{eL})$/MPa	疲劳极限/MPa	
			弯曲 σ_{-1}	抗拉 σ_{-1T}
Q215	340～420	220		
Q235	410～470	240	170～220	120～160
35	540	320	220～340	170～220
45	610	360	250～340	190～250
40Cr	750～1 000	650～900	320～440	240～340

表 5－4－6 受拉紧螺栓连接的安全因数 S

控制预紧力	1.2～1.5					
不控制预紧力	材料	静载荷			动载荷	
		M6～M16	M16～M30	M30～M60	M6～M16	M16～M30
	碳钢	4～3	3～2	2.0～1.3	10.0～6.5	6.5
	合金钢	5～4	4.0～2.5	2.5	7.5～5.0	5.0

铰制孔螺栓的许用应力由被连接件的材料决定，其值见表 5－4－7。

表 5－4－7 铰制孔螺栓的许用应力

载荷形式	被连接件材料	剪切		挤压	
		许用应力	S	许用应力	S
静载荷	钢	$[\tau] = \frac{\sigma_s}{S}$	2.5	$[\sigma_P] = \frac{\sigma_s}{S}$	1.5
	铸铁			$[\sigma_P] = \frac{\sigma_b}{S}$	2.5～3.0
动载荷	钢、铸铁	$[\tau] = \frac{\sigma_s}{S}$	3.5～5.0	$[\sigma_P]$ 按静载荷取值的 70%～80% 计算	

思考题与习题

1. 已知一普通 V 带传动，n_1 =1 460 r/min，主动轮 d_{d1} =180 mm，从动轮转速 n_2 = 650 r/min，传动中心距 $a \approx 800$ mm，工件有轻微振动，每天工作 16 h，采用三根 B 型带，试求其能传递的最大功率。若为使结构紧凑，改取 d_{d1} =125 mm，$a \approx 400$ mm，问带所能传递的功率比原设计降低多少？

2. 试设计一鼓风机使用的普通 V 带传动。已知电动机功率 P=7.5 kW，n_1 =970 r/min，从动轮转速 n_2 =330 r/min，允许传动比误差为 ±5%，工作时有轻度冲击，两班制工作，试设计此带传动并绘制带轮的工作图。

3. 已知：螺旋输送机用的链传动，电动机的功率 P=3 kW，转速 n_1=720 r/min，传动比 i=3，载荷平稳，水平布置，中心距可以调节。试设计此链传动。

4. 已知：主动链轮转速 n_1=950 r/min，齿数 z_1=21，从动链轮的齿数 z_2=95，中心距 a=900 mm，滚子链极限拉伸载荷为 55.6 kN，工作情况系数 K_A=1.2，试确定链条所能传递的功率。

5. 齿轮传动常见的失效形式有哪些？齿轮传动的设计计算准则有哪些？在工程设计实践中，对于一般闭式硬齿面、闭式软齿面和开式齿轮传动的设计计算准则是什么？

6. 选择齿轮的齿数时应考虑哪些因素的影响？

7. 在平行轴外啮合斜齿轮传动中，大、小斜齿轮的螺旋角方向是否相同？斜齿轮的受力方向与哪些因素有关？

8. 普通斜齿圆柱齿轮的螺旋角取值范围是多少？为什么人字齿轮的螺旋角允许取较大的数值？

9. 题 9 图所示为圆锥—圆柱齿轮减速器，已知齿轮 1 为主动轮，转向如图所示，若要使Ⅱ轴上两个齿轮所受的轴向力方向相反，试在图上画出：

（1）各轴的转向；

（2）齿轮 3、4 的轮齿旋向；

（3）齿轮 2、3 所受各分力的方向。

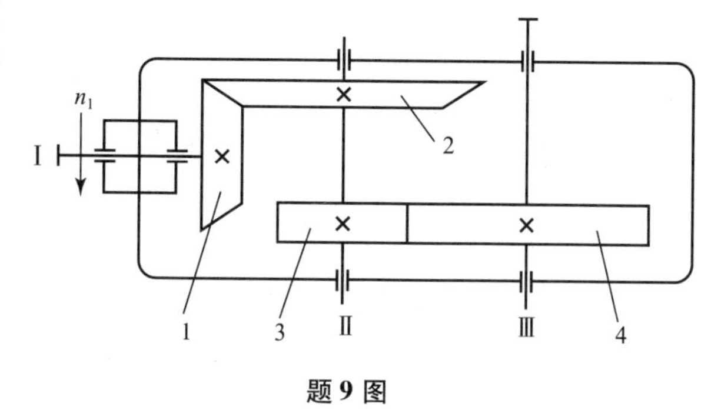

题 9 图

10. 为什么开式齿轮传动按弯曲强度进行设计计算？提高齿轮抗弯曲疲劳强度的主要措施有哪些？

11. 在展开式二级斜齿圆柱齿轮减速器中，已知：中间轴上高速级大齿轮的螺旋线方向为左旋，齿数 z_1=51，螺旋角 β_1=15°，法面模数 m_n=3；中间轴上低速级小齿轮的螺旋线的方向也为左旋，其齿数 z_2=17，法面模数 m_n=15。试问：低速级小齿轮的螺旋角 β_2 应为多少时，才能使中间轴上两齿轮的轴向力相互抵消？

12. 在题 12 图所示各齿轮受力图中标注各力的符号（齿轮 1 主动）。

13. 为什么对连续传动的闭式蜗杆传动必须进行热平衡计算？可采用哪些措施来改善散热条件？

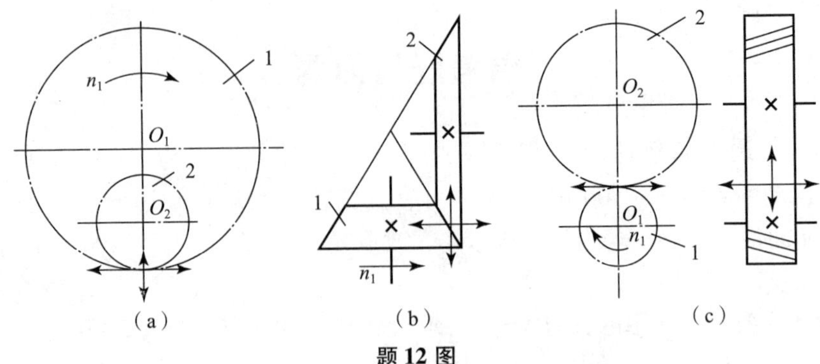

题 12 图

14. 标出题 14 图中未注明的蜗杆或蜗轮的转动方向及螺旋线方向，绘出蜗杆和蜗轮在啮合点处的各个分力。

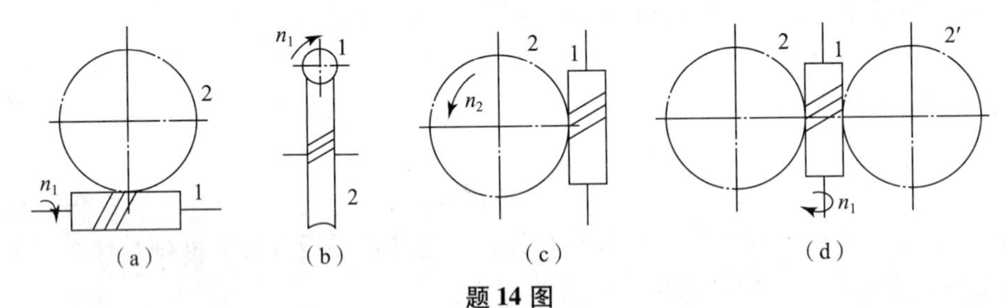

题 14 图

15. 如题 15 图所示的蜗杆传动中，蜗杆右旋、主动。为了让轴 B 上的蜗轮、蜗杆上的轴向力能相互抵消一部分，请确定蜗杆 3 的螺旋线方向及蜗轮 4 的转动方向，并确定轴 B 上蜗杆、蜗轮所受各力的作用位置及方向。

16. 题 16 图所示为一手动绞车，采用了蜗杆传动装置。已知蜗杆模数 $m=10$ mm，蜗杆分度圆直径 $d_1=90$ mm，齿数 $z_1=1$，$z_2=50$，卷筒直径 $D=300$ mm，重物 W = 1 500 N，当量摩擦系数 $f_v=0.15$，人手推力 $F=120$ N，求：

（1）欲使重物上升 1 m，手柄应转多少转？并在图上画出重物上升时的手柄转向。

（2）计算蜗杆的分度圆柱导程角 γ、当量摩擦角 φ_v，并判断其能否自锁。

（3）计算蜗杆传动效率。

（4）计算所需手柄长度 l。

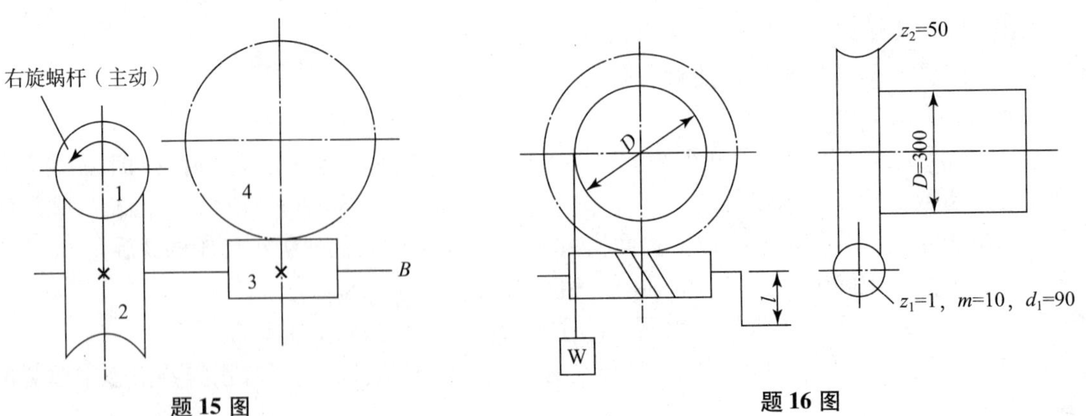

题 15 图　　　　**题 16 图**

任务6　传动装置（减速器）的润滑与密封

任务引入

在链传动、齿轮传动、蜗轮蜗杆传动、轴承运转中都要进行润滑，那么润滑剂该如何选择？润滑方法有哪些？传动装置的密封方式有哪些？

任务分析

机械传动装置都是由若干零部件组成的。在机械传动过程中，可动零部件的运动会在接触表面间产生摩擦，造成零件的能量损耗和机械磨损，影响机械的运动精度和使用寿命。据估算，大约80%的传动零件损坏是由于摩擦磨损引起的。

为了降低摩擦，减少磨损，延长寿命，一个重要的措施就是在运动副处采用润滑，即在摩擦副表面间加入一种润滑剂将两表面分隔开来，变干摩擦为加入润滑剂后形成的分子间内摩擦。

机械装置的连接处以及运动件之间有间隙，为了阻止液体、气体等工作介质以及润滑剂泄漏，防止灰尘、水分进入润滑部位，保证工厂的环境卫生，降低成本，必须设置密封装置。

任务目标

1. 了解润滑的作用；
2. 熟悉机械装置常见的润滑方式和润滑装置；
3. 熟悉常见的润滑油、润滑脂及其选择方法；
4. 熟悉典型机械零件的润滑；
5. 理解密封的作用及其基本要求；
6. 熟悉常用的密封方式。

子任务1　概　　述

对传动装置（减速器）进行润滑，其主要作用有以下几方面：

（1）减少摩擦，降低磨损。一般金属或非金属直接接触时产生干摩擦，其摩擦因数为0.10～0.15。加入润滑剂后，它在摩擦表面形成一层薄膜，可防止金属直接接触，从而大大减少零部件的摩擦和磨损。若液体润滑剂形成的油膜能完全把两接触表面隔开，则形成液体摩擦，其摩擦因数小于0.001～0.010；在半液体摩擦和边界摩擦时，其摩擦因数也仅为0.05。

（2）降温冷却。运动副运动时必须克服摩擦力而做功，消耗的功转化为热量，其结果是引起运动副温度升高。润滑后摩擦因数大为降低，其摩擦热减少；而且对于液体润滑剂，由于其具有流动性，故可及时带走摩擦热量，保证运动副的温度不会升得过高。

（3）防止腐蚀。润滑剂中都含有防腐、防锈添加剂，润滑剂覆盖在运动副表面时，就可避免或减少由腐蚀引起的损坏。

（4）减振作用。润滑剂都具有在金属表面附着的能力，且本身的剪切阻力小，所以在运动副表面受到冲击载荷时，润滑剂具有吸振的能力。

（5）密封作用。半固体润滑剂具有自封的作用，一方面可以防止润滑剂流失，另一方面可以防止水分和杂质的侵入。

本任务以减速器为例讲述机械传动装置的润滑与密封。

子任务2　传动装置（减速器）的润滑

减速器的润滑方式很多，如油脂润滑、浸油润滑、压力润滑、飞溅润滑等。下面分别介绍各种润滑方式。

6.2.1　齿轮和蜗杆传动的润滑

齿轮减速器中，除少数低速（$v<0.5$ m/s）小型减速器采用脂润滑外，绝大多数减速器的齿轮都采用油润滑，其主要润滑方式如下。

1. 浸油润滑

对于齿轮圆周速度 $v\leq12$ m/s 的齿轮传动可采用浸油润滑，即将齿轮浸入油中，当齿轮回转时粘在其上的油液被带到啮合区进行润滑，同时油池的油被甩上箱壁，有助于散热。为避免浸油润滑的搅油功耗太大及保证轮齿啮合区的充分润滑，传动件浸入油中的深度不宜太深或太浅，一般浸油深度以浸油齿轮的一个齿高为宜，速度高的齿轮的浸油深度还可浅些（约为0.7倍齿高），但不应少于10 mm；对于锥齿轮则应将整个齿宽（至少是半个齿宽）浸入油中。

对于多级传动，为使各级传动的大齿轮都能浸入油中，低速级大齿轮的浸油深度可允许深一些，当其圆周速度 $v=0.8\sim12$ m/s 时，浸油深度可达1/6齿轮分度圆半径；当 $v<0.5\sim0.8$ m/s 时，浸油深度可达1/6～1/3分度圆半径。

如果为使高速级大齿轮的浸油深度约为一个齿高而导致低速级大齿轮的浸油深度超过上述范围，则可采取下列措施：低速级大齿轮的浸油深度仍约为一个齿高，可将高速级齿轮采用带油轮蘸油润滑，带油轮常用塑料制成，宽度为其啮合齿轮宽度的1/3～1/2，浸油深度约为0.7个齿高，但不小于10 mm；也可把油池按高低速级隔开以及让减速器箱体剖分面与底座倾斜。

蜗杆减速器中，蜗杆圆周速度 $v\leq10$m/s 时可以采用浸油润滑。当蜗杆下置时，油面高度约为浸入蜗杆螺纹的牙高，但一般不应超过支承蜗杆滚动轴承的最低滚珠中心，以免增加功耗。但如果因满足后者而使蜗杆未能浸入油中（或浸油深度不足），则可在蜗杆轴两侧分别装上溅油轮，使其浸入油中，旋转时将油甩到蜗杆端面上，而后流入啮合区进行润滑。当蜗杆在上时，蜗轮浸入油中，其浸入深度以一个齿高（或超过齿高不多）为宜。

为了避免浸油润滑的搅油功耗太大及保证轮齿啮合区的充分润滑，传动件浸入油中的深度不宜太深或太浅，合适的浸油深度见表6－2－1。

对蜗杆减速器，当蜗杆圆周速度 $v\leq4\sim5$ m/s 时，建议蜗杆置于下方（下置式）；当 $v>5$ m/s 时，建议蜗杆置于上方（上置式）。

表6-2-1　浸油润滑时推荐的浸油深度

减速器类型		传动件浸油深度
一级圆柱齿轮减速器（见图6-2-1（a））		$m<20$ mm时，浸油深度h为1个齿高，但不小于10 mm；$m\geqslant 20$ mm时，浸油深度h为0.5个齿高
二级或多级圆柱齿轮减速器		高速级：浸油深度约为0.7个齿高，但不小于10 mm；低速级：浸油深度按低速级大齿轮的圆周速度确定。当$v_s=0.8\sim12$ m/s时，浸油深度为一个齿高（不小于10 mm）至1/6齿轮半径；当$v_s=0.5\sim0.8$ m/s时，浸油深度≤（1/6～1/3）齿轮半径
锥齿轮减速器		整个齿宽浸入油中（至少半个齿宽）
蜗杆减速器	蜗杆下置式	浸油深度≥1个螺牙高，但油面不应高于轴承最低一个滚动体中心
	蜗杆上置式	浸油深度同低速级圆柱大齿轮的浸油深度

浸油润滑的油池应保持一定的深度和储油量。油池太浅易激起箱底沉渣和油污，引起磨料磨损，也不易散热。一般齿顶圆至油池底面的距离在30～50 mm，如图6-2-1所示。

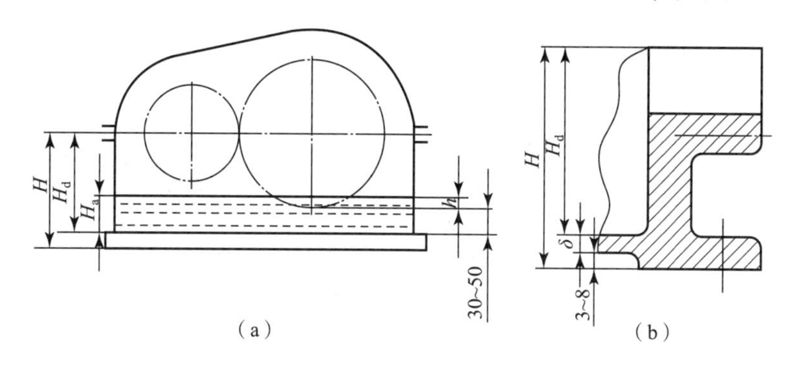

图6-2-1　浸油润滑

（a）一级圆柱齿轮减速器；（b）箱座底尺寸

箱座内底高度

$$H_d \geqslant d_a/2+(30\sim50)\,\text{mm}$$

式中，d_a——浸油最深的齿轮或蜗轮的外圆直径。

箱座高度

$$H=H_d+\delta+(3\sim8)\ \text{mm}$$

式中，δ——箱底壁厚，约10 mm，如图6-2-1（b）所示。

换油时间一般为半年左右，主要取决于油中杂质多少及油被氧化、污染的程度。

2. 喷油润滑

当齿轮圆周速度$v>12$ m/s或蜗杆圆周速度$v>10$ m/s时，则不宜采用浸油润滑，因为粘在齿轮上的油会被离心力甩出而送不到啮合区，而且搅动太大会使油温升高，产生泡沫和氧化等现象降低润滑性能。此时宜用喷油润滑，即利用油泵（压力0.05～0.30 MPa）借助管子将润滑油从喷嘴直接喷到啮合面上（见图6-2-2），喷油孔的距离应沿齿轮宽度均匀分布。

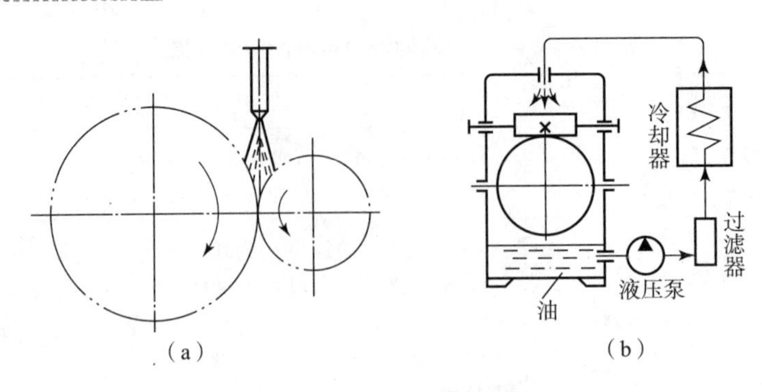

图 6-2-2　压力喷油润滑

（a）齿轮传动；（b）蜗杆传动

喷油润滑也常用于速度不高但工作量繁重或需借助大量润滑油进行冷却的重要减速器中（例如矿井大型提升机减速器）。

喷油润滑效果好，润滑油可以不断冷却和过滤。但需专门的管路、滤油器、冷却及油量调节装置，因而所需费用较高。

6.2.2　滚动轴承的润滑

滚动轴承通常采用油润滑或脂润滑。减速器中的滚动轴承常用减速器内用于润滑齿轮（或蜗轮）的油来润滑，其常用的润滑方法有以下几种。

1. 飞溅润滑

减速器中只要有一个浸油齿轮的圆周速度 $v \geq 1.5 \sim 2.0$ m/s，就可以采用飞溅润滑。当圆周速度 $v > 3$ m/s 时，飞溅的油可形成油雾并能直接溅入轴承室。有时由于圆周速度尚不够大或油的黏度较大，不易形成油雾，此时为使润滑可靠，常在箱座接合面上制出输油沟，让溅到箱盖内壁上的油汇集在油沟内，然后流入轴承室进行润滑，如图 6-2-3 所示。在图 6-2-3 中，在箱盖内壁与其接合面相接触处须制出倒棱，以便于油液流入油沟。

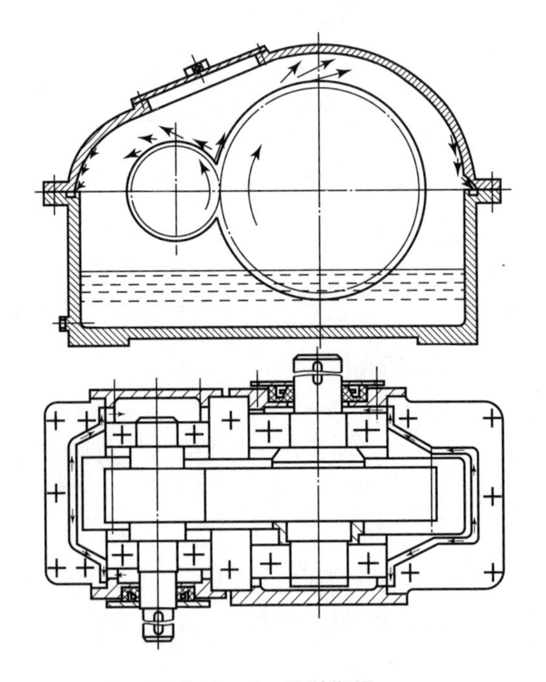

图 6-2-3　飞溅润滑

采用飞溅润滑时，如果为斜齿圆柱齿轮传动，而小齿轮直径又小于轴承座孔直径，则应在小齿轮轴滚动轴承面向箱内的一侧装设挡油环，以防止斜齿轮啮合时将油池中不清洁的热油挤入轴承内。

2. 刮板润滑

当浸入油中齿轮的圆周速度 $v < 1.5 \sim 2.0$ m/s 时，油飞溅不起来；下置式蜗杆的圆周速度即使大于 2 m/s，但因蜗杆的位置太低，且与蜗轮轴线成空间垂直方向安置，故飞溅的油难以进入蜗轮轴承，此时可采用刮板润滑，如图 6-2-4 所示。图 6-2-4 中则把刮下的油直接送入轴承。

刮板润滑装置中，刮油板与轮缘之间应保持一定的间隙（约0.5 mm），轮缘的端面跳动和轴的轴向窜动也应加以限制。

3. 浸油润滑

下置式蜗杆的轴承常浸在油中润滑。此时，油面一般不应高于轴承最下面滚动体的中心，以免油搅动的功率损耗太大。

4. 润滑脂润滑

当减速器中浸油齿轮圆周速度太低（$v<1.5\sim2.0$ m/s）时，油难以飞溅形成油雾，或难以导入轴承，或难以使轴承浸油润滑时，可采用润滑脂润滑。

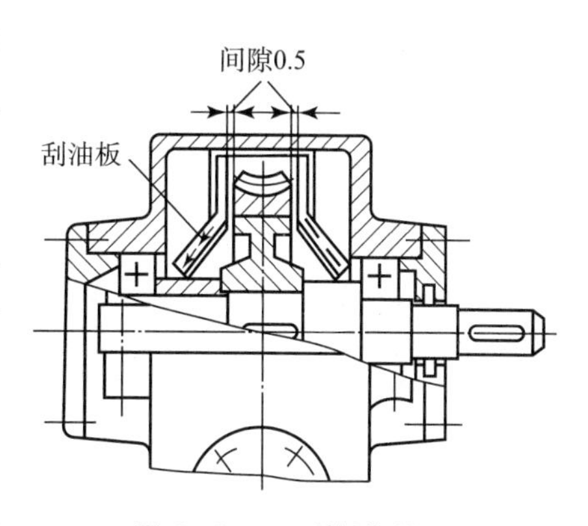

图6-2-4　刮板润滑

脂润滑方式较简单，密封和维护方便，只需在初装配时和每隔一定时期（通常每年1~2次）将润滑脂填充到轴承室即可（添加周期见表6-2-2）。但润滑脂黏性大，高速时摩擦损失大，散热效果较差，且润滑脂在较高温度时易变稀而流失。所以，脂润滑只适用于轴颈转速低、温度不高的场合。

表6-2-2　加脂周期推荐表

$dn/(\text{mm}\cdot\text{r}\cdot\text{min}^{-1})$	50 000	100 000	200 000	300 000	400 000
加脂周期（月）	36	18	6	2	1
注：d——轴承内径（mm）；n——工作转速（r/min）。					

填入轴承室中的润滑脂应当适量，过多易发热，过少则达不到预期的润滑效果。通常以填满轴承室空间的1/3~1/2为宜。填入量与转速有关，转速较高（$n=1\ 500\sim3\ 000$ r/min）时，一般不应超过1/3；转速较低（$n<300$ r/min）或润滑脂易于流失时，填充量可适当多一些，但不应超过轴承室空间的2/3。添脂时，可拆去轴承盖，也可采用添加润滑脂的装置，如旋盖式油杯（见图6-2-5）和压注油杯（见图6-2-6）等。

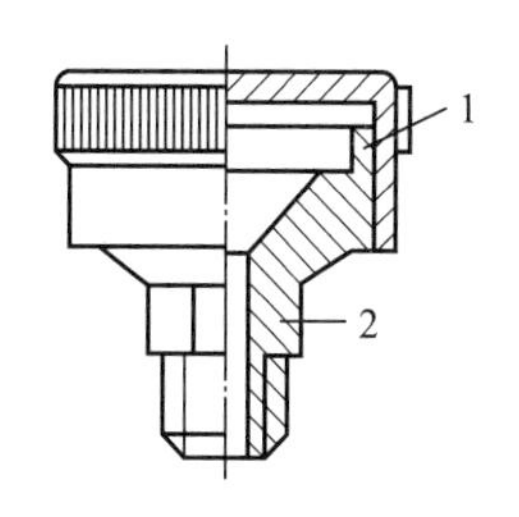

图6-2-5　旋盖式油杯

1—旋盖；2—杯体

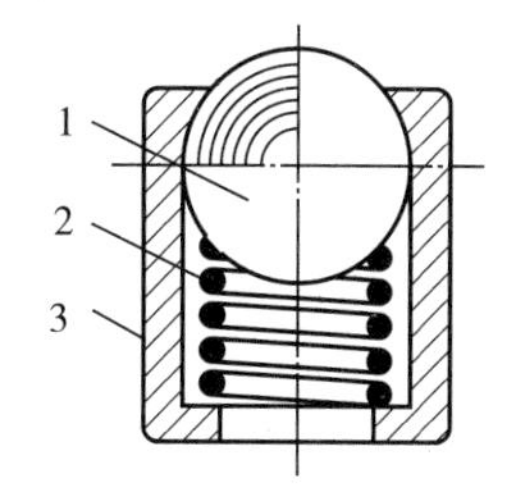

图6-2-6　压配式压注油杯

1—钢球；2—弹簧；3—杯体

选择滚动轴承润滑方式时，dn值（d为轴承内径，n为转速）是一个重要参数。表6-2-3所示为各种润滑方式许用的dn值的大致范围，供选择润滑方式时作参考。

表 6-2-3　各种润滑方式下轴承的允许 *dn* 值　　mm·r/min

轴承种类	脂润滑	油润滑			
		油浴润滑	滴油润滑	循环油润滑	喷雾润滑
深沟球轴承	160 000	250 000	400 000	600 000	>600 000
调心球轴承	160 000	250 000	400 000		
角接触球轴承	160 000	250 000	400 000	600 000	>600 000
圆柱滚子轴承	120 000	250 000	400 000	600 000	
圆锥滚子轴承	100 000	160 000	230 000	300 000	
调心滚子轴承	80 000	120 000		250 000	
推力球轴承	40 000	60 000	120 000	150 000	

6.2.3　链传动的润滑

链传动的润滑十分重要，对高速重载的链传动的润滑更重要。良好的润滑可缓和冲击、减轻磨损、延长链条的使用寿命。

滚子链的润滑方式和供油量见表 6-2-4。

表 6-2-4　滚子链的润滑方式和供油量

方式	润滑方式	供油量
人工润滑	用刷子或油壶定期在链条松边内、外链板间隙注油	每班注油一次
滴油润滑	装有简单外壳、用油杯滴油	单排链，每分钟供油 5～20 滴，速度高时取大值
油浴供油	采用不漏油的外壳，使链条从油槽中通过	链条浸入油面过深，搅油损失大，油易发热变质。一般浸油深度为 6～12 mm
飞溅润滑	采用不漏油的外壳，在链轮侧边安装甩油盘，飞溅润滑。甩油盘圆周速度 $v>3$ m/s。当链条宽度大于 125 mm 时，链轮两侧各装一个甩油盘	甩油盘浸油深度为 12～35 mm
压力供油	采用不漏油的外壳，油泵强制供油，喷油管口设在链条啮入处，循环油可起冷却作用	每个喷油口供油量可根据链节距及链速大小查阅有关手册
注：开式传动和不易润滑的链传动，可定期拆下用煤油清洗，干燥后，浸入 70℃～80℃的润滑油中，待铰链间隙中充满油后再进行安装使用。		

常见的润滑方式的选择如图 6-2-7 所示。

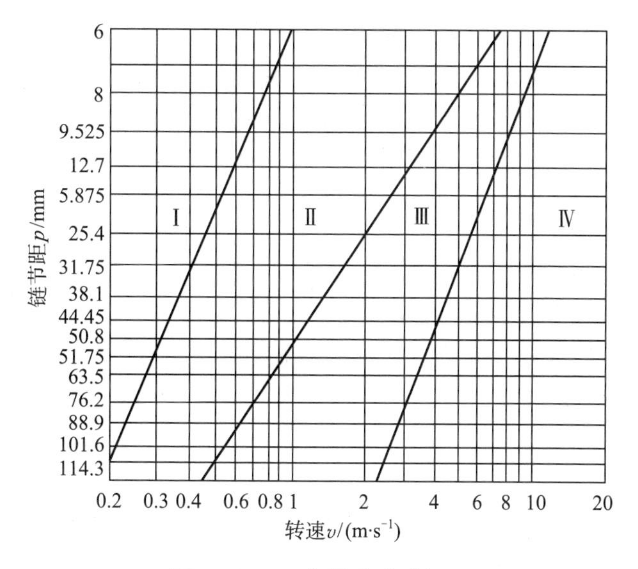

图6－2－7 润滑方式选择图

Ⅰ—人工定期润滑；Ⅱ—滴油润滑；Ⅲ—油浴或飞溅润滑；Ⅳ—压力供油润滑

子任务3 润滑剂的选择

润滑剂的选择与传动类型、载荷性质、工作条件、转动速度等多种因素有关，一般按下述原则选择。

6.3.1 润滑油的选择

减速器中齿轮、蜗轮蜗杆和轴承大多依靠箱体中的油进行润滑，这时润滑油的选择主要考虑箱内传动零件的工作条件，适当考虑轴承的工作情况。

对于闭式齿轮传动，润滑油黏度推荐值见表6－3－1。

表6－3－1 闭式齿轮传动的润滑油黏度推荐值

齿轮材料及热处理	齿面硬度	齿轮圆周速度 v/（m·s⁻¹）						
		0.5	0.5～1.0	1.0～2.5	2.5～5.0	5.0～12.5	12.5～25.0	>25
钢：调质	<280 HBS	266（32）	177（21）	118（11）	82	59	44	32
	280～350 HBS	266（32）	266（32）	177（21）	118（11）	82	59	44
钢：整体淬火、表面淬火或渗碳淬火	40～60 HRC	444（52）	266（32）	266（32）	177（21）	118（11）	82	59
铸铁、青铜、塑料		117	118	82	59	44	32	—
注：①表中括号内为100℃时的黏度，不带括号的为50℃时的黏度； ②对于多级减速器，润滑油黏度取各级传动所需黏度的平均值。								

对于蜗杆传动，润滑油黏度推荐值见表 6－3－2。

表 6－3－2　蜗杆传动的润滑油黏度推荐值

滑动速度 v/($m \cdot s^{-1}$)	0～1	>1.0～2.5	0～5	>5～10	>10～15	>15～25	>25
工作条件	重型	重型	中型	—	—	—	—
运动黏度/cSt①	444 (52)	266 (32)	177 (21)	118 (11)	82	59	44
润滑方式	浸油润滑			浸油或喷油润滑	喷油压力 p/($N \cdot mm^{-2}$)		
					0.07	0.2	0.3
注：表中括号内为 100℃时的黏度，不带括号的为 500℃时的黏度。							

在多级传动中，由于高、低速级传动对润滑油黏度的要求不同，选用时可取平均值。应该指出的是，尽管润滑油品种繁多，性能不一，但单品种油仍很难完全满足近代减速器的全部使用要求。为此，常采用几种不同的油按一定比例组成混合油，或在润滑油中加入各种添加剂，以改善或获得对润滑油的某些特殊性质的要求，如抗高温或抗低温性、抗高压性、抗乳化性和抗泡沫性等。有关混合油和添加剂的知识，需要时可参阅有关文献或专著。

6.3.2　润滑脂的选择

润滑脂主要用于减速器中滚动轴承的润滑，也用于开式齿轮传动和开式蜗杆传动的润滑。润滑脂主要根据工作温度和工作环境选择。球轴承用润滑脂的选择见表 6－3－3。滚子轴承用润滑脂的选择见表 6－3－4。

表 6－3－3　球轴承用润滑脂的选择

轴承工作温度/℃	dn/($mm \cdot r \cdot min^{-1}$)	干燥环境使用	潮湿环境使用
0～40	<80 000	钙基 2 号，钠基 2 号	钙基 2 号
	>80 000	钙基 2 号，钙基 3 号 钠基 2 号，钠基 3 号	钙基 2 号，钙基 3 号
40～80	<80 000	钠基 2 号，钠基 3 号	ZL—2，ZL—3
	>80 000	钠基 2 号，钠基 3 号	ZL—2，ZL—3
80～120	>80 000	钠基 3 号，钠基 4 号	ZL—1，ZL—2，ZL—3，ZL—4

表 6－3－4　滚子轴承用润滑脂的选择

轴承转速 n/($r \cdot min^{-1}$)	轴承工作温度/℃	
	0～60	>60
<30 000	钙基 2 号	钠基 3 号； ZL—2； ZL—3

① 1 St = 10^{-4} m^2/s。

续表

轴承转速 $n/(r \cdot min^{-1})$	轴承工作温度/℃	
	0~60	>60
30 000~50 000	钙基1号	钠基2号； ZL—2； ZL—3
>50 000	钙基1号	钠基2号； ZL—2； ZL—3

子任务4　减速器的密封

减速器需要密封的部位很多，一般有轴伸出处、轴承室内侧、箱体接合面和轴承盖、窥视孔和放油孔的接合面等处。密封装置的型式繁多，结构不一，设计时应根据各密封装置的特点、不同的工作条件和使用要求进行合理选用或自行设计。

下面简要介绍各主要密封部位的常用密封装置。

6.4.1　轴伸出处的密封

轴伸出处密封的作用是使滚动轴承与箱外隔绝，防止润滑油（脂）漏出和阻止箱外杂质、水及灰尘等侵入轴承室，避免轴承急剧磨损和腐蚀。

1. 毡圈式密封

如图6-4-1所示，利用矩形截面的毛毡圈嵌入梯形槽中所产生的对轴的压紧作用，获得防止润滑油漏出和外界杂质、灰尘等侵入轴承室的密封效果。将压板压在毛毡圈上，便于调整径向密封力和更换毡圈。毡圈式密封结构简单、价格价廉，但对轴颈接触面的摩擦较严重，主要用于脂润滑以及密封处轴颈圆周速度较低（一般不超过4~5 m/s）的油润滑。

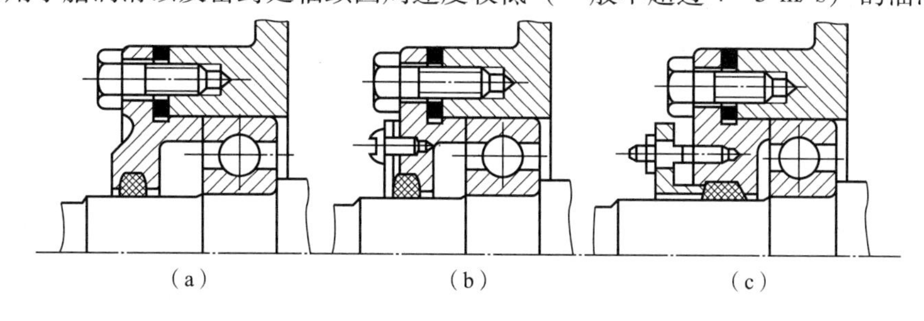

图6-4-1　毡圈式密封装置

2. 唇形密封圈密封

唇形密封圈具有自密封作用，依靠工作压力作用在唇部，使唇部压紧密封偶合面，这种方式能够自动补偿磨损量。其工作压力来源于预紧力和流体工作压力，主要用于往复运动密封，且只能单向密封，需要进行双向密封时则需要两个密封圈配套使用。此种密封圈的沟槽尺寸较大。

唇形密封圈有Y形、V形、U形和蕾形、J形、L形等。

3. 间隙式密封

间隙式密封装置结构简单、轴颈圆周速度一般并无特定的限制，但这种密封不够可靠，适用于脂润滑、油润滑且工作环境清洁的轴承。

4. 离心式密封

在轴上安装甩油环以及在轴上开出沟槽，利用离心力把欲向外流失的油沿径向甩开而流回，如图 6-4-2 所示。这种结构常和间隙式密封联合使用，只适用于圆周速度 $v \geq 5$ m/s 的油润滑。

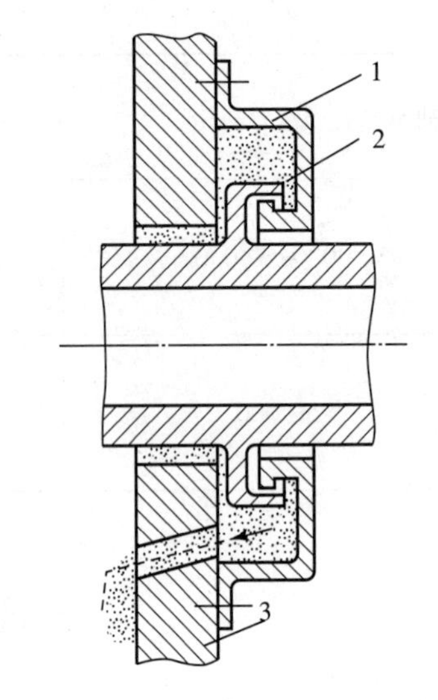

图 6-4-2　离心式密封结构示意图

1—密封盖；2—离心甩油盘；3—机器壳体

5. 迷宫式密封

如图 6-4-3 所示，利用转动元件与固定元件间所构成的曲折、狭小缝隙及通过使缝隙内充满油脂来实现密封的方式称为迷宫式密封。按狭缝曲折的基本方向可分为径向（见图 6-4-3（a））和轴向（见图 6-4-3（b））密封两类。迷宫式密封对油润滑和脂润滑均同样有效，但结构较复杂，适用于高速场合。

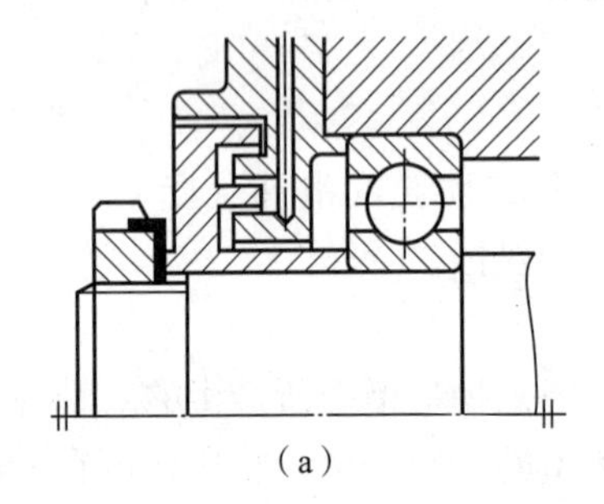

（a）

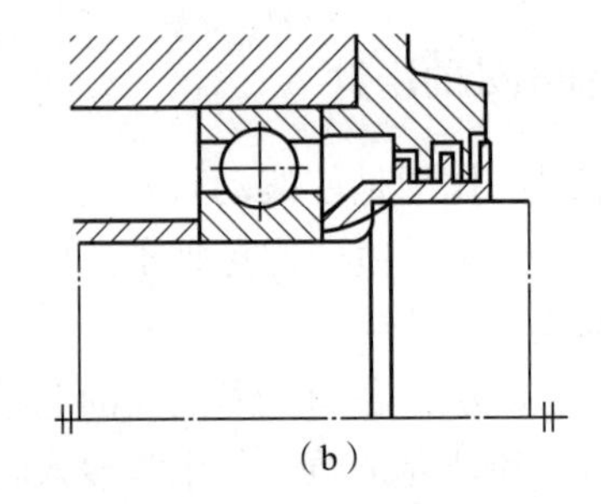

（b）

图 6-4-3　迷宫式密封装置

6.4.2　轴承室内侧的密封

轴承室内侧的密封按其作用可分为封油环和挡油环两种。

1. 封油环

封油环用于脂润滑轴承，其作用是使轴承室与箱体内部隔开，防止轴承内的油脂流入箱体内及箱体内润滑油溅入轴承室而稀释、带走油脂。封油环密封装置如图 6-4-4 所示。图 6-4-4（a）~图 6-4-4（c）所示均为固定式封油环；图 6-4-4（d）和图 6-4-4（e）所示为旋转式封油环，它利用离心力作用甩掉从箱壁流下来的油以及飞溅起来的油和杂质，其封油效果比固定式更好，是最常用的封油装置。封油环制成齿状，封油效果更好，其结构尺寸和安装方式请参见图 6-4-4（f）。

2. 挡油环

挡油环用于油润滑轴承，其作用是防止过多的油和杂质进入轴承室内以及啮合处的热油冲入轴承内，如图 6-4-5 所示。挡油环与轴承座孔之间应留有不大的间隙，以便让一定量的油能溅入轴承室进行润滑。

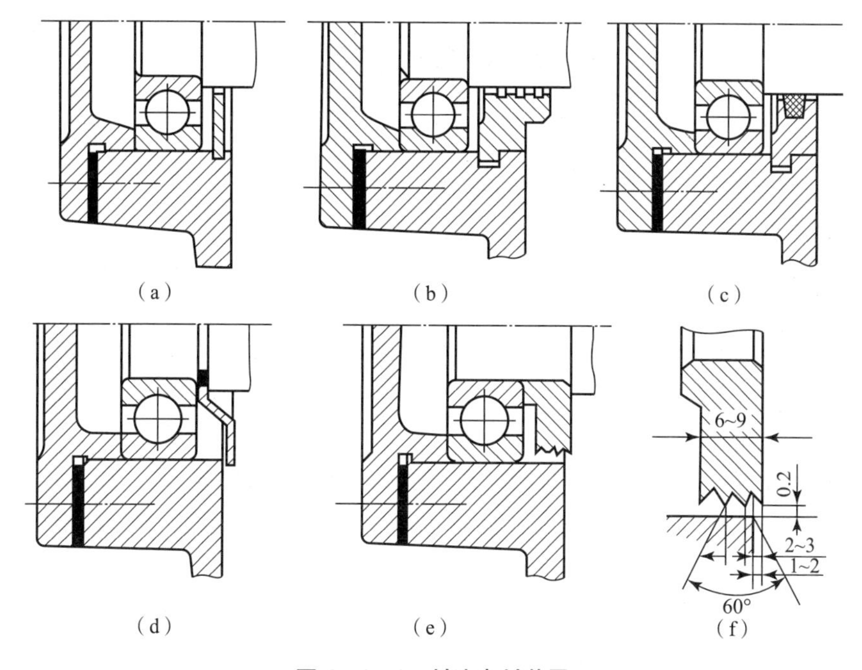

图6－4－4 封油密封装置

(a)，(b)，(c) 固定式；(d)，(e) 旋转式；(f) 齿状封油环

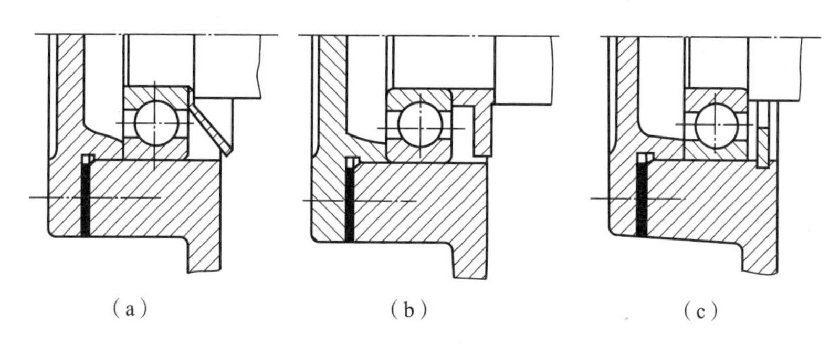

图6－4－5 挡油环及储油环装置

还有一种类似于挡油环的装置——储油环装置，如图6－4－5（c）所示。其作用是使轴承室内保留适量的润滑油，常用于经常启动的油润滑轴承。储油环高度以不超过轴承最低滚动体中心为宜。

6.4.3 箱盖与箱座接合面的密封

箱盖与箱座接合面以涂密封胶密封最为普遍，也有的在箱座接合面上同时开回油沟，让渗入接合面间的油通过回油沟及回油道流回箱内油池以增加其密封效果。

6.4.4 其他部位的密封

检查孔盖板、排油螺塞、油标与箱体的接合面间均需加纸封油垫或皮封油圈密封。螺钉式轴承端盖与箱体之间需加密封垫片密封，嵌入式轴承端盖与箱体间常用O形橡胶密封圈密封防漏。

思考题与习题

第一部分

1. 唇形密封圈的密封唇朝内的主要目的是（　　）。

A. 防漏油
B. 防灰尘渗入
C. 防漏油又防灰尘
D. 减少轴与轴承盖的磨损

2. 低黏度的润滑油适用于（　　）。

A. 高温低速重载
B. 变载变速经常正反转
C. 摩擦表面较粗糙
D. 压力循环润滑

3. 黏度大的润滑油适用于（　　）。

A. 低速重载
B. 高速轻载
C. 工作温度低
D. 工作性能及安装精度要求高

4. 减速器等闭式传动中常用的润滑方式为（　　）。

A. 油绳、油垫润滑
B. 针阀式注油杯润滑
C. 油浴、溅油润滑
D. 油雾润滑

5. 圆柱齿轮减速器的圆周速度为 2.5 m/s，油浴润滑齿轮。试问轴上滚动轴承一般用（　　）。

A. 滴油润滑
B. 油环润滑
C. 飞溅润滑
D. 油雾润滑

第二部分

1. 滑动轴承润滑脂的选择原则是什么？
2. 轴承对密封有哪些要求？
3. 轴伸出端密封的作用是什么？

任务7　减速器装配图设计

装配图用来表达减速器的整体结构、轮廓形状、各零部件的结构及相互关系，也是指导装配、检验、安装及检修工作的技术文件。装配图设计所涉及的内容较多，设计过程较复杂，往往要边计算、边画图、边修改直至最后完成装配工作图。

减速器装配图的设计过程一般包括以下几个阶段：

（1）装配图设计的准备；

（2）初步绘制装配草图；

（3）减速器轴系部件的结构设计；

（4）减速器箱体和附件的设计；

（5）完成装配工作图。

装配图设计的各个阶段不是绝对分开的，会有交叉和反复。在进行某些零件设计时，可能会对前面已进行的设计做必要的修改。

开始绘制减速器装配图前，应做好必要的准备工作，主要包括以下几方面：

（1）装拆或参观减速器，阅读有关资料，了解和熟悉减速器的结构。

（2）根据已进行的设计计算，汇总和检查绘制装配图时所必需的技术资料和数据。

①传动装置的运动简图；

②各传动零件的主要尺寸数据，如齿轮节圆直径、齿顶圆直径、齿轮宽、中心距以及圆锥齿轮的分度圆锥角等；

③联轴器型号、半联轴器轮毂长度、毂孔直径以及有关安装尺寸要求；

④电动机的有关尺寸，如中心高、轴径、轴伸出长度等。

（3）初选滚动轴承的类型及轴的支承形式（两端固定或一端固定、一端游动等）。

（4）确定减速器箱体的结构型式（整体式或剖分式）和轴承端盖型式（凸缘式或嵌入式）。

（5）选定图纸幅面及绘图的比例。装配图应用 A0 或 A1 图纸绘制，并尽量采用 1:1 或 1:2 的比例尺绘图。

装配图的绘制推荐采用常用的规定画法和简化画法。

子任务1　绘制减速器装配草图（第一阶段）

任务引入

图 7-1-1 所示为单级蜗杆减速器装配草图，该草图是如何完成的？在绘制时应注意哪些方面？

任务分析

机械的设计过程总是从装配图开始的，但装配图的设计绘制过程比较复杂，可在边设计

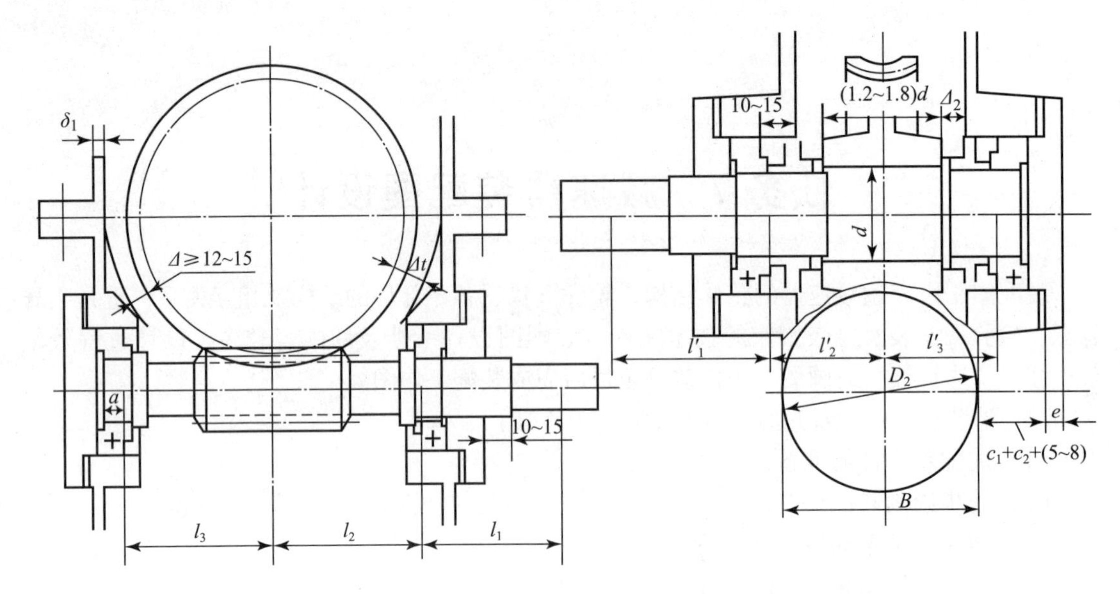

图 7-1-1　单级蜗杆减速器装配草图

边修改的过程中进行。为了获得结构较合理和表达较规范的图纸，必须先进行装配草图的设计，经过修改完善后再绘制装配工作图。

初绘装配草图是设计减速器装配图的第一阶段，基本内容为：在选定箱体结构型式（如剖分式）的基础上，确定各传动件之间及箱体内壁的位置；通过轴的结构设计初选轴承型号；确定轴承位置、轴的跨度以及轴上所受各力作用点的位置。

任务目标

掌握减速器装配草图的绘制方法。

7.1.1　视图选择与图面布置

减速器装配图通常用三个视图并辅以必要的局部视图来表达。绘制装配图时，应根据传动装置的运动简图和由计算得到的减速器内部齿轮的直径、中心距，并参考同类减速器图纸，估算减速器的外形尺寸，合理布置三个主要视图。同时，还要考虑标题栏、明细表、技术要求和尺寸标注等所需的图面位置。

7.1.2　齿轮位置和箱体内壁线的确定

圆柱齿轮减速器装配图设计时，一般从主视图和俯视图开始。在主视图和俯视图位置画出齿轮的中心线，再根据齿轮直径和齿宽绘出齿轮轮廓位置。为保证全齿宽接触，通常使小齿轮比大齿轮宽 5 ~ 10 mm，然后按表 7-1-1 推荐的资料确定各零件之间的位置，并绘出箱体内壁线和轴承内侧端面的初步位置，如图 7-1-2 和图 7-1-3 所示。

表 7-1-1　减速器零件的位置尺寸

代号	名称	荐用值/mm	代号	名称	荐用值/mm
Δ_1	齿轮顶圆至箱体内壁的距离	≥1.2δ，δ 为箱座壁厚	Δ_2	齿轮端面至箱体内壁的距离	>δ（一般取≥10）

续表

代号	名称	荐用值/mm	代号	名称	荐用值/mm
Δ_3	轴承端面至箱体内壁的距离	轴承用脂润滑时：$\Delta_3=10\sim12$；轴承用油润滑时：$\Delta_3=3\sim5$	H	减速器中心高	$\geqslant R_a+\Delta_6+\Delta_7$
Δ_4	旋转零件间的轴向距离	$10\sim15$	L_1	箱体内壁至轴承座孔端面的距离	$=\delta+C_1+C_2+(5\sim10)$，$C_1$，$C_2$，见表2-1-2
Δ_5	齿轮顶圆至轴表面的距离	$\geqslant10$	e	轴承端盖凸缘厚度	见表2-1-1
Δ_6	大齿轮齿顶圆至箱底内壁的距离	$>30\sim50$	L_2	箱体内壁轴向距离	
Δ_7	箱底至箱底内壁的距离	≈20	L_3	箱体轴承座孔端面间的距离	

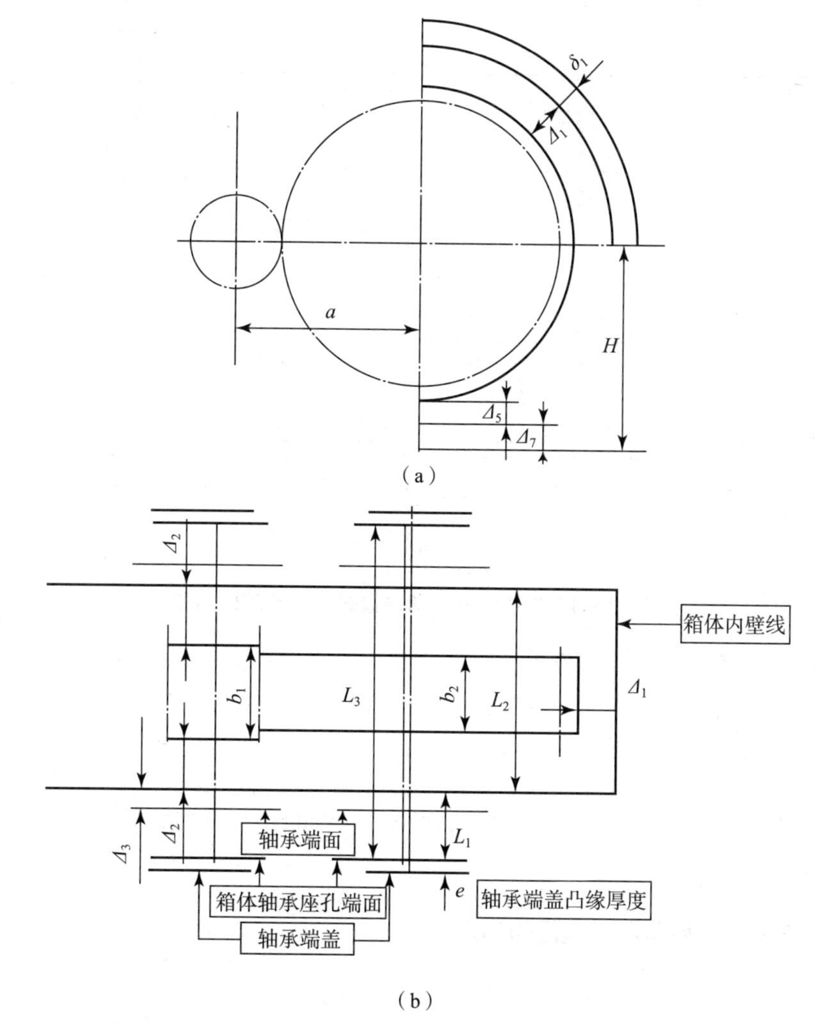

图7-1-2 一级齿轮减速器齿轮位置和箱体内壁线

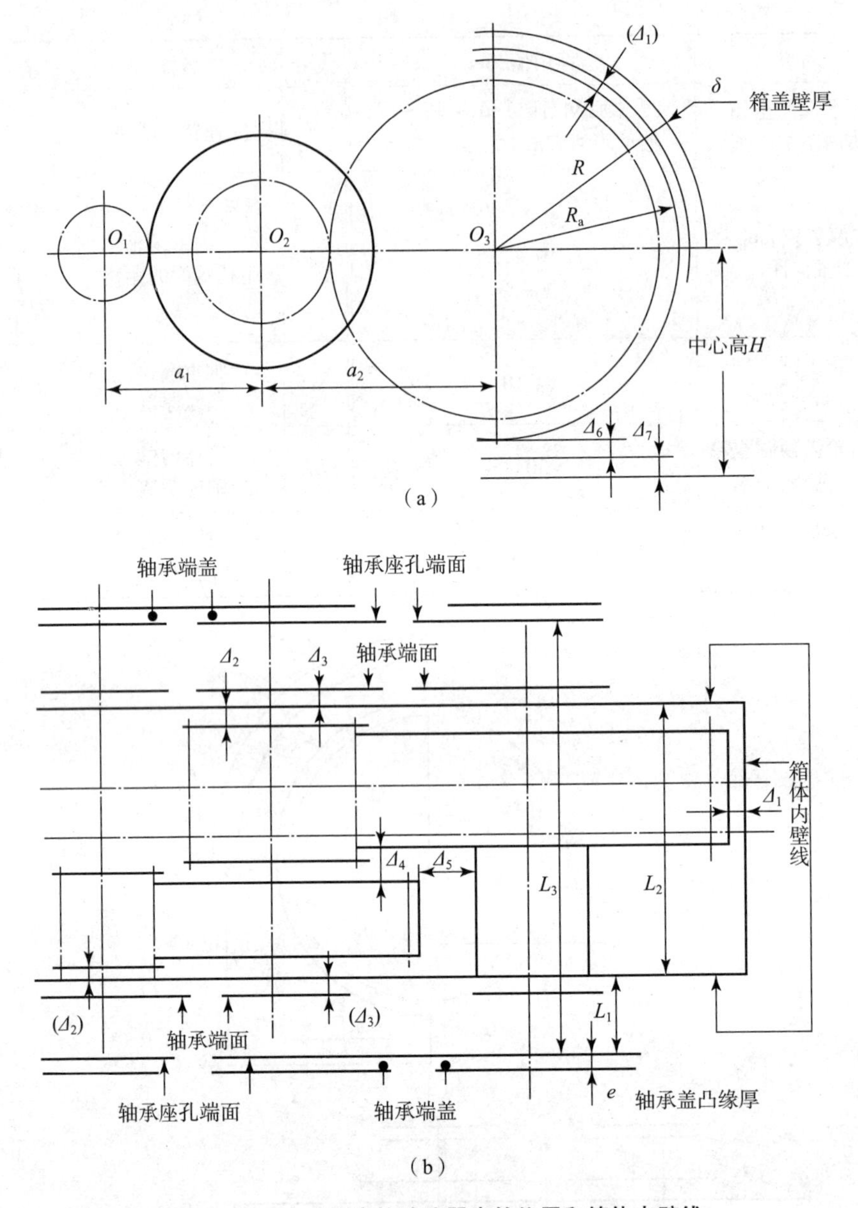

图 7 –1 –3　二级齿轮减速器齿轮位置和箱体内壁线

为了避免因箱体铸造误差造成齿轮与箱体间的距离过小甚至齿轮与箱体相碰，应使大齿轮齿顶圆、齿轮端面至箱体内壁之间分别留有适当距离 Δ_1 和 Δ_2。高速级小齿轮一侧的箱体内壁线还应考虑其他条件才能确定，故暂不画出。

在设计两级展开式齿轮减速器时，还应注意使两个大齿轮端面之间留有一定的距离 Δ_4，并使中间轴上大齿轮与输出轴之间保持一定距离 Δ_5（见图 7 –1 –3），如不能保证，则应调整齿轮传动的参数。

7.1.3　箱体轴承座孔端面位置的确定

根据箱体壁厚 δ 和表 2 –1 –2 确定的轴承旁螺栓的位置尺寸 C_1、C_2，按表 7 –1 –1 所示初步确定轴承座孔的长度 L_1，可画出箱体轴承座孔外端面线，如图 7 –1 –2 和图 7 –1 –3 所示。

子任务2 轴系部件的结构设计（第二阶段）

任务引入

图7－2－1所示为一减速器输出轴及其上的零部件（包含齿轮、轴承、键等），这些轴系零部件的结构应该如何设计才能保证正常工作？

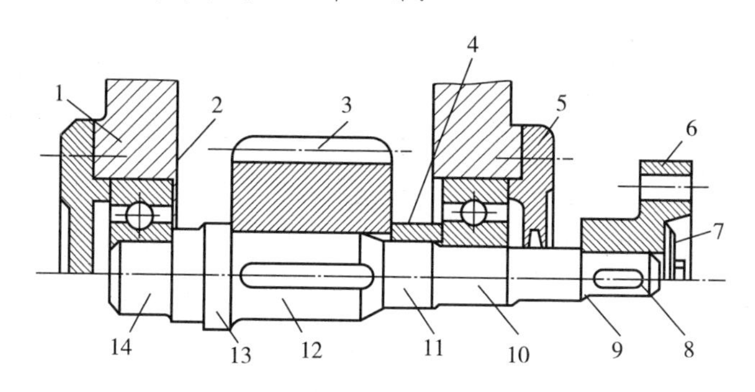

图7－2－1 减速器的输出轴

1—轴承座；2—滚动轴承；3—齿轮；4—套筒；5—轴承盖；6—联轴器；7—轴端挡圈；8，12—轴头；9—轴肩；10，14—轴颈；11—轴身；13—轴环

任务分析

这一阶段主要的工作内容是设计传动零件和轴的支承的具体结构。设计轴的结构时，既要满足强度要求，又要保证轴上零件的定位、固定和便于装配，并具有良好的加工工艺性，所以轴的结构一般设计成阶梯形；齿轮结构形状和尺寸与所采用的材料、毛坯大小及制造方法有关。通常先按齿轮直径的大小选取结构形式，然后再根据推荐的经验数据，进行结构设计；为保证安全，还需对轴、键及轴承的强度进行校核。

任务目标

1. 掌握轴结构及工艺性设计的一般要求及轴上零件常用的固定方法；
2. 掌握转轴的强度校核方法；
3. 熟悉滚动轴承的失效形式及计算准则；
4. 熟悉滚动轴承的设计计算方法；
5. 掌握平键的选择及强度校核；
6. 熟悉齿轮及蜗轮蜗杆的结构型式。

7.2.1 轴结构设计及校核计算

7.2.1.1 轴直径初算

轴在进行结构设计之前，轴承间的距离尚未确定，还不知道支承反力的作用点，因而不能确定弯矩的大小及分布情况，所以设计时，只能先按转矩或用类比法、经验法来初步估算轴的直径（这样求出的直径，只能作为仅受转矩的那一段轴的最小直径），并以此为基础进行轴的结构设计，定出轴的全部几何尺寸，最后校核轴的强度。

轴主要由轴颈和连接各轴颈的轴身组成。被轴承支承的部位称为支承轴颈，支承回转零件的部位称为配合轴颈（也称工作轴颈）。轴的各部位直径应符合标准尺寸系列，支承轴颈的直径还必须符合轴承内孔的直径系列；安装联轴器的轴颈直径必须与联轴器的内径相适应；螺纹处的直径应符合螺纹标准系列；与零件（如齿轮、带轮）相配合的轴颈直径，应采用标准直径，见表 7－2－1。

表 7－2－1　轴的标准直径　　mm

R			R_a			R			R_a			R			R_a		
R10	R20	R40	R10	R20	R40	R10	R20	R40	R10	R20	R40	R10	R20	R40	R10	R20	R40
2.50	2.50	12.5	2.5	2.5	12	25.0	22.4	22.4	25	22	22	100	90.0	90.0	100	90	90
3.15	2.80	13.2	3.0	2.8	13	31.5	25.0	23.6	32	25	24	125	100	95.0	125	100	95
4.00	3.15	14.0	4.0	3.0	14	40.0	28.0	25.0	40	28	25	160	112	100	160	110	100
5.00	3.55	15.0	5.0	3.5	15	50.0	31.5	26.5	50	32	26	200	125	106	200	125	105
6.30	4.00	16.0	6.0	4.0	16	63.0	35.5	28.0	63	36	28	250	140	112	250	140	110
8.00	4.50	17.0	8.0	4.5	17	80.0	40.0	30.0	80	40	30	315	160	118	320	160	120
10.0	5.00	18.0	10.0	5.0	18		45.0	31.5		45	32		180	125		180	125
12.5	5.60	19.0	12	5.5	19		50.0	33.5		50	34		200	132		200	130
16.0	6.30	20.0	16	6.0	20		56.0	35.5		56	36		224	140		220	140
20.0	7.10	21.2	20	7.0	21		63.0	37.5		63	38		250	150		250	150
	8.00			8.0			71.0	40.0		71	40		280	160		280	160
	9.00			9.0			80.0	42.5		80	42		315	170		320	170
	10.0			10.0				45.0			45			180			180
	11.2			11				47.5			48			190			190
	12.5			12				50.0			50			200			200
	14.0			14				53.0			53			212			210
	16.0			16				56.0			56			224			220
	18.0			18				60.0			60			236			240
	20.0			20				63.0			63			250			250
								67.0			67			265			260
								71.0			71			280			280
								75.0			75			300			300
								80.0			80			315			320
								85.0			85			335			340

注：①选择系列及单个尺寸时，应首先在优先数系 R 系列中选用标准尺寸，选用顺序为 R10、R20、R40。如果必须将数值圆整，可在相应的 R_a 系列中选用标准尺寸。

②本标准适用于机械制造业中有互换性或系列化要求的主要尺寸，其他结构尺寸也应尽量采用。对于由主要尺寸导出的因变量尺寸和工艺上工序间的尺寸，则不受本标准限制。对已有专用标准规定的尺寸，可按专用标准选用。

1. 按扭转强度初步计算轴端直径

这种计算方法主要应用于传动轴（只受转矩），也可以初步估算轴的最小直径，在此基础上进行轴的结构设计。

$$\tau = \frac{T}{W} = \frac{9\ 549 \times 10^3 P}{0.2 d^3 n} \leqslant [\tau] \qquad (7-2-1)$$

$$d \geqslant \sqrt[3]{\frac{9\ 549 \times 10^3}{0.2[\tau]}} \cdot \sqrt[3]{\frac{P}{n}} = C\sqrt[3]{\frac{P}{n}} \qquad (7-2-2)$$

式中，T——工作转矩，N · mm；

W——轴的抗扭截面系数，$W=0.2d^3$，mm；

d——轴的直径，mm；

P——轴传递的功率，kW；

n——轴的转速，r/min；

C——随材料而定的系数（其值见表7-2-2），当轴上弯矩较小时，取较小值，反之则取较大值；

[τ]——考虑弯曲影响后的材料许用扭转剪应力，MPa（其值见表7-2-2）。

若计算的截面上有键槽时，直径要适当增大，有一个键槽时轴径增大4%~5%，若同一截面上有两个键槽，则轴径增大7%~10%，然后按表7-2-1所示圆整至标准直径。

表7-2-2 常用材料的[τ]值和C值

轴的材料	Q235，20	35	45	40Cr，35SiMn，38SiMnMo
[τ]/MPa	12~20	20~30	30~40	40~52
C	160~135	135~118	118~106	106~98

2. 按经验公式估算

轴的直径除根据强度计算确定外，通常可应用经验式进行估算。例如，在一般减速器中，高速输入轴的轴径，可按照与其相连接的电动机轴的直径d_0来估算，如用经验式$d=(0.8\sim1.2)d_0$估算。各级低速轴的轴径可按同级齿轮副的中心距a来估算，如用经验式$d=(0.3\sim0.4)a$估算。估算后的轴径，应圆整为标准直径，见表7-2-1。

7.2.1.2 对轴结构的一般要求

光轴的结构简单，加工方便，但轴上的齿轮、带轮和轴承等零件的固定和装拆不便。工程上一般采用阶梯轴，阶梯轴各个阶台均有其作用，因此，轴的结构多种多样，没有标准的型式，图7-2-1所示为单级圆柱齿轮减速器的输出轴，该轴由联轴器、轴、轴承盖、轴承、套筒和齿轮等组成。

为使轴的结构和其各个部位都具有合理的形状和尺寸，在考虑轴的结构时，应满足下述四个方面的要求：

（1）根据受力情况设计合理的尺寸，以满足强度和刚度需要。

（2）必须能使轴上零件可靠地定位和紧固。

（3）轴便于加工并尽量避免或减少应力集中。

（4）轴上零件应便于安装、拆卸和调整。

7.2.1.3 轴上零件的固定

1. 轴上零件的轴向固定

对轴上零件进行轴向固定的目的是保证零件在轴上有确定的轴向位置，防止零件做轴向移动，并能承受轴向力。常用的固定方法有利用轴肩、轴环，以及采用轴端挡圈、圆锥面、轴套、圆螺母、弹性挡圈等零件进行轴向固定。

（1）用轴肩和轴环固定。阶梯轴的截面变化部位叫作轴肩或轴环，如图7-2-2所示。用轴肩和轴环轴向固定轴上零件，具有结构简单、定位可靠和能够承受较大轴向力等优点，是一种最常用的固定方法，常用于齿轮、带轮、轴承和联轴器等传动零件的轴向固定。为了使零件的轴向固定可靠，轴肩和轴环的尺寸应选择适当。如图 7－2－2（a）和图 7－2－2（b）所示中的轴肩和轴环的高度 $h=2\sim10$ mm（轴径较小时取小值），选用固定滚动轴承时，此高度应小于滚动轴承内圈厚度，以便于滚动轴承的拆卸；如图 7－2－2 所示的轴环宽度 $b\approx1.4h$。肩和轴环的圆角半径 r 应小于与轴配合零件的倒角尺寸 C 或圆角半径 R，如图 7－2－2（c）所示。

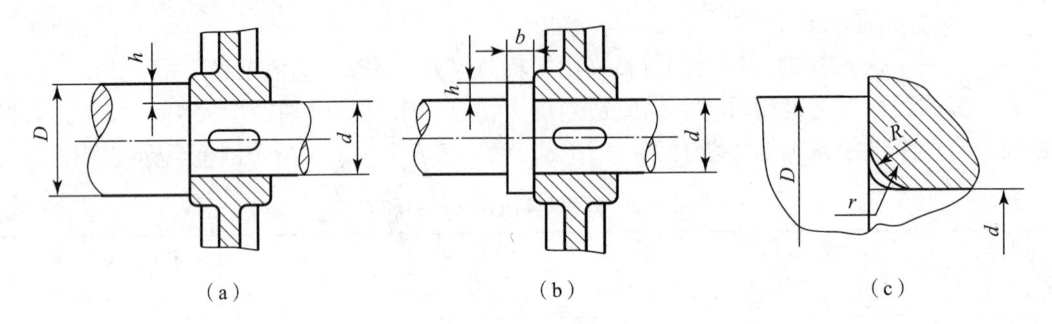

图 7－2－2　用轴肩和轴环固定

（a）用轴肩固定；（b）用轴环固定；（c）轴肩或轴环的圆角

（2）用轴端挡圈和圆锥面固定。当零件位于轴端时，可利用轴端挡圈或圆锥面加挡圈进行轴向固定。图 7－2－3 所示为用轴端挡圈固定，轴径较小时只需要一个螺钉锁紧，轴径较大时则需要两个或两个以上的螺钉锁紧。为防止轴端挡圈和螺钉松动，可采用如图 7－2－3 所示的锁紧装置。无轴肩和轴环的轴端，可采用如图 7－2－4 所示的圆锥面加挡圈进行轴向固定，这种固定有较高的定心精度，并能承受冲击载荷，但加工锥形表面不如加工圆柱表面简便。

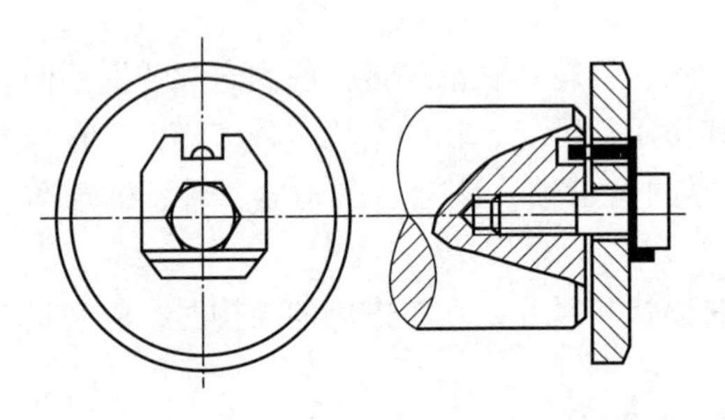

图 7－2－3　用轴端挡圈固定

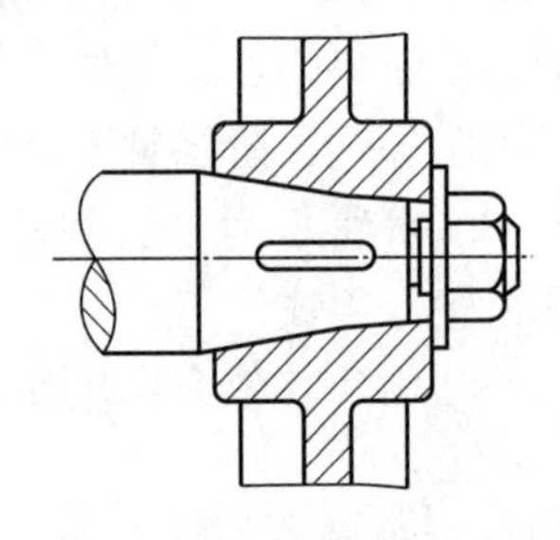

图 7－2－4　用圆锥面固定

（3）用轴套固定。轴套又称套筒，用其轴向固定零件时，主要依靠已确定位置的零件来作轴向定位，适用于相邻两零件间距较小的场合，如图 7－2－5 所示。用轴套固定结构简单、装拆方便，可避免在轴上开槽、切螺纹、钻孔而削弱轴的强度。若零件间距较大，会使轴套过长，增加材料用量和轴部件质量。

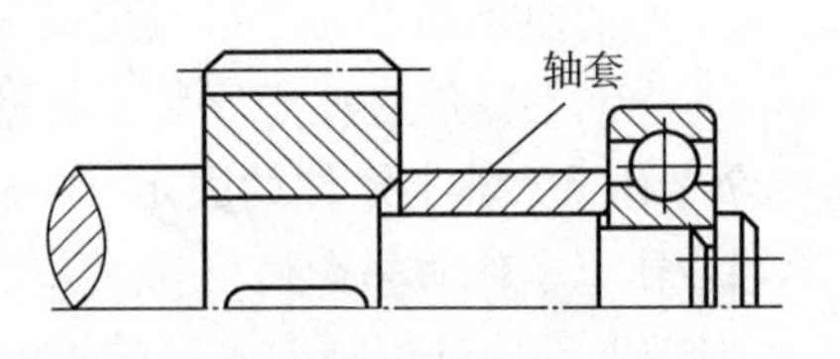

图 7－2－5　用轴套固定

（4）用圆螺母固定。当无法采用轴套固定或轴套太长时，可采用圆螺母作轴向固定，如图 7－2－6 所示。这种方法通常用在轴的中部或端部，具有装拆方便、固定可靠、能承受较大的轴向力等优点。其缺点是：需在轴上切制螺纹，且螺纹的大径要比套装零件的孔径小，一般采用细牙螺纹，以减小对轴强度的影响。为防止圆螺母的松脱，常采用双螺母或一个螺母加止推垫圈来防松。

(5) 用弹性挡圈固定。图7-2-7所示为利用弹性挡圈作轴向固定。弹性挡圈结构简单、紧凑，拆装方便，但能承受的轴向力较小，而且要求切槽尺寸保持一定的精度，以免出现弹性挡圈与被固定零件间存在间隙或弹性挡圈不能装入切槽的现象。

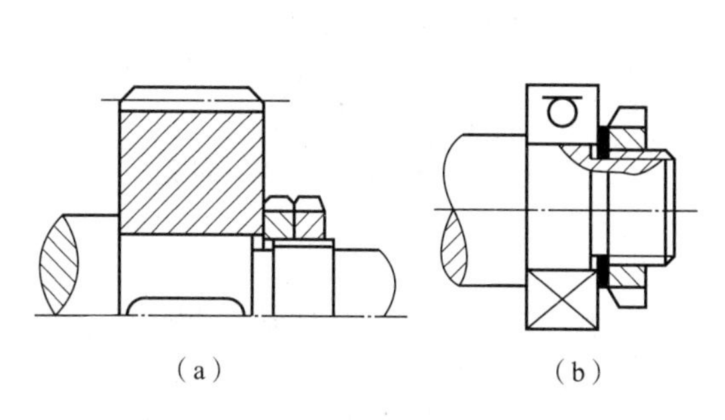

图7-2-6　用圆螺母固定

(a) 双螺母固定；(b) 螺母加止推垫圈固定

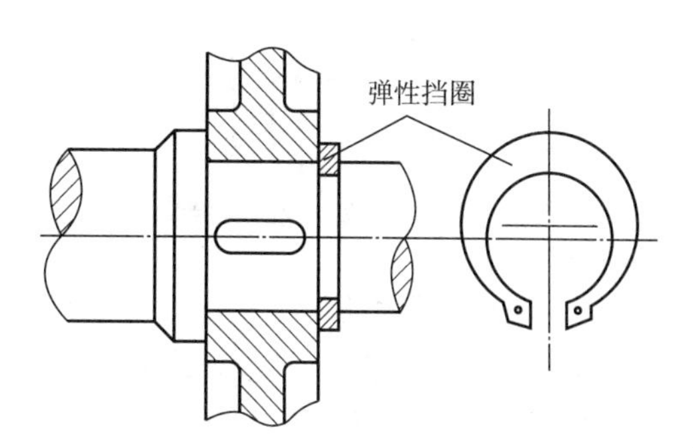

图7-2-7　用弹性挡圈固定

2. 轴上零件的周向固定

对轴上零件进行周向固定的目的是传递转矩及防止零件与轴产生相对转动。常采用键和过盈配合等方法。

(1) 用键作周向固定。用平键连接作周向固定，结构简单，制造容易，装拆方便，对中性好，可用于较高精度、较高转速及受冲击或变载荷作用的固定连接。应用平键连接时，对于同一轴上轴径相差不大的轴上键槽，应尽可能采用同一规格的键槽尺寸，并使键槽位于相同的周向位置，以方便加工。用楔键连接作周向固定，在传递转矩的同时，还能承受单向的轴向力，但对中性较差。用花键连接作周向固定，具有较高的承载能力，对中性与导向性均好，但成本高。

(2) 用过盈配合作周向固定。该方法主要用于不拆卸的轴与轮毂的连接。由于包容件轮毂的配合尺寸（孔径）小于被包容件轴的配合尺寸（轴颈直径），装配后两者之间会产生较大压力，通过此压力所产生的摩擦力可传递转矩。这种连接结构简单，对轴的削弱小，对中性好，能承受较大的载荷并有较好的抗冲击性能。因其承载能力与抗冲击能力取决于过盈量的大小和配合处的表面质量，因此，配合表面的加工精度要求较高，表面粗糙度值也较小。

过盈量不大时，一般用压入法装配。当过盈量较大时，常采用温差法装配，即加热包容件轮毂或（和）冷却被包容件轴，利用材料的热胀冷缩现象以减小过盈量甚至形成间隙进行装配。用温差法装配不易擦伤表面，可以获得很高的连接强度。

对于对中性要求高、承受较大振动和冲击载荷的周向固定，可采用键连接与过盈配合组合的固定方法，以传递较大的转矩及使轴上零件的周向固定更加牢固。

(3) 用其他方法作周向固定。在传递的载荷很小时，可以用圆锥销（见图7-2-8）或紧定螺钉（见图7-2-9）作周向固定，这两种方法均兼有轴向固定的作用。

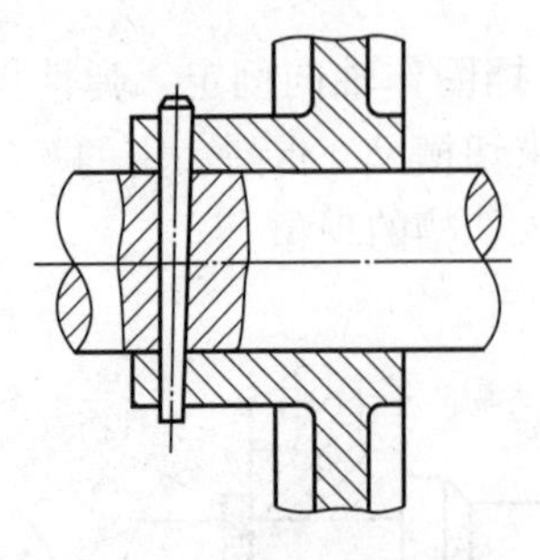

图 7-2-8　用圆锥销固定

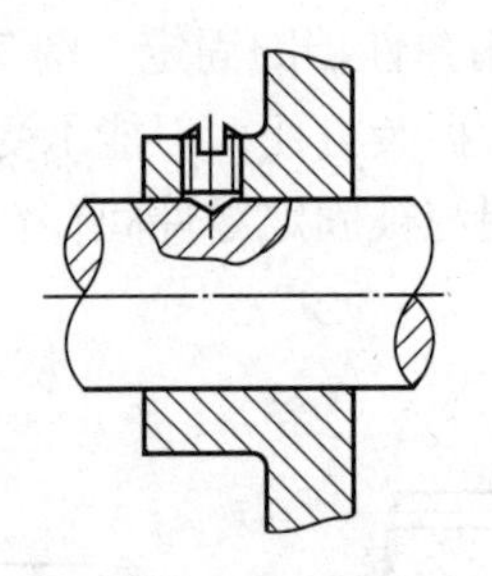

图 7-2-9　用紧定螺钉固定

7.2.1.4　轴的结构工艺性

为方便轴的制造、轴上零件的装配和使用维修，在确定轴的结构时，应从工艺角度提出一些相应的要求，即轴的结构工艺性要求，主要包括以下几个方面：

（1）一般将轴设计成阶梯轴，其直径应该是中间大、两端小，由中间向两端依次减小，以便于轴上零件的装拆和固定。

（2）轴端、轴颈与轴肩（或轴环）的过渡部位应有倒角或过渡圆角，以便于轴上零件的装配，避免划伤配合表面，并减少应力集中。轴肩（或轴环）的过渡圆角半径应小于轴上安装零件内孔的倒角高度或圆角半径，以保证轴上零件端面可靠地贴合在轴肩端面上。轴上有多处圆角和倒角时，应尽可能使圆角半径相同或倒角大小一致，以减少刀具规格和换刀次数。自由表面的轴肩过渡圆角不受装配的限制，可取得大一些（一般取 $r=0.1d$），以减少应力集中。

（3）轴上有螺纹时，应留有退刀槽（见图 7-2-10），以便于螺纹车刀退出；需要磨削的阶梯轴，应留有越程槽（见图 7-2-11），以使磨削用砂轮越过工作表面，磨削到轴肩端部，以保证轴肩的垂直度。螺纹退刀槽取宽度 $b \geqslant 2P$（P 为螺距）；越程槽取宽度 $b=2\sim4$ mm，深度 $a=0.5\sim1.0$ mm。轴上有多个退刀槽或越程槽时，应尽可能取相同的尺寸，以方便加工。当轴上有多个键槽时，应尽可能安排在同一直线上，使加工键槽时无须多次装夹换位。

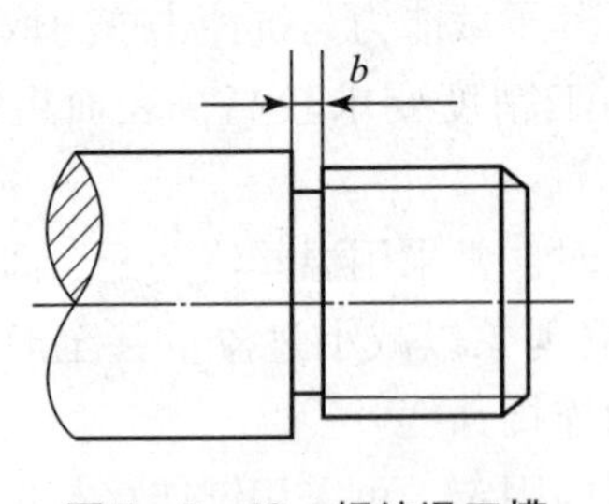

图 7-2-10　螺纹退刀槽

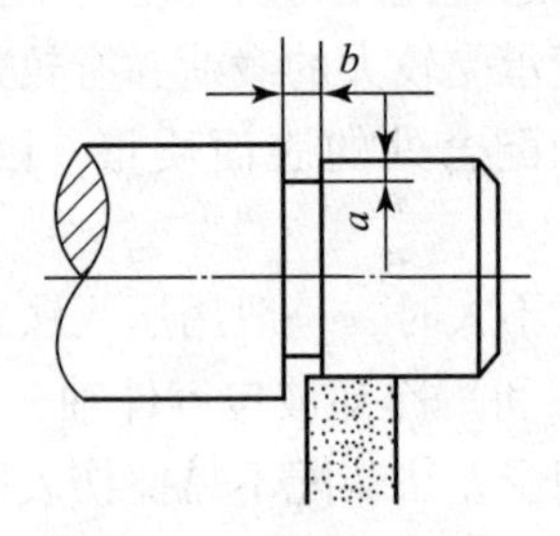

图 7-2-11　砂轮越程槽

（4）当轴上装有质量较大的零件或与轴颈过盈配合的零件时，其装入端应加工出半锥角为 10°的导向锥面（见图 7-2-12），以便于装配。

（5）为了便于轴的加工及保证轴的精度，必要时应设置中心孔。

7.2.1.5　转轴的强度校核

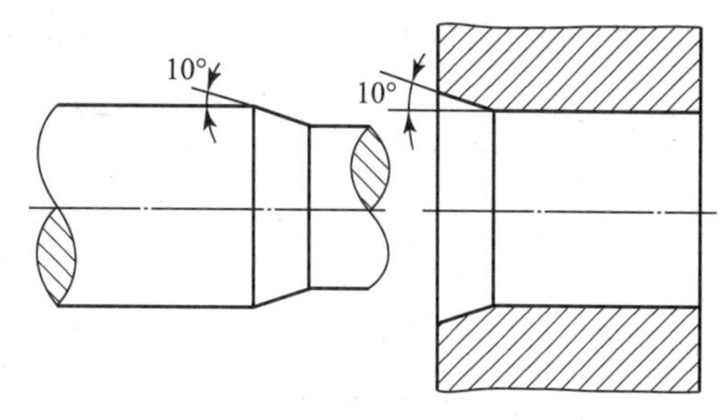

图7-2-12　导向锥面

由于转轴承受弯扭组合作用，同时轴上零件的位置与轴承和轴承支承间的距离通常尚未确定，所以对转轴的设计，只能先按扭转强度初步估算轴的最小直径，待轴系结构确定后，轴上所受载荷的大小、方向、作用点及支承跨距已确定，再按弯扭组合强度校核。

强度校核公式为：

$$\sigma_e=\frac{M_e}{W}=\frac{\sqrt{M^2+(\alpha T)^2}}{0.1d^3}\leqslant[\sigma_{-1}]_b \qquad (7-2-3)$$

式中，σ_e——当量应力，MPa；

M_e——当量弯矩，N·mm；

M——合成弯矩，N·mm；

T——轴传递的扭矩，N·mm；

W——轴危险截面的抗弯截面系数，$W=0.1d^3$（实心轴）；

α——由转矩性质而定的折合因数，转矩不变时 $\alpha\approx0.3$，转矩为脉动循环变化时 $\alpha\approx0.6$，对频繁正反转的轴，转矩可认为对称循环变化 $\alpha\approx1$；

$[\sigma_{-1}]_b$——对称循环状态下的许用弯曲应力，见表2-3-13。

计算轴的直径时，可将式（7-2-3）改为：

$$d\sqrt[3]{\frac{M_e}{0.1[\sigma_{-1}]_b}} \qquad (7-2-4)$$

若计算的截面上有键槽，则直径要适当增大，有一个键槽时轴径增大4%～5%，若同一截面上有两个键槽，则轴径增大7%～10%，然后按表7-2-1所示圆整至标准直径。

由式（7-2-4）求得的直径如小于或等于由结构确定的轴径，则说明原轴径强度足够；否则应加大各轴段的直径。

在轴的强度校核时应注意以下两方面：

（1）要合理选择危险截面。由于轴的各截面的当量弯矩和直径不同，因此轴的危险截面在当量弯矩较大处或轴的直径较小处。一般选一个或两个危险截面进行校核。

（2）若校核轴的强度不够，则可用增大轴的直径、改用强度较高的材料或改变热处理方法等措施来提高轴的强度；若 σ_e 比 $[\sigma_{-1}]_b$ 小很多，是否要减小轴的直径，应综合考虑其他因素而定。

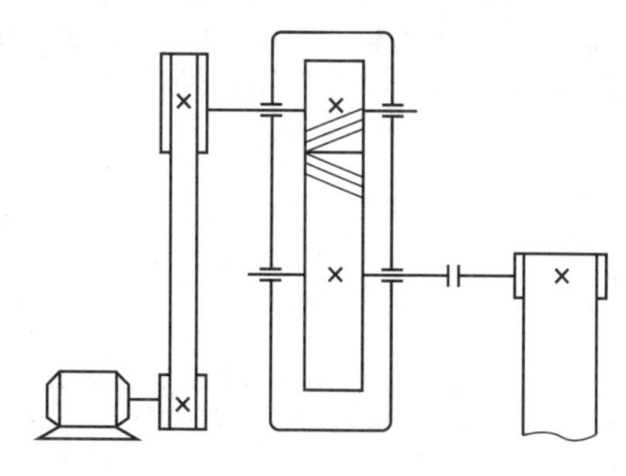

图7-2-13　斜齿圆柱齿轮减速器

例7-2-1　图7-2-13所示为用于带式运输机的单级斜齿圆柱齿轮减速器。已知电动机输出的传动功率 $P=11$ kW，从动齿轮转速 $n=210$ r/min，作用在齿轮上的圆周力 $F_t=2\,618$ N，径向力 $F_r=982$ N，轴向力 $F_a=653$ N，从动齿轮分度圆直径 $d=382$ mm，轮毂宽度 $B=80$ mm。试设计减速器的从动轴的结构和尺寸。

解　设计计算步骤如表7－2－3所示。

表7－2－3　轴的设计计算步骤

计算项目	设计计算与说明	计算结果
1. 选择轴的材料确定许用应力	选用45钢，正火处理，查表2－3－13，强度极限 $\sigma_b=590$ MPa，许用弯曲应力 $[\sigma_{-1}]_b=55$ MPa	$\sigma_b=590$ MPa；$[\sigma_{-1}]_b=55$ MPa
2. 按扭转强度初步计算轴径	查表7－2－2，取材料系数 $C=110$； $d=C\sqrt[3]{\frac{P}{n}}=110\sqrt[3]{\frac{11}{210}}=41.2$（mm） 轴的截面上有一个键槽，将直径增大5%，则 $d=41.2\times105\%=43.3$ 考虑轴的标准值及联轴器孔径系列标准，查表7－2－1，取 $d=45$ mm，即轴的最小直径	$d=45$ mm
3. 轴的结构设计		
1）联轴器的选取	可采用LT7弹性套柱销联轴器，根据附表2.2所示： 轴孔直径为45 mm，与轴配合部分长度为84 mm	LT7弹性套柱销联轴器
2）轴上零件的定位、固定和装配	单级减速器采用阶梯轴，可将轴装配在箱体中央，与两轴承对称分布，先装配齿轮，左面用轴肩定位，右面用套筒轴向固定，齿轮靠平键周向固定。左轴承用轴肩和轴承盖固定，右轴承用套筒和轴承盖固定，两轴承的周向固定采用过盈配合。联轴器装配在轴的右端，采用平键作周向固定，轴肩作轴向固定	
3）确定轴的各段直径和长度	Ⅰ段即轴的外伸端直径： $d_1=45$ mm 其长度应比装LT7型联轴器的长度稍短： $L_1=80$ mm Ⅱ段直径： 考虑联轴器用轴肩实现轴向定位，取第二段直径 $d_2=55$ mm； 初选深沟球轴承6311，由附表3.1可知，其内径为55 mm，宽度为29 mm，取标准直径为55 mm，右轴承右端面到联轴器左端面的距离取为55 mm，套筒长为20 mm。 故Ⅱ段长： $L_2=2+20+29+55=106$（mm） 齿轮和右端轴承从右端装入，考虑装拆方便及零件固定要求，装轴承处轴颈 d_3 应大于 d_2，考虑滚动轴承直径系列，取 $d_3=60$ mm。 Ⅲ段长度： $L_3=80-2=78$（mm） 为便于齿轮装拆，与齿轮配合处轴颈 d_4 应大于 d_3，取 $d_4=72$ mm Ⅳ段长度： $L_4=20$ mm 考虑到轴承的安装尺寸，将Ⅳ段做成阶梯形，左端直径为65 mm。 左端轴承型号与右端轴承型号相同，因此Ⅴ段直径： $d_5=55$ mm Ⅴ段长度： $L_5=29$ mm	$d_1=45$ mm； $L_1=80$ mm； $d_2=55$ mm； $L_2=106$ mm； $d_3=60$ mm； $L_3=78$ mm； $d_4=72$ mm； $L_4=20$ mm； $d_5=55$ mm； $L_5=29$ mm

续表

计算项目	设计计算与说明	计算结果
4. 绘制轴的结构设计草图并计算轴承间的跨度 L		
1）绘制轴的结构设计草图	如图7－2－14所示	
2）计算轴承间的跨度 L	轴承间的跨度 L： $L=29/2+20+80+20+29/2=149$（mm）	$L=149$ mm
5. 按弯扭组合强度校核轴的强度		
1）绘制轴受力简图	如图7－2－15（a）所示	
2）计算水平面支反力和弯矩	水平面支反力，如图7－2－15（d）所示： $F_{RAH}=F_{RBH}=\dfrac{F_t}{2}=\dfrac{2\ 618}{2}=1309\ (\text{N})$ C 点弯矩： $M_{CH}=F_{RAH}\cdot\dfrac{L}{2}=1\ 309\times\dfrac{0.149}{2}=97.5\ (\text{N}\cdot\text{m})$ 弯矩图如图7－2－15（e）所示	$F_{RAH}=1\ 309$ N； $M_{CH}=97.5$ N·m
3）计算垂直面支反力和弯矩	垂直面支反力，如图7－2－15（b）所示： $F_{RAV}=\dfrac{F_a\cdot\dfrac{d}{2}-F_r\cdot\dfrac{L}{2}}{L}=\dfrac{653\times\dfrac{0.382}{2}-982\times\dfrac{0.149}{2}}{0.149}=345.6\ (\text{N})$ $F_{RBV}=F_r+F_{RAV}=982+345.6=1\ 327.6\ (\text{N})$ 计算 C 点弯矩： 截面 C 点右侧弯矩： $M_{CV}=F_{RBV}\cdot\dfrac{L}{2}=1\ 327.6\times\dfrac{0.149}{2}=99\ (\text{N}\cdot\text{m})$ 截面C点左侧弯矩： $M'_{CV}=F_{RAV}\cdot\dfrac{L}{2}=345.6\times\dfrac{0.149}{2}=25.7\ (\text{N}\cdot\text{m})$ 弯矩图如图7－2－15（c）所示	$F_{RAV}=345.6$ N； $F_{RBV}=1\ 327.6$ N； $M_{CV}=99$ N·m； $M'_{CV}=25.7$ N·m

续表

计算项目	设计计算与说明	计算结果
4）绘制合成弯矩图	$M_C = \sqrt{M_{CV}^2 + M_{CH}^2} = \sqrt{99^2 + 97.5^2} = 139\ (\text{N} \cdot \text{m})$ $M'_C = \sqrt{M'^2_{CV} + M_{CH}^2} = \sqrt{25.7^2 + 97.5^2} = 100.8\ (\text{N} \cdot \text{m})$ 弯矩图如图 7－2－15（f）所示	$M_C = 139\ \text{N} \cdot \text{m}$； $M'_C = 100.8\ \text{N} \cdot \text{m}$
5）绘制扭矩图	$T = 9.55 \times 10^3 \dfrac{P}{n} = 9.55 \times 10^3 \dfrac{11}{210} = 500\ (\text{N} \cdot \text{m})$ 扭矩图如图 7－2－15（g）所示	$T = 500\ \text{N} \cdot \text{m}$
6）绘制当量弯矩图	转矩产生的扭剪应力按脉动循环变化，取 $\alpha = 0.6$，取截面 C 处的当量弯矩为： $M_{eC} = \sqrt{M_C^2 + (\alpha T)^2} = \sqrt{139^2 + (0.6 \times 500)^2} = 331\ (\text{N} \cdot \text{m})$ 当量弯矩图如图 7－2－15（h）所示； 截面 D 处的当量弯矩为： $M_{eD} = \alpha T = 0.6 \times 500 = 300\ (\text{N} \cdot \text{m})$	$M_{eC} = 331\ \text{N} \cdot \text{m}$； $M_{eD} = 300\ \text{N} \cdot \text{m}$
7）校核危险截面的强度	轴上弯矩最大的截面和弯矩次大但轴径小的截面均为危险截面。 截面 C 处当量弯矩最大，而直径与邻段相差不大，故截面 C 为危险截面，由式（7－2－3）可得： $\sigma_{eC} = \dfrac{M_{eC}}{0.1 d_3^3} = \dfrac{331 \times 10^3}{0.1 \times 60^3} = 15.3\ (\text{MPa}) < 55\ \text{MPa}$ 截面 D 处虽仅受转矩，但直径最小，故该截面也为危险截面，则： $\sigma_{eD} = \dfrac{M_{eD}}{0.1 d_3^3} = \dfrac{300 \times 10^3}{0.1 \times 45^3} = 32.9\ (\text{MPa}) < 55\ \text{MPa}$ 可知，轴的强度足够	$\sigma_e = 15.3\ \text{MPa} < 55\ \text{MPa}$ $\sigma_{eD} = 32.9\ \text{MPa} < 55\ \text{MPa}$
6. 绘制轴的工作图	绘制轴的工作图（略）	

轴工作时，若刚度不够会使轴产生较大的弹性变形，从而影响轴的正常工作。例如，齿轮轴变形后不仅会加大齿轮间的磨损、产生噪声，还会加大轴和轴承间的磨损、降低轴和轴承的寿命。因此，在设计重要的轴时，必须对轴的刚度进行校核。

另外，轴在回转时，由于轴和轴上旋转零件结构不对称、材料组织不均匀、加工有误差以及安装对中不好等原因，使得旋转件的重心与几何轴线间总有一微小的偏心距，而产生以离心力为表征的周期性干扰力，从而引起轴的弯曲振动（或称为横向振动）；当轴由于传递的功率有周期性变化而产生周期性的扭转变形时，会引起扭转振动；而当轴受到周期性的轴向力作用时，则会产生纵向振动。弯曲振动、扭转振动、纵向振动均为强迫振动。如果强迫振动的频率与轴的固有频率相同或接近，就会产生共振现象，振幅很大时会产生很大的动载荷和噪声，使轴或机器不能正常工作，甚至损坏。

轴发生共振时的转速称为临界转速 n_c，它是轴系结构本身所固有的。如果轴的转速提高，振动就会减弱而趋于平稳，尤其对于高速轴必须计算出临界转速 n_c，并使轴的工作转速 n 避开临界转速 n_c，以免发生共振。

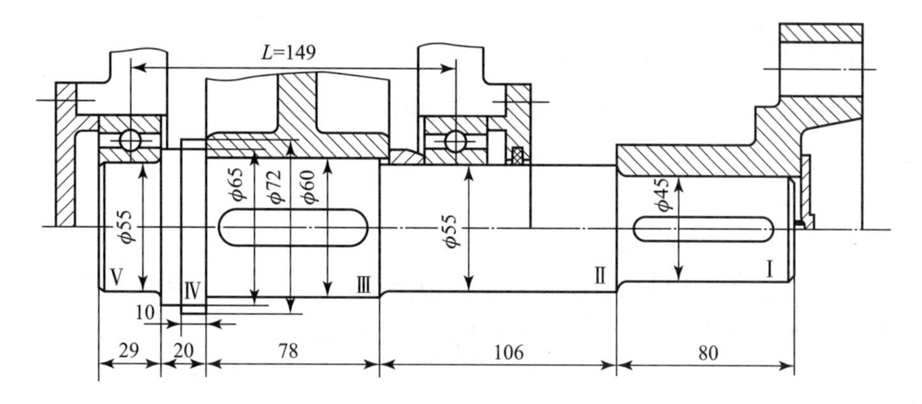

图 7－2－14　轴结构设计

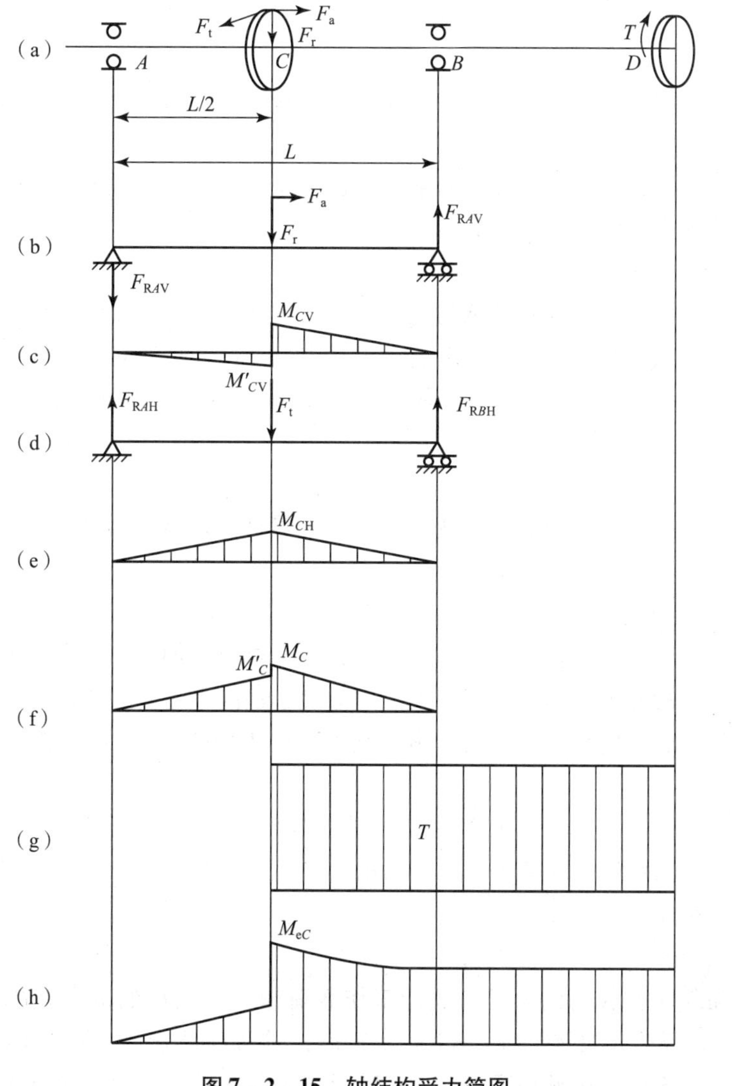

图 7－2－15　轴结构受力简图

7.2.2 滚动轴承设计及校核计算

7.2.2.1 滚动轴承的主要失效形式及计算准则

1. 滚动轴承的主要失效形式

1）点蚀

轴承工作时，滚动体和滚道上各点受到循环接触应力的作用，经一定循环次数（工作小时数）后，在滚动体或滚道表面将产生疲劳点蚀，从而产生噪声和振动，致使轴承失效。疲劳点蚀是在正常运转条件下轴承的一种主要失效形式。

2）塑性变形

轴承承受过大负荷或巨大冲击负荷时，在滚动体或滚道表面可能由于局部接触应力超过材料的屈服极限而发生塑性变形，形成凹坑而失效。这种失效形式主要出现在转速极低或摆动的轴承中。

3）磨损

润滑不良、杂物和灰尘的侵入都会引起轴承早期磨损，从而使轴承丧失旋转精度、噪声增大、温度升高，最终导致轴承失效。

此外，由于设计、安装、使用中的某些非正常原因，可能导致轴承的破裂、保持架损坏及回火、腐蚀等现象，使轴承失效。

2. 滚动轴承的计算准则

在确定轴承尺寸时，应针对轴承的主要失效形式进行必要的计算。对一般运转的轴承，主要失效形式是疲劳点蚀，应按基本额定动负荷进行寿命计算。对于不转、摆动或转速极低（≤10 r/min）的轴承，主要失效形式是塑性变形，故应按额定静负荷进行强度计算。

7.2.2.2 滚动轴承的寿命计算

1. 寿命

轴承工作时，滚动体或套圈出现疲劳点蚀前的累计总转数（或工作小时数），称为轴承的寿命。

2. 基本额定寿命

同型号的一批轴承，在相同的工作条件下，由于材质、加工、装配等因素不可避免地存在差异，因此其寿命并不相同且呈现很大的离散性，最高寿命和最低寿命可能差40倍之多。一批在相同条件下运转的同一型号的轴承，其可靠度为90%（即失效率为10%）时的寿命称为基本额定寿命。

换言之，一批同型号的轴承工作运转达到基本额定寿命时，已有10%的轴承先后出现疲劳点蚀，90%的轴承还能继续工作。寿命的单位若为转数，用L_{10}表示，单位为10^6转；若为工作小时数，则用L_h表示。

3. 基本额定动载荷

轴承的寿命与所受载荷的大小有关，工作载荷越大，轴承的寿命就越短。国家标准规定，基本额定寿命为一百万转（$L_{10}=10^6$转）时，轴承所能承受的载荷称为基本额定动载荷，单位为N。对于径向接触轴承，这一载荷是指纯径向载荷；对于角接触轴承和圆锥滚子轴承，是使轴承套圈之间只产生径向位移的载荷的径向分量，对于这些轴承，具体称为径向基本额定动载荷，用符号C_r表示；对于推力轴承，是指作用于轴承中心的纯轴向载荷，具体称为轴向基本额定动载荷，用符号 C_a 表示。

4\. 当量动载荷

轴承的实际受载荷情况与轴承寿命实验时的情况是不同的。所以，在计算轴承寿命时，须将轴承受到的实际载荷等效转化为与基本额定动载荷 C 相当的载荷，即当量动载荷，用 P 表示。

对于能同时承受径向力和轴向力的轴承

$$P = XF_r + YF_a \tag{7-2-5}$$

式中，X——径向载荷系数，其值可查表7-2-4；

Y——轴向载荷系数，其值可查表7-2-4；

F_r——轴承受到的径向载荷；

F_a——轴承受到的轴向载荷。

对于只能承受径向力的向心轴承

$$P = F_r \tag{7-2-6}$$

对于只能承受轴向力的推力轴承

$$P = F_a \tag{7-2-7}$$

表7-2-4 径向载荷系数 X 和轴向载荷系数 Y

轴承类型		相对轴向载荷 F_a/C_{0r}	$F_a/F_r \le e$		$F_a/F_r > e$		判断系数 e
名称	代号		X	Y	X	Y	
双列角接触球轴承		—	1	0.78	0.63	1.24	0.8
调心滚子轴承		—	1	(Y_1)	0.67	(Y_2)	(e)
调心球轴承		—	1	(Y_1)	0.65	(Y_2)	(e)
推力调心滚子轴承		—	1	1.2	1	1.2	—
圆锥滚子轴承		—	1	0	0.4	(Y)	(e)
双列圆锥滚子轴承		—	1	(Y_1)	0.67	(Y_2)	(e)
深沟球轴承		0.025 0.040 0.070 0.130 0.250 0.500	1	0	0.56	2.0 1.8 1.6 1.4 1.2 1.0	0.22 0.24 0.27 0.31 0.37 0.44
角接触球轴承	70000C (36000) $\alpha = 15°$	0.015 0.029 0.058 0.087 0.120 0.170 0.290 0.440 0.580	1	0	0.44	1.47 1.40 1.30 1.23 1.19 1.12 1.02 1.00 1.00	0.38 0.40 0.43 0.46 0.47 0.50 0.55 0.56 0.56

续表

轴承类型		相对轴向载荷 F_a/C_{0r}	$F_a/F_r \leq e$		$F_a/F_r > e$		判断系数 e
名称	代号		X	Y	X	Y	
角接触球轴承	70000AC (46000) $\alpha=25°$	—	1	0	0.41	0.87	0.68
	70000B (66000) $\alpha=40°$	—	1	0	0.35	0.57	1.14

注：①C_{0r}是轴承径向基本额定静载荷；α 为接触角。
②表中括号内的系数 Y、Y_1、Y_2 和 e 的详值应查轴承手册，对不同型号的轴承有不同的值。
③深沟球轴承的 X、Y 值仅适用于 0 组游隙的轴承，对应其他游隙组的 X、Y 值可查轴承手册。
④对于深沟球轴承和角接触球轴承，应先根据算得的相对轴向载荷值查出对应的 e 值，然后得出相应的 X、Y 值。对于表中未列出的 F_a/C_{0r}可按线性插值法求出相应的 e、X、Y 值。
⑤两套相同的角接触球轴承可在同一支点上背对背、面对面或串联安装作为一个整体使用，这种轴承可由生产厂家选配并成套提供，其基本额定动载荷及 X、Y 系数可查轴承手册。

在当量动载荷的作用下，滚动轴承具有与实际载荷作用下相同的寿命。e 值是计算当量动载荷时判别是否计入轴向载荷的界限值。当 $F_a/F_r > e$ 时，表示轴向载荷影响较大，计算当量动载荷时必须考虑 F_a 的作用；当 $F_a/F_r \leq e$ 时，表示轴向载荷影响很小，计算当量动载荷时可忽略轴向载荷 F_a 的影响。

5. 寿命计算公式

根据大量试验和理论分析结果推导出轴承疲劳寿命计算公式如下：

$$L_h = \frac{L_{10}}{60n} = \frac{10^6}{60n}\left(\frac{f_t C}{P}\right)^{\varepsilon} = \frac{16\ 667}{n}\left(\frac{f_t C}{f_p P}\right)^{\varepsilon} \tag{7-2-8}$$

式中，P——当量动载荷，N；

n——轴承的工作转速，r/min；

f_t——温度系数，其值可查表 7－2－5；

f_p——载荷系数，其值可查表 7－2－6；

C——基本额定动载荷，N。

表 7－2－5 温度系数

轴承工作温度/℃	100	125	150	200	250	300
温度系数 f_t	1.00	0.95	0.90	0.80	0.70	0.60

表 7－2－6 载荷系数

载荷性质	f_p	举例
无冲击或轻微冲击	1.0～1.2	电机、汽轮机、通风机、水泵
中等冲击	1.2～1.8	车辆、机床、起重机、冶金设备、内燃机
强大冲击	1.8～3.0	破碎机、轧钢机、石油钻机、振动筛

若当量动载荷 P 与转速 n 均已知，预期寿命 L_h'已选定，则可根据式（7－2－9）选择轴承型号。

$$C_C = \frac{f_p P}{f_t}\sqrt[\varepsilon]{\frac{nL_h'}{16\ 667}} \leqslant C \tag{7-2-9}$$

式中，C_C——计算额定动载荷，N；

L_h'——推荐的轴承预期寿命，见表7－2－7。

表7－2－7　轴承预期寿命荐用值

使用条件	使用寿命 L_h'/h
不经常使用的仪器和设备	300～3 000
短期或间断使用的机械，中断使用不致引起严重后果，如手动机械、农业机械、装配吊车、回柱绞车等	3 000～8 000
间断使用的机械，中断使用将引起严重后果，如发电站辅助设备、流水线传动装置、升降机、胶带输送机等	8 000～12 000
每天工作8小时的机械（利用率不高），如电动机、一般齿轮装置、破碎机、起重机等	10 000～25 000
每天工作8小时的机械（利用率较高），如机床、工程机械、印刷机械、木材加工机械等	20 000～30 000
24小时连续运转的机械，如压缩机、泵、电动机、轧机齿轮装置、矿井提升机等	40 000～50 000
24小时连续工作的机械，中断使用将引起严重后果，如造纸机械、电站主要设备、矿用水泵、通风机等	约100 000

7.2.2.3　向心角接触轴承的轴向载荷计算

1. 向心角接触轴承的内部轴向力

向心角接触轴承和圆锥滚子轴承在受到径向载荷作用时，将产生使轴承内、外圈分离的附加的内部轴向力 F_s（见图7－2－16），其值按表7－2－8所列的公式计算，其方向由轴承外圈宽边所在端面（背面）指向外圈窄边所在端面（前面）。

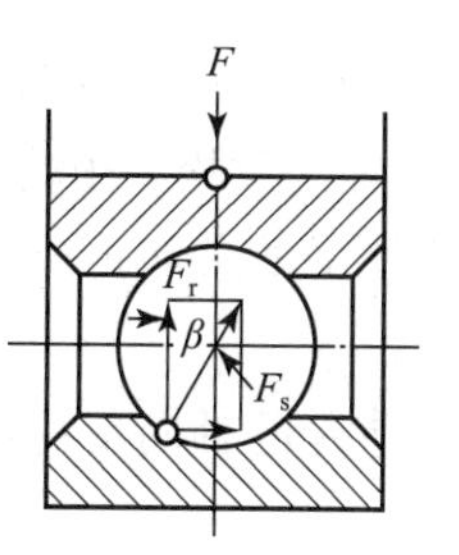

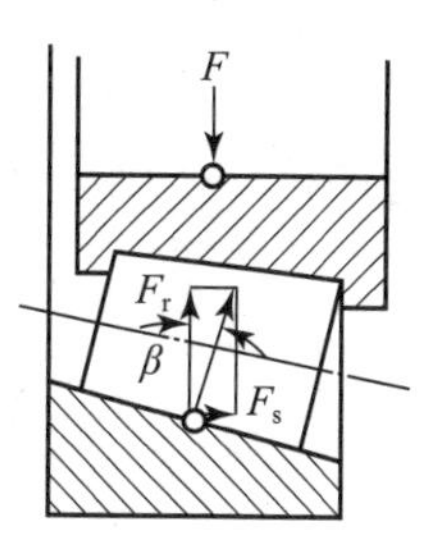

图7－2－16　轴承内部轴向力

表7－2－8　向心角接触轴承的实际轴向载荷

圆锥滚子轴承	角接触球轴承		
3000型	70000C型	70000AC型	70000B型
	$\alpha=15°$	$\alpha=25°$	$\alpha=40°$
$F_s=F_r/2Y$	$F_s=eF_r$	$F_s=0.63F_r$	$F_s=1.14F_r$
注：e 为判别系数，初算时约等于0.4。			

角接触球轴承和圆锥滚子轴承承受径向载荷后会产生派生轴向力，为使派生轴向力得到平衡，这两类轴承均须成对使用。成对布置的方式有两种：前面对前面的安装称为正装，如图 7－2－17（a）所示，这种安装方式使两支反力作用点 O_1、O_2 相互远离，支承跨距加大；背面对背面的安装称为反装，如图 7－2－17（b）所示，这种安装方式两支反力作用点 O_1、O_2 相互靠近，支承跨距缩短。支反力作用点 O_1、O_2 距其轴承端面的距离 a 可从标准中查得。

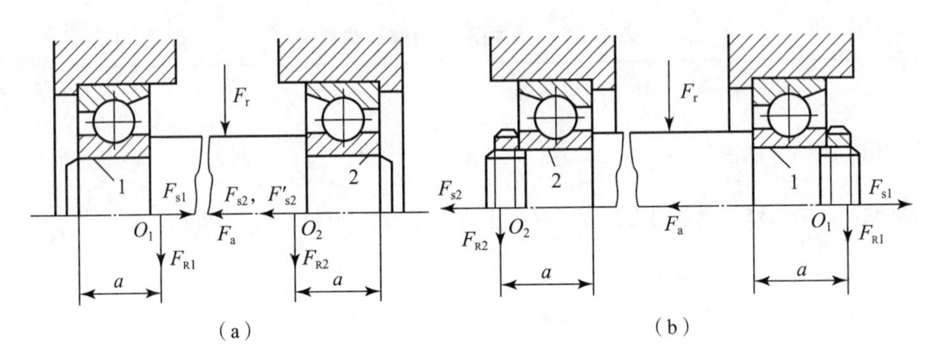

图 7－2－17　轴承的成对安装

（a）正装；（b）反装

2. 向心角接触轴承的实际轴向载荷

由于向心角接触轴承产生的内部轴向力，故在计算其当量动载荷时，轴向载荷并不等于轴向外力，而是应根据整个轴上所有轴向受力（轴向外力 F_a、内部轴向力 F_{s1} 和 F_{s2}，）之间的平衡关系来确定两个轴承最终受到的轴向载荷 F_{a1} 和 F_{a2}。下面以正装情况为例进行分析，如图 7－2－18 所示。

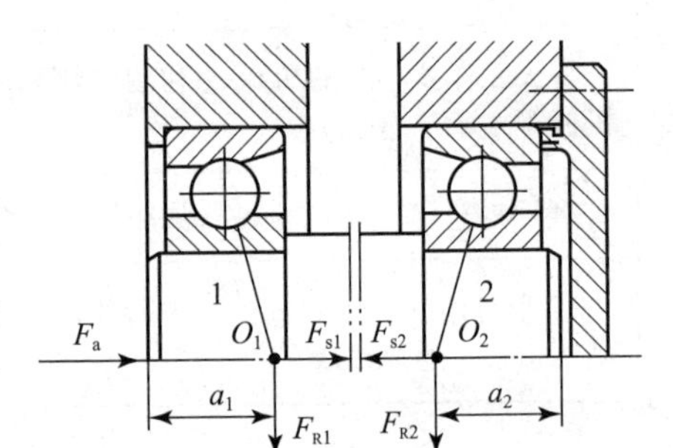

图 7－2－18　角接触轴承的实际轴向载荷的计算

（1）当 $F_{s1}+F_a>F_{s2}$ 时，轴有向右移动的趋势，使右端轴承压紧，左端轴承放松，由力的平衡条件可知：

“压紧”端轴承所受的轴向负荷：

$$F_{a2}=F_{s1}+F_a$$

“放松”端轴承所受的轴向负荷：

$$F_{a1}=F_{s1}$$

（2）当 $F_{s1}+F_a<F_{s2}$ 时，轴有向左移动的趋势，使左端轴承压紧，右端轴承放松，由力的平衡条件可知：

“压紧”端轴承所受的轴向负荷：

$$F_{a1}=F_{s2}-F_a$$

“放松”端轴承所受的轴向负荷：

$$F_{a2}=F_{s2}$$

由此，可总结出计算向心角接触轴承轴向负荷 F_a 的步骤如下：

（1）先计算出两支点内部轴向力 F_{s1}、F_{s2} 的大小，并绘出其方向；

（2）将外加轴向载荷 $\boldsymbol{F}_a$ 及与之同向的内部轴向力之和与另一内部轴向力进行比较，以判定轴承的“压紧”端与“放松”端；

（3）“放松”端轴承的轴向载荷等于它本身的内部轴向力；

（4）“压紧”端轴承的轴向载荷等于除了它本身的内部轴向力以外的所有轴上轴向力的代数和。

7.2.2.4 滚动轴承的静强度计算

对于转速很低（$n \leqslant 10$ r/min）、基本不转或摆动的轴承，其主要失效形式是塑性变形，因此，设计时必须进行静强度计算。对于虽然转速较高但承受重载或冲击负荷的轴承，除必须进行寿命计算外，还应进行静强度计算。

1. 基本额定静载荷

GB/T 4662—2012 规定，使受载荷最大的滚动体与滚道接触中心处引起的接触应力达到一定值（对调心轴承为4 600 MPa，所有其他球轴承为4 200 MPa，所有滚子轴承为4 000 MPa）的载荷，作为轴承静强度的界限，称为基本额定静负荷，用 C_0 表示（向心轴承指径向额定静载荷 C_{0r}，推力轴承指轴向额定静载荷 C_{0a}），其值可查阅轴承样本。

2. 当量静载荷

当轴承上同时作用有径向载荷 F_r 和轴向载荷 F_a 时，应折合成一个当量静载荷 P_0，即

$$P_0 = X_0F_r + Y_0F_a \tag{7-2-10}$$

式中，X_0——径向载荷系数，其值可查表7-2-9；

若计算出的 $P_0 < F_r$，则应取 $P_0 = F_r$；对只承受径向载荷的轴承，$P_0 = F_r$；对只承受轴向负荷的轴承，$P_0 = F_a$。

表7-2-9 径向载荷系数 X_0 和轴向载荷系数 Y_0

轴承类型		单列轴承		双列轴承	
		X_0	Y_0	X_0	Y_0
深沟球轴承		0.6	0.5	0.6	0.5
角接触球轴承	70000C	0.5	0.46	1	0.92
	70000AC	0.5	0.38	1	0.76
	70000B	0.5	0.26	1	0.52
圆锥滚子轴承		0.5	$0.22\cot\alpha$	1	$0.44\cot\alpha$

3. 静强度计算

静强度计算公式为

$$C_0 \geqslant S_0P_0$$

式中，S_0——静强度安全系数，对于静止轴承，可查表7-2-10；对于旋转轴承，可查表7-2-11；若轴承转速较低，对运转精度和摩擦力矩要求不高时，允许有较大接触应力，可取 $S_0 < 1$；对于推力调心轴承，不论是否旋转，均应取 $S_0 \geqslant 4$。

表7-2-10 轴承静载荷安全系数 S_0（静止或摆动轴承）

轴承的使用场合	S_0
水坝闸门装置，大型起重吊钩（附加载荷小）	≥1
吊桥，小型起重吊钩（附加载荷大）	≥1.5~1.6

表 7-2-11　轴承静载荷安全系数 S_0（旋转轴承）

使用要求或载荷性质	S_0	
	球轴承	滚子轴承
对旋转精度及平衡性要求高，或承受冲击载荷	1.5~2.0	2.5~4.0
正常使用	0.5~2.0	1.0~3.5
对旋转精度及平稳性要求较低，没有冲击和振动	0.5~2.0	1.0~3.0

7.2.2.5　滚动轴承的组合设计

为了保证轴承的正常工作，除了合理地选择轴承类型、尺寸外，还应正确地解决轴承的固定、装拆、配合和密封等问题，同时处理好轴承与相邻零件之间的关系，以上统称为轴承的组合应用。

1. 滚动轴承的支承结构形式

（1）两端单向固定。这种支承方式适用于支承跨距不大（$L \leqslant 350$ mm）和工作温度较低（$t \leqslant 70$℃）的轴。

如图 7-2-19 所示，每个轴承都靠轴肩和轴承盖作单向固定，两个轴承合起来限制了轴的轴向移动。考虑到轴工作时有少量热膨胀，在一端轴承的外圈端面与轴承盖之间留有 $c=0.25 \sim 0.40$ mm 的间隙，间隙大小通过调整垫片组的厚度来实现。这种支承结构简单，便于安装，适用于温差不大、跨距较小的场合。

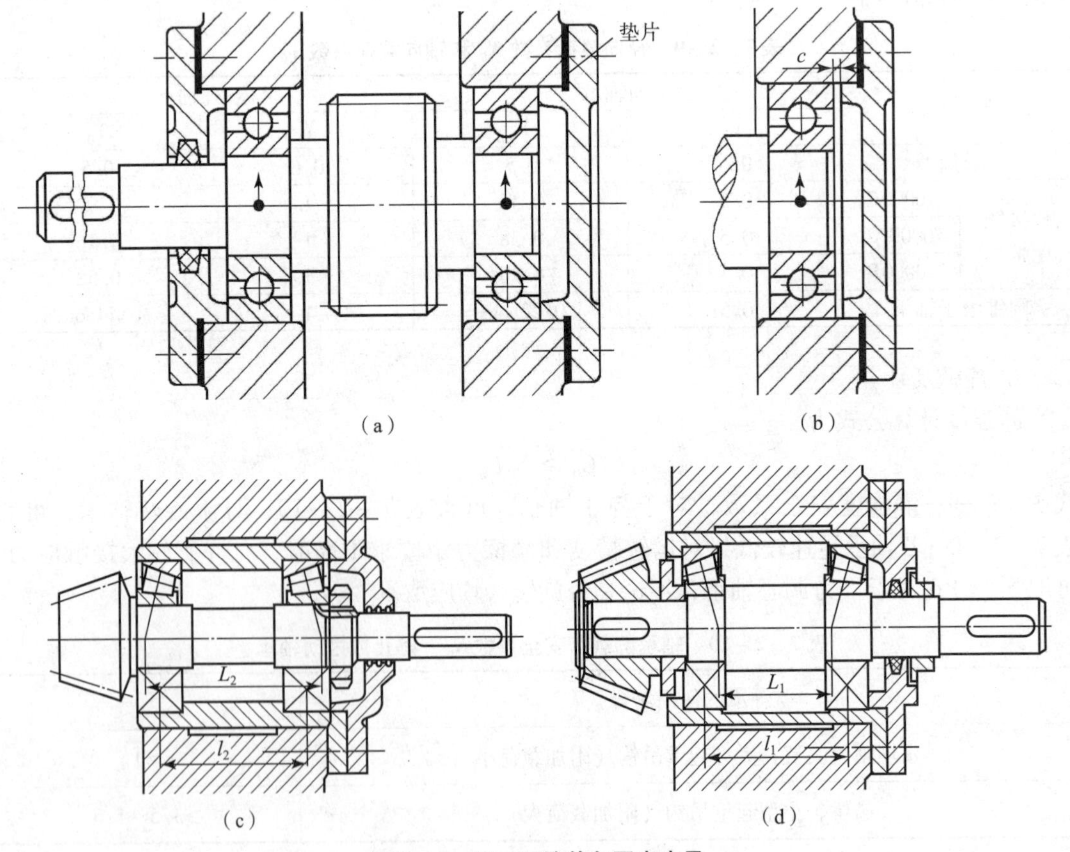

图 7-2-19　两端单向固定支承

（2）一端固定，一端游动。这种支承方式适用于支承跨距较大（$L>350$ mm）或工作温度较高（$t>70$℃）的轴。

如图7－2－20所示，一端轴承的内、外圈双向固定（见图7－2－20（a）左端和图7－2－20（b）右端），限制了轴的双向移动，另一端外圈两侧均不固定（游动）。游动支承与轴承盖之间应留有足够大的间隙，一般 $c=3\sim8$ mm。对于角接触轴承和圆锥滚子轴承，不可能留有很大的内部间隙，此时应将两个角接触轴承装在一端作双向固定，另一端采用深沟球轴承或圆柱滚子轴承作滚动支承。这种结构比较复杂，但工作稳定性好，适用于轴较长或温度变化较大的场合。

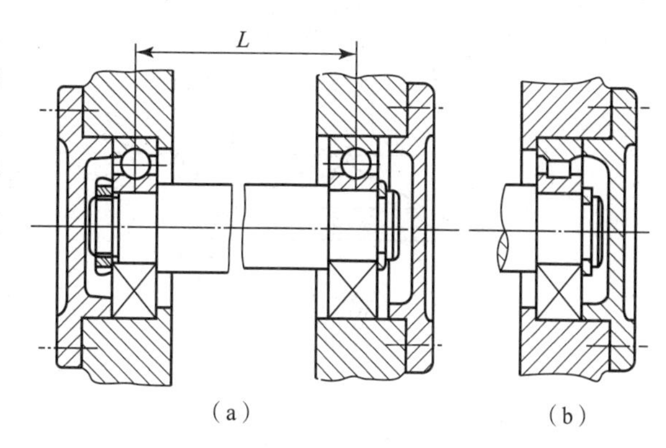

图7－2－20　一端固定，一端游动

2. 滚动轴承组合结构的调整

1）轴承间隙的调整

（1）调整垫片。靠加减轴承端盖与箱体间垫片的厚度进行调整，如图7－2－21（a）所示。

（2）调整螺钉。利用调整螺钉移动压盖进行调整，如图7－2－21（b）所示。

（3）调整端盖。利用调整端盖与座孔内的螺纹连接进行调整，如图7－2－21（c）所示。

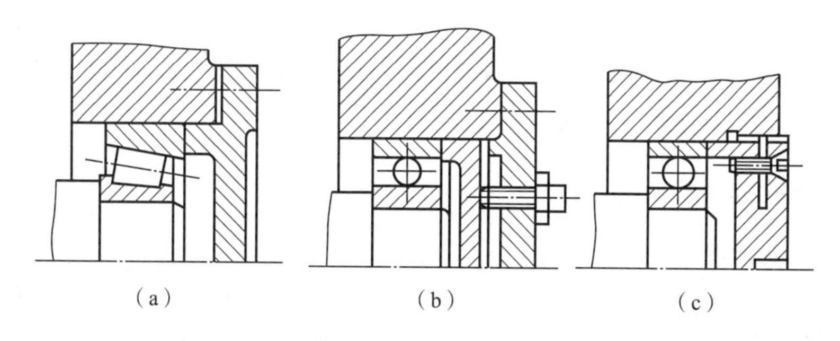

图7－2－21　轴承间隙的调整

2）轴的轴向位置的调整

为了保证机器能正常工作，装配时轴上零件必须有准确的位置。如图7－2－22（a）所示的主、从动锥齿轮轴承组合应能按图所示方向调整位置，使两轮分度圆锥顶点重合，才能正确啮合。蜗杆蜗轮传动的轴承组合应按图7－2－22（b）所示方向调整位置。

7.2.2.6　滚动轴承设计计算实例

例7－2－2　某机械传动轴两端采用深沟球轴承，已知：轴的直径为 $d=65$ mm，转速 $n=1\ 250$ r/min，轴承所承受的径向载荷 $F_r=5\ 400$ N，轴向载荷 $F_a=2\ 381$ N，在常温下工作，轻微冲击，轴承预期寿命为12 000 h。试确定轴承型号。

解　（1）初选轴承型号并确定 C_r、C_{0r} 值。

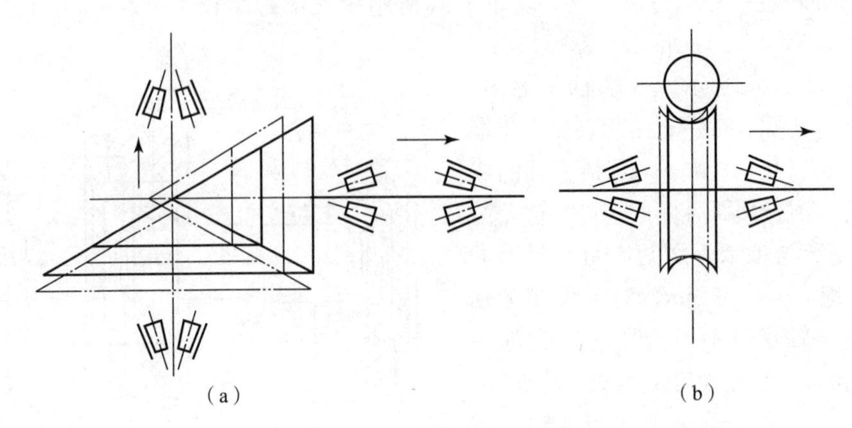

图 7-2-22 轴上零件轴向位置的调补

初选轴承型号 6313，由附表 3.1 可查得，$C_r=93.8$ kN，$C_{0r}=60.5$ kN。

（2）计算当量动载荷 P 。

由 $\dfrac{F_a}{C_{0r}}=\dfrac{2\ 381}{60\ 500}=0.039$ ，查表 7-2-4，按线性插值法可得：$e=0.237$。

$\dfrac{F_a}{F_r}=\dfrac{2\ 381}{5\ 400}=0.441>e$ ，查表 7-2-4，按线性插值法可得：$X=0.56$，$Y=1.88$。

所以

$$P=XF_r+YF_a=0.56\times 5\ 400+1.88\times 2\ 381=7\ 500\ (\text{N})$$

（3）校核轴承寿命。

由于在常温下工作，故 $f_t=1$，由表 7-2-6 可得 $f_p=1.2$，对于球轴承 $\varepsilon=3$，代入寿命计算公式

$$L_h=\frac{16\ 667}{n}\left(\frac{f_tC}{f_pP}\right)^{\varepsilon}=\frac{16\ 667}{1\ 250}\left(\frac{1\times 93\ 800}{1.2\times 7\ 500}\right)^3=\frac{16\ 667}{1\ 250}=15\ 095(\text{h})>12\ 000\ \text{h}$$

故 6313 轴承能满足寿命要求，所选轴承合适。

7.2.3 平键的选择及校核计算

7.2.3.1 平键的选择

1. 平键的类型选择

选择键的类型应考虑以下因素：对中性要求，传递转矩的大小，轮毂是否需要沿轴向滑移及滑移距离的大小，键在轴的中部或端部等。

2. 平键的尺寸选择

平键已标准化。平键的选用主要根据轴的直径，从标准中选定键的剖面尺寸 $b\times h$，键和键槽剖面尺寸及键槽公差可由表 7-2-12 查得。键宽 b 的公差只有 h9 一种。键的非配合尺寸的公差，键高 h 按 h11 取值；键长 L 按 h14 取值；轴槽长度公差用 h14。轮毂槽为通槽，轮毂的长度一般为（1.5~2.0）d，d 为轴的直径。键的长度 L 应略小于（或等于）轮毂的长度，并符合标准系列（查阅有关国家标准）。

表 7－2－12 平键的键和键槽剖面尺寸及键槽公差

mm

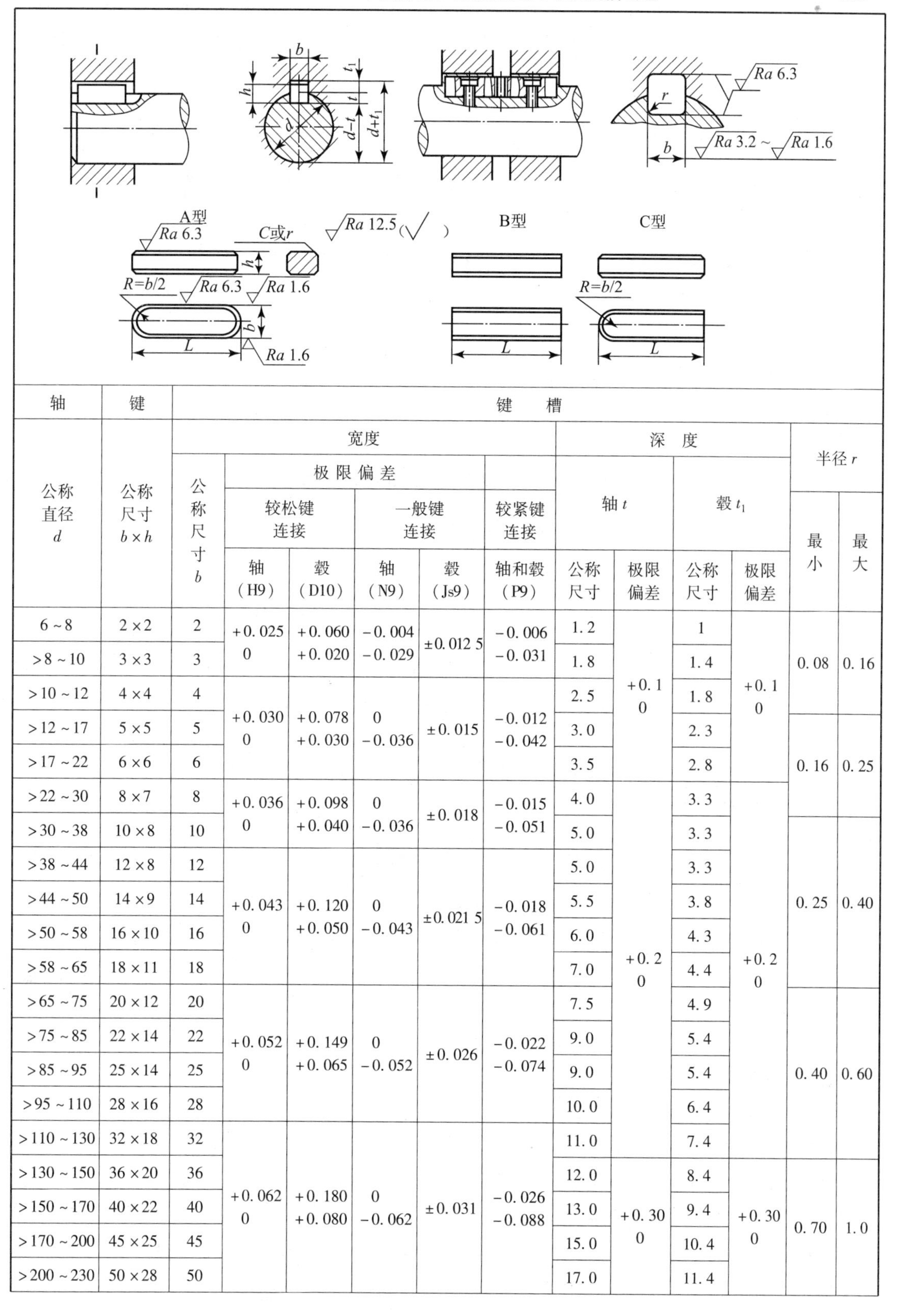

轴	键	键槽											
公称直径 d	公称尺寸 $b \times h$	宽度						深度				半径 r	
		公称尺寸 b	极限偏差					轴 t		毂 t_1			
			较松键连接		一般键连接		较紧键连接						
			轴（H9）	毂（D10）	轴（N9）	毂（Js9）	轴和毂（P9）	公称尺寸	极限偏差	公称尺寸	极限偏差	最小	最大
6～8	2×2	2	+0.025 0	+0.060 +0.020	−0.004 −0.029	±0.012 5	−0.006 −0.031	1.2	+0.1 0	1	+0.1 0	0.08	0.16
>8～10	3×3	3						1.8		1.4			
>10～12	4×4	4	+0.030 0	+0.078 +0.030	0 −0.036	±0.015	−0.012 −0.042	2.5		1.8			
>12～17	5×5	5						3.0		2.3		0.16	0.25
>17～22	6×6	6						3.5		2.8			
>22～30	8×7	8	+0.036 0	+0.098 +0.040	0 −0.036	±0.018	−0.015 −0.051	4.0	+0.2 0	3.3	+0.2 0	0.25	0.40
>30～38	10×8	10						5.0		3.3			
>38～44	12×8	12	+0.043 0	+0.120 +0.050	0 −0.043	±0.021 5	−0.018 −0.061	5.0		3.3			
>44～50	14×9	14						5.5		3.8			
>50～58	16×10	16						6.0		4.3			
>58～65	18×11	18						7.0		4.4			
>65～75	20×12	20	+0.052 0	+0.149 +0.065	0 −0.052	±0.026	−0.022 −0.074	7.5		4.9		0.40	0.60
>75～85	22×14	22						9.0		5.4			
>85～95	25×14	25						9.0		5.4			
>95～110	28×16	28						10.0		6.4			
>110～130	32×18	32	+0.062 0	+0.180 +0.080	0 −0.062	±0.031	−0.026 −0.088	11.0		7.4			
>130～150	36×20	36						12.0	+0.30 0	8.4	+0.30 0	0.70	1.0
>150～170	40×22	40						13.0		9.4			
>170～200	45×25	45						15.0		10.4			
>200～230	50×28	50						17.0		11.4			

续表

公称直径 d	公称尺寸 $b\times h$	宽度						深度				半径 r	
		公称尺寸 b	极限偏差					轴 t		毂 t_1			
			较松键连接		一般键连接		较紧键连接						
			轴（H9）	毂（D10）	轴（N9）	毂（Js9）	轴和毂（P9）	公称尺寸	极限偏差	公称尺寸	极限偏差	最小	最大
>230～260	56×32	56	+0.074 0	+0.220 +0.100	0 -0.074	±0.037	-0.032 -0.106	20.0	+0.30 0	12.4	+0.30 0	1.2	1.6
>260～290	63×32	63						20.0		12.4			
>290～330	70×36	70						22.0		14.4			
>330～380	80×40	80						25.0		15.4		2.0	2.5
>380～440	90×45	90	+0.087 0	+0.260 +0.120	0 -0.087	±0.043 5	-0.037 -0.124	28.0		17.4			
>440～500	100×50	100						31.0		19.5			
键的长度系列	6，8，10，12，14，16，18，20，22，25，28，32，36，40，45，50，56，63，70，80，90，100，110，125，140，160，180，200，220，250，280，320，360												

注：①（$d-t$）和（$d+t_1$）两组组合尺寸的极限偏差按相应的 t 和 t_1 的极限偏差选取，但（$d-t$）极限偏差值应取负号。

②在工作图中，轴槽深用 t 或（$d-t$）标注，轮毂槽深用（$d+t_1$）标注。

③键尺寸的极限偏差 b 为 h8，h 为 h11，L 为 h14。

④键材料的抗拉强度应不小于 590 MPa。

表面粗糙度对键连接的稳定性和使用寿命有很大的影响。键工作表面的表面粗糙度 Ra 值应小于 1.6 μm，与其相配合的轴槽和轮毂槽侧面的表面粗糙度 Ra 值为 3.2～1.6 μm，非工作表面（键的顶面、底面和键槽底面）的表面粗糙度 Ra 值为 6.3 μm。

轴槽及轮毂槽对轴及轮毂轴线的对称度公差根据不同的要求，按国标中对称度公差7～9级选取，以便于装配并保证连接的质量。

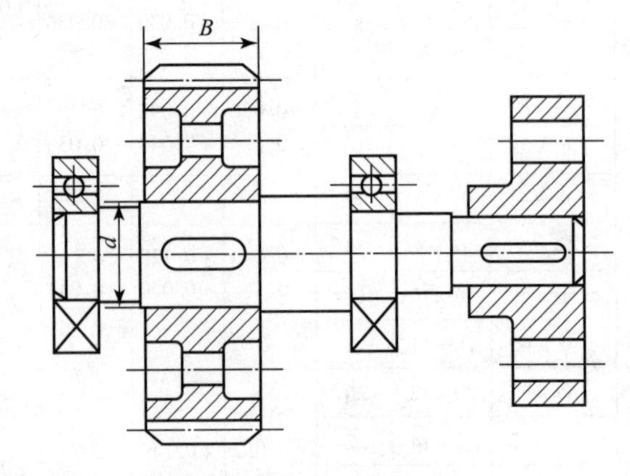

图 7－2－23　普通平键连接

图 7－2－23 所示为一减速器的输出轴与齿轮的普通平键连接，齿轮轮毂的长度 $B=110$ mm，输出轴在轮毂处的直径 $d=80$ mm。按 $d=80$ mm 由表 7－2－12 选择 $b\times h=22$ mm×14 mm 的 A 型普通平键，键长 L 选择 100 mm。则平键的尺寸及公差为：键宽 $b=22\text{h9}\left(^{\ 0}_{-0.052}\right)$，键高 $h=14\text{h11}\left(^{\ 0}_{-0.110}\right)$，键长 $L=100\text{h14}\left(^{\ 0}_{-0.870}\right)$。标记为

键 22×100 GB/T 1096—2003

7.2.3.2　平键的强度校核

平键连接工作时的受力情况分析如图 7－2－24 所示，键受到剪切和挤压的作用。实践证明，标准平键连接其主要失效形式是键、轴和轮毂中强度较弱的工作表面被压溃（对静连接）或磨损（对动连接），因此，通常校核挤压应力（对静连接）或挤压压强（对动连接）即可。

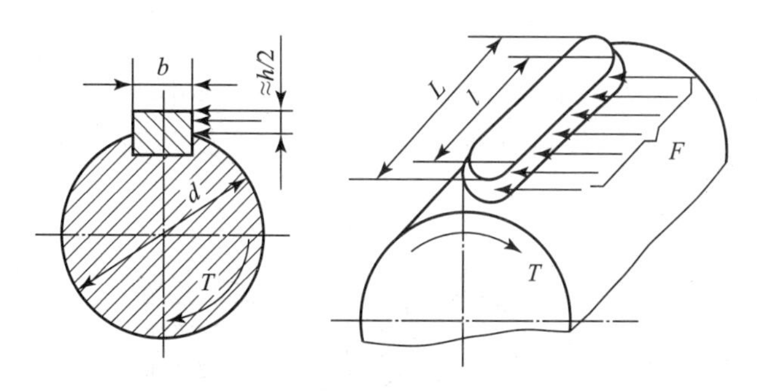

图 7-2-24　平键连接的受力分析

设载荷沿键长均匀分布，则挤压应力条件为

$$\sigma_p = \frac{4T}{dhl} \leqslant [\sigma_p] \qquad (7-2-11)$$

式中，T——传递的转矩，N·mm；

d——轴的直径，mm；

h——键的高度，mm；

l——轴向工作长度，mm，对 A 型键：$l=L-b$，对 B 型键：$l=L$，对 C 型键：$l=L-b/2$；

$[\sigma_p]$——较弱材料的许用挤压应力，MPa，其值查表 7-2-13，对动连接则以挤压压强 p 和许用挤压压强 $[p]$ 代替式中的 σ_p 和 $[\sigma_p]$。

表 7-2-13　键连接的许用应力　　MPa

许用应力	连接工作方式	键、毂或轴的材料	载荷性质		
			静载荷	轻微冲击	冲击
$[\sigma_p]$	静连接	钢	120~150	100~120	60~90
		铸铁	70~80	50~60	30~45
$[p]$	动连接	钢	50	40	30
注：如与键有相对滑动的被连接件表面经过淬火，则动连接的许用压应力 $[p]$ 可提高 2~3 倍。					

如校核结果为连接的强度不够，则可采取以下措施：

（1）适当增加轮毂和键的长度，但键长不宜超过 2.5d。

（2）用两个键按相隔 180°进行布置，考虑到载荷在两个键上分布的不均匀性，强度计算时，只按 1.5 个键计算。

7.2.4　齿轮与蜗轮蜗杆的结构设计

7.2.4.1　圆柱与圆锥齿轮结构设计

齿轮的结构分为轮缘、轮辐和轮毂三部分。在齿轮传动的强度计算中已经将轮缘部分的几何尺寸设计确定出来了，轮辐和轮毂也要确定出来。圆柱与圆锥齿轮常用的结构形式有以下四种。

1. 齿轮轴

对于直径较小的齿轮，若齿根圆直径与轴的直径相差很小或齿根圆到轮毂孔键槽底部的径向距离 $Y<2.5m_t$（m_t 为齿轮端面模数），应将齿轮和轴制成一体，称为齿轮轴，如图 7-2-25 所示。

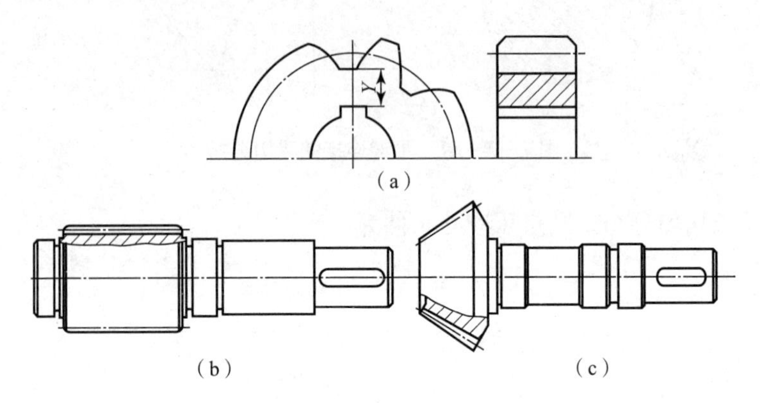

图 7-2-25　齿轮轴

（a）齿根圆与轮毂孔键槽底部的径向距离；（b）圆柱齿轮轴；（c）圆锥齿轮轴

2. 实心式齿轮

当齿顶圆直径 $d_a \leqslant 200$ mm，齿根圆直径到键槽底部的径向距离 $x>2.5m_t$ 时，则可做成实心结构的齿轮，如图 7-2-26 所示。

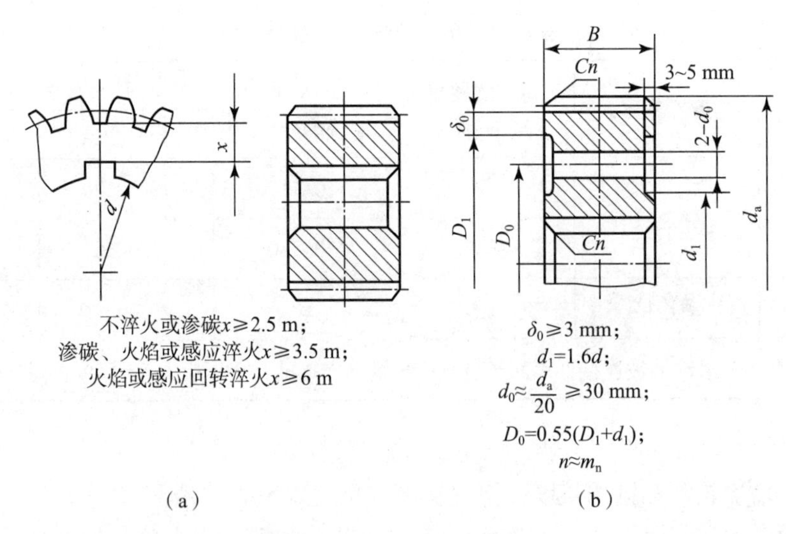

图 7-2-26　实心式齿轮

3. 腹板式齿轮

当齿顶圆直径 200 mm$\leqslant d_a \leqslant$500 mm 时，为了减轻重量和节约材料，应将齿轮设计为辐板式结构，如图 7-2-27 所示。

4. 轮辐式齿轮

当齿顶圆直径 $d_a>500$ mm 时，齿轮的毛坯制造因受锻压设备的限制，常用材料为铸铁

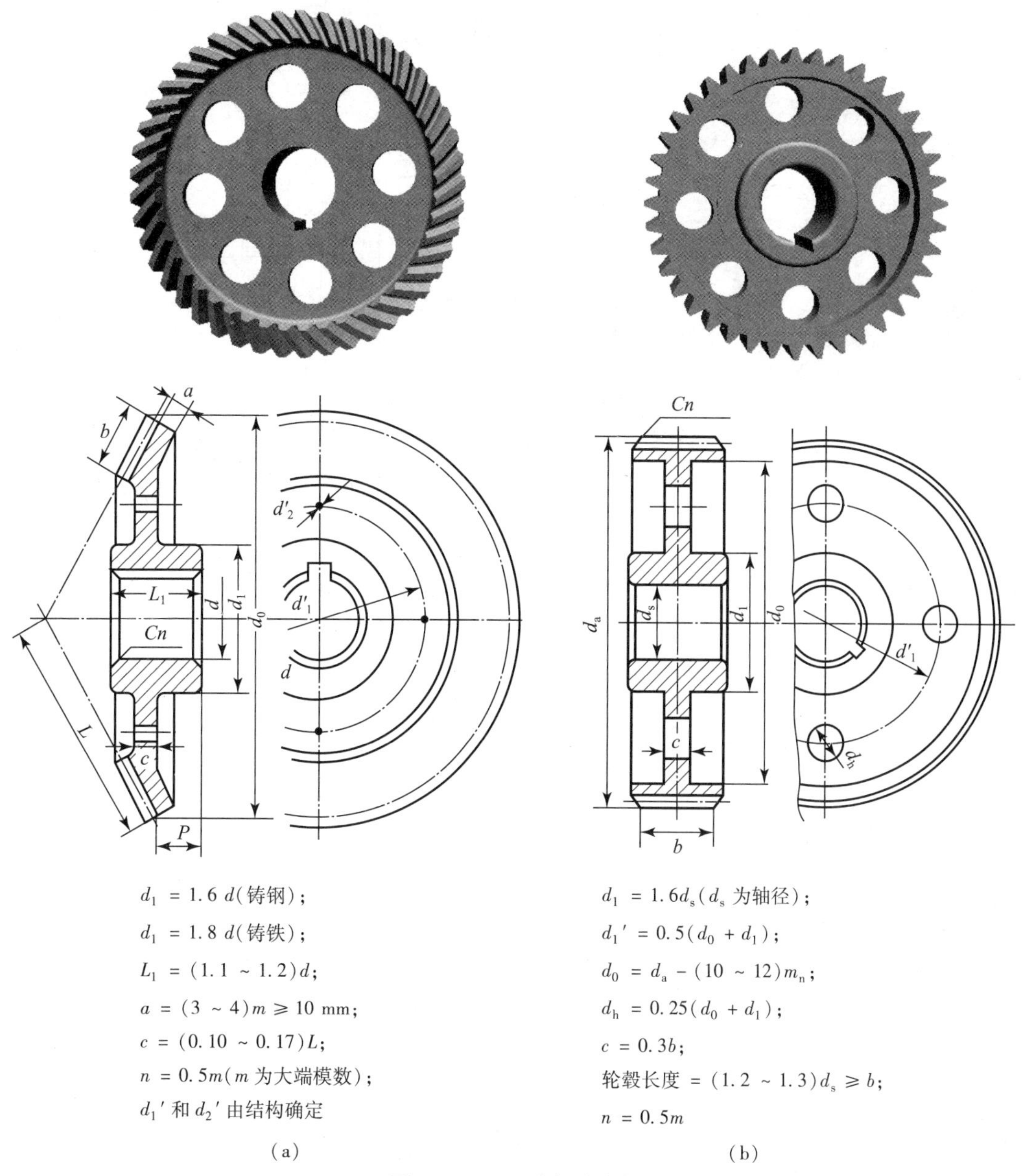

图 7-2-27　腹板式齿轮

(a) 圆锥齿轮；(b) 圆柱齿轮

或铸钢，所以齿轮常做成轮辐式结构，如图 7-2-28 所示。

对腹板式齿轮和轮辐式齿轮进行结构设计时，要在轴的结构设计过程中确定了齿轮孔直径 d_s 后进行。

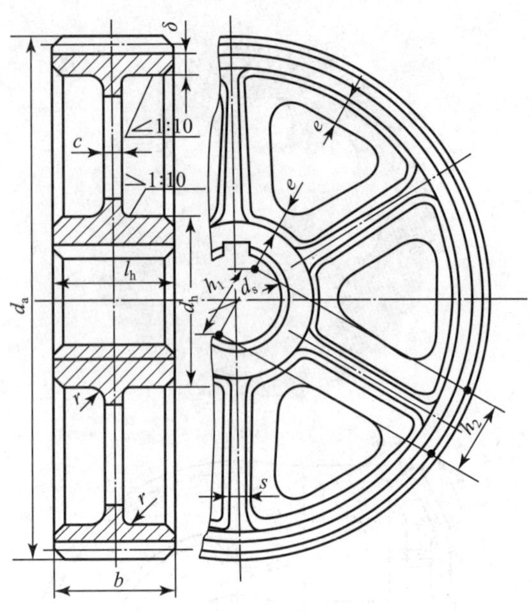

$d_h = 1.6d_s$；

$l_h = (1.2 \sim 1.5)d_s$，并使 $l_h \geqslant b$；

$c = 0.2b$，但不小于 10 mm；

$\delta = (2.5 \sim 4.0)m_n$，但不小于 8 mm；

$h_1 = 0.8d_s$，$h_2 = 0.8h_1$；

$s = 0.15h_1$，但不小于 10 mm；

$e = 0.8\delta$

图 7－2－28　轮辐式齿轮

7.2.4.2　蜗轮蜗杆结构设计

蜗杆螺旋部分的直径不大，所以常和轴做成一个整体，其结构形式见图 7－2－29，其中图 7－2－29（a）所示的结构无退刀槽，加工螺旋部分时只能用铣制的办法；图 7－2－29（b）所示的结构则有退刀槽，螺旋部分可以车制，也可以铣制，但这种结构的刚度比前一种差。当蜗杆螺旋部分的直径较大时，可以将蜗杆与轴分开制作。

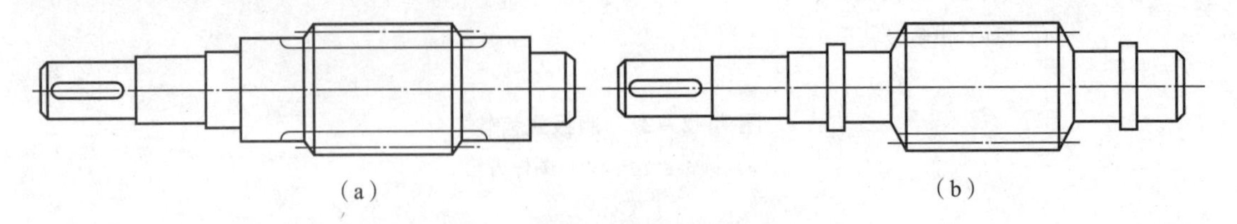

图 7－2－29　蜗杆结构形式

（a）无退刀槽的蜗杆；（b）有退刀槽的蜗杆

常用的蜗轮结构形式有以下几种：

（1）整体浇注式，如图 7－2－30（a）所示。它主要用于铸铁蜗轮或尺寸很小的青铜蜗轮。

（2）齿圈式，如图 7－2－30（b）所示。这种结构由青铜齿圈及铸铁轮芯组成。齿圈与轮芯多用 H7/r6 配合，并加装 4～6 个紧定螺钉（或用螺钉拧紧后将头部锯掉），以增强连接的可靠性。螺钉直径取 $(1.2 \sim 1.5)m$，m 为蜗轮的模数。螺钉拧入深度为 $(0.3 \sim 0.4)B$，B 为蜗轮宽度。

为了便于钻孔，应将螺孔中心线由配合缝向材料较硬的轮芯部分偏移 2 ~ 3 mm。这种结构多用于尺寸不太大或工作温度变化较小的地方，以免热胀冷缩影响配合的质量。

（3）螺栓连接式，如图 7－2－30（c）所示。这种结构可用普通螺栓连接，或用铰制孔用螺栓连接，螺栓的尺寸和数目可参考蜗轮的结构尺寸而定，然后做适当的校核。这种结构装拆比较方便，多用于尺寸较大或易磨损的蜗轮。

（4）拼铸式，如图 7－2－30（d）所示。这种结构是在铸铁轮芯上加铸青铜齿圈，然后切齿，只用于成批制造的蜗轮。

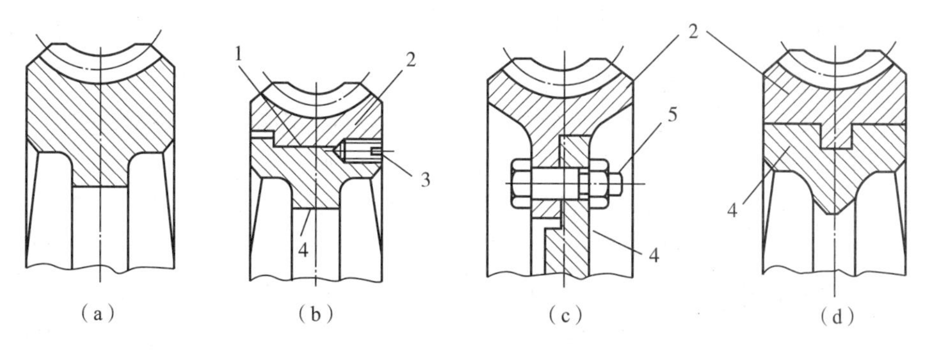

图 7－2－30　蜗轮结构

1—过盈面；2—轮缘；3—紧定螺钉；4—轮芯；5—螺栓

（a）整体浇注式；（b）齿圈式；（c）螺栓连接式；（d）拼铸式

子任务 3　减速器箱体和附件设计（第三阶段）

任务引入

图 7－3－1 所示为一减速器箱体结构，减速器的箱体在设计时应考虑哪些因素？减速器箱体的内部结构该如何设计？减速器的附件在设计时应该注意哪些方面？怎样才算合理？

图 7－3－1　减速器箱体

任务分析

减速器箱体分铸造箱体和焊接箱体两种。对于铸造箱体，其箱体的结构工艺性分为铸造工艺性以及机械加工工艺性。设计铸造箱体时，应该考虑铸造工艺要求，力求外形简单、壁厚均匀、过渡平缓，避免出现缩孔与疏松。设计铸件时，铸造表面相交处应设计圆角过渡以便液态金属的流动以及减小应力集中，还应注意设计拔模斜度，以便于拔模，相关数值可查阅相关标准。

在考虑铸造工艺的同时，应尽可能减少机械加工面积，以提高生产率和降低生产成本。同一轴心线上轴承孔的直径、精度和表面粗糙度应尽可能一致，以便一次镗出。这样既可以保证精度，又能缩短工时。箱体上各轴承座的端面应位于同一铅垂平面内，且箱体两侧轴承座端面应与箱体中心平面对称，以便于加工和检验。箱体上任何一处的加工表面与非加工表面应严格分开，不要使它们处于同一表面上，其凸出或者凹入应根据加工方法而定。

对于焊接箱体的结构工艺性，可查阅相关资料。

减速器箱体的内部结构应能容纳并能正确支承传动零件。

减速器附件的设计要注意尺寸、位置的合理性并查阅相关标准。

任务目标

1. 熟悉减速器箱体结构设计的工艺性要求；
2. 掌握减速器内部及相关附件设计的注意事项；
3. 学会查阅相关标准。

7.3.1 减速器箱体的外部结构设计

部分减速器箱体的尺寸（如轴承旁螺栓凸台高度 h、箱座的高度 H 及凸缘连接螺栓的布置等）常需要根据其结构与润滑要求确定，同时还要充分考虑箱体的结构工艺性。

（1）轴承旁螺栓凸台高度 h 的确定。如图 7－3－2 所示，为尽量增加剖分式箱体轴承座的刚度，轴承旁连接螺栓的位置在与轴承盖螺钉、轴承孔及输油沟不相干涉（距离为一个壁厚）的前提下，两螺栓的距离越近越好，通常取 $S \approx D_2$，其中 D_2 为轴承盖的外径。在尺寸最大的轴承旁的螺栓中心线确定以后，随着轴承旁螺栓凸台高度的增加，c_1 值也在增加，当其满足扳手空间的 c_1 值时，凸台的高度 h 就随之确定。扳手空间 c_1、c_2 值由螺栓直径确定。考虑到加工工艺性的要求，减速器轴承旁的凸台高度应尽可能一致。

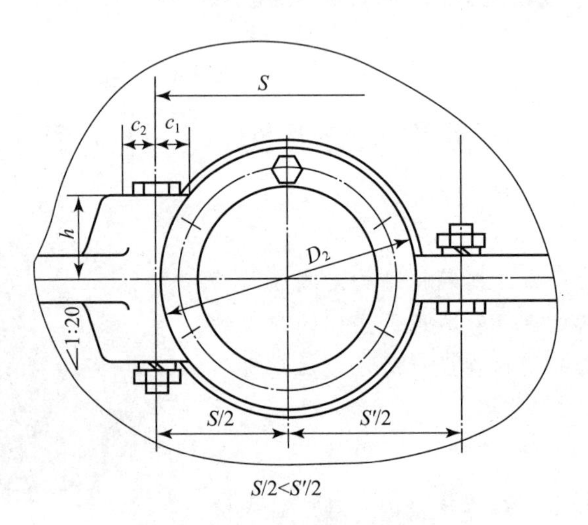

图 7－3－2 轴承旁螺栓凸台离度

（2）减速器箱盖外表面圆弧 R 的确定。

大齿轮所在侧箱盖的外表面圆弧半径等于齿顶圆半径加齿顶圆到箱体内壁的距离再加上箱盖壁厚，即 $R = (d_a/2) + \Delta_1 + \delta_1$。一般情况下，轴承旁凸台均在箱盖外表面圆弧之内，设计时按有关尺寸画出即可。小齿轮一侧的箱盖外表面圆弧半径不能用公式计算，需要根据结构作图确定，条件是使小齿轮轴承旁螺栓凸台位于外表面圆弧之内，即 $R' < R$。在主视图上小齿轮一侧箱盖结构确定以后，将有关部分投影到俯视图上，便可画出俯视图箱体内壁、外壁和凸缘等结构，如图 7－3－3 所示。

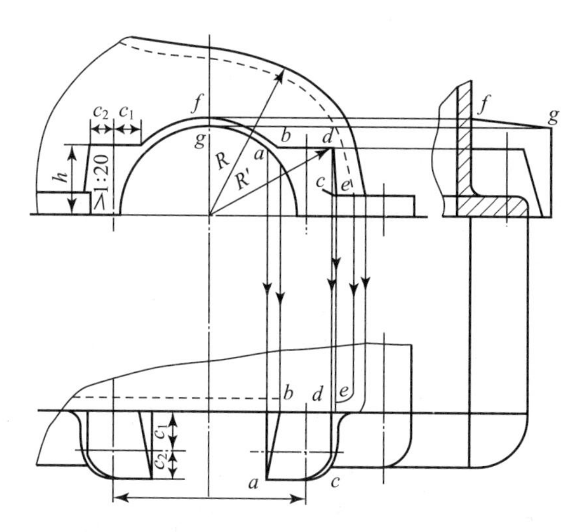

图7-3-3　小齿轮端箱盖圆弧 *R* 的确定

（3）凸缘连接螺栓的布置。为保证箱座与箱盖连接的紧密性，凸缘连接螺栓的间距不宜过大。由于中小减速器连接螺栓数目较少，间距一般不大于 150 mm；大型减速器可取 150～200 mm。在布置上尽量做到均匀对称，符合螺栓组连接的结构要求，注意不要与吊耳、吊钩及定位销等产生干涉。

（4）油面及箱座高度 *H* 的确定。箱座高度 *H* 通常先按结构需要确定。为避免齿轮回转时将油池底部沉积的污物搅起，大齿轮的齿顶圆离油池底面的距离应大于 30 mm，一般为 30～50 mm，如图 7-3-4 所示。

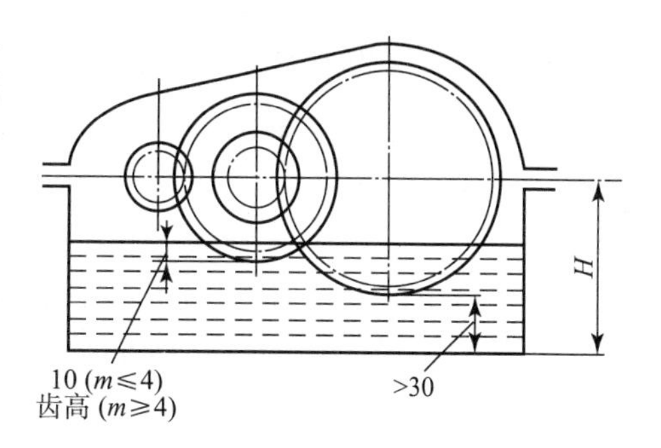

图7-3-4　减速器油面及油池深度

大齿轮在油池中的浸油深度为一个齿高，但不应小于 20 mm，这样确定出的油面可作为最低油面。考虑到在使用中油不断蒸发、损耗以及搅油损失等因素，还应确定最高油面，最高油面一般不大于传动件半径的 1/3，中小型减速器最高油面应比最低油面高出 5～10 mm，当旋转件外缘线速度大于 12 m/s 时，应考虑喷油润滑。

根据以上原则确定油面位置后，可以计算出实际装油量 V，V 应不小于传动的需油量 V_0。若 $V < V_0$，则应加大箱座的高度 H，以增大油池深度，直到 $V > V_0$。一般按每级每千瓦 0.35～0.70 dm^3 设计，其中小值用于低黏度油，大值用于高黏度油。

（5）箱座底面设计。箱座底面是安装面，需要进行切削加工。为减少加工面积，设计时可参考图 7-3-5 所示，其中图 7-3-5（b）和图 7-3-5（c）结构较合理。

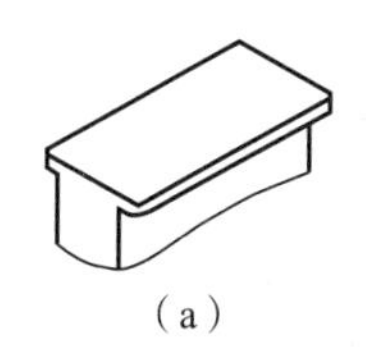
(a)

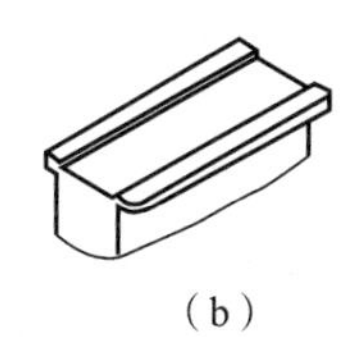
(b)

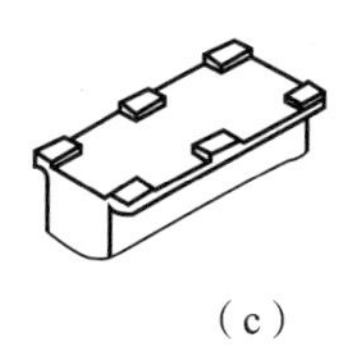
(c)

图7-3-5　箱座底面结构

7.3.2 减速器箱体的内部结构设计

减速器箱体的内部结构应能容纳并能正确支承传动零件。在设计时，要考虑润滑密封的问题。当轴承利用齿轮飞溅起来的润滑油进行润滑时，应在箱座的凸缘上开设输油沟，使溅起的油沿箱盖内壁经斜面流入输油沟，再经轴承盖上的导油槽流入轴承室润滑轴承。输油沟分为机械加工油沟（见图 7－3－6（b））和铸造油沟（见图 7－3－6（c））两种。机械加工油沟工艺性好、容易制造，应用较多，其宽度最好与刀具的尺寸相吻合，以保证在宽度方向上一次加工就可以达到要求的尺寸；铸造油沟由于工艺性不好，用得较少。当轴承采用脂润滑时，轴承孔中应预留挡油盘或者封油盘的位置。

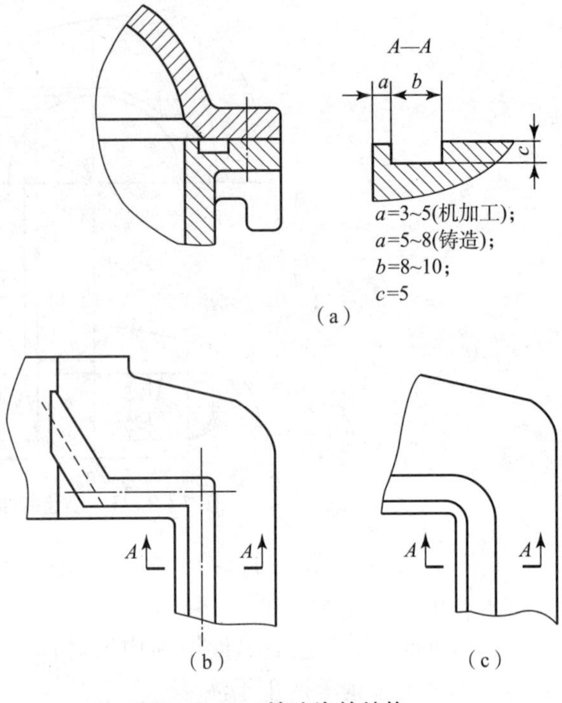

图 7－3－6 输油沟的结构

7.3.3 减速器的附件设计

1. 窥视孔盖和窥视孔

为了检查传动件的啮合、润滑、接触斑点、齿侧间隙及方便向箱内注油等，在箱盖顶部应设置便于观察传动件啮合区的位置并且有足够大的窥视孔。

窥视孔平时用盖板盖上并用螺钉予以固定。盖板与箱盖接合面间加装防渗漏的纸质封油垫片。盖板可用钢板、铸铁或有机玻璃制成。为避免油中杂质侵入箱内，可在孔口装一滤油网。

为减小机械加工面，窥视孔口部应制成凸台，如图 7－3－7 所示。图 7－3－7（a）所示为不正确的结构，即视孔盖与箱盖接触处未设计加工凸台，不便于加工箱盖上的孔。

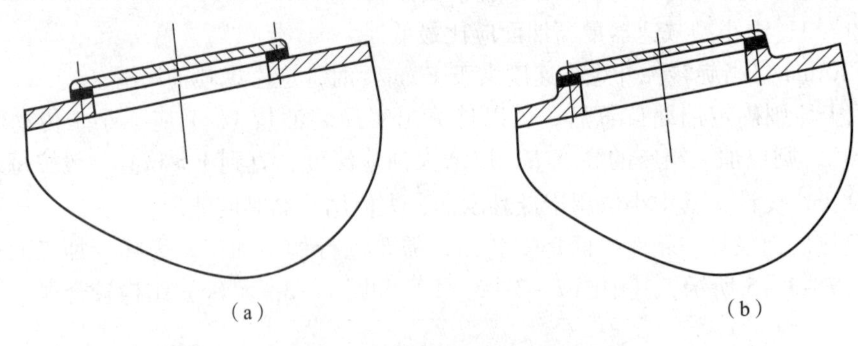

图 7－3－7 窥视孔凸台结构

（a）不正确；（b）正确

为能观察到传动零件的啮合和润滑情况，窥视孔的开设位置应合理。图 7－3－8（a）所示的窥视孔的位置偏上，不能观察到传动零件的啮合和润滑情况。

中小尺寸窥视孔盖的结构尺寸见表 7－3－1，也可以根据减速器结构自行设计。

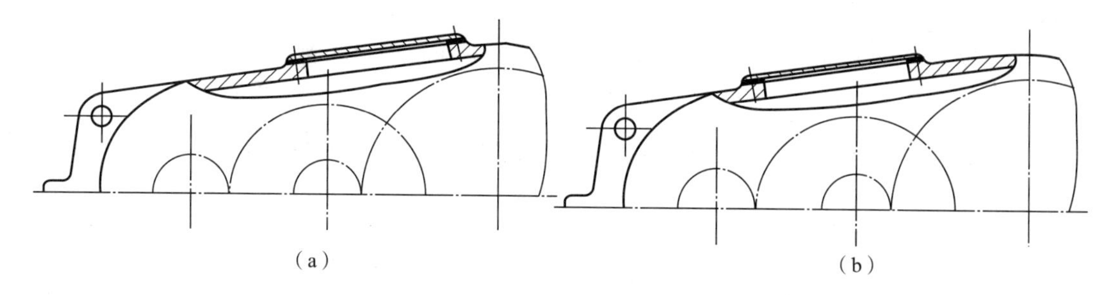

图7-3-8　窥视孔开设位置

(a) 不正确；(b) 正确

表7-3-1　窥视孔盖的结构尺寸

mm

减速器中心距 a、a_{Σ}		l_1	l_2	b_1	b_2	d 直径	d 孔数	盖厚 δ	R
单级	$a \leqslant 150$	90	75	70	55	7	4	4	5
	$a \leqslant 250$	120	105	90	75	7	4	4	5
	$a \leqslant 350$	180	165	140	125	7	8	4	5
	$a \leqslant 450$	200	180	180	160	11	8	4	10
	$a \leqslant 500$	220	200	200	180	11	8	4	10
双级	$a_{\Sigma} \leqslant 250$	140	125	120	205	7	8	4	5
	$a_{\Sigma} \leqslant 425$	180	165	140	125	7	8	4	5
	$a_{\Sigma} \leqslant 500$	220	190	160	130	11	8	4	15
	$a_{\Sigma} \leqslant 650$	270	240	180	150	11	8	6	15

2. 排油孔与油塞

为了换油及清洗箱体时将油污排出，在箱座底部设有排油孔，平时排油孔用油塞及封油垫封住。排油孔应设置在油池最低处，以便排净油污，并避免与其他机件相靠近，以便于排油。排油孔的箱壁上应制有凸台以便加工。

图7-3-9 (a) 所示的排油孔位置和结构较好；图7-3-9 (b) 所示为不正确的结构，因为排油孔太高，油污排不尽。

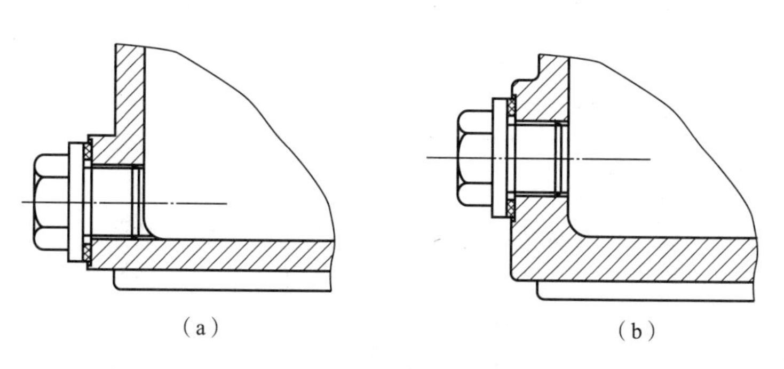

图7-3-9　排油孔位置

(a) 正确；(b) 不正确

排油孔油塞的直径为箱座壁厚的 2～3 倍，应采用细牙螺纹以保证其紧密性。近年来常用具有圆锥螺纹的油塞取代圆柱螺纹的油塞，这样就无须附加封油垫。

油塞和封油圈的结构尺寸见表 7－3－2。

表 7－3－2　六角头油塞、油圈　　mm

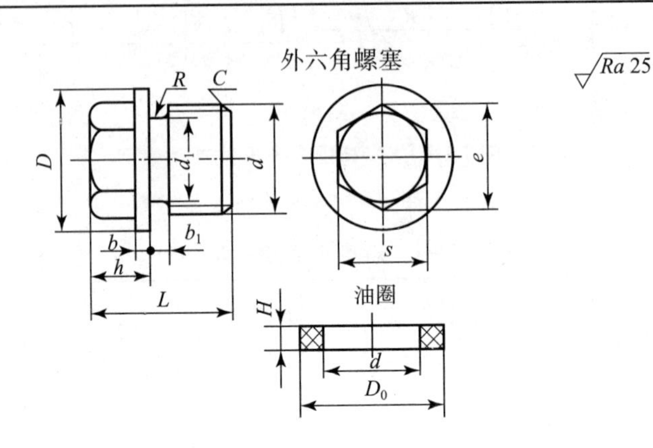

标记示例：
螺塞　M20×1.5　JB/ZQ 4450—2006；
油圈　30×20　QB/T 2200—1996（D_0＝30 mm，d＝20 mm 的软钢纸板油圈）；
油圈　30×20　GB/T 539—2008（D_0＝30 mm，d＝20 mm 的皮封油圈）。

<table>
<tr><th rowspan="2">d</th><th rowspan="2">d_1</th><th rowspan="2">D</th><th rowspan="2">e</th><th rowspan="2">s</th><th rowspan="2">L</th><th rowspan="2">h</th><th rowspan="2">b</th><th rowspan="2">b_1</th><th rowspan="2">R</th><th rowspan="2">n</th><th rowspan="2">D_0</th><th colspan="2">H</th></tr>
<tr><th>软钢纸圈</th><th>耐油石棉橡胶圈</th></tr>
<tr><td>M10×1</td><td>8.5</td><td>18</td><td>12.7</td><td>11</td><td>20</td><td>10</td><td rowspan="9">4</td><td rowspan="2">2</td><td rowspan="2">0.5</td><td>0.7</td><td>18</td><td rowspan="5">2</td><td rowspan="6">2.0</td></tr>
<tr><td>M12×1.25</td><td>10.2</td><td>22</td><td>15.0</td><td>13</td><td>24</td><td rowspan="2">12</td><td rowspan="4">1.0</td><td rowspan="2">22</td></tr>
<tr><td>M14×1.5</td><td>11.8</td><td>23</td><td>20.8</td><td>18</td><td>25</td><td rowspan="4">3</td><td rowspan="7">1</td></tr>
<tr><td>M18×1.5</td><td>15.8</td><td>28</td><td rowspan="2">24.2</td><td rowspan="2">21</td><td>27</td><td rowspan="3">15</td><td>25</td></tr>
<tr><td>M20×1.5</td><td>17.8</td><td>30</td><td rowspan="2">30</td><td>30</td></tr>
<tr><td>M22×1.5</td><td>19.8</td><td>32</td><td>27.7</td><td>24</td><td rowspan="4">1.5</td><td>32</td><td rowspan="4">3</td></tr>
<tr><td>M24×2</td><td>21.0</td><td>34</td><td>31.2</td><td>27</td><td>32</td><td>16</td><td rowspan="3">4</td><td>35</td><td rowspan="3">2.5</td></tr>
<tr><td>M27×2</td><td>24.0</td><td>38</td><td>34.6</td><td>30</td><td>35</td><td>17</td><td>40</td></tr>
<tr><td>M30×2</td><td>27.0</td><td>42</td><td>39.3</td><td>34</td><td>38</td><td>18</td><td>45</td></tr>
</table>

3. 通气器

为沟通箱内外的气流，使箱体内的气压不会因减速器运转时的温升而增大，从而造成减速器密封处渗漏，应在箱盖顶部或窥视孔盖板上安装通气器，可以使箱内的热胀气体自由地逸出。

通气器的结构应既能防止灰尘进入箱体又能保证足够的通气能力。通气孔不要直通顶部，较完善的通气器内部应做成各种曲路并装有金属网，以防止停机后灰尘吸入箱内。

表7-3-3中列出了几种通气器的结构和尺寸。通气器1的防尘和通气能力都较小，适用于发热少和环境清洁的小型减速器中；通气器2设有过滤金属网，可防止停机后灰尘吸入箱内，通气能力较好，但尺寸较大，结构复杂，适用于比较重要的减速器中。

表7-3-3　通气器

mm

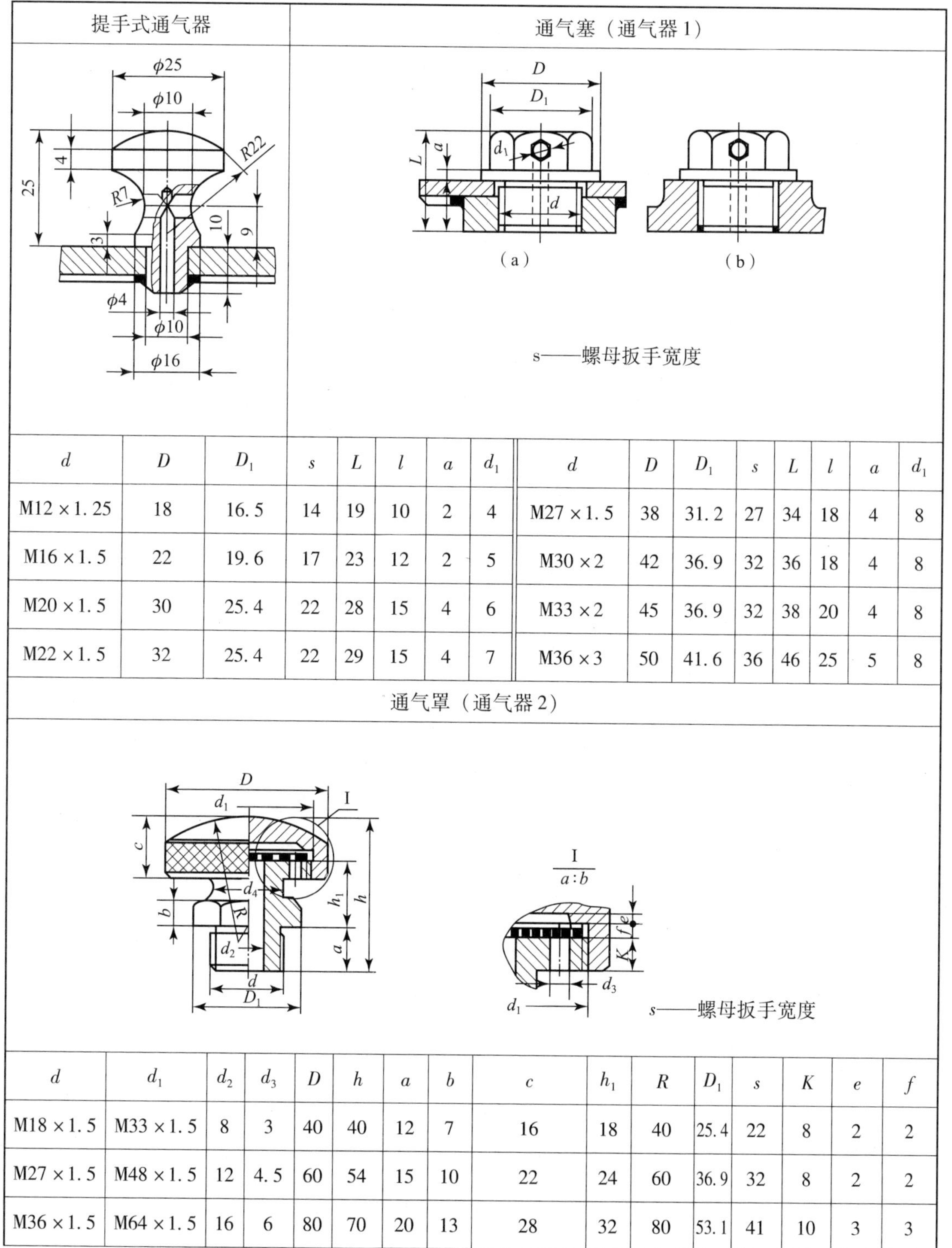

d	D	D_1	s	L	l	a	d_1	d	D	D_1	s	L	l	a	d_1
M12×1.25	18	16.5	14	19	10	2	4	M27×1.5	38	31.2	27	34	18	4	8
M16×1.5	22	19.6	17	23	12	2	5	M30×2	42	36.9	32	36	18	4	8
M20×1.5	30	25.4	22	28	15	4	6	M33×2	45	36.9	32	38	20	4	8
M22×1.5	32	25.4	22	29	15	4	7	M36×3	50	41.6	36	46	25	5	8

d	d_1	d_2	d_3	D	h	a	b	c	h_1	R	D_1	s	K	e	f
M18×1.5	M33×1.5	8	3	40	40	12	7	16	18	40	25.4	22	8	2	2
M27×1.5	M48×1.5	12	4.5	60	54	15	10	22	24	60	36.9	32	8	2	2
M36×1.5	M64×1.5	16	6	80	70	20	13	28	32	80	53.1	41	10	3	3

续表

通气帽																
d	D_1	B	h	H	D_2	H_1	a	δ	K	b	h_1	b_1	D_3	D_4	L	孔数
M27×1.5	15	≈30	15	≈45	36	32	6	4	10	8	22	6	32	18	32	6
M36×2	20	≈40	20	≈60	48	42	8	4	12	11	29	8	42	24	41	6
M48×3	30	≈45	25	≈70	62	52	10	5	15	13	32	10	56	36	55	8

4. 油标

为了检查减速器内的油面高度，应在箱体便于观察、油面较稳定的部位设置油标尺。

对于多级传动则需将油标尺安置在低速级传动件附近；长期连续工作的减速器，在油标尺的外面常装有油标尺套，可以减轻油的搅油干扰，以便能在不停车的情况下随时检查油面。油标尺结构简单，其结构尺寸和安装方式如表7-3-4所示。油标尺上刻有最高和最低油标线，观察时拔出油标尺，由上面的油痕判断油面高度是否适当。

表7-3-4　油标尺　　mm

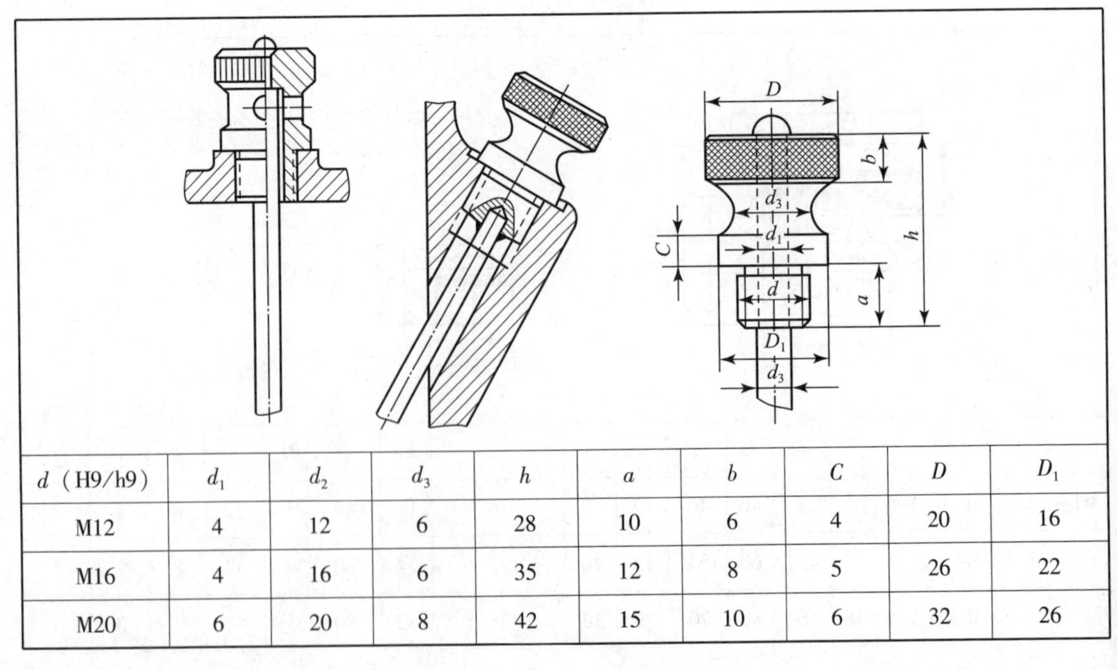

d（H9/h9）	d_1	d_2	d_3	h	a	b	C	D	D_1
M12	4	12	6	28	10	6	4	20	16
M16	4	16	6	35	12	8	5	26	22
M20	6	20	8	42	15	10	6	32	26

5. 吊环螺钉、吊耳和吊钩

吊环螺钉装在箱盖上，用以拆卸和吊运箱盖。

吊环螺钉旋入螺孔螺纹部分不应太短，以保证有足够的承载能力，如图7－3－10所示。图7－3－10（a）所示为不正确结构，吊环螺钉旋入螺孔的螺纹部分 l_1 过短，则 l_2 过长，在加工螺纹孔时，钻头半边切削的行程过长，钻头易折断。

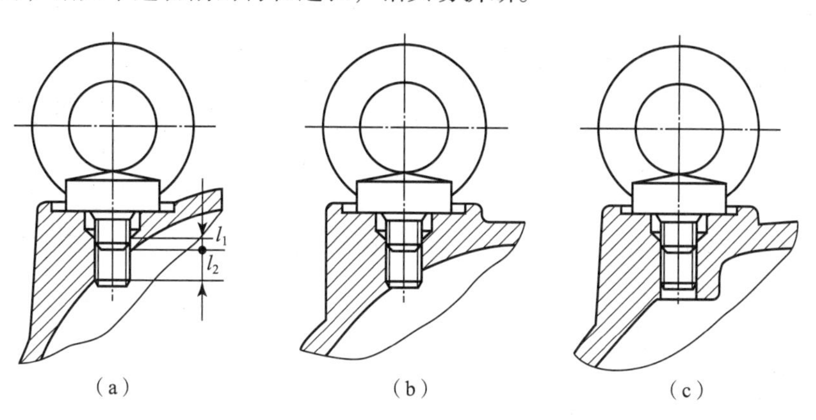

图7－3－10　吊环螺钉的螺钉尾部结构

（a）不正确；（b）可用；（c）正确

吊环螺钉为标准件，其尺寸可根据减速器重量来选择确定（见表7－3－5）。

表7－3－5　吊环螺钉

mm

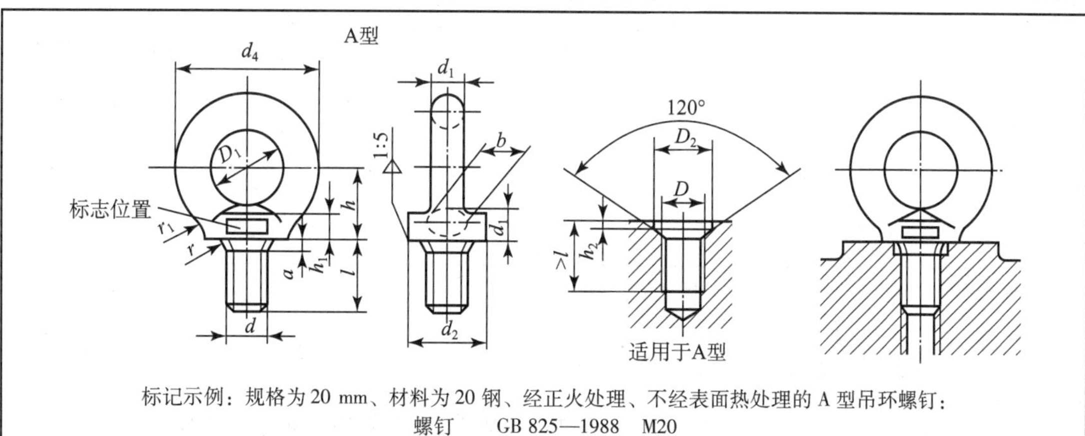

标记示例：规格为20 mm、材料为20钢、经正火处理、不经表面热处理的A型吊环螺钉：

螺钉　GB 825—1988　M20

规格（d）		M8	M10	M12	M16	M20	M24	M30	M36	M42	M48	M56	M64	M72×6	M80×6	M100×6
d_1	max	9.1	11.1	13.1	15.2	17.4	21.4	25.7	30	34.4	40.7	44.7	51.4	63.8	71.8	79.2
	min	7.8	9.6	11.5	13.6	15.6	19.6	23.5	27.5	31.2	37.1	41.1	46.9	58.8	66.8	73.6
D_1	公称	20	24	28	34	40	48	56	67	80	95	112	125	140	160	200
	min	19	23	27	32.9	38.8	46.8	54.6	65.5	78.1	92.9	109.9	122.3	137	157	196.7
	max	20.4	24.4	28.4	34.5	40.6	48.6	56.6	67.7	80.9	96.1	113.1	126.3	141.5	161.5	201.7
d_2	max	21.1	25.1	29.1	35.2	41.4	49.4	57.5	69	82.4	97.7	114.7	128.4	143.8	163.8	204.2
	min	19.6	23.6	27.6	33.6	39.6	47.6	55.5	66.5	79.2	94.1	111.1	123.9	138.8	158.8	198.8

续表

规格（d）		M8	M10	M12	M16	M20	M24	M30	M36	M42	M48	M56	M64	M72 × 6	M80 × 6	M100 × 6
h_1	max	7	9	11	13	15. 1	19. 1	23. 2	27. 4	31. 7	36. 9	39. 9	44. 1	52. 4	57. 4	62. 4
	min	5. 6	7. 6	9. 6	11. 6	13. 5	17. 5	21. 4	25. 4	29. 2	34. 1	37. 1	40. 9	48. 8	53. 8	58. 8
l	公称	16	20	22	28	35	40	45	55	65	70	80	90	100	115	140
	min	15. 1	18. 95	22. 95	26. 95	33. 75	38. 75	43. 75	53. 5	63. 5	68. 5	78. 5	88. 25	98. 25	113. 25	138
	max	16. 9	21. 05	23. 05	29. 05	36. 25	41. 25	46. 25	56. 5	66. 5	71. 5	81. 5	91. 75	101. 75	116. 75	142
d_4	参考	36	44	52	62	72	88	104	123	144	171	196	221	260	296	350
h		18	22	26	31	36	44	53	63	74	87	100	115	130	150	175

规格（d）		M8	M10	M12	M16	M20	M24	M30	M36	M42	M48	M56	M64	M72 × 6	M80 × 6	M100 × 6
r_1		4	4	6	6	8	10	15	18	20	22	25	25	35	35	40
r	mm	1	1	1	1	1	2	2	3	3	3	4	4	4	4	5
a_1	max	3. 75	4. 5	5. 25	6	7. 5	9	10. 5	12	13. 5	15	16. 5	18	18	18	18
d_3	公称（max）	6	7. 7	9. 4	13	16. 4	19. 6	25	30. 3	35. 6	41	48. 3	55. 7	63. 7	71. 7	91. 7
	min	5. 82	7. 48	9. 18	12. 73	16. 13	19. 27	24. 67	29. 91	35. 21	40. 61	47. 91	55. 24	63. 24	71. 24	91. 16
a	max	2. 5	3	3. 5	4	5	6	7	8	9	10	11	12	12	12	12
b		10	12	14	16	19	24	28	32	38	46	50	58	72	80	88
D		M8	M10	M12	M16	M20	M24	M30	M36	M42	M48	M56	M64	M72 ×6	M80 ×6	M100 ×6
D_2	公称（min）	13	15	17	22	28	32	38	45	52	60	68	75	85	95	115
	max	13. 43	15. 43	17. 52	22. 53	28. 52	32. 62	38. 62	45. 62	52. 74	60. 74	68. 74	75. 74	85. 87	95. 87	115. 87
h_2	公称（min）	2. 5	3	3. 5	4. 5	5	7	8	9. 5	10. 5	11. 5	12. 5	13. 5	14	14	14
	max	2. 9	3. 4	3. 98	4. 98	5. 48	7. 58	8. 58	10. 08	11. 2	12. 2	13. 2	14. 2	14. 7	14. 7	14. 7

注：①材料：20、25 钢。
②M8 ~ M36 为商品规格。
③A 型无螺纹部分的杆径≈螺纹中径、大径。
④螺纹基本尺寸按 GB/T 196—2003，公差按 GB/T 197—2003 的 8g 级规定；牙侧表面粗糙度 Ra 为 6. 3 μm。

为了减少螺孔和支承面等部位的机械加工量，常在箱盖上直接铸出吊耳或吊耳环来代替吊环螺钉。

为防止箱体接合面上各连接螺栓松动，吊环螺钉和吊耳一般用来吊运箱盖，而不允许吊运整台减速器，只有对重量不大的小型减速器，才允许用吊环螺钉或吊耳整台吊运。为吊运整台减速器，应在箱座两端凸缘下面铸出吊钩。

吊耳、吊耳环和吊钩的形状及结构尺寸见表 7 - 3 - 6，也可按减速器结构自行设计。

表7-3-6　吊耳、吊耳环和吊钩的形状及结构尺寸

名称及图形	结构尺寸
吊耳（铸在箱盖上） 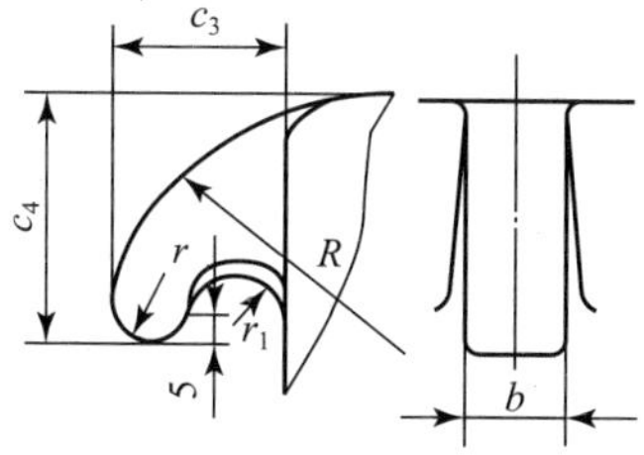 c_3 c_4 r R r_1 5 b	$c_3=(4\sim5)\delta_1$； $c_4=(1.3\sim1.5)c_3$； $b=(1.8\sim2.5)\delta_1$； $R=c_4$； $r_1\approx0.2c_3$； $r\approx0.25c_3$； δ_1 为箱盖壁厚
吊耳环（铸在箱盖上） 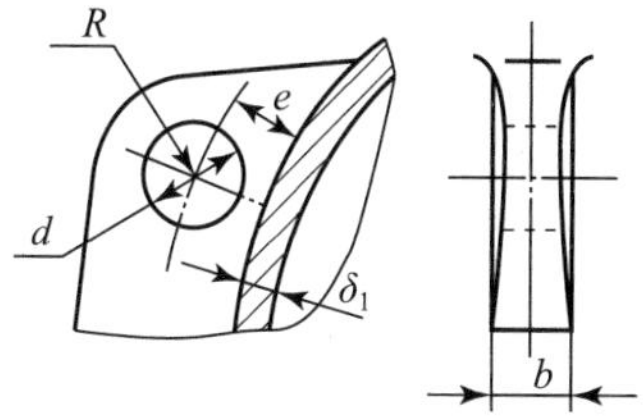 R e d δ_1 b	$d=b\approx(1.8\sim2.5)\delta_1$； $R\approx(1\sim1.2)d$； $e\approx(0.8\sim1)d$； δ_1 为箱盖壁厚
吊钩（铸在箱座上） 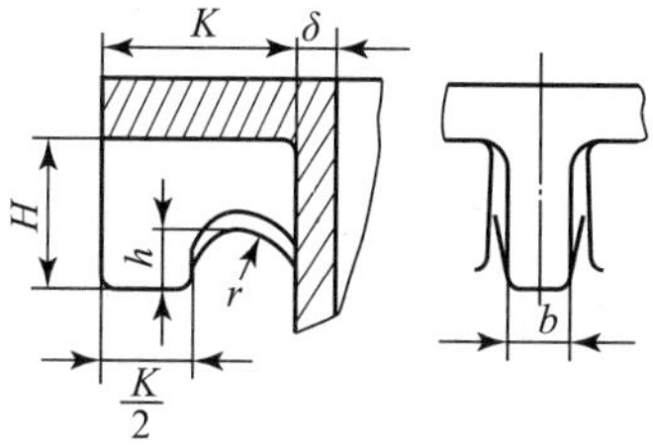 K δ H h r $\frac{K}{2}$ b	$K=c_1+c_2$（K 为箱座结合面凸缘宽度）； $H\approx0.8K$； $h\approx0.5H$； $r\approx0.25K$； $b\approx(1.8\sim2.5)\delta$； δ 为箱座壁厚
吊钩（铸在箱座上） 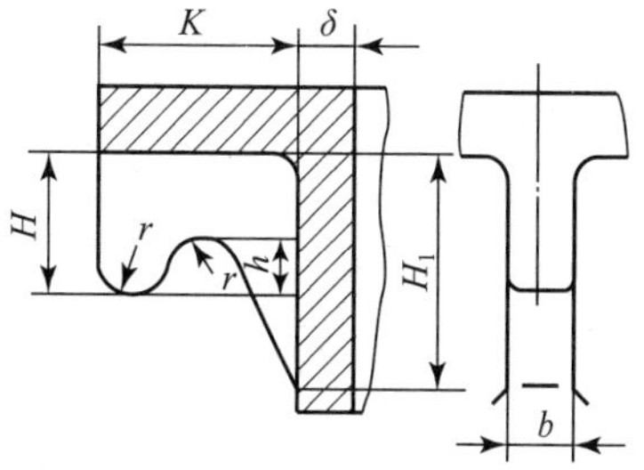 K δ H r h H_1 b	$K=c_1+c_2$（K 为箱座结合面凸缘宽度）； $H\approx0.8K$； $h\approx0.5H$； $r\approx K/6$； $b\approx(1.8\sim2.5)\delta$； H_1 按结构确定； δ 为箱座壁厚

6. 定位销和起盖螺钉

1）定位销

为确定箱座与箱盖的相互位置，保证轴承座孔的镗孔精度和装配精度，应在箱体的连接凸缘上距离尽量远处安置两个圆锥定位销，并尽量设置在不对称位置。

定位销孔是在箱盖和箱座剖分面加工完毕并用螺栓固连后进行配钻和配铰的。其位置应便于钻、铰和装拆，不应与邻近箱壁和螺栓等相碰。

定位销的公称直径（小端直径）可取 $d=(0.7\sim0.8)d_2$（d_2 为箱座、箱盖凸缘连接螺栓的直径），并圆整为标准值。定位销的总长度应稍大于箱体连接凸缘的总厚度，以利于装拆，如图7-3-11所示。

2）起盖螺钉

箱盖、箱座装配时在剖分面上涂密封胶会给拆卸箱盖带来不便，为此常在箱盖侧边的凸缘上装 1 ~2 个起盖螺钉，在起盖时，首先拧动螺钉顶起箱盖，如图 7 –3 –12 所示。螺钉的直径一般与箱体凸缘连接螺栓的直径相同，其螺纹长度必须大于箱盖凸缘的厚度，螺钉端部制成直径较小的圆柱端或半圆形。小型减速器也可不用起盖螺钉。

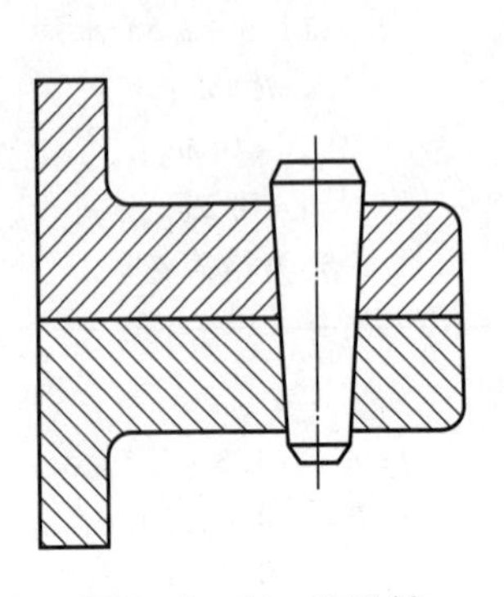

图 7 –3 –11　定位销

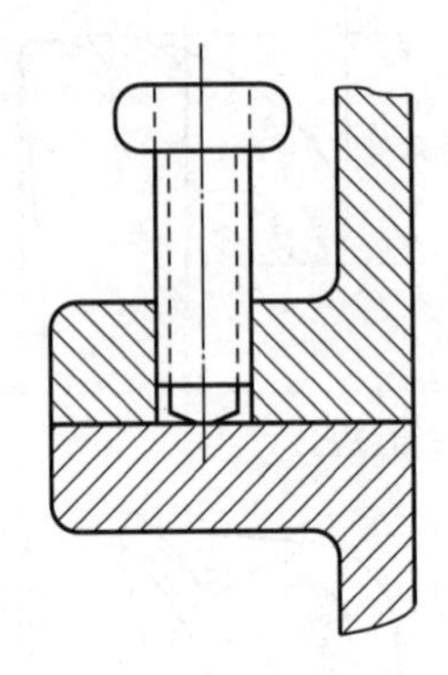

图 7 –3 –12　起盖螺钉

子任务 4　减速器装配图设计（第四阶段）

任务引入

在绘制完减速器装配草图，对轴系部件、箱体、附件等零部件的结构设计完成之后就要进行减速器的装配图设计，如图 7 –4 –1 所示，一个完整的减速器装配图应包含哪些内容？在绘制时应注意什么？

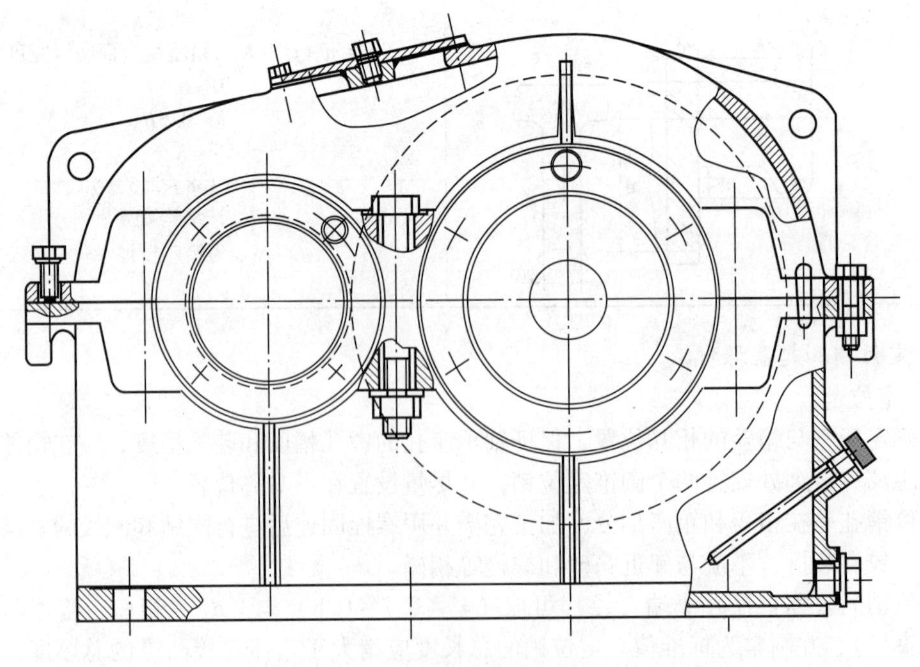

图 7 –4 –1　减速器装配图（部分）

任务分析

一幅完整的减速器装配图除了有一组完整、正确的视图以外，还应该有尺寸标注、技术特性、技术要求、零件编号、明细表和标题栏等内容。

任务目标

1. 学会正确、合理标注装配尺寸；
2. 熟悉减速器技术特性的含义；
3. 熟悉减速器的技术要求；
4. 熟悉减速器零件的编号规则、标题栏及零件明细表的绘制规则。

7.4.1 标注尺寸

减速器装配工作图上应标注4类尺寸。

1. 特性尺寸

特性尺寸如传动零件的中心距及偏差，是设计和选用机器或部件的依据。在确定这类尺寸时，要充分了解其工作原理。对装配体影响最大的那些尺寸即为特性尺寸，特性尺寸提供了减速器的性能、规格和特征信息。

2. 外形尺寸

外形尺寸为减速器的总长、总宽、总高等，它为装配车间布置及装箱运输提供所需的信息。

3. 配合

在主要零件的配合处都应标出尺寸、配合性质和公差等级。配合性质和公差等级的选择对减速器的工作性能、加工工艺和制造成本等有很大影响，也是选择装配方法的依据，应根据手册中有关资料认真确定，表7-4-1给出了减速器主要零件配合的推荐值，设计时可以参考。

表7-4-1 减速器主要零件的常用配合

配合零件	推荐配合	拆装方法
大、中型减速器的低速级齿轮（蜗轮）与轴的配合，轮缘与轮芯的配合	$\frac{H7}{r6}$，$\frac{H7}{s6}$	用压力机和温差法（中等压力的配合，小过盈配合）
一般齿轮、蜗轮、带轮联轴器与轴的配合	$\frac{H7}{r6}$	用压力机（中等压力的配合）
要求对中性良好及很少装拆的齿轮、蜗轮、联轴器与轴的配合	$\frac{H7}{n6}$	用压力机（较紧的过渡配合）
小锥齿轮及经常拆装的齿轮、联轴器与轴的配合	$\frac{H7}{m6}$，$\frac{H7}{k6}$	手锤打入（过渡配合）
滚动轴承内孔与轴的配合（内圈旋转）	j6（轻载荷） k6，m6（中等载荷）	用压力机（实际是过盈配合）

续表

配合零件	推荐配合	拆装方法
滚动轴承外圈与轴承座孔的配合	H7，H6（精度高时要求）	用木槌或徒手拆装
轴套、挡油盘、溅油轮与轴的配合	$\frac{D11}{k6}$，$\frac{F9}{k6}$，$\frac{F9}{m6}$，$\frac{H8}{h7}$，$\frac{H8}{h8}$	
轴承套杯与轴承座孔的配合	$\frac{H7}{js6}$，$\frac{H7}{h6}$	
轴承盖与箱座孔（或套杯孔）的配合	$\frac{H7}{d11}$，$\frac{H7}{h8}$	
嵌入式轴承盖的凸缘厚与箱体孔凹槽之间的配合	$\frac{H7}{h11}$	
与密封件相接触轴段的公差带	F9，h11	

4. 安装尺寸

安装尺寸有减速器中心高、地脚螺栓的直径和位置尺寸、箱座底面尺寸、主动与从动轴外伸端的配合长度和直径、轴外伸端面与减速器某基准轴线的距离等。安装尺寸提供减速器与其他有关零部件连接所需的信息。

7.4.2 减速器技术特性

减速器的技术特性包括输入功率、输入转速、传动效率、总传动比及各级传动比、传动特性（各级传动件的主要几何参数、公差等级）等。减速器的技术特性可在装配图上适当的位置列表表示，如表 7－4－2 所示。

表 7－4－2 技术特性表

输入功率/kW	输入转速/($r\cdot min^{-1}$)	效率 η	总传动比 i	传动特性							
				第一级				第二级			
				m_n	z_2/z_1	β	公差等级	m_n	z_2/z_1	β	公差等级

7.4.3 减速器技术要求

装配图的技术要求是用文字说明在视图上无法表达的关于装配、调整、检验、润滑、维护等方面的内容，正确制定技术要求能保证减速器的工作性能。技术要求主要包括以下几方面。

1. 零件的清洁

装配前所有零件均应清除铁屑并用煤油或汽油清洗，箱内不应有任何杂物，箱体内壁应涂防蚀剂。

2. 减速器的润滑与密封

润滑剂对减小运动副的摩擦、降低磨损、增强散热与冷却等方面起着重要的作用。技术要求中要注明传动件及轴承所需润滑剂的牌号、用量、补充及更换周期。

选择传动件的润滑剂时，应考虑其传动特点、载荷性质和大小及运转速度。重型齿轮传动可选择黏度高、油性好的齿轮油；蜗杆传动由于不利于形成油膜，可选用既含有极压添加剂又含有油性添加剂的工业齿轮油；对于轻载、高速、间歇工作的传动件可选用黏度较低的润滑油；对于开式齿轮传动可选用耐腐蚀、抗氧化及减磨性好的开式齿轮油。

当传动件与轴承采用同一润滑剂时，应优先满足传动件要求，适当兼顾轴承要求。

对于多级传动，应按高速级和低速级对润滑剂黏度要求的平均值来选择润滑剂，正常工作期间，半年左右应更换一次润滑油。

为了防止灰尘与杂质进入减速器内部和润滑油泄漏，在箱体剖分面及各接触面均应采取密封措施。剖分面上允许涂密封胶或水玻璃，但不允许塞入任何垫片或填料，轴身应涂上润滑油。

3. 滚动轴承轴向游隙

对于可调游隙轴承（如圆锥滚子轴承、角接触轴承）应标明轴承游隙数值；两端固定支承的轴系，若采用不可调游隙轴承（如深沟球轴承），要注明轴承盖与轴承外圈端面之间的轴向游隙。

4. 传动侧隙

齿轮副的侧隙用最小极限偏差与最大极限偏差来保证，最小、最大极限偏差应根据齿厚极限偏差和传动中心距极限偏差等通过计算确定，具体计算方法和数值参阅相关资料，确定后标注在技术要求中，供装配检查时使用。

检查侧隙时可用塞尺或将铅丝放进传动件啮合的间隙中，然后测量塞尺或铅丝变形后的厚度即可。

5. 接触斑点

检查接触斑点的方法是在主动件齿面上涂色，并将其转动，观察从动件齿面的着色情况，由此分析接触区位置及接触面积大小。若侧隙及接触斑点不符合要求，则可对齿面进行刮研、跑和或调整传动件的啮合位置。对于锥齿轮减速器，可通过调整大小齿轮位置，使两轮锥顶重合；对于蜗杆减速器，可调整蜗轮轴承端盖与箱体轴承座之间的垫片（一端加垫片，一端减垫片），使蜗轮中间平面与蜗杆中心平面重合，以改善接触情况。

6. 减速器试验

减速器装配好后，应做空载试验，正、反转各 1 h，要求运转平稳、噪声小、固定连接处不得松动。做负载试验时，油池温升不得超过 35℃，轴承温升不得超过 40℃。

7. 对外观、包装和运输的要求

箱体表面应涂漆，外伸轴及零件需涂油并包装严密，运输及装卸时不可倒置。

7.4.4　零件编号、标题栏及零件明细表

1. 零件编号

零件编号要完全，但不能重复。图上相同的零件只能有一个编号。编号引线不应相交，并尽量不要与剖面线平行。独立组件（如滚动轴承、螺母及垫圈等）可作为一个零件进行编号。对装配关系清楚的零件组（如螺栓、螺母及垫圈等）可利用公共引线。编号应按顺时针或逆时针方向依次排列，注意要尽量将所有序号排列在整个视图的周围。编号的数字高

度应比图中所标注的尺寸数字高度大一号。

2. 标题栏及明细表

标题栏及明细表的尺寸应按国家标准规定或企业标准绘制于图纸右下角指定位置。

明细表是减速器所有零件的详细目录，对每一个编号的零件都应在明细表内列出。编制明细表的过程也是最后确定材料及标准件的过程。标准件必须按照规定标记，完整地写出零件名称、材料、规格及标准代号，同时注意查阅最新国家标准，按要求填写相关内容，材料应注明牌号。非标准件应写出材料、数量及零件图号。

减速器装配图，参见附录图 F5－1 和图 F5－2。

任务8　零件工作图的设计与绘制

任务引入

零件工作图是零件制造、检验以及制定工艺规程的主要技术文件，是在装配工作图的基础上测绘和设计而成的。它既要反映设计意图，又要考虑零件制造的可行性及合理性。图8-0-1所示为一齿轮轴零件图，该零件图由哪些要素组成？在绘制时需要注意哪些方面？

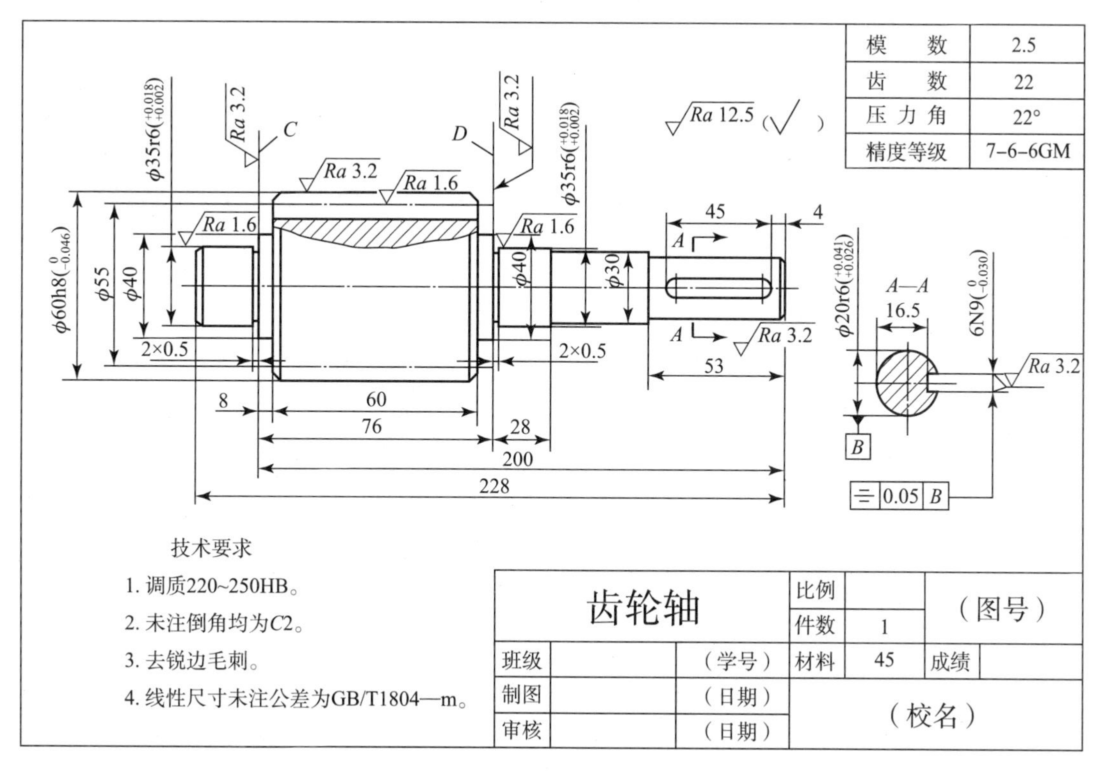

图8-0-1　齿轮轴零件图

任务分析

零件图应包括制造和检验所需的全部内容，如图形、尺寸及公差、表面粗糙度、几何公差、材料、热处理及技术要求、标题栏等。零件图设计时，应从视图选择、零件尺寸标注、尺寸公差的标准、几何公差的标注、零件表面粗糙度的标注、技术要求、标题栏等6方面进行综合考虑。

任务目标

1. 掌握零件图绘制时的注意事项；

2. 熟练绘制轴类、齿轮类、箱体类等典型零件的零件图。

子任务1　轴类零件工作图的设计与绘制

8.1.1　视图的选择

轴类零件是简单的回转体，一般只需要一个主要视图，在有键槽和孔的部位应使用必要的剖视图。对于零件的细部结构，如退刀槽、砂轮越程槽、中心孔等位置，应使用局部放大图表达。

8.1.2　尺寸标注

轴的零件图主要标注各轴段的直径和长度尺寸。直径尺寸可直接标注在相应的轴段上，必要时可标注在引出线上。在轴的工作图上，尺寸及公差都相同的各段轴径的尺寸及公差均应逐一标注，不得省略。对所有倒角、圆角等尺寸都应标注或在技术要求中说明。

标注轴向尺寸时，为了保证轴上所有零件的轴向定位，应根据设计和工艺要求确定主要基准和辅助基准，并选择合理的标准形式。标注的尺寸应反映加工工艺及测量要求，还应避免出现封闭的尺寸链。通常把轴上最不重要的轴段的轴向尺寸作为尺寸的封闭环而不标注，图8-1-1所示为减速器输出轴的直径和长度标注示例，图中I基面为轴向尺寸的主要基准。

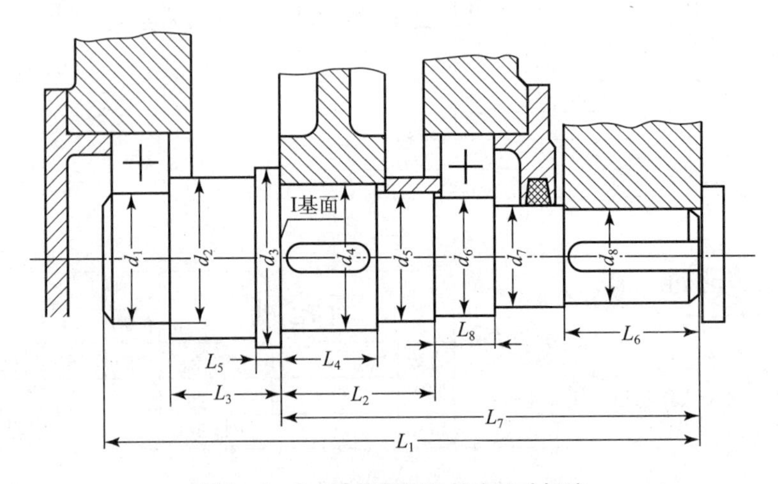

图8-1-1　轴的直径和长度尺寸标注

图中L_2、L_3、L_4、L_5和L_7等尺寸都是以I基面作为基准标注的，加工时一次测量，可减小加工误差；标注L_2和L_4是考虑到齿轮固定及轴承定位的可靠性；而L_3与轴承支点的跨距有关；L_6是考虑减速器外零件的轴向定位；d_1、d_7轴段的长度误差大小不影响装配精度及使用，故取为封闭环不标注尺寸，使加工误差累积在该轴段上，避免出现封闭的尺寸链。

8.1.3　尺寸公差的标注

轴的重要尺寸，如安装齿轮、链轮、轴承及联轴器部位的直径，均应依据装配工作图所选的配合性质，查出其公差值，标注在图上；键槽的尺寸及公差应依据键连接公差规定进行标注。在普通减速器设计中，轴的轴向尺寸按自由公差处理，一般不标注尺寸公差。

8.1.4 几何公差的标注

轴的零件图除了尺寸公差以外，还需要标注必要的几何公差，以保证轴的加工精度和轴的装配质量。表 8-1-1 所示为轴的几何公差的推荐标注项目和公差等级，具体的数值在标注时应查阅相关标准。

表 8-1-1 轴的几何公差标注项目

加工表面	标注项目	精度等级
与普通精度的滚动轴承配合的圆柱面	圆柱度	6
	圆跳动	6~7
普通精度的滚动轴承的定位端面	端面圆跳动	6
与传动件配合的圆柱面	圆跳动	6~8
传动件的定位端面	端面圆跳动	6~8
平键键槽侧面	对称度	7~9

8.1.5 表面粗糙度的标注

轴的所有表面都要进行加工。轴类零件加工的表面粗糙度 *Ra* 的推荐值可参考表 8-1-2。

表 8-1-2 轴的表面粗糙度 *Ra* 推荐值

μm

<table>
<tr><th>加工表面</th><th colspan="4">Ra</th></tr>
<tr><td>与传动零件、联轴器配合的表面</td><td colspan="4">3.2~0.8</td></tr>
<tr><td>传动零件、联轴器的定位端面</td><td colspan="4">6.3~1.6</td></tr>
<tr><td>与普通精度的滚动轴承配合的表面</td><td colspan="2">1.0（轴承内径≤80 mm）</td><td colspan="2">1.6（轴承内径>80 mm）</td></tr>
<tr><td>普通精度的滚动轴承的定位端面</td><td colspan="2">2.0（轴承内径≤80 mm）</td><td colspan="2">2.5（轴承内径>80 mm）</td></tr>
<tr><td>平键键槽</td><td colspan="2">3.2（键槽侧面）</td><td colspan="2">6.3（键槽底面）</td></tr>
<tr><td rowspan="4">密封处的表面</td><td>毛毡</td><td colspan="2">橡胶密封圈</td><td>油沟、迷宫式</td></tr>
<tr><td colspan="3">密封处的圆周速度/（$m \cdot s^{-1}$）</td><td rowspan="3">3.2~1.6</td></tr>
<tr><td>≤3</td><td>>3~5</td><td>>5~10</td></tr>
<tr><td>1.6~0.8</td><td>0.8~0.4</td><td>0.4~0.2</td></tr>
</table>

8.1.6 技术要求

轴类零件图上提出的技术要求如下：

（1）材料的化学成分及机械性能；

（2）热处理方法和热处理后硬度及表面质量要求；

（3）图中未注明的圆角、倒角尺寸；

（4）其他必要的说明，如图中未画的中心孔，则应注明中心孔的类型及标准代号。

轴类零件的工作图，参见附录图 F5－3，设计时可参考。

子任务2　齿轮类零件工作图的设计与绘制

8.2.1　视图的选择

圆柱齿轮可视为回转体，一般用一至两个视图即可表达清楚。选择主视图时，常把齿轮的轴线水平放置，且用全剖或半剖视图表示孔、键槽、轮毂、轮辐及轮缘的结构；左视图可以全部画出，也可以将表示轴孔与键槽的形状和尺寸的局部绘制成局部视图。

对于组合式的蜗轮结构，则应分别画出组合前的齿圈、轮芯的零件图及装配后的蜗轮组件图。蜗轮的齿形加工是在组装后进行的，因此组装前零件的相关尺寸应留出必要的加工余量，待组装后再加工到最后需要的尺寸。

蜗杆轴、齿轮轴的视图与轴类零件工作图相似。

8.2.2　尺寸标注

在标注尺寸时，首先应明确尺寸基准。齿轮类零件的轮毂孔不仅是装配的基准，也是齿形加工和检验的基准，所以各径向尺寸应以孔的轴心线为基准。轮毂孔的端面是装配时的定位基准，也是切齿时的定位基准，故齿宽方向的尺寸应以端面为基准标注出来。

分度圆直径是设计的基本尺寸，必须标注出来，并精确到小数点后两位，而齿根圆是根据齿轮参数加工得到的，在图上不必标注。

锥齿轮的锥距和锥角是保证啮合的重要尺寸，标注时锥距应精确到小数点后两位，锥角精确到分，分锥角应精确到秒。为了控制锥顶的位置，还应标注出基准端面到锥顶的距离，因为它会影响到锥齿轮的啮合精度。

蜗轮组件图中，应标注出齿圈和轮芯相配合处的配合尺寸、精度及配合性质。齿轮类零件中按结构要求确定的尺寸如轮圈厚度、腹板厚度、腹板孔的直径等，按经验公式计算后，均应圆整。对于铸造毛坯或者锻造毛坯，应标注出拔模斜度和必要的工艺圆角等。

8.2.3　尺寸公差的标注

齿轮类零件的轮毂孔是重要的基准，其加工质量直接影响到零件的旋转精度，故孔的尺寸精度一般选为基孔制 7 级。由于轮毂端面会影响安装质量和切齿精度，故对蜗轮和锥齿轮要标注出以端面为基准的尺寸和极限偏差。

圆柱齿轮和蜗轮的齿顶圆常作为工艺基准和测量定位基准，所以应标注出齿顶圆尺寸偏差；锥齿轮应注出锥体大端直径极限偏差、顶锥角极限偏差及齿宽尺寸极限偏差。轮毂上键槽的尺寸公差应查阅相关国家标准。

8.2.4　几何公差的标注

表8－2－1所示为齿轮类零件的几何公差推荐项目。

表8－2－1　齿轮类零件的几何公差推荐项目

<table>
<tr><th>项目</th><th>精度等级</th><th>对工作性能的影响</th></tr>
<tr><td>圆柱齿轮以齿顶圆作为测量基准时齿顶圆的径向圆跳动</td><td rowspan="5">按齿轮、蜗轮精度等级确定</td><td rowspan="4">影响齿厚的测量精度，切齿时会产生相应的齿圈径向跳动误差；使传动件的加工中心与使用中心不一致，引起分齿不均；同时使轴线与机床垂直导轨不平行而引起齿向误差</td></tr>
<tr><td>锥齿轮的齿顶圆锥的径向圆跳动</td></tr>
<tr><td>蜗轮外圆的径向圆跳动</td></tr>
<tr><td>蜗杆外圆的径向圆跳动</td></tr>
<tr><td>基准端面对轴线的端面圆跳动</td><td>加工时引起齿轮倾斜或心轴弯曲，对齿轮加工精度有较大影响</td></tr>
<tr><td>键槽中心面对空轴线的对称度</td><td>7～9</td><td>影响键侧面受载的均匀性</td></tr>
</table>

8.2.5　表面粗糙度

齿轮零件除了标注尺寸公差、几何公差以外，还要标注各个加工表面的表面粗糙度，表8－2－2所示为齿轮类零件表面粗糙度 Ra 的推荐值，设计时可以参考。

表8－2－2　齿轮（蜗轮）类零件表面粗糙度 Ra 的推荐值

<table>
<tr><th colspan="2">加工表面</th><th colspan="3">表面粗糙度 Ra/μm</th></tr>
<tr><td rowspan="4">轮齿齿面</td><td rowspan="2">零件名称</td><td colspan="3">传动精度等级</td></tr>
<tr><td>7</td><td>8</td><td>9</td></tr>
<tr><td>圆柱齿轮、蜗轮</td><td>1.6～0.8</td><td>1.6</td><td>3.2</td></tr>
<tr><td>圆锥齿轮、蜗杆</td><td>0.8</td><td>1.6</td><td>3.2</td></tr>
<tr><td colspan="2">齿顶圆</td><td>3.2～1.6</td><td>3.2</td><td>6.3～3.2</td></tr>
<tr><td colspan="2">轮毂孔</td><td>1.6～0.8</td><td>1.6</td><td>3.2</td></tr>
<tr><td colspan="2">基准端面</td><td>3.2～1.6</td><td>3.2</td><td>3.2</td></tr>
<tr><td colspan="2">平键键槽</td><td colspan="3">工作表面6.3～3.2；非工作表面12.5～6.3</td></tr>
<tr><td colspan="2">齿圈与轮芯的配合表面</td><td>0.8</td><td>1.6</td><td>1.6</td></tr>
<tr><td colspan="2">自由端面、倒角表面</td><td colspan="3">12.5～6.3</td></tr>
</table>

8.2.6　啮合特性表

在齿轮、蜗轮、蜗杆等零件工作图中，应编写啮合参数表，表中列出齿轮的基本参数、精度等级和检验项目。

一般减速器中齿轮和蜗杆的精度等级通常为7～9级，按对传动性能影响的不同，每个精度等级的公差分为Ⅰ、Ⅱ、Ⅲ三个公差组，在设计时应根据不同的使用要求，选择相应的公差等级以及相应的公差项目。表8－2－3推荐了常用的公差检验项目，供设计时参考。

表8－2－3　齿轮类零件工作图上标注的精度及公差项目

零件名称	公差组别	公差项目（7～9级精度）
圆柱齿轮	Ⅰ	齿圈径向跳动公差 F_r 和公法线长度变动公差 F_w
	Ⅱ	基节极限偏差 f_{pb} 和齿形公差 f_f
	Ⅲ	齿向公差 F_β
圆锥齿轮	Ⅰ	齿距累积公差 F_p
	Ⅱ	齿距极限偏差 $\pm f_{pt}$
	Ⅲ	接触斑点
蜗轮	Ⅰ	齿距累积公差 F_p
	Ⅱ	齿距极限偏差 $\pm f_{pt}$
	Ⅲ	齿形公差 f_{f2}
蜗杆	Ⅱ	轴向齿距极限偏差 f_{px} 和轴向齿距累积公差 f_{pxL}
	Ⅲ	齿形公差 f_{f1}

8.2.7　齿轮类零件工作图上提出的技术要求

（1）对铸造毛坯、锻造毛坯或其他类型毛坯件的要求。

（2）材料的热处理方法及表面硬度。齿轮表面硬化处理时，还应根据设计要求说明其硬化方法（如渗碳、渗氮等）和硬化层的深度；

（3）对图上未注明的倒角、圆角半径的说明。

齿轮类零件工作图，见附录图F5－4，设计时可参考。

子任务3　铸造箱体工作图的设计与绘制

8.3.1　视图的选择

箱体类零件的结构比较复杂，为了将各部分的结构表达清楚，通常不能少于三个视图，另外还应增加必要的剖视图、向视图和局部放大图。

8.3.2　尺寸标注

箱体的尺寸标注比轴、齿轮等零件复杂得多，标注尺寸时应注意以下事项。

（1）选基准时，最好采用加工基准作为尺寸标注的基准，这样便于加工和测量。如箱座和箱盖的高度方向尺寸最好以剖分面（加工基准面）为基准；箱体宽度方向尺寸应以宽度对称中心线为基准；箱体长度方向尺寸应以轴承孔中心线作为基准。

（2）箱体的尺寸分为形状尺寸和定位尺寸。形状尺寸是箱体各部分形状大小的尺寸，如壁厚，圆角半径，槽的深度，箱体的长、宽、高，各个孔的直径和深度，以及螺纹孔的尺寸等，这类尺寸应该直接标出，而不应该有任何运算。定位尺寸是确定箱体的各部分相对于基准的尺寸，如孔的中心线、曲线的中心位置及其他有关部位的平面和基准的距离等，这类尺寸应从基准直接标出。

（3）对于影响机械工作性能的尺寸，如箱体孔的中心距及其偏差应直接标注出来，以保证加工的准确性。

（4）配合尺寸都应标注出偏差。标注尺寸时应避免出现封闭尺寸链。

（5）所有圆角、倒角、拔模斜度等都必须标注或在技术要求中加以说明。

（6）各基本形体部分的尺寸，在基本形体的定位尺寸标注出来以后都应从各自的基准出发进行标注。

8.3.3　几何公差的标注

表 8－3－1 所示为箱体类零件推荐的几何公差，供设计时参考。

表 8－3－1　箱体几何公差推荐标注项目

类别	标注项目名称	符号	推荐用公差等级	对工作性能的影响
形状公差	轴承孔的圆柱度	⌭	6～7	影响箱体与轴承的配合性质
	分箱面的平面度	▱	7～8	影响箱体剖分面的密封性能
位置公差	轴承孔中心线的平行度	//	6～7	影响传动件的接触精度及传动平稳性
	轴承座孔端面对其中心线的垂直度	⊥	7～8	影响轴承固定及轴向受载均匀性
	齿轮减速器轴承座孔中心线相互间的垂直度	⊥	7	影响传动零件的传动平稳性和载荷分布均匀性
	两轴承座孔中心线的同轴度	◎	7～8	影响减速器的装配及传动零件载荷分布均匀性

8.3.4　表面粗糙度的标注

箱体零件加工表面粗糙度的推荐值如表 8－3－2 所示。

表 8－3－2　箱体加工表面粗糙度 *Ra* 推荐值　μm

加工表面	表面粗糙度 *Ra* 值
箱体剖分面	3.2～1.6
与滚动轴承配合的孔	1.6（轴承外径 $D \leqslant 80$ mm）
	3.2（轴承外径 $D > 80$ mm）
轴承座外端面	6.3～3.2

续表

加工表面	表面粗糙度 Ra 值
箱体底面	12.5~6.3
油沟及检查孔的接触面	12.5~6.3
螺栓孔及沉头座	25.0~12.5
圆锥销孔	3.2~1.6
轴承盖及套杯的其他配合面	6.3~3.2

8.3.5 技术要求

箱体类零件的技术要求如下：

(1) 对铸件质量的要求（如铸件不允许有缩孔、缩松等缺陷）；

(2) 铸件的失效处理、清砂及表面防护等要求；

(3) 箱座与箱盖装配固定后，配钻、铰定位销孔；

(4) 箱座与箱盖的轴承孔应用螺栓连接并装入定位销后镗孔；

(5) 组装后，分箱面不允许出现渗漏现象，必要时需涂密封胶；

(6) 未标注圆角、倒角和铸造拔模斜度的说明。

箱体类零件工作图，见附录图 F5－5 和图 F5－6，供设计时参考。

任务9　编制设计计算说明书与准备答辩

任务引入

减速器设计工作的最后一步就是编制设计计算说明书（见图9－0－1和图9－0－2），设计说明书有什么作用？说明书在编制过程中有哪些要求？包含哪些内容？

机械设计基础课程设计
计算说明书

设计题目：________________

院　　系：________________

专　　业：________________

班　　级：________________

学　　号：________________

设 计 者：________________

指导老师：________________

成　　绩：________________

年　　月

图9－0－1　设计说明书封面格式（供参考）

计算项目及内容	主要结果
6　轴的设计计算 … 器低速轴的设计 …	←→ 30mm
6.2.4 轴的计算简图（图 7-2（b）） 从动齿轮的受力，根据前面计算知： 圆周力　$F_{t2}=F_{t1}=2\ 252N$ 径周力　$F_{r2}=F_{r1}=831N$ 轴周力　$F_{a2}=F_{a1}=372N$ 链轮对轴的作用力，根据前面计算知 $Q_R=4\ 390N$ 低速轴的空间受力简图，如图 7-2（b）所示。	$F_{t2}=2\ 252N$ $F_{r2}=831N$ $F_{a2}=372N$ $Q_R=4\ 390N$
6.2.5 求垂直面内的支承反力，作垂直面内的弯矩图 $\Sigma M_B=0,\ R_{AY}=\frac{F_{t2}l_2}{l_1+l_2}=\frac{2\ 252\times 54}{54+54}=1\ 126(N)$ $\Sigma Y=0,\ R_{BB}=F_{t2}-R_{BA}=2\ 252-1\ 126=1\ 126(N)$	$R_{AY}=1\ 126N$ $R_{BY}=1\ 126N$
求 C 点垂直面内的弯矩 $M_{CY}=R_{AY}l_1=1\ 126\times 54=60\ 800(N\cdot m)$ 作垂直面内的弯矩图，如图 7-2（d）所示。 … …	

装订线

图9－0－2　设计说明书专用纸格式（供参考）

任务分析

设计说明书是图纸设计的理论依据，是对设计计算的整理和总结，是向审核人员提供的设计合理性文件之一，也是向设备的使用人员提供的技术文件之一。因此，编写设计说明书是设计工作的一个重要的组成部分。

编写课程设计说明书能培养学生整理技术资料、编写技术文件的能力，是一项十分重要的训练环节。装配工作图和零件工作图的主要设计计算都要在设计说明书中详细阐述，审阅教师根据设计说明书的内容来判断整个设计是否合理与安全。学生通过编写设计说明书来整理和完善设计并为答辩做好准备。

任务目标

1. 熟悉编制设计说明书的基本要求和基本内容；
2. 进一步熟悉减速器的整个设计过程并做好答辩前的相应准备。

子任务1　设计计算说明书的要求

编写设计说明书，要求设计计算正确、叙述文字简明和通顺、用词准确、书写整齐清晰。应使用统一的稿纸，并按设计顺序和规定的格式进行编写。

9.1.1　主要内容的书写要求

设计计算说明书以计算为主要内容，要写出整个计算过程并附加必要的说明。对每一单元的内容，都应有大、小标题和编写序号，以使整个过程条理清晰。

9.1.2　计算内容的书写要求

在计算部分，只需写出公式，代入相关数据，省略计算过程，直接写出计算结果并注明单位，在结果栏中写出简短的分析结论，说明计算合理与否（如满足强度、符合要求等）。

9.1.3　引用内容的书写要求

对于引用的数据和公式，应注明来源（如参考资料的编号及页数、图号、表号等），并写在说明书右边的结果栏内，或在该公式或数据的右上角的方括号“[ ]”中标注出参考文献的编号。

9.1.4　重要数据的书写要求

对所选用的主要参数、尺寸、规格及计算结果等，可写在右边的结果栏内或采用表格形式列出，也可采用几种书写的方式写在相关的计算之中。

9.1.5　附加简图表示法

为了清楚地表示计算内容，设计说明书中应附有必要的简图（如机构运动简图、传动零件结构图、轴的结构图、轴的受力分析图、弯矩图、扭矩图等）。在简图中，对主要零件应进行统一编号，以便在计算中使用或作脚注之用。

9.1.6　参量表示方法

所有计算中用到的参量符号和脚注须前后一致，各参量的数值应标明单位并且统一，即写法要一致。

9.1.7　说明书的纸张格式

设计说明书要用蓝或黑色笔写在规定格式的16K专用纸上，编好目录，标出页次，将封面与设计图纸一起装订成册或装入技术档案袋内，交由指导教师审定和评阅。封面及说明书专用纸的格式如图9－1－1和图9－1－2所示。

子任务2　设计计算说明书的内容

设计说明书的内容视设计任务而定，对于以减速器为主的机械传动装置设计，其设计计算说明书大致包括以下内容。

（1）前言。

（2）目录（标题和页次）。

（3）设计任务书。

（4）传动装置设计方案的拟定（对方案的分析及传动方案的机构运动简图）。

（5）电动机的选择计算（计算电动机所需功率及电动机的选择）。

（6）传动装置运动参数和动力参数计算（分配各级传动比，计算各轴的转速、功率和转矩等）。

（7）传动零件设计计算（确定齿轮等传动零件的主要参数和几何尺寸）。

（8）轴的设计计算（初估轴径、结构设计和强度校核计算）。

（9）滚动轴承的选择和校核计算。

（10）键连接的选择和校核计算。

（11）联轴器的选择和校核计算。

（12）减速器箱体的设计（包括主要结构尺寸的计算及必要的说明）。

（13）减速器的润滑及密封（包括润滑及密封的方式、润滑剂的牌号及用量）。

（14）减速器附件的选择及说明。

（15）设计小结（简要说明课程设计的体会，本设计的优缺点分析，今后改进的意见等）。

（16）参考资料及文献（对于著作，形式应为：作者．书名［M］．版次．出版地：出版单位，出版时间．对于期刊论文，形式应为：作者．文章名［J］．期刊名，年，卷（期）：起止页．）。

其中（12）、（13）、（14）的内容可根据指导教师的要求进行选择。

子任务3　准备答辩

答辩是课程设计的最后一个重要环节。通过答辩的准备和答辩，可以系统地分析所做设计的优缺点，发现问题，初步总结掌握的设计方法和步骤，提高独立工作的能力。也可以使教师更全面、深层次地检查学生掌握设计知识、设计成果的情况，也是评定设计成绩的重要依据。

完成设计后，主要围绕下列问题准备答辩：

（1）机械设计的一般方法和步骤；

（2）传动方案的确定；

（3）电动机的选择、传动比的分配；

（4）各零件的构造和用途；

（5）各零件的受力分析；

（6）材料选择和承载能力的计算；

（7）主要参数尺寸和结构形状的确定；

（8）工艺性和经济性；

（9）各零部件间的相互关系；

（10）资料、手册、标准和规范的应用；

（11）公差、配合、技术要求；

（12）减速器各零件的装配、调整、维护和润滑的方法等。

通过系统、全面地总结和回顾，把还不懂、不大清楚、未考虑或考虑不周的问题进一步弄懂弄清楚，以取得更大的收获，更好地达到课程设计提出的目的和要求。

下面列出一些答辩思考题供准备答辩者参考：

（1）叙述对传动方案的分析理解。

（2）简述电动机的功率是怎样确定的。

（3）选择电动机的同步转速应考虑哪些因素？同步转速与满载转速有什么不同？设计计算时用哪个转速？

（4）你在分配传动比时考虑了哪些因素？在带传动——单级齿轮传动系统中，为什么 $i_{齿} > i_{带}$？

（5）在计算各轴功率时，通用减速器与专用减速器的计算方法有什么不同？

（6）带传动设计计算中，怎样合理确定小带轮直径？带速 $v < 5$ m/s 该如何处理？小带轮包角 $\alpha_1 < 120°$时该如何处理？

（7）怎样确定斜齿轮及蜗杆蜗轮所受的轴向力方向？

（8）简述齿轮传动的设计方法和步骤。

（9）对于开式齿轮传动和闭式齿轮传动设计，其小齿轮齿数的选择有什么不同？为什么？

（10）一对啮合的齿轮，大小齿轮为什么常用不同的材料和热处理方法？

（11）由齿宽公式 $b = \varphi_d \cdot d$ 求出的 b 值应为哪个齿轮的宽度？b_1 与 b_2 哪个数值大些？为什么？

（12）斜齿轮传动有什么优点？螺旋角对传动有什么影响？

（13）软齿面齿轮传动和硬齿面齿轮传动各有什么特点？

（14）初步估算出的轴径应根据什么圆整？

（15）轮毂宽度与轴头长度是否相同？

（16）在滚动轴承组合设计中，你采用了哪些固定方式？为什么？

（17）如何选择联轴器？分析高速级和低速级常用联轴器有何不同？

（18）怎样确定轴承座的宽度？

（19）怎样确定减速器的中心高？箱体中的油量是怎样确定的？

（20）结合装配图说明轴的各段直径与长度是怎样确定的？说明轴上零件的装拆顺序是怎样的？

（21）外伸轴与轴承盖、箱盖与箱座结合面各采用什么方法密封？为什么？

（22）同一轴心线的两个轴承座孔直径为什么要尽量一致？

（23）减速器中各附件的作用是什么？

（24）轴承座旁连接螺栓为什么要尽量靠近？

（25）螺纹连接处的凸台或鱼眼坑有什么用途？

（26）普通螺栓连接和铰制孔螺栓连接各用在什么地方？画图时有什么不一样？

（27）设计中为什么要严格执行国家标准、部颁标准和本部门的规范？

（28）齿轮在箱体内非对称布置时，为什么齿轮应安放在远离轴输出端？

（29）如何确定放油塞的位置？它为什么使用细牙螺纹？

（30）轴系各零件（包括轴承）如何定位和固定？

（31）轴承内外圈的配合机制是什么？为什么？

（32）箱体结合面轴承座宽度的确定与哪些因素有关？如何确定？

（33）装配图上应标注哪些尺寸？各主要零件间的配合如何选择？

（34）试述在轴的零件工作图中标注尺寸时应注意的问题。

（35）在轴的零件工作图中，对轴的形位公差有哪些基本要求？

答辩后应提交的资料是：设计计算说明书和折叠好的装配图、零件图。

图 9－3－1 所示为图纸折叠方法。

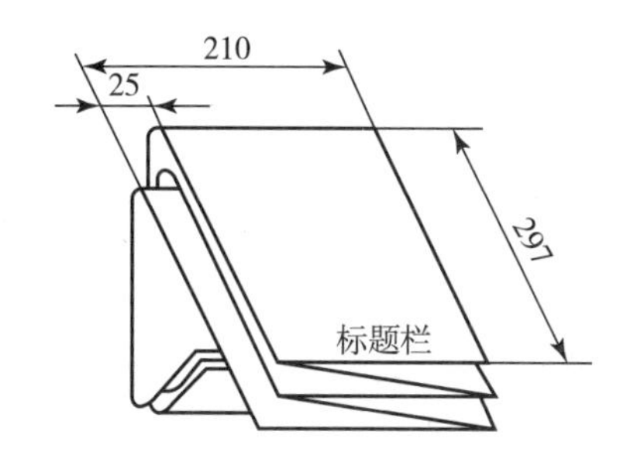

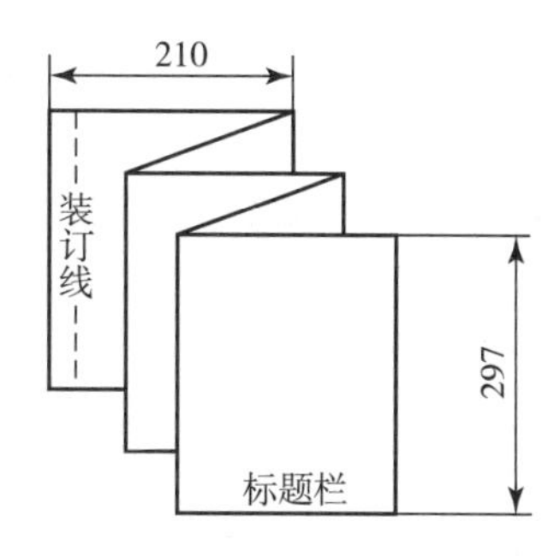

图 9－3－1　图纸折叠方法

子任务 4　设计计算说明书书写格式示例

一、初步设计 1. 设计任务书 设计课题：带式运输机上的一级闭式圆柱齿轮减速器。 设计说明：（1）传动不逆转，载荷平稳。	

（2）每日工作 16 小时。

（3）带速度误差为 ±5%。

（4）工作年限 10 年。

2. 原始数据

参数 \ 题号	21
运输带利达 F/N	1 850
滚筒直径 D/mm	500
运输带速度 v/(m · s^{-1})	2. 00

3. 传动系统方案的拟定

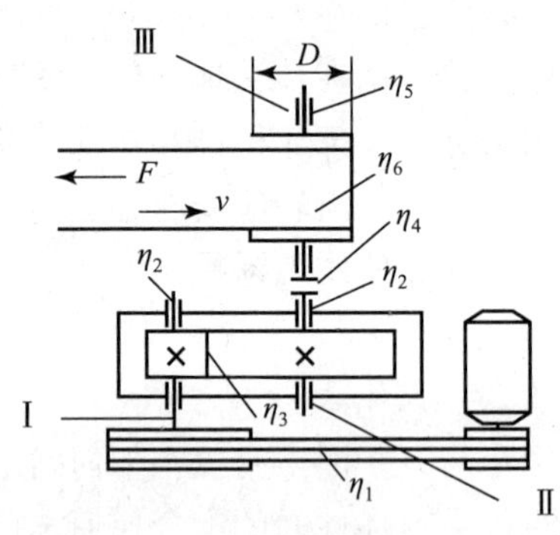

图 1　一级展开式圆柱齿轮减速器带式运输机的传动示意图

二、电动机的选择

…

三、计算传动装置的运动和动力参数

…

四、传动件设计计算

…

参考文献：

［1］《机械设计手册》编委会．机械设计手册・齿轮传动［M］．第 4 版．北京：机械工业出版社，2007.

［2］…

附　　录

附录1　电动机

附表 1.1　Y 系列电动机型号及参数（摘自 JB/T 10391—2008）

型号	额定功率/kW	额定电流/A	转速/(r·min^{-1})	效率/%	功率因数/cosφ	(堵转转矩/额定转矩)/倍	(启动电流/额定电流)/倍	(最大转矩/额定转矩)/倍	噪声		振动速度/(mm·s^{-1})	重量/kg
									1 级/dB(A)	2 级/dB(A)		
同步转速　1 500 r/min　4 级												
Y80M1—4	0.55	1.5	1 390	73.0	0.76	2.4	6.0	2.3	56	67	1.8	17
Y80M2—4	0.75	2	1 390	74.5	0.76	2.3	6.0	2.3	56	67	1.8	17
Y90S—4	1.1	2.7	1 400	78.0	0.78	2.3	6.5	2.3	61	67	1.8	25
Y90L—4	1.5	3.7	1 400	79.0	0.79	2.3	6.5	2.3	62	67	1.8	26
Y100L1—4	2.2	5	1 430	81.0	0.82	2.2	7.0	2.3	65	70	1.8	34
Y100L2—4	3	6.8	1 430	82.5	0.81	2.2	7.0	2.3	65	70	1.8	35
Y112M—4	4	8.8	1 440	84.5	0.82	2.2	7.0	2.3	68	74	1.8	47
Y132S—4	5.5	11.6	1 440	85.5	0.84	2.2	7.0	2.3	70	78	1.8	68
Y132M—4	7.5	15.4	1 440	87.0	0.85	2.2	7.0	2.3	71	78	1.8	79
Y160M—4	11	22.6	1 460	88.0	0.84	2.2	7.0	2.3	75	82	1.8	122
Y160L—4	15	30.3	1 460	88.5	0.85	2.2	7.0	2.3	77	82	1.8	142
Y180M—4	18.5	35.9	1 470	91.0	0.86	2.0	7.0	2.2	77	82	1.8	174
Y180L—4	22	42.5	1 470	91.5	0.86	2.0	7.0	2.2	77	82	1.8	192
Y200L—4	30	56.8	1 470	92.2	0.87	2.0	7.0	2.2	79	84	1.8	253
Y225S—4	37	70.4	1 480	91.8	0.87	1.9	7.0	2.2	79	84	1.8	294
Y225M—4	45	84.2	1 480	92.3	0.88	1.9	7.0	2.2	79	84	1.8	327
Y250M—4	55	103	1 480	92.6	0.88	2.0	7.0	2.2	81	86	2.8	381
Y280S—4	75	140	1 480	92.7	0.88	1.9	7.0	2.2	85	90	2.8	535
Y280M—4	90	164	1 480	93.5	0.89	1.9	7.0	2.2	85	90	2.8	634
Y315S—4	110	201	1 480	93.5	0.89	1.8	6.8	2.2	93	98	2.8	912
Y315M—4	132	240	1 480	94.0	0.89	1.8	6.8	2.2	96	101	2.8	1 048

续表

型号	额定功率/kW	额定电流/A	转速/(r·min^{-1})	效率/%	功率因数/cosφ	(堵转转矩/额定转矩)/倍	(启动电流/额定电流)/倍	(最大转矩/额定转矩)/倍	噪声		振动速度/(mm·s^{-1})	重量/kg
									1级/dB(A)	2级/dB(A)		
同步转速　1 500 r/min　4级												
Y315L1—4	160	289	1 480	94.5	0.89	1.8	6.8	2.2	96	101	2.8	1 105
Y315L2—4	200	361	1 480	94.5	0.89	1.8	6.8	2.2	96	101	2.8	1 260
Y355M1—4	220	407	1 488	94.4	0.87	1.4	6.8	2.2	106		4.5	1 690
Y355M3—4	250	461	1 488	94.7	0.87	1.4	6.8	2.2	108		4.5	1 800
Y355L2—4	280	515	1 488	94.9	0.87	1.4	6.8	2.2	108		4.5	1 945
Y355L3—4	315	578	1 488	95.2	0.87	1.4	6.9	2.2	108		4.5	1 985
同步转速　1 000 r/min　6级												
Y90S—6	0.75	2.3	910	72.5	0.7	2.0	5.5	2.2	56	65	1.8	21
Y90L—6	1.1	3.2	910	73.5	0.7	2.0	5.5	2.2	56	65	1.8	24
Y100L—6	1.5	4	940	77.5	0.7	2.0	6.0	2.2	62	67	1.8	35
Y112M—6	2.2	5.6	940	80.5	0.7	2.0	6.0	2.2	62	67	1.8	45
Y132S—6	3	7.2	960	83.0	0.8	2.0	6.5	2.2	66	71	1.8	66
Y132M1—6	4	9.4	960	84.0	0.8	2.0	6.5	2.2	66	71	1.8	75
Y132M2—6	5.5	12.6	960	85.3	0.8	2.0	6.5	2.2	66	71	1.8	85
Y160M—6	7.5	17	970	86.0	0.8	2.0	6.5	2.0	69	75	1.8	116
Y160L—6	11	24.6	970	87.0	0.8	2.0	6.5	2.0	70	75	1.8	139
Y180M—6	15	31.4	970	89.5	0.8	1.8	6.5	2.0	70	78	1.8	182
Y200L1—6	18.5	37.7	970	89.8	0.8	1.8	6.5	2.0	73	78	1.8	228
Y200L2—6	22	44.6	980	90.2	0.8	1.8	6.5	2.0	73	78	1.8	246
Y225M—6	30	59.5	980	90.2	0.9	1.7	6.5	2.0	76	81	1.8	294
Y250M—6	37	72	980	90.8	0.9	1.8	6.5	2.0	76	81	2.8	395
Y280S—6	45	85.4	980	92.0	0.9	1.8	6.5	2.0	79	84	2.8	505
Y280M—6	55	104	980	92.0	0.9	1.8	6.5	2.0	79	84	2.8	56
Y315S—6	75	141	980	92.8	0.9	1.6	6.5	2.0	87	92	2.8	850
Y315M—6	90	169	980	93.2	0.9	1.6	6.5	2.0	87	92	2.8	965
Y315L1—6	110	206	980	93.5	0.9	1.6	6.5	2.0	87	92	2.8	1028
Y315L2—6	132	246	980	93.8	0.9	1.6	6.5	2.0	87	92	2.8	1 195
Y355M1—6	160	300	990	94.1	0.9	1.3	6.7	2.0	102		4.5	1 590
Y355M2—6	185	347	990	94.3	0.9	1.3	6.7	2.0	102		4.5	1 665
Y355M4—6	200	375	990	94.3	0.9	1.3	6.7	2.0	102		4.5	1 725
Y355L1—6	220	411	991	94.5	0.9	1.3	6.7	2.0	102		4.5	1 780
Y355L3—6	250	466	991	94.7	0.9	1.3	6.7	2.0	105		4.5	1 865

附表 1.2　机座带底脚、端盖上无凸缘的电动机安装尺寸

mm

Y80~Y132

Y160~Y315

<table>
<tr><th rowspan="3">机座号</th><th rowspan="3">极数</th><th colspan="9">安装尺寸及公差</th><th colspan="5">外形尺寸</th></tr>
<tr><th>A</th><th>B</th><th>C</th><th>D</th><th>E</th><th>F</th><th>G</th><th>H</th><th>K</th><th rowspan="2">AB</th><th rowspan="2">AC</th><th rowspan="2">AD</th><th rowspan="2">HD</th><th rowspan="2">L</th></tr>
<tr><th>基本尺寸</th><th>基本尺寸</th><th>基本尺寸</th><th>基本尺寸</th><th>基本尺寸</th><th>基本尺寸</th><th>基本尺寸</th><th>基本尺寸</th><th>基本尺寸</th></tr>
<tr><td>80M</td><td>2，4</td><td>125</td><td>100</td><td>50</td><td>19</td><td>40</td><td>6</td><td>15. 5</td><td>80</td><td>10</td><td>165</td><td>175</td><td>150</td><td>175</td><td>290</td></tr>
<tr><td>90S</td><td rowspan="4">2，4，6</td><td rowspan="2">140</td><td>100</td><td rowspan="2">56</td><td rowspan="2">24</td><td rowspan="2">50</td><td rowspan="4">8</td><td rowspan="2">20</td><td rowspan="2">90</td><td rowspan="2"></td><td rowspan="2">180</td><td rowspan="2">195</td><td rowspan="2">160</td><td rowspan="2">195</td><td>315</td></tr>
<tr><td>90L</td><td>125</td><td>340</td></tr>
<tr><td>100L</td><td>160</td><td>140</td><td>63</td><td rowspan="2">28</td><td rowspan="2">60</td><td rowspan="2">24</td><td>100</td><td rowspan="4">12</td><td>205</td><td>215</td><td>180</td><td>245</td><td>380</td></tr>
<tr><td>112M</td><td>190</td><td>140</td><td>70</td><td>112</td><td>245</td><td>240</td><td>190</td><td>265</td><td>400</td></tr>
<tr><td>132S</td><td rowspan="4">2，4，6，8</td><td rowspan="2">216</td><td>140</td><td rowspan="2">89</td><td rowspan="2">38</td><td rowspan="2">80</td><td rowspan="2">10</td><td rowspan="2">33</td><td rowspan="2">132</td><td rowspan="2">280</td><td rowspan="2">275</td><td rowspan="2">210</td><td rowspan="2">315</td><td>475</td></tr>
<tr><td>132M</td><td>178</td><td>515</td></tr>
<tr><td>160M</td><td rowspan="2">254</td><td rowspan="2">210</td><td rowspan="2">108</td><td rowspan="2">42</td><td rowspan="2">110</td><td rowspan="2">12</td><td rowspan="2">37</td><td rowspan="2">60</td><td rowspan="2">15</td><td rowspan="2">330</td><td rowspan="2">335</td><td rowspan="2">265</td><td rowspan="2">385</td><td>605</td></tr>
<tr><td>160L</td><td>650</td></tr>
</table>

续表

机座号	极数	安装尺寸及公差									外形尺寸				
		A	B	C	D	E	F	G	H	K	AB	AC	AD	HD	L
		基本尺寸	基本尺寸	基本尺寸	基本尺寸	基本尺寸	基本尺寸	基本尺寸	基本尺寸	基本尺寸					
180M	2，4，6，8	279	241	121	48	110	14	42.5	180	15	355	380	285	430	670
180L			279												710
200L		318	305	133	55		16	49	200	19	395	420	315	475	775
225S	4，8	356	286	149	60	140	18	53	225		435	475	345	530	820
225M	2		311		55	110	16	49							815
	4，6，8				60	140	18	53							845
250M	2	406	349	168					250	24	490	515	385	575	930
	4，6，8				65			58							
280S	2	457	368	190					280		550	580	410	640	1 000
	4，6，8				75		20	67.5							
280M	2		419		65		18	58							1 050
	4，6，8				75		20	67.5							
315S	2	508	406	216	65		18	58	315	28	744	645	576	865	1 240
	4，6，8，10				80	170	22	71							1 270
315M	2		457		65	140	18	58							1 310
	4，6，8，10				80	170	22	71							1 340
315L	2		508		65	140	18	58							1 310
	4，6，8，10				80	170	22	71							1 340

附表 1.3　YZR 系列电动机技术数据

机座号	S_2				S_3										S_4 及 S_5									
					6 次/h *										150 次/h *						300 次/h *				600 次/h *	
	30 min		60 min		FC = 15%		FC = 25%		FC = 40%		FC = 60%		FC = 100%		FC = 25%		FC = 40%		FC = 60%		FC = 40%		FC = 60%		FC = 60%	
	额定功率/kW	转速/(r·min^{-1})	额定功率/kW	转速/(r·min^{-1})	额定功率/kW	转速/(r·min^{-1})	额定功率/kW	转速/(r·min^{-1})	额定功率/kW	转速/(r·min^{-1})	额定功率/kW	转速/(r·min^{-1})	额定功率/kW	转速/(r·min^{-1})	额定功率/kW	转速/(r·min^{-1})	额定功率/kW	转速/(r·min^{-1})	额定功率/kW	转速/(r·min^{-1})	额定功率/kW	转速/(r·min^{-1})	额定功率/kW	转速/(r·min^{-1})	额定功率/kW	转速/(r·min^{-1})
YZR112M	1.8	815	1.5	866	2.2	725	1.8	815	1.5	866	1.1	912	0.8	940	1.6	845	1.3	890	1	920	1.2	900	0.9	930	0.7	946
YZR132M1	2.5	892	2.2	908	3	855	2.5	892	2.2	908	1.8	921	1.5	940	2.2	908	2	913	1.7	930	1.8	926	1.6	936	1.35	945
YZR132M2	4	900	3.7	908	5	875	4	900	3.7	908	3	937	2.5	950	3.7	915	3.3	925	2.8	940	3.3	925	2.7	640	2.3	950
YZR160M1	6.3	921	5.5	930	7.5	910	6.3	921	5.5	930	5	935	4	944	5.8	927	5	935	4.8	937	4.8	935	4.5	937	3.8	946
YZR160M2	8.5	930	7.5	940	11	908	8.5	930	7.5	940	6.3	949	5.5	956	7.5	940	7	945	6	954	6	954	5.5	959	4	970
YZR160L	13	942	11	957	15	920	13	912	11	945	9	952	7.5	970	11	950	10	957	8	969	9	969	7.5	971	6	978
YZR180L	17	955	15	962	20	946	17	955	15	962	13	968	11	975	15	960	13	965	12	969	12	969	11	972	9	978
YZR200L	26	956	22	964	33	942	26	956	22	964	19	969	17	973	21	965	18.5	970	17	973	17	973	15	975	11	981
YZR225M	34	957	30	962	40	917	34	957	30	962	26	968	22	975	28	665	25	969	22	973	22	973	20	977	15	982
YZR250M1	42	960	37	965	50	950	42	960	37	960	32	970	28	975	33	970	30	973	28	975	26	977	25	978	17.5	984
YZR250M2	52	958	45	965	63	946	52	958	45	965	39	969	33	974	42	967	37	971	33	975	31	976	30	977	24	981
YZR280S	63	966	55	969	75	960	63	966	55	969	48	972	40	976	52	970	45	974	42	975	40	977	37	978	30	980
YZR280M	85	966	75	970	100	960	85	966	75	970	63	975	50	980	70	972	62	975	55	978	52	976	47	981	37	982

注：*为热等效启动次数。

附表 1.4　YZR 系列电动机的安装、外形尺寸　　mm

机座号	安装尺寸														外形尺寸						
	H	A	B	C	CA	K	螺栓直径	D	D_1	E	E_1	F	G	GD	AC	AB	HD	BB	L	LC	HA
112M	112	190	140	70	300	12	M10	32		80		10	27	8	245	250	330	235	590	670	15
132M	132	216	178	89				38					33		285	275	360	260	645	727	17
160M	160	254	210	108	330	15	M12	48		110		14	42.5	9	325	320	420	290	758	868	20
160L			254																		
180L	180	279	279	121	360			55	M36×3		82		19.9		360	360	460	380	870	980	22
200L	200	318	305	133	400	19	M16	60	M42×3	140	105	16	21.4	10	405	405	510	400	975	1 118	25
225M	225	356	311	149	450			65					23.9		430	455	545	410	1 050	1 190	28
250M	250	406	349	168	540	24	M20	70	M48×3			18	25.4	11	480	515	605	510	1 195	1 337	30
280S	280	457	368	190				85	M56×3	170	130	20	31.7	12	535	575	665	530	1 265	1 438	32
280M			419															580	1 315	1 489	
315S	315	508	406	216	600	28	M24	95	M64×4			22	35.2	14	620	640	750		1 390	1 562	35
315M			457															630	1 440	1 613	
355M	355	610	560	254				110	M80×4	210	165	25	41.9		710	740	840	730	1 650	1 864	38
355L			630		630													800	1 720	1 934	
400L	400	686	710	280		35	M30	130	M100×4	250	200	28	50	16	840	855	950	910	1 865	2 120	50

附录2　连接件

附表 2.1　LX 型弹性柱销联轴器基本参数和主要尺寸（GB/T 5014—2003）

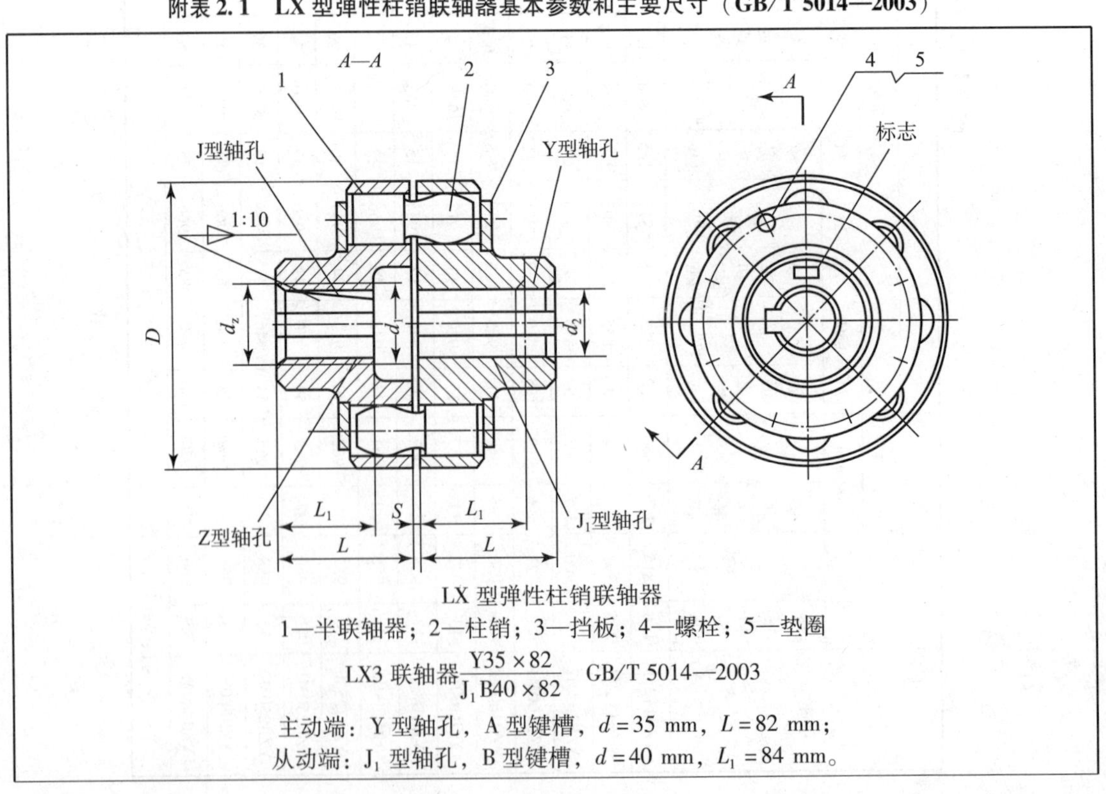

LX 型弹性柱销联轴器

1—半联轴器；2—柱销；3—挡板；4—螺栓；5—垫圈

LX3 联轴器 $\frac{Y35\times82}{J_1B40\times82}$　GB/T 5014—2003

主动端：Y 型轴孔，A 型键槽，$d=35$ mm，$L=82$ mm；

从动端：J_1 型轴孔，B 型键槽，$d=40$ mm，$L_1=84$ mm。

续表

型号	公称转矩/(N·m)	许用转速/(r·min^{-1})	轴孔直径 d_1，d_2，d_z/mm	轴孔长度/mm			D/mm	D_1/mm	S/mm	b/mm	质量/kg
				Y型 L	J，J_1，Z型 L_1	J，J_1，Z型 L					
LX1	250	8 500	12，14	32	27	—	90	40	2.5	20	2
			16，18，19	42	30	42					
			20，22，24	52	38	52					
LX2	560	6 300	20，22，24				120	55		28	5
			25，28	62	44	62					
			30，32，35	82	60	82					
LX3	1 250	4 700	30，32，35，38				160	75		36	8
			40，42，45，48	112	84	112					
LX4	2 500	3 800	40，42，45，48，50，55，56				195	100	3		22
			60，63	142	107	142				45	
LX5	3 150	3 450	50，55，56，60，63，65，70，71，75				220	120			30
LX6	6 300	2 720	60，63，65，70，71，75，80				280	140	4		53
			85	172	107	172				56	
LX7	11 200	2 360	70，71，75	142	107	142	320	170			98
			80，85，90，95	172	132	172					
			100，110	212	167	212					
LX8	16 000	2 120	80，85，90，95，100，110，120，125				360	200	5		119
LX9	22 400	1 850	100，110，120，125				410	230		65	197
			130，140	252	202	252					
LX10	35 500	1 600	110，120，125	212	167	212	480	280	6	75	322
			130，140，150	252	202	252					
			160，170，180	302	242	302					
LX11	50 000	1 400	130，140，150	252	202	252	540	340	6		520
			160，170，180	302	242	302					
			190，200，220	352	282	352					
LX12	80 000	1 220	160，170，180	302	242	302	630	400	7	90	714
			190，200，220	352	282	352					
			240，250，260	410	330	—					
LX13	125 000	1 080	190，200，220	352	282	352	710	465	8	100	1 057
			240，250，260	410	330	—					
			280，300	470	380	—					
LX14	180 000	950	240，250，260	410	330	—	800	530	8	110	1 956
			280，300，320	470	380						
			340	550	450						

附表 2.2　LT 型弹性套柱销联轴器（GB/T 4323—2002）

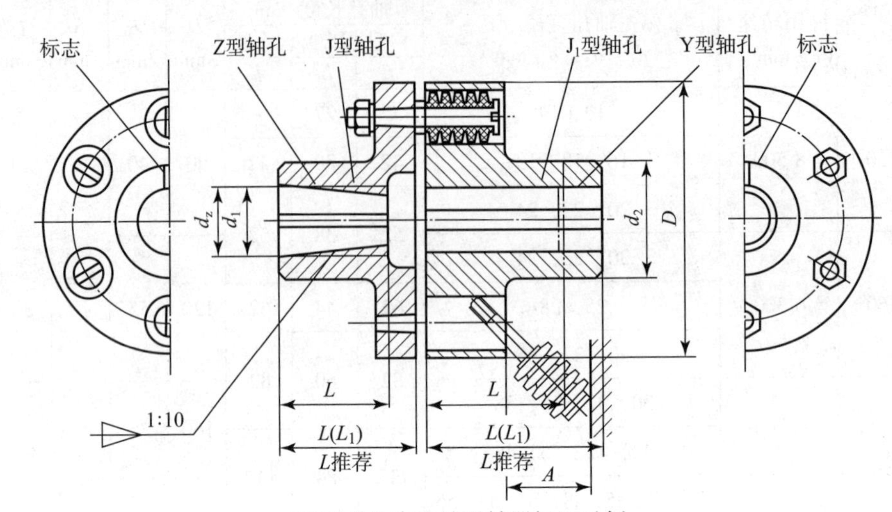

LT 型弹性套柱销联轴器标记示例

LT3 联轴器$\frac{ZC16\times30}{JB18\times42}$　GB/T4323—2002

主动端：Z 型轴孔，C 型键槽，$d_2=16$，$L=30$；

从动端：J 型轴孔，B 型键槽，$d_2=18$，$L=42$。

型号	公称转矩/（N·m）	许用转速（钢）/（r·min^{-1}）	轴孔直径 d_1，d_2，d_z/mm	轴孔长度/mm Y 型 L	J，J_1，Z 型 L_1	J，J_1，Z 型 L	L 推荐	D (mm)	A (mm)	转动惯量/（kg·m^2）	质量/kg
LT1	6.3	8 800	9	20	14	—	25	71	18	0.005	0.82
			10，11	25	17						
			12，14	32	20						
LT2	16	7 600	12，14				35	80		0.000 8	1.21
			16，18，19	42	30	42					
LT3	31.5	6 300	16，18，19				38	95	35	0.002 3	2.2
			20，22	52	38	52					
LT4	63	5 700	20，22，24				40	106		0.003 7	2.84
			25，28	62	44	62					
LT5	125	4 600	25，28				50	130	45	0.012	6.05
			30，32，35	82	60	82					
LT6	250	3 800	32，35，38				55	160		0.028	9.57
			40，42	112	84	112					

续表

型号	公称转矩/(N·m)	许用转速(钢)/($r\cdot min^{-1}$)	轴孔直径 d_1，d_2，d_z/mm	轴孔长度/mm				D	A	转动惯量/($kg\cdot m^2$)	质量/kg
				Y型	J，J_1，Z型		L推荐	mm			
				L	L_1	L					
LT7	500	3 600	40，42，45，48	112	84	112	65	190	45	0.055	14.01
LT8	710	3 000	45，48，50，55，56				70	224	65	0.134	23.12
			60，63	142	107	142					
LT9	1 000	2 850	50，55，56	112	84	112	80	250		0.213	30.69
			60，63，65，70，71	142	107	142					
LT10	2 000	2 300	63，65，70，71，75				100	315	80	0.66	61.4
			80，85，90，95	172	132	172					
LT11	4 000	1 800	80，85，90，95				115	400	100	2.122	120.7
			100，110	212	167	212					
LT12	8 000	1 450	100，110，120，125				135	475	130	5.39	210.34
			130	252	202	252					
LT13	16 000	1 150	120，125	212	167	212	160	600	180	17.58	419.4
			130，140，150	252	202	252					
			160，170	302	242	302					

附表 2.3　常用普通螺纹的基本尺寸　mm

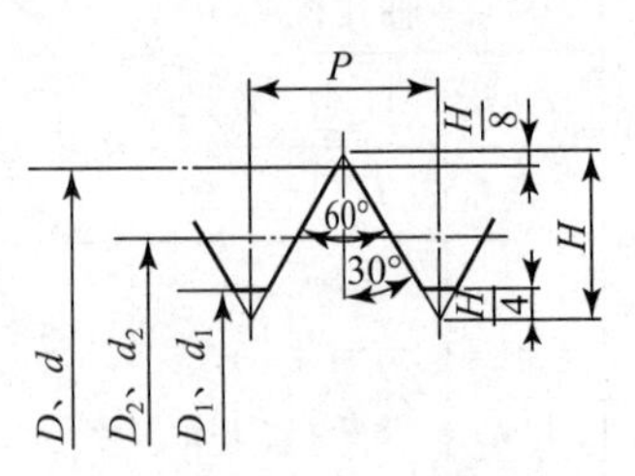

$$H=\frac{\sqrt{3}}{2}P=0.866\ 025\ 404\ P$$

$$D_2=D-2\times\frac{3}{8}H;\quad d_2=d-2\times\frac{3}{8}H$$

$$D_1=D-2\times\frac{5}{8}H;\quad d_1=d-2\times\frac{5}{8}H$$

标记示例：

M24（公称直径为 24 mm 的粗牙普通螺纹）；

M24×1.5（公称直径为 24 mm，螺距为 1.5 mm 的细牙普通螺纹）；

M24×1.5 左（公称直径为 24 mm，螺距为 1.5 mm，方向为左旋的细牙普通螺纹）。

公称直径 D，d		螺距	中径	小径	公称直径 D，d		螺距	中径	小径
第一系列	第二系列	P	D_2 或 d_2	D_1 或 d_1	第一系列	第二系列	P	D_2 或 d_2	D_1 或 d_1
1		0.25	0.838	0.729	20		2.5	18.376	17.294
		0.2	0.870	0.783			2	18.701	17.835
	1.1	0.25	0.938	0.829			1.5	19.026	18.376
		0.2	0.970	0.883			1	19.350	18.917
1.2		0.25	1.038	0.929			(0.75)	19.513	19.188
		0.2	1.070	0.983			(0.5)	19.675	19.459
	1.4	0.3	1.205	1.075		22	2.5	20.376	19.294
		0.2	1.270	1.183			2	20.701	19.835
1.6		0.35	1.373	1.221			1.5	21.026	20.376
		0.2	1.470	1.383			1	21.350	20.917
	1.8	0.35	1.573	1.421			(0.75)	21.513	21.188
		0.2	1.670	1.583			(0.5)	21.675	21.459
2		0.4	1.740	1.567	24		3	22.051	20.752
		0.25	1.838	1.729			2	22.701	21.835
	2.2	0.45	1.908	1.713			1.5	23.026	22.376
		0.25	2.038	1.929			1	23.350	22.917
2.5		0.45	2.208	2.013			(0.75)	23.513	23.188
		0.35	2.273	2.121		27	3	25.051	23.752

续表

公称直径 D，d		螺距	中径	小径
3		0.5	2.675	2.459
		0.35	2.773	2.621
	3.5	(0.6)	3.110	2.850
		0.35	3.273	3.121
4		0.7	3.545	3.242
		0.5	3.675	3.459
	4.5	(0.75)	4.013	3.688
		0.5	4.175	3.959
5		0.8	4.480	4.134
		0.5	4.675	4.459
6		1	5.350	4.917
		0.75	5.513	5.188
		(0.5)	5.675	5.459
8		1.25	7.188	6.647
		1	7.350	6.917
		0.75	7.513	7.188
		(0.5)	7.675	7.459
10		1.5	9.026	8.376
		1.25	9.188	8.647
		1	9.350	8.917
		0.75	9.513	9.188
		(0.5)	9.675	9.459
12		1.75	10.863	10.106
		1.5	11.026	10.376
		1.25	11.188	10.647
		1	11.350	10.917
		0.75	11.513	11.188
		(0.5)	11.675	11.459
	14	2	12.701	11.835
		1.5	13.026	12.376
		(1.25)	13.188	12.647
		1	13.350	12.917
		(0.75)	13.513	13.138
		(0.5)	13.675	13.459

公称直径 D，d		螺距	中径	小径
		2	25.701	24.835
		1.5	26.026	25.376
		1	26.350	25.917
		(0.75)	26.513	26.188
30		3.5	27.727	26.211
		(3)	28.051	26.752
		2	28.701	27.835
		1.5	29.026	28.376
		1	29.350	28.917
		(0.75)	29.513	29.188
	33	3.5	30.727	29.211
		(3)	31.051	29.752
		2	31.701	30.835
		1.5	32.026	31.376
		1	32.350	31.917
		(0.75)	32.513	32.188
36		4	33.402	31.670
		3	34.051	32.752
		2	34.701	33.835
		1.5	35.026	34.376
		(1)	35.350	34.917
	39	4	36.402	34.670
		3	37.051	35.752
		2	37.701	36.835
		1.5	38.026	37.376
		(1)	38.350	37.917
42		4.5	39.077	37.129
		(4)	39.402	37.670
		3	40.051	38.752
		2	40.701	39.835
		1.5	41.026	40.376
		(1)	41.350	40.917
	45	4.5	42.077	40.129
		(4)	42.402	40.670

续表

公称直径 D，d		螺距	中径	小径	公称直径 D，d		螺距	中径	小径
16		2	14.701	13.835			3	43.051	41.752
		1.5	15.026	14.374			2	43.701	42.835
		1	15.350	14.917			1.5	44.026	43.376
		(0.75)	15.513	15.188			(1)	44.350	43.917
		0.5	15.675	15.459					
	18	2.5	16.376	15.294					
		2	16.701	15.835					
		1.5	17.026	16.376					
		1	17.350	16.917					
		(0.75)	17.513	17.188					
		(0.5)	17.675	17.459					

附录3　滚动轴承

附表 3.1　深沟球轴承（摘自 GB/T 276—2013）

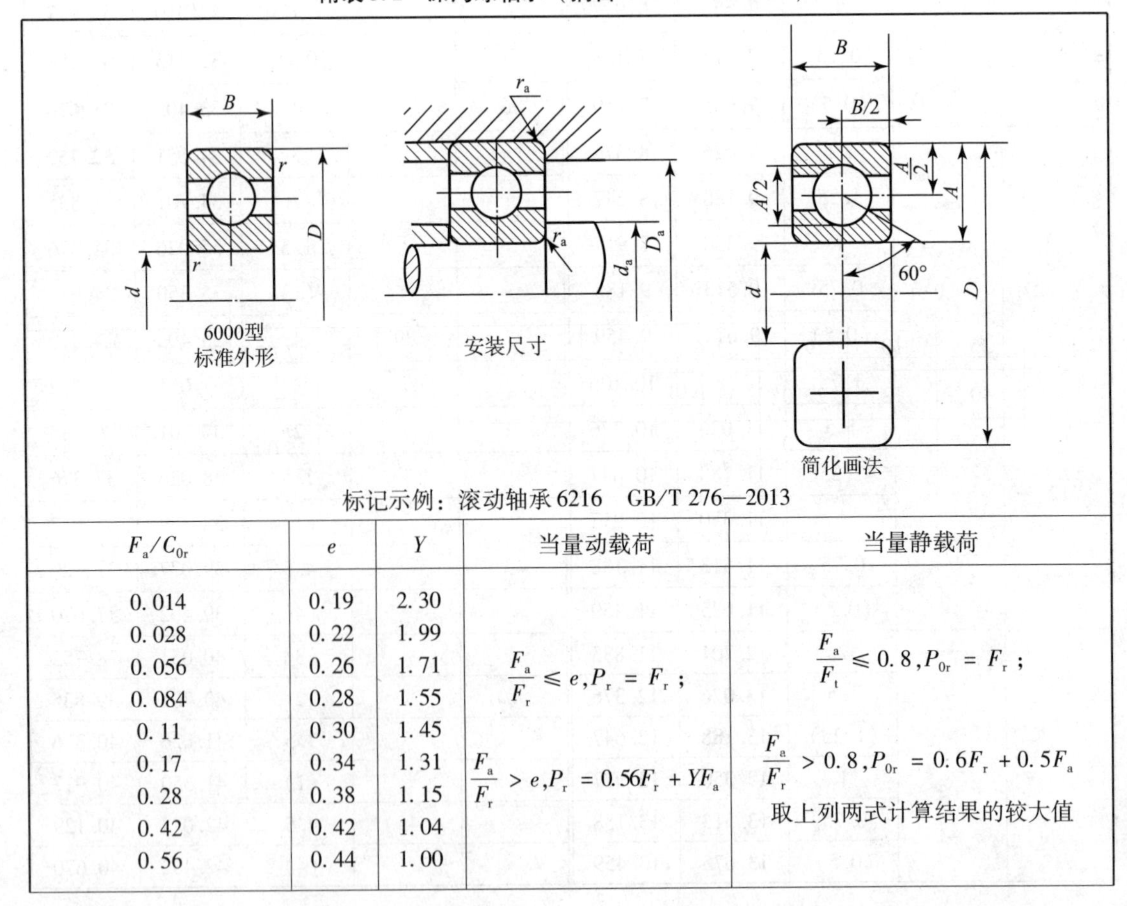

标记示例：滚动轴承 6216　GB/T 276—2013

F_a/C_{0r}	e	Y	当量动载荷	当量静载荷
0.014	0.19	2.30	$\frac{F_a}{F_r} \leqslant e, P_r = F_r$；	$\frac{F_a}{F_t} \leqslant 0.8, P_{0r} = F_r$；
0.028	0.22	1.99	$\frac{F_a}{F_r} > e, P_r = 0.56F_r + YF_a$	$\frac{F_a}{F_r} > 0.8, P_{0r} = 0.6F_r + 0.5F_a$ 取上列两式计算结果的较大值
0.056	0.26	1.71		
0.084	0.28	1.55		
0.11	0.30	1.45		
0.17	0.34	1.31		
0.28	0.38	1.15		
0.42	0.42	1.04		
0.56	0.44	1.00		

续表

基本尺寸/mm			安装尺寸/mm			基本额定载荷/kN		极限转速/(r·min^{-1})		轴承代号
d	D	B	d_{amin}	D_{amax}	r_{amax}	基本额定动载荷 C	基本额定静载荷 C_o	脂	油	60000 型
10	19	11	12.4	16.6	0.3	1.40	0.75	26 000	34 000	61 800
	22	6	12.4	19.6	0.3	3.30	1.40	25 000	32 000	61 900
	26	8	12.4	23.6	0.3	4.58	1.98	20 000	28 000	6 000
	30	9	15.0	25.0	0.6	5.10	2.38	19 000	26 000	6 200
	35	11	15.0	30.0	0.6	7.65	3.48	18 000	24 000	6 300
12	21	5	14.4	18.6	0.3	1.40	0.90	22 000	30 000	61 801
	24	6	1.4	21.6	0.3	3.38	1.48	20 000	28 000	61 901
	28	7	14.4	25.6	0.3	5.08	2.38	19 000	26 000	16 001
	32	10	17.0	27.0	0.6	6.82	3.05	18 000	24 000	6 201
	37	12	18.0	31.0	1	9.72	5.08	17 000	22 000	6 301
15	24	5	17.4	21.6	0.3	1.92	1.18	20 000	28 000	61 802
	28	7	17.4	25.6	0.3	4.00	2.02	19 000	26 000	61 902
	32	8	17.4	29.6	0.3	5.60	2.55	18 000	24 000	6 002
	35	11	200	30.0	0.6	7.65	3.72	17 000	22 000	6 202
	42	13	21.0	36.0	1	11.5	5.42	16 000	20 000	6 302
17	26	5	19.4	23.6	0.3	2.18	1.28	19 000	26 000	61 803
	30	7	19.4	27.6	0.3	4.30	2.32	18 000	24 000	61 903
	35	8	19.4	32.6	0.3	6.82	3.38	17 000	22 000	16 003
	35	10	19.4	32.6	0.3	6.00	3.25	17 000	22 000	6 003
	40	12	22.0	35.0	0.6	9.58	4.78	16 000	20 000	6 203
	47	14	23.0	41.0	1	13.5	6.58	15 000	19 000	6 303
	62	17	24.0	55.0	1	22.5	10.8	11 000	15 000	6 403
20	32	7	22.4	29.6	0.3	3.45	2.25	17 000	22 000	61 804
	37	9	22.4	34.6	0.3	6.55	3.60	17 000	22 000	61 904
	42	8	22.4	39.6	0.3	7.90	4.45	15 000	19 000	16 004
	42	12	25.0	37.0	0.6	9.38	5.02	15 000	19 000	6 004
	47	14	26.0	41.0	1	12.8	6.65	14 000	18 000	6 204
	52	15	27.0	45.0	1	15.8	7.88	13 000	17 000	6 304
	72	19	27.0	65.0	1	31.0	15.2	9 500	13 000	6 404

续表

基本尺寸/mm			安装尺寸/mm			基本额定载荷/kN		极限转速/(r·min^{-1})		轴承代号
d	D	B	d_{amin}	D_{amax}	r_{amax}	基本额定动载荷 C	基本额定静载荷 C_o	脂	油	60000 型
25	37	7	27. 4	34. 6	0. 3	3. 70	2. 65	15 000	19 000	61 805
	42	9	27. 4	39. 6	0. 3	7. 36	4. 55	14 000	18 000	61 905
	47	8	27. 4	44. 6	0. 3	8. 42	5. 15	13 000	17 000	16 005
	47	12	30	42	0. 6	10. 0	5. 85	13 000	17 000	6 005
	52	15	31	46	1	14. 0	7. 88	12 000	16 000	6 205
	62	17	32	55	1	22. 2	11. 5	10 000	14 000	6 305
	80	21	34	71	1. 5	38. 2	19. 2	8 500	11 000	6 405
30	42	7	32. 4	39. 6	0. 3	4. 00	3. 15	12 000	16 000	61 806
	47	9	32. 4	44. 6	0. 3	7. 55	5. 08	12 000	16 000	61 906
	55	9	32. 4	52. 6	0. 3	11. 2	6. 25	10 000	14 000	16 006
	55	13	36	49	1	13. 2	8. 30	10 000	14 000	6 006
	62	16	36	56	1	19. 5	11. 5	9 500	13 000	6 206
	72	19	37	65	1	27. 0	15. 2	9 000	12 000	6 306
	90	23	39	81	1. 5	47. 5	24. 5	8 000	10 000	6 406
35	47	7	37. 4	44. 6	0. 3	4. 12	3. 45	10 000	14 000	61 807
	55	10	40	50	0. 6	9. 55	6. 85	9 500	13 000	61 907
	62	9	37. 4	59. 6	0. 3	11. 5	8. 80	9 000	12 000	16 007
	62	14	41	56	1	16. 2	10. 5	9 000	12 000	6 007
	72	17	42	65	1	25. 5	15. 2	8 500	11 000	6 207
	80	21	44	71	1. 5	33. 2	19. 2	8 000	10 000	6 307
	100	25	44	91	1. 5	56. 8	29. 5	6 700	8 500	6 407
40	52	7	42. 4	49. 6	0. 3	4. 40	3. 25	9 500	13 000	61 808
	62	12	45	57	0. 6	12. 0	8. 98	9 000	12 000	61 808
	68	9	42. 4	65. 6	0. 3	12. 5	10. 2	8 500	11 000	16 008
	68	15	46	62	1	17. 0	11. 8	8 500	11 000	6 008
	80	18	47	73	1	29. 5	18. 0	8 000	10 000	6 208
	90	23	49	81	1. 5	40. 8	24. 0	7 000	9 000	6 308
	110	27	50	100	2	65. 5	37. 5	6 300	8 000	6 408

续表

基本尺寸/mm			安装尺寸/mm			基本额定载荷/kN		极限转速/(r·min^{-1})		轴承代号
d	D	B	d_{amin}	D_{amax}	r_{amax}	基本额定动载荷 C	基本额定静载荷 C_o	脂	油	60000 型
45	58	7	47.4	55.6	0.3	4.65	4.32	8 500	11 000	61 809
	68	12	50	63	0.6	12.8	9.72	8 500	11 000	61 909
	75	10	50	70	0.6	12.8	10.2	8 000	10 000	16 009
	75	16	51	69	1	21.0	14.8	8 000	10 000	6 009
	85	19	52	78	1	31.5	20.5	7 000	9 000	6 209
	100	25	54	91	1.5	52.8	31.8	6 300	8 000	6 309
	120	29	55	110	2	77.5	45.5	5 600	7 000	6 409
50	65	7	52.4	62.6	0.3	5.10	4.68	8 000	10 000	61 810
	72	12	55	67	0.6	12.8	11.2	8 000	10 000	61 910
	80	10	55	75	0.6	16.2	13.2	7 000	9 000	16 010
	90	20	57	83	1	35.0	23.2	6 700	8 500	6 210
	110	27	60	100	2	61.8	38.0	6 000	7 500	6 310
	120	29	65	110	2	71.5	44.8	5 300	6 700	6 311
	140	33	67	128	2.1	100	62.5	4 800	6 000	6 411
60	78	10	62.4	75.6	0.3	9.15	8.75	6 700	8 500	61 812
	85	13	66	79	1	14.0	14.2	6 300	8 000	61 912
	95	11	65	90	0.6	16.5	15.0	6 000	7 500	16 012
	95	18	67	88	1	31.5	24.2	6 000	7 500	6 012
	110	22	69	101	1.5	47.8	32.8	5 600	7 000	6 212
	130	31	72	118	2.1	81.8	51.8	5 000	6 300	6 312
	150	35	72	138	2.1	108	70.0	4 500	5 600	6 412
65	85	10	70	80	0.6	10.0	9.32	6 300	8 000	61 813
	90	13	71	84	1	14.5	17.5	6 000	7 500	61 913
	100	11	70	95	0.6	17.5	16.0	5 600	7 000	16 013
	100	18	72	93	1	32.0	24.8	5 600	7 000	6 013
	120	23	74	111	1.5	57.2	40.0	5 000	6 300	6 213
	140	33	77	128	2.1	93.8	60.5	4 500	5 600	6 313
	160	37	77	148	2.1	118	78.5	4 300	5 300	6 413

续表

基本尺寸/mm			安装尺寸/mm			基本额定载荷/kN		极限转速/(r·min^{-1})		轴承代号
d	D	B	d_{amin}	D_{amax}	r_{amax}	基本额定动载荷 C	基本额定静载荷 C_o	脂	油	60000 型
70	90	10	75	85	0. 6	10. 5	10. 8	6 000	7 500	61 814
	100	16	76	94	1	16. 5	17. 2	5 600	7 000	61 914
	110	13	75	105	0. 6	20. 2	18. 8	5 300	6 700	16 014
	110	20	44	103	1	38. 5	30. 5	5 300	6 700	6 014
	125	24	79	116	1. 5	60. 8	45. 0	4 800	6 000	6 214
	150	35	82	138	2. 1	105	68. 0	4 300	5 300	6 314
	180	42	84	166	2. 5	140	99. 5	3 800	4 800	6 414
75	95	10	80	90	0. 6	10. 5	11. 0	5 600	7 000	61 815
	105	16	81	99	1	18. 0	17. 2	5 300	6 700	61 915
	115	13	80	110	0. 6	25. 0	23. 8	5 000	6 300	16 015
	115	20	82	108	1	40. 2	33. 2	5 000	6 300	6 015
	130	25	84	121	1. 5	66. 0	49. 5	4 500	5 600	6 215
	160	37	87	148	2. 1	112	76. 8	4 000	5 000	6 315
	190	45	89	176	2. 5	155	115	3 600	4 500	6 415
80	100	10	85	95	0. 6	11. 0	11. 8	5 300	6 700	61 816
	110	16	86	104	1	18. 8	25. 2	5 000	6 300	61 916
	110	16	86	104	1	18. 8	25. 2	5 000	6 300	61 916
	125	14	85	120	0. 6	25. 2	25. 2	4 800	6 000	16 016
	140	26	90	130	2	71. 5	54. 2	4 300	5 300	6 216
	170	39	92	158	2. 1	122	86. 5	3 800	4 800	6 316
	200	48	94	186	2. 5	162	125	3 400	4 300	6 416
85	110	13	91	104	1	21. 8	21. 5	4 800	6 000	61 817
	120	18	92	113	1	28. 2	26. 8	4 800	6 000	61 917
	130	14	90	125	0. 6	25. 8	26. 2	4 500	5 600	16 017
	130	22	92	123	1	50. 8	42. 8	4 500	5 600	6 017
	150	28	95	140	2	83. 2	63. 8	4 000	5 000	6 217
	180	41	99	166	2. 5	132	96. 5	3 600	4 500	6 317
	210	52	103	192	3	175	138	3 200	4 000	6 417

续表

基本尺寸/mm			安装尺寸/mm			基本额定载荷/kN		极限转速/(r·min^{-1})		轴承代号
d	D	B	d_{amin}	D_{amax}	r_{amax}	基本额定动载荷 C	基本额定静载荷 C_o	脂	油	60000 型
90	115	13	96	109	1	21.0	19.0	4 500	5 600	61 818
	125	18	97	118	1	32.8	31.5	4 500	5 600	61 918
	140	16	96	134	1	33.5	33.5	4 300	5 300	16 018
	140	24	99	131	1.5	58.0	49.8	4 300	5 300	6 018
	160	30	100	150	2	95.8	71.5	3 800	4 800	6 218
	190	43	104	176	2.5	145	108	3 400	4 300	6 318
	225	54	108	207	3	192	158	2 800	3 600	6 418
95	120	13	101	114	1	16.2	17.8	4 300	5 300	61 819
	130	18	102	123	1	38.0	32.5	4 300	5 300	61 919
	145	16	101	139	1	37.0	36.8	4 000	5 000	16 019
	145	24	104	136	1.5	57.8	50.0	4 000	5 000	6 019
	170	32	107	158	2.1	110	82.8	3 600	4 500	6 219
	200	45	109	186	2.5	155	122	3 200	4 000	6 319
100	125	13	106	119	1	17.0	20.8	4 000	5 000	61 820
	140	20	107	133	1	41.2	34.8	4 000	5 000	61 920
	150	16	106	144	1	38.2	38.5	3 800	4 800	16 020
	150	24	109	141	1.5	64.5	56.2	3 800	4 800	6 020
	180	34	112	168	2.1	122	92.8	3 400	4 300	6 220
	215	47	114	201	2.5	172	140	2 800	3 600	6 320
	250	58	118	232	3	222	195	2 400	3 200	6 420

注：GB/T 276—2013 仅给出轴承型号及尺寸，安装尺寸摘自 GB/T 5868—2003。

附表 3.2　角接触球轴承

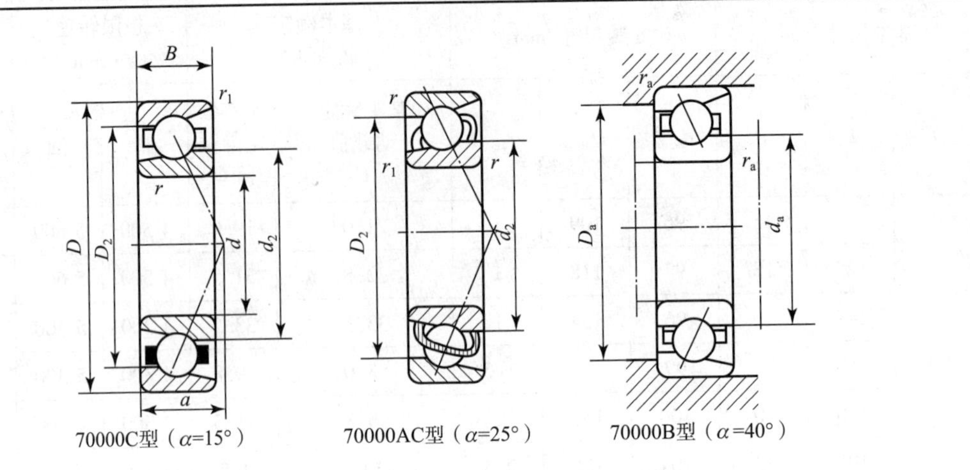

70000C型（α=15°）　70000AC型（α=25°）　70000B型（α=40°）

标记示例：滚动轴承 7205C　GB/T 292—2007

<table>
<tr><th>F_a/C_{0r}</th><th>e</th><th>Y</th><th>70000C 型</th><th>70000AC 型</th></tr>
<tr><td>0.015</td><td>0.38</td><td>1.47</td><td rowspan="5">径向当量动载荷
当 $F_a/F_r \leqslant e$ 时，$P_r = F_r$；
当 $F_a/F_r > e$ 时，$P_r = 0.44F_r + YF_a$</td><td rowspan="5">径向当量动载荷
当 $F_a/F_r \leqslant 0.68$ 时，$P_r = F_r$；
当 $F_a/F_r > 0.68$ 时，
$P_r = 0.41F_r + 0.87F_a$</td></tr>
<tr><td>0.029</td><td>0.40</td><td>1.40</td></tr>
<tr><td>0.058</td><td>0.43</td><td>1.30</td></tr>
<tr><td>0.087</td><td>0.46</td><td>1.23</td></tr>
<tr><td>0.12</td><td>0.47</td><td>1.19</td></tr>
<tr><td>0.17</td><td>0.50</td><td>1.12</td><td rowspan="4">径向当量静载荷
$P_{0r} = 0.5F_r + 0.46F_a$；
当 $P_{0r} < F_r$ 时，$P_{0r} = F_r$</td><td rowspan="4">径向当量静载荷
$P_{0r} = 0.5F_r + 0.38F_a$，
当 $P_{0r} < F_r$ 时，$P_{0r} = F_r$</td></tr>
<tr><td>0.29</td><td>0.55</td><td>1.02</td></tr>
<tr><td>0.44</td><td>0.56</td><td>1.00</td></tr>
<tr><td>0.58</td><td>0.56</td><td>1.00</td></tr>
</table>

<table>
<tr><th colspan="3">基本尺寸/mm</th><th colspan="3">安装尺寸/mm</th><th colspan="2">基本额定载荷/kN</th><th colspan="2">极限转速/(r·min⁻¹)</th><th>轴承代号</th></tr>
<tr><th>d</th><th>D</th><th>B</th><th>d_{amin}</th><th>D_{amax}</th><th>r_{amax}</th><th>基本额定动载荷 C</th><th>基本额定静载荷 C_o</th><th>脂</th><th>油</th><th>70000C (AC,B)型</th></tr>
<tr><td rowspan="4">10</td><td>26</td><td>8</td><td>12.4</td><td>23.6</td><td>0.3</td><td>4.92</td><td>2.25</td><td>19 000</td><td>28 000</td><td>7000C</td></tr>
<tr><td>26</td><td>8</td><td>12.4</td><td>23.6</td><td>0.3</td><td>4.75</td><td>2.12</td><td>19 000</td><td>28 000</td><td>7000AC</td></tr>
<tr><td>30</td><td>9</td><td>15</td><td>25</td><td>0.6</td><td>5.82</td><td>2.95</td><td>18 000</td><td>26 000</td><td>7200C</td></tr>
<tr><td>30</td><td>9</td><td>15</td><td>25</td><td>0.6</td><td>5.58</td><td>2.82</td><td>18 000</td><td>26 000</td><td>7200AC</td></tr>
<tr><td rowspan="4">12</td><td>28</td><td>8</td><td>14.4</td><td>25.6</td><td>0.3</td><td>5.42</td><td>2.65</td><td>18 000</td><td>26 000</td><td>7001C</td></tr>
<tr><td>28</td><td>8</td><td>14.4</td><td>25.6</td><td>0.3</td><td>5.20</td><td>2.55</td><td>18 000</td><td>26 000</td><td>7001AC</td></tr>
<tr><td>32</td><td>10</td><td>17</td><td>27</td><td>0.6</td><td>7.35</td><td>3.52</td><td>17 000</td><td>24 000</td><td>7201C</td></tr>
<tr><td>32</td><td>10</td><td>17</td><td>27</td><td>0.6</td><td>7.10</td><td>3.35</td><td>17 000</td><td>24 000</td><td>7201AC</td></tr>
</table>

续表

基本尺寸/mm			安装尺寸/mm			基本额定载荷/kN		极限转速/(r·min⁻¹)		轴承代号
d	D	B	d_{amin}	D_{amax}	r_{amax}	基本额定动载荷 C	基本额定静载荷 C_o	脂	油	70000C(AC,B)型
15	32	9	17.4	29.6	0.3	6.25	3.42	17 000	24 000	7002C
	32	9	17.4	29.6	0.3	5.95	3.25	17 000	24 000	7002AC
	35	11	20	30	0.6	8.68	4.62	16 000	22 000	7202C
	35	11	20	30	0.6	8.35	4.40	16 000	22 000	7202AC
17	35	10	19.4	32.6	0.3	6.60	3.85	16 000	22 000	7003C
	35	10	19.4	32.6	0.3	6.30	3.68	16 000	22 000	7003AC
	40	12	22	35	0.6	10.8	5.95	15 000	20 000	7203C
	40	12	22	35	0.6	10.5	5.65	15 000	20 000	7203AC
20	42	12	25	37	0.6	10.5	6.08	14 000	19 000	7004C
	42	12	25	37	0.6	10.0	5.78	14 000	19 000	7004AC
	47	14	26	41	1	14.5	8.22	13 000	18 000	7204C
	47	14	26	41	1	14.0	7.82	13 000	18 000	7204B
	47	14	26	41	1	14.0	7.85	13 000	18 000	7204B
25	47	12	30	42	0.6	11.5	7.45	12 000	17 000	7005C
	47	12	30	42	0.6	11.2	7.08	12 000	17 000	7005AC
	52	15	31	46	1	16.5	10.5	11 000	16 000	7205C
	52	15	31	46	1	15.8	9.88	11 000	16 000	7205AC
	52	15	31	46	1	15.8	9.45	9 500	14 000	7205B
	62	17	32	55	1	26.2	15.2	8 500	12 000	7305B
30	55	13	36	49	1	15.2	10.2	9 500	14 000	7006C
	55	13	36	49	1	14.5	9.85	9 500	14 000	7006AC
	62	16	36	56	1	23.0	15.0	9 000	13 000	7206C
	62	16	36	56	1	22.0	14.2	9 000	13 000	7206AC
	62	16	36	56	1	20.5	13.8	8 500	12 000	7206B
	72	19	37	65	1	31.0	19.2	7 500	10 000	7306B

续表

基本尺寸/mm			安装尺寸/mm			基本额定载荷/kN		极限转速/(r·min^{-1})		轴承代号
d	D	B	d_{amin}	D_{amax}	r_{amax}	基本额定动载荷 C	基本额定静载荷 C_o	脂	油	70000C (AC,B)型
35	62	14	41	56	1	19.5	14.2	8 500	12 000	7007C
	62	14	41	56	1	18.5	13.5	8 500	12 000	7007AC
	72	17	42	65	1	30.5	20.0	8 000	11 000	7207C
	72	17	42	65	1	29.0	19.2	8 000	11 000	7207AC
	72	17	42	65	1	27.0	18.8	7 500	10 000	7207B
	80	21	44	71	1.5	38.2	24.5	7 000	9 500	7307B
40	68	15	46	62	1	20.0	15.2	8 000	11 000	7008C
	68	15	46	62	1	19.0	14.5	8 000	11 000	7008AC
	80	18	47	73	1	36.8	25.8	7 500	10 000	7208C
	80	18	47	73	1	35.2	24.5	7 500	10 000	7208AC
	80	18	47	73	1	32.5	23.5	6 700	9 000	7208B
	90	23	49	81	1.5	46.2	30.5	6 300	8 500	7308B
	110	27	50	100	2	67.0	47.5	6 000	8 000	7408B
45	75	16	51	69	1	25.8	20.5	7 500	10 000	7009C
	75	16	51	69	1	25.8	19.5	7 500	10 000	7009AC
	85	19	52	78	1	38.5	28.5	6 700	9 000	7209C
	85	19	52	78	1	36.8	27.2	6 700	9 000	7209AC
	85	19	52	78	1	36.0	26.2	6 300	8 500	7209B
	100	25	54	91	1.5	59.5	39.8	6 000	8 000	7309B
50	80	16	56	74	1	26.5	22.0	6 700	9 000	7010C
	80	16	56	74	1	25.2	21.0	3 700	9 000	7010AC
	90	20	57	83	1	42.8	32.0	6 300	8 500	7210C
	90	20	57	83	1	40.8	30.5	6 300	8 500	7210AC
	90	20	57	83	1	37.5	29.0	5 600	7 500	7210B
	110	27	60	100	2	68.2	48.0	5 000	6 700	7310B
	130	31	62	118	2.1	95.2	64.2	5 000	6 700	7410B

续表

基本尺寸/mm			安装尺寸/mm			基本额定载荷/kN		极限转速/(r·min⁻¹)		轴承代号
d	D	B	d_{amin}	D_{amax}	r_{amax}	基本额定动载荷 C	基本额定静载荷 C_o	脂	油	70000C(AC,B)型
55	90	18	62	83	1	37.2	30.5	6 000	8 000	7001C
	90	18	62	83	1	35.2	29.2	6 000	8 000	7011AC
	100	21	64	91	1.5	52.8	40.5	5 600	7 500	7211C
	100	21	64	91	1.5	50.5	38.5	5 600	7 500	7211AC
	100	21	64	91	1.5	46.2	36.0	5 300	7 000	7211B
	120	29	65	110	2	78.8	56.5	4 500	6 000	7311B
60	95	18	67	88	1	38.2	32.8	5 600	7 500	7012C
	95	18	67	88	1	36.2	31.5	5 600	7 500	7012AC
	110	22	69	101	1.5	61.0	48.5	5 300	7 000	7212C
	110	22	69	101	1.5	58.5	46.2	5 300	7 000	7212AC
	110	22	69	101	1.5	56.0	44.5	4 800	6 300	7212B
	130	31	72	118	2.1	90.0	66.3	4 300	5 600	7312B
	150	35	72	138	2.1	118	85.5	4 300	5 600	7412B
65	100	18	72	93	1	40.0	35.5	5 300	7 000	7013C
	100	18	72	93	1	38.0	33.8	5 300	7 000	7013AC
	120	23	74	111	1.5	69.8	55.2	4 800	6 300	7213C
	120	23	74	111	1.5	66.5	52.5	4 800	6 300	7213AC
	120	23	71	111	1.5	62.5	53.2	4 300	5 600	7213B
	140	33	77	128	2.1	102	77.8	4 000	5 300	7313B
70	110	20	77	103	1	48.2	43.5	5 000	6 700	7014C
	110	20	77	103	1	45.8	41.5	5 000	6 700	7014AC
	125	24	79	116	1.5	70.2	60.0	4 500	6 700	7214C
	125	24	79	116	1.5	69.2	57.5	4 500	6 700	7214AC
	125	24	79	116	1.5	70.2	57.2	4 300	5 600	7214B
	150	35	82	138	2.1	115	87.2	3 600	4 800	7314B

续表

基本尺寸/mm			安装尺寸/mm			基本额定载荷/kN		极限转速/(r·min^{-1})		轴承代号
d	D	B	d_{amin}	D_{amax}	r_{amax}	基本额定动载荷 C	基本额定静载荷 C_o	脂	油	70000C(AC,B)型
75	115	20	82	108	1	49.5	46.5	4 800	6 300	7015C
	115	20	82	108	1	46.8	44.2	4 800	6 300	7015AC
	130	25	84	121	1.5	79.2	65.8	4 300	5 600	7215C
	130	25	84	121	1.5	75.2	63.0	4 300	5 600	7215AC
	130	25	84	121	1.5	72.8	63.0	4 000	5 300	7215B
	160	37	87	148	2.1	125	98.5	3 400	4 500	7315B
80	125	22	89	116	1.5	58.5	55.8	4 500	6 000	7016C
	125	22	89	116	1.5	55.5	53.2	4 500	6 000	7016AC
	140	26	90	130	2	89.5	78.2	4 000	5 300	7216C
	140	26	90	130	2	85.0	74.5	4 000	5 300	7216AC
	140	26	90	130	2	80.2	69.5	3 600	4 800	7216B
	170	39	82	158	2.1	135	110	3 600	4 800	7316B

附表 3.3　安装向心轴承和角接触轴承的孔公差带

外圈工作条件				应用举例	公差带**
旋转状态	负荷	轴向位移的限度	其他情况		
外圈相对于负荷方向静止	轻、正常和重负荷	轴向容易移动	轴处于高温场合	烘干筒、有调心滚子轴承的大电动机	G7
			剖分式外壳	一般机械、铁路车辆轴箱	H7*
	冲击负荷	轴向能移动	整体式或剖分式外壳	铁路车辆轴箱轴承	J7*
外圈相对于负荷方向摆动	轻和正常负荷			电动机、泵、曲轴主轴承	
	正常和重负荷	轴向不能移动	整体式外壳	电动机、泵、曲轴主轴承	K7*
	重冲击负荷			牵引电动机	M7*
外圈相对于负荷方向旋转	轻负荷			张紧滑轮	M7*
	正常和重负荷			装球轴承的轮毂	N7*
	重冲击负荷		薄壁、整体式外壳	装滚子轴承的轮毂	P7*

注：* 凡对精度有较高要求的场合，应选用标准公差 P6、N6、M6、K6、J6 和 H6 分别代替 P7、N7、M7、K7、J7 和 H7，并应同时选用整体式外壳。

** 对于轻合金外壳应选择比钢或铸铁外壳较紧的配合。

附表 3.4 安装向心轴承和角接触轴承的轴公差带（GB/T 275—2015）

<table>
<tr><th colspan="2">内圈工作条件</th><th rowspan="2" colspan="2">应用举例</th><th>深沟球轴承和角接触球轴承</th><th>圆柱滚子轴承和圆锥滚子轴承</th><th>调心滚子轴承</th><th rowspan="2">公差带</th></tr>
<tr><th>旋转状态</th><th>负荷</th><th colspan="3">轴承公称内径/mm</th></tr>
<tr><td rowspan="3">内圈相对于负荷方向旋转或负荷方向摆动</td><td>轻负荷</td><td colspan="2">电器仪表、机床（主轴）、精密机械、泵、通风机、传送带</td><td>≤18
>18～100
>100～200
—</td><td>—
≤40
>40～140
>140～200</td><td>—
≤40
>40～100
>100～200</td><td>h5
j6*
k6*
m6*</td></tr>
<tr><td>正常负荷</td><td colspan="2">一般通用机械、电动机、涡轮机、泵、内燃机、变速箱、木工机械</td><td>≤18
>18～100
>100～140
>140～200
>200～280
—
—</td><td>—
≤40
>40～100
>100～140
>140～200
>200～400
—</td><td>—
≤40
>40～65
>65～100
>100～140
>140～280
>280～500</td><td>j5
k5**
m5**
m6
n6
p6
r6</td></tr>
<tr><td>重负荷</td><td colspan="2">铁路车辆和电力机车的轴箱、牵引电动机、轧机、破碎机等重型机械</td><td>—
—
—
—</td><td>>50～140
>140～200
>200
—</td><td>>50～100
>100～140
>140～200
>200</td><td>n6***
p6***
r6***
r7***</td></tr>
<tr><td rowspan="2">内圈相对于负荷方向静止</td><td rowspan="2">所有负荷</td><td>内圈必须在轴向容易移动</td><td>静止轴上的各种轮子</td><td colspan="3">所有尺寸</td><td>g6*</td></tr>
<tr><td>内圈不必在轴向移动</td><td>张紧滑轮、绳索轮</td><td colspan="3">所有尺寸</td><td>h6*</td></tr>
<tr><td colspan="3">纯轴向负荷</td><td>所有应用场合</td><td colspan="3">所有尺寸</td><td>j6 或 js6</td></tr>
<tr><td colspan="8">圆锥孔轴承（带锥形套）</td></tr>
<tr><td colspan="3" rowspan="2">所有负荷</td><td>铁路车辆和电力机车的轴箱</td><td colspan="3">装在退卸套上的所有尺寸</td><td>h8（IT5）****</td></tr>
<tr><td>一般机械或传动轴</td><td colspan="3">装在紧定套上的所有尺寸</td><td>h9（IT5）*****</td></tr>
</table>

注：* 凡对精度有较高要求的场合，应用 j5、k5…代替 j6、k6…。

** 单列圆锥滚子轴承和单列角接触球轴承，因内部游隙的影响不太重要，可用 k6 和 m6 代替 k5 和 m5。

*** 应选用轴承径向游隙大于基本组的滚子轴承。

**** 凡有较高的精度或转速要求的场合，应选用 h7；IT5 为轴颈形状公差。

***** 尺寸大于 500 mm，其形状公差为 IT7。

附表 3.5　轴和外壳的几何公差　　μm

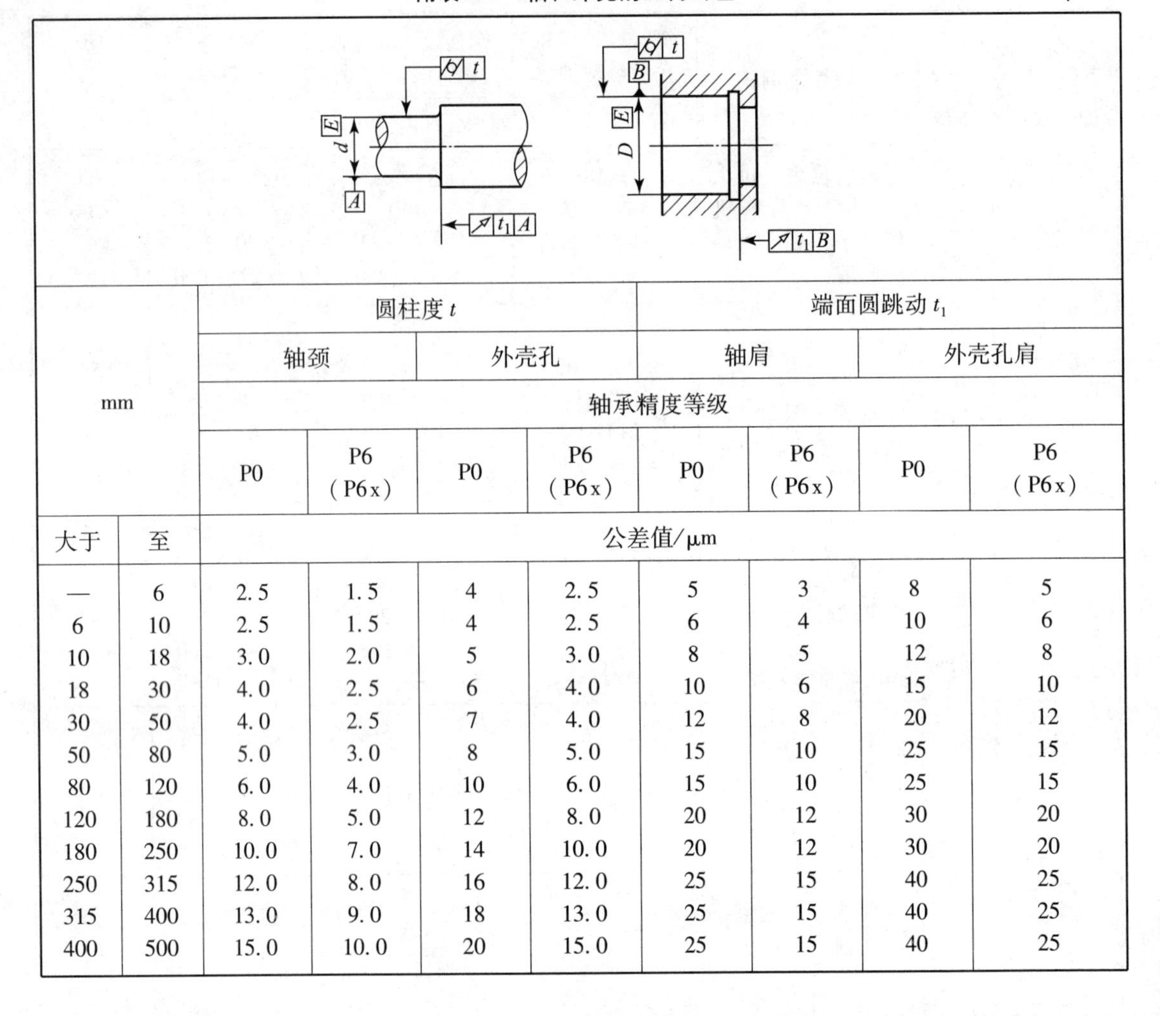

mm		圆柱度 t				端面圆跳动 t_1			
		轴颈		外壳孔		轴肩		外壳孔肩	
		轴承精度等级							
		P0	P6（P6x）	P0	P6（P6x）	P0	P6（P6x）	P0	P6（P6x）
大于	至	公差值/μm							
—	6	2.5	1.5	4	2.5	5	3	8	5
6	10	2.5	1.5	4	2.5	6	4	10	6
10	18	3.0	2.0	5	3.0	8	5	12	8
18	30	4.0	2.5	6	4.0	10	6	15	10
30	50	4.0	2.5	7	4.0	12	8	20	12
50	80	5.0	3.0	8	5.0	15	10	25	15
80	120	6.0	4.0	10	6.0	15	10	25	15
120	180	8.0	5.0	12	8.0	20	12	30	20
180	250	10.0	7.0	14	10.0	20	12	30	20
250	315	12.0	8.0	16	12.0	25	15	40	25
315	400	13.0	9.0	18	13.0	25	15	40	25
400	500	15.0	10.0	20	15.0	25	15	40	25

附录 4　减速器附件

附表 4.1　减速器轴承端盖与轴承套杯结构尺寸　　mm

螺钉连接外装式轴承盖（凸缘式）

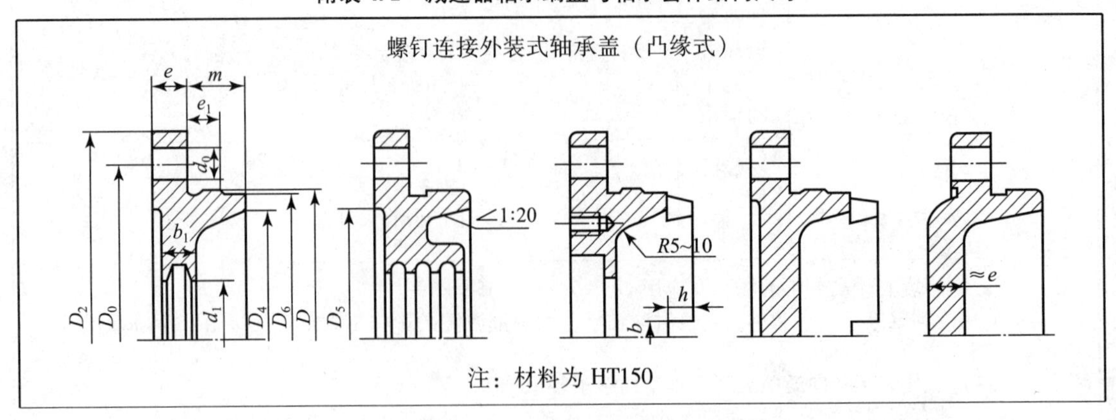

注：材料为 HT150

续表

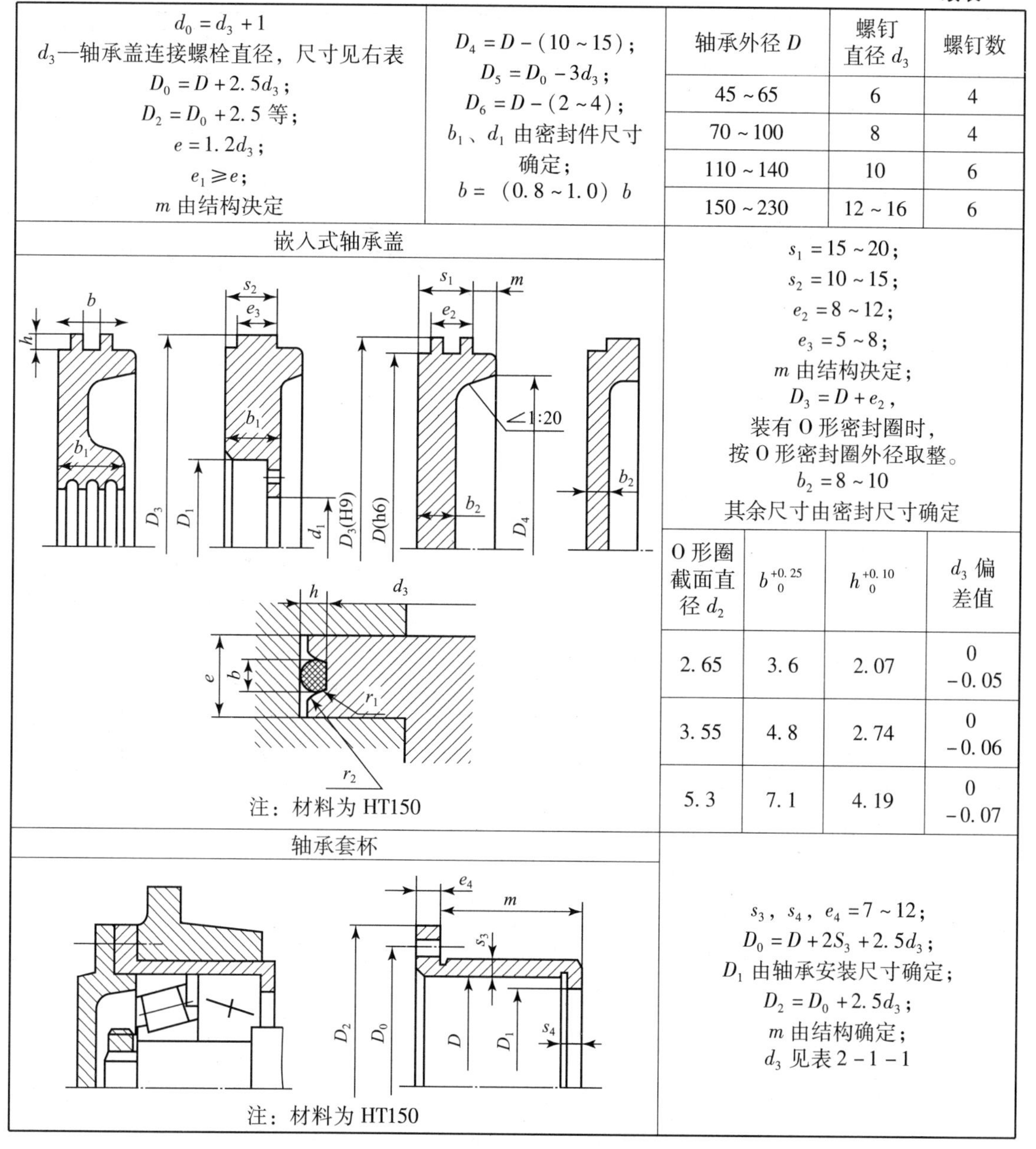

$d_0 = d_3 + 1$

d_3—轴承盖连接螺栓直径，尺寸见右表

$D_0 = D + 2.5d_3$；

$D_2 = D_0 + 2.5$ 等；

$e = 1.2d_3$；

$e_1 \geqslant e$；

m 由结构决定

$D_4 = D - (10 \sim 15)$；

$D_5 = D_0 - 3d_3$；

$D_6 = D - (2 \sim 4)$；

b_1、d_1 由密封件尺寸确定；

$b = (0.8 \sim 1.0)\ b$

轴承外径 D	螺钉直径 d_3	螺钉数
45 ~ 65	6	4
70 ~ 100	8	4
110 ~ 140	10	6
150 ~ 230	12 ~ 16	6

嵌入式轴承盖

注：材料为 HT150

$s_1 = 15 \sim 20$；

$s_2 = 10 \sim 15$；

$e_2 = 8 \sim 12$；

$e_3 = 5 \sim 8$；

m 由结构决定；

$D_3 = D + e_2$，

装有 O 形密封圈时，

按 O 形密封圈外径取整。

$b_2 = 8 \sim 10$

其余尺寸由密封尺寸确定

O 形圈截面直径 d_2	$b^{+0.25}_{\ 0}$	$h^{+0.10}_{\ 0}$	d_3 偏差值
2.65	3.6	2.07	0 −0.05
3.55	4.8	2.74	0 −0.06
5.3	7.1	4.19	0 −0.07

轴承套杯

注：材料为 HT150

s_3，s_4，$e_4 = 7 \sim 12$；

$D_0 = D + 2S_3 + 2.5d_3$；

D_1 由轴承安装尺寸确定；

$D_2 = D_0 + 2.5d_3$；

m 由结构确定；

d_3 见表 2 - 1 - 1

附录 5　课程设计参考图例

1. 一级圆柱齿轮减速器装配图（见图 F5 - 1①）
2. 二级斜齿轮减速器装配图（见图 F5 - 2）
3. 轴零件工作图（见图 F5 - 3）
4. 直齿轮零件图（见图 F5 - 4）
5. 箱盖零件图（见图 F5 - 5）
6. 下箱体零件图（见图 F5 - 6）

① 图 F5 - 1，图 F5 - 2，图 F5 - 5 和图 F5 - 6 见参考文献后插页。

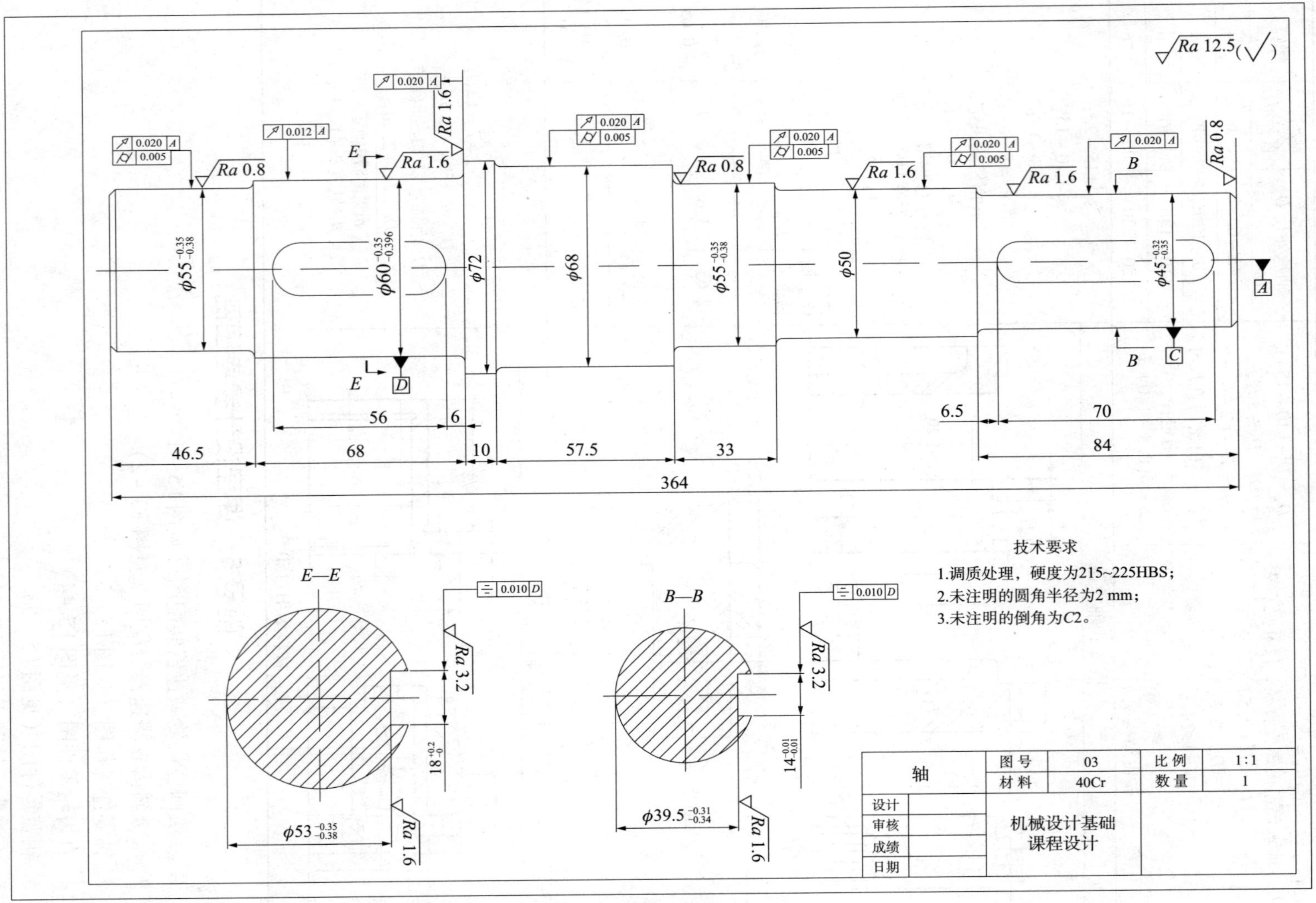
Ra 12.5(√)
Ra 0.8
Ra 1.6
0.020 A
0.005
0.012 A
0.010 D
E
E—E
B
B—B
A
C
D
φ55$^{-0.35}_{-0.38}$
φ60$^{-0.35}_{-0.396}$
φ72
φ68
φ50
φ45$^{-0.32}_{-0.35}$
46.5
68
56
6
10
57.5
33
6.5
70
84
364
Ra 3.2
18$^{+0.2}_{0}$
14$^{-0.01}_{-0.01}$
φ53$^{-0.35}_{-0.38}$
φ39.5$^{-0.31}_{-0.34}$
技术要求
1.调质处理，硬度为215~225HBS；
2.未注明的圆角半径为2 mm；
3.未注明的倒角为C2。
轴
图号
03
比例
1:1
材料
40Cr
数量
1
设计
审核
成绩
日期
机械设计基础
课程设计

图 F5-3　轴零件工作图

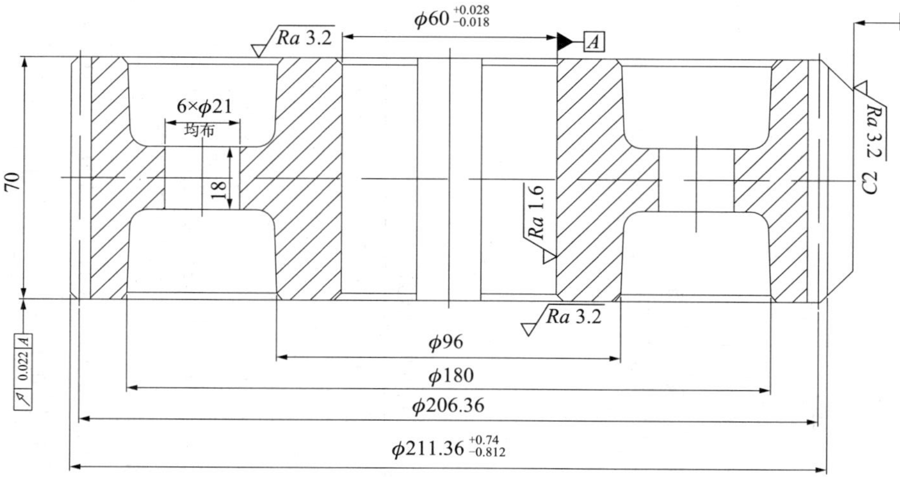

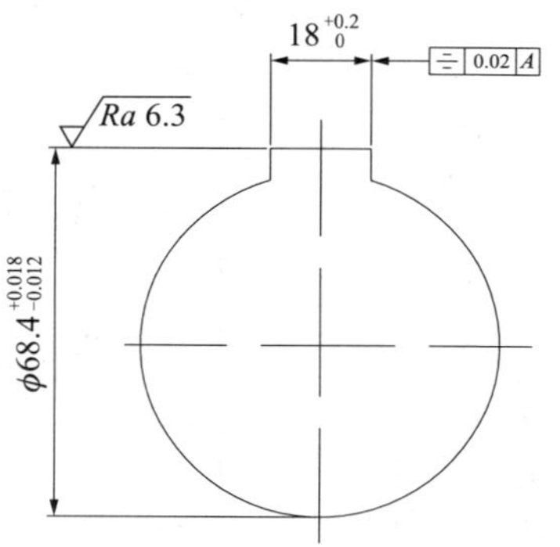

法向模数/mm	m_n	2.5
齿数	Z	80
压力角	α	20°
齿顶高系数	h_a^*	1.25
螺旋角	β	14′15′36″
螺旋方向		右旋
径向变位系数	×	0
公法线长度及其偏差/mm	Wn	$73.175_{-0.188}^{-0.075}$
跨测齿数	K	
精度等级	8HK(GB/T10095-2008)	
齿轮副中心距及其极限偏差/mm	$\alpha\pm f_\alpha$	138±0.0235
配对齿轮	图号	
	齿数	80
公差组	检查项目编号	公差值/mm
Ⅰ	F_r	0.056
	F_w	0.031
Ⅱ	F_f	0.015
	f_{pt}	0.016
Ⅲ	F_β	0.029

$\phi 60_{-0.018}^{+0.028}$ A Ra 3.2 Ra 1.6 C2 0.02 A 0.022 A 6×ϕ21 均布 18 70 ϕ96 ϕ180 ϕ206.36 $\phi 211.36_{-0.812}^{+0.74}$ $18_{0}^{+0.2}$ Ra 6.3 $\phi 68.4_{-0.012}^{+0.018}$

技术要求

1.正火处理，齿面硬度为180~280 HBS。
2.未注明的圆角半径为5 mm。
3.未注明的倒角为$C2$。

低速级大齿轮	图号	04		第一张
				共一张
	比例	1∶1	数量	1
设计	机械设计基础课程设计			
审核				
成绩				
日期				

图 F5－4　直齿轮零件图

附录6　机械设计基础课程设计题目

题目一：

1. 设计任务

设计带式输送机传动系统。要求传动系统中含有带传动及单级圆柱齿轮减速器。

2. 传动系统参考方案（见图 F6－1）

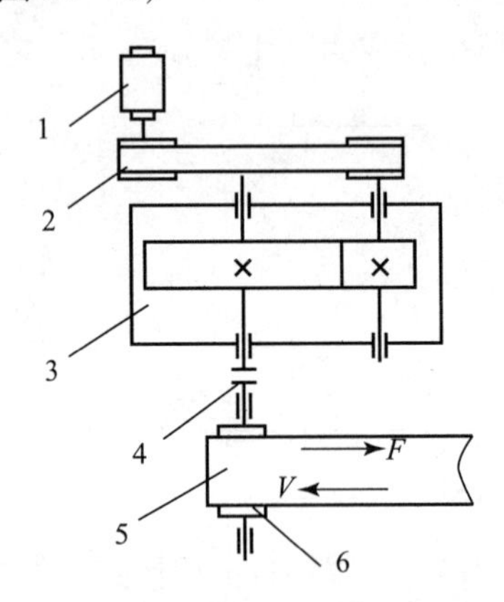

图 F6－1　传动系统图

1—电动机；2—带传动；3—单级圆柱齿轮减速器；4—联轴器；5—输送带；6—滚筒

3. 原始数据（见表 F6－1）

F——输送带有效拉力，N；

V——输送带工作速度，m/s；

D——输送带滚筒直径，mm。

表 F6－1　设计原始数据

题号	1	2	3	4	5	6	7	8	9	10
F/N	6 000	6 200	6 500	6 700	6 800	7 000	7 200	7 500	7 500	7 600
v/(m·s^{-1})	0.8	0.8	0.8	0.7	1.0	1.2	1.1	0.7	0.8	0.9
D/mm	335	330	335	335	330	340	345	300	300	310
题号	11	12	13	14	15	16	17	18	19	20
F/N	6 900	7 700	7 800	7 900	8 000	8 000	8 100	8 200	8 300	8 500
v/(m·s^{-1})	0.9	1.0	1.1	1.0	0.9	0.8	1.1	1.2	1.0	1.2
D/mm	300	320	330	340	350	350	360	360	310	350
题号	21	22	23	24	25	26	27	28	29	30
F/N	1 900	2 000	2 100	2 200	2 300	2 400	2 500	2 600	2 700	2 800
v/(m·s^{-1})	1.6	1.8	1.6	1.6	1.5	1.8	1.5	1.8	1.6	1.8
D/mm	400	450	400	450	450	450	400	450	400	450

4. 工作条件

两班工作制，工作载荷平稳，电压为380/220 V三相交流电源，减速器寿命5年。

题目二：

1. 设计任务

设计带式输送机传动系统。要求传动系统中含有两级圆柱齿轮减速器。

2. 传动系统参考方案（见图F6－2）

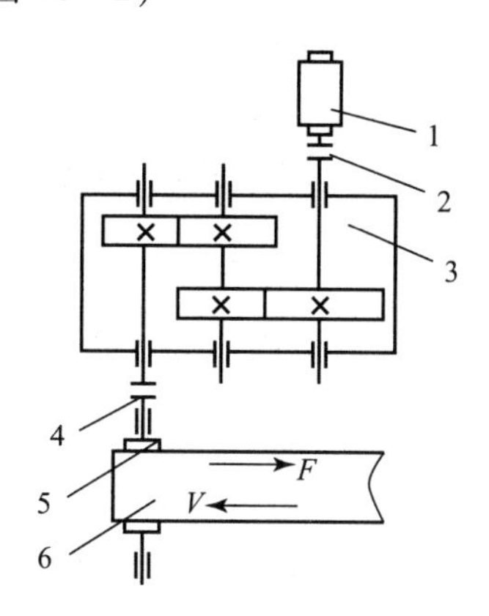

图F6－2　传动系统参考方案

1—电动机；2，4—联轴器；3—两级圆柱齿轮减速器；5—滚筒；6—输送带

3. 原始数据（见表F6－2）

F—— 输送带有效拉力，N；

v——输送带工作速度，m/s；

D——输送带滚筒直径，mm。

表F6－2　设计原始数据

题号	1	2	3	4	5	6	7	8	9	10
F/N	4 000	4 100	4 200	4 300	4 500	4 600	4 700	4 800	4 900	5 000
$v/(\mathrm{m\cdot s^{-1}})$	0.8	0.8	0.9	0.83	1.0	0.9	1.0	0.9	0.8	0.8
D/mm	335	330	335	335	360	340	345	330	350	320
题号	11	12	13	14	15	16	17	18	19	20
F/N	3 000	3 000	3 100	3 200	3 300	3 400	3 500	3 600	3 700	3 800
$v/(\mathrm{m\cdot s^{-1}})$	1.2	1.3	1.2	1.3	1.4	1.4	1.1	1.2	1.3	1.0
D/mm	350	380	330	300	340	350	360	370	310	350

4. 工作条件

两班工作制，工作载荷平稳，电压为380/220 V三相交流电源，减速器寿命5年。

题目三：

1. 设计任务

设计带式输送机传动系统。要求传动系统中含有带传动及两级圆柱齿轮减速器。

2. 传动系统参考方案（见图F6－3）

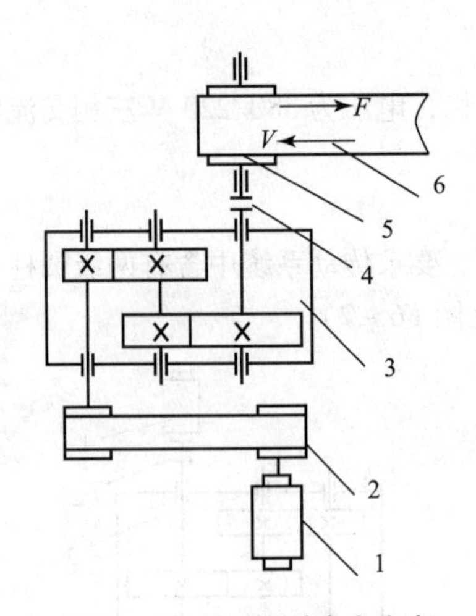

图 F6－3　传动系统参考方案

1—电动机；2—带传动；3—两级圆柱齿轮减速器；4—联轴器；5—滚筒；6—输送带

3. 原始数据（见表 F6－3）

F——输送带有效拉力，N；

v——输送带工作速度，m/s；

D——输送带滚筒直径，mm。

表 F6－3　设计原始数据

题号	1	2	3	4	5	6	7	8	9	10
F/N	5 900	6 000	6 100	6 200	6 300	6 300	6 400	6 500	6 600	6 700
v/(m·s^{-1})	0.45	0.44	0.45	0.44	0.45	0.46	0.46	0.47	0.48	0.49
D/mm	335	330	335	350	360	340	345	380	390	400
题号	11	12	13	14	15	16	17	18	19	20
F/N	7 000	7 100	7 200	7 300	7 400	7 500	7 500	7 600	7 000	7 200
v/(m·s^{-1})	0.5	0.48	0.45	0.50	0.55	0.50	0.49	0.49	0.49	0.45
D/mm	450	380	370	450	460	450	360	380	390	350

4. 工作条件

两班工作制，工作载荷平稳，电压为380/220 V 三相交流电源，减速器寿命5年。

思考题与习题参考答案（部分）

任务1　常用机械结构组成、分析与设计

第一部分

1. D　2. D　3. C　4. C　5. A　6. B　7. C　8. A　9. C　10. D　11. B　12. A　13. C　14. D　15. B　16. A　17. A　18. B　19. C　20. A

第二部分

1. 面 线 点　2. 面　3. 点 线　4. 转动　5. 移动　6. 高　7. 相对运动　8. 连续转动　连架杆　9. 往复摆动　连架杆　10. 曲柄摇杆　双曲柄　双摇杆　11. 小于　等于　机架　曲柄　12. 最短　整周旋转　13. 曲柄摇杆　最短　14. 大于　机架　15. 原动　从动　16. 从动　原动　17. 压力　传力　18. 余　19. 死点　20. 加速度　柔性　21. 从动件自身的重力　弹簧力　几何形状　22. 只要适当地设计出凸轮廓线，就可以使从动件以各种预期的运动规律运动　从动件与凸轮之间是高副（点接触、线接触），易磨损，所以凸轮机构多用在传力不大的场合　23. 加速度 柔性　24. 增大基圆半径、改变偏置方向　25. 0　26. 等速运动　等加速等减速、余弦加速度　正弦加速度　27. 首先要满足机器的工作要求，同时还应使机器具有良好的动力特性及使所设计的凸轮便于加工　28. 适当增大基圆半径或适当减小滚子半径

任务2　减速器的机构组成分析与认知

第一部分

1. C　2. A　3. A　4. A　5. A　6. C　7. B　8. C　9. C　10. B　11. C　12. C　13. A　14. D　15. A　16. A　17. C　18. D　19. C　20. C　21. C　22. B　23. A　24. D　25. A　26. C　27. B　28. C　29. C　30. A　31. C　32. A　33. A　34. C　35. A　36. C　37. A　38. A　39. A　40. A　41. C

第二部分

1. 节　2. 模数　3. 齿数　压力角　模数　4. 20°　1　0.25　5. 模数和压力角分别相等　6. 越大　7. 提高　8. 低　9. 交错　10. 齿轮和齿条　11. 右 端　12. 太阳轮　行星轮　行星架（系杆）　13. 转速 转向　14. 楔　15. 两侧面　同一母线上　16. 大　17. 60°　30°　18. 螺纹升角小于等于当量摩擦角　19. 细牙　粗牙　20. 三角形螺纹　矩形螺纹　梯形螺纹　锯齿形螺纹

任务3　机械传动装置常用传动机构分析与认知

第一部分

1. B　2. A　3. A　4. D　5. A　6. C　7. D　8. C　9. D　10. A　11. B　12. B　13. C　14. B　15. D　16. B　17. D　18. A　19. D　20. C　21. B　22. A　23. C　24. B　25. C

任务6　传动装置（减速器）的润滑与密封

第一部分

1. A　2. D　3. A　4. C　5. C

参 考 文 献

［1］陈立德．机械设计基础课程设计指导书（第 3 版）［M］．北京：高等教育出版社，2004.

［2］徐钢涛，金莹．机械设计基础课程设计［M］．北京：航空工业出版社，2014.

［3］徐钢涛．机械设计基础课程设计［M］．北京：高等教育出版社，2010.

［4］徐钢涛．机械设计基础［M］．北京：高等教育出版社，2013.

［5］胡家秀．机械设计基础（第 2 版）［M］．北京：机械工业出版社，2015.

［6］常永坤，张胜来．机械基础与液压技术［M］．长春：吉林大学出版社，2005.